地学系列教材

卫星导航定位原理与应用

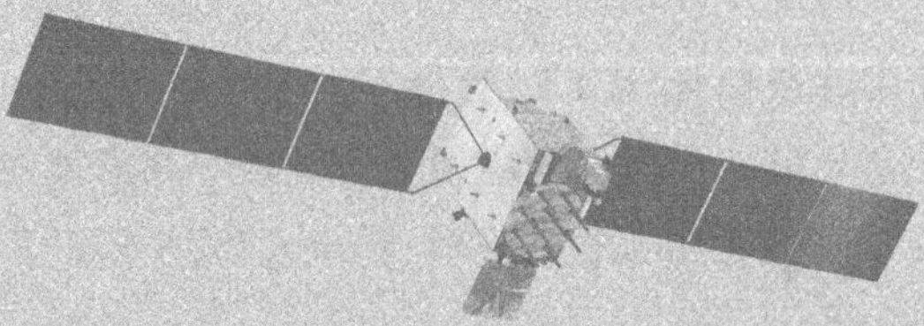

主编 李博峰 葛海波

中国教育出版传媒集团
高等教育出版社·北京

内容提要

本书基于同济大学 GNSS 团队长期以来的教学经验，系统介绍了 GNSS 基础知识和最新发展，强调基础知识理解掌握和数学能力提升。

第 1 章至第 5 章主要介绍 GNSS 基本概念，围绕系统运行原理、采用的时空坐标系统、导航信号数据原理等方面进行详细阐述。

第 6 章至第 11 章主要介绍 GNSS 误差模型建立、GNSS 定位技术、数学解算方法、整周模糊度固定等内容。

第 12 章主要介绍如何利用 GNSS 建立控制网，阐述 GNSS 建立控制网的步骤及 GNSS 控制网平差方法等。

第 13 章至第 14 章主要介绍 GNSS 高精度定位技术及应用概述，为学生拓展 GNSS 视野和后续进一步从事相关方向的工作提供参考。

本书适合测绘类、地理类、环境类等相关专业本科生和研究生学习，也适合上述相关行业从事技术、管理人员阅读参考。

图书在版编目（CIP）数据

卫星导航定位原理与应用 / 李博峰，葛海波主编．北京：高等教育出版社，2025. 1. -- ISBN 978-7-04-063480-8

Ⅰ. P228. 4

中国国家版本馆 CIP 数据核字第 20241LL599 号

Weixing Daohangdingwei Yuanli yu Yingyong

策划编辑 陈正雄 杨 博　责任编辑 杨 博　封面设计 张雨微　版式设计 明 艳
责任绘图 于 博　责任校对 陈 杨　责任印制 刘思涵

出版发行	高等教育出版社	网　　址	http://www.hep.edu.cn
社　　址	北京市西城区德外大街 4 号		http://www.hep.com.cn
邮政编码	100120	网上订购	http://www.hepmall.com.cn
印　　刷	三河市骏杰印刷有限公司		http://www.hepmall.com
开　　本	787 mm×1092 mm　1/16		http://www.hepmall.cn
印　　张	22.75		
字　　数	510 千字	版　　次	2025 年 1 月第 1 版
购书热线	010-58581118	印　　次	2025 年 1 月第 1 次印刷
咨询电话	400-810-0598	定　　价	52.00 元

物 料 号　63480-00

审 图 号：GS 京（2024）2059 号

前言

全球导航卫星系统(global navigation satellite system,GNSS)作为获取时空基准的重要手段,是一个国家重要的基础设施,也是一个国家经济和社会运行的重要保障,因而得到了各国的重视和大力发展。目前世界上主要有四大GNSS:美国的全球定位系统(global positioning system,GPS)、俄罗斯的格洛纳斯导航卫星系统(global navigation satellite system,GLONASS)、中国的北斗卫星导航系统(Beidou satellite navigation system,BDS)以及欧盟的伽利略导航卫星系统(Galileo navigation satellite system,Galileo)。随着全球导航卫星系统的不断建设完善,高精度的时空信息使得GNSS在国防建设、大地测量、时间传递、智能交通、智慧农业、灾害监测和气象研究等领域发挥着至关重要的作用,同时推动了相关行业的技术进步与革新发展。

作为我国民用测绘高等教育事业的发祥地,同济大学测绘与地理信息学院始终立足于“精而强”的学科发展定位,以解决国家重大战略需求为己任,积极面向行业和区域经济发展主战场,在九十余载的风雨历程中逐步发展出了“卫星导航与位置服务”这一极具同济特色的优势专业方向,在北斗监测评估、北斗创新应用等方面发挥重要作用。近年来,北斗卫星导航系统的发展应用促使国家对导航定位人才培养提出了更高的需求和要求,而人才培养离不开教材的支撑。

本书内容依托于同济大学测绘工程专业本科课程“卫星导航定位原理与应用”近20年来的教学实践经验,在原先课程框架基础上,结合GNSS发展现状完善了GNSS基础理论知识部分内容,同时加入GNSS重要应用和相关新技术等知识点,在帮助本科生打好GNSS理论基础的前提下,也能够了解GNSS领域的重要前沿技术,形成更加完整丰富的知识体系。考虑到导航卫星系统正处在快速发展变革和创新应用的新时期,本书不仅对GPS、北斗、伽利略和GLONASS现代化相关内容做了简单介绍,还包含动态数据处理、多频多模数据处理、多源传感器组合导航系统等前沿内容。总而言之,全书内容涵盖了详细的GNSS发展背景、GNSS时空系统、卫星轨道理论等基础知识,GNSS定位应用技术、模糊度固定理论、GNSS控制网平差等进阶知识,以及多频多模数据处理理论、组合导航等前沿知识。内容安排基于团队长期以来的教学经验,强调基础理解掌握和数学能力提升,内容难度循序渐进,方便不同学校、不同专业学生进行系统学习。

全书共分为14章。第1章绪论介绍了四大全球导航卫星系统概况,同时对GNSS的两种增强方式和GNSS应用进行了简要介绍。第2章主要介绍GNSS中常用的时间系统、坐标系统,以及各时间系统、各坐标系统之间的转换关系。第3章介绍了卫星轨道理论,包括二体问题、开普勒方程、各类摄动影响,以及定轨流程等。第4章对GNSS导航电文结构和内容进行了介绍,同时详细讲述了利用广播星历和精密星历获取卫星坐标和钟差的计算方法。

第5章介绍了GNSS信号的基本结构,包括解调码伪距观测值与相位观测值的基本原理,以及GNSS接收机及其工作原理。第6章主要介绍了测量误差相关概念、GNSS观测所涉及的各类误差源,以及消除和削弱误差的方法。第7章从函数模型和随机模型两方面详细介绍了GNSS差分与组合观测模型。第8章对最小二乘平差和秩亏平差相关原理,以及单点定位原理和算法流程进行了详细介绍。第9章介绍了相对定位的基本原理和数学模型。第10章主要介绍了GNSS数据预处理中的粗差探测理论和周跳探测与修复方法,同时对GNSS数据预处理软件TEQC和ETEQC的功能模块和使用方法进行了说明。第11章介绍了整周模糊度的概念和特点,并详细介绍了混合整数模型理论与模糊度固定方法。第12章主要介绍GNSS控制网的基本概念、优化设计、外业工作和内业数据处理流程。第13章对GNSS中常见的绝对定位和相对定位原理进行了说明,同时介绍了多频GNSS的优势和应用。第14章主要介绍了GNSS在高程测量、GNSS-R、掩星系统、多源传感器融合导航定位等方面的应用。

本书得到了国家杰出青年科学基金和多项国家及省部级基金的大力支持。在撰写过程中,作者参阅了大量国内外相关文献,在此,对所引用文献的作者表示由衷感谢。与此同时,感谢同济大学GNSS团队章浙涛博士、王苗苗博士、王思遥博士、张治腾博士、刘天霞博士、马晓雯硕士、覃亚男硕士、苗维凯博士生、郑衍宁博士生、陈广鄂博士生、何林坤博士生、吴天昊博士生、袁雷童博士生、陈佳乐硕士生、蒙冠龙硕士生对本书所作的贡献。

由于作者水平有限,疏漏、谬误及其他不足之处在所难免,恳请读者批评指正。

编者

2023年8月

目录

教学课件

参考文献

第 1 章

GNSS 概述

全球导航卫星系统（global navigation satellite system，GNSS）具有全天候、连续性和全球覆盖等优势，目前已经在经济建设、国防建设，以及社会发展等各个领域中发挥了重要的作用。用户通过利用不同的观测值及定位方式，可获得从毫米级至米级的定位精度，从而满足不同应用的需求。本章将首先阐述 GNSS 的基本知识，重点介绍四大全球导航卫星系统的概况。还将介绍 GNSS 的两种增强方式，即星基增强和地基增强。最后简要介绍 GNSS 在高精度定位、智慧城市、大气反演和 GNSS-R 等领域的应用。

1.1 导航卫星系统

1.1.1 导航卫星系统发展

在导航卫星系统出现之前，人们通常采用传统光学测量仪器，如水准仪、经纬仪或全站仪等采集相关几何数据，从而求解地理空间信息。传统数据采集方式存在以下缺点：

① 劳动强度大；

② 测量周期长；

③ 测量精度低；

④ 测量范围小；

⑤ 动态测量难；

⑥ 应用范围和服务对象窄。

与传统测量手段相比，GNSS 具有全天候、全时段和高精度等特点，近年来为众多行业带来了巨大的机遇，极大满足了人类探索未知领域和获取精确位置的需求，推动了地球空间信息技术的革命。GNSS 已广泛应用于大地测量学、地球动力学、灾害监测与预报、摄影测量与遥感、工程测量，以及智慧城市等领域，在我国的经济建设、国防建设，以及社会发展中发挥了重要作用。

导航卫星系统可以追溯至 20 世纪 60 年代。第一代导航卫星系统是美国海军研发的子午卫星系统(transit),又称海军导航卫星系统(navy navigation satellite system,NNSS)。该系统于 1964 年正式建成并投入军用,1967 年实现民用化,直到 1996 年停止服务。子午卫星在近似圆形的极轨道(轨道倾角 $i\approx 90°$)上运行,卫星高度约为 1 075 km,卫星运行周期约为 107 分钟,星座由 6 颗卫星组成,每个轨道面 1 颗卫星,相邻轨道面的夹角约为 30°。

子午卫星系统利用多普勒原理进行定位。当子午卫星以固定频率 f_s 发射连续的无线电波信号时,由于卫星的绕地运动,卫星和地面接收站间有一个相对速度,所以地面站接收到的卫星信号就有频率的变化,这种频率变化的现象称为多普勒效应。由物理学得知,接收到的频率 f_r 是发射频率 f_s、电磁波传播速度 c 和单位时间内的距离变化 $\mathrm{d}D/\mathrm{d}t$ 的函数,不考虑相对论效应时,信号频率 f_s 和 f_r 之间存在关系

$$f_r = f_s\left(1 + \frac{\mathrm{d}D/\mathrm{d}t}{c}\right)^{-1} \approx f_s\left(1 - \frac{\mathrm{d}D/\mathrm{d}t}{c}\right) \tag{1.1}$$

式中,D 为信号源与接收机之间的距离。为了精确地测量多普勒频率,通常在地面接收机内增加一个固定的频率(即本振 f_0),将接收到的频率 f_r 与本振比较(即混频),得出差拍频率 f_0-f_r。将差拍频率在时间段(t_1,t_2)内进行积分,可以获得多普勒计数 N 为

$$N = \int_{t_1}^{t_2}(f_0 - f_r)\,\mathrm{d}t = f_0(t_2 - t_1) - \int_{t_1}^{t_2} f_r \mathrm{d}t \tag{1.2}$$

由于接收频率 f_r 在时间段(t_1,t_2)内的总周期数等于卫星信号发射频率 f_s 在其标记时间段($t_1^s=t_1-D_1/c$,$t_2^s=t_2-D_2/c$)内的总周期数,即

$$\int_{t_1}^{t_2} f_r \mathrm{d}t = \int_{t_1^s}^{t_2^s} f_s \mathrm{d}t \tag{1.3}$$

由于发射频率 f_s 为常数,则多普勒计数 N 和相应时刻的距离差 D_2-D_1 满足关系

$$N = (f_0 - f_s)(t_2 - t_1) + \frac{f_s}{c}(D_2 - D_1) \tag{1.4}$$

根据多普勒计数 N 可求得(t_1,t_2)时间段的距离差

$$D_2 - D_1 = \lambda_s[N - (f_0 - f_s)(t_2 - t_1)] \tag{1.5}$$

式中,$\lambda_s=c/f_s$ 为发射信号的波长。若该卫星 t_1 和 t_2 时刻的空间位置已知,记为 s_1 和 s_2,就能以 s_1 和 s_2 为焦点作出一个旋转双曲面,接收机位置位于该旋转双曲面上,双曲面上的任意点至两个焦点的距离之差等于 D_2-D_1。若继续在时间段(t_2,t_3)和(t_3,t_4)内进行多普勒测量,求得距离差 D_3-D_2 和 D_4-D_3,则可依次作出第二个和第三个旋转双曲面,从而可以交会出接收机所在的空间位置。

子午卫星系统固有的缺陷限制了其实际应用和发展:

① 定位所需时间长。这是由多普勒定位方法的本质所决定的,用户空间位置是通过三个不同焦点的旋转双曲面确定,而这些焦点是同一颗卫星在运行过程中逐步形成的。为了得到足够精确的定位结果,这些焦点与地面测站之间的夹角不宜太小。因此,通常实现一次定位需要 8~18 分钟,这严重限制了其应用范围,尤其是实时和动态应用。

② 定位精度低。由于子午卫星钟和接收机钟的频率都不够稳定,通常会导致约 1 m 的

误差。此外,由于子午卫星的轨道较低,地球重力场模型和大气阻力摄动对轨道的影响可达 1~2 m。因此,即使观测 50~100 次的卫星经过,定位也只能达到分米级精度。

③ 定位不连续。由于未采用频分、码分或时分等多路接收技术,导致接收机在同一时刻只能接收一颗卫星的信号,因此子午卫星星座的卫星数不能太多,在中低纬度地区两次卫星经过的平均间隔达 1.5 小时。而相邻轨道面过密时会导致两颗卫星同时被观测而造成信号相互干扰,因此控制中心必须关闭其中一颗卫星。

由于子午卫星系统存在定位时间长、定位精度低且定位不连续等缺陷,使其无法成为一种独立的导航卫星系统。因此,美国国防部研制了第二代导航卫星系统,即全球定位系统(global positioning system,GPS)。GPS 不再依靠多普勒观测值,而是利用距离观测值进行定位。此外,改进了系统的星座设计,从而能满足连续定位的需要。这些改进使得 GPS 具有全天候、全时段和高精度的定位能力。

由于导航卫星系统是重要的空间信息基础设施,是一个国家和地区经济、科技和军事等综合实力的体现,也是维护国防、政治和经济安全的保障,因此但凡有能力的国家和地区都积极推动自主的导航卫星系统建设。除了美国的 GPS,苏联于 20 世纪也开始建设自主的全球导航卫星系统 GLONASS(俄文 globalnaya navigatsionnaya sputnikovaya sistema,目前由俄罗斯负责)。欧盟于 20 世纪末业已计划建设欧盟自主的全球导航卫星系统 Galileo,但由于种种原因,于 21 世纪初才实质性启动建设。中国作为世界大国,为了确保国防、政治和经济安全,建立自主的导航卫星系统也是必然的。中国自 20 世纪 80 年代提出三步走建设自主导航卫星系统的构想以来,历经近 30 年的奋斗,目前已完成全球覆盖的导航卫星系统 BDS。除了 GPS、GLONASS、Galileo 和 BDS 四大全球导航卫星系统外,其他国家也都纷纷建设区域导航卫星系统,例如印度建立的 IRNSS(Indian regional navigation satellite system),日本建立的 QZSS(quasi-zenith satellite system)。此外,韩国计划在 2034 年前建造自主的区域导航卫星系统 KPS(Korea positioning system),为以首尔为中心覆盖半径 1 000 km 的区域提供独立的定位服务。

1.1.2 导航卫星系统组成

GNSS 由三部分组成:空间部分(space segment)、地面控制部分(control segment)和用户部分(user segment),如图 1.1 所示。

空间部分主要由卫星构成,主要功能是向用户连续播发测距信号和导航电文,并接收来自地面控制部分的各种指令以维持系统的正常运转。

地面控制部分的主要功能是跟踪所有卫星,监测卫星的工作状态,并通过注入站将导航电文等信息注入卫星。

用户部分是接收机等设备,接收卫星的测距信号和星历文件,并求解用户的空间位置,包括位置、速度和钟差等参数。GNSS 的用户部分涵盖了农业、航空等各种基于位置的服务,海洋、铁路、公路等勘测/制图以及定时/时间同步等。

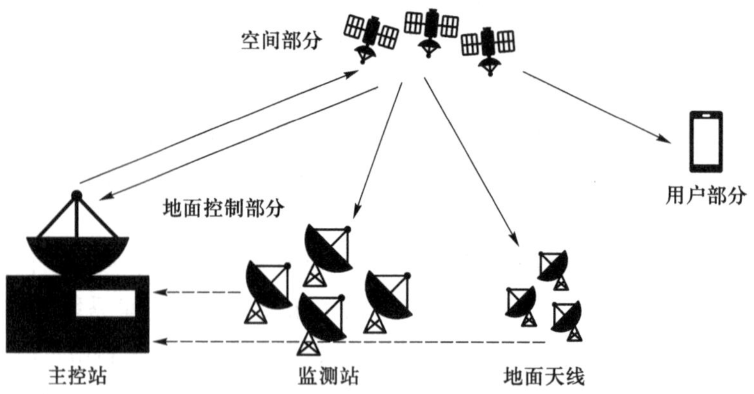

图 1.1 GNSS 的三部分组成

与传统测量技术相比,GNSS 定位的优势包括:

① 无须测站通视。传统测量要求良好的通视条件,因此通常需要建造觇标确保通视条件。GNSS 测量接收空间卫星信号,无须测站通视。GNSS 定位的这一优点使得站点选择更加灵活,大大节约了测量耗时和成本。需要指出的是,GNSS 测量虽然无须测站通视,但需要保持测站上空足够开阔,以便能够接收到足够的卫星信号。

② 定位精度高。大量实践表明,对于 50 km 的基线,相对定位精度达 1~2 mm/km;对于 100~500 km 的基线,相对定位的精度达 0.1~1 mm/km。

③ 观测时间短。如果采用静态定位方法,完成一条基线的相对定位需要的观测时间一般为 1~3 小时(根据精度的需要而不同)。对于短基线(如小于 20 km)快速相对定位,其观测时间仅需要数分钟。

④ 提供三维坐标。GNSS 定位技术在精确测定平面位置的同时,还能精确测定测站的大地高。这一优点为研究大地水准面形状和确定高程提供了新途径,同时也为 GNSS 在航空物探、航空摄影测量以及精密导航中的应用提供了重要的高程数据。

⑤ 操作简便。GNSS 测量的自动化程度很高,测量员野外主要任务是安装并开关仪器、测量仪器高、监视仪器的工作状态和采集观测环境的气象数据,而其他的相关观测工作,如卫星的捕获、跟踪观测和记录等都由仪器自动完成。

⑥ 全天候作业。由于卫星信号的传播和接收不易受天气状况的影响,GNSS 观测可在任何时间、任何地点连续地进行,一般不受天气状态的影响。

1.1.3 导航卫星系统的定位基本原理

使用导航卫星系统实现空间精密定位涉及诸多学科知识。总体上,GNSS 定位基本原理主要包括 5 个方面:

① 空间距离交会。GNSS 利用测站到卫星之间的距离通过空间后方交会确定用户空间

位置。假设卫星位置已知,且能测量用户到卫星的距离。如果已知 1 颗卫星的位置,则用户位置分布在以卫星为中心、以用户到卫星的距离为半径的球面上。当用户观测到 2 颗卫星时,则用户在两个球面相交的圆上,如图 1.2(a)所示。如果继续观测到第 3 颗卫星,则 3 个球面相交确定出两个交点,用户在其中一个交点,另外一个交点通常离用户位置较远(一般位于太空中或者地球内部)可直接排除,如图 1.2(b)所示。因此,从几何角度看,由 3 颗卫星即可确定出用户的位置,这就是卫星空间距离后方交会的基本原理。在实际应用中,由于接收机钟差导致几何距离无法精确测量,因此至少需要 4 颗卫星才能确定用户位置。

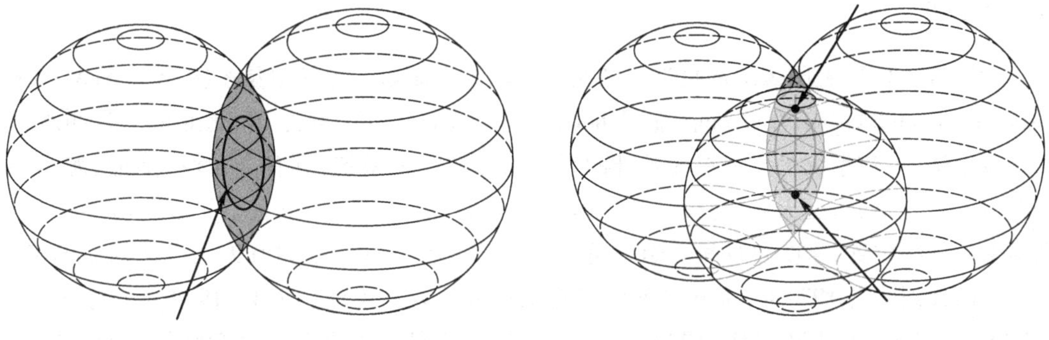

(a)　　(b)

图 1.2　空间距离交会示例

② 站星几何距离测量。GNSS 利用电磁波测距的方式测量用户到卫星间的距离,实质上测量的是电磁波信号从卫星发射到地面接收的时间差,这就要求精确确定卫星发射信号时刻、接收机接收信号时刻以及卫星钟和接收机钟的同步。目前,卫星钟采用高精度的原子钟。原子钟最早发明于第二次世界大战期间,工作原理是基于原子跃迁理论来确定高精度的时间间隔,其频率日稳定度可达到 10^{-14} 量级。目前,原子钟有铯原子钟、氢原子钟和铷原子钟等。对于如何让卫星钟和接收机钟同步并确定卫星信号发射时刻,GNSS 接收机通常采用码相关技术实现。

③ 接收机钟差校正。由于原子钟价格昂贵,只有卫星才会使用。普通接收机通常采用普通的高精度钟,因此在解算位置参数时,需要额外引入一个钟差未知量。结合前文所述,加上用户三维位置参数,至少需要 4 颗卫星才能确定用户的位置。

④ 确定卫星位置。卫星位置和卫星钟差通过广播星历或精密星历计算得到,这些星历文件由 GNSS 地面控制部分生成并注入卫星。主控站和监测站通过观测资料推算编制卫星的星历、卫星钟差和大气误差的修正参数等,并把这些数据传送到注入站,再由注入站将这些数据注入卫星的存储系统。

⑤ 误差改正。由于 GNSS 卫星信号在传播过程中受到大气和测站环境等因素的影响,因此精密定位时需要消除或抑制这些误差的影响,从而获取用户的精确位置。目前,这些误差主要来自电离层、对流层、多路径效应、固体潮和相对论等。

1.2 四大全球导航卫星系统

1.2.1 GPS

1. GPS 简介

1973 年 12 月,美国国防部批准海陆空三军联合研制新的导航卫星系统:NAVSTAR/GPS(navigation satellite time and ranging/global positioning system),意为“导航卫星测时测距/全球定位系统”。该系统是以卫星为基础的无线电导航定位系统,具有全能性(陆地、海洋、航空和航天)、全球性、全天候、连续性和实时性的导航、定位和定时功能。可以为各类用户提供精密的三维位置、速度和时间。GPS 是美国继阿波罗登月计划和航天飞机计划后的又一重大空间计划。自 1974 年,系统的研制组建工作分为方案论证(1974—1978 年)、系统论证(1979—1987 年)和生产实验(1988—1993 年)三个阶段。总投资超过 200 亿美元,经过近 20 年建成并投入运行。

第一颗 GPS 试验卫星于 1978 年发射,1993 年 7 月在轨正常工作的 Block I 试验卫星和 Block II、Block II A 型工作卫星的总数达 24 颗,系统已具备了初步全球连续导航定位能力(initial operational capability,IOC)。1995 年 4 月 27 日,美国空军空间部宣布全球定位系统已具有完全的全球服务能力(full operational capability,FOC)。

2. GPS 构成

GPS 主要由三大部分组成,即空间部分、地面监控部分和用户设备部分。

(1) 空间部分

发射进入轨道且能正常工作的 GPS 卫星集合称为 GPS 卫星星座。标称的 GPS 卫星星座由 24 颗卫星组成,包括 21 颗工作卫星和 3 颗备用卫星(为了保障空间部分正常高效地工作,可在必要时根据指令代替发生故障的卫星)。如图 1.3 所示,24 颗卫星分布在 6 个轨道面上,每个轨道面上分布 4 颗卫星,每个轨道平面内的四个槽点不对称分布,这种设计对于可能发生的卫星故障具有稳健性(也称鲁棒性)。轨道面倾角为 55°,相邻轨道面的升交点赤经相差 60°。每个轨道平面内的各颗卫星之间的升交角距相差 90°。一轨道平面上的卫星比西边相邻轨道平面上的相应卫星超前 30°。卫星在距地球表面平均高度为 20 200 km 的中地球轨道中飞行,运行周期为 11 小时 58 分(恒星日)。当地球自转一周,即一恒星日,在两万千米高空的 GPS 卫星绕地球运行 2 周,这样对于地面观测者来说,每天出现的卫星构型基本相同,只是每天提前 3 分 56 秒见到同一颗卫星。GPS 卫星星座部分参数如表 1.1 所示。

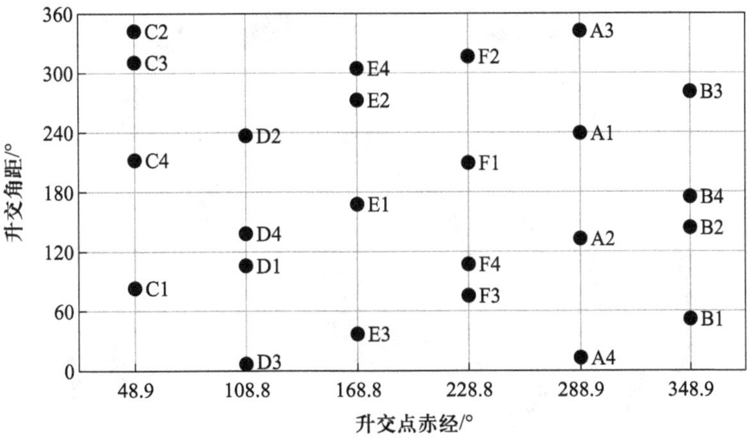

图 1.3 标称的 GPS 工作卫星星座

A~F 代表不同的轨道面;数据时间:2016 年 12 月 31 日。

表 1.1 标称的 GPS 卫星星座部分参数

参数	数值
正常运行的卫星数量	24(21 颗工作卫星,3 颗备用卫星)
轨道面数量	6
每个轨道面的卫星数量	4
轨道类型	近圆形
轨道偏心率	$e<0.02$
轨道倾角(相对地球赤道面)	$i=55°$
标称轨道高度	$h=20\ 180$ km
卫星运行周期	$T=11$ h 58 min
相邻轨道面升交点的赤经差距	$\Delta\Omega=60°$
相邻轨道面相邻卫星间的相位差	30°
地面跟踪重复周期	2 次轨道重复/1 个恒星日

为确保在 95%的时间内保持至少有 24 颗可运行的卫星,GPS 一直运行至少 30 颗卫星。额外的卫星可提高 GPS 性能,但不被视为核心星座的一部分。2011 年 6 月,美国空军完成了 GPS 卫星星座扩展,称为“扩展的 24 星座”。扩展了 24 个插槽中的三个,将槽点 B1、D2 和 F2 分别分为两个并重新放置六颗卫星,GPS 卫星星座现在有 27 个槽点,如图 1.4 所示。

卫星通过天顶时,卫星可见时间大约为 5 小时。位于地平线以上的卫星数量在不同时间和不同地点有所差异。当截止高度角为 15°时,任一地点的用户在任意时刻能同时观测到 4~8 颗;当截止高度角为 10°时,最多能同时观测到 10 颗;当截止高度角为 5°时,最多能同时

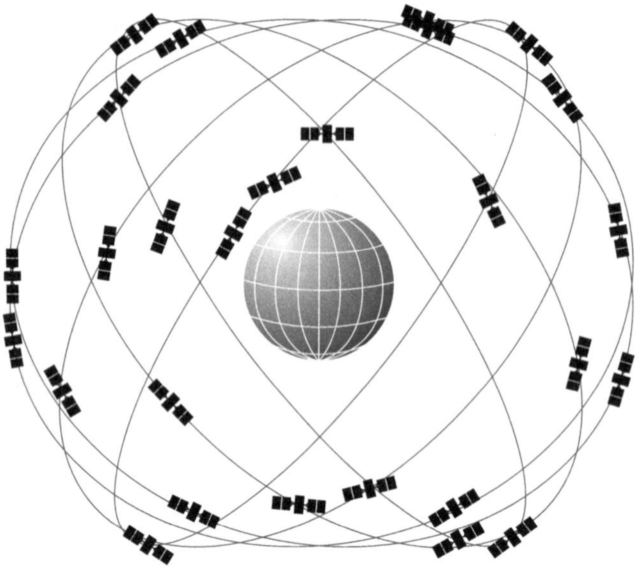

图 1.4 2011 年 6 月拓展后的 GPS 卫星星座

观测到 12 颗。GPS 卫星系统在空间上的配置保障了在地球上任何地点、任何时刻都至少可同时观测到 4 颗卫星(称为“定位星座”),满足定位需求。图 1.5 为 2022 年 1 月 1 日全天(UTC 时间)GPS 卫星的星下点轨迹。应该指出的是,尽管 GPS 卫星星座设计确保在全球全天候跟踪不少于 4 颗卫星,但在某些地区的较短时段(数分钟)内跟踪到的 4 颗卫星的空间几何构型较差,无法得到理想的定位精度。这样的“间隙段”并不影响全球绝大多数地方的全天候、高精度、连续实时的导航定位测量。

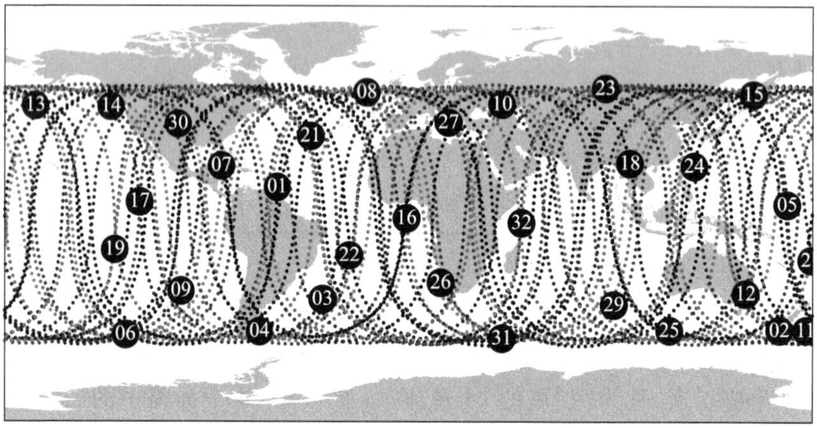

图 1.5 2022 年 1 月 1 日 0—24 时(UTC)GPS 卫星的星下点轨迹图

实心点代表首次跟踪卫星的位置,不同颜色代表 6 个轨道面,请扫描二维码查看原图。

在导航定位测量中，通常按照卫星所采用的伪随机噪声码（pseudo-random noise，PRN）对卫星进行编号。GPS 卫星的基本功能包括：

① 在卫星飞越注入站上空时，接收和存储由地面注入站采用 S 波段（10 cm 波段）上传的卫星导航电文和其他有关信息，通过 GPS 信号链路适时地发送给用户。接收并执行注入站的控制指令。

② 卫星上设有微处理器，进行必要的数据处理工作。

③ 通过星载的高精度原子钟提供精密的时间标准。

④ 在原子钟的控制下自动生成测距码（C/A 码和 Y 码）和载波。采用二进制相位调制法将测距码和导航电文调制在载波上连续不断地播发给用户。由导航电文可以知道该卫星当前的位置和工作情况。

⑤ 在地面注入站的指令下，通过推进器调整卫星的姿态、调整时钟、修复故障，以及在必要时启用备用卫星来维护整个系统的正常工作。

GPS 卫星的主体呈圆柱形，两侧有太阳能帆板，能自动对日定向。太阳能电池为卫星提供工作用电。由于 10^{-9} s 的时间误差会引起 30 cm 的站星距离误差，因此 GPS 卫星的核心部件之一是高精度的时钟。每颗卫星配备多台高精度的原子钟，发射标准频率信号为 GPS 定位提供高精度的时间标准。卫星钟由地面站检验，其钟差、钟速连同其他信息由地面站注入卫星后再转发给用户设备。卫星上带有燃料和喷管，可以在地面控制系统的控制下调整自己的运行轨道。GPS 卫星通过螺旋天线组成的阵列天线发射张角大约为 30°的电磁波束，覆盖卫星的可见地面。

在卫星大地测量研究中通常把卫星作为一个高空观测目标，通过测定用户接收机到卫星之间的距离来完成定位任务。在重力场研究中，通过观测卫星运行轨道的摄动来研究地球重力场及其变化。对于地球重力场研究，通常要求卫星轨道较低以对地球重力场感应敏感（例如距地面高度 500 km 的 GRACE 卫星），而 GPS 卫星的轨道高度超过两万公里，对地球重力的感应灵敏度较低。因此，GPS 卫星主要被用于导航和测量。

从 1978 年到 2019 年 8 月 22 日，已发射 74 颗 GPS 卫星，随着时间的推移和技术的发展，GPS 卫星的功能也随之增强，卫星的尺寸、质量和成本也在变化。表 1.2 列出了每种类型卫星的关键参数。图 1.6 给出了几代不同 GPS 卫星的外形。

表 1.2 GPS 卫星设计概览

参数	Block Ⅰ	Block Ⅱ/ⅡA	Block ⅡR/ⅡR-M	Block ⅡF	GPS Ⅲ
第一次发射	1978	1989	1997	2010	2018
退役时间	1995	/	/	/	/
用途	系统实验	正式工作	改善 GPS	现代化	现代化
发射颗数	11	28	21	12	2
在轨运行颗数	/	0+1	11+7	12	测试中

续表

参数	Block Ⅰ	Block Ⅱ/ⅡA	Block ⅡR/ⅡR-M	Block ⅡF	GPS Ⅲ
设计寿命/a	5	7.5	7.5	12	15
质量/kg	450	>850	1 080	1 630	2 200
系统能量/W	400	700	1 140	2 610	4 480
太阳能阵列大小/m^2	5	7.2	13.6	22.2	28.5
卫星钟	铷钟,铯钟	铯钟,铷钟	铷钟	铯钟,铷钟	铷钟
卫星钟稳定性(每天)	2×10^{-13} 1×10^{-13}	1×10^{-13} 5×10^{-14}	1×10^{-14}	1×10^{-13} $0.5\sim1\times10^{-14}$	5×10^{-14}
信号	L1,L2	L1,L2	L1,L2	L1,L2,L5	L1,L2,L5
链接	/	√	√	√	√
激光反射棱镜	/	√			√

说明:表中“链接”表示卫星之间具备相互跟踪和通信的能力。

BLOCK IIA　　BLOC IIR　　BLOCK IIR-M　　BLOCK IIF　　BLOCK III

图 1.6　GPS 卫星外形示意图

(2) 地面监控部分

支持整个系统正常运行的地面设施称为地面监控部分。GPS 系统的地面监控部分主要由分布在全球的地面站组成,其中包括主控站、注入站、监测站,以及通信和辅助系统。GPS 地面监控部分如图 1.7 所示。

主控站　主控站是整个地面监控系统的行政管理中心和技术中心。主控站只有 1 个,位于美国本土科罗拉多州泉城。备用主控站设在加利福尼亚州。主控站除了协调和管理地面监控系统各部分的工作外,其主要任务包括:

① 收集处理主控站和其他监测站的全部观测资料,推算编制卫星的星历、钟差以及钟漂速度、大气层的修正参数和状态参数等,并把这些数据按照规定的格式编制成导航电文送到注入站。

② 各个监测站和 GPS 卫星的原子钟都与主控站的原子钟进行同步,精确计算它们之间的时间差,将时间差信息编入导航电文送到注入站,通过卫星播发给用户,从而提供全球定位系统的时间基准。

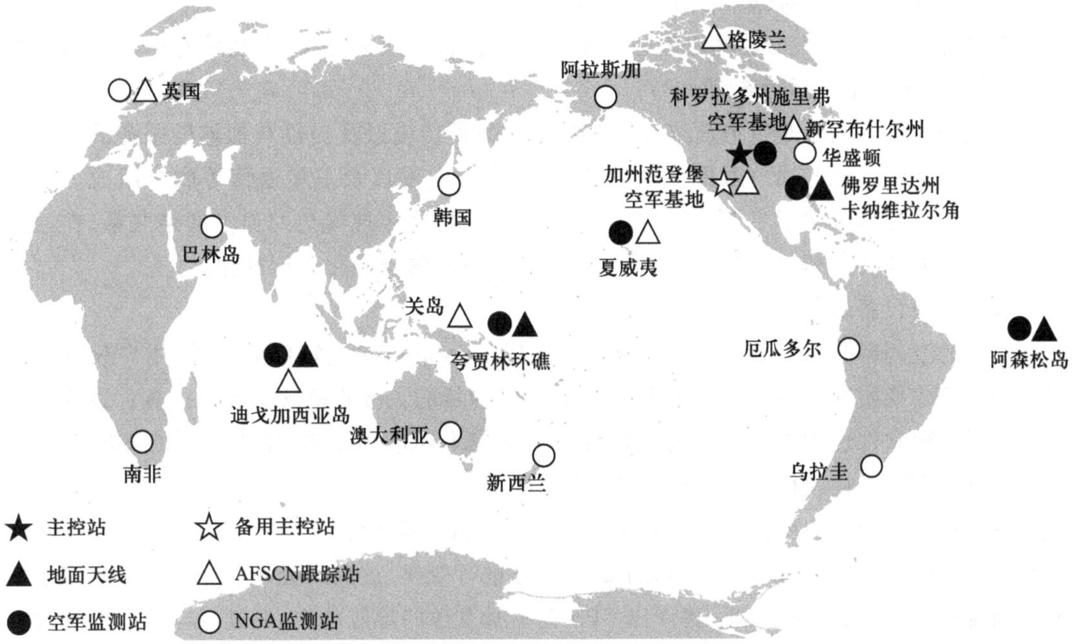

图 1.7 GPS 地面监控系统分布

③ 通过发送指令调整偏离轨道的卫星,使卫星沿着预定轨道运行。

④ 监控卫星工作状态和系统完整性,以确保星座健康和准确性。为了保障空间部分正常高效地工作,当卫星出现故障时,负责修复和启用备用件以维持正常工作,必要时通过发送指令来启用备用卫星来代替因故障而失效的工作卫星。

⑤ 负责监测整个地面监测系统的工作,检验注入给卫星的导航电文,监测卫星是否将导航电文发送给用户等。

注入站 注入站(又称地面天线)包括 4 个专用的 GPS 注入站和 7 个远程跟踪站。注入站分别设在印度洋的迪戈加西亚岛、南大西洋的阿森松岛、南太平洋的卡瓦加兰和佛罗里达州卡纳维拉尔角。注入站的主要任务是在主控站的控制下,将主控站推算和编制的卫星星历、钟差、导航电文和其他控制指令等注入相应卫星的存储系统,并监测注入信息的正确性。注入站还能自动向主控站发射信号,报告自己的工作状态。

监测站 现有的地面站都具有监测站的功能,监测站是在主控站直接控制下的无人值守的数据自动采集中心。目前整个 GPS 系统共有 16 个监测站,包括 6 个美国空军的监测站和 10 个美国国家地理空间情报局(NGA)的监测站。目前的广播星历就是由上述 16 个监测站的观测资料生成的。站内设有高精度的 GPS 接收机、高精度的原子钟,以及若干环境数据传感器。监测站的主要功能是为主控站提供卫星的观测数据,包括:

① 接收机对 GPS 卫星进行连续伪距观测和积分多普勒观测,监测卫星的工作状况。站内原子钟提供时间标准。

② 环境数据传感器收集相关的气象数据。

③ 所有的观测资料由计算机进行初步处理（包括编辑、平滑等）并压缩存储后传送到主控站，用来确定卫星的运行轨道。

通信和辅助系统 是指地面监控系统中负责数据传输以及提供其他辅助服务的机构和设施。全球定位系统的通信系统由地面通信线、海底电缆以及卫星通信等联合组成。整个GPS的地面监控部分除了主控站外均无人值守，各站之间用现代化的通信网络联系，在原子钟和计算机的驱动和精确控制下，各项工作实现了高度的自动化和标准化。

（3）用户设备部分

GPS的空间部分和地面监控部分是用户使用GPS进行导航定位的基础，用户只有采用相应的设备才能实现利用GPS卫星进行导航定位的目的。接收机硬件和机内软件以及GPS数据的后处理软件包构成了完整的用户设备。根据不同应用需求，用户采用的接收卫星信号的设备也不同。接收机硬件一般包括主机、天线和电源。

用户设备部分的主要任务是接收满足一定卫星截止高度角的GPS卫星发射的电磁波信号并跟踪这些卫星的运行，对接收到的GPS信号进行变换、放大和处理，测量出GPS信号从卫星到接收机天线的传播时间，解译出GPS卫星所发送的导航电文，通过相应的数据处理方法完成定位解算，获得用户的三维位置，甚至三维速度和时间。

3. GPS信号

导航卫星系统采用位于微波的L波段的载波，其原因在于：频率过低（$f<1$ GHz），电离层延迟严重，改正后的残余误差也较大；频率过高，则信号受到水汽吸收和氧气吸收的谐振影响严重；而L波段的信号较为适中。GPS信号是GPS卫星向广大用户发送的用于导航定位的调制波，包括载波、测距码和数据码。GPS采用码分多址技术（code division multiple access，CDMA）识别各颗卫星。卫星发射的电磁波标准频率为$f_0=10.23$ MHz。目前，在轨道运行的30多颗卫星中，早期的15颗卫星（2004年以前发射的Block IIA和IIR型卫星）只发射传统的GPS信号，包括L1载波（频率$f_1=154f_0=1\ 575.42$ MHz，波长$\lambda_1=19.032$ cm）上的粗码（C/A码）信号，以及L1和L2载波（频率$f_2=120f_0=1\ 227.60$ MHz，波长$\lambda_2=20.420$ cm）上的精码（P码）信号。C/A码是开放的，P码仅用于经授权用户使用，通常是加密的，当P码处于加密时又被称为Y码。

导航卫星系统在军事和民用的各个领域中正发挥着越来越大的作用。各方面都达到了前所未有的程度，用户数量不断增加、使用方式越来越多样化、使用效率不断提高。因此，全世界诸多国家都在积极发展自己的导航卫星系统及其增强系统，以最大限度地获得军事利益、经济利益和政治利益。美国为了更好地满足军事需要，继续扩展民用市场，稳固GPS在卫星导航定位领域中的地位，决定对GPS进行升级实行现代化。现代化的主要内容包括：

① 在Block IIR-M及随后的卫星的L2载波上调制第二个民用码，主要用于满足商业需求。这种民用码最初设计采用C/A码，现改为更为先进的L2C码。调制L2C后，非军方用

户也能采用双频改正的方法来较好地消除电离层误差,还能采用码相关法来高质量地重建L2载波。L2C信号可以更快地采集,增强可靠性并扩大作业范围。L2C增强卫星信号强度,增加抗干扰能力,更容易在树下甚至室内接收。美国商务部估计,到2030年,L2C可以带来58亿美元的收益。第一颗调制L2C信号的卫星于2005年发射,2022年L2C信号已经在24颗GPS卫星上播发(即Block ⅡR-M及之后的卫星)。

② 在Block ⅡF及随后的卫星中增加第三个民用码L5($f_5=115f_0=1\ 176.45$ MHz,波长$\lambda_2=25.48$ cm),其具有更高码频率、发射功率、带宽,以及更先进的信号设计。旨在满足生命相关的安全性(例如航空安全)和其他高性能应用的要求。对非军方用户而言形成了三频共存的局面,可以组成更多种类的载波相位线性组合观测值。提高信号的冗余度,改善定位精度和可靠性。三频GPS无须增强功能即可以实现亚米级精度,可以通过增强功能实现远距离操作。2009年,美国空军在Block ⅡR-20(M)卫星上成功播发了实验性L5信号。第一颗完整播发L5信号的卫星于2010年5月发射,截至2022年6月26日,17颗GPS卫星可以播发L5信号。预计到2027年可以在24颗GPS卫星上播发(即Block ⅡR-M及之后的卫星)。

③ 在L1载波上调制第四个民用GPS信号L1C,用于在保护美国国家安全利益的同时实现GPS与其他卫星导航系统之间的互操作性。L1C将以与原始L1 C/A信号相同的频率进行播发,保留L1 C/A信号是为了向后兼容。最初,美国和欧洲开发L1C作为GPS和Galileo的通用民用信号。日本的QZSS和中国的BDS也采用类似L1C的信号。L1C的使用将改善城市和其他具有挑战性环境中的移动GPS信号的接收。美国在2018年使用GPS Ⅲ发射第一个L1C信号,2020年末已经在24个GPS卫星上播发。

④ 在L1和L2上增设具有更好的保密性和抗干扰能力军用码(M码),实现军用码和民用码的分离,提高军用码的安全性。军用接收机具有更好的保护装置,特别是抗干扰能力,以及具有快速初始化性能。

⑤ 使用新技术阻止或干扰敌对方使用GPS信号。

表1.3列出了GPS信号的演变过程,显示了GPS卫星Block Ⅰ、Ⅱ、ⅡA和ⅡR发射的信号,对应的频率以及调制在相应频率的信号。

表1.3 GPS信号概览

频段	信号	频率/MHz	码长	码频/MHz	数据频率/(bps/sps)	Block Ⅰ/Ⅱ/ⅡA/ⅡR	Block ⅡR-M	Block ⅡF	Block Ⅲ
L1	P(Y)	1 575.42	NA	10.23	50/50	√	√	√	√
	C/A	1 575.42	1 023	1.023	50/50	√	√	√	√
	L1C	1 575.42	10 230	1.023	50/100				√
	M	1 575.42	NA	5.115	NA		√	√	√

续表

频段	信号	频率/MHz	码长	码频/MHz	数据频率/(bps/sps)	Block			
						Ⅰ/Ⅱ/ⅡA/ⅡR	ⅡR-M	ⅡF	Ⅲ
L2	P(Y)	1 227.60	NA	10.23	50/50	√	√	√	√
	L2 CM	1 227.60	10 230	0.511 5	50(25)/50		√	√	√
	L2 CL	1 227.60	767 250	0.511 5	—		√	√	√
	M	1 227.60	NA	5.115	NA		√	√	√
L5	I5	1 176.45	10 230/10	10.23	50/100			√	√
	Q5	1 176.45	10 230/20	10.23	—			√	√

说明:NA(nonavailability)表示只用于军事服务,不提供公共服务;

sps: symbols per second,每秒采样数。

1.2.2 GLONASS

1. GLONASS简介

20世纪除了美国的GPS外,其他国家也在积极发展独立的卫星导航系统。全球导航卫星系统GLONASS是苏联研制组建的第二代导航卫星系统,现由俄罗斯负责管理和维持。GLONASS的前身是1976年投入运行的低空卫星导航/通信系统Tsyclon/Tsikada。该系统的定位精度为80~100 m,时间延迟1.5~2小时。GLONASS的研究与开发始于1970年代初,通过测量接收机和一组卫星之间导航信号的时差来确定接收机的即时位置。

从1982年10月12日发射第一颗GLONASS卫星到1996年,13年时间历经周折,虽然遭到了苏联解体,但是俄罗斯接替部署始终没有终止或者中断GLONASS卫星的发射。至1995年12月14日,先后共发射了73颗GLONASS卫星,最终建成了由24颗工作卫星加1颗备用卫星组成的卫星星座。经过数据加载、调整和检验,整个系统于1996年1月18日正常运行。由于早期GLONASS卫星的使用寿命有限并且补给不足,加之俄罗斯的经济状况欠佳,没有足够的资金来及时补发新卫星,因此运行卫星的数量逐渐减少,到2001年运行卫星数降至7颗。自2002年以来,随着经济状况的好转,新卫星的定期发射和更长的使用寿命逐步增加了系统中可运行卫星的数量。至2011年,最终重新建立了可提供全球服务所需的24颗卫星星座。

2. GLONASS构成

与GPS类似,GLONASS也由三大部分组成,即空间部分、地面监控部分和用户设备部分。

(1) 空间部分

GLONASS 设计的空间部分由 24 颗卫星组成,采用 Walker 型星座结构,其参数为 $t/p/f=24/3/1$。如图 1.8 所示,24 颗卫星均匀分布在三个轨道倾角为 64.8°的轨道平面上。相邻轨道面的升交点赤经之差为 120°,每个轨道面上均匀分布 8 颗卫星。轨道面内相邻卫星间的相位差为 45°。一轨道平面上的卫星比西边相邻轨道平面上的相应卫星超前 15°。相比于 GPS 卫星,GLONASS 卫星的轨道高度较低,卫星在距地球表面平均高度为 19 390 km 的近圆形中地球轨道中飞行,卫星运行周期减少为 11 小时 15 分 44 秒。一天内卫星运行 $2\frac{1}{8}$圈,而同一轨道上相邻卫星的间隔正好是$\frac{1}{8}$圈。也就是说,在一天后的同一时刻同一方位观测到位于同一轨道面的另一颗相邻卫星,每 8 天循环一次,即每颗卫星经过地球表面同一点的耗时为 8 天。这样的安排有助于对所有卫星较均匀地进行跟踪监测。GLONASS 的星座部分参数见表 1.4。

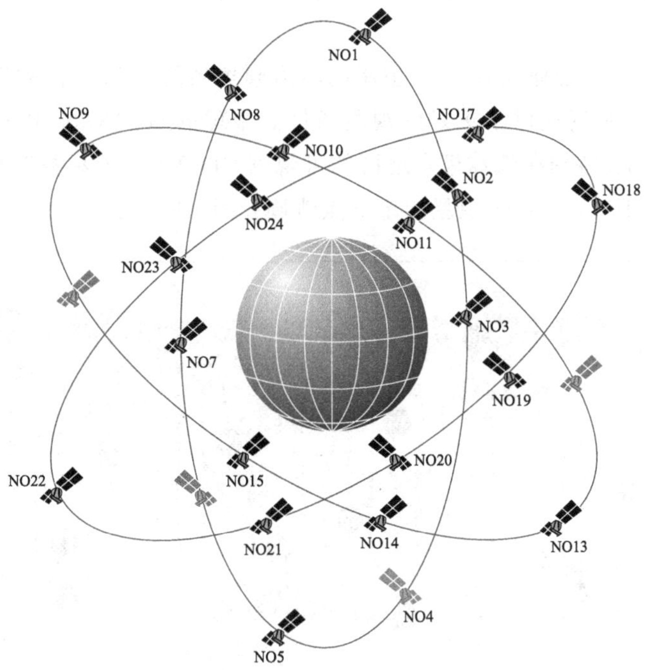

图 1.8 GLONASS 工作卫星空间分布

表 1.4 标称的 GLONASS 星座部分参数

参数	数值
正常运行的卫星数量	$t=24$
轨道面数量	$p=3$
每个轨道面的卫星数量	$t/p=8$

续表

参数	数值
相位参数	$f=1$
轨道类型	近圆形
轨道偏心率	$e<0.01$
轨道倾角(相对地球赤道面)	$i=64.8°\pm0.3°$
标称轨道高度	$h=19\ 100$ km
卫星运行周期	$T=11$ h 15 min 44 s±5 s
相邻轨道平面升交点赤经差距	$\Delta\Omega=360°/p=120°$
轨道面内相邻卫星间的相位差	$\Delta u=360°p/t=45°$
相邻轨道面相邻卫星间的相位差	$\Delta uf/p=15°$
地面跟踪重复周期	17 圈/8 天

GLONASS 卫星的轨道倾角比 GPS 卫星的轨道倾角高约 10°,这样的设计为俄罗斯这样的高纬度(大于 50°)地区提供了更好的观测条件。全球的 GLONASS 用户同样也受益于其良好的空间覆盖状况,特别在地球极点地区的可观测 GLONASS 卫星数较其他系统多。

2022 年 1 月 1 日 GLONASS 卫星的星下点轨迹如图 1.9 所示。

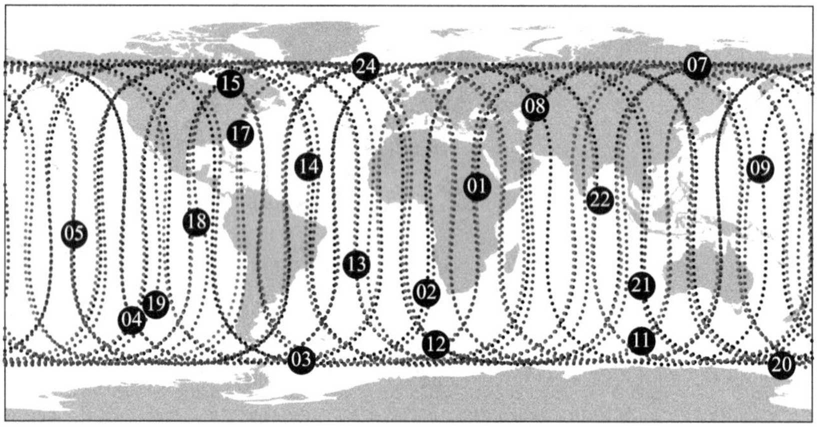

图 1.9 2022 年 1 月 1 日 0—24 时(UTC)GLONASS 卫星的星下点轨迹图

实心点代表首次跟踪卫星的位置,不同颜色代表 3 个轨道面,请扫描二维码查看原图。

每颗 GLONASS 卫星上装有铯原子钟用来产生卫星上高稳定时标,并向所有星载设备提供同步信号。星载计算机将从地面控制中心接收到的专用信息进行处理,生成导航电文向用户播发。播发的导航电文包括:星历参数、卫星钟相对于 GLONASS UTC 的偏移、时间标记、GLONASS 历书等。

GLONASS 卫星星座是整个系统的关键要素。截至 2019 年 11 月,在轨运行的 GLONASS 卫星有 24 颗(总数 27 颗)。自 1982 年以来,40 多年中制造并运行了三代 GLONASS 卫星:

① 1982 年发射的第一代 GLONASS 卫星;

② 自 2003 年以来,发射的 GLONASS-M 卫星;

③ 2011 年推出的 GLONASS-K 系列卫星。

新一代的 GLONASS 卫星不但扩展了卫星功能,而且改善了系统整体性能。在技术改进的同时,卫星的寿命也不断增加。表 1.5 总结了每种类型 GLONASS 卫星的关键特性。图 1.10 给出了几代不同 GLONASS 卫星的外形。

表 1.5 GLONASS 卫星设计概览

参数	GLONASS	GLONASS-M	GLONASS-K1	GLONASS-K2
第一次发射	1982	2003	2011	计划 2024
设计寿命/年	3	7	10	>10
发射颗数	88	48	2	/
在轨运行颗数	0	23	1	/
质量/kg	1 415	1 415	995	1 645
系统能量/W	1 000	1 450	1 600	4 370
太阳能阵列/m^2	25	32	17	34
质量/kg	180	250	260	520
能量消耗/W	600	580	750	2 600
卫星钟	铷,铯	铯	铯,铷	铯,铷
卫星钟天稳定性	5×10^{-13}	1×10^{-13}	$(0.5\sim1)\times10^{-13}$	$(0.5\sim5)\times10^{-14}$
FDMA 信号	L1,L2	L1,L2	L1,L2	L1,L2
CDMA 信号	/	/	L3	L1,L2,L3
链接	/	√	√	√
激光反射棱镜	√	√	√	√

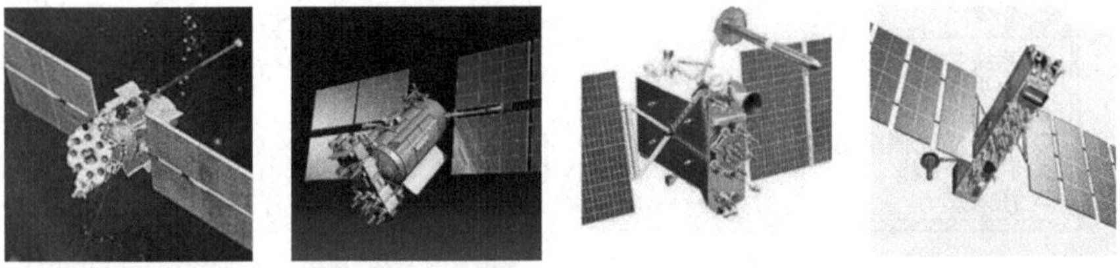

GLONASS GLONASS-M GLONASS-K1 GLONASS-K2

图 1.10 GLONASS 卫星外形示意图

从 1982 年至 2019 年 5 月 27 日,先后共发射 GLONASS 卫星 138 颗。第一代 GLONASS 导航卫星是 1970 年代后期开发的,包括四个子类型:I、IIa、IIb 和 IIv(或 IIc)。第一颗 I 型卫星于 1982 年发射,最后一颗 IIv 型卫星在 2005—2008 年间使用。从 1982 年到 2005 年,共发射 87 颗 I 型和 II 型卫星,其中 6 颗发射失败导致卫星未达到目标轨道。1995 年完成的第一个全星座运作的 GLONASS 卫星星座完全由 IIv 型卫星组成。从 2003 年起,GLONASS-M 卫星取代了之前的卫星,特别地,GLONASS-M 卫星有基于无线电的星际链接功能。到 2015 年初,运行的 GLONASS 卫星星座完全由 GLONASS-M 卫星组成。最新一代的 GLONASS-K 系列包括两个子系列:较轻的 K1 卫星和较重的、功能更完整的 K2 卫星。K1 系列的卫星已于 2011 年发射运行,K2 系列卫星计划于 2024 年发射。

(2) 地面监控部分

地面监控部分是 GLONASS 系统的重要组成部分。主要功能包括:任务计划和星座保持;卫星寿命结束时的维护和退役;监控地面设备运行状态;系统时间尺度的生成;轨道和时钟数据的生成;将导航数据上传到卫星;改进卫星动力学模型;监控 GLONASS 导航、定位和授时性能;与民间机构的外部接口服务等。如图 1.11 所示,系统的地面监控部分均设在苏联的本土内,其核心部分包括:

① GLONASS 系统控制中心 SCC;

② 中央时钟 CCs;

③ 遥测、跟踪和指挥站 TT&C(telemetry,tracking and command stations);

④ 注入站;

⑤ 监测站;

⑥ 卫星激光测距站 SLR。

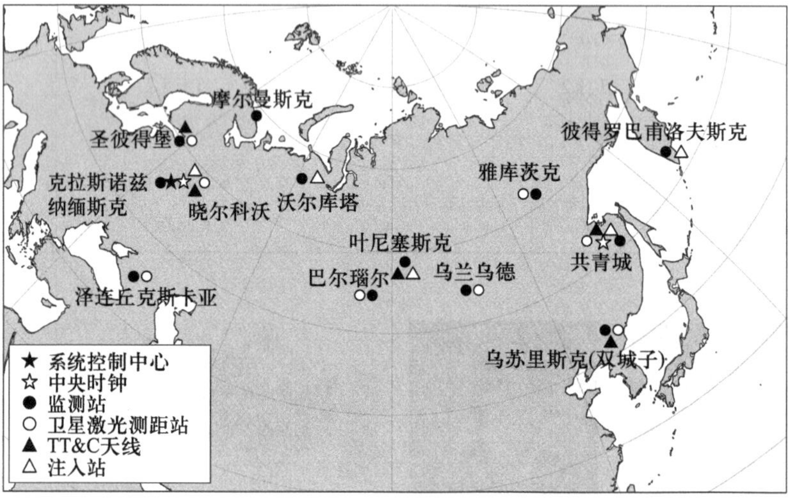

图 1.11 GLONASS 的地面监控部分(俄罗斯境内部分)(Teunissen 等,2017)

系统控制中心位于莫斯科中心西南约 40 km 处的克拉斯诺兹纳缅斯克，执行规划并协调所有地面部分的工作。系统的轨道确定和时钟同步是通过处理所有观测站的可用数据来实现的。GLONASS 时间由中央时钟维护，位于莫斯科附近的晓尔科沃。

为了获得最大覆盖范围，俄罗斯西部、中部和东部地区共有 5 个遥测、跟踪和指挥站 TT&C，由位于晓尔科沃、叶尼塞斯克、共青城、沃尔库塔和彼得罗巴甫洛夫斯克的 5 个注入站进行补充。TT&C 用于接收来自 GLONASS 卫星的状态信息，发送控制命令并执行用于定轨的距离测量。

系统的 13 个监测站收集伪距和载波相位测量用来确定轨道和时钟以及系统完整性监测。其中 9 个监测站与卫星激光测距站 SLR 共置，用于实现观测数据互补（分布于现俄罗斯境内及周边国家）。GLONASS 卫星均配备后向激光反射棱镜，高精度的 SLR 观测值（精度优于 2 cm）用于辐射距离测量的校准以及轨道确定和精度验证，也有助于改进 GLONASS 参考框架的实现。

（3）用户设备部分

用户只有采用相应的设备才能实现利用 GLONASS 卫星进行导航定位。GLONASS 接收机接收 GLONASS 卫星信号并测量其伪距和速度，同时处理卫星的导航电文。接收机中的处理器对所有输入数据进行处理并计算出用户的位置、速度和时间。

能够同时接收 GPS 和 GLONASS 卫星信号的接收机简称为双系统卫星定位接收机。使用双系统卫星定位接收机具有以下优越性：增加接收卫星数量；可以减少野外观测时间，提高生产作业效率；提高定位的精度和可靠性。

3. GLONAS 信号

GLONASS 提供两种类型的服务，包括：

① 公开服务。利用两个载波 L1 和 L2 上公开未加密的信号为全球用户提供导航、定位和授时服务。近年来，GLONASS 增加了第三个载波频率 L3。

② 针对授权用户的服务。目前使用两个载波 L1 和 L2 上的加密信号为特定用户提供军事、国防等领域的授权服务。

每颗 GLONASS 卫星都播发用于开放和授权服务的信号。需要说明的是，GLONASS 的设计从未考虑过有意降低公开服务的精度（类似于 GPS 直到 2000 年所采用的选择可用性 SA 政策）。为了提供定位导航和授时服务，系统播发的信号中包括了以 PZ-90 为坐标系统的轨道星历参数和以 GLST 为时间系统的时间参数。与 GPS 不同，GLONASS 不用轨道根数表示星历数据，而是采用某个参考历元的坐标、速度及其误差修正信息。

传统上，GLONASS 采用频分多址技术（frequency division multiply access，FDMA）识别各颗卫星，即各颗卫星发射的信号采用相同的测距码但是频率略有不同。GLONASS FDMA 信号对不同信号使用一组不同的通道。每个通道均由其通道号 j 标识，它唯一地定义了相应的信号频率。以 j 表示通道号，则其信号频率为

$$\begin{cases} f_{L1,j} = 1\ 602.0\ \text{MHz} + j \times 0.562\ 5\ \text{MHz} \\ f_{L2,j} = 1\ 246.0\ \text{MHz} + j \times 0.4375\ \text{MHz} \end{cases} \tag{1.6}$$

相邻信号通道的频率相差 $\Delta f \approx 0.5$ MHz，接收机可以通过该频率差来区分接收到的卫星信号。对于给定的信号通道 j，L1 和 L2 频率的比值为

$$\frac{f_{L1,j}}{f_{L2,j}} = \frac{9}{7} \tag{1.7}$$

在 GLONASS 最初设计中，信号通道的范围为 $j=1,2,\cdots,24$，那么 24 颗卫星播发的 L1 波段的频率范围为 1 602.0~1 615.5 MHz。由于该频率范围干扰了射电天文的观测（频率约为 1 612 MHz），自 1998 年起，信号通道的范围调整为 $j=1,2,\cdots,12$（对应的最大的频率减小为 1 608.75 MHz）。2005 年进行了第二次调整，采用负数表示信号通道，信号通道的范围调整为 $j=-7,-6,\cdots,+6$（14 个信号通道中包含了 2 个用于测试新卫星的频率通道）。

GLONASS 有 24 颗卫星，但只有 12~14 个信号通道。处理方法是将相同的信号通道号 j 分配给两个位于同一轨道面的对跖卫星（antipodal satellites），这样对地面观测者来说只能观测到两个对跖卫星的其中一个，从而能通过接收的信号频率来有效区分卫星号。

自 1982 年第一颗卫星发射以来，GLONASS 一直在播发 FDMA 信号，在 FDMA 信号调制方式中，由于所有可观测卫星使用了不同的信号频率，其优势在于所有卫星可使用相同的测距码。与 CDMA 信号相比，FDMA 可提供针对频率干扰的保护，因为这种干扰一次只会影响一颗或几颗频率与其相仿的卫星，对其他卫星信号不会产生显著的影响；不同卫星信号之间也不会产生严重的干扰；测距码的结构比码分多址要简单得多。但是采用 FDMA 调制方式会增加前期设计的复杂性，系统占用的频率资源也要大得多。例如处理不同频率的卫星信号需要配备更多的前端部件，会导致接收机体积大、价格贵。信号频率的不同为 GLONASS 接收机信号的处理带来困难，例如相位延迟变化。为了提高 GLONASS 与其他 GNSS 的互操作性，GLONASS 正在进行向 CDMA 信号体制过渡的现代化。

随着 2011 年发射第一颗 GLONASS-K1 卫星，GLONASS 开始在新的 L3 频率上播发附加的 CDMA 信号。作为正在进行的 GLONASS 现代化的一部分，CDMA 信号还将在 L1 和 L2 频率上播发。表 1.6 给出了当前和计划的 GLONASS 信号的概述。

GLONASS 的 CMDA 信号频率分配与 FDMA 相似，有开放和加密两种类型，分别用于提供开放和授权服务。L1 和 L2 的 CDMA 信号的频率分配是在原始 GLONASS 频带内定义的，载波上调制有导频分量（pilot）和数据分量（data），而 L5/L3 是分配的新频率。此外，计划在 L1 和 L5 上提供现代化的民用导航信号 L1OCM 和 L5OCM，目前正在研究设计信号的参数。

考虑到现有用户设备的兼容性问题，GLONASS 依然继续播发 FDMA 信号。对于第一代 GLONASS 卫星，仅在 L1 频率上播发开放服务信号，而从 2003 年发射的 GLONASS-M 卫星开始，两个频率 L1 和 L2 上都播发开放服务信号。

表 1.6 GLONASS 信号概览

卫星	FDMA		CDMA		
	L1	L2	L1	L2	L3
GLONASS	L1OF L1SF	L2SF	/	/	/
GLONASS-M	L1OF L1SF	L2OF L2SF	/	/	L3OC
GLONASS-K1	L1OF L1SF	L2OF L2SF	/	/	L3OC
GLONASS-K2	L1OF L1SF	L2OF L2SF	L1OC L1SC	L2OC L2SC	L3OC

说明:"O"表示开放服务;"S"表示授权服务,"F"表示 FDMA;"C"表示 CDMA。

1.2.3 GALILEO

1. Galileo 简介

卫星导航的巨大潜在利益促使欧洲航天局(European Space Agency,ESA)和欧盟委员会(European Commission,EC)合作开发和部署欧洲无线电导航卫星系统,该系统以意大利天文学家伽利略 Galileo 命名。Galileo 的研发经历了一个漫长的过程,其间受到美国政府的阻挠,遭遇欧洲金融危机,使得系统建设一再推迟,于 2003 年末才正式启动。Galileo 是一项具有战略意义的计划,不仅能使欧洲在安全防务和军事方面摆脱被动局面,在航天领域内继续充当重要角色,而且还可获得较好的社会效益和经济效益。

Galileo 于 2005 年和 2008 年发射了两颗 GIOVE(Galileo in-orbit validation element)实验卫星,用于系统关键技术的测试,例如星载原子钟和导航信号的测试。GIOVE 卫星已经完成了实验使命,出于空间碎片控制的考虑,已被推至高出 Galileo 预定轨道 300 km 的空间。2011 年 10 月 21 日和 2012 年 10 月 12 日相继发射四颗 GSAT010x 系列(第一批伽利略卫星系列)卫星。作为 Galileo 的一部分,也用于在轨验证(in-orbit validation,IOV),旨在进行独立的定位实验。2013 年 3 月 12 日,通过地面观测和空间基础设施,首次实现仅采用 Galileo 信号独立定位。至此,Galileo 开始播发导航信息,在轨验证阶段于 2013 年圆满完成,实验结果被用于预测 Galileo 全星座预期性能的重要参考。经过不断的发展,Galileo 于 2016 年已具备初步区域独立服务的能力,于 2017 年进入实用阶段并启动全系统部署计划,包括系统日常运行维护、星座的维持和地面部分的维护。这一阶段会一直贯穿于 Galileo 的整个设计过程。

作为欧洲的全球导航卫星系统,Galileo 建成后将为欧洲的公路、铁路、空中和海洋运输、共同防务以及徒步旅行者提供高效的定位导航服务以及以安全为目标的紧急响应服务。

Galileo促进了欧洲的创新,为许多新产品和服务的创建做出了贡献,创造了就业机会,并使欧洲在1 750亿欧元的全球GNSS市场(来源于GNSS市场和用户报告)中拥有更大的份额。Galileo是一个具有商业性质的民用导航卫星系统,由于军方没有直接参与Galileo的研制和组建过程,因而非军方用户在使用该系统时受到政治影响较少。

Galileo的建立对推动全球导航卫星系统的发展起到了积极作用。中国对Galileo计划也很感兴趣,我国科技部与欧盟能源交通司于2003年9月18日草签了合作协议,投资了2.3亿欧元,并成立了中欧卫星导航技术培训合作中心。双方在Galileo计划的实施过程中开展广泛的合作,包括卫星的制造和发射、无线电传播环境实验、地面系统、接收机标准等。

2. Galileo构成

Galileo也由三大部分组成,即空间部分、地面监控部分和用户设备部分。

(1) 空间部分

Galileo采用Walker型星座结构,参数为$t/p/f=24/3/1$。截至2024年4月,Galileo已经成功将计划的30颗卫星全部部署到轨道中。表1.7给出了Galileo卫星星座的部分参数。

表1.7 Galileo卫星星座的部分参数

参数	参数值
正常运行的卫星数量	$t=24$
轨道面数量	$p=3$
每个轨道面的卫星数量	$t/p=8$
轨道类型	圆形
相位参数	$f=1$
轨道半长轴	$a=29\ 599.8$ km
轨道倾角	$i=56°$
轨道偏心率	$e=0$
相邻轨道平面升交点赤经差距	$\Delta\Omega=360°/p=120°$
轨道面内相邻卫星间的相位差	$\Delta u=360°p/t=45°$
相邻轨道面相邻卫星间的相位差	$\Delta uf/p=15°$
卫星运行周期	14小时4分钟42秒
轨道重复	17次轨道重复/10恒星日

Galileo的完整星座设计如图1.12所示。Galileo全星座包括24颗工作卫星和6颗在轨备用卫星。这些卫星分布在三个轨道面A、B、C上,每个轨道面上均匀分布8颗工作卫星和2颗备用卫星。相邻轨道面的升交点赤经之差为120°,轨道面内相邻卫星间的相位差为

45°。一轨道平面上的卫星比西边相邻轨道平面上的相应卫星超前 15°。轨道倾角为 56°，卫星在距地球表面平均高度约 29 600 km 的圆形轨道上运行，运行周期为 14 小时 4 分钟 42 秒，地面站每 10 个恒星日可重复观测同一颗卫星 17 次。

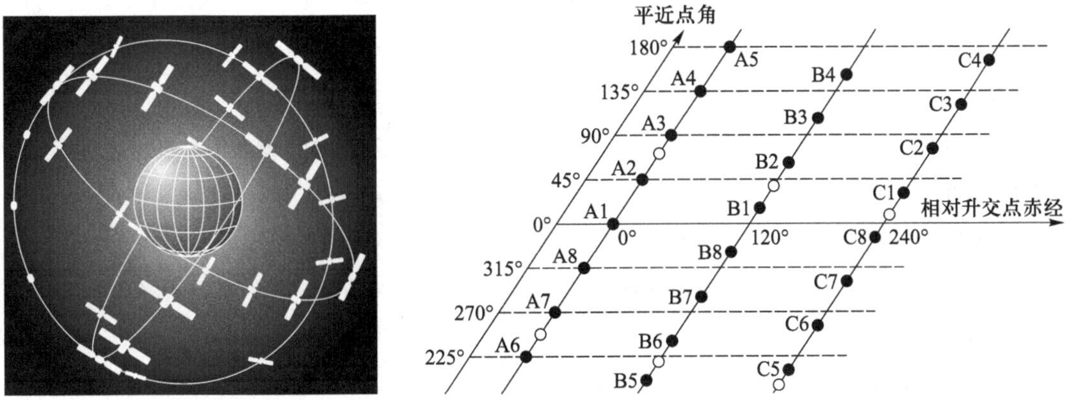

图 1.12 Galileo 的完整星座设计

A~C 代表不同的轨道面；实心点表示工作卫星；空心点表示备用卫星。

经过优化的 Galileo 卫星星座，可以在全球范围内始终获得良好的几何观测条件，从而保证用户位置的准确性和可用性。与 GPS 相比，稍高的轨道平面倾角可以提供更好的高纬度覆盖范围。24 颗卫星组成的星座确保全球任何地方的可视卫星数为 6~11 颗，高度角大于 5°时，平均可视卫星数超过 8 颗。加上 6 颗备用卫星，这样的星座设计为定位提供了良好的卫星几何结构，平面精度因子 HDOP 约为 1.3，高程精度因子 VDOP 约为 2.3。2022 年 1 月 1 日 0—24 时（UTC）Galileo 卫星的星下点轨迹如图 1.13 所示。

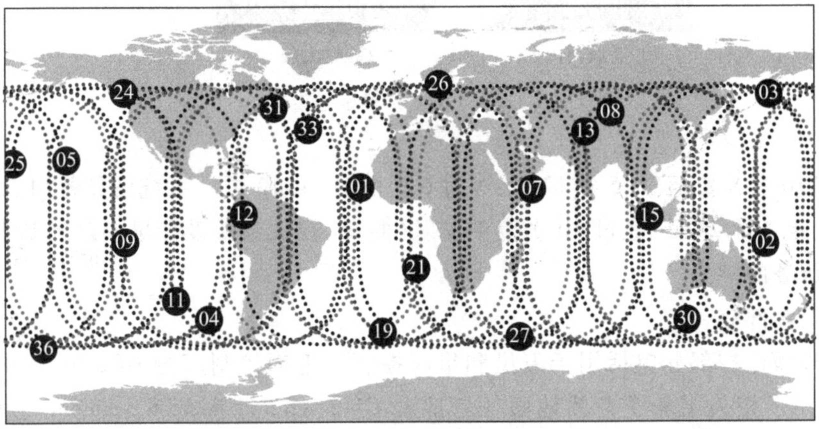

图 1.13 2022 年 1 月 1 日 0—24 时（UTC）Galileo 卫星的星下点轨迹图

实心点代表首次跟踪卫星的位置，不同颜色代表 3 个轨道面，请扫码查看原图。

Galileo 卫星的发展共有 2 个阶段,第一阶段是 GSAT010x,第二阶段是 GSAT02xx。表 1.8 总结了目前 Galileo 卫星的部分关键特性。Galileo 卫星的外观示意图如图 1.14 所示。

表 1.8 Galileo 卫星的关键特性总结

参数	GSAT010x	GSAT02xx
发射颗数	4	22
在轨运行颗数	3	21(包括 2 颗测试卫星)
首次发射时间	2011(成对发射)	2014(成对发射,因故受损)
首次发射轨道	A 轨道	B 轨道
目前轨道分布	B、C 轨道	A、B、C 轨道(加上 2 个拓展槽点)
发射时的质量/kg	约 700	约 715
太阳能阵列大小/m^3	2.7×1.6×14.5	2.5×1.1×14.7
设计寿命/a	12	12
可用能量/W	1 400	1 900
搜索与救援服务信号	√	√

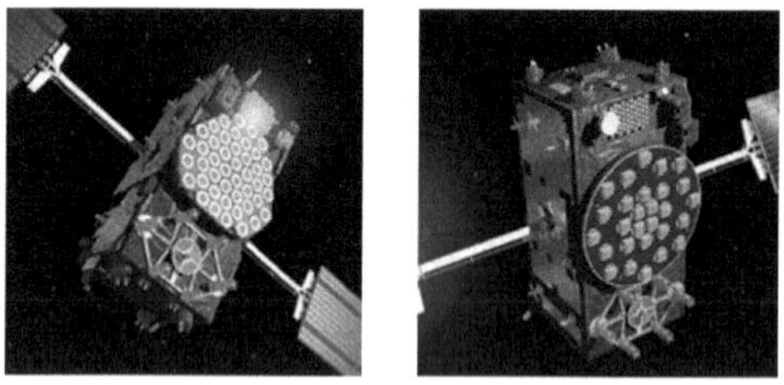

GSAT010x　　GSAT02xx

图 1.14 Galileo 卫星外形示意图

从 2011 年 10 月开始至 2015 年 12 月,经过 6 次发射(共 12 颗),系统已具备初步服务能力。截至 2018 年 7 月 25 日,经过 10 次卫星发射(共 26 颗),系统设计星座已经基本完成,具有完全独立服务的能力。

(2) 地面监控部分

Galileo 的地面监控部分包括用于卫星和星座控制的地面控制部分 GCS(ground control segment),以及用于相关服务任务的地面任务部分 GMS(ground mission segment)。GCS 和 GMS 的核心设施部署在两个 Galileo 控制中心 GCC(Galileo control centers),分别位于德国慕尼黑附近的奥伯珀法芬霍芬(Oberpfaffenhofen)和意大利的富齐诺(Fucino)。负责“控制”功能的地面控制部分 GCC 执行所有与卫星星座和载荷有关的命令、控制和监测功能。负责“任务”功能的地面任务部分 GMS 测量并监控 Galileo 导航信号,计算生成导航电文数据并将其传递给卫星。

GMS 和 GCC 通过执行监测和控制功能的全球地面站实现与卫星的链接。

GCC 包括 TT&C 测站。全球分布的 6 个 TT&C 测站满足了全球覆盖的要求。用于收集并转发由 Galileo 卫星生成的遥测数据,分发并从地面向上传送用于维护 Galileo 卫星和星座所需的控制命令。

GMS 包括两个全球站点构成的网络:

① L 波段的 Galileo 传感器站 GSS(Galileo sensor stations)。16 个 GSS 站用于实时收集 Galileo 导航信号的测距结果,用于确定轨道、时间同步以及监测太空中的信号,并将数据传送到 Galileo 控制中心 GCC。

② C 波段注入站 ULS(uplink stations)。5 个注入站用于向 Galileo 卫星注入其分发的任务数据(例如,星历和预测的时钟,搜索和救援信息,商业服务数据)。

此外,有助于提高 Galileo 服务质量的其他外部服务设施是 Galileo 地面监控部分的有效补充,包括欧洲 GNSS 服务中心、大地参考框架服务、时间服务、Galileo 安全监视中心、Galileo 搜索和救援数据服务中心、Galileo 参考中心。

每次发射卫星之后在 LEOP 中心进行在轨测试,以验证卫星载荷的健康状况和发射是否成功。指定的卫星在轨测试中心位于比利时的雷都(Redu)。

(3) 用户设备部分

Galileo 用户设备部分由接收 Galileo 卫星信号并计算其位置的所有兼容性接收器和设备组成。根据具体应用的不同对应的用户分类也不同,涉及范围很广,例如传输、定位、定时应用。Galileo 能与 GPS 和 GLONASS 相互兼容(共享资源而不会降低其他无线电导航卫星系统的性能),可以互操作,Galileo 的接收机可以采集各个系统的数据或者通过与其他卫星系统数据的“组合”提供用户需要的位置、速度和时间。

3. Galileo 信号

每颗 Galileo 卫星在 L 波段的三个频率 E1、E5 和 E6 上提供导航信号,Galileo 与 GPS 具有部分相同的信号频率:Galileo E5a 和 GPS L5,Galileo E1 和 GPS L1。表 1.9 概述了可用的 Galileo 信号以及相关的载波和子载波频率。

表 1.9 Galileo 卫星信号概况

Galileo 信号	载波频率/MHz	子波段	子波段频率/MHz	其他系统相同频率的载波
E1	1 575.420	/	/	GPS L1 C/A,L1C
E6	1 278.750	/	/	/
E5	1 191.795	E5b	1 207.140	/
		E5a	1 176.450	GPS L5

E1 和 E6 各提供一组向公众开放的导频分量(pilot)和数据分量(data)。在高于和低于 E5 载波频率 $\Delta f=15.345$ MHz 处提供两个子频率 E5a 和 E5b,即 $f=1\ 191.795$ MHz ∓ 15.345 MHz。子频率 E5a 和 E5b 都包括导频分量和数据分量,可进行单独跟踪使用。在 E1 和 E6 上采用加密的信号调制方式限制用户的访问。Galileo 提供四对供公众使用的导频分量和数据分量:E1-B(data)/C(pilot)、E6-B(data)/C(pilot)、E5a-I(data)/Q(pilot)和 E5b-I(data)/Q(pilot)。

Galileo 信号分为公开信号和加密信号(为商业服务和政府部门服务的加密信号)。系统提供三种不同的定位服务,包括:

① 公开服务(open service,OS)。采用具有开放性的 E1-B/C、E5a-I/Q 和 E5b-I/Q 卫星信号,提供面向大众的免费的定位、导航和定时服务。

② 公共管制服务(public regulated service,PRS)。采用具有限制性的 E1-A 和 E6-A 卫星信号,针对政府授权用户的受限访问定位服务,包括国防、执法等。

③ 商业服务(commercial service,CS)。采用 E6-B/C 卫星信号在公开服务的基础上提供付费的增值服务。商业服务的内容包括分发加密的导航相关数据,为专业应用领域提供测距和定时服务以及导航定位和无线电通信网络的集成应用。

Galileo 除了具有全球导航定位功能外,还有全球搜索救援(search and rescue,SAR)功能。Galileo 是第一个提供全球 SAR 功能的 GNSS。作为第四项服务,系统支持低级轨道卫星搜救系统 COSPAS-SARSAT(由美国、俄罗斯、加拿大和法国于 1979 年建立,目前有 43 个国家和组织参与),能够检测和定位由飞机、轮船和个人激活的紧急无线电信标,提供准确可靠和及时的警报和位置数据,为搜救人员提供有效的帮助,如图 1.15 所示。

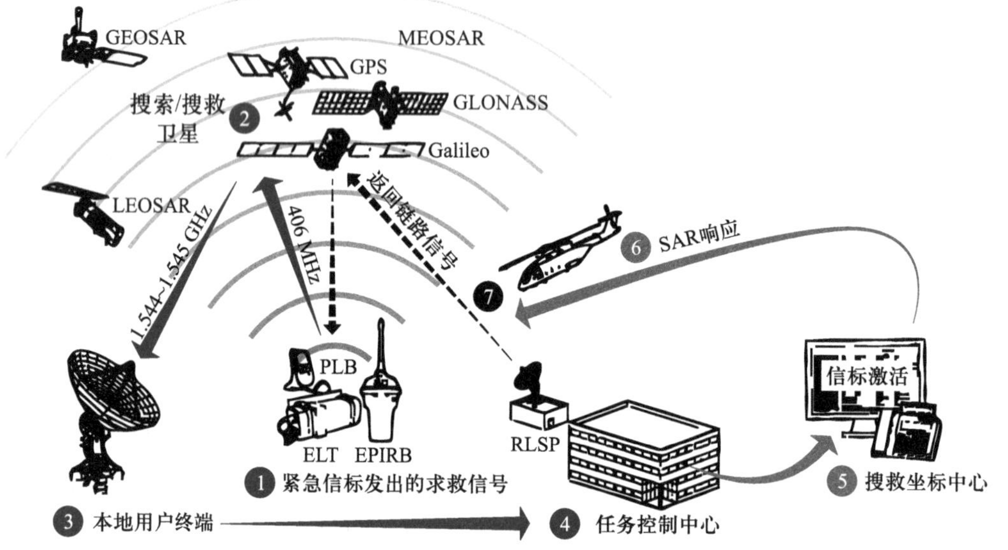

图 1.15 COSPAS-SARSAT 系统概览

作为中地球轨道 SAR 系统 MEOSAR 的一部分，Galileo 通过 E1 频率上的数据分量 E1-B 提供新的 SAR 功能来寻找和帮助遇险人员。每颗 Galileo 卫星配备一个 SAR 转发器，用于增强 SAR 服务中的遇险定位功能。卫星上的 SAR 转发器从任一 COSPAS-SARSAT 信标接收 406.0~406.1 MHz 频带内的遇险警报，然后用 L 波段的 1 544.1 MHz 的频带将该警报重新传播到专用地面站，地面部分基于时间和频率测量来近实时地确定位置。Galileo 地面部分与全球救援中心连接，将紧急信标的遇险信号转发给救援协调中心，救援协调中心随后将开始救援行动。与此同时，系统将向紧急信标发送信号，从而通知遇险人员他们的情况已经被系统知晓并且正在进行援救。

由于 COSPAS-SARSAT 不会向遇险人员提供反馈，Galileo 的新功能与现有 COSPAS-SARSAT 相比是一项重大升级。Galileo 提供海上、山区、沙漠以及 SAR/Galileo 覆盖区域内的 SAR 服务，在困难的地形和天气条件下，系统可以帮助相关工作人员更快（激活求救信号后需要的时间从 1 小时减少到 10 分钟）、更高效（遇险者定位精度从 10 km 提高到 2~5 km）地响应遇险信号，实施搜索与救援，挽救更多的生命。表 1.10 列出了 SAR/Galileo 初始服务定位性能，表中“目前实际值”来自 2019 年第二季度 SAR/Galileo 服务报告。

表 1.10 SAR/Galileo 初始服务定位性能

情景描述	预期值	目前实际值
1 处突发异常后的定位概率	>75%	>99.7%
12 处突发异常后的定位概率（10 分钟内）	>98%	100%
1 处突发异常后的定位精度（5 km 内）	>70%	>98.2%
12 处突发异常后的定位精度（10 分钟内，5 km 内）	>95%	>98.7%
12 处突发异常后的定位精度（10 分钟内，2 km 内）	>80%	>92.4%

1.2.4 北斗系统

由于导航卫星系统是重要的空间信息基础设施，中国政府高度重视导航卫星系统的建设，一直在努力探索和发展拥有自主知识产权的导航卫星系统。中国导航卫星系统的最初设想由陈芳允院士于 1983 年提出，按三步走计划。第一步为导航卫星试验阶段，第二步为国内及亚太地区导航服务，第三步是全球覆盖全天候服务。北斗系统的建设实践，实现了在区域快速形成服务能力逐步扩展为全球服务的发展路径，丰富了世界导航卫星事业的发展模式。

北斗系统具有以下特点：一是北斗系统空间段采用三种轨道卫星组成的混合星座，与其他导航卫星系统相比高轨卫星更多，抗遮挡能力强，尤其低纬度地区性能特点更为明显。二是北斗系统提供多个频点的导航信号，能够通过多频信号组合使用等方式提高服务精度。

三是北斗系统创新融合了导航与通信能力，具有实时导航、快速定位、精确授时、位置报告和短报文通信服务五大功能。

1. BeiDou-1

(1) BeiDou-1简介

1989年，使用两颗对地静止通信卫星DFH-2/2A的系统Twinsat通过了在轨验证。1994年开始进行北斗一号(BeiDou-1)的研制工作，2000年10月31日和12月21日，自行研制的两颗北斗导航试验卫星相继从西昌卫星发射中心升空并准确进入预定的地球同步轨道(分别位于80°E和140°E赤道上空)，组成了我国第一代独立自主的导航卫星系统——北斗卫星导航系统的卫星星座。BeiDou-1的建成使我国成为继美国、俄罗斯之后，世界上第三个拥有自主研发导航卫星系统的国家。2003年5月25日，另一颗备用卫星被成功送入预定轨道(110.5°E赤道上空)。一个完整的导航卫星系统完全建成，于2003年12月15日成功投入运行。目前这三颗卫星已光荣完成使命，被第二代、第三代北斗卫星导航系统所取代。

BeiDou-1是一种区域性的应答式的有源导航定位系统，投资小、建成快，用户终端设备简单。该系统利用两颗地球同步卫星进行导航定位，因此又称为"双星定位系统"。单靠双星定位只能确定用户的平面位置，海拔高程则需依靠中心站内的地面高程模型来确定。与GPS、GLONASS和Galileo不同，BeiDou-1的用户自己不能计算其三维位置，位置计算工作由地面中心站完成，这就导致用户的位置时刻被主控站掌握。BeiDou-1的这种定位方式使用户在作战时很难隐蔽自己，定位速度慢，无测速功能，用户数量受到限制。此外，过于依赖地面中心站使得整个系统在作战时的生存能力受到影响。BeiDou-1除了具有播发定时信息并为授时用户提供时间延迟修正这一授时功能外，还有其他定位系统不具备的优点，即具备一定的通信能力，可以在用户和主控制站之间，以及用户与用户之间提供双向消息交换。BeiDou-1的位置报告和短报文功能延续至今，如今成为北斗系统的"独门绝技"。这种告知别人"我在哪儿""在干什么"的独特功能，在地面通信信号盲区或其他通信手段失效后，就成为紧急时刻拯救生命的最后"保险索"。

(2) BeiDou-1构成

BeiDou-1是实验性区域导航系统，由空间部分、地面控制部分和用户终端部分组成。

① 空间部分。仅由2颗地球静止同步卫星(80°E和140°E)和1颗在轨备用卫星(110.5°E)组成，过于简单的星座限制了卫星的可见区域。BeiDou-1服务区域为70°—140°E，5°—55°N，如图1.16所示。卫星上配备无线电转发器，用来完成地面中心站与用户终端之间的双向无线电信号通信工作。

② 地面控制部分。由一个地面中心站(master control sation)和若干个校准站(calibration stations)组成。位于北京的地面中心站是整个系统的中枢。地面中心站连续发射无线电测距信号，接收用户终端的应答信号，执行卫星轨道确定和电离层校正，完成所有用户定位的数据处理工作和数据交换工作，将计算结果分发给各个用户。此外，地面中心站还负责

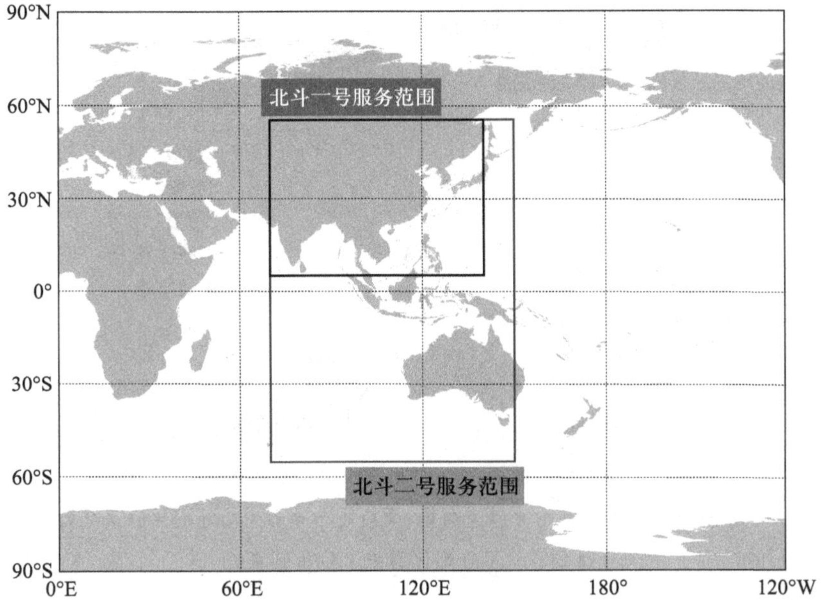

图 1.16 BeiDou-1、2 服务覆盖范围

根据北斗公开性能服务规范描述。

将短消息发送给订阅用户。遍布中国的校准站提供基本观测量,用来确定轨道、进行广域差分定位以及根据气压高度计数据计算用户高程。

③ 用户终端部分。用户终端主要功能是:接收经过卫星转发的来自地面中心站的测距信号,注入相关信息后,用上行频率向卫星发出应答信号,经过卫星转发给地面中心站,以进行信号传播时间的量测和定位导航计算。根据用途,可分为定位终端、通信终端、授时终端、用户管理站终端等。根据设备形式,可以分为便携式终端、车载式终端和船载式终端等。

(3) BeiDou-1 定位原理

有源定位系统 BeiDou-1 采用的无线电测定卫星服务 RDSS(radio determination satellite service)链路如图 1.17 所示。每颗卫星都有两个出站转发器(outbound transponders)和两个入站转发器(inbound transponders)。出站转发器将从地面中心站发出的信号传送给卫星,进一步传送给用户,相反地,入站转发器将用户发出的信号传输到卫星,再传输到地面中心站。RDSS 用户终端能够发送请求并接收位置信息和短消息。RDSS 可以在两种模式下工作:一是接收一个出站信号并通过两颗卫星发送入站信号;另一种是当用户位于两颗卫星的公共覆盖区域时,从两颗卫星接收出站信号后仅通过一颗卫星发送入站信号。

BeiDou-1 的用户定位流程为(RDSS 的第一种工作模式):

① 地面中心站首先向两颗卫星发射询问信号。该询问信号被调制在 C 波段的载波上,包含测距信号、地址电文和时间信息等。询问信号经过卫星接收、放大、变频和通过卫星的

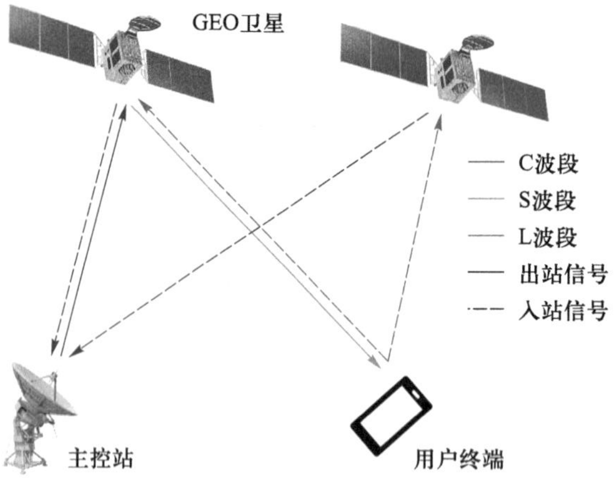

图 1.17 BeiDou-1 采用的 RDSS 链路示意

不同的线型表示不同的信号播发频率;实线表示地面中心站到用户的链路;

虚线表示用户到地面中心站的链路。

出站转发器利用 S 波段(频率 2 483.5~2 500 MHz)将信号播发给服务区域中的用户。

② 有导航定位要求的用户接收机接收到上述卫星信号后注入必要的测站信息,放大变频后,连同其服务请求播发给两颗卫星(L 波段,频率 1 610~1 626.5 MHz)。

③ 两颗卫星收到用户的响应信号后,放大变频,再将信号传送到地面中心站(C 波段)。

④ 地面中心站确定信号传播时间,求出两颗卫星至用户的距离。由于卫星位置已知,可以采用距离交会法确定用户平面位置(用户高程可以通过地面高程模型或其他渠道获得)。

⑤ 地面中心站将最终计算出的用户位置经过加密通过卫星通信功能发送给用户,完成导航定位。

根据图 1.17,可以获得 2 组信号传播时间:① 地面中心站→卫星 i→用户→卫星 i→地面中心站;② 地面中心站→卫星 i→用户→卫星 j→地面中心站。假设在出站和入站链路上通过同一卫星 i 的信号发射时刻为 t,接收时刻为 $t_{\mathrm{r}(i,i)}$,则信号的传播时间为 $t_{\mathrm{r}(i,i)}-t$。另外,信号经过出站链路上的卫星 i 而经过入站链路上的卫星 j,接收时刻为 $t_{\mathrm{r}(i,j)}$,则信号的传播时间为 $t_{\mathrm{r}(i,j)}-t$。假设主控站的位置为 $\boldsymbol{r}_{\mathrm{m}}$,两颗地球同步卫星的位置为 $\boldsymbol{r}_i$ 和 $\boldsymbol{r}_j$,未知用户站的位置为 $\boldsymbol{r}_{\mathrm{u}}=[x_{\mathrm{u}},y_{\mathrm{u}},z_{\mathrm{u}}]^{\mathrm{T}}$,则两个观测值可表示为

$$\rho_1 = c(t_{\mathrm{r}(i,i)} - t) = 2\|\boldsymbol{r}_i - \boldsymbol{r}_{\mathrm{u}}\| + 2\|\boldsymbol{r}_i - \boldsymbol{r}_{\mathrm{m}}\| \tag{1.8}$$

$$\rho_2 = c(t_{\mathrm{r}(i,j)} - t) = \|\boldsymbol{r}_i - \boldsymbol{r}_{\mathrm{u}}\| + \|\boldsymbol{r}_j - \boldsymbol{r}_{\mathrm{u}}\| + \|\boldsymbol{r}_i - \boldsymbol{r}_{\mathrm{m}}\| + \|\boldsymbol{r}_j - \boldsymbol{r}_{\mathrm{m}}\| \tag{1.9}$$

上述伪距观测模型同样适用于 RDSS 的第二种工作模式,即用户从两颗卫星接收信号并仅通过一颗卫星将信号发送回去的操作模式。由于发射和接收时刻都是由地面中心站的时钟测量的(具有相同的钟差),因此 BeiDou-1 的观测模型不包含时钟偏移项,但观测值仍然需要适当考虑设备延迟的影响(发射器、转发器和接收机偏差)。

已知卫星和地面中心站的位置，观测值 ρ_1 和 ρ_2 实际上相当于用户相对于两颗卫星 i 和 j 的距离，但是仅采用这两个观测值还不能唯一确定用户的三维位置。因此，将用户在参考椭球体上的高度 h_u 用作独立的第三个观测值。高程 h_u 可由用户处的气压高度计或者从地面中心站维护的数字高程模型确定。将地心视为虚拟卫星，还可用椭球高度 h_u 生成虚拟的观测值

$$\rho_3 = h_u + N = \sqrt{x_u^2 + y_u^2 + (z_u + Ne^2\sin(\phi))^2} \tag{1.10}$$

观测值 ρ_3 是用户距地心沿参考椭球法线方向的距离。大地纬度 ϕ 处的卯酉圈曲率半径 N 为

$$N = \frac{a}{\sqrt{1 - e^2\sin^2(\phi)}} \tag{1.11}$$

式中，a 和 e 分别表示参考椭球的长半轴和偏心率。

按照方程(1.9~1.11)通过线性化求解用户位置，对未知参数 $\boldsymbol{r}_u$ 在近似值 $\boldsymbol{r}_{u,0}$ 处线性化，求解三维线性方程组可得到坐标改正值 $\Delta\boldsymbol{r}_u$，则用户位置 $\boldsymbol{r}_u=\boldsymbol{r}_{u,0}+\Delta\boldsymbol{r}_u$。可通过迭代提高定位效果。上述过程简单地忽略了大气传播误差和相关设备延迟的影响，在实际处理中应该予以考虑。

BeiDou-1 的服务信息流如图 1.18 所示。对于用户 i 的定位请求，地面中心站根据测得的信号传播时间和现有地面高程模型或者用户 i 提供的高程来确定用户 i 位置，然后将得到的位置信息发送给用户 i。对于短消息请求，地面中心站负责将消息发送给收件人，例如从用户 i 到用户 j。对于计时请求，地面中心站计算出用户 i 时间延迟的精确改正，将其发送给用户 i 后，用户 i 根据该改正值来调整本地时钟，依此保持与地面中心站的时钟同步。

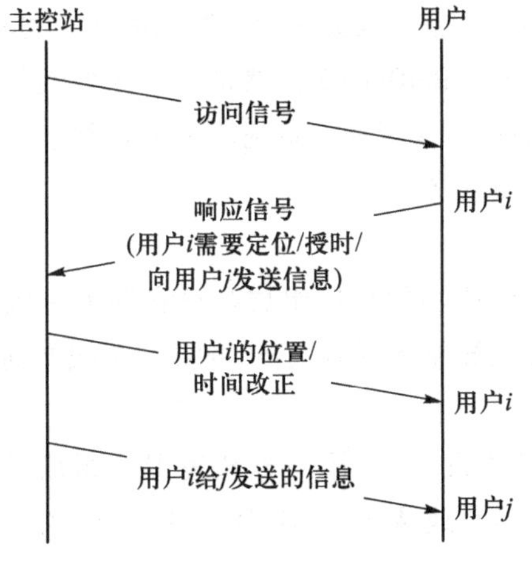

图 1.18 BeiDou-1 服务信息流

BeiDou-1 每小时能处理 540 000 个定位请求。为了控制系统利用率，将用户分为几种类别，更新速率为 1~9 s、10~60 s 和 60~120 s。尽管 BeiDou-1 是免费的，但用户必须注册

用于唯一标识的终端以进行本地化和通信服务。BeiDou-1 的主要服务性能如表 1.11 所示。

表 1.11 BeiDou-1 的主要服务性能

服务内容	服务性能
水平定位精度(校准站区域内)	<20 m(1σ,68%)
水平定位精度(校准站区域外)	<100 m(1σ,68%)
定位时间同步精度	<10 毫秒
单向授时精度	<100 纳秒
双向授时精度	<20 纳秒
短报文能力	<120 个汉字字符/次

2. BeiDou-2

(1) BeiDou-2 简介

2004 年 9 月启动了第二代北斗卫星导航系统(北斗二号,BeiDou-2)的建设,2006 年正式宣布开发 BeiDou-2。BeiDou-2 不是 BeiDou-1 的拓展,而是对 BeiDou-1 的代替。BeiDou-2 起初称为 COMPASS,取自中国古代指南针,又称司南。2007 年 4 月成功发射第一颗卫星 M1(当时称 COMPASS-M1),用于保护在国际电信联盟(ITU)的频率申请。从 2009 年 4 月发射第一颗 GEO 卫星开始,仅 3.5 年就发射了 15 颗 BeiDou-2 卫星,其中 14 颗组网并提供服务。至此,覆盖亚太地区的 BeiDou-2 正式建成,BeiDou-1 退役。2012 年 12 月 27 日公布了北斗系统空间信号接口控制文件——公开服务信号 B2(1.0 版),北斗导航业务正式对亚太地区提供无源定位、导航、授时服务。BeiDou-2 仍然是一个区域性的卫星导航系统,服务范围为 70°—150°E,55°S—55°N,如图 1.16 所示。系统能为中国领土、领海以及部分周边地区的用户提供实时的三维导航和定位服务。

(2) BeiDou-2 构成

BeiDou-2 由空间段、地面段和用户段组成。可在服务区域范围内全天候、全天时为用户提供高精度、高可靠的定位、导航和授时服务,并具有短报文通信能力。

① 空间段

BeiDou-2 采用独特的星座设计,采用三种轨道卫星组成混合导航星座。如图 1.19 所示,14 颗组网卫星包括:5 颗静止地球轨道(GEO)卫星,5 颗倾斜地球同步轨道(IGSO)卫星,4 颗中地球轨道(MEO)卫星。

BeiDou-2 按照卫星所采用的伪随机噪声码(PRN)对卫星进行编号。BeiDou-2 卫星及其轨道信息如表 1.12 所示。

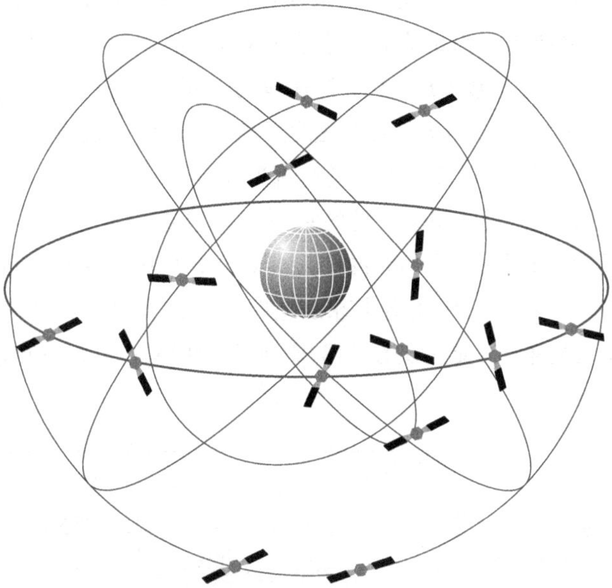

图 1.19 北斗系统星座示意图

据北斗卫星导航系统公开服务性能规范描述。

表 1.12 BeiDou-2 正式服务时的卫星情况

卫星	PRN	位置	轨道倾角	半长轴/km	偏心率	轨道高度/km	轨道周期/(重复次数/恒星日)
G1	C01	140°E	<2°	42 160	0.0	35 786	1/1
G2	/	不运行	<2°	/	0.0	/	/
G3	C03	110.5°E	<2°	42 160	0.0	35 786	1/1
G4	C04	160.0°E	<2°	42 160	0.0	35 786	1/1
G5	C05	58.75°E	<2°	42 160	0.0	35 786	1/1
G6	C02	80.0°E	<2°	42 160	0.0	35 786	1/1
I1	C06	~118°E	55°	42 160	0.0	35 786	1/1
I2	C07	~118°E	55°	42 160	0.0	35 786	1/1
I3	C08	~118°E	55°	42 160	0.0	35 786	1/1
I4	C09	~95°E	55°	42 160	0.0	35 786	1/1
I5	C10	~95°E	55°	42 160	0.0	35 786	1/1
M1	C30	停止使用	55°	27 910	0.0	21 528	13/7
M3	C11	B3	55°	27 910	0.0	21 528	13/7
M4	C12	B4	55°	27 910	0.0	21 528	13/7
M5	C13	A7	55°	27 910	0.0	21 528	13/7
M6	C14	A8	55°	27 910	0.0	21 528	13/7

说明:G 为 GEO;I 为 IGSO;M 为 MEO。

2014年7月1日BeiDou-2卫星的星下点轨迹如图1.20所示。由于GEO卫星轨道的特殊性,其星下点轨迹始终指向各自的设计位置,略有微小的偏差。若截至10°高度角,服务区域内的任何一点上空至少有三颗GEO卫星是连续可见的,因而可以在地面控制中心和BeiDou-2用户之间实时交换信息。IGSO卫星在圆形轨道上运行,轨道高度约为36 000 km,轨道倾角为55°。与GEO卫星一样,IGSO卫星的轨道周期为一个恒星日。由于其轨道相对于地球赤道具有明显的倾斜,因此IGSO卫星的星下点轨迹在服务范围内南北运动,具有明显的以赤道为中心的"8"字形,覆盖了±55°的纬度带。IGSO卫星星下点轨迹从东向西穿过赤道,在北半球以顺时针方向穿过,而在南半球以逆时针方向穿过。IGSO卫星中的I1、I2和I3卫星星下点轨迹在赤道处重合,交叉点在118°E,而I4和I5卫星星下点轨迹在赤道处重合,交叉点在95°E。

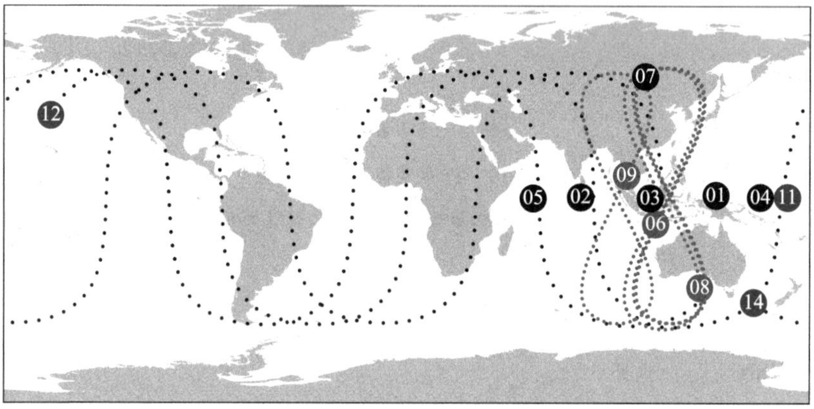

图1.20 2014年7月1日BeiDou-2卫星的星下点轨迹
1~5表示GEO卫星;6~9表示IGSO卫星;11、12、14表示MEO卫星。点号代表卫星的初始位置。

尽管GEO和IGSO卫星的组合对于纯粹的区域导航已经足够,但是为了增加服务区域内可见卫星数,并提供额外的定位几何条件,BeiDou-2补充使用了MEO卫星。MEO卫星的轨道倾角为55°,轨道高度为21 528 km(位于GPS和Galileo卫星之间)。这样的轨道高度是为了使卫星在7个恒星日内完成13次轨道重复,相应的轨道周期为12小时53分钟。MEO卫星运行轨迹在全球分布,但是为了将来提供完整的全球服务,MEO卫星星座设计采用Walker型星座结构,其参数为$t/p/f$=24/3/1。完成星座部署后,24颗MEO卫星均匀分布在3个轨道平面中。

BeiDou-2的GEO和MEO/IGSO卫星外观如图1.21所示。卫星的关键特性总结如表1.13所示。

所有BeiDou-2卫星均配有激光反射器阵列(laser retroreflector array,LRA),用于精确确定轨道,并有助于卫星与地面站之间的时间比较。LRA由上海天文台开发,由直径为33 mm的单个棱镜的平面阵列组成。为了保持各颗卫星在其设计位置处运行,GEO卫星每月大约进行一次常规的东西向矫正,幅度约为10 cm/s。IGSO卫星大约半年进行一次矫正,确保卫星在固定的经度穿过赤道。

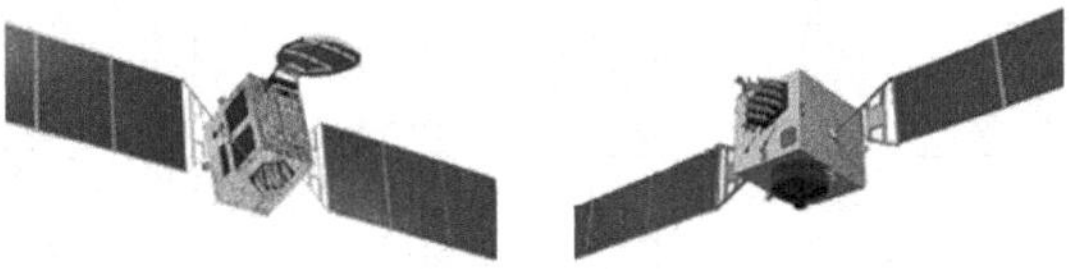

图 1.21 BeiDou-2 的 GEO 和 MEO/IGSO 卫星外形示意图

表 1.13 BeiDou-2 卫星关键特性

参数	GEO/IGSO	MEO
制造商	中国空间技术研究院 CAST	中国空间技术研究院 CAST
卫星平台	东方红 DFH-3/3B	东方红 DFH-3B
卫星寿命	~15 年	~12 年
重量	828 kg	1 615 kg
信号	B1（开放+授权） B2（开放+授权） B3（授权）	B1（开放+授权） B2（开放+授权） B3（授权）
卫星钟	铷钟	铷钟
其他功能	激光反射器；宇宙射线观测	激光反射器；宇宙射线观测

② 地面段

BeiDou-2 的地面段是系统运行的关键。地面段的工作内容可以简单地描述为：收集与卫星和地面站有关的数据，处理和分析收集的数据，管理卫星与地面站之间的通信，将操作命令上传到卫星以及向用户播发导航消息。在北斗系统的开发过程中，地面段随着卫星数量的增加和星座的复杂而发展。在 BeiDou-1 中仅控制两颗 GEO 卫星和一颗备用卫星，但在 BeiDou-2 中必须控制 GEO、IGSO 和 MEO 三种不同类型的卫星。

地面段为三种卫星星座提供命令、控制和操作功能，主要功能有：建立和维护坐标参考基准；维护时间参考基准；保持卫星与地面站之间的时间同步；精密轨道确定和预测；预测卫星钟偏移；处理增强服务相关的数据；处理有源定位的 RDSS 信息；监测、处理和预测电离层延迟；监控系统的完整性；上传和下载导航信息。

相对于 BeiDou-1，BeiDou-2 的地面段必须处理的信息大大增多。BeiDou-1 的校准站已被现代化的监控站所取代（一些监控站配备了激光测距系统），且不再需要地面高程数据库。此外，服务已从有源定位的 RDSS 扩展到 RDSS 加无源定位 RNSS。BeiDou-2 的地面段由主控站、时间同步/注入站、监测站（A、B 类）以及星间链路运行管理设施组成，如图 1.22 所示。

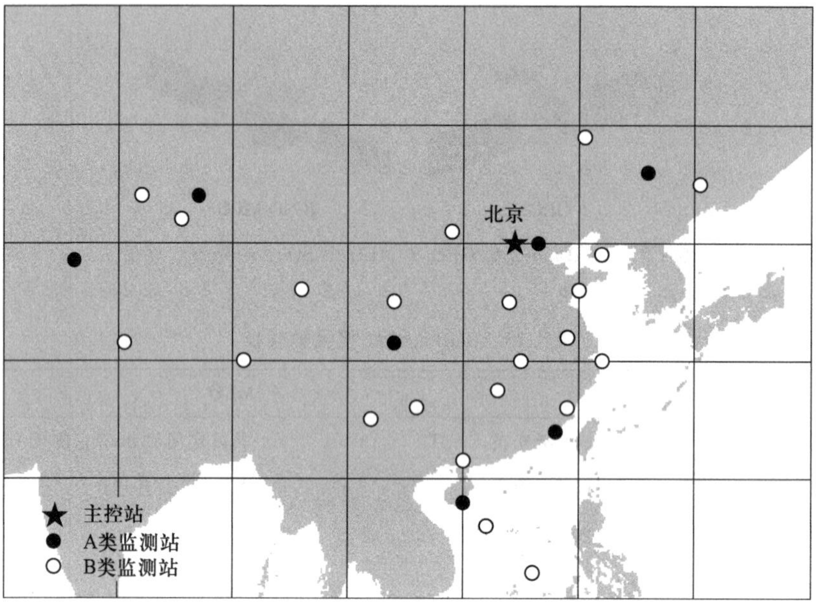

图 1.22 北斗系统的地面主要部分(Teunissen 等,2017)

主控站 主控站只有1个,位于北京。与其他GNSS系统相同,主控站是北斗系统的运行控制中心,用于系统运行管理与控制等。

a. 收集各时间同步/注入站、监测站的导航信号监测数据,进行数据处理,生成导航电文、广域差分信息和完好性信息等;

b. 负责任务规划与调度和系统运行管理与控制;

c. 负责星地时间观测比对,向卫星注入导航电文参数;

d. 卫星有效载荷监测和异常情况分析等。

监测站 监测站网络由7个A类监测站和22个B类监测站组成。用于连续接收卫星的信号并发送给主控站,可实现对卫星的监测并确定卫星轨道,为时间同步提供观测资料。其中,A类监测站主要负责监测卫星轨道和电离层延迟,B类监测站主要用于提供增强服务和完整性服务。

时间同步/注入站 时间同步/注入站有2个。主要负责完成卫星和地面站点的时间同步测量,向卫星注入信息,对卫星进行控制管理,在接收到主控站的导航电文和差分完好性信息指令后,将这些信息注入卫星。

作为北斗系统向全球服务全面演进的一部分,地面段被不断调整,目的是以最佳的、稳健的方式运行下一代导航卫星系统。地面段被扩展,可以上传整个卫星星座的导航消息,可以基于可靠、稳定且准确的时钟维持可互操作的时间基准,可以使用多种GNSS观测值来实时维护北斗坐标系。

③ 用户段

北斗系统用户段包括北斗兼容其他卫星导航系统的芯片、模块、天线等基础产品，以及终端产品、应用系统与应用服务等。分为导航定位和授时等多种类型的北斗用户终端。可以是北斗专用接收机，也可是同时兼容其他 GNSS 系统的接收机。接收机需要捕获并跟踪卫星观测数据、导航电文等信息，然后根据应用需求采用不同的定位方式解算用户的位置、速度和时间信息。

(3) BeiDou-2 导航信号

BeiDou-2 导航信号相关信息如表 1.14 所示。BeiDou-2 卫星在三个不同的频率上播发信号，其中，B1 和 B3 频率分别与 Galileo/GPS 的 E1/L1 和 E6 频率偏移大约 14 MHz 和 10 MHz，B2 中心频率与 Galileo 的 E5b 频率相匹配。

表 1.14 BeiDou-2 导航信号

载波	频率/MHz	信号	服务
B1	1 561.098	B1I	开放
		B1Q	授权
B2	1 207.140	B2I	开放
		B2Q	授权
B3	1 268.520	B3I	授权→开放
		B3Q	授权

BeiDou-2 采用数据分量与导频分量正交的现代化信号结构：B1、B2 信号由导频分量 Q(pilot)和数据分量 I(data)两个支路的“测距码+导航电文”正交调制在载波上构成。数据分量由导航电文和测距码经子载波调制产生，导频分量由测距码经子载波调制产生。

B1 和 B2 载波提供两种信号用于开放服务，而其余四种信号保留用于授权服务。B1I 信号和 B2I 信号的载波频率在卫星上由共同的基准时钟源产生。其中，B1I 信号的标称载波频率为 1 561.098 MHz，B2I 信号的标称载波频率为 1 207.140 MHz。B2I 信号将随着全球系统建设逐步被性能更优的信号取代。虽然只有 B1I 和 B2I 信号被正式宣布为开放服务信号，但是授权的 B3I 信号已经可以通过使用高增益天线提供开放服务。BeiDou-2 的导航信号虽然数量多，但在技术上还是采用了非常简单和成熟的 BPSK、QPSK 类的调制方法，与早期的 GPS 系统的信号基本一样。

与其他 GNSS 类似，北斗系统有两种定位服务，包括开放(公共)和限制(军事)。公开服务区域为南北纬 55°之间、东经 55°到 180°区域，定位精度优于 10 m，测速精度优于 0.2 m/s，单向授时精度优于 50 纳秒，短报文通信为 120 个汉字/次。军事服务的定位精度为 10 cm。目前，军事服务只授予中国和巴基斯坦。

传统的 GPS 只播发双频信号，北斗系统是全球首个全星座播发三频信号的导航卫星系统，三频信号的使用为卫星高精度定位、大气误差反演等研究提供了重要机遇，也开启了多频多模 GNSS 研究的热潮。

除了在整个服务区域中提供标准的定位、授时服务和短消息服务外，通过 GEO 卫星传输近实时的改正数，北斗系统还提供星基增强系统（space based augmentation systems, SBAS）。所有用户均可免费使用此服务，但仅限于以中国大陆为中心的一定范围的区域。通常 SBAS 与导航卫星系统分开，不同的是，北斗卫星系统及其地面控制部分将 SBAS 作为整个系统的一部分，将基本导航服务和增强服务集成到一起。增强服务信息与基本的导航消息作为导航电文一起上传到 GEO 卫星，然后将增强服务消息播发给用户。BeiDou-1 建成后，第一代星基增强系统 BeiDou SBAS-1 于 2003 年嵌入。BeiDou-2 开放服务信号支持改进的星基增强系统 BeiDou SBAS-2。相比于 BeiDou SBAS-1，BeiDou SBAS-2 有更多的优势：不仅采用 GPS 信号，还采用北斗系统和 Galileo 等其他 GNSS 的信号；包含五颗 GEO 卫星的 BeiDou-2 扩大了星基增强系统的覆盖范围；播发的增强信号包含了北斗卫星完好性信息；增加了系统中监测站的数量；不再播发等效卫星钟差，而是将卫星钟差和卫星轨道误差分开处理。

与其他 GNSS 相比，北斗系统还具备两大特点：

① 复杂的星座系统。北斗系统是唯一同时采用地球静止轨道、地球倾斜同步轨道和中轨轨道的导航卫星系统。GPS、GLONASS、Galileo 的卫星轨道都是中轨轨道。北斗系统采用了轨道高度更高的地球静止轨道和地球倾斜同步轨道，信号可以在长时间段内覆盖指定区域且卫星之间形成的数据通信链路也能校正误差，进一步提高精度。

② 短报文通信。其他 GNSS 发射卫星信号而不与用户之间进行双向交流，BeiDou-2 的用户终端具有双向报文通信功能。普通用户可一次传送 120 个汉字（或 240 个代码）的短报文信息（三级北斗卡发送短报文时间频率为 1 次/分钟）。用户采用北斗指挥机可进行一点对多点的广播发送，为各种应用提供了极大便利，在国防、民生和应急救援等领域具有重要的应用价值。特别在海洋、沙漠和灾区等通信无法覆盖或中断的情况下，短报文通信可发挥巨大作用，2008 年汶川地震灾区救援中采用北斗短报文通信就是典型的成功案例。

3. BeiDou-3

（1）BeiDou-3 简介

第三代北斗卫星导航系统（北斗三号，BeiDou-3）是对 BeiDou-2 的延续和补充，是一个全球导航卫星系统。2017 年 11 月 5 日，BeiDou-3 首批组网卫星（第 24 颗、25 颗卫星）以“一箭双星”的发射方式顺利升空，标志着中国正式开启了北斗卫星导航系统“全球组网”时代。

严格意义上，BeiDou-2 和 BeiDou-3 属于同一个系统的不同建设阶段，因此后续不必严格区分 BeiDou-2 和 BeiDou-3。提供全球服务的 BeiDou-3 于 2020 年完成。BeiDou-3 向前兼容 BeiDou-2，能够向用户提供连续、稳定、可靠服务。

（2）BeiDou-3 构成

BeiDou-2 是 BeiDou-3 的组成部分，BeiDou-3 标称的空间部分计划由 30 颗卫星组成，并视情部署在轨备份卫星。如图 1.23 和图 1.24 所示，BeiDou-3 卫星星座包括：

① 3 颗静止地球轨道卫星。卫星轨道高度 35 786 km，位于 80°E、110.5°E、140°E。

② 3 颗倾斜地球同步轨道卫星。卫星轨道高度 35 786 km，轨道倾角 55°，3 颗 IGSO 卫星的星下点轨迹在赤道处重合，交叉点在 118°E。

③ 24 颗中地球轨道卫星。卫星采用 Walker 型星座结构，其参数为 $t/p/f=24/3/1$。卫星分布在 3 个轨道平面上，轨道高度 21 528 km，轨道倾角 55°。卫星运行周期为 12 小时 53 分钟 24 秒。

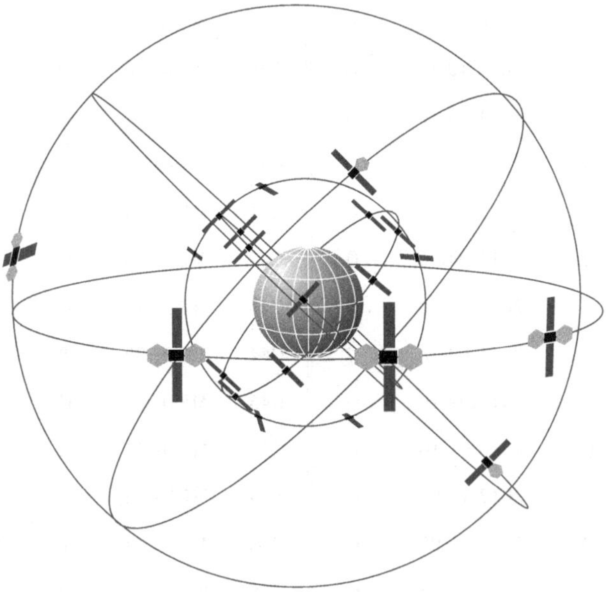

图 1.23 BeiDou-3 卫星星座

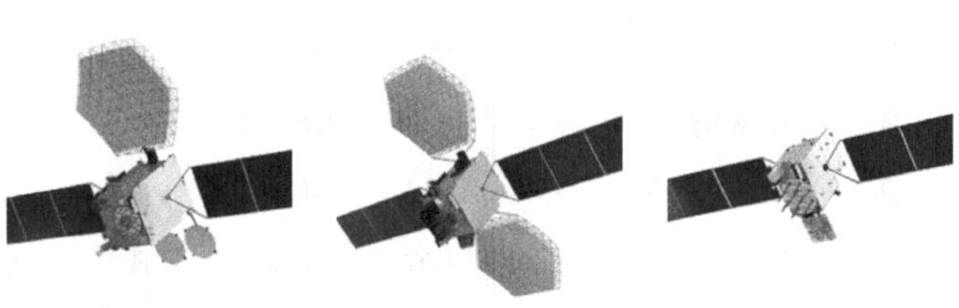

图 1.24 BeiDou-3 的 GEO、IGSO 和 MEO 卫星外形示意图

从 2007 年 4 月开始，截至 2024 年 7 月 12 日，北斗系统共发射 55 颗卫星。部分北斗卫星发射情况如表 1.15 所示。

BeiDou-3 正式组网前，发射了 5 颗 BeiDou-3 试验卫星，开展在轨试验验证。BeiDou-3 搭载了我国自主研制的更高性能的星载铷原子钟（日稳定度达到 10^{-14} 量级）和氢原子钟（日稳定度达到 10^{-15} 量级），进一步提高了卫星性能与寿命。

表 1.15 部分北斗卫星发射情况

卫星	名称	系统	发射时间	状态	卫星	名称	系统	发射时间	状态
C01	GEO-8	Ⅱ	2019.05.17	O	C32	MEO-13	Ⅲ	2018.09.19	O
C02	GEO-6	Ⅱ	2012.10.25	O	C33	MEO-14	Ⅲ	2018.09.19	O
C03	GEO-7	Ⅱ	2016.06.12	O	C34	MEO-15	Ⅲ	2018.10.15	O
C04	GEO-4	Ⅱ	2010.11.01	O	C35	MEO-16	Ⅲ	2018.10.15	O
C05	GEO-5	Ⅱ	2012.02.25	O	C36	MEO-17	Ⅲ	2018.11.19	O
C06	IGSO-1	Ⅱ	2010.08.01	O	C37	MEO-18	Ⅲ	2018.11.19	O
C07	IGSO-2	Ⅱ	2010.12.18	O	C38	IGSO-1	Ⅲ	2019.04.20	O
C08	IGSO-3	Ⅱ	2011.04.10	O	C39	IGSO-2	Ⅲ	2019.06.25	O
C09	IGSO-4	Ⅱ	2011.07.27	O	C40	IGSO-3	Ⅲ	2019.11.05	O
C10	IGSO-5	Ⅱ	2011.12.02	O	C41	MEO-19	Ⅲ	2019.12.16	O
C11	MEO-3	Ⅱ	2012.04.30	O	C42	MEO-20	Ⅲ	2019.12.16	O
C12	MEO-4	Ⅱ	2012.04.30	O	C43	MEO-21	Ⅲ	2019.11.23	O
C13	IGSO-6	Ⅱ	2016.03.30	O	C44	MEO-22	Ⅲ	2019.11.23	O
C14	MEO-6	Ⅱ	2012.09.19	O	C45	MEO-23	Ⅲ	2019.09.23	O
C16	IGSO-7	Ⅱ	2018.07.10	O	C46	MEO-24	Ⅲ	2019.09.23	N
C19	MEO-1	Ⅲ	2017.11.05	O	C48	MEO-26	Ⅲ	2023.12.26	N
C20	MEO-2	Ⅲ	2017.11.05	O	C50	MEO-28	Ⅲ	2023.12.26	N
C21	MEO-3	Ⅲ	2018.02.12	O	C56	IGSO-2S	Ⅲ	2015.09.30	N
C22	MEO-4	Ⅲ	2018.02.12	O	C57	MEO-1S	Ⅲ	2015.07.25	N
C23	MEO-5	Ⅲ	2018.07.29	O	C58	MEO-2S	Ⅲ	2015.07.25	N
C24	MEO-6	Ⅲ	2018.07.29	O	C59	GEO-1	Ⅲ	2018.11.01	O
C25	MEO-11	Ⅲ	2018.08.25	O	C60	GEO-2	Ⅲ	2020.03.09	O
C26	MEO-12	Ⅲ	2018.08.25	O	C61	GEO-3	Ⅲ	2020.06.23	O
C27	MEO-7	Ⅲ	2018.01.12	O	C62	GEO-4	Ⅲ	2023.05.17	N
C28	MEO-8	Ⅲ	2018.01.12	O	C130	GEO-01	Ⅲ	2018.11.01	N
C29	MEO-9	Ⅲ	2018.03.30	O	C143	GEO-03	Ⅲ	2020.06.23	N
C30	MEO-10	Ⅲ	2018.03.30	O	C144	GEO-02	Ⅲ	2020.03.09	N
C31	IGSO-1S	Ⅲ	2015.03.30	N					

说明:O,在轨运行;N,不在轨运行。

BeiDou-3 地面段实施了升级改造。BeiDou-3 建立了高精度时间和空间基准,增加了星间链路运行管理设施,实现了基于星地和星间链路联合观测的卫星轨道和钟差测定业务处理,具备定位、测速、授时等全球基本导航服务能力;同时,开展了短报文通信、星基增强、国际搜救、精密单点定位等服务的地面设施建设。

(3) BeiDou-3 信号

北斗系统在三个频段 B1、B2 和 B3 中播发导航信号,与其他 GNSS 信号在 L 频段相同。为实现北斗系统与 Galileo 和 GPS 的信号互通性,中国宣布将民用 B1 信号从 1 561.098 MHz 迁移到一个以 1 575.42 MHz 为中心的频率,与 GPS L1 和 Galileo E1 民用信号相同,并采用类似于 GPS L1C 和 Galileo E1 的载波信号调制方法。

BeiDou-3 服务区域从亚太大部分地区扩展到全球,公开服务信号在 B1I 信号基础上,增加了 B3I、B1C 和 B2a 信号。B1C 信号为新增信号,B2a 信号取代 BeiDou-2 中的 B2I 信号。B1C 信号以载波频率 1 575.42 MHz 为中心,带宽为 32.736 MHz。B2a 信号以载波频率 1 176.45 MHz 为中心,带宽为 20.46 MHz。信号 B1C 和 B2a 在 BeiDou-3 MEO 和 IGSO 卫星上播发,提供公开服务。B1I 信号(中心频率 1 561.098 MHz)仍然在 BeiDou-3 所有卫星上播发,提供公开服务。BeiDou-3 GEO 卫星播发星基增强信号,提供星基增强服务。

对于 MEO 和 IGSO 卫星,每颗卫星对应唯一的测距码编号(PRN 号),同一颗卫星播发的 B1C 和 B2a 信号采用相同的 PRN 号。B1C 和 B2a 信号的载波频率、调制方式及服务类型见表 1.16。

表 1.16 B1C 和 B2a 信号结构

信号	信号分量	载波频率/MHz	调制方式	播发卫星
B1C	数据分量 B1C_data	1 575.42	BOC(1,1)	MEO/IGSO
	导频分量 B1C_pilot	1 575.42	QMBOC(6,1,4/33)	MEO/IGSO
B2a	数据分量 B2a_data	1 176.45	QPSK(10)	MEO/IGSO
	导频分量 B2a_pilot	1 176.45		MEO/IGSO

说明:MBOC,多路复用二进制偏移载波。

新的导航信号 B1C 和 B2a 将与 GPS、Galileo 实现兼容与互操作,这意味着 BeiDou-3 将进一步融入国际 GNSS 的大家庭,也将带来卫星导航接收机技术的重大变革,未来的服务性能将大幅提升,用户设备功耗和成本将明显降低。特别需要指出的是,继续播发 B1I 信号不但可以确保 BeiDou-2 到 BeiDou-3 的平稳过渡,也将在最大限度上保护接收机厂商和广大用户的利益。

替换 BeiDou-2 中 B2I 信号的 B2a 为 BeiDou-3 的第二个民用信号,主要为双频或者三频接收机提供服务,可用于生命安全服务和高精度测量等高性能服务,也可用于对性能要求较高的消费类服务。相比于接收方法已趋成熟的 B2a 信号,B1C 是一种全新的导航信号,技术先进、结构复杂,信号分量较多,可以发展出多种不同接收方案,是一个技术先进且具有自主知识产权的新一代导航信号。既能满足位置服务等消费类低成本用户的需求，又能满足高精度测量等专业类高性能用户的需求。B1C 是 BeiDou-3 的主用信号，未来所有北斗用户，乃至全球的 GNSS 用户都需要接收，将成为北斗系统的重要标志（类似于 GPS L1 C/A 和 L1C 信号）。

截至 2024 年 7 月 12 日，北斗系统在轨卫星共 55 颗，包含 15 颗 BeiDou-2 卫星和 40 颗 BeiDou-3 卫星，具体为 12 颗 GEO 卫星、12 颗 IGSO 卫星和 31 颗 MEO 卫星。北斗系统当前基本导航服务性能指标如下所示：

服务区域：全球；

定位精度：水平 10 m、高程 10 m（95%）；

测速精度：0.2 m/s（95%）；

授时精度：20 纳秒（95%）；

服务可用性：优于 95%；

其中，在亚太地区，定位精度水平 5 m、高程 5 m（95%）。

北斗系统提供的服务类型如表 1.17 所示。

表 1.17 北斗系统提供的服务类型

服务类型		信号频点	卫星
基本导航服务	公开	B1I，B3I，B1C，B2a	3IGSO+24MEO
		B1I，B3I	3GEO
	授权	B1A，B3Q，B3A	
短报文通信服务	区域	L（上行），S（下行）	3GEO
		L（上行）	14MEO
	全球	B2b（下行）	3IGSO+24MEO
星基增强服务（区域）		BDSBAS-B1C，BDSBAS-B2a	3GEO
国际搜救服务		UHF（上行）	6MEO
		B2b（下行）	3IGSO+24MEO
精密单点定位服务（区域）		B2b	3GEO

① 基本导航服务。为全球用户提供服务，空间信号精度将优于 0.5 m；全球定位精度将优于 10 m，测速精度优于 0.2 m/s，授时精度优于 20 纳秒；亚太地区定位精度将优于 5 m，测速精度优于 0.1 m/s，授时精度优于 10 纳秒，整体性能大幅提升。

② 短报文通信服务。中国及周边地区短报文通信服务，服务容量提高 10 倍，用户机发射功率降低到原来的 1/10，单次通信能力 1 000 汉字（14 000 bit，1 bit = 0.125 B）；全球短报文通信服务，单次通信能力 40 汉字（560 bit）。

③ 星基增强服务。按照国际民航组织标准,服务中国及周边地区用户,支持单频及双频多星座两种增强服务模式,满足国际民航组织相关性能要求。

④ 国际搜救服务。按照国际海事组织及国际搜索和救援卫星系统标准,服务全球用户。与其他导航卫星系统共同组成全球中轨搜救系统,同时提供反向链路,极大提升搜救效率和能力。

⑤ 精密单点定位服务。服务中国及周边地区用户,具备动态分米级、静态厘米级的精密定位服务能力。

1.3 星基增强系统

为了进一步提高 GNSS 的定位精度和完好性(可靠性),尤其是消除或抑制星历误差、卫星钟差和电离层延迟等误差的影响,星基增强系统(satellite based augmentation system, SBAS)被发展和广泛应用。其原理是采用静止地球轨道(GEO)卫星作为通信卫星向用户转发定位增强信息,同时 GEO 卫星可作为导航卫星播发导航信号,从而改善用户的定位效果。其工作机制为,首先采用大量分布且位置精确已知的监测站对导航卫星进行连续观测,并计算轨道误差、卫星钟差和电离层延迟等改正信息,以及完好性信息(主要包括改正信息的可信度);然后将这些信息注入 GEO 卫星并由 GEO 卫星转发给用户;用户端在定位过程中采用这些改正数进行相应的修正,并采用 GEO 卫星的导航信号,从而提高用户的定位精度和完好性。

SBAS 由三部分组成,包括空间端、地面端和用户端。如图 1.25 所示,空间端主要指 GEO 卫星,地面端则包括了监测站网、主控站和注入站,用户端是能够接收 SBAS 信号的设

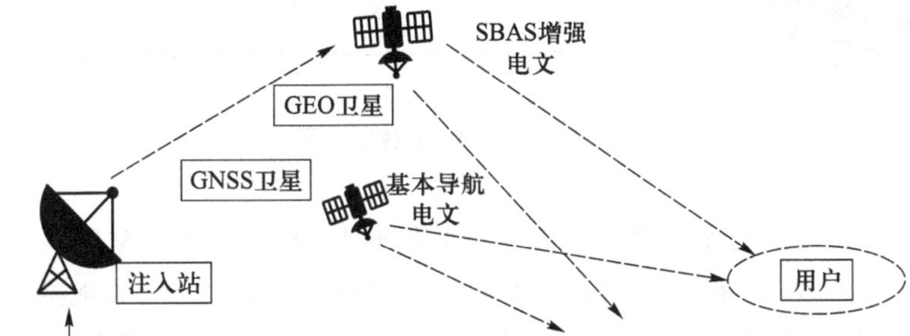

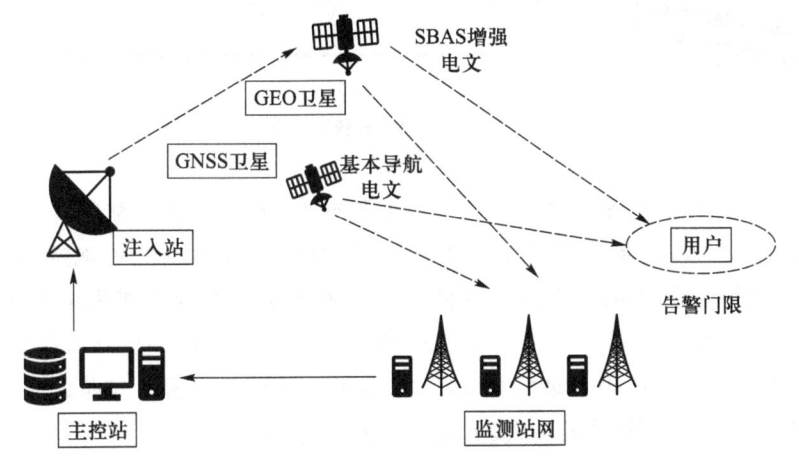

图 1.25 SBAS 基本架构示意图

备。具体来说,首先是监测站网将观测数据发送至主控站,主控站收集监测站网数据并计算误差改正信息及其相应的完好性信息,并将这些信息传送给注入站;然后,注入站将这些误差改正信息和完好性信息注入 GEO 卫星,并由 GEO 卫星播发给 SBAS 用户。由于 SBAS 往往有多个主控站、注入站和 GEO 卫星,因此当其中某个站或卫星发生故障时,该系统仍能正常工作。

目前,已有多个投入使用的 SBAS,包括美国广域增强系统(WAAS)、欧洲星基增强系统(EGNOS)、日本星基增强系统(MSAS)等。

1.3.1 WAAS

WAAS 于 2003 年 7 月正式投入使用,具备 LNAV/VNAV 和部分 LPV 导航能力。WAAS 主要由 4 颗 GEO 卫星、38 个广域分布的监测站、3 个主控站和 6 个上行注入站组成。目前,4 颗 GEO 卫星分别是位于 133°W 的“银河”-15(Galaxy-15)卫星、107.3°W 的阿尼克-F1R(Anik F1R)卫星、117°W 的 Eutelsat Satmex-9 卫星和 129°W 的 SES SES-15 卫星。WAAS 的服务范围主要针对美国本土、阿拉斯加,以及绝大部分的加拿大和墨西哥地区。图 1.26 是 WAAS 架构示意图。

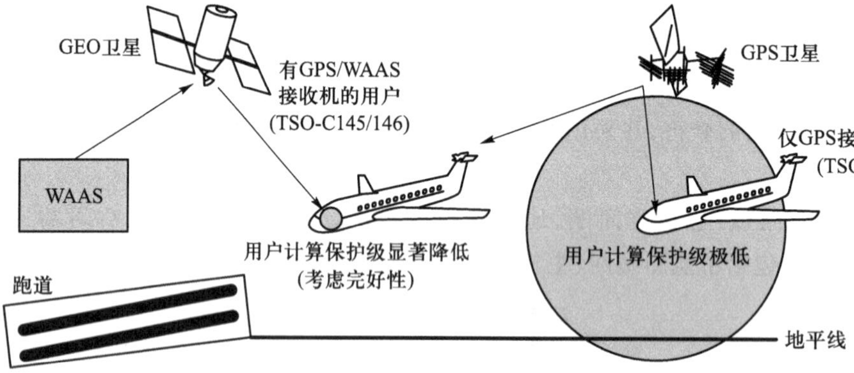

图 1.26 WAAS 架构示意图

目前,WAAS 的导航精度已经相当高。在美国本土,水平精度约为 0.75 m,垂直精度约 1.1 m,而未使用 WAAS 的系统水平精度约 3.2 m,垂直精度约 7.6 m。在航空领域,虽然没有明确的政策要求航空公司使用 WAAS,但目前已有超过 80 000 架飞机采用了 SBAS 的定位模型。在农业领域和航海领域,也有大量的车辆和船只使用了 WAAS,从而保证足够的导航精度和可靠性。此外,当可用卫星数有限时,采用 WAAS 能有效提升定位效果,因此 WAAS 也被广泛地应用于手机等智能终端,极大地满足了人们的特殊需求。

1.3.2　EGNOS

EGNOS 是由欧洲航天局、欧盟和欧洲航空安全组织联合规划,并由欧洲航天局全面负责系统的技术设计和工程建设。此外,由欧盟负责 EGNOS 的国际合作,欧洲航空安全组织负责民用航空市场,欧洲卫星服务供应商负责系统运行。EGNOS 目前包括 3 颗 GEO 卫星、4 个主控站、6 个上行注入站,其架构示意图如图 1.27 所示。EGNOS 的 3 颗 GEO 卫星是分别位于 15.5°W 的国际海事卫星 3 号 F2(Inmarsat-3 F2)、位于 25°E 的国际海事卫星 4 号 F2(Inmarsat-4 F2)和位于 5°E 的阿斯特拉 4B(Astra 4B)卫星。EGNOS 于 2009 年 10 月宣布正式投入使用,并于 2011 年 3 月得到了生命安全服务(safety-of-life service)的认证。

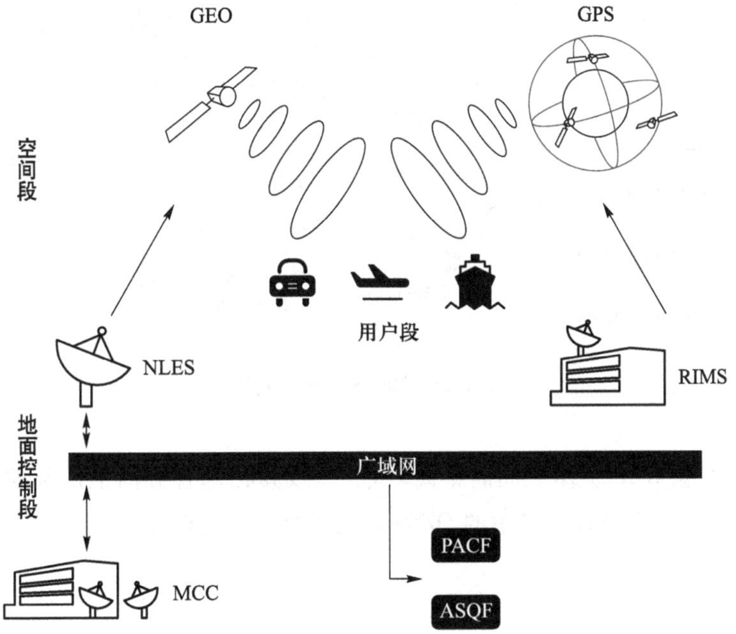

图 1.27　EGNOS 架构示意图

EGNOS 同样可以提高导航精度和可靠性,且能支持 GLONASS 等其他 GNSS。在欧洲地区,使用 EGNOS 服务后,可以使水平精度达到 1.2 m,垂直精度为 1.8 m。目前,EGNOS 的 GEO 卫星还不能播发导航信号,因此不能用于辅助定位,只能提供播发误差改正信息和完好性信息。EGNOS 同样拥有巨大的应用前景,包括航空、铁路、公路、海运、测绘和农业领域。

1.3.3　MSAS

MSAS 由日本民航局负责建设,承包商包括阿尔卡特、东芝和三菱。MSAS 是基于 GPS 的星基增强系统,不支持 GLONASS。MSAS 设计与 WAAS 相似,即由空间端、地面端和用户端三部分构成，其架构见图 1.28。空间端有 2 颗 GEO 卫星，是分别位于 140°E 的 MTSat-1R 卫星和位于 145°E 的 MTSat-2 卫星。地面端则主要包括 4 个地面监测站、2 个监测测距站、2 个主控站和 1 个注入站。MSAS 已于 2007 年 9 月开始运行，并通过了生命安全服务的认证。

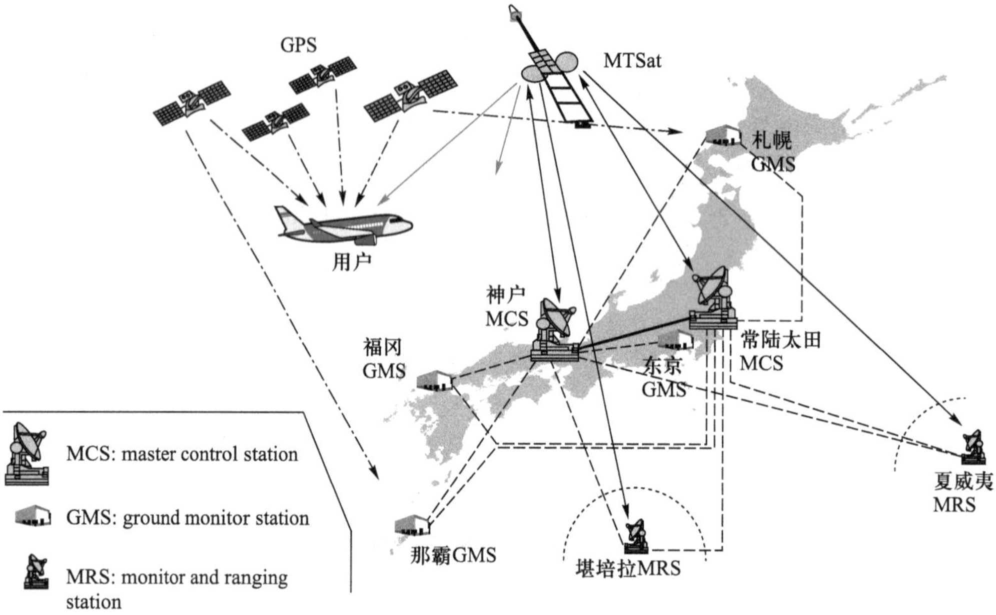

图 1.28 MSAS 架构示意图

然而，由于两颗 GEO 卫星之间的距离较近，导致其在垂直方向上的导航精度提升不明显。在未来，MSAS 计划与日本自主的 QZSS 系统进行一体化建设。

1.4 地基增强系统

1.4.1 系统简介

地基增强系统（ground based sugmentation system，GBAS）与 SBAS 类似，区别在于 GBAS 采用地面广播方式发送误差改正信息和完好性信息。GBAS 一般设在机场附近并提供服务（服务半径通常为 23n mile），通过甚高频（very high frequency，VHF）无线电数据链路播放改正数信息。使用 GBAS 服务的用户将大大提高导航的精度、可用性和完好性，且水平和垂直方向上的精度都优于 1 m。目前美国的 GBAS 主要监测的是 GPS 的 L1 C/A 信号，美国联邦航空管理局通过共享技术，致力于推动国际 GBAS 实施和互操作性，目前 16 个国家都开始使用 GBAS 服务，包括澳大利亚、巴西、德国、西班牙、日本、土耳其、哥伦比亚、瑞士、沙特阿拉伯和韩国等。统计表明，目前批准的 GBAS 电台数量在持续增加，如德国不来梅的 GBAS 获得了运营批准，位于澳大利亚悉尼和西班牙马拉加的设备也已经安装就绪，预计很快将获得运营资格。

1.4.2 全球观测网

为了实现高精度 GNSS 定位、导航和授时应用，于 1994 年 1 月 1 日正式成立了国际导航卫星系统服务(International GNSS Service，IGS)组织，IGS 组织致力于生成高精度 GNSS 数据和产品，也是一个为社会服务和科学发展提供服务的机构。目前该组织已有来自 100 多个国家超过 200 多个机构的成员，IGS 组织在全球范围内布设约 500 个 GNSS 监测站，形成了一个全球观测网，并为用户提供了不间断的数据和相关产品。IGS 组织还承担其他科学任务，如维持国际地球参考框架、协作开展地球观测以及其他协同科学研究。

IGS 组织的结构主要包括以下几个部分：

① 管理委员会(governing board)。主要负责为 IGS 组织相关活动，制定相关政策，并确定建立新的产品。

② 中央局(central bureau)。主要为 IGS 执行整体工作以及协调和处理日常事务。

③ IGS 全球观测网(IGS network)。包括分布全球的 500 多个 IGS 监测站，并提供 GNSS 的连续观测数据。

④ 分析中心(analysis center)。主要生成高精度的轨道和钟差产品，对流层和电离层延迟产品以及 IGS 跟踪站的精确坐标。

⑤ 数据中心(data center)。主要职责是发布数据和产品，以供相关用户使用。

⑥ 工作组(working group)。主要职责是针对某一领域，提供相关技术指导和支持，并推动生产新的产品和数据处理标准。

截至 2018 年 3 月，IGS 的全球观测网已有超过 500 个的连续运行基准站(continuously operating reference stations，CORS)，这些 CORS 不但能接收 GPS、GLONASS、BDS 和 Galileo 数据，还能接收 QZSS 和 SBAS 的数据。由于这些基准站的选址要求很高，因此其观测值质量都较高。例如，IGS 基准站的基础设施必须具备很高的物理稳定性从而支持 IGS 网络的长期运行，并且需要仔细规划和记录 IGS 基准站相关配置的任何更改，以尽量确保测站位置时间序列的连续性。此外，还要求每个测站的数据尽可能实时地传输到数据中心进行归档和分析。图 1.29 为截至 2018 年 3 月全球观测网的 IGS 测站分布图。

全球观测网可以为各种涉及 GNSS 的科学和工程用户提供高质量的产品和观测资料，例如支持各个行业的精确定位、监测海洋潮汐和水文造成的固体地球变形、监测海平面变化和相关的气候变化，同时可以用于探测大气层，并生成电离层和对流层分布图。具体来说，全球观测网可以提供如下几类产品：

① GNSS 轨道和钟差；

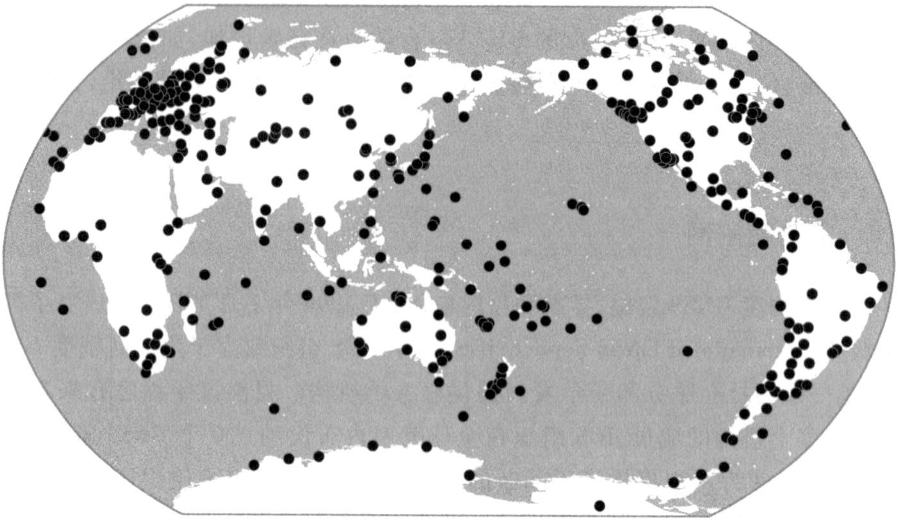

图 1.29 全球观测网的 IGS 测站分布图

② 地球自转参数和测站坐标；

③ 电离层和对流层延迟参数；

④ GNSS 的系统偏差估计。

为了适应多频多系统 GNSS 的应用需求，IGS 建立了另一个全球观测网，称之为多卫星系统实验（multi-GNSS experiment，MGEX）网。MGEX 网成立于 2012 年，并由 IGS Multi-GNSS 工作组负责，截至 2018 年 3 月已超过 200 个测站，可以提供 GPS、GLONASS、BDS、Galileo 和 QZSS 等系统多频率的数据。MGEX 网包含多种类型接收机和天线设备。许多测站还配备了多机一天线（即零基线）以及短基线，通过这些配置能更好地研究和评估数据、导航信号和接收机性能。MGEX 网的另一个特点是所有测站可以提供 RINEX 3 格式的观测文件用以支持所有星座的不同类型观测数据，此外大约 60%的测站还可提供实时数据流。

上述全球观测网的数据可以从网上免费下载。

1.4.3 区域 CORS 网

除了全球观测网，还有局部区域建立的区域 CORS 网。如中国区域建立的中国大陆构造环境监测网络（crustal movement observation network of china，CMONOC），简称陆态网。陆态网是以 GNSS 观测为主，辅以甚长基线干涉测量和卫星激光测距等空间观测技术，并结合精密重力和水准测量等多种技术手段，建成了由 260 个 CORS 和 2 000 个不定期观测站点构成的、覆盖中国大陆的高精度、高时空分辨率和自主研发数据处理系统的观测网络。陆态网主要用于监测中国大陆地壳运动、重力场形态及变化、大气圈对流层水汽含量变化及电离层离子浓度的变化，为研究地壳运动的时空变化规律、构造变形的三维精细特征、现代大地测量基准系统的建立和维持、汛期暴雨的大尺度水汽输送模型等科学问题提供基础资料和产品。

由美国国家海洋和大气管理局负责建设,美国国家大地测量部门负责管理的美国国家 CORS 为整个美国气象学、空间大气和地球物理等领域研究提供支持,当然也为美国用户提供精密定位。截至 2015 年 8 月,美国 CORS 已纳入了美国 200 个组织的共约 2 000 个测站。

在欧洲,德国建立的 SAPOS 系统(satellite positioning service of the German national survey)覆盖德国全境,包括超过 260 个 CORS,平均站间距约为 40 km。SAPOS 系统为用户提供实时定位服务、高精度实时定位服务以及高精度大地事后定位服务。

日本是一个地震频发国家,建立了高密度的国家 CORS 网,称为 GEONET(GNSS earth observation network system),是日本的重要基础设施。GEONET 包括 1 300 多个 CORS,主要为地震监测和预报、工程控制测量、地理信息系统的更新、气象监测和天气预报等提供服务。

除了国家 CORS 网之外,很多国家的很多省市还建立了省市 CORS 网,比如上海,该系统能同时兼容 BDS、GPS、GLONASS 和 Galileo 等 GNSS,是覆盖全上海市陆海一体的多源、多频、高精度连续运行卫星导航定位服务系统。目前,该系统提供实时米级至分米级的差分定位大众化服务和实时厘米级、事后毫米级的精准定位专业服务。

1.5 GNSS 应用简介

1.5.1 高精度定位

GNSS 最基本也是最重要的应用就是高精度定位,具体来说可用于控制网、工程测量以及灾害监测等各个领域。

自 1980 年代 GPS 的出现以来,相关研究机构开发了一系列 GNSS 定位和应用软件,从而能够高精度地连续探测地球系统的空间和时间变化,再加上密集的由连续运行基准站组成的全球观测和各级区域观测网络,因此可将 GNSS 技术应用于控制网建设等领域。与其他测量方法相比,GNSS 控制网具有高度的自动化与现代化等优势,大大地节省了人力、物力的开支。尤其是在一些山区的测绘以及一些大型建筑(如大坝)的变形监测等方面,GNSS 技术有着突出的作用,具有便捷、精度高、耗费低等优点。

在工程测量领域中,应用最为广泛的 GNSS 技术是 RTK(real-time kinematic positioning),在公路测量、铁路测量、管线测量以及施工放样等工程项目中得到了广泛应用。RTK 精度通常能达到厘米级,且其具有速度快、成本低等优势,因此现在 GNSS 已与全站仪成为一般工程测量中最为常用的两种技术。近年来 GNSS 技术已应用于众多大型精密工程测量项目中,如高铁项目、长江三峡工程、青藏铁路工程、杭州湾大桥、嘉绍大桥等。

GNSS 技术目前还广泛应用于各类灾害的监测与预报中,包括桥梁、大坝、海上钻井平台、高层建筑等建筑物的变形监测与预报，以及地震、滑坡、泥石流、地面沉降等自然灾害的变形监测与预报。相较其他的专用仪器设备，GNSS 技术在灾害监测与预报中具有如下优点：① GNSS 变形监测的精度可以达到毫米级，能够满足多数灾害监测的需要；② 观测不受气候条件的影响，可实现全天候监测；③ 可以进行长期连续的观测，且无须过多人工参与，具有自动化程度高的优势。举例来说，GNSS 技术可以观测地壳运动、大地震、地面沉降、火山活动、冰后回弹等各类现象。在较大地震的震中，GNSS 可以通过高采样率的数据获得较长周期的地震波。如有大量的 GNSS 连续运行基准站，将会得到更多有用信息。

1.5.2 智慧城市

智慧城市能够充分运用信息和通信技术手段感测、分析、整合城市运行核心系统的各项关键信息，从而对于包括民生、环保、公共安全、城市服务、工商业活动在内的各种需求作出智能的响应，为人类创造更美好的城市生活。其中基于位置的服务（LBS）是建立智慧城市的重要基础，而 GNSS 又是位置信息获取的重要技术，因此 GNSS 的发展是建立智慧城市的重要一步。

具体来说，GNSS 技术在智慧城市中主要可应用于以下几个方面：① 智能交通管理与服务，如车辆船只的管理和自动驾驶；② 航空安全管理，辅助飞机进近与着陆；③ 港口与航运管理，如对船只、车辆和飞机进港后进行调度；④ 地理信息更新，如辅助城市规划和管理等领域。GNSS 还可以应用于生产自动化领域，如实现现代精细农业管理、矿山测量管理。此外，随着智能手机等具备定位功能设备的普及，GNSS 还可以用于高精度的个人位置服务。

同时，GNSS 技术作为 3S 技术中的重要组成部分，在智慧城市领域得到广泛应用并产生出巨大的经济效益与社会效益。随着中国城市化速度的加快，人地矛盾问题逐渐突出，如何高效智能地管理城市成为人们日益关注的问题。智慧城市的建设涉及基础影像地图数据和大量空间位置数据信息，因此智慧城市的建立离不开 GNSS 技术的支撑。

1.5.3 大气反演

GNSS 还可应用于大气反演，由于 GNSS 观测值受到对流层延迟和电离层延迟误差的影响，因此可反演对流层和电离层信息。

GNSS 水汽探测的主要原理即卫星导航信号通过对流层时会发生折射，通过求解测站天顶对流层延迟量进而达到反演水汽的目的。通过 GNSS 技术反演水汽含量具有全球覆盖、精度高、费用低、时间分辨率高、数据获取速度快等优点。GNSS 水汽探测能提供垂直分布廓线等信息，弥补无线电探空资料在时间、空间分辨率上的不足，最终提供精细化气象预报所需要的高时效性、高精度、大容量的大气水汽信息。

GNSS 电离层建模的基础是获取 GNSS 站星视线方向上的高精度电离层斜延迟，然而由于 GNSS 获取的原始电离层观测信息是空间上的离散数据，实际工作中需按照一定的数学方法将离散的观测数据在连续或规则的电离层空间进行数学建模。目前，利用 GNSS 技术对电离层进行反演主要包括二维电离层建模和三维电离层建模两种方式。

1.5.4 GNSS-R

利用 GNSS 反射信号探测地球表面特征的技术，称为 GNSS 反射测量技术（GNSS-R）。GNSS-R 可以广泛应用于海洋遥感领域、陆地遥感领域以及冰川雪地遥感领域，如可以用来进行海洋测高、反演海面风场、估计海水盐度和海面溢油，估计土壤湿度和植物生长量，以及测量海冰厚度、积雪厚度密度和粗糙度等。未来几年，GNSS 信号相关的技术在遥感领域的应用范围必将越来越广。

具体来说，首先可利用地基 GNSS-R 进行环境监测。目前，已经有许多用于环境监测服务的 GNSS 跟踪站建立。利用地基 GNSS-R 进行环境反演监测具有全天候、全自动、长期连续、稳定性、高时间分辨率、无须标定、成本低、仪器体积小、质量轻、功耗小、信号资源丰富、隐蔽性强等优点。地基 GNSS-R 具有的独特优势，使其能够克服常规监测手段的不足，有效地补充环境监测数据。目前，利用地基 GNSS-R 进行环境监测已成为新兴的热点研究领域。

此外，还可利用星基 GNSS-R。具体来说，可利用卫星上的 GNSS-R 接收机，接收 GNSS 反射信号，接收到的反射信号可利用于海洋和陆地等方面，比如研究海洋表面特性、潮湿大气热力学、热带飓风等。

习题

1. 请简述导航卫星系统定位的基本原理。

2. 请简述导航卫星系统的组成和每部分的功能。

3. 请分析 GPS、GLONASS、Galileo 和北斗系统在系统组成、卫星类型、信号体制方面的异同。

4. 请简述星基增强系统的基本组成和原理。

5. 请简述 GNSS 的应用方向。

第2章

坐标系统与时间系统

坐标系统和时间系统在GNSS应用中扮演着十分重要的角色，GNSS涉及的观测量、动力学模型、时间信息、位置信息等都在一定的时空系统中描述。一方面，不同的导航系统具有各自的时间基准和坐标基准，在融合处理不同来源数据时，必须进行时间和空间的统一。另一方面，在处理导航卫星观测数据以及误差模型改正时，根据不同需要使用不同的时间系统和坐标系统，但通常最终都需要转换到统一的时间系统和坐标系统。因此，建立精确的时间系统转换关系和空间系统转换关系是卫星精密导航定位的基础。本章主要介绍常用的时间系统、坐标系统，以及各时间系统、各坐标系统之间的转换关系。

GNSS导航定位过程中常采用两类坐标系统：空固坐标系（简称空固系）与地固坐标系（简称地固系）。空固系为在空间固定的系统，这类坐标系与地球自转无关，常用于描述卫星的运行位置和运行状态。地固系是与地球相固联的坐标系统，此类坐标系由于与地球自转一致，所以常用于表达地面观测站的位置和GNSS处理结果。下文中介绍的天球坐标系为空固系，地球坐标系为地固系。

2.1 天球坐标系

天球坐标系是用以描述自然天体和人造天体在空间的位置或方向的一种坐标系。以下将对天球的定义、几种常用的天球坐标系及天极运动加以介绍。

2.1.1 天球

天球是以地球质心 M 为中心，任意长度 r 为半径的假想的理想球体。天文学中通常把天体投影到天球的球面上，并在天球上研究天体的位置、运动规律及其相互关系。为了建立球面坐标系统，必须确定球面上的一些参考点、线、面，如图2.1所示。

天轴与天极：天轴是指地球自转轴的延伸直线；天轴与天球的交点 P_N 和 P_S 称为天极，

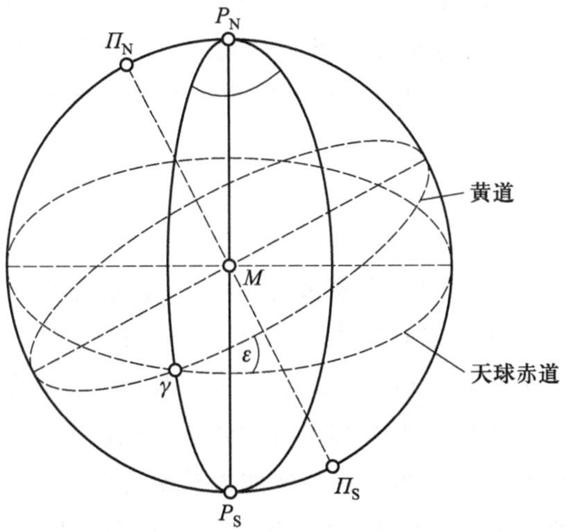

图 2.1 天球上一些有参考意义的点、线、面

其中 P_N 称为北天极，P_S 称为南天极，经过 P_NP_S 的直线称为天轴。天极并不是固定不变的，消除了章动影响的天极称为平天极，同时包含岁差和章动影响的天极称为真天极。

天球赤道面和天球赤道：通过地球质心 M 与天轴垂直的平面称为天球赤道面。这时天球赤道面与地球赤道面相重合，该赤道面与天球相交的大圆称为天球赤道，天球赤道是一个半径为无穷大的圆。

天球子午面与天球子午圈：包含天轴并通过地球上任一点的平面称为天球子午面，天球子午面与天球相交的大圆称为天球子午圈。

时圈：通过天轴的平面与天球相交的半个大圆称为时圈。

黄道：地球公转的轨道与天球相交的大圆，即当地球绕太阳公转时，地球上的观测者所见到的太阳在天球面上做视运动的轨迹。黄道面与赤道面的夹角 ε 称为黄赤交角，约为 23.5°。

黄极：黄极是指通过天球中心，且垂直于黄道面的直线与天球表面的交点。其中靠近北天极的交点为北黄极（Π_N），靠近南天极的交点为南黄极（Π_S）。

春分点：春分点是指当太阳在黄道上从天球南半球向北半球运行时，黄道与天球赤道的交点 γ。

在天文学和卫星大地测量学中，春分点和天球赤道面是建立参考系的重要基准点和基准面。

2.1.2 岁差和章动

这里必须指出，上述天球是建立在地球为均质球体且不受其他天体摄动力影响的理想情况下，即假定地球的自转轴在空间的方向是固定的，因而春分点在天球上的位置保持不变。但实际上，地球不是理想球体，而是接近于一个两极扁平赤道隆起的椭球体，在日、月引力和其他天体引力的作用下，地球在绕太阳运行时，自转轴的方向不再保持不变，而是绕着北黄极做缓慢的旋转运动，这就意味着天极是运动的，即北天极绕北黄极做缓慢的旋转运动。由于受到引力场作用是不均匀的，为表达方便，天文学中将天极运动分成长期性的岁差和周期性的章动。

1. 岁差

岁差(precession)是指平北天极以北黄极为中心，以黄赤交角 ε 为角半径的一种顺时针圆周运动。地球自转轴在空间的方向变化，主要是受日、月引力共同作用的结果，其中以月球的引力影响为主。由于太阳距地球的距离远远大于月球距地球的距离，其引力的影响仅为月球影响的0.46。如果月球的引力及其运行的轨道都是固定不变的，同时忽略其他行星引力的微小影响，那么日、月引力的影响将仅使北天极绕北黄极以顺时针方向缓慢地旋转，构成如图2.2所示的一个圆锥面。这时，北天极的轨迹近似地构成一个以北黄极 Π_N 为中心，以黄赤交角 ε 为半径的小圆。在这个小圆上，北天极每年西移约为50.371″，周期大约为25 800年。

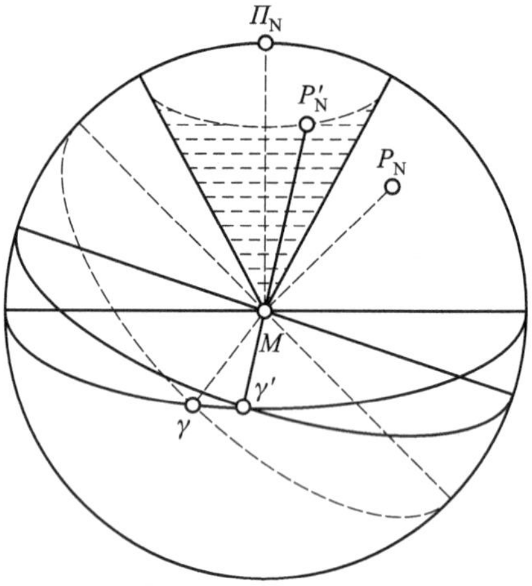

图2.2 岁差影响

岁差可分为日月岁差和行星岁差。由太阳、月球对地球上赤道隆起部分的作用力矩而引起天球赤道的进动(即地球自转轴绕黄道的垂直轴旋转的一种长期运动)，最终使得春分点每年在黄道上西移的现象，称为日月岁差。由于行星引力而导致地月系质心绕日公转面(黄道面)发生变化，从而使得春分点在天球赤道上每年向东运动的现象，称为行星岁差。行星岁差和日月岁差引起的春分点缓慢移动称为总岁差。但在国际天文学联合会(IAU)2006决议中，将日月岁差和行星岁差分别改为赤道岁差和黄道岁差。迄今为止，已经有多个岁差模型，如L77岁差模型、IAU2000岁差模型、IAU2006岁差模型。IAU2006岁差模型在国际地球自转和参考系统服务组织(IERS)2010年协议中有相应说明。

2. 章动

在天球上,这种只考虑岁差影响的北天极,通常称为瞬时平北天极(或简称为平北天极),而与之相应的天球赤道和春分点,称为瞬时天球平赤道和瞬时平春分点。但是,在太阳和其他行星引力的影响下,月球的运行轨道以及月地之间的距离都是不断变化的。所以,北天极在天球上绕北黄极旋转的轨迹,实际上要复杂得多。如果把观测时的北天极称为瞬时北天极(或真北天极),而与之相应的天球赤道和春分点称为瞬时天球赤道和瞬时春分点(或真天球赤道和真春分点),那么在日、月引力等因素的影响下,瞬时北天极将绕瞬时平北天极产生旋转,大致成椭圆形轨迹,其长角半径约为 9.2″,短角半径为 6.9″,周期约为 18.6 年(图 2.3),这种现象称为章动(nutation)。这是由月球绕地球的公转轨道面与地球赤道面之间的交角会以 18.6 年的周期在 18°17′至 28°35′之间来回变化而引起的。目前,也已经建立了许多章动模型,如 IAU1980 章动模型、IAU2000 章动模型等。

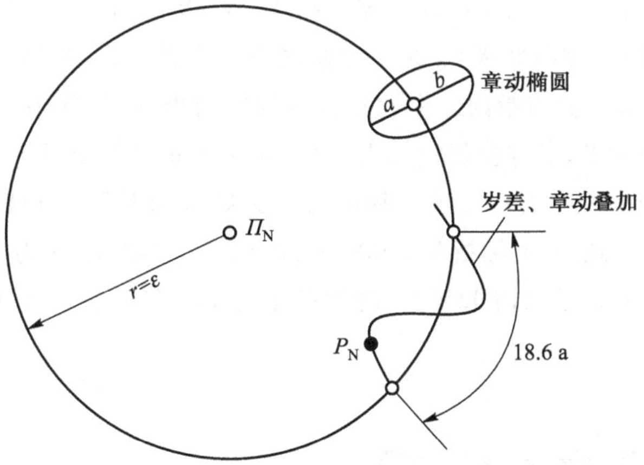

图 2.3 章动影响

2.1.3 天球坐标系

笼统地说,天球坐标系以地球质心 M 为原点,Z 轴指向北天极,X 轴指向春分点,Y 轴、X 轴与 Z 轴构成右手坐标系。由于岁差和章动的影响,地球的自转轴在空间并不是固定不变的,春分点的位置也是随着时间的变化而变化的。因此,天球北天极和春分点才有了“真”和“平”之分。把仅顾及岁差而不考虑章动的北天极和春分点称为平北天极和平春分点,把同时考虑岁差和章动的北天极和春分点称为真北天极和真春分点。

1. 瞬时真天球坐标系

瞬时真天球坐标系的原点为地球质心 M,Z 轴指向瞬时真北天极 P_N;X 轴指向真春分点

γ,Y 轴垂直于 MXZ 平面,且与 X 轴和 Z 轴构成右手坐标系。不同的观测历元就相对于不同的瞬时真天球坐标系。若对于空间某一固定天体在不同时间进行观测,得到的天体坐标将会不同,显然,这样的坐标系不适合用于星表的编制。

2. 瞬时平天球坐标系

不同于瞬时真天球坐标系,瞬时平天球坐标系的原点为地球质心 M,Z 轴指向瞬时(历元)平北天极 P_0,X 轴指向平春分点 γ_0,Y 轴垂直于 MXZ 平面,且与 X 轴和 Z 轴构成右手坐标系。对于瞬时平天球坐标系,虽然没有章动的影响,但是它依然受到岁差的影响,三个坐标系的指向仍然随时间变化,因此,我们还是不能用这样的坐标系来描述天体的位置。

3. 协议天球坐标系

基于以上考虑,天体的位置应该在一个相对固定不变的坐标系中进行表达才具有意义。为了全球统一使用,国际上定义了协议天球坐标系。选择某一时刻 t_0 作为标准历元,并将该时刻地球的瞬时自转轴(指向北极)和地心至瞬时春分点的方向,经该瞬时的岁差和章动改正后,分别作为 Z 轴和 X 轴的指向。由此所构成的空固坐标系,称为标准历元 t_0 的平天球坐标系或协议天球坐标系,也称协议惯性坐标系(conventional inertial system,CIS),天体的星历通常都是在该系统下表示的。目前常用的协议天球坐标系是由 IAU 规定的天球坐标系 GCRS,其坐标原点位于地心,X 轴指向 J2000.0(JD = 2 451 545.0,JD 为儒略日,2.4.7 节将详细介绍)时的平春分点,Z 轴指向 J2000.0 时的平北天极,Y 轴垂直于 X 轴和 Z 轴构成右手坐标系。

2.1.4 三种天球坐标系及其转换

对于上述瞬时真天球坐标系(true celestial system,TCS)、瞬时平天球坐标系(mean celestial system,MCS)和协议天球坐标系(CIS),它们的转换关系为

$$X_{\mathrm{TCS}} = \boldsymbol{R}_{\mathrm{N}} X_{\mathrm{MCS}} = \boldsymbol{R}_{\mathrm{N}} \boldsymbol{R}_{\mathrm{P}} X_{\mathrm{CIS}} \tag{2.1}$$

式中,X_{TCS}、X_{MCS} 和 X_{CIS} 分别表示在瞬时真天球坐标系、瞬时平天球坐标系和协议天球坐标系中的坐标,$\boldsymbol{R}_{\mathrm{N}}$ 和 $\boldsymbol{R}_{\mathrm{P}}$ 分别表示章动和岁差矩阵。

1. 协议天球坐标系(CIS)与瞬时平天球坐标系(MCS)的转换:岁差改正

根据式(2.1)可知,协议天球坐标系到瞬时平天球坐标系的转换,相当于协议天球坐标系的 Z 轴 Z_0 沿岁差小圆顺时针转动到 Z_t 的位置,转动的角度恰好为 t_0 到 t 时刻的岁差,即

$$\begin{bmatrix} x \\ y \\ z \end{bmatrix}_{\mathrm{MCS}} = \boldsymbol{R}_{\mathrm{P}} \begin{bmatrix} x \\ y \\ z \end{bmatrix}_{\mathrm{CIS}} = \boldsymbol{R}_{Z}(-\zeta)\boldsymbol{R}_{Y}(\theta)\boldsymbol{R}_{Z}(-\eta) \begin{bmatrix} x \\ y \\ z \end{bmatrix}_{\mathrm{CIS}} \tag{2.2}$$

其中，$[x,y,z]^{\mathrm{T}}_{\mathrm{MCS}}$为瞬时平天球坐标系，$[x,y,z]^{\mathrm{T}}_{\mathrm{CIS}}$为协议天球坐标系，$\boldsymbol{R}_Z(-\zeta)$、$\boldsymbol{R}_Y(\theta)$、$\boldsymbol{R}_Z(-\eta)$分别表示以 Z 轴、Y 轴、Z 轴为旋转轴的小角度旋转

$$\boldsymbol{R}_Z(-\zeta)=\begin{bmatrix}\cos\zeta & -\sin\zeta & 0\\ \sin\zeta & \cos\zeta & 0\\ 0 & 0 & 1\end{bmatrix},\quad \boldsymbol{R}_Y(\theta)=\begin{bmatrix}\cos\theta & 0 & -\sin\theta\\ 0 & 1 & 0\\ \sin\theta & 0 & \cos\theta\end{bmatrix},\tag{2.3}$$

$$\boldsymbol{R}_Z(-\eta)=\begin{bmatrix}\cos\eta & -\sin\eta & 0\\ \sin\eta & \cos\eta & 0\\ 0 & 0 & 1\end{bmatrix}$$

式中，ζ、θ、η 分别为与岁差旋转相关的三个旋转角，分别为沿瞬时平赤道计算的赤经岁差部分、赤纬岁差和沿标准历元的平赤道计算的赤经岁差部分。IAU2006 岁差模型中这些参数的表达式为

$$\begin{aligned}\zeta &= -2.650\,545'' + 2\,306.077\,181''T + 1.092\,734\,8''T^2 + 0.018\,268\,37''T^3\\&\quad - 0.000\,028\,596''T^4 - 0.000\,000\,290\,4''T^5\\ \theta &= 2\,004.191\,903''T - 0.429\,493\,4''T^2 - 0.041\,822\,64''T^3\\&\quad - 0.000\,007\,089''T^4 - 0.000\,000\,127\,4''T^5\\ \eta &= 2.650\,545'' + 2\,306.083\,227''T + 0.298\,849\,9''T^2 + 0.018\,018\,28''T^3\\&\quad - 0.000\,005\,971''T^4 - 0.000\,000\,317\,3''T^5\end{aligned}\tag{2.4}$$

其中，$T=t-t_0$ 是从标准历元 t_0 至观测历元 t 的儒略世纪数。

2. 瞬时平天球坐标系（MCS）与瞬时真天球坐标系（TCS）的转换：章动改正

由式（2.1）可知，如需使瞬时平天球坐标系转换到瞬时真天球坐标系，还需要对坐标轴进行章动旋转（图 2.4），使 Z 轴从瞬时平天极指向瞬时真天极。

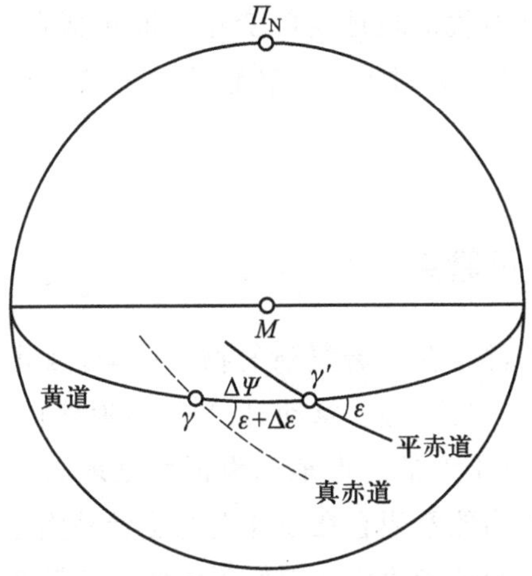

图 2.4 章动旋转

$$\begin{bmatrix} x \\ y \\ z \end{bmatrix}_{\mathrm{TCS}} = \boldsymbol{R}_{\mathrm{N}} \begin{bmatrix} x \\ y \\ z \end{bmatrix}_{\mathrm{MCS}} = \boldsymbol{R}_X(-(\varepsilon + \Delta\varepsilon))\boldsymbol{R}_Z(-\Delta\psi)\boldsymbol{R}_X(\varepsilon) \begin{bmatrix} x \\ y \\ z \end{bmatrix}_{\mathrm{MCS}} \tag{2.5}$$

其中,$[x,y,z]^{\mathrm{T}}_{\mathrm{TCS}}$为瞬时真天球坐标系,$\boldsymbol{R}_X(-(\varepsilon+\Delta\varepsilon))$、$\boldsymbol{R}_Z(-\Delta\psi)$、$\boldsymbol{R}_X(\varepsilon)$分别表示小角度旋转,$\varepsilon$ 为平黄赤交角,$\Delta\psi$ 为黄经章动,$\varepsilon+\Delta\varepsilon$ 为真黄赤交角。

$$\varepsilon = 23°26'21.448'' - 46.815''T - 0.000\ 59''T^2 + 0.001\ 813T^3$$

$$\begin{aligned} \Delta\varepsilon &= \sum_{i=1}^{N} (A_i + A'_i t)\sin(ARGUMENT) + (A''_i + A'''_i t)\cos(ARGUMENT) \\ \Delta\psi &= \sum_{i=1}^{N} (B_i + B'_i t)\cos(ARGUMENT) + (B''_i + B'''_i t)\sin(ARGUMENT) \end{aligned} \tag{2.6}$$

$$ARGUMENT = \sum_{j=1}^{14} N_j F_j$$

式中,$F_1, F_2, \cdots, F_5$ 分别为月球的平近点角、太阳的平近点角、月球的平升交角距、太阳到月球的平角距以及月球的升交点黄经,$F_6, F_7, \cdots, F_{14}$分别为水星到海王星的平黄经。系数 N_j、A_i、B_i、A'_i、B'_i、A''_i、B''_i、A'''_i、B'''_i的值可在 IERS 2010 中找到。

2.2 地球坐标系

由于地球坐标系与地球固连在一起,随地球一起自转,故也称为地固坐标系。地球坐标系主要用来描述地面站在地球上的位置,也用来描述卫星在近地空间中的位置。地球自转轴与地球的两个交点称为地极,地球坐标系 Z 轴的正向指向北地极。地球坐标系的建立与地球自转变化息息相关,通常所说的地球自转变化一般包括自转轴相对地球体本身的移动(极移)和地球自转速度的变化。瞬时地球自转轴所处的位置称为瞬时地球极轴,而相应的极点称为瞬时地极。

2.2.1 极移与国际协议原点

由于地球并非刚体,其内部还存在着复杂的物质运动,因此,地球瞬时自转轴在地球内部的位置不是固定不变的。在讨论岁差、章动时,我们将地球自转轴固定在地球内部,因此,地极与地球的相对关系是固定不变的。但地球坐标系是地固坐标系,所以地极点是地球坐标系的一个重要基准点,我们当然希望它在地球上的位置是固定的,否则地球坐标系的 Z 轴方向将有所改变。也就是说,地球赤道面和起始子午面的位置有所改变,会引起地球上点的坐标变化。地球自转轴相对地球体的位置并不是固定的,因而地极点在地球表面上的位置是随时间而变化的。这种现象称为地极移动,简称极移(polar motion)。在建立天球坐标系时，不需要考虑极移的影响。但在建立高精度地球坐标系时，极移影响不可或缺。

极移使地球坐标系 Z 轴的指向产生变化，给实际定位工作带来困难。为此，国际天文学联合会（IAU）和国际大地测量协会（IAG）于 1967 年建议采用国际上 5 个纬度服务站在 1900—1906 年测定的平均纬度所确定的平均地极位置作为国际协议原点（conventional international origin，CIO），简称平极。与 CIO 相对应的赤道面，称为协议赤道面或平赤道面。图 2.5 为 1962 年至 2019 年间地极相对于 CIO 的运动轨迹。

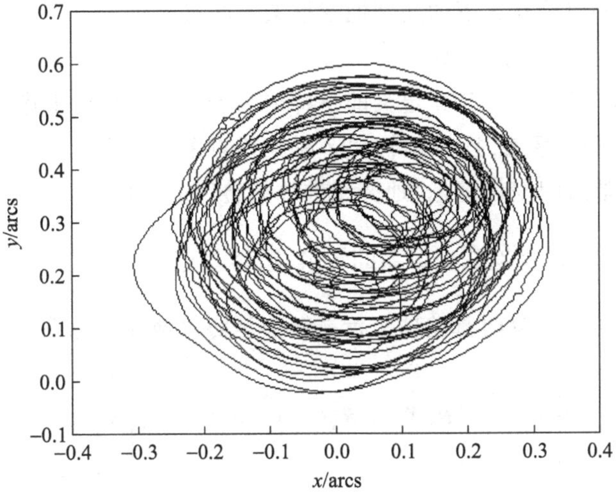

图 2.5 1962 年至 2019 年间地极相对于 CIO 的运动轨迹

2.2.2 地球坐标系

一般地球坐标系以地球质心为原点，以地球自转轴为 Z 轴，以地球赤道面为基准面，地球赤道面与格林尼治子午面的交线方向为 X 轴，Y 轴垂直于 X 轴和 Z 轴构成右手坐标系（图 2.6）。由于极移的存在，不同时刻地球坐标系的三个坐标轴在地球内部的指向是不断变化的，所以产生了瞬时（真）地球坐标系（true terrestrial system，TTS）。为了便于应用，就产生了协议地球坐标系。

1. 瞬时真地球坐标系

对于地球坐标系而言，Z 轴的正向就是北地极。由于极移现象，所以产生了瞬时真地球坐标系。瞬时真地球坐标系以地球质心为原点，Z 轴指向瞬时北地极，X 轴指向瞬时真赤道与格林尼治平子午面交线。由于极移现象，瞬时真地球坐标系的三轴指向会不断变化，因此地面固定点的坐标也会不断发生变化，显然，这样的坐标系是不适合表示点的位置的。

2. 协议地球坐标系

为了使地面固定点的坐标保持不变，就需要建立一个与地球固定在一起，但坐标轴不变的坐标系，其 Z 轴指向一系列瞬时地极中某一固定的基准点，随同地球自转，但坐标轴定向不再随时间而变化。为全球统一，通过协商，由国际大地测量和地球物理学联合会(IUGG)统一作出规定，这就是国际地球参考系统(international terrestrial reference system，ITRS)，也即协议地球坐标系，由国际地球自转和参考系统服务组织(international earth rotation and reference systems service，IERS)来负责定义 ITRS，具体的条件如下：

① 坐标原点位于包括海洋和大气层在内的整个地球的质量中心；

② 尺度为广义相对论意义下的局部地球框架内的尺度；

③ Z 轴指向国际协议原点 CIO；

④ X 轴指向由国际时间局 BIH 定义的格林尼治子午面与地球平赤道的交点；

⑤ Y 轴垂直于 MXZ 平面，且与 X 轴和 Z 轴构成右手坐标系；

⑥ 坐标轴指向随时间变化满足“地壳无整体旋转”的条件。

3. 协议地球坐标系与瞬时真地球坐标系的转换：极移改正

通过极移矩阵，可以由瞬时真地球坐标系转换至协议地球坐标系，其表达式为

$$\begin{bmatrix} x \\ y \\ z \end{bmatrix}_{\mathrm{CTS}} = \boldsymbol{R}_{\mathrm{U}} X_{t_0} = \boldsymbol{R}_X(-y_{\mathrm{p}})\boldsymbol{R}_Y(-x_{\mathrm{p}})\begin{bmatrix} x \\ y \\ z \end{bmatrix}_{\mathrm{TTS}} \tag{2.7}$$

$$\boldsymbol{R}_X(-y_{\mathrm{p}}) = \begin{bmatrix} 1 & 0 & 0 \\ 0 & \cos y_{\mathrm{p}} & \sin y_{\mathrm{p}} \\ 0 & -\sin y_{\mathrm{p}} & \cos y_{\mathrm{p}} \end{bmatrix},\quad \boldsymbol{R}_Y(-x_{\mathrm{p}}) = \begin{bmatrix} \cos x_{\mathrm{p}} & 0 & \sin x_{\mathrm{p}} \\ 0 & 1 & 0 \\ -\sin x_{\mathrm{p}} & 0 & \cos x_{\mathrm{p}} \end{bmatrix} \tag{2.8}$$

式中，$[x,y,z]_{\mathrm{CTS}}^{\mathrm{T}}$ 为协议地球坐标系，$[x,y,z]_{\mathrm{TTS}}^{\mathrm{T}}$ 表示瞬时真地球坐标系，$\boldsymbol{R}_{\mathrm{U}}$ 为极移矩阵，$\boldsymbol{R}_X(-y_{\mathrm{p}})$、$\boldsymbol{R}_Y(-x_{\mathrm{p}})$ 为分别绕 X 轴和 Y 轴的旋转矩阵，x_{p} 和 y_{p} 是极移分量，x_{p} 轴的正向指向格林尼治平子午线，y_{p} 轴的正向指向西经 90°的子午线方向，协议地球坐标系的地极是国际协议原点 CIO(图 2.6)。

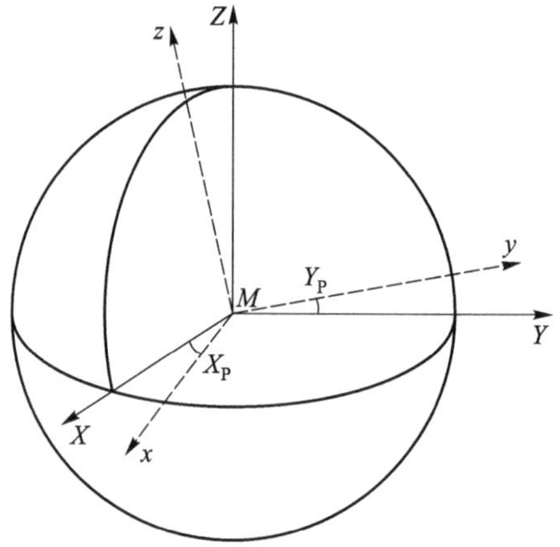

图 2.6 极移旋转

4. 几种常用的地球坐标系

地球是一个两极略扁的旋转椭球体，表面具有极不规则的自然地形，其内部结构和质量分布复杂易变，周围由大气环绕，外部受太空月亮、太阳等天体吸引，这些因素决定了地球的大小、形状及重力场分布的复杂性，人们很难用简单的数学方法来准确描述真实地球的情况，而只能采取近似的方法来表示，所以上文定义的 ITRS 是理想定义，现实中是难以完全满足所有条件的，只能尽可能地逼近所有条件。一些组织和机构通过一系列的观测和数据处理后，得到一个尽可能满足 ITRS 定义条件的坐标系称之为国际地球参考框架（international terrestrial reference frame，ITRF），或者坐标框架。坐标框架是由一组分布在全球的测站坐标及其变化速度来体现的，所以不同观测手段和数据处理方法实现的坐标系的精度是不同的。不同的框架需要对原点、尺度、定向等进行转换后使用。换句话说，ITRF 是对 ITRS 的具体实现，随着观测手段的不断提升，得到的 ITRF 精度越来越高，也将越来越逼近 ITRS 的理想定义。

（1）国际地球参考框架（ITRF）

国际地球参考框架是目前应用最广泛、精度最高的全球参考框架，为全球和区域参考框架提供基准。ITRF 的建立使得确定某个点在 ITRF 中的坐标只需要确定该点与 ITRF 参考站的相对位置即可。ITRF 是一个地心参考框架，它由大地测量观测站的坐标和运动速度来定义。由 IERS 提供，是对国际地球参考系统（ITRS）的实现。根据 IERS 2010 定义，ITRS 的定义如下：

坐标系原点位于地心，是整个地球（包含海洋和大气）的质量中心；

坐标系尺度是米（SI），与地心局部框架的地心坐标时（TCG）保持一致，符合 IAU 和 IUGG 的 1991 年决议，由相应的相对论模型得到；

坐标系方向初始值为国际时间局（BIH）给出的 1984.0 历元时的方向；

定向随时间的演变采用相对于整个地球的水平板块运动的无整体旋转（no-net-rotation，NNR）。

ITRF 的实现是基于甚长基线干涉测量（very long baseline interferometry，VLBI）、卫星激光测距（satellite laser ranging，SLR）、全球导航卫星系统（GNSS）、星基多普勒轨道和无线电定位组合系统（Doppler orbit determination and radio positioning integrated on satellite，DORIS）四种空间大地测量技术。自 1988 年起，IERS 已经发布了 ITRF88、ITRF89、ITRF90、ITRF91、ITRF92、ITRF93、ITRF94、ITRF96、ITRF97、ITRF2000、ITRF2005、ITRF2008、ITRF2014 和 ITRF2020 共 14 个版本的参考框架。随着观测技术的不断改进，实测数据的持续更新和积累，以及处理策略的进一步完善，最新版本的 ITRF2020 无论是在数据数量与质量、时序模型的建立以及全球测站分布的优化等方面上均有所提高。不同年份的 ITRF 间存在微小的系统差异，可采用布尔沙-沃尔夫（Bursa-Wolf）七参数坐标模型转换进行相互转换。

（2）GNSS 涉及的坐标系统

① WGS84（GPS 坐标系统）：

坐标原点：地球质心；

Z 轴指向：IERS 定义的参考极；

X 轴指向:IERS 定义参考子午面与通过原点且同 Z 轴正交的赤道面的交线;

Y 轴指向:与 Z 轴和 X 轴构成右手坐标系。

② PZ-90.11(GLONASS 坐标系统):

坐标原点:地球质心;

Z 轴指向:IERS 定义的参考极;

X 轴指向:BIH 定义的参考子午面与赤道面的交线;

Y 轴指向:与 Z 轴和 X 轴构成右手坐标系。

③ BDCS(BDS 坐标系统):

坐标原点:地球质心;

Z 轴指向:IERS 定义的参考极方向;

X 轴指向:IERS 定义参考子午面与通过原点且同 Z 轴正交的赤道面的交线;

Y 轴指向:与 Z 轴和 X 轴构成右手坐标系。

Galileo 采用 GTRF 坐标框架。其采用超过 100 个 IGS 站和 13 个 GNSS 站,并与最新的 ITRF 保持一致,其差异在 3 cm 以内。

由上述介绍,我们可以发现,各导航卫星系统的坐标系统的定义与 ITRS 是一致的,但是最终的坐标系统是由坐标框架来实现的。在实现坐标框架过程中,由于每个系统使用的观测站、坐标精度、解算方法等都有所不同,因此坐标系统间存在一定的差异。

最初的 WGS84 与 1983 年美国国家基准(national American datum 83,NAD83)接近。后来,利用更多数据进行联合解算,获得的 WGS84 与 ITRF1992 的符合程度达到 10 cm 的水平。目前,WGS84 与 ITRF2008 的符合程度达到 1 cm。与此相似,测轨跟踪站的站址坐标误差和测量误差导致 GLONASS 最初发布的坐标系统 PZ-90 与 WGS84 的符合程度仅为米级。2007 年发布的 PZ-90.2 相比于 PZ-90,与 WGS84 的符合程度大大提高。在 2014 年初,GLONASS 控制中心将 GLONASS 坐标系统更新至 PZ-90.11,与 ITRF2008 的符合程度达到厘米级。我国 BDS 采用 BDCS,与 WGS84 的差异在厘米级。由此可见,随着各 GNSS 的坐标框架的不断精化,各个系统之间的坐标差异越来越小,都越来越接近 ITRS。

表 2.1 表示了各大 GNSS 坐标系统所采用的椭球元素。椭球元素与空间坐标和卫星轨道元素有重要的联系。

表 2.1 各 GNSS 坐标系统的参考椭球元素

系统	GPS	GLONASS	Galileo	BDS
坐标系	WGS84	PZ-90.11	GTRF	BDCS
长半轴/m	6 378 137.0	6 378 136.0	6 378 136.0	6 378 137.0
扁率	1/298.257 223 563	1/298.257 84	未给出	1/298.257 222
自转角速度/($rad \cdot s^{-1}$)	$7.292\ 115\ 146\ 7\times10^{-5}$	$7.292\ 115\times10^{-5}$	$7.292\ 115\ 146\ 7\times10^{-5}$	$7.292\ 115\ 0\times10^{-5}$
引力常数/($m^3 \cdot s^{-2}$)	$3.986\ 005\times10^{14}$	$3.986\ 004\ 418\times10^{14}$	$3.986\ 004\ 418\times10^{14}$	$3.986\ 004\ 418\times10^{14}$

2.3 协议天球坐标系与协议地球坐标系的转换

1. 瞬时真天球坐标系与瞬时真地球坐标系的转换:地球自转速率

地球自转速率是由世界时(UT_1,2.4.2 节将详细介绍)所测定的日长变化(length of day, LOD)表示的。地球表面潮汐摩擦、气团移动及内部物质移动等活动都是造成地球自转速率不均匀的原因。地球自转速率加快,日长变短;反之,日长变长。随着原子钟的出现,对地球自转速率的测定精度越来越高。

根据瞬时真天球坐标系与瞬时真地球坐标系的定义:它们的原点位置是相同的,均为地球质心;瞬时真地球坐标系 Z 轴正向指向瞬时真北地极,其 Z 轴重合于同一时刻瞬时真天球坐标系的 Z 轴;这两种坐标系的基准面都为该瞬间真赤道面;瞬时真地球坐标系的 X 轴与瞬时真天球坐标系的 X 轴正好相差一个角度,这个角度就是该瞬间的格林尼治视恒星时 GAST,也就是此刻真春分点的时角。由此,可以得到瞬时真地球坐标系到瞬时真天球坐标系的关系式

$$X_{\mathrm{TTS}} = \boldsymbol{R}_{\mathrm{S}} X_{\mathrm{TCS}} = \boldsymbol{R}_{Z}(\mathrm{GAST}) X_{\mathrm{TCS}} \tag{2.9}$$

其中,$\boldsymbol{R}_{\mathrm{S}}$ 为地球自转矩阵。

2. 协议天球坐标系与协议地球坐标系的转换

结合 2.1.4 节和 2.2.2 节,我们可以将协议天球坐标系(CIS)与协议地球坐标系(CTS)相联系。根据式(2.1)、(2.7)和(2.9)可以得出转换关系(图 2.7)

$$X_{\mathrm{CIS}} = \boldsymbol{R}_{\mathrm{P}}^{\mathrm{T}} \boldsymbol{R}_{\mathrm{N}}^{\mathrm{T}} \boldsymbol{R}_{\mathrm{S}} \boldsymbol{R}_{\mathrm{U}} \boldsymbol{X}_{\mathrm{CTS}} \tag{2.10}$$

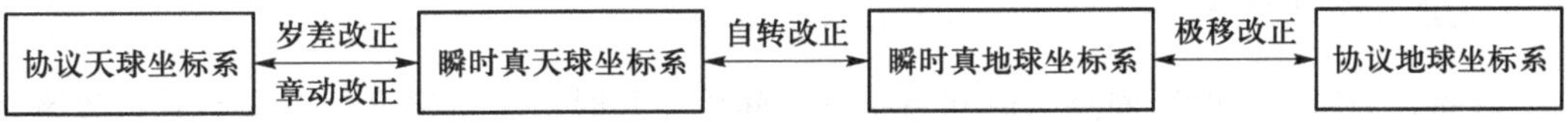

图 2.7 协议天球坐标系到协议地球坐标系的转换过程

2.4 卫星导航定位的时间系统

在天文学和空间科学中,时间系统是精确描述天体和人造卫星运行位置及其相互关系的重要基准,也是 GNSS 定位的重要基准,因此应尽可能建立一个精确的时间系统,获得高

精度的时间信息。

2.4.1 时间系统的定义

一个时间系统的建立包括两个基本要素:时间原点(起始历元)和时间尺度(单位)。在时间系统定义中,时间尺度是关键,决定时间系统的精度;而时间原点可根据实际应用的需要予以确定。一般来说,任何一个可观测的周期运动现象,只要符合以下条件都可以用来确定时间尺度:

① 运动应是连续的、周期性的;

② 运动的周期应具有充分的稳定性;

③ 运动的周期必须具有复现性,即要求在任何地方和时间,都可以通过观测和实验复现这种周期性运动。

但时间系统建立的难点涉及:时间系统的原点是根据实际应用加以选定的,不是恒定不变的,涉及常数差。时间系统的尺度也很难确保严格均匀,不同的时间系统的参考尺度基准如表 2.2 所示。

表 2.2 时间系统及其参考尺度基准

尺度基准	时间系统	尺度基准	时间系统
地球自转	世界时(UT)	原子振荡	国际原子时(TAI)
	格林尼治恒星时(Θ_0)		协调世界时(UTC)
地球公转	力学时(DT)		GNSS 的参考时

2.4.2 世界时系统

时间分为时刻和时间间隔。时间系统由时间原点和时间单位定义。时间系统可以有多种定义形式。下面将介绍常用的几种时间系统以及它们之间的相互关系。

1. 恒星时

恒星时(sidereal time,ST)是以春分点为参考点的,春分点连续两次经过地方上子午圈的时间间隔为一个恒星日,均匀分割恒星日即可得到恒星时系统中的“时”“分”“秒”。恒星时是一个地方的子午圈与天球的春分点之间的时角,因此,恒星时具有地方性。它将春分点和地固系的参考点联系起来,可以实现空固系与地固系之间的变换,一般常用格林尼治恒星时(Θ_0)。由于春分点有平春分点和真春分点,因此,相应有格林尼治真恒星时(GAST)和格林尼治平恒星时(GMST)。

2. 太阳时

在日常生活中，人们习惯用太阳升降来安排工作、学习和休息。这种以太阳中心作为参考点建立的时间系统称为太阳时(solar time)系统。以太阳中心为参考点，太阳连续两次通过某地子午圈的时间间隔称为一个真太阳日，以真太阳日为基础均匀分割可得到真太阳时系统中的“时”“分”“秒”。由于真太阳时是以地球自转为基础，以太阳中心作为参考点而建立的时间系统，因此地球的公转的存在，以及地球自转的不均匀，导致真太阳时的长度是不相同的。

为了弥补这一缺陷，有了平太阳时。平太阳和真太阳一样具有周年视运动，但有两点不同：第一，周年视运动的轨道为赤道，周年视运动周期等于真太阳的周年视运动周期；第二，在赤道上，周年视运动的速率是均匀的，其速率等于真太阳周年视运动的平均速率。平太阳时系统以假想的平太阳中心为参考点，平太阳连续两次通过某地上的子午圈的时间间隔称为一个平太阳日，以平太阳日为基础均匀分割可得到平太阳时系统中的“时”“分”“秒”，平太阳时在数值上等于平太阳的时角。

平太阳时是一种地方时，同一瞬间，位于不同经线上的平太阳时是不同的。为统一标准，1884 年的国际子午线会议上决定将全球分为 24 个标准时区，每个时区占 15 个经度，用每个时区中央经线的地方时(zone time，ZT)来代表整个时区的时间，也称为区时。中国从西向东横跨 5 个时区，目前都采用东八区的区时，称为北京时。

3. 世界时与地方时

格林尼治子午线处的平太阳时称为世界时(universal time，UT)。世界时是以地球自转运动来计量时间，但由于地球表面潮汐摩擦、气团移动及内部物质移动等原因，地球自转速率不均匀。为了消除这些因素对世界时的影响，世界时分为了 UT_0、UT_1 和 UT_2 三个系统。其中 UT_0 是根据天文观测所得到的世界时，世界时与平太阳时的尺度基准是一样的，但它们的原点不同

$$UT_0 = \theta_{Gm} + 12\ h \tag{2.11}$$

其中，θ_{Gm}为平太阳时对应的格林尼治子午圈的时角。

地球自转的不均匀性导致了 UT_0 的不均匀性。为了解决 UT_0 的这一缺陷，1995 年，国际天文联合会决定，将 UT_0 加入地极移动(极移)的改正后，得到 UT_1。UT_1 加入地球自转速率季节性变化改正后得到 UT_2，具体地

$$UT_1 = UT_0 + \Delta\lambda \tag{2.12}$$

$$UT_2 = UT_1 + \Delta T_s \tag{2.13}$$

$$\Delta\lambda = \frac{1}{15}(x_p \sin\lambda_0 + y_p \cos\lambda_0)\tan\varphi_0 \tag{2.14}$$

$$\Delta T_s = 0.022\sin 2\pi t - 0.012\cos 2\pi t - 0.006\sin 4\pi t + 0.007\cos 4\pi t \tag{2.15}$$

其中，$\Delta\lambda$ 为观测瞬间地极相对于国际协议原点(CIO)的极移改正，x_p、y_p 为观测瞬间的极移

分量，λ_0、φ_0 为测站的天文经度和纬度，ΔT_s 为地球自转速率的季节性变化改正，t 为贝塞尔年(Besselian)岁首回归年的小数部分。

虽然在 UT_2 中已经加入了各项改正，但是由于地球自转不均匀性表现十分复杂，不规则的变化又无法准确估计，因此 UT_2 也不具有严格均匀的时间尺度，导致世界时的应用具有一定的局限性。在天文测量计算中，一般采用 UT_1 世界时，UT_1 真正反映了地球自转角速度的变化，是与 GNSS 定位有关的世界时。

2.4.3 原子时

由于世界时是以地球自转为参考基准的，难以满足人们对高精度 GNSS 应用的要求，因此以物质内部原子运动特征为基础的原子时应运而生。物质内部的原子跃迁所辐射和吸收的电磁波频率具有很高的稳定性和复现性，原子时(atomic time,AT)系统成为当代最理想的时间系统。

1967 年第 13 届国际计量大会定义了原子时秒长：原子时秒为位于海平面上的铯 133 原子基态两个超精细能级，在零级磁场中跃迁辐射 9 192 631 770 个周期所持续的时间。该原子时秒长是国际制秒的时间单位。

为了让原子时与世界时很好地衔接起来，原先希望原子时的起点为 1958 年 1 月 1 日 0 时 0 分 0 秒的 UT_2 时刻，但在实施过程中，由于各种因素影响，原子时起点与预定时间略有差异，与 UT_2 时刻相差 0.003 9 s，即

$$AT = UT_2 - 0.003\,9(s) \tag{2.16}$$

许多国家已建立了自己的原子时系统，但这些原子时系统之间存在着差异。为解决这一问题，提出了国际原子时(international atomic time,IAT)，也可表示为 TAI(源于法文 temps atomique international)，TAI 是利用国际上 200 多座原子钟，经过数据推理计算得出的。

原子时是通过原子钟来守时和授时的，是连续且非常均匀的。因此，原子钟振荡器频率的准确度和稳定度便决定了原子时的精度，目前国际上实际使用的作为商品生产的原子频率标准源仍主要是作为传统原子频标的铷钟、铯钟和氢钟等少数几种产品，它们在多个时频领域的工程和系统中起着重要的作用。表 2.3 列出了当前常用的几种频率标准的特性。

表 2.3 原子钟的稳定度

类型	频率/MHz	日稳定度	差 1 s 的时长
石英钟	5	10^{-9}	30 年
铷钟	6 843.682 613	10^{-12}	3 万年
铯钟	9 192.631 77	10^{-13}	30 万年
氢钟	1 420.405 75	$10^{-17}\sim10^{-15}$	3 000 万~3 亿年

原子时是一种均匀的时间系统,而世界时不是。地球自转存在不断变慢的长期趋势,导致世界时的秒长越来越长,所以原子时和世界时的差异将越来越大。世界时在日常工作中具有广泛的应用,但它具有不均匀性。原子时能给出均匀且高精度的时间单位,为了照顾各方面的需要,又使时间系统保持较高精度,引入了协调世界时(coordinated universal time, UTC)。UTC 的秒长为原子时的秒长,时间原点采用世界时的某个时刻,由于世界时的不均匀性,为了避免原子时与世界时差值越来越大,规定在 UTC 与 UT_1 的差值的绝对值超过 0.9 s 时,引入 1 s 的整数跳动,称为跳秒或闰秒。因此,UTC 为均匀但不连续的时间系统。跳秒由国际时间局(BIH)通知,一般在某一年的 12 月 31 日或 6 月 30 日的最后一秒引入跳秒。从 1972 年 1 月 1 日 0 时至 2017 年 1 月 1 日 0 时,共进行了 28 次的跳秒调整,具体见表 2.4。

表 2.4 跳秒时间调整表

跳秒时间	(TAI-UTC)/s	跳秒时间	(TAI-UTC)/s	跳秒时间	(TAI-UTC)/s
1971.12.31	10	1981.06.30	20	1995.12.31	30
1972.06.30	11	1982.06.30	21	1997.06.30	31
1972.12.31	12	1983.06.30	22	1998.12.31	32
1973.12.31	13	1985.06.30	23	2005.12.31	33
1974.12.31	14	1987.12.31	24	2008.12.31	34
1975.12.31	15	1989.12.31	25	2012.06.30	35
1976.12.31	16	1990.12.31	26	2015.06.30	36
1977.12.31	17	1992.06.30	27	2016.12.31	37
1978.12.31	18	1993.06.30	28		
1979.12.31	19	1994.06.30	29		

2.4.4 力学时

由太阳系行星运动确定的时间系统称为力学时(dynamic time,TD),力学时是天体力学理论中常用的时间系统,是建立在国际原子时的基础之上的,基本单位为国际制秒(SI),与原子时尺度一致。力学时可分为地心力学时(terrestrial dynamic time,TDT)和质心力学时(barycentric dynamic time,TDB)。

地心力学时是用来解算地心惯性系中动力学问题的时间系统。在 GNSS 定位定轨中,地球质心力学时作为一种严格均匀的时间尺度和独立的变量,被用于描述卫星的运动,其基本单位是秒,与原子时的尺度一致,与原子时和世界时(UT_1)之间的关系为

$$\mathrm{TDT} = \mathrm{TAI} + 32.184(\mathrm{s}) \tag{2.17}$$

$$\mathrm{UT}_1 = \mathrm{TDT} - \Delta T \tag{2.18}$$

其中,ΔT 表示地心力学时与世界时之差,可根据国际原子时与世界时的对比而确定,通常载于天文年历中。

质心力学时是用来解算太阳系质心惯性系中动力学问题的。它与 TDT 相差一个周期性相对论效应改正项,常用的岁差和章动公式以 TDB 时间给出。

2.4.5 常用时间系统转换关系

1. 质心力学时与地心力学时

质心力学时(TDB)和地心力学时(TDT)之间相差周期性相对论效应改正,其转换公式为

$$\mathrm{TDB} \approx \mathrm{TDT} + 0.001\,658(\mathrm{s}) \times \sin(g + 0.016\,7\sin g) \tag{2.19}$$

$$g = 2\pi(357.578° + 35\,999.050° T)/360° \tag{2.20}$$

$$T = (\mathrm{JD}_{\mathrm{TDT}} - 2\,451\,545.0)/36\,525.0 \tag{2.21}$$

其中,JD 为儒略日。

2. 格林尼治平恒星时与 UT_1

每天 0 时的恒星时按照下式计算

$$\begin{aligned}\mathrm{GMST}_0 = {} & 24\,110.548\,41(\mathrm{s}) + 8\,640\,184.812\,866(\mathrm{s}) \times T_0 \\ & + 0.093\,104(\mathrm{s}) \times T_0^2 - 0.000\,006\,2(\mathrm{s}) \times T_0^3\end{aligned} \tag{2.22}$$

式中,T_0 为自 2000 年 1 月 1 日 UT_1 的 12 时起算的儒略世纪数。具体表达式为

$$T_0 = (\mathrm{JD}(0^{\mathrm{h}}\mathrm{UT}_1) - 2\,451\,545.0)/36\,525.0 \tag{2.23}$$

因此,一天内任意时刻的格林尼治平恒星时(GMST)为

$$\mathrm{GMST} = \mathrm{GMST}_0 + r \times \mathrm{UT}_1 \tag{2.24}$$

$$r = 1.002\,737\,909\,350\,795 + 5.900\,6 \times 10^{-11} T_0 - 5.9 \times 10^{-15} T_0^2 \tag{2.25}$$

3. 格林尼治平恒星时与格林尼治真恒星时

格林尼治平恒星时(GMST)与格林尼治真恒星时(GAST)的转换公式为:

$$\mathrm{GAST} - \mathrm{GMST} = \Delta\psi\cos(\varepsilon_0 + \Delta\varepsilon) \tag{2.26}$$

式中,$\Delta\psi$ 为黄经章动,ε_0 为平赤道相对于黄道的夹角,$\Delta\varepsilon$ 为交角章动。除了上述时间系统的相互关系外,各时间系统的关系如图 2.8 所示:

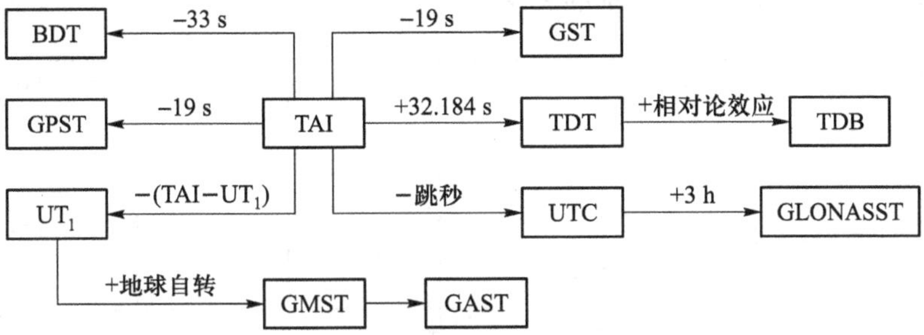

图 2.8 各时间系统转换关系图

2.4.6 四大 GNSS 的时间系统

1. GPS 时间系统(GPST)

GPS 时间系统属于原子时系统,采用原子时秒长作为基本单位,但起算原点采用协调世界时(UTC)1980 年 1 月 6 日 0 时 0 分 0 秒,由于 UTC 与国际原子时在该时刻相差 19 s,所以 GPST 与国际原子时相差常数为 19 s,即

$$\mathrm{TAI} - \mathrm{GPST} = 19(\mathrm{s}) \tag{2.27}$$

GPST 是一个连续的时间系统,由于 UTC 存在跳秒,因此两者之间的差别表现为秒的整数倍,即

$$\mathrm{GPST} = \mathrm{UTC} + (n - 19)(\mathrm{s}) \tag{2.28}$$

2. GLONASS 时间系统(GLONASST)

GLONASS 时间系统属于 UTC 时间系统,它与 UTC 一样,进行跳秒调整。由于 GLONASS 地面控制中心的特殊原因,GLONASST 与 UTC 存在 3 小时的整数偏移。但是在实测的 GLONASS 星历文件中,采用的时间系统为 UTC,并非 GLONASST。

3. BDS 时间系统(BDST)

BDS 时间系统采用原子时秒长作为基本单位,起算的原点为 2006 年 1 月 1 日 0 时 0 分 0 秒 UTC,与国际原子时相差常数为 33 s,因此与 GPS 时间相差 14 s。为保证 BDS 时间的连续性,BDS 时间系统也不进行跳秒调整。

4. Galileo 时间系统(GST)

Galileo 时间系统同样采用原子时,起算的原点为 1999 年 8 月 22 日 0 时 0 分 0 秒。为保持其时间与 GPST 一致,GST 的起点与 UTC 的差异为 13 s,其起算时间与原子时相差 19 s。

图 2.9 表示了各 GNSS 时间系统的关系。

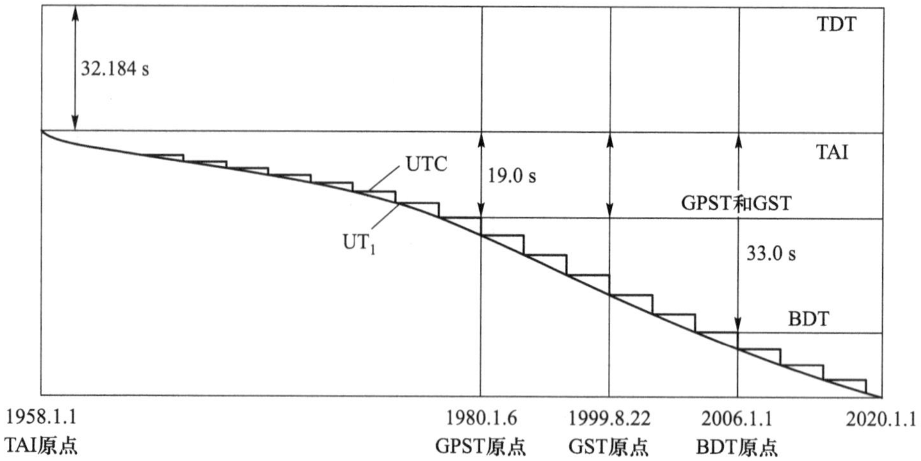

图 2.9 各 GNSS 时间系统的关系

2.4.7 时间表示法

除上述时间系统外，还经常采用儒略日、GPS 周秒、年积日进行时间的计算。下面将介绍这几个时间表示形式，以及它们与协调世界时、地方时、GPST 的转换关系。

1. 儒略日和简化儒略日期

儒略日(Julian day,JD)是起点为公元前 4713 年 1 月 1 日格林尼治子午线 UTC 中午 12 时开始起算的累积天数。由于儒略日计时起点过于久远，数值较大，IAU 提出了简化儒略日期(modified Julian date,MJD)，等于儒略日减去 2 400 000.5 天，它是采用 1858 年 11 月 17 日平子夜(JD=2 400 000.5)作为计时起点的一种连续计时的方法。

$$\mathrm{MJD} = \mathrm{JD} - 2\ 400\ 000.5 \tag{2.29}$$

设公历时间 y 年 m 月 d 日 h 时 min 分 s 秒，对应的儒略日为

$$\mathrm{JD} = \lfloor (365.25y) \rfloor + \lfloor (30.600\ 1(m+1)) \rfloor + d + h/24 + 1\ 720\ 981.5 \tag{2.30}$$

式中，JD 为儒略日。若 $m \leqslant 2$，则 $y=y-1, m=m+12$；若 $m>2$，则 $y=y, m=m$。$h=h+min/60+s/3\ 600$。

2. 儒略日与 GPST

GPST 是 GPS 内部所采用的计时方法，由 GPS 周和 GPS 周内秒组成。随着 GNSS 的发展，其他 GNSS 也采用了这一计时方法。GPS 周为从 1980 年 1 月 6 日 0 时(对应儒略日为 2 444 244.5)到当前时刻的整星期数，GPS 周内秒为从刚过去的星期日 0 时开始到当前时刻

的秒数。

儒略日(JD)与 GPS 周(WN)和周内秒(TOW)的转换为

$$\mathrm{WN} = \lfloor ((\mathrm{JD} - 2\,444\,244.5)/7) \rfloor \tag{2.31}$$

$$\mathrm{TOW} = ((\mathrm{JD} - 2\,444\,244.5)\,\mathrm{mod}7) \times 604\,800.0 \tag{2.32}$$

$$\mathrm{JD} = \mathrm{WN} \times 7 + \mathrm{TOW}/86\,400 + 2\,444\,244.5 \tag{2.33}$$

3. 年积日

年积日(day of year,DOY)指从每年 1 月 1 日起开始累计的天数。在 GNSS 中常用于观测文件的命名。设公历为 Y 年 M 月 D 日,对应的年积日为:

$$\mathrm{DOY} = \mathrm{JD} - \mathrm{JD}_0 - 1 \tag{2.34}$$

其中:JD 为 Y 年 M 月 D 日对应的儒略日,JD_0 为 Y 年 1 月 1 日 0 时对应的儒略日。

4. 协调世界时与地方时

协调世界时(UTC)与地方时(ZT)的转换公式为:

$$\mathrm{ZT} = \mathrm{UTC} + \text{时区差} \tag{2.35}$$

$$\text{北京时间} = \mathrm{UTC} + 8 \tag{2.36}$$

例:UTC 为 23 时整(2017 年 12 月 31 日),相应地北京时间为 7 时整(2018 年 1 月 1 日)。

习题

1. 请叙述天球的定义,何为岁差、章动?

2. 请叙述瞬时真天球坐标系、瞬时平天球坐标系和协议天球坐标系的定义,以及转换关系。

3. 请叙述瞬时真地球坐标系、瞬时平地球坐标系和协议地球坐标系的定义以及转换关系。

4. 请叙述四大导航卫星的时间系统,并给出起算起点以及与协调世界时的差值。

5. 请给出时间系统的定义以及尺度基准。

第3章

卫星轨道基础理论

GNSS 卫星精密轨道产品是一切 GNSS 应用的基础。在 GNSS 定位中，轨道确定的 GNSS 卫星可视为传统测量中的控制点。GNSS 卫星轨道的确定至关重要。本章主要介绍卫星轨道理论，包括二体问题、开普勒方程、各类摄动影响以及定轨流程等。

3.1 开普勒定律

开普勒定律是德国天文学家开普勒提出的关于行星绕太阳运动的三大定律。

第一定律(椭圆定律):行星绕太阳运动的轨道为椭圆,太阳位于椭圆的一个焦点上;

第二定律(面积定律):行星和太阳的连线在单位时间内扫过的面积相同;

第三定律(调和定律):所有行星绕太阳运动一周的恒星时间的平方与它们轨道长半轴的立方成正比。

3.2 二体问题

当只考虑地球质心引力作用时,人造卫星轨道即为无摄轨道。同时考虑其他各种摄动力作用时,称之为受摄轨道。尽管受摄轨道更接近于人造卫星的实际轨道,但各类摄动力复杂,忽略这些摄动力便于研究人造卫星相对于地球的运动。在天体力学中,这称为二体问题(图 3.1)。

对于人造卫星的二体运动问题,卫星运动轨道为椭圆,地球位于椭圆的一个焦点上。在惯性坐标系下,按牛顿第二定律,卫星与地球的运动方程为(本书中¨表示二阶导数,˙表示一阶导数)

$$M\ddot{\boldsymbol{R}}_{\mathrm{e}}=\frac{GMm}{r^{3}}\boldsymbol{r}\quad m\ddot{\boldsymbol{R}}_{\mathrm{s}}=-\frac{GMm}{r^{3}}\boldsymbol{r}\tag{3.1}$$

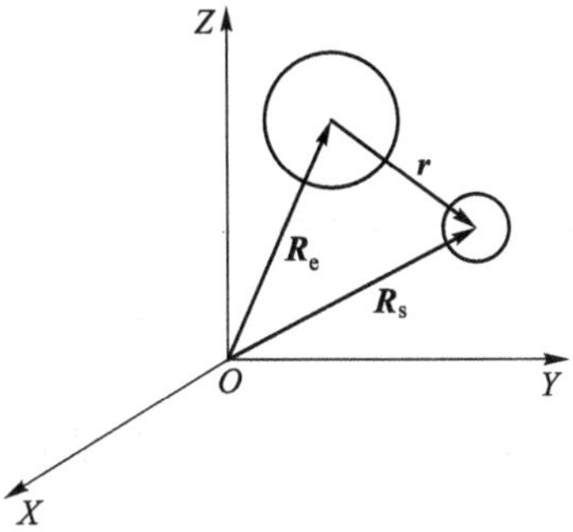

图 3.1 人造卫星和地球在惯性坐标系下的几何描述

式中，m、M 分别表示卫星和地球的质量；$\boldsymbol{R}_e$、$\boldsymbol{R}_s$ 分别表示地球质心和卫星质点在某一惯性坐标系中的三维位置向量；$\boldsymbol{r}$ 为地球质心至卫星的向量，其方向与卫星所受的地球引力方向相反，且有

$$\boldsymbol{r}=\boldsymbol{R}_s-\boldsymbol{R}_e \tag{3.2}$$

将式(3.1)中两式分别除以 M 和 m 再相减，得到

$$\ddot{\boldsymbol{r}}=-\frac{G(M+m)}{r^3}\boldsymbol{r} \tag{3.3}$$

将坐标系的原点平移至地球质心，以便于研究卫星相对于地球的运动。相比于地球的质量，卫星的质量可以忽略不计，因此，卫星运动微分方程可写为

$$\ddot{\boldsymbol{r}}=-\frac{GM}{r^3}\boldsymbol{r}=-\frac{\mu}{r^2}\frac{\boldsymbol{r}}{r} \tag{3.4}$$

式中，$\boldsymbol{r}$ 为卫星在地心惯性系中的位置向量，$\mu=GM$ 为地心引力常数。下面介绍二体问题的一些特性。

（1）二体质心运动

二体质心坐标定义为

$$\boldsymbol{R}_{cm}=\frac{M\boldsymbol{R}_e+m\boldsymbol{R}_s}{M+m} \tag{3.5}$$

根据式(3.1)，可得

$$\ddot{\boldsymbol{R}}_{cm}=0,\quad \boldsymbol{R}_{cm}=C_1(t-t_0)+C_2 \tag{3.6}$$

式中，C_1 和 C_2 是运动常数，式(3.6)说明二体质心做匀速直线运动。

（2）角动量

用 $\boldsymbol{r}$ 对(3.3)式进行叉积，得

$$\boldsymbol{r}\times\ddot{\boldsymbol{r}}=0,\quad \frac{\mathrm{d}}{\mathrm{d}t}(\boldsymbol{r}\times\dot{\boldsymbol{r}})=0 \tag{3.7}$$

记 $\boldsymbol{h}=\boldsymbol{r}\times\dot{\boldsymbol{r}}$，则 $|\boldsymbol{h}|$ 为单位质量角动量的模，为一常数

$$|\boldsymbol{h}| = |\boldsymbol{r} \times \dot{\boldsymbol{r}}| \tag{3.8}$$

说明卫星运动轨道为一个平面。

(3) 能量

对卫星运动微分方程两边点乘卫星速度向量 $\dot{\boldsymbol{r}}$,得

$$\ddot{\boldsymbol{r}} \cdot \dot{\boldsymbol{r}} = -\frac{\mu}{r^3}\boldsymbol{r} \cdot \dot{\boldsymbol{r}} \tag{3.9}$$

即为$\frac{1}{2}\frac{\mathrm{d}}{\mathrm{d}t}(\dot{\boldsymbol{r}} \cdot \dot{\boldsymbol{r}}) = -\frac{\mu}{2r^3}\frac{\mathrm{d}}{\mathrm{d}t}(\boldsymbol{r} \cdot \boldsymbol{r})$或$\frac{1}{2}\frac{\mathrm{d}}{\mathrm{d}t}(v^2) = \mu\frac{\mathrm{d}}{\mathrm{d}t}\left(\frac{1}{r}\right)$,可知

$$\frac{1}{2}v^2 - \frac{\mu}{r} = K = \mathrm{const} \tag{3.10}$$

若对上式两边均乘以卫星质量,则左端分别表示卫星运行中的动能和位能,其总和保持不变。因此,式(3.10)即为能量守恒定律的表述。

3.2.1 平面运动与面积定律

首先,我们知道平面上正交单位向量的微分关系式

$$\dot{\boldsymbol{e}}_r = \frac{\mathrm{d}\theta}{\mathrm{d}t}\boldsymbol{e}_\theta, \quad \dot{\boldsymbol{e}}_\theta = -\frac{\mathrm{d}\theta}{\mathrm{d}t}\boldsymbol{e}_r \tag{3.11}$$

根据式(3.11),得

$$\boldsymbol{r} = r\boldsymbol{e}_r, \quad \dot{\boldsymbol{r}} = \frac{\mathrm{d}r}{\mathrm{d}t}\boldsymbol{e}_r + r\frac{\mathrm{d}\theta}{\mathrm{d}t}\boldsymbol{e}_\theta \tag{3.12}$$

把式(3.12)代入式(3.9),得

$$h = r^2\frac{\mathrm{d}\theta}{\mathrm{d}t} \tag{3.13}$$

θ 角可由坐标原点 O 至任一参考点的方向起算(以升交点为例,见图 3.2)。

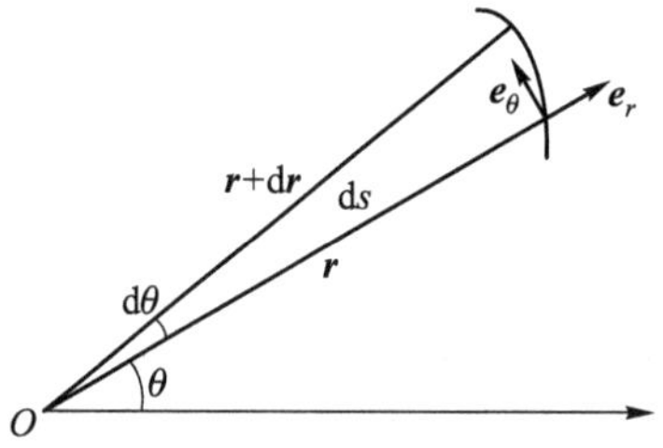

图 3.2 h 的几何描述

在 dt 时间内,卫星的地心向径所扫过的面积为

$$\mathrm{d}s = \frac{1}{2}r^2\mathrm{d}\theta \tag{3.14}$$

于是面积速度为一常数，不随时间变化，即

$$\frac{\mathrm{d}s}{\mathrm{d}t}=\frac{1}{2}r^2\frac{\mathrm{d}\theta}{\mathrm{d}t}=\frac{1}{2}h \tag{3.15}$$

这就证明了开普勒第二定律，即地球质心与卫星质心间的向径向量在相同的时间内所扫过的面积相等。

3.2.2 轨道积分

将式(3.12)中的第二式对时间 t 进行求导，即可得

$$\ddot{\boldsymbol{r}}=\left[\frac{\mathrm{d}^2r}{\mathrm{d}t^2}-r\left(\frac{\mathrm{d}\theta}{\mathrm{d}t}\right)^2\right]\boldsymbol{e}_r+\left(r\frac{\mathrm{d}^2\theta}{\mathrm{d}t^2}+2\frac{\mathrm{d}r}{\mathrm{d}t}\frac{\mathrm{d}\theta}{\mathrm{d}t}\right)\boldsymbol{e}_\theta \tag{3.16}$$

可将上式按照径向和横向两个方向的加速度写成纯量形式的两个微分方程

$$\ddot{r}-r\dot{\theta}^2=-\mu\frac{1}{r^2} \tag{3.17}$$

$$r\ddot{\theta}+2\dot{r}\dot{\theta}=0 \tag{3.18}$$

由式(3.18)两边乘以 r，再做积分，即可得到式(3.13)。

为求得二阶微分方程(3.17)，可利用复合函数的微分法则来消去方程中不显含的自变量 t，最后将得出形如 $r=r(\theta)$ 的卫星轨道方程。

作变量变换，令

$$r=\frac{1}{u} \tag{3.19}$$

由式(3.13)，可得

$$\frac{\mathrm{d}\theta}{\mathrm{d}t}=hu^2 \tag{3.20}$$

由式(3.19)和式(3.20)进行复合函数微分，可得

$$\dot{r}=\frac{\mathrm{d}r}{\mathrm{d}\theta}\frac{\mathrm{d}\theta}{\mathrm{d}t}=\frac{\mathrm{d}}{\mathrm{d}\theta}\left(\frac{1}{u}\right)hu^2=-h\frac{\mathrm{d}u}{\mathrm{d}\theta}\quad \ddot{r}=-h\frac{\mathrm{d}^2u}{\mathrm{d}\theta^2}\frac{\mathrm{d}\theta}{\mathrm{d}t}=-h^2u^2\frac{\mathrm{d}^2u}{\mathrm{d}\theta^2} \tag{3.21}$$

将式(3.19)及式(3.21)代入式(3.17)，得

$$\frac{\mathrm{d}^2u}{\mathrm{d}\theta^2}+u=\frac{\mu}{h^2} \tag{3.22}$$

上式为非齐次的线性方程，其通解为其对应的齐次方程的通解与非齐次方程的一个特解之和，即为

$$u=c_1\cos\theta+c_2\sin\theta+\frac{\mu}{h^2} \tag{3.23}$$

令

$$c_1=\frac{\mu}{h^2}e\cos\omega,\quad c_2=\frac{\mu}{h^2}e\sin\omega \tag{3.24}$$

将式(3.24)和式(3.23)代入式(3.19),得

$$r = \frac{h^2/\mu}{1 + e\cos(\theta - \omega)} \tag{3.25}$$

上式即为圆锥曲线的极坐标方程(图3.3)。极点在一焦点上,极轴指向另一焦点的标准圆锥曲线方程为

$$r = \frac{a(1 - e^2)}{1 - e\cos\varphi} \tag{3.26}$$

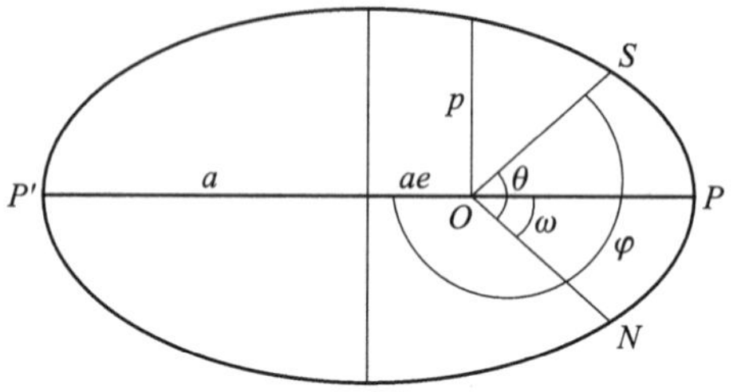

图3.3 卫星运行椭圆轨道

将式(3.25)与式(3.26)比较,得

$$h^2/\mu = a(1 - e^2) \tag{3.27}$$

$$\theta - \omega = \varphi + 180° \tag{3.28}$$

在式(3.26)中,a 和 e 分别为圆锥曲线的长半轴和偏心率,对于人造卫星而言,$e<1$,因此,卫星运动的轨道是一椭圆,而地球质心位于椭圆的一个焦点上,这正是开普勒第一定律。

在式(3.25)中,θ 角是以地心 O 为极点,以 O 至升交点 N 方向为极轴,卫星向径的极角。当 $\theta=\omega$ 时,代入式(3.25),得到$r|_{\theta=\omega}=a(1-e)$,此时 r 为最小值,该点即为近地点。因此,ω 即为自升交点至近地点之间的夹角,称为近地点角距。当 $\theta=\omega+180°$,则得出地心至卫星间距离的极大值$r|_{\theta=\omega}=a(1+e)$,该点即为远地点。当 $\theta=\omega+180°$,p 称为半通径,结合式(3.27),得

$$h^2 = \mu a(1 - e^2) = \mu p \tag{3.29}$$

3.2.3 开普勒积分及开普勒方程

在二体问题中,卫星绕地球质心旋转的面积速度保持不变,由于运行轨迹是一椭圆,卫星在不同位置的角速度不相同,在近地点处角速度最大,而在远地点处的角速度最小。假设卫星的运动周期为 T,则其平均角速度为

$$n = \frac{2\pi}{T} \tag{3.30}$$

在一个周期内,卫星扫过整个椭圆的面积,由此得出的面积速度必等于瞬时面积速度

$\frac{1}{2}\sqrt{\mu a(1-e^2)}$，即有

$$\frac{\pi ab}{T}=\frac{\pi aa(1-e^2)}{T}=\frac{1}{2}\sqrt{\mu a(1-e^2)} \tag{3.31}$$

将式(3.30)代入式(3.31)，得

$$n^2a^3=\mu \quad \text{或} \quad \frac{T^2}{a^3}=\frac{4\pi^2}{\mu} \tag{3.32}$$

上式即为开普勒第三定律的数学表述，即卫星运动周期的平方与轨道椭圆长半轴的立方成正比。

从式(3.25)中，如果知道了 $\theta-\omega$ 的值，那么距离 r 就可以确定。但是在实际中，$\theta-\omega$ 与时间 t 没有对应的函数表达式，因此需要借助偏近点角 E。下面先介绍偏近点角的含义（图 3.4）。

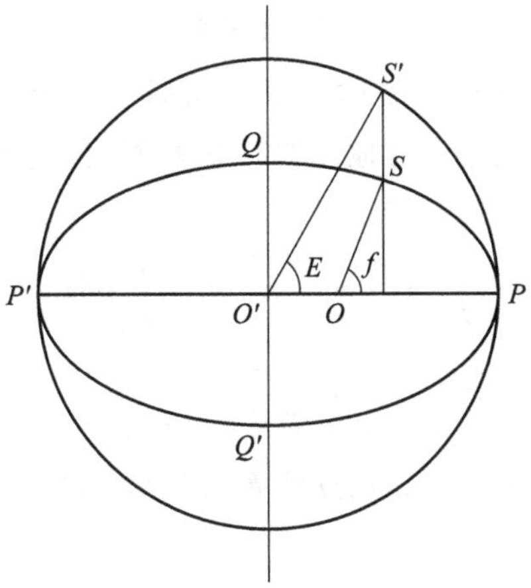

图 3.4 偏近点角 E 的几何描述

由上图得

$$r\cos f=a\cos E-ae \tag{3.33}$$

$$r\sin f=b\sin E=a\sqrt{1-e^2}\sin E \tag{3.34}$$

将式(3.33)与式(3.34)两边平方再求和，得

$$r^2=a^2(1-e\cos E)^2 \quad \text{或} \quad r=a(1-e\cos E) \tag{3.35}$$

上式即为以偏近点角为自变量的轨道方程。将式(3.35)回代入式(3.33)和式(3.34)，分别得出

$$\cos f=\frac{\cos E-e}{1-e\cos E},\quad \sin f=\frac{\sqrt{1-e^2}\sin E}{1-e\cos E} \tag{3.36}$$

为方便判断相应角度所在象限，可采用半角公式

$$\tan\frac{f}{2}=\frac{\sqrt{1+e}}{\sqrt{1-e}}\tan\frac{f}{2} \tag{3.37}$$

以地球质心为坐标原点，x 轴正向指向近地点，y 轴重合于轨道椭圆的短轴，z 轴为轨道平面的法向，构成右手坐标系，于是，式(3.8)可以表述为

$$\boldsymbol{h}=\boldsymbol{r}\times\dot{\boldsymbol{r}}=(x\dot{y}-\dot{x}y)\boldsymbol{e}_h \tag{3.38}$$

由式(3.29)可得

$$h=(x\dot{y}-\dot{x}y)=\sqrt{\mu a(1-e^2)} \tag{3.39}$$

根据式(3.33)和式(3.34)，将两式分别求导，可得

$$x=a(\cos E-e),\quad \dot{x}=-a\sin E\frac{\mathrm{d}E}{\mathrm{d}t} \tag{3.40}$$

$$y=a\sqrt{1-e^2}\sin E,\quad \dot{y}=a\sqrt{1-e^2}\cos E\frac{\mathrm{d}E}{\mathrm{d}t} \tag{3.41}$$

将式(3.40)、式(3.41)代入式(3.39)，并根据式(3.32)，得

$$(1-e\cos E)\mathrm{d}E=\sqrt{\mu}a^{-\frac{3}{2}}=n\mathrm{d}t \tag{3.42}$$

对上式两端取定积分，在卫星过近地点的时刻 t_{p} 时，偏近点角恰好为零度，据此做积分下限，有

$$\int_0^E(1-e\cos E)\mathrm{d}E=\int_{t_{\mathrm{p}}}^t n\mathrm{d}t \tag{3.43}$$

积分得

$$E-e\sin E=n(t-t_{\mathrm{p}}) \tag{3.44}$$

上式即为开普勒方程，其给出了偏近点角 E 与时间 t 的关系式，而 E 与卫星的径向距离 r 有关。

3.3 轨道根数

轨道根数是指利用经典万有引力来描述天体运行轨道状态的6个参数，包括：轨道长半轴 a，轨道偏心率 e，升交点赤径 Ω，轨道倾角 i，近地点角距 ω，真近点角 f(或偏近点角 E 或平近点角 M)。其中 a、e 决定了运行轨道的形状，Ω、i 决定了运行轨道的位置，ω、f 决定了天体在运行轨道上的位置。可用图3.5表示，其中 NS_0S 表示运行轨道面，S_0 表示近地点，S 表示某一时刻天体在轨道上的位置。

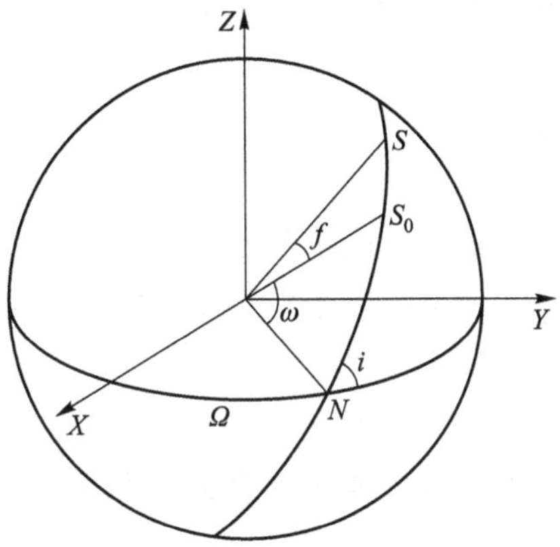

图 3.5 轨道根数的几何描述

3.4 卫星摄动运动

卫星在运动中，若将地球看作一个密度均匀分布的球体且只考虑地球引力的影响，则地球对卫星的吸引等效于一个质点，卫星轨道为椭圆，这就是 3.2 节中的二体问题。但在实际中，人造卫星还受到地球形状不规则、地球内部质量分布不均匀的影响，以及日月引力、太阳光压等摄动力影响，使得卫星运动轨道偏离开普勒轨道形成或长或短的周期性摄动，这便是卫星的摄动运动。本节将简要介绍卫星的摄动力模型以及摄动方程，主要依据为 IERS 2010。

3.4.1 摄动力和摄动方程

卫星受到的摄动力可分为三类：保守力摄动、非保守力摄动和经验力摄动。在协议天球坐标下的摄动方程可表示为

$$\ddot{\boldsymbol{r}} = \boldsymbol{a}_g + \boldsymbol{a}_{\mathrm{ng}} + \boldsymbol{a}_{\mathrm{emp}} \tag{3.45}$$

式中，$\boldsymbol{a}_g$ 表示保守力加速度之和，包括地球引力引起的摄动加速度 $\boldsymbol{a}_0$、N 体引力加速度 $\boldsymbol{a}_N$、潮汐引力加速度 $\boldsymbol{a}_{\mathrm{T}}$ 以及广义相对论引起的加速度 $\boldsymbol{a}_{\mathrm{rel}}$，即

$$\boldsymbol{a}_g = \boldsymbol{a}_0 + \boldsymbol{a}_N + \boldsymbol{a}_{\mathrm{T}} + \boldsymbol{a}_{\mathrm{rel}} \tag{3.46}$$

$\boldsymbol{a}_{\mathrm{ng}}$表示非保守力加速度之和，包括大气阻力加速度 $\boldsymbol{a}_{\mathrm{D}}$、太阳光压引起的加速度 $\boldsymbol{a}_{\mathrm{SP}}$以及其他非保守力加速度，如热辐射、地球辐射压等引起的加速度 $\boldsymbol{a}_{\mathrm{other}}$，即

$$\boldsymbol{a}_{\mathrm{ng}} = \boldsymbol{a}_{\mathrm{D}} + \boldsymbol{a}_{\mathrm{SP}} + \boldsymbol{a}_{\mathrm{other}} \tag{3.47}$$

$\boldsymbol{a}_{\mathrm{emp}}$表示经验力加速度，主要是为弥补作用在卫星上的但未能精确模型化的力学因素。常用形式包括周期性加速度、线性加速度以及虚拟脉冲加速度。

以上各种力模型将在 3.4.2 节至 3.4.4 节作详细介绍。

3.4.2 保守力摄动模型

卫星受到的保守力加速度主要包括地球引力加速度、N 体引力加速度、潮汐引力加速度以及广义相对论引起的加速度。下面将对这几类摄动加速度作相关介绍。

1. 地球引力摄动力

地球引力对卫星的摄动力可表示为地球重力位的梯度。在地固坐标系下,重力位可表示为

$$V(r,\phi,\lambda)=\frac{GM}{r}\sum_{n=0}^{N}\left(\frac{a_e}{r}\right)^n\sum_{m=0}^{n}[\bar{C}_{nm}\cos(m\lambda)+\bar{S}_{nm}\sin(m\lambda)]\bar{P}_{nm}(\sin\phi) \tag{3.48}$$

式中,r、ϕ 和 λ 分别表示卫星质量中心的径向距离、纬度和经度,GM 表示地球引力常数,a_e 表示地球平均赤道半径,$\bar{C}_{nm}$ 和 $\bar{S}_{nm}$ 表示归一化球谐函数系数,$\bar{P}_{nm}(\sin\phi)$ 表示归一化勒让德(Legendre)函数第 n 阶第 m 项。卫星所受的地球引力和其与地球的距离的平方成反比。GNSS 卫星轨道高度一般在 20 000 km,低轨卫星轨道高度一般在 500~1 000 km。在低轨卫星定轨时,一般取 120 阶球谐函数系数,而 GNSS 一般只取到 12 阶。目前常用的重力场模型有 EGM2008、EIGEN6C 等。

2. 潮汐引力加速度

潮汐引力加速度主要包括固体潮影响、海洋潮汐影响、极潮影响。下面就这些潮汐影响作相关介绍。

(1) 固体潮影响

固体地球由于其他天体,尤其是日、月的引潮力的作用,会产生周期形变。固体潮使大地水准面的形状发生变化,面上的重力值也发生变化,并引起地球密度的变化,由此产生了附加的引力位。这个变化的引力位可以表示为地球引力场球谐函数系数的变化,通常是 2 阶项和 3 阶项。固体潮对地球引力场球谐函数系数的影响计算可分为两步。

第一步,计算与频率无关的固体潮对引力场球谐函数系数的影响。其可表示为

$$\Delta\bar{C}_{nm}-i\Delta\bar{S}_{nm}=\frac{k_{nm}}{2n+1}\sum_{j=2}^{3}\frac{GM_j}{GM_{\oplus}}\left(\frac{R_e}{r_j}\right)^{n+1}\bar{P}_{nm}(\sin\phi_j)e^{-im\lambda_j} \tag{3.49}$$

$$\Delta\bar{C}_{4m}-i\Delta\bar{S}_{4m}=\frac{k_{2m}^{(+)}}{2n+1}\sum_{j=2}^{3}\frac{GM_j}{GM_{\oplus}}\left(\frac{R_e}{r_j}\right)^{n+1}\bar{P}_{2m}(\sin\phi_j)e^{-im\lambda_j},(m=0,1,2) \tag{3.50}$$

式中:k_{nm},$k_{2m}^{(+)}$ = 名义洛夫数(n 阶 m 次),$n=2,3$,可查表获得

R_e = 地球赤道半径

GM_j = 月球($j=2$)、太阳($j=3$)引力常数

$GM_{\oplus}$ = 地球引力常数

r_j = 地心至月球或太阳距离

ϕ_j = 地固系中月球或太阳纬度

λ_j = 地固系中月球或太阳经度(从格林尼治子午线起算)

第二步,计算与频率相关 71 个潮波的固体潮对引力场球谐函数系数的改正,主要是对 2 阶项的影响,可表示为

$$\Delta\bar{C}_{20} = R_e \sum_{f(2,0)} (A_0 \delta k_f H_f) e^{i\theta_f} = \sum_{f(2,0)} [(A_0 H_f \delta k_f^R)\cos\theta_f - (A_0 H_f \delta k_f^I)\sin\theta_f] \tag{3.51}$$

$$\Delta\bar{C}_{2m} - i\Delta\bar{S}_{2m} = \eta_m \sum_{f(2,m)} (A_m \delta k_f H_f) e^{i\theta_f}, (m = 1,2) \tag{3.52}$$

式中,$\delta k_f = \delta k_f^R + \delta k_f^I$,$(A_0 H_f\ \delta k_f^R)$ 和 $(A_0 H_f\ \delta k_f^I)$ 可查表获得;$\theta_f = \sum_{i=1}^{6} n_i \beta_i$,$\beta_i$ 为六个杜德森(Doodson)常数,n_i 为六个常数的系数,可查表获得。

(2) 海洋潮汐影响

海洋潮汐是指海水在天体(主要是日、月)引潮力作用下所产生的周期性运动。它也会造成地球引力位的变化,其对卫星的动力学效应也可以通过对引力场系数的修正来体现,可以表示为

$$[\Delta\bar{C}_{nm} - i\Delta\bar{S}_{nm}](t) = \sum_f \sum_{+}^{-} (\mathcal{C}_{f,nm}^{\pm} \mp i\mathcal{S}_{f,nm}^{\pm}) e^{\pm i\theta_f(t)} \tag{3.53}$$

式中,$\mathcal{C}_{f,nm}^{\pm}$ 和 $\mathcal{S}_{f,nm}^{\pm}$ 分别为 f 潮分量的谐波振幅,海洋潮汐影响为各个潮分量的叠加对引力场系数的影响。FES2004 海潮模型(Lyard 等,2006)包含了长周期潮波($S_a, S_{sa}, M_m, M_f, M_{tm}, M_{sqm}$)、全日波($Q_1, O_1, P_1, K_1$)、半日波($2N_2, N_2, M_2, T_2, S_2, K_2$)和 1/4 日波($M_4$)。

(3) 极潮影响

极潮可以分为固体地球极潮和海洋极潮。固体地球极潮是由极移产生的离心力引起的,而海洋极潮则是极移产生的离心力对海洋的影响。极潮主要是对 $\Delta\bar{C}_{21}$ 和 $\Delta\bar{S}_{21}$ 的影响。其中固体地球极潮影响为

$$\Delta\bar{C}_{21} = -1.333 \times 10^{-9}(m_1 + 0.111\,5 m_2) \tag{3.54}$$

$$\Delta\bar{S}_{21} = -1.333 \times 10^{-9}(m_1 - 0.111\,5 m_2) \tag{3.55}$$

海洋极潮影响为

$$\Delta\bar{C}_{21} = -2.177\,8 \times 10^{-10}(m_1 - 0.017\,24 m_2) \tag{3.56}$$

$$\Delta\bar{S}_{21} = -1.723\,2 \times 10^{-10}(m_2 - 0.033\,65 m_1) \tag{3.57}$$

式中,$m_1 = x_p - \bar{x}_p$,$m_2 = -(y_p - \bar{y}_p)$,(x_p, y_p) 为地球极移变量,可从 IERS 网站上获取,$(\bar{x}_p, \bar{y}_p)$ 为平均极移,在 IERS 2010 中,可利用下式计算

$$\bar{x}_p(t) = \sum_{i=0}^{3} (t - t_0)^i \times \bar{x}_p^i, \quad \bar{y}_p(t) = \sum_{i=0}^{3} (t - t_0)^i \times \bar{y}_p^i \tag{3.58}$$

式中,t_0 为 2 000.0,系数 $\bar{x}_p^i$ 和 $\bar{y}_p^i$ 如表 3.1 所示。

表 3.1 IERS 2010 平均极移模型系数

i	2010.0 前		2010.0 后	
	$\bar{x}_{\mathrm{p}}^{i}/\mathrm{mas}\cdot\mathrm{a}^{-i}$	$\bar{y}_{\mathrm{p}}^{i}/\mathrm{mas}\cdot\mathrm{a}^{-i}$	$\bar{x}_{\mathrm{p}}^{i}/\mathrm{mas}\cdot\mathrm{a}^{-i}$	$\bar{y}_{\mathrm{p}}^{i}/\mathrm{mas}\cdot\mathrm{a}^{-i}$
0	55.974	346.346	23.513	358.891
1	1.824 3	1.789 6	7.614 1	−0.628 7
2	0.184 13	−0.107 29	0.0	0.0
3	0.007 024	−0.000 908	0.0	0.0

3. 日、月引力摄动

卫星绕地运动时，主要受到地球引力的影响，同时还受到其他天体，包括日、月等的引力摄动影响。日、月等引力摄动称为天体对卫星的 N 体摄动，表示为

$$\boldsymbol{a}_N = \sum_k GM_k\left[\frac{\boldsymbol{r}_k}{r_k^3} - \frac{\boldsymbol{\Delta}_k}{\Delta_k^3}\right] \tag{3.59}$$

式中，GM_k 表示第 k 个摄动体的引力常数，$\boldsymbol{r}_k$ 表示第 k 个摄动体在 J2000.0 地心惯性坐标系中的位置矢量，Δ_k 表示卫星至第 k 个摄动体的位置矢量。

4 .广义相对论引起的加速度

卫星的广义相对论摄动可以描述为以下形式

$$\begin{aligned}\boldsymbol{a}_{\mathrm{rel}} = {} & \frac{GM_{\mathrm{e}}}{c^2r^3}\left\{\left[2(\beta+\gamma)\frac{GM_{\mathrm{e}}}{r} - \gamma\dot{\boldsymbol{r}}\cdot\dot{\boldsymbol{r}}\right]\boldsymbol{r} + 2(1+\gamma)(\boldsymbol{r}\cdot\dot{\boldsymbol{r}})\dot{\boldsymbol{r}}\right\} + \\ & (1+\gamma)\frac{GM_{\mathrm{e}}}{c^2r^3}\left[\frac{3}{r^2}(\boldsymbol{r}\times\dot{\boldsymbol{r}})(\boldsymbol{r}\times\boldsymbol{J}) + (\dot{\boldsymbol{r}}\times\boldsymbol{J})\right] + \\ & \left\{(1+2\gamma)\left[\dot{\boldsymbol{R}}\times\left(\frac{-GM_{\mathrm{s}}\boldsymbol{R}}{c^2R^3}\right)\right]\times\dot{\boldsymbol{r}}\right\}\end{aligned} \tag{3.60}$$

式中 c = 光速；

β,γ = 后牛顿相对论常数，广义相对论中取 1；

$\boldsymbol{r}$, $\dot{\boldsymbol{r}}$ = 卫星在地心惯性参考系中的位置和速度；

$\boldsymbol{R}$, $\dot{\boldsymbol{R}}$ = 地球相对于太阳的位置和速度；

$\boldsymbol{J}$ = 地球单位质量的角动量，$|\boldsymbol{J}| \cong 9.8\times10^8\ \mathrm{m^2/s}$

GM_{e}, GM_{s} = 地球和太阳的引力常数。

3.4.3 非保守力摄动模型

卫星受到的非保守力加速度主要包括大气阻力加速度、太阳光压引起的加速度以及其他非保守力加速度,如热辐射、地球辐射压等引起的加速度。这些力模型与卫星的轨道高度、卫星姿态以及几何形状密切相关,使得各类卫星的模型不完全一致。下面主要对大气阻力摄动和太阳光压摄动作相关介绍。

1. 大气阻力摄动

大气阻力与卫星轨道高度的变化密切相关,对于 GNSS 这一类导航卫星,轨道高度一般在 20 000 km,大气阻力可忽略不计。但对于轨道高度一般在 500~1 000 km 的低轨卫星,其受到的大气阻力影响显著。大气阻力成为影响低轨卫星运动趋势的最主要因素,使得低轨卫星运行轨道长半轴逐渐变小,这也决定了低轨卫星的使用寿命。大气阻力可描述为(Schutz 和 Tapley,1980)

$$\boldsymbol{a}_{\mathrm{D}} = -1/2\rho\left(\frac{C_{\mathrm{D}}A}{m}\right)V_{\mathrm{r}}\boldsymbol{V}_{\mathrm{r}} \tag{3.61}$$

式中,ρ 表示大气密度,C_{D} 表示大气阻力参数,$\boldsymbol{V}_{\mathrm{r}}$ 表示卫星相对于大气的运动速度,A 表示卫星垂直于速度的横截面积,m 表示卫星质量。大气密度是影响大气阻力的重要因素。在不同位置的大气密度还受到太阳活动、地磁活动、季节性变化等影响。大气密度的计算可以使用 DTM。

2. 太阳光压摄动

太阳光压指太阳光照射在物体上对物体产生的压力,该压力在微重力环境下会产生比较明显的影响。导航卫星装有太阳能帆板,用于收集太阳能来给卫星供能,因此太阳光压摄动影响不可忽略。太阳光压对导航卫星的影响量级一般在 10^{-7} m/s^2。太阳光压模型可以表示为

$$\boldsymbol{a}_{SP} = -P\frac{\nu A}{m}C_{\mathrm{R}}\boldsymbol{u} \tag{3.62}$$

式中,P 表示 1 个天文单位距离处理想吸热表面上的太阳光压,$P\approx 4.56\times10^{-6}$ N/m^2;A 表示卫星垂直于太阳方向的横截面积;m 表示卫星质量;C_{R} 表示卫星的反照系数,约等于 1;$\boldsymbol{u}$ 表示卫星指向太阳的单位向量;ν 表示蚀因子,$\nu=0$ 时,表示卫星位于地球阴影处,$\nu=1$ 时,表示整个卫星位于阳光下,$0<\nu<1$ 时,表示卫星处在半阴影状态,蚀因子的计算在很多著作中都有介绍。

太阳光压模型主要可以分为分析模型、经验模型和半经验模型。

分析模型是根据卫星星体结构、表面光学属性和卫星姿态建立的模型,计算的太阳光压具有明显的物理意义。它不依靠卫星的在轨数据也可以计算光压。另一方面,由于其完全

依赖于确切的卫星属性数据，任何卫星结构或者光学属性发生变化或有误差，都会引起较大的模型误差。分析模型主要有 ROCK4 模型，T10、T20、T30 系列模型，Box-Wing 模型和 UCL 模型等。

经验模型主要是基于卫星长期的在轨数据拟合得到的，它不需要精确的卫星星体结构、表面属性等信息就能有效反映太阳光压的作用，也可获得高精度的定轨结果。经验模型不具有明确的物理意义，且需要根据长时间的观测资料进行分析得到。目前常用的经验模型主要有 CODE 的 ECOM 系列模型和 JPL 的 GSPM 系列模型。

半经验模型是 Rodriguez-Solano 等提出的一种介于分析模型和经验模型的半经验光压模型，其称为可校正的 Box-Wing 模型。

目前，IGS 各个分析中心一般采用 CODE 的 ECOM 系列模型。

3.4.4 经验力摄动模型

为弥补一些作用在卫星上的但未能精确模型化的力学因素，尤其是对力模型更为复杂的低轨卫星而言，通常在轨道方程中引入一些经验参数，从而在精密定轨过程中较好地进行动力模型补偿。这些经验参数包括切向、法向和径向的周期性摄动参数和线性摄动参数，以及虚拟脉冲加速度参数。

1. 周期性摄动

周期性摄动可表示为

$$\boldsymbol{a}_{\mathrm{emp}}=\begin{bmatrix} C_r\cos u+S_r\sin u\\ C_a\cos u+S_a\sin u\\ C_c\cos u+S_c\sin u\end{bmatrix} \tag{3.63}$$

式中，C_r、S_r 为周期性摄动径向参数，C_a、S_a 为周期性摄动切向参数，C_c、S_c 为周期性摄动法向参数，u 为卫星纬度。

2. 线性摄动

线性摄动主要是针对低轨卫星动力环境，在径向、切向和法向增加经验参数，并随时间作线性变化，其公式可以表示为

$$\boldsymbol{a}_{\mathrm{emp}}=\left[\frac{t-t_i}{t_{i+1}-t_i}\begin{pmatrix}C_r\\C_a\\C_c\end{pmatrix}_{t_i}+\frac{t_{i+1}-t}{t_{i+1}-t_i}\begin{pmatrix}C_r\\C_a\\C_c\end{pmatrix}_{t_{i+1}}\right]\cdot\begin{bmatrix}\boldsymbol{u}_r\\\boldsymbol{u}_a\\\boldsymbol{u}_c\end{bmatrix} t_i\leqslant t<t_{i+1} \tag{3.64}$$

式中，C_r、C_a 和 C_c 为经验摄动参数，$\boldsymbol{u}_r$、$\boldsymbol{u}_a$ 和 $\boldsymbol{u}_c$ 分别为径向、切向和法向单位矢量。

3. 虚拟脉冲加速度

虚拟脉冲加速度(pseudo-stochastic-pulses)是在给定历元对卫星速度作一个变化，但不

改变卫星位置,此方法最先应用于 CODE 计算 GPS 卫星轨道。

3.5 卫星定轨简介

充分考虑以上力学模型,结合卫星参考轨道以及观测数据求取卫星精密轨道的过程称为卫星精密定轨。高精度的卫星轨道是实现定位、导航、遥感、通信等一系列服务的基础,卫星定轨至关重要。本小节主要介绍卫星的轨道描述及卫星定轨的主要流程。

3.5.1 卫星运动的轨道描述

式(3.45)给出的卫星运动方程为二阶微分方程,将其转换为一阶微分方程,形式为

$$F(\boldsymbol{X},t)=\begin{bmatrix}\dot{\boldsymbol{r}}\\ \dot{\boldsymbol{v}}\\ \dot{\boldsymbol{p}}\end{bmatrix}=\begin{bmatrix}\boldsymbol{v}\\ \boldsymbol{a}_g+\boldsymbol{a}_{ng}+\boldsymbol{a}_{emp}\\ \boldsymbol{0}\end{bmatrix} \tag{3.65}$$

初始条件为

$$\boldsymbol{X}_{t_0}=\begin{bmatrix}\boldsymbol{r}_{t_0}\\ \boldsymbol{v}_{t_0}\\ \boldsymbol{p}_{t_0}\end{bmatrix}=\begin{bmatrix}\boldsymbol{r}_0\\ \boldsymbol{v}_0\\ \boldsymbol{p}_0\end{bmatrix}=\boldsymbol{X}_0 \tag{3.66}$$

$\boldsymbol{r}$、$\boldsymbol{v}$ 分别表示卫星的位置和速度,$\boldsymbol{p}$ 是动力学模型中的待估参数,包括太阳光压模型系数、经验力模型系数等。在卫星轨道解算过程中,未知参数包括卫星的初始坐标、初始速度以及动力学模型的各种参数,其形式可表示为:$\boldsymbol{X}=[\boldsymbol{r}^{\mathrm{T}}\quad \boldsymbol{v}^{\mathrm{T}}\quad \boldsymbol{p}^{\mathrm{T}}]^{\mathrm{T}}$,则卫星运动方程和初始状态可表示为

$$\dot{\boldsymbol{X}}_t=F(\boldsymbol{X}_t,t),\quad \boldsymbol{X}_{t_0}=\boldsymbol{X}_0 \tag{3.67}$$

初始状态可以通过轨道积分得到卫星的初始轨道。在某一时刻,有观测向量 $\boldsymbol{Y}_t$

$$\boldsymbol{Y}_t=G(\boldsymbol{X}_t,t)+\boldsymbol{\varepsilon},\quad \boldsymbol{\varepsilon}\sim N(0,\sigma^2) \tag{3.68}$$

式中,$G(\boldsymbol{X}_t,t)$ 为含有参数 $\boldsymbol{X}_t$ 的非线性函数,$\boldsymbol{\varepsilon}$ 为服从 $N(0,\sigma^2)$ 的观测噪声。

式(3.67)和式(3.68)建立了 t 时刻状态量与观测量之间的关系。可将上面两式在 $\boldsymbol{X}_t^*$ 处进行泰勒级数展开,得

$$
\begin{aligned}
\dot{\boldsymbol{X}}_t &= \dot{\boldsymbol{X}}_t^* + \frac{\partial F}{\partial X}(\boldsymbol{X}_t - \boldsymbol{X}_t^*) + \boldsymbol{O}_F(\boldsymbol{X}_t - \boldsymbol{X}_t^*) \\
\boldsymbol{Y}_t &= \boldsymbol{Y}_t^* + \frac{\partial G}{\partial X}(\boldsymbol{X}_t - \boldsymbol{X}_t^*) + \boldsymbol{O}_G(\boldsymbol{X}_t - \boldsymbol{X}_t^*) + \boldsymbol{\varepsilon}
\end{aligned}
\tag{3.69}
$$

设 $\boldsymbol{x}_t = \boldsymbol{X}_t - \dot{\boldsymbol{X}}_t^*$，$\boldsymbol{y}_t = \boldsymbol{Y}_t - \dot{\boldsymbol{Y}}_t^*$，则有

$$
\begin{aligned}
\dot{\boldsymbol{x}}_t &= \frac{\partial F}{\partial X}\boldsymbol{x}_t = \boldsymbol{A}(t)\boldsymbol{x}_t \\
\boldsymbol{y}_t &= \frac{\partial G}{\partial X}\boldsymbol{x}_t = \boldsymbol{H}(t)\boldsymbol{x}_t + \boldsymbol{\varepsilon}
\end{aligned}
\tag{3.70}
$$

若设一阶微分方程 $\dot{\boldsymbol{x}}_t = \boldsymbol{A}(t)\boldsymbol{x}_t$ 有解，且其解为

$$
\boldsymbol{x}_t = \boldsymbol{\phi}(t, t_0)\boldsymbol{x}_0 \tag{3.71}
$$

其中状态转移矩阵 $\boldsymbol{\phi}(t, t_0)$ 需满足

$$
\begin{aligned}
\boldsymbol{\phi}(t_0, t_0) &= \boldsymbol{I} \\
\boldsymbol{\phi}(t_i, t_k) &= \boldsymbol{\phi}(t_i, t_j)\boldsymbol{\phi}(t_j, t_k) \\
\boldsymbol{\phi}(t_i, t_k) &= \boldsymbol{\phi}^{-1}(t_k, t_i)
\end{aligned}
\tag{3.72}
$$

将式(3.71)代入式(3.70)的第一式，可得

$$
\dot{\boldsymbol{\phi}}(t, t_0) = \boldsymbol{A}(t)\boldsymbol{\phi}(t, t_0) \tag{3.73}
$$

利用数值积分计算 $\boldsymbol{\phi}(t, t_0)$，再将式(3.71)代入式(3.70)的第二式，得

$$
y_t = \boldsymbol{H}(t)\boldsymbol{x}_t + \boldsymbol{\varepsilon} = \tilde{\boldsymbol{H}}(t)\boldsymbol{x}_0 + \boldsymbol{\varepsilon} \tag{3.74}
$$

其中，$\tilde{\boldsymbol{H}}(t) = \boldsymbol{H}(t)\boldsymbol{\phi}(t, t_0)$。卫星定轨问题成为一个状态估计的问题。可以选择合适的估计算法，如批处理最小二乘法、卡尔曼滤波、均方根信息滤波等。

3.5.2 卫星定轨基本流程

根据 3.5.1 节介绍，定轨算法可以有很多，下面介绍最常用的最小二乘法。设观测值 $\boldsymbol{y}_t$ 的方差-协方差为 $\boldsymbol{R}_t$，设先验信息 $\bar{\boldsymbol{x}}_0$，其方差-协方差为 $\boldsymbol{Q}_0$，根据最小二乘准则

$$
\frac{1}{2}(\boldsymbol{y}_t - \tilde{\boldsymbol{H}}(t)\hat{\boldsymbol{x}}_0)^{\mathrm{T}}\boldsymbol{R}_t^{-1}(\boldsymbol{y}_t - \tilde{\boldsymbol{H}}(t)\hat{\boldsymbol{x}}_0) + \frac{1}{2}(\bar{\boldsymbol{x}}_0 - \hat{\boldsymbol{x}}_0)^{\mathrm{T}}\boldsymbol{Q}_0^{-1}(\bar{\boldsymbol{x}}_0 - \hat{\boldsymbol{x}}_0) = \min
$$

得

$$
(\tilde{\boldsymbol{H}}^{\mathrm{T}}(t)\boldsymbol{R}_t^{-1}\tilde{\boldsymbol{H}}(t) + \boldsymbol{Q}_0^{-1})\hat{\boldsymbol{x}}_0 = (\tilde{\boldsymbol{H}}^{\mathrm{T}}(t)\boldsymbol{R}_t^{-1}\boldsymbol{y}_t + \boldsymbol{Q}_0^{-1}\bar{\boldsymbol{x}}_0) \tag{3.75}
$$

定轨流程如图 3.6 所示。

```
                    (A) 初始化迭代
                    i=1   t_{i-1}=t_0
         X*(t_{i-1})=X_0* φ(t_{i-1},t_0)=φ(t_0,t_0)=I
         如果有先验值：N=Q_0^{-1}  L=Q_0^{-1} x̄_0
         如果无先验值：N=0  L=0
```

(B) 读取下一个观测数据：t_i、Y_i、R_i

轨道积分及状态转移矩阵计算：从 t_{i-1} 到 t_i
$X^* = F(X^*(t), t)$ 有初值 $X^*(t_{i-1})$
$A(t) = [\partial F(X, t)/\partial X]^*$
$\phi(t, t_0) = A(t)\phi(t, t_0)$ 有初值 $\phi(t_{i-1}, t_0^3)^6 = I$
由此得出：$X^*(t_i), \phi(t_i, t_0)$

累积到当前历元
$H_i = [\partial G(X, t_i)/\partial X]^*$
$y_i = Y_i - G(X_i^*, t_i)$
$\tilde{H}_i = H_i \phi(t_i, t_0)$
$N = N + \tilde{H}_i^T R_i^{-1} \tilde{H}_i$
$L = L + \tilde{H}_i^T R_i^{-1} y_i$

如果 $t_i < t_{final}$
  $i = i+1$ $t_{i-1} = t_i$
  $X^*(t_{i-1}) = X^*(t_i)$
  $\phi(t_{i-1}, t_0) = \phi(t_i, t_0)$
回到(B)，读取下一个历元
如果 $t_i \geq t_{final}$，则进行(C)，求解法方程

(C) 求解法方程
$N\hat{x}_0 = L$

是否收敛

停止

迭代
更新初值：$X_0^* = X_0^* + \hat{x}_0$
将先验值更新至相对于初值：
$\bar{x}_0 = \bar{x}_0 - \hat{x}_0$
使用原先先验值方差阵：Q_0
回到(A)，使用新的 X_0^* 和 $\bar{x}_0$

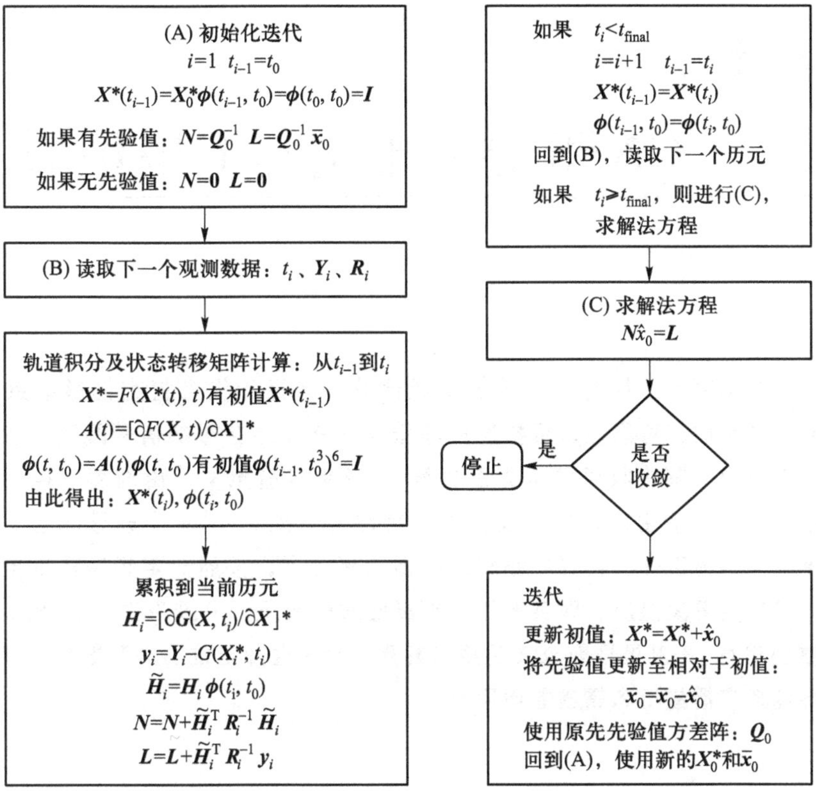

图 3.6 最小二乘法定轨流程图

习题

1. 请给出开普勒方程和各符号的含义。
2. 请阐述描述卫星运动的六个轨道根数。
3. 请简述卫星受到的保守力摄动、非保守力摄动和经验力摄动。
4. 请简述卫星定轨的基本流程并给出卫星定轨的基本方程。

第4章

GNSS 导航电文与卫星星历

导航电文是 GNSS 卫星信号的重要组成部分，其设计优劣将直接影响系统的时效性、完整性、灵活性、可靠性、可扩展性等服务性能，还会影响信号跟踪、数据解调误码率和首次定位时间等接收机的多方面性能。 卫星导航电文是由地面主控站基于各监测站的原始数据处理后生成，并经注入站上行注入卫星。 卫星完成导航电文的格式编排、差错控制编码等工作，再经扩频和载波调制等处理，按照一定顺序播发给导航用户和地面站，以提供卫星星历、时钟改正、电离层时延改正、卫星工作状态及由 C/A 码捕获 P 码等重要信息。 卫星导航电文是用户利用 GNSS 进行定位的必要数据。 GNSS 的卫星星历主要包括广播星历和精密星历两种。

4.1 GNSS 导航电文

导航卫星信号一般由三部分组成:载波信号、伪随机噪声码(测距码)和导航电文。接收机用户采用卫星播发的导航电文数据计算其位置以及时间信息。因此,了解导航电文结构、内容及使用方法是 GNSS 定位的基础。

4.1.1 导航电文结构

对于 GPS 和 GLONASS 等早期建成的导航卫星系统,导航电文一般采用帧结构的编排格式并按照子帧或页面顺序播发。针对早期的导航电文设计在数据实效性、数据传输率和可靠性、通信资源利用率、可扩充性等方面的缺陷,并结合 GNSS 在兼容与互操作等方面的发展需求,目前的 GNSS 导航电文结构已经有了较大的改进和完善。

1. GPS 导航电文结构

2004 年 12 月 7 日,美国公布了新的 GPS 接口文件,并将名称改为“*Navstar GPS Space Segment/Navigation User Interface*”,文件编号为 IS-GPS-200,版本号为 Revision D。在新的接

口文件中,除了对已有的测距 P 码、Y 码和 C/A 码作出了规定以外,还对未来将在 Block IIR-M、Block IIF 及后续卫星上播发的 L2 CM 码和 L2 CL 码作了规定。新的导航电文记为 CNAV,相应地将旧的导航电文记为 NAV。新导航电文相对于旧导航电文总体结构、参数设置等方面都有所改进,更加方便用户的使用。

GPS 的导航电文是以帧和子帧的结构形式编排成数据流,以二进制码的格式播发给用户的,因此导航电文又称为数据码,抑或称为 D 码。它的基本单位是以 1 500 bit(1 bit = 0.125 B)为长度的数据帧,传输速率为 50 bps,即 30 s 传输完一个数据帧。一个完整的导航信息由 25 帧数据组成,全部播完需用 12.5 min,称超帧。一个帧由 5 个子帧组成,每个子帧长度 300 bit,用 6 s 传输完一个完整的子帧。GPS 每个数据帧划分为 3 个数据块,第一子帧中的数据块通常称为第一数据块,第二和第三子帧中的数据块合称为第二数据块,第四和第五子帧中的数据块合称为第三数据块。第一和第二数据块中每个子帧均由 10 个字组成,每个字长度 30 bit,用 0.6 s 传输完一个完整的字。每一个子帧的前两个字分别为遥测字(TLW)与交接字(HOW),后 8 个字(即第 3~10 个字)则组成数据块不同子帧内的导航信息。第一和第二数据块存放了该卫星的广播星历及卫星钟修正数,每小时更新一次。GPS 的导航电文对第四和第五子帧采用了分页结构设计,且每个子帧都包含了 25 个页面用来存放所有 GPS 卫星的历书,其内容仅在地面注入站注入新的导航数据时才更新。图 4.1 和图 4.2 分别表示一个完整的 GPS 导航电文基本结构和一个主帧的基本构成。

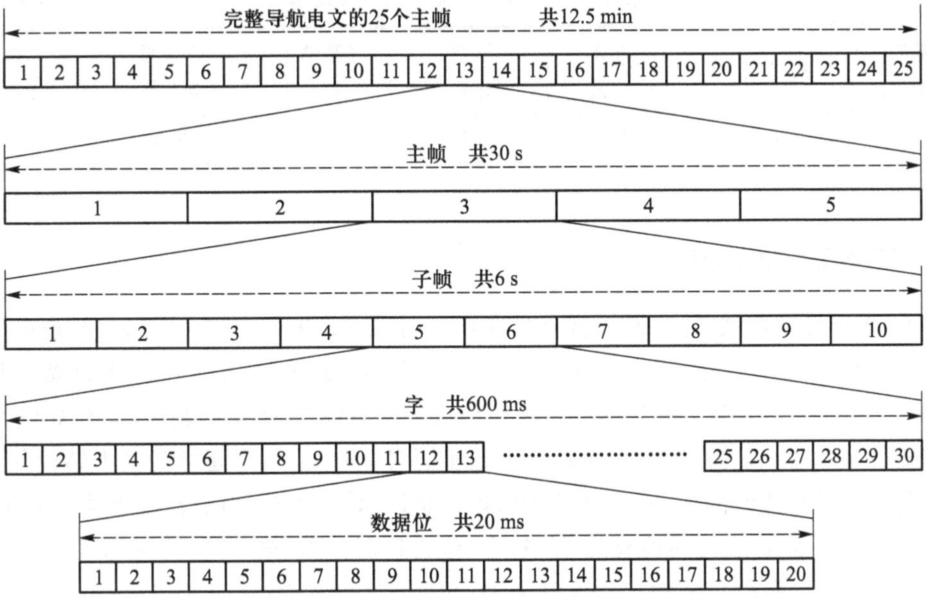

图 4.1 卫星导航电文的基本构成

上面 NAV 导航电文结构是 GPS 为民用导航电文早期 L1 信号 C/A 码设计的。而现代化后的 GPS 为 L2 和 L5 信号 CM 码设计的新的导航电文格式 CNAV。CNAV 电文设计摒弃

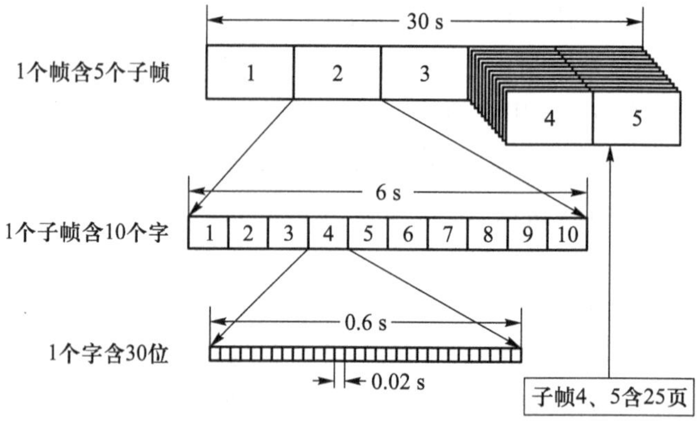

图4.2 每个主帧的基本构成

了传统的基于帧和子帧的格式,采用了基于信息类型分类的数据块格式。每个数据块长度为300 bit,具体内容如表4.1所示。目前,CNAV电文按照电文信息内容已被定义成14种数据块,系统内容扩展可通过定义新的数据块类型来解决,为未来GNSS发展留有较大的扩展空间。所以,CNAV电文效率更高,扩展性更强。

表4.1 CNAV导航电文数据块结构 单位:bit

数据块同步头	星/站号	信息类型标识	TOW计数	测距精度告警标识	电文信息内容	数据校验序列
8	6	6	17	1	238	24

2. GLONASS导航电文结构

GLONASS导航电文是一种二进制码,并按汉明码方式编码。一个完整的导航电文称1个超帧,每个超帧由5个帧(编码为Ⅰ、Ⅱ、Ⅲ、Ⅳ和Ⅴ)组成,每帧又由15个串组成。串是帧的基本组成单位,每个串又由数据位和时标构成。GLONASS播发调制速率为50 bps,播发每个串需要2 s,每个帧需时30 s,播发一个超帧历时150 s。每个超帧的基本结构如表4.2所示。每个串的传输时间2 s内需传输100个信息位,其中1.7 s用于发送数据位和检验码,占85个信息位(第1~8位为检验码,第9~84位为星历数据,第85位为时标码补充位且恒为零),其余0.3 s用以传输时标(第86~100位)。时标由30个码元组成,每个码长度为10 ms。相邻字符串利用时间标记MB相互分离。每个超帧内含有保留位,方便后续在导航电文中插入和附加信息。

表 4.2 GLONASS 导航电文的超帧基本结构

帧号	串号	时标码补充位 [第 85 位]	数据位 [第 9~84 位]	检验码 [第 1~8 位]	时标 [第 86~100 位]
I	1	0	卫星实时数据	KX	MB
	2	0		KX	MB
	3	0		KX	MB
	4	0		KX	MB
	…	…	5 颗卫星的非实时数据(历书)	…	…
	15	0		KM	MB
Ⅱ、Ⅲ、Ⅳ帧与Ⅰ帧完全相同					
V	1	0	卫星实时数据	KX	MB
	2	0		KX	MB
	3	0		KX	MB
	4	0		KX	MB
	…	…	4 颗卫星的非实时数据(历书)	…	…
	14	0	保留	KX	MB
	15	0	保留	KX	MB

每帧传送 GLONASS 卫星的部分实时数据和给定卫星的全部历书。第Ⅰ~Ⅳ帧结构相同,第V帧含有 2 个保留字符串,以便将来更新导航电文结构时使用。每帧的第 1~4 串包含导航电文卫星的实时数据。一个超帧内实时数据的内容是相同的,每帧第 5 串传输的是部分非实时历书,且同一超帧内第 5 串内容相同。每帧的第 6~15 串含有卫星的历书,每颗卫星的历书占用 2 个串,每帧包含 5 颗卫星的历书。第Ⅰ~Ⅳ帧共含有 20 颗卫星的数据,第V帧的第 6~13 字符串含有剩余 4 颗卫星的历书数据。每帧播发的历书串对应编号与 GLONASS 卫星编号的对应关系如表 4.3 所示。

表 4.3 帧号与卫星号对应关系

帧号	卫星号	对应串编号
Ⅰ	1~5	6~15
Ⅱ	6~10	6~15
Ⅲ	11~15	6~15
Ⅳ	16~20	6~15
V	21~24	6~13

3. Galileo 导航电文结构

Galileo 一旦建成，可以为用户提供免费公开服务、公共管理服务、商业服务和搜救服务。根据不同服务提供了三种导航信息格式：自由导航信息格式（F/NAV）、完好性导航信息格式（I/NAV）及商用导航信息格式（C/NAV）。前两种导航信息格式为公开且常用的导航信息，下面做详细介绍。C/NAV 是 Galileo 为用户提供商业额外服务的导航电文格式，在此不详细介绍，感兴趣读者可参阅欧盟 2017 年 2 月 8 日发布的 *COMMISSION IMPLEMENTING DECISION* 关于商业服务相关信息。

（1）自由导航信息格式（F-NAV）

Galileo 导航电文的 F-NAV 是由 E5a 信号提供的导航信息，可公开免费访问。其电文格式按照主帧、子帧和页面三级格式组成。页面是 Galileo 导航电文的基本结构，包含四个域：同步字、数据域、循环冗余校验位以及由全零组成的用于前向纠错编码器的尾部比特。F-NAV 的一个主帧长度为 30 000 bit，完整的导航信息是由一个持续时间 600 s 的主帧构成的，一个主帧又分为 12 个子帧，每个子帧持续时间为 50 s。每个子帧包含了 5 个页面，每个页面的持续时间是 10 s。一个页面包含页同步头和页字符，页同步头有 12 bit，页字符有 488 bit。一个完整的页面按照其携带的数据信息内容又分为 6 种页面类型。尽管其搭载的数据信息不同，但这 6 种页面类型中的有效导航数据都是按照表 4.4 的格式编码为页字符然后播发的。

表 4.4 页面数据信息格式 单位：bit

数据信息内容			页面尾标记
页面类型	导航信息	CRC	6
6	208	24	

（2）完好性导航信息格式（I-NAV）

完好性导航信息格式包含了生命安全服务和系统完好性信息，分别在 E5b 和 E1B 信号上加载。页面是 I-NAV 导航电文的最基本组成部分。E5b 和 E1B 采用同样的页面规划，可随时插入告警页，采用频间奇偶页面交叉播发模式。I-NAV 的一个主帧长度为 86 400 bit，完整的导航信息是由一个持续时间 720 s 的主帧构成。数据信息内容包括 CRC 码+卷积码（240，120）+交织码（30×8）。

4. BDS 导航电文结构

BDS 导航电文分为 I 支路导航电文和 Q 支路导航电文。根据不同的速率和结构又分为 D1（50 bps）导航电文和 D2（500 bps）导航电文，在 D1 码上又调制了二次编码（1 000 bps）信息。北斗 GEO 卫星采用 D2 导航电文播发，MEO/IGSO 卫星采用 D1 和二次编码导航电文播发。D1 导航电文由超帧、主帧和子帧组成。每个超帧为 36 000 bit，历时 12 min；每个超帧由

24 个主帧(24 个页面)组成,每个主帧为 1 500 bit,历时 30 s;每个主帧由 5 个子帧组成,每个子帧为 300 bit,历时 6 s;每个子帧由 10 个字组成,每个字为 30 bit,历时 0.6 s。D1 导航电文帧结构如图 4.3 所示。每个子帧第 1 个字的前 15 bit 信息不进行纠错编码,后 11 bit 信息采用 BCH(15,11,1)方式进行纠错,信息位共有 26 bit;其他 9 个字均采用 BCH(15,11,1)加交织方式进行纠错编码,信息位共有 22 bit。需要注意,D1 导航电文的每个主帧组成只包含 1 个页面,而 GPS 导航电文的第 4 和第 5 子帧各包含了 25 个页面。

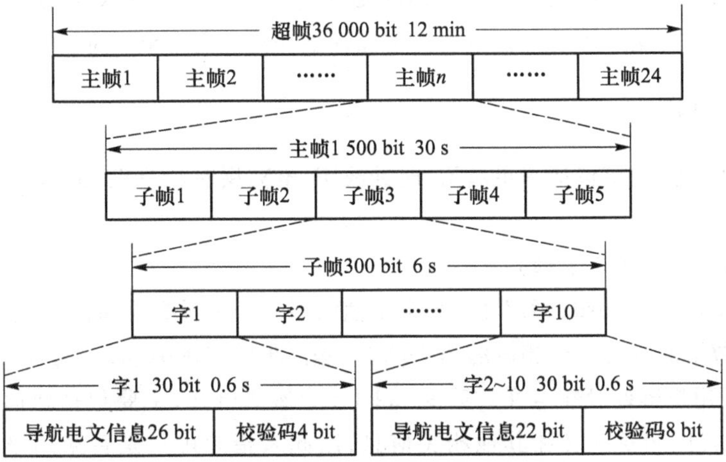

图 4.3 D1 导航电文帧结构

D2 导航电文也由超帧、主帧和子帧组成。每个超帧为 180 000 bit,历时 6 min;每个超帧由 120 个主帧组成,每个主帧为 1 500 bit,历时 3 s;每个主帧由 5 个子帧组成,每个子帧为 300 bit,历时 0.6 s;每个子帧由 10 个字组成,每个字为 30 bit,历时 0.06 s。D2 导航电文包含了基本导航电文信息和增强服务信息。每个字由导航电文数据及校验码两部分组成。D2 导航电文帧结构如图 4.4 所示。

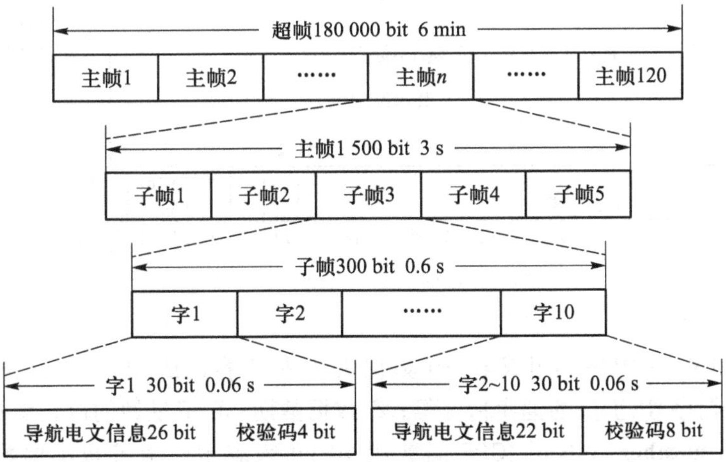

图 4.4 D2 导航电文帧结构

4.1.2 导航电文内容

完整的卫星导航电文一般包含用户定位服务所需要的一切参数。一般来讲,包括星历、时钟修正参数、导航服务参数、历书。GNSS 导航电文根据内容主要分为两类:第一类是发送导航卫星的开普勒轨道参数等相关信息,如 GPS 的导航电文;第二类是发送导航卫星的三维坐标、速度和加速度的信息。在四大全球 GNSS 中,除了 GLONASS 采用第二类导航电文外,其他三个系统都采用第一类的导航电文。下面详细介绍四大 GNSS 的导航电文内容。

1. GPS 导航电文内容

GPS 的导航电文主要包括卫星星历、时钟改正、电离层时延改正、工作状态等重要信息,主要内容介绍如下。

(1) 第一数据块(第 1 子帧)

遥测码(telemetry word,TLW) 每个子帧的第一个字码都是遥测码,它的主要作用是指明卫星注入数据的状态。遥测码的第 1~8 bit 是同步码(10001001),为各子帧编码提供了“起始点”,以便用户解调导航电文。第 9~22 bit 为遥测电文,主要包括地面监控系统注入数据时的状态信息、诊断信息和其他相关信息,以此来指导用户是否采用该卫星。第 23~24 bit 留作备用;第 25~30 bit 是检验码,用于发现和纠正错误。

转换码(hand over word,HOW) 也称为交接字。每个子帧的第二个字码就是转换码。转换码主要是为用户提供由捕获的 C/A 码转换到 P 码的 Z 计数。Z 计数位于转换码的第 1~17 bit,表示从每周六或周日的零时起算的时间计数。当知道 Z 计数,相当于获取了观测时刻在 P 码周期中的准确位置,便可较快地捕获到 P 码。图 4.5 表示 GPS 卫星导航电文的转换码。

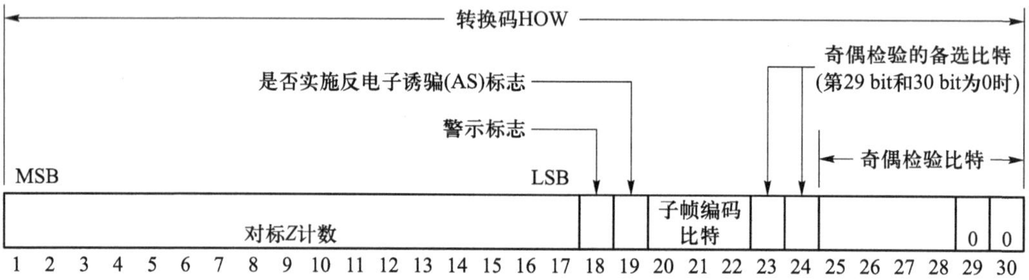

图 4.5 GPS 卫星导航电文的转换码

第一子帧的第 3~10 字码组成第一个数据块,主要内容包括:① 标识码,标识 L2 载波的调制波类型、星期序号、卫星的健康情况等;② 数据龄期;③ 卫星钟的改正参数。

周数(week number,WN) GPS 周数用 10 bit 来表示。为了减小周数计数,采用以 1 024 为模的计数方式,即当周数大于等于 1 024 时,将重新开始周数计数。第 3 个字码的前

10 bit 为 GPS 周数,第 3 个字码的 11~12 bit 标识 L2 载波上调制的是 C/A 码还是 P 码。

传输参数 N 用于表达用户测距精度(user range accuracy,URA) 第 3 个字码的第 13~16 bit 为传输参数 N,主要向非特许用户指明该 GPS 卫星测量值的测距精度 URA。传输参数 N 的取值范围 0~15,当 N 为 1111(=15)时,表示 URA 大于 6 144 m。传输参数 N 与用户可达测距精度的对应关系如表 4.5 所示。由于 URA 是采用地面控制站监测卫星的数据计算得到的,它包含了由卫星和地面控制部分所产生的误差,但不包括由用户设备以及用户测站上空传播介质所产生的误差。

表 4.5 传输参数 N 与用户可达测距精度

二进制码	参数 N	URA/m	二进制码	参数 N	URA/m
0000	0	0.00~2.40	1000	8	48.00~96.00
0001	1	2.40~3.40	1001	9	96.00~192.00
0010	2	3.40~4.85	1010	10	192.00~384.00
0011	3	4.85~6.85	1011	11	384.00~768.00
0100	4	6.85~9.65	1100	12	768.00~1 536.00
0101	5	9.65~13.65	1101	13	1 536.00~3 072.00
0110	6	13.65~24.00	1110	14	3 072.00~6 144.00
0111	7	24.00~48.00	1111	15	>6 144

卫星健康状况(SV health) 第 3 个字的第 17~22 bit 给出了卫星的工作状态。其中,前 1 bit 反映导航资料的总体情况,后 5 bit 则具体给出各信号分量健康状况。

L1 和 L2 信号的群延之差(time group delay,TGD) 第 7 个字码的第 17~24 bit 表示 L1 和 L2 信号的群延之差 TGD。信号群延是从信号开始生成到离开卫星发射天线的相位中心之间的时间。由于 TGD 是卫星内部电路中产生的群延差,与信号在大气中的传播无关。

卫星钟数据龄期(AODC) 第 3 个字码的第 23~24 bit,以及第 8 个字码的第 1~8 bit,均表示卫星钟的数据龄期 AODC。ADOC 是时钟改正数的外推时间长度,主要向用户表明当前卫星钟改正数的可信度。与卫星钟参数的参考时刻关系为

$$\mathrm{AODC}=t_{oc}-t_{L} \tag{4.1}$$

式中,t_{oc}为卫星钟参数的参考时刻,随导航电文播发;t_L 为地面控制部分计算时钟参数时所采用数据的最后观测时刻。

卫星钟差改正参数 由于 UTC 时间系统存在跳秒,以及主控站的主原子钟的不稳定性,所以 GPS 时和 UTC 时存在差异,此项差异是由地面监控系统检测并以导航电文播发给用户。卫星钟的钟差是指 GPS 卫星钟的钟面时与 GPS 标准时间的差异。由于相对论效应,同样的原子钟,搭载在卫星上比在地面上要略快一些,两者每秒相差约 4.48×10^{-10} s,即每天相差 3.87×10^{-5} s。为了消除相对论对钟的影响,已将卫星钟的标准频率(10.23 MHz)调小为

10.229 999 995 45 MHz。尽管这种处理方式能有效消除卫星钟的误差，但在导航电文的有效时间段内，任意时刻 t 卫星钟与 GPS 标准时间依然存在误差，该误差可表达为

$$\Delta t^{s}=a_{0}+a_{1}(t-t_{oc})+a_{2}(t-t_{oc})^{2}+\Delta t_{r}^{s} \tag{4.2}$$

式中，a_0 为卫星钟的钟面时相对于 GPS 标准时间的偏差（钟差），a_1 为卫星钟频率相对于实际频率的偏差系数（钟速），a_2 为时钟频率的漂移系数（钟速变化率，即钟漂），t_{oc} 为卫星钟差参数的参考时刻，Δt_r^s 为 GPS 卫星非圆形轨道而引起的相对论效应的修正项。

（2）第二数据块（第 2~3 子帧）

导航电文的第二数据块是由第 2 和第 3 子帧共同构成的。它描述的是 GPS 卫星的星历，是导航电文的主要内容。利用这部分的电文内容可求出有效时间段内任意时刻 t 卫星的位置和速度。需要指出，GPS 卫星导航电文提供的星历数据，是一种外推的轨道参数，其精度不仅受到外推时的卫星初始位置误差和速度误差的制约，而且随着外推时间延长，还显著降低。

（3）第三数据块（第 4~5 子帧）

第三数据块是由第 4 和第 5 子帧构成的，它提供 GPS 卫星的历书数据。历书数据是第一和第二数据块的简化数据，由于第三数据块的各页是通过每颗卫星广播的，所以用户仅收到一颗卫星的导航电文，就可以粗略掌握整个 GPS 所有卫星的情况。当接收机捕获到一颗 GPS 卫星后，用户可利用第三数据块的其他卫星的简化星历数据，选择状态正常且空间几何构型较好的卫星，实现对这些卫星的快速捕获。表 4.6 给出了第二数据块和第三数据块的主要参数。

表 4.6 第二数据块和第三数据块的主要内容

第二数据块		第三数据块	
变量	意义	变量	意义
$\sqrt{a}$	轨道椭圆长半轴的平方根	e	轨道椭圆离心率
e	轨道椭圆离心率	t_{oc}	参考时刻
i_0	参考时刻 t_0 的轨道平面倾角	$\dot{\Omega}$	升交点赤经的变化率
Ω_0	参考时刻 t_0 的升交点赤经	$\sqrt{a}$	轨道椭圆长半轴的平方根
ω	近地点角距	Ω_0	参考时刻 t_0 的升交点赤经
M_0	参考时刻 t_0 的平近点角	ω	近地点角距
Δn	平均角速度改正数	M_0	参考时刻 t_0 的平近点角
$\dot{\Omega}$	升交点赤经的变化率	a_0	卫星钟差
$idot$	轨道平面倾角的变化率	a_1	卫星钟速
C_{us}, C_{uc}	升交角距的正余弦调和改正项振幅		GPS 卫星的健康状况
C_{is}, C_{ic}	轨道倾角的正余弦调和改正项振幅		AS 标识及卫星类型标识

续表

第二数据块		第三数据块	
变量	意义	变量	意义
C_{rs}, C_{rc}	轨道向径正余弦调和改正项振幅		GPST 与 UTC 之间的关系参数
t_{oe}	星历参考时刻		电离层改正参数
AODE	星历表数据龄期		
a_0	卫星钟差		
a_1	卫星钟速		
a_2	卫星钟加速度的一半		
T_{GD}	L1 和 L2 信号的群延之差		

2. GLONASS 导航电文内容

GLONASS 卫星导航电文传送的数据分为两大类型。一类是可操作数据信息，更新率为 30 min，包括卫星时标数据、卫星钟相对于 GLONASS 时间系统的时钟数据、射电频率与其标称值差值的数据、卫星位置及速度数据等实时数据。另一类是不可操作数据，更新率为 24 h，包括预报的全部卫星状态、卫星钟与 GLONASS 时间系统的偏差数据、卫星的概略轨道参数（历书数据）、GLONASS 时间系统的修正参数等非实时数据。其中，GLONASS 时间系统的修正参数被用来将 GLONASS 时间归算为莫斯科世界协调时，进而归算为 UTC 时。

（1）实时信息和星历参数

GLONASS 导航电文中的星历和历书内容称为字，各参数的意义如下所述。实时信息（星历参数）各字的属性及其含义如表 4.7。

表 4.7 实时信息（星历参数）各字的属性

字	位数	比例因子	取值范围	单位	含义
m	4	1	0~15	无量纲	所在帧中的串号。
t_k	5	1	0~23	h	发射时刻，发送本帧数据的卫星钟面时，以 h、min、30 s 为单位。时在 1~5 位，分在 6~11 位，最后的 1 位是 30 s 倍数。
	6	1	0~59	min	
	1	30	0 或 30	s	
t_b	7	15	15~1 425	min	参考 UTC(SU)+03 h00 min 确定当天内的时间间隔索引。每帧发送实时数据的参考时刻位于 t_b 的中间 t_{b^-}，t_b 时间间隔和最大值取值与 $P1$ 标志有关。

续表

字	位数	比例因子	取值范围	单位	含义
M	2	1	0 或 1	无量纲	卫星型号标识，"00"表示 GLONASS 卫星，"01"表示 GLONASS-M 卫星。
$\gamma_n(t_b)$	11	2^{-40}	$\pm 2^{-30}$	无量纲	在 t_b 时刻，卫星载波频率的设计值和预测值的相对偏差值。
$\tau_n(t_b)$	22	2^{-30}	$\pm 2^{-9}$	s	卫星的钟面时 t_n 相对于 GLONASS 系统时 t_c 的改正数。
$X_n(t_b)$，$Y_n(t_b)$，$Z_n(t_b)$	27	2^{-11}	$\pm 2.7\times 10^4$	km	卫星在 PZ-90 坐标系下的坐标。
$\dot{X}_n(t_b)$，$\dot{Y}_n(t_b)$，$\dot{Z}_n(t_b)$	24	2^{-20}	± 4.3	km/s	卫星在 PZ-90 坐标系下的速度。
$\ddot{X}_n(t_b)$，$\ddot{Y}_n(t_b)$，$\ddot{Z}_n(t_b)$	5	2^{-30}	$\pm 6.2\times 10^{-9}$	km/s^2	卫星在 PZ-90 坐标系下由日月引力摄动引起的加速度。
B_n	3	1	0~7	无量纲	健康标志。用户仅使用该字的 MSB 位，MSB=1 表示卫星故障。用户导航设备不考虑该字的第 2~3 位。
P	1	1	0 或 1	无量纲	卫星的钟面时 t_n 相对于 GLONASS 系统时 t_c 的改正数。
N_τ	11	1	0~2 048	d	自 1996 年起，每 4 年为 1 个周期，N_τ 为本周期内的累积日期数。
F_τ	4		见表 4.8		测量精度指标。表示 t_b 时刻的等效距离误差，相当于 GPS 导航电文中的 URE。
n	5	1	0~31	无量纲	卫星编号，卫星在星座中的编号。
$\Delta\tau_n$	5	2^{-30}	$\pm 13.97\times 10^{-9}$	s	卫星在 L1 频率和 L2 频率载波上发播导航信号的时间差。
E_n	5	1	0~31	s	实时信息的龄期，卫星 t_b 时刻与最近一次导航信息更新时间的间隔。
$P1$	2		见表 4.9		实时数据更新标志。表示相邻两个数据帧的 t_b 间隔，详见表 4.9。
$P2$	1	1	0 或 1	无量纲	t_b 值（30 min 或 60 min）的奇偶标志。"1"表示奇数，"0"表示偶数。

续表

字	位数	比例因子	取值范围	单位	含义
$P3$	1	1	0 或 1	无量纲	本帧内历书的卫星数。“1”表示 5 颗卫星,“0”表示 4 颗卫星。
$P4$	1	1	0 或 1	无量纲	星历参数更新标志。“1”表示该帧内的星历和频率/时间参数已更新。
I_n	1	1	0 或 1	无量纲	卫星健康标志。$I_n=1$ 表示第 n 号卫星故障

表 4.8 F_τ 与测量精度

F_τ	测量精度/m	F_τ	测量精度/m
0	1.0	8	14.0
1	2.0	9	16.0
2	2.5	10	32.0
3	4.0	11	64.0
4	5.0	12	128.0
5	7.0	13	256.0
6	10.0	14	512.0
7	12.0	15	未使用

表 4.9 $P1$ 二进制及其对应的相邻两个数据帧对应 t_b 的间隔

$P1$	时间间隔/min	$P1$	时间间隔/min
00	0	10	45
01	30	11	60

$\gamma_n(t_b)$：在 t_b 时刻,第 n 号卫星载波频率的设计值和预测值的相对偏差值

$$\gamma_n(t_b)=\frac{f_n(t_b)-f_{Nn}}{f_{Nn}} \tag{4.3}$$

式中,$f_n(t_b)$表示在 t_b 时刻第 n 号卫星载波顾及重力和相对论效应影响下的预测频率值;f_{Nn} 为第 n 号卫星载波理论频率值。

$\tau_n(t_b)$：第 n 号卫星的钟面时 t_n 相对于 GLONASS 系统时 t_c 的改正数,等于该卫星的伪随机码相对于 t_b 时刻系统参考信号的位移

$$\tau_n(t_b)=t_c(t_b)-t_n(t_b) \tag{4.4}$$

P:计算方式指标标志。表示计算频率/时间改正参数的方式。若 $P=1$,则数据是在GLONASS卫星上计算得到的;若 $P=0$,则数据是由地面控制站计算并上传的。

$\Delta\tau_n$:第 n 号卫星在L1频率和L2频率载波上播发导航信号的时间差

$$\Delta\tau_n = t_{f_2} - t_{f_1} \tag{4.5}$$

式中,t_{f_1},t_{f_2}是L1、L2波段相应的设备延迟(以时间表示)。

(2) 非实时信息(历书)

非实时信息(历书)包括GLONASS系统时间数据、所有GLONASS卫星的钟面时数据、所有GLONASS卫星的轨道参数和健康状态。非实时信息(历书)字的属性如表4.10所示。

表4.10 非实时信息(历书)字的属性

字	位数	比例因子	取值范围	单位	含义
τ_c	28	2^{-27}	±1	s	系统时间与UTC的改正数。
τ_{GPS}	262	2^{-30}	$\pm1.9\times10^{-3}$	d	
N_4	5	1	0~31	4y	自1996起,每4年为1个周期的累积周期数。
N^A	112	1	0~1 461	d	本周期内的累积日期数。
n^A	52	1	1~24	无量纲	星历对应的卫星号。
H_n^A	5	1	0~31	无量纲	
λ_n^A	21	2^{-20}	±1	半周	当天的初始升交点的经度。
$t_{\lambda n}^A$	21	2^{-5}	0~44 100	s	卫星在当天过升交点的时刻。
Δi_n^A	18	2^{-20}	±0.067	半周	
$\Delta T_n^A(t_{\lambda n}^A)$	22	2^{-9}	$\pm3.6\times10^{-3}$	秒/周	卫星平均运行周期的改正数(卫星平均运行周期43 200 s)。
$\Delta\dot{T}_n^A$	7	2^{-14}	$\pm2^{-8}$	秒/周^2	n^A卫星运行周期变化率。
$\varepsilon_n^A(t_{\lambda n}^A)$	15	2^{-20}	0~0.03	无量纲	偏心率。
$\omega_n^A(t_{\lambda n}^A)$	16	2^{-15}	±1	半周	近地点的幅角。
M_n^A	2	1	00或01	无量纲	
$B1$	11	2^{-10}	±0.98	s	确定ΔUT1的系数,当天UT1和UTC差值。
$B2$	10	2^{-16}	$(-4.5\sim3.5)\times10^{-3}$	s/msd	确定ΔUT1的系数,当天ΔUT1变化值。
KP	2	1	00、01、11、10	无量纲	
τ_n^A	10	2^{-18}	$\pm1.9\times10^{-3}$	s	
C_n^A	1	1	0或1	无量纲	

GPS 时间 T_{GPS}与 GLONASS 时间 T_{GL}的关系式

$$T_{GPS} - T_{GL} = \Delta T + \tau_{GPS} \tag{4.6}$$

其中，ΔT 是两者差秒的整数部分，τ_{GPS}是秒的小数部分。

H_n^A：n^A 星发射的导航信号的载波频率号（表 4.11）。

表 4.11 GLONASS 导航电文中频率通道号为负时 H_n^A 取值

频率通道号	H_n^A	频率通道号	H_n^A
-01	31	-05	27
-02	30	-06	26
-03	29	-07	25
-04	28		

Δi_n^A：在 $t_{\lambda n}^A$时刻，n^A 卫星轨道面相对于轨道面平均倾角（约 63°）的改正参数。

M_n^A：n^A 卫星更新标志，“00”表示 GLONASS 卫星，“01”表示 GLONASS-M 卫星。

KP：表示关于下一个 UTC 的跳秒改正（±1 s）的通知，其值的意义如表 4.12。一般 KP 至少在跳秒前 8 周就在导航信息中发送。大多数情况是，KP 的取值是在本季度开始（前 5 周）就已确定，否则 $KP=10$。

表 4.12 KP 与 UTC 跳秒的关系

KP	UTC 跳秒改正信息
00	本季度不进行 UTC 跳秒改正。
01	本季度进行 UTC 跳秒改正（±1 s）。
11	本季度进行 UTC 跳秒改正（-1 s）。

τ_n^A：在 $t_{\lambda n}^A$时刻，n^A 卫星钟面时改正至 GLONASS 系统时间的概略值，等于实际发送伪随机码信号的位置与设计位置的相移。

C_n^A：上传历书（轨道和相位历书）时，n^A 卫星不正常标记。$C_n^A=0$ 表示 n 号卫星不可操作。$C_n^A=1$ 表示 n 号卫星可操作。

3. Galileo 导航电文内容

Galileo 通过 12 个子帧的导航电文向用户播发卫星导航定位所需的四类参数，用户以此来获取 Galileo 所承诺的各种服务。Galileo F/NAV 电文的轨道参数如表 4.13 所示。

表 4.13 Galileo F/NAV 电文的轨道参数及信息

字	意义	占用比特数	比例因子	单位
$\sqrt{a}$	轨道椭圆长半轴的平方根	32	2^{-19}	$m^{0.5}$
e	轨道椭圆离心率	32	2^{-33}	
i_0	参考时刻 t_0 的轨道平面倾角	32	2^{-31}	rad
Ω_0	参考时刻 t_0 的升交点赤经	32	2^{-31}	rad
ω	轨道近地点角距	32	2^{-31}	rad
M_0	参考时刻 t_0 的平近点角	32	2^{-31}	rad
C_{us}, C_{uc}	升交角距的正余弦调和改正项振幅	16、16	2^{-29}	rad
C_{is}, C_{ic}	轨道倾角的正余弦调和改正项振幅	16、16	2^{-29}	rad
C_{rs}, C_{rc}	轨道向径正余弦调和改正项振幅	16、16	2^{-5}	rad
t_{oe}	星历数据参考时刻	14	60	s
Δn	平均角速度改正数	16	2^{-43}	rad/s
$\dot{\Omega}$	升交点赤经的变化率	24	2^{-43}	rad/s
$idot$	卫星轨道平面倾角的变化率	14	2^{-43}	rad/s
AODC	卫星钟参数数据龄期	9		
F/NAV 电文所占用比特数		365	半周 = π 弧度	

4. BDS 导航电文内容

BDS 导航电文分为 D1 和 D2 码两类。D1 码导航电文包含了基本导航信息,主要包括:周内秒计数(SOW)、整周计数(WN)、用户距离精度指数(URAI)、卫星自主健康标识(SatH1)、电离层延迟模型改正参数(α_n, β_n)、卫星星历参数及数据龄期($t_{oe}, \sqrt{a}, e, \omega, \Delta n, M_0, \Omega_0, \dot{\Omega}, i_0, idot, C_{us}, C_{uc}, C_{is}, C_{ic}, C_{rs}, C_{rc}$, AODE)、卫星钟差参数及数据龄期($t_{oe}, a_0, a_1, a_2$, AODC)、星上设备时延差($T_{GD1}, T_{GD2}$)、全部卫星历书信息及其与其他系统时间同步信息(UTC、其他导航系统时间)。电文的更新时间为 1 h。北斗 D1 电文的轨道参数及信息如表 4.14 所示。

D2 码导航电文包含了基本导航信息和广域差分信息,即该卫星基本导航信息、全部卫星历书及其与其他系统的时间同步信息、北斗系统的完好性及差分信息,以及格网点电离层信息。

该卫星基本导航信息包括:帧同步码(Pre)、子帧计数(FraID)、周内秒计数(SOW),整周计数(WN)、用户距离精度指数(URAI)、卫星自主健康标识(SatH1)、电离层延迟改正模型参数（$\alpha_n,\beta_n,n=0\sim3$）、星上设备时延差（$T_{GD1},T_{GD2}$）、时钟数据龄期（AODC）、钟差参数（$t_{oe},a_0,a_1,a_2$）、星历数据龄期（AODE）、星历参数（$t_{oe},\sqrt{a},e,\omega,\Delta n,M_0,\Omega_0,\dot{\Omega},i_0,idot,C_{us},C_{uc},C_{is},C_{ic},C_{rs},C_{rc}$）、页面编号（Pnum）。

表 4.14 北斗 D1 电文的轨道参数及信息

字	意义	比特数	比例因子	单位
$\sqrt{a}$	轨道椭圆长半轴的平方根	32	2^{-19}	$m^{0.5}$
e	轨道椭圆离心率	32	2^{-33}	
i_0	参考时刻 t_0 的轨道平面倾角	32 *	2^{-31}	rad
Ω_0	参考时刻 t_0 的升交点赤经	32 *	2^{-31}	rad
ω	轨道近地点角距	32 *	2^{-31}	rad
M_0	参考时刻 t_0 的平近点角	32 *	2^{-31}	rad
C_{us},C_{uc}	升交角距的正余弦调和改正项振幅	18 *、18 *	2^{-31}	rad
C_{is},C_{ic}	轨道倾角的正余弦调和改正项振幅	18 *、18 *	2^{-31}	rad
C_{rs},C_{rc}	轨道向径正余弦调和改正项振幅	18 *、18 *	2^{-6}	m
t_{oe}	星历数据参考时刻	17	2^{3}	s
Δn	平均角速度改正数	16 *	2^{-43}	rad/s
$\dot{\Omega}$	升交点赤经的变化率	24 *	2^{-43}	rad/s
$idot$	轨道、倾角的变化率	14 *	2^{-43}	rad/s

* 为二进制补码，最高有效位（MSB）是符号位（+或-）。

全部卫星历书信息包括：历书信息扩展标识（AmEpID）、历书参数（$t_{oa},\sqrt{a},e,\omega,M_0,\Omega_0,\dot{\Omega},\delta_i,a_0,a_1$，AmID）、历书周计数（$WN_a$）、卫星健康信息（$Hea_i,i=1\sim43$）。

与其他系统的时间同步信息：与 UTC 时间同步参数（$A_{0UTC},A_{1UTC},\Delta t_{LS},WN_{LSF},DN,\Delta t_{LSF}$），与 GPS 时间同步参数（$A_{0G},A_{1G}$），与 Galileo 时间同步参数（$A_{0E},A_{1E}$），与 GLONASS 时间同步参数（$A_{0R},A_{1R}$）。

4.1.3 GNSS 广播星历

基于以上介绍的星历内容，本小节给出 GNSS 标准的 RINEX 格式的两种 GPS/BDS/GALILEO 和 GLONASS 广播星历文件。广播星历是通过地面控制系统播发的导航电文发布给用户的以提供实时的卫星轨道信息的一组相关轨道参数。广播星历是相对参考历元外推的星历。参考历元瞬间的卫星星历，由 GPS 的地面监控站根据大约一周的观测资料计算而得，为参考历元瞬间卫星的轨道参数。在注入星历参数的时间间隔内(至少 1 小时)，它可以描述卫星的位置和速度。在 1 小时之外的一段时间内，这些参数仍能描述卫星的位置和速度，只是精度会随着外推时间变长而增大。目前，广播星历给出的卫星的三维点位中误差约为 5 ~7 m。表 4.15 给出 RINEX 格式导航文件的不同版本。

表 4.15 RINEX 格式导航文件的不同版本

版本	发布时间	说明
V 2.10	2007-12-10	GPS 和 GLONASS 导航信息
V 2.11	2012-06-26	GPS、GLONASS 和 Galileo 导航信息
V 3.00	2006-09-12	GPS、GLONASS 和 Galileo 导航信息
V 3.01	2009-06-22	GPS、GLONASS、BDS、Galileo、QZSS 和 SBAS 导航信息
V 3.02	2013-04-03	未增加新系统导航信息
V 3.03	2015-07-14	未增加新系统导航信息
V 3.04	2018-11-23	GPS、GLONASS、BDS、Galileo、QZSS 和 IRNSS 导航信息

4.1.4 GNSS 精密星历

目前国际上普遍采用的 GNSS 精密星历是由 IGS 分析中心计算所得的，它综合了包括欧洲定轨中心 CODE、德国地学研究中心 GFZ、美国喷气动力实验室 JPL 和中国武汉大学 WHU 等多家分析中心的轨道结果而得到。除了 IGS 提供的 GPS 的最终精密星历，分析中心还根据用户的需要产出不同时效的快速星历和超快速星历，如表 4.16 所示。IGS 提供 GNSS 各分析中心轨道与钟差比较，比较精度最大值与最小值结果如表 4.17 所示。

表 4.16 GPS 各类轨道和钟差产品信息

类型		精度	延迟	更新时间(UTC)	采样间隔
广播星历	轨道	约 100 cm	实时	—	—
	钟差	约 5 ns RMS 约 2.5 ns STD			
超快星历 (预报部分)	轨道	约 5 cm	实时	03,09,15,21	15 min
	钟差	约 3 ns RMS 约 1.5 ns STD			

续表

类型		精度	延迟	更新时间(UTC)	采样间隔
超快星历（实测部分）	轨道	约 3 cm	3~9 h	03,09,15,21	15 min
	钟差	约 150 ps RMS 约 50 ps STD			
快速星历	轨道	约 2.5 cm	17~41 h	每天 17	15 min
	钟差	约 75 ps RMS 约 25 ps STD			5 min
最终星历	轨道	约 2.5 cm	12~18 d	每周四	15 min
	钟差	约 75 ps RMS 约 20 ps STD			30 s

表 4.17 2017 年 8 月 1 日—31 日各分析中心的轨道与钟差差值的最大与最小值

	GPS	GLONASS	Galileo	BDS		
				MEO	IGSO	GEO
三维/cm	2~8	4~17	5~50	12~26	32~51	510
钟差/ns	0.04~0.23	0.07~0.42	0.12~0.34	0.14~0.21	0.07~0.31	0.13~0.50

4.2 GNSS 卫星坐标与钟差计算

4.2.1 基于开普勒轨道根数与其摄动变化量的广播星历模型

1. MEO/IGSO 卫星广播星历用户算法

在计算卫星坐标前,先给出几个常数。

地心引力常数:$\mu=3.986\ 004\ 418\times10^{14}\ \mathrm{m^3/s^2}$

地球自转速度:$\omega_e=7.292\ 115\ 0\times10^{-5}\ \mathrm{rad/s}$

真空中的光速:$C=2.997\ 924\ 58\times10^{8}\ \mathrm{m/s}$

采用表 4.5、4.12 和 4.13 的 GPS、Galileo 和 BDS 的 16 参数广播星历的用户算法计算步骤如下:

① 计算归化时间 t_k

$$t_k = t - t_{oe} \tag{4.7}$$

由于星历数据每两小时更新一次，因此当 $|t_k| > 7\,200$ s 时，放弃计算或提示用户采用该星历计算的坐标精度可能较差。

② 计算卫星运行的平均角速度 n

$$\begin{cases} n_0 = \sqrt{\dfrac{\mu}{a^3}} \\ n = n_0 + \Delta n \end{cases} \tag{4.8}$$

③ 计算观测瞬间的卫星平近点角 M_k

$$M_k = n(t - t_0) = n(t - t_{oe} + t_{oe} - t_0) = M_0 + nt_k \tag{4.9}$$

其中，t_0 为卫星过近地点的时刻，$M_0 = n(t - t_{oe})$。

④ 计算偏近点角 E_k

$$E_k = M_k + \mathrm{e}\sin E_k \tag{4.10}$$

显然需要采用迭代方式计算。取 E_k 的初值为 M_k，通过迭代直至相邻两次的计算值小于 10^{-12}。E_k 的初值还可取 $E_0 = M_k + \mathrm{e}\cdot\sin M_k + \dfrac{1}{2}\mathrm{e}^2\cdot\sin 2M_k$。

⑤ 计算真近点角 f_k

$$f_k = \cos^{-1}\frac{\cos E_k - \mathrm{e}}{1 - \mathrm{e}\cos E_k} = \tan^{-1}\frac{\sqrt{1 - \mathrm{e}^2}\cdot\sin E_k}{\cos E_k - \mathrm{e}} \tag{4.11}$$

⑥ 计算升交点角距 Φ_k

$$\Phi_k = f_k + \omega \tag{4.12}$$

⑦ 计算摄动改正项 δu_k、δr_k 和 δi_k

$$\begin{cases} \delta u_k = C_{us}\sin 2\Phi_k + C_{uc}\cos 2\Phi_k \\ \delta r_k = C_{rs}\sin 2\Phi_k + C_{rc}\cos 2\Phi_k \\ \delta i_k = C_{is}\sin 2\Phi_k + C_{ic}\cos 2\Phi_k \end{cases} \tag{4.13}$$

⑧ 计算经摄动改正后的升交角距 u_k、卫星矢量半径 r_k 和轨道倾角 i_k

$$\begin{cases} u_k = \Phi_k + \delta u_k \\ r_k = a(1 - \mathrm{e}\cos E_k) + \delta r_k \\ i_k = i_0 + \delta i_k + idot \end{cases} \tag{4.14}$$

⑨ 计算卫星在轨道平面上的位置

$$\begin{cases} x_k = r_k\cos u_k \\ y_k = r_k\sin u_k \end{cases} \tag{4.15}$$

⑩ 计算观测时刻的升交点经度 Ω_k：t 时刻的升交点的赤经 $\Omega = \Omega_{oe} + \dot{\Omega}(t - t_{oe})$，格林尼治恒星时为 $\mathrm{GAST} = \mathrm{GAST}(t_0) + \omega_e(t - t_0)$。由于 t_0 为该星历 GPS 周的开始时刻，即 $t - t_0 = t$，则 $\mathrm{GAST} = \mathrm{GAST}(t_0) + \omega_e t$（图 4.6）。

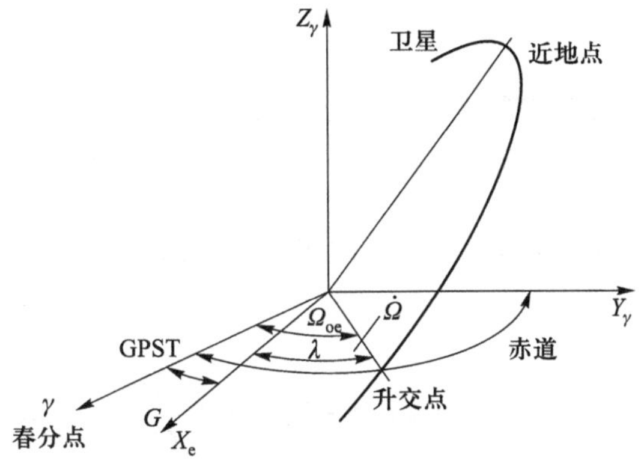

图 4.6 升交点的经度与赤经和 GAST 的关系

t 时刻升交点的经度为

$$\begin{aligned}\lambda_k &= \Omega - \text{GAST} = \Omega_{oe} + \dot{\Omega}(t - t_{oe}) - \text{GAST}(t_0) - \omega_e t \\ &= \Omega_0 + \dot{\Omega}(t - t_{oe}) - \omega_e(t - t_{oe}) - \omega_e t_{oe} \\ &= \Omega_0 + (\dot{\Omega} - \omega_e)t_k - \omega_e t_{oe}\end{aligned} \tag{4.16}$$

式中，$\Omega_0 = \Omega_{oe} - \text{GAST}(t_0)$是始于格林尼治子午圈到卫星轨道升交点的准经度。

⑪ 计算卫星在 WGS84/BDCS 坐标系中的空间直角坐标系

$$\begin{bmatrix} X \\ Y \\ Z \end{bmatrix} = R_Z(-\lambda_k)R_X(-i_k)\begin{bmatrix} x_k \\ y_k \\ 0 \end{bmatrix} = \begin{bmatrix} x_k\cos\lambda_k - y_k\cos i_k\sin\lambda_k \\ x_k\sin\lambda_k + y_k\cos i_k\cos\lambda_k \\ y_k\sin i_k \end{bmatrix} \tag{4.17}$$

2. GEO 卫星广播星历用户算法

北斗卫星导航系统中 GEO 卫星的轨道特征与 MEO 卫星不同，其卫星轨道倾角近似为零，将导致法方程系数矩阵接近病态。为了避免卫星小轨道倾角导致的广播参数拟合失败，通常采用轨道旋转法来改变广播星历拟合参考面，即对拟合参考面进行一个角度的倾斜旋转（一般选择 5°旋转角）。因此，在利用 GEO 广播星历计算卫星在 BDCS 坐标系中的位置时就必须考虑该旋转角度。

按照上述 MEO 卫星坐标计算后，对于 GEO 卫星需要进行两次旋转变换，首先绕 X 轴旋转-5°，然后再绕 Z 轴旋转实现地球同步轨道的特性，即

$$\begin{bmatrix} X_G \\ Y_G \\ Z_G \end{bmatrix} = R_Z(\omega_e t_k)R_X(-5°)\begin{bmatrix} X \\ Y \\ Z \end{bmatrix} \tag{4.18}$$

3. 卫星钟差计算方法

卫星钟差 Δt_{sv} 的计算通过二阶多项式拟合方式

$$\Delta t_{sv} = a_0 + a_1(t - t_{oc}) + a_2(t - t_{oc})^2 \tag{4.19}$$

为了提高钟差精度,还需要考虑相对论改正 $-2\frac{\sqrt{\mu}}{C^2}e\sqrt{a}\sin E_k$,以及群延改正 $\frac{f_1^2}{f_i^2}T_{GD}$,则最终的卫星钟差为

$$\Delta t_{sv} = a_0 + a_1(t - t_{oc}) + a_2(t - t_{oc})^2 - 2\frac{\sqrt{\mu}}{C^2}e\sqrt{a}\sin E_k - \frac{f_1^2}{f_i^2}T_{GD} \tag{4.20}$$

其中,T_{GD} 为星历给出的群延参数。此外,卫星钟漂为卫星钟差的导数,即

$$\Delta \dot{t}_{sv}(t) + a_1 + 2a_2(t - t_{oc}) \tag{4.21}$$

4.2.2 基于位置速度矢量和简化的动力学参数的广播星历模型

采用表 4.5 的 GLONASS 广播星历参数计算卫星位置。使用数值积分方法获取该时刻周围一些时刻卫星的坐标,然后再用插值方法插出任意时刻的卫星坐标,该方法可以估算更多的摄动因素。在只考虑卫星受摄动为地球引力场二阶带谐项和日月引力时,卫星在地固坐标系中的运动方程为

$$\begin{cases} \ddot{X} = -\frac{\mu}{r^3}X + \frac{3}{2}J_2\frac{\mu a_e^2}{r^5}X\left[1 - \frac{5Z^2}{r^2}\right] + \ddot{X}_{ts} + \omega_e^2 X + 2\omega_e V_y \\ \ddot{Y} = -\frac{\mu}{r^3}Y + \frac{3}{2}J_2\frac{\mu a_e^2}{r^5}Y\left[1 - \frac{5Z^2}{r^2}\right] + \ddot{Y}_{ts} + \omega_e^2 Y - 2\omega_e V_x \\ \ddot{Z} = -\frac{\mu}{r^3}Z + \frac{3}{2}J_2\frac{\mu a_e^2}{r^5}Z\left[3 - \frac{5Z^2}{r^2}\right] + \ddot{Z}_{ts} \end{cases} \tag{4.22}$$

式中,J_2 为地球引力场二阶带谐项,a_e 为地球长半轴,$r=\sqrt{X^2+Y^2+Z^2}$,$(\ddot{X}_{ts},\ddot{Y}_{ts},\ddot{Z}_{ts})$ 为日月引力摄动。式(4.22)可以使用四阶龙格-库塔法进行数值积分,在时间间隔 30 min 内分别使用 30 s 长进行积分计算。也可用变步长方法,且变步长方法相对于定步长方法更为灵活方便。

4.2.3 基于精密星历卫星坐标与钟差计算模型

IGS 精密卫星产品可提供一组等时间间隔的卫星三维位置、三维速度和卫星钟差等信息。不同类型产品提供的时间间隔不同,比如精密星历时间间隔一般为 15 min 或 5 min,而精密钟差时间间隔一般为 5 min 或 30 s。一般地,最终精密卫星产品需要 1~2 周的时间处理并播发。用户需要采用插值方法来计算观测时刻的卫星位置及卫星速度。常用的插值方

法有拉格朗日(Lagrange)插值、切比雪夫(Chebyshev)多项式拟合等。插值点位于插值序列之间称为内插,位于插值序列之外称为外推。

1. 拉格朗日插值

拉格朗日插值因其算法简单、运算速度快、易于仿真实现而得到广泛应用。假设已知函数 $y=f(x)$ 在 $n+1$ 个时间节点 $t_0,t_1,t_2,\cdots,t_n$ 处的函数值为 $y_0,y_1,y_2,\cdots,y_n$,对插值区间内任一点 x 的拉格朗日插值为

$$y(t)=\sum_{i=0}^{n}\prod_{j=0,j\neq i}^{n}\left(\frac{t-t_j}{t_i-t_j}\right)y_i \tag{4.23}$$

研究表明,采用 8~10 阶的拉格朗日插值可得到较好的精密星历差值精度。下面通过图 4.7 举例说明,从时间间隔 15 min 的一组卫星精密坐标中选取时间间隔 30 min 的 11 个坐标,构造 10 阶拉格朗日插值函数。然后每隔 15 min 内插一次卫星坐标,并与已知的精密星历坐标比较,差值如图 4.7 所示,显然拉格朗日插值可得到优于 1 cm 的插值精度。

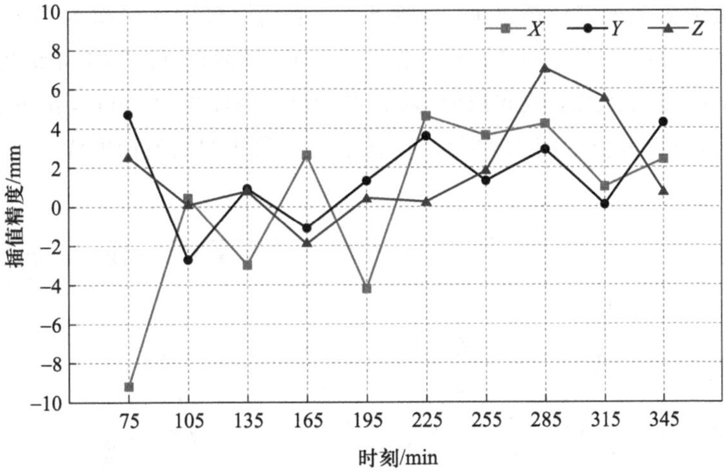

图 4.7 10 阶拉格朗日插值结果与真值的差值

2. 切比雪夫多项式拟合

切比雪夫拟合是以切比雪夫多项式为基函数的多项式插值。由于切比雪夫多项式自变量取值区间为[−1,1],在进行星历拟合时,需要先对拟合的数据节点进行变换。设有 $n+1$ 个时间节点 $t_0,t_1,t_2,\cdots,t_n$ 的卫星坐标,首先对拟合时间节点进行变换,时间节点 t_i 变换为

$$\tau_i=\frac{2(t_i-t_0)}{t_n-t_0}-1,\quad i=0,1,\cdots,n \tag{4.24}$$

三维卫星坐标 $[X_i,Y_i,Z_i]^{\mathrm{T}}$ 的切比雪夫多项式表示为

$$\begin{cases} X_i = \sum_{i=0}^{n} C_{X_i} T_i(\tau_i) \\ Y_i = \sum_{i=0}^{n} C_{Y_i} T_i(\tau_i) \\ Z_i = \sum_{i=0}^{n} C_{Z_i} T_i(\tau_i) \end{cases} \tag{4.25a}$$

其中，$T_i(\tau_i)=2\tau_i$ 为第 i 阶切比雪夫多项式，具有递推公式

$$\begin{cases} T_0(t) = 1 \\ T_1(t) = t \\ T_{i+1}(t) = 2tT_i(t) - T_{i-1}(t) \end{cases} \tag{4.25b}$$

采用 $n+1$ 个时间节点卫星坐标，求解切比雪夫多项式的系数 C_{X_i}、C_{Y_i}和 C_{Z_i}。然后给定内插时刻 t 即可代入(4.25a)计算该时刻的卫星坐标。

采用切比雪夫多项式进行精密星历插值时，一般选取多项式阶次为 10~15 阶。同样选取一组间隔 15 min 的卫星精密坐标，从中抽取 30 min 间隔的 13 个时间节点及其对应的卫星坐标，采用 12 阶切比雪夫多项式插值，内插出拟合时间段内 15 min 间隔的卫星坐标，并与已知的精密坐标比较，差值如图 4.8 所示，切比雪夫多项式的插值精度优于 1 cm。

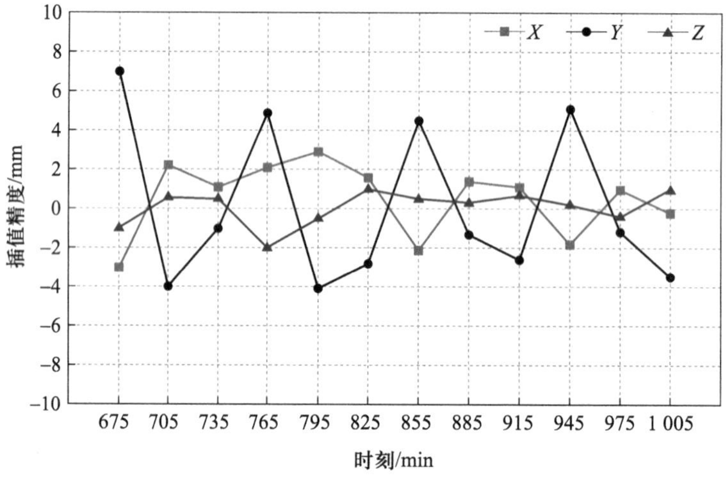

图 4.8 12 阶切比雪夫多项式的插值精度

习题

1. 请给出导航电文的基本组成以及每部分的功能。
2. 请简述基于广播星历计算卫星坐标的基本流程。
3. 请简述基于精密星历计算卫星坐标的基本流程。

第5章

导航卫星信号及其结构

GNSS 信号是由卫星生成、调制、合成，且具有测距和搭载信息等功能的电磁波信号。不同 GNSS 和不同卫星发射的信号的频率和搭载的信息内容也不完全相同。用户需要通过天线和接收机等设备接收卫星信号，并按照约定频率及其相关信息解调信号，从而获得定位所需的观测值。综上，导航卫星信号是实现测距与信息传递的基础。本章首先介绍 GNSS 信号的基本结构，再详细介绍采用卫星信号解调码伪距观测值与相位观测值的基本原理，最后简要介绍 GNSS 接收机及其工作原理。

如图 5.1 所示，卫星信号通常由三种信号调制合成而来，分别是导航信号、测距码信号以及载波信号。导航信号中包含二进制的卫星星历信息，数据传输率通常为 50 bps。测距码信号用于码伪距测量，码速率通常为 1.023 Mbps 或其倍数。载波信号用于相位测量，信号频率通常大于 1 GHz。实际应用中，卫星播发的信号是三种信号的调制与合成信号，用户需要采用解调技术分离三种信号，从而提取出卫星星历信息、码伪距观测值与相位观测值。

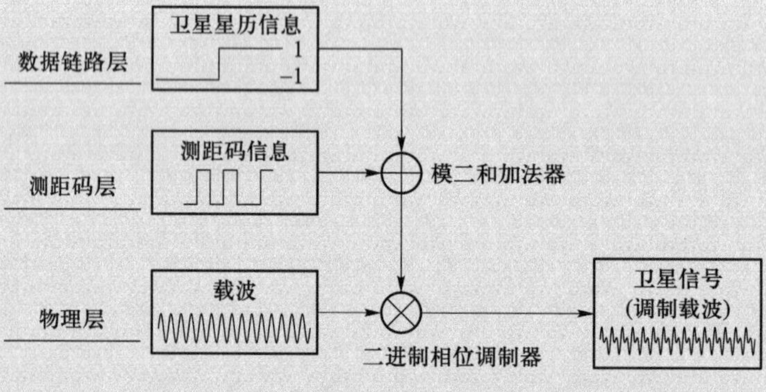

图 5.1　导航卫星信号的组成

5.1 卫星测距码信息与伪距测量原理

5.1.1 码的基本概念

在卫星定位领域,码通常是指一种由 0 和 1 组成的二进制序列,因此也称为码序列。码序列中的每一个元素都是 0 或 1 的二进制数,称为一个码元或一个比特。如图 5.2 所示,每个码元在时间域上所持续的时间或者在空间域中代表的距离称为码元的宽度,分别对应单位“秒”或者“米”。时间域中的码序列又称为信号,每秒所包含的码元个数称为码速率,单位为“比特数/秒”(bps)。

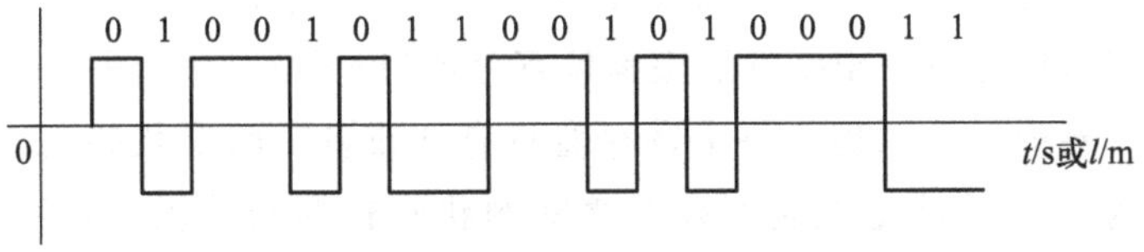

图 5.2 码序列的波形表示

模二相加是码序列的基本运算,用运行符⊕表示,等价于数字逻辑中的异或运算,运算公式如下

$$0 \oplus 0=0;\quad 0 \oplus 1=1;\quad 1 \oplus 0=1;\quad 1 \oplus 1=0$$

码调制是基于模二相加的一种码序列处理方法,它可以将一种码元宽度较长的码序列调制到另一种码元宽度较短的码序列上,从而得到一种同时包含两种码序列信息的全新码序列。如图 5.3 所示,码序列 1 的码元宽度较码序列 2 更长,当使用码序列 1 调制码序列 2 时,若码序列 1 码元为 0,则其码元宽度内对应的调制码序列的码元与码序列 2 的码元相同,否则,调制码序列的码元与码序列 2 的码元相反。经过调制后,调制码序列同时包含码序列

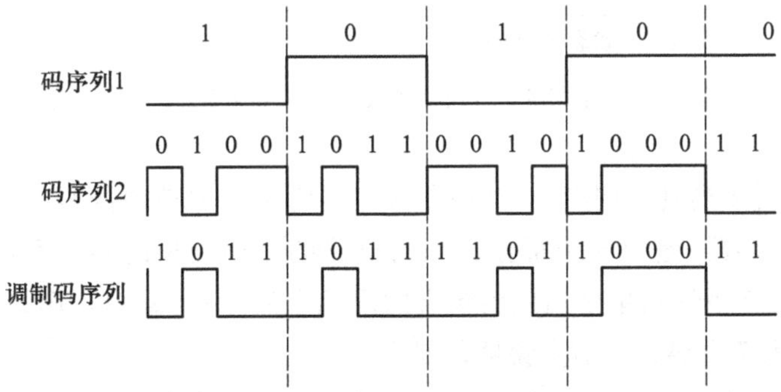

图 5.3 码调制方法

1 与码序列 2 的信息，只需要经过相应的解调步骤，便能还原出调制前的码序列。

5.1.2　伪随机噪声码及其产生

伪随机噪声（PRN）码是时间域上的一组按照一定规律编排起来的、可以复制的、周期性的二进制序列。它具有类似于随机噪声码的自相关特性，即在一个周期内当时延为 0 时自相关函数达到最大值。自相关函数定义为

$$R(\tau)=\int_{0}^{T}s(t)s(t+\tau)\,\mathrm{d}t \tag{5.1}$$

其中，τ 为时间延迟；$s(t)$ 为伪随机噪声码序列，是时间 t 的函数；T 是伪随机噪声码的重复周期。特殊地，当 T 趋于无穷大时，$s(t)$ 即为随机噪声码。对于任意时间段，当且仅当 $\tau=0$ 时，$R(\tau)$ 达到最大值。伪随机噪声码不仅具有随机噪声码的自相关特性，还具有随机噪声码不具备的周期特性。伪随机噪声码的自相关特性及周期性是它能用于伪距测量的必要条件。

伪随机噪声码可以通过一组线性反馈移位寄存器（LFSR）产生。图 5.4 给出了一个三级线性反馈移位寄存器的工作原理。每个寄存器只有 0 或者 1 两个状态，置 1 脉冲是将寄存器的状态强制置为 1，钟脉冲是控制寄存器之间的状态转移与输出。在图 5.4 所示的例子中，首先，通过置 1 脉冲将三个寄存器的初始状态都置为 1；然后在钟脉冲的作用下，对 2 号和 3 号寄存器的状态进行模二相加，并将结果反馈给 1 号寄存器作为其新状态，而 1 号寄存器的旧状态则转移给 2 号寄存器，2 号寄存器的旧状态转移给 3 号寄存器，3 号寄存器的旧状态则作为码序列的第一个码元输出；之后继续在钟脉冲的作用下对 2 号和 3 号寄存器的状态进行模二相加，并依次更改或转移各个寄存器的状态且输出 3 号寄存器的旧状态作为下一个 PRN 码的码元。如此循环，直至输出的码序列开始重复或者再次播发置 1 脉冲。

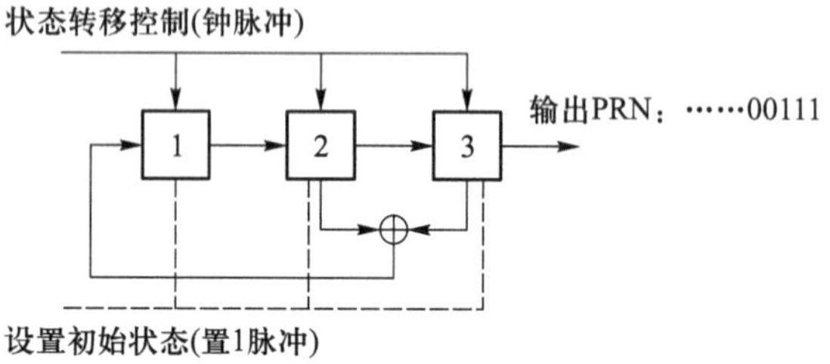

图 5.4　三级线性反馈移位寄存器

LFSR 生成的码序列具有周期性，其周期长度即为单个周期内的码元个数。对于一个 n 级线性反馈移位寄存器（包含 n 个寄存器），可输出的周期最长的码序列称为 m 序列（“m”即为“maximum”的首字母），单个周期内包含的码元个数为 $N=2^{n}-1$。图 5.4 中的 LFSR 可输出的 m 序列周期为 7 个码元。需要说明的是：

① LFSR 的初始状态并不必要全置为 1，设置不同的初始状态可以实现生成的码序列的平移。

② LFSR 输出的不必是最后一个寄存器的状态。事实上，LFSR 的输出可以是任意不重复的寄存器组合的依次模二相加结果，不同输出方式得到的码序列结构相同，但相对平移了若干个比特。输出方式一共有 $C_n^1+C_n^2+\cdots+C_n^n=2^n-1$ 种，对应于 2^n-1 种结构相同但相对平移了的码序列。

③ LFSR 的反馈不必是最后两个寄存器的模二相加结果，同样可以是任意不重复的寄存器组合的依次模二相加结果，然而不同的反馈方式得到的码序列结构并不相同。部分反馈方式可以得到 m 序列，但不同的反馈方式得到的 m 序列结构也不相同。换言之，LFSR 可以生成不同结构的 m 序列。LFSR 的反馈方式可以用特征多项式 $p(x)$ 表示。假设 n 级 LFSR 的反馈为第 $i_1,i_2,\cdots,i_m(m<n)$ 个寄存器的依次模二相加的结果，其特征多项式为 $p(x)=1+x^{i_1}+x^{i_2}+\cdots+x^{i_m}$。特征多项式 $p(x)$ 与寄存器个数 n 是区分不同 LFSR 的主要特征。

④ 在一个周期结束前，可以通过播发置 1 脉冲（重新设置初始状态）提前截断码序列，以此控制码序列的长度，从而得到不同结构的码序列。

⑤ 在不截断的前提下，LFSR 不可能生成状态全为 0 的码序列。

m 序列具有极好的自相关特性，是一种优秀的伪随机噪声码，然而不同结构的 m 序列之间不一定有良好的互相关性（即互相关值较小，两个序列趋于正交）。1967 年 10 月，美国学者 R. Gold 提出，由寄存器个数相同，特征多项式不同的 LFSR 生成的两个具有很好的自相关性和互相关性的 m 序列可以通过平移与模二相加组合出一个巨大的且具有极好相关特征的 PRN 码序列集合。通过这种方式生成的码序列称为 Gold 码，是目前 GNSS 领域中常见的测距码类型。

5.1.3 卫星测距码信息

卫星测距码是一种用于测定卫星信号从卫星发射至接收机接收所经历的时延的伪随机噪声码。将卫星信号的传播时延乘以光速即可得到卫星至接收机之间的距离。GNSS 领域中有许多不同种类的测距码，这些测距码虽然都可用于测定卫星信号传播时延，但因各自的特性不同而具备不同的特点与用途。事实上，即使是同一种类型的测距码，由不同卫星生成时也是互不相同且各自唯一的。因此，接收机可以通过测距码来唯一识别来自不同卫星的信号。下面，将以 C/A 码为例介绍测距码的生成过程及特点。

C/A 码是一种 Gold 码，由两个 m 序列 $G1$ 和 $G2$ 模二相加产生。$G1$ 和 $G2$ 各由一个 10 级 LFSR 生成，码速率都为 1.023 Mbps。$G1$ 和 $G2$ 单个周期内各含有 1 023 个码元，并且一个周期的持续时长为 1 ms。此外，根据码速率可以算得 $G1$ 和 $G2$ 的码元宽度都为 1/1 023 000 s 或者乘以光速可得 293.052 m。生成码序列 $G1$ 的特征多项式为 $1+x^3+x^{10}$，即将第三个和第十个寄存器的状态进行模二相加后反馈给第一个寄存器作为其新的状态。码序列 $G1$ 是第十个寄存器的状态输出结果。生成码序列 $G2$ 的特征多项式为 $1+x^2+x^3+x^6+x^8+x^9+x^{10}$，即将第二个、第三个、第六个、第八个、第九个和第十个寄存器的状态进行依次模二相加，并将结果反馈给第一个寄存器作为其新的状态。码序列 $G2$ 不是第十个寄存器的状态输出结果，而是根据不同卫星选取了不同的两个寄存器进行模二相加后的状态输出结果。通过改变两个寄存器的选取方案，可得到结构相同但相对平移了的多个 $G2$ 等价平移序列，用 $G2_i$ 表示，其中 $i<C_{10}^2=45$。事实上，$G2$ 的等价平移序列远不止 45 个，但在 GPS 中目前只使用了这 45 个中的 37 个序列。

前文提到，两个互相关性良好的 m 序列通过平移与模二相加可得到一个巨大的具有良好自相关性与互相关性的码序列集合。$G1$ 和 $G2$ 是两个互相关性良好的 m 序列，通过改变 $G2$ 序列用于输出模二相加状态的两个寄存器（即改变输出方式），可以得到一组 $G2_i(i<45)$ 序列集合，而将 $G1$ 与 $G2_i(i<45)$ 进行模二相加则可得到一组具有良好自相关性和互相关性的 C/A 码集合。由于这组 C/A 码集合中的各个码序列之间具有良好的自相关性和互相关性特性，从而可以很好地相互区分。利用 C/A 码的这一特点，可在不同的卫星信号上加载不同的 C/A 码，从而实现卫星信号的唯一识别。GPS 卫星的 PRN 号就是根据生成 $G2_i$ 序列时所采取的反馈方式来确定的。表 5.1 给出了生成 $G2_i$ 序列时不同的反馈方式所对应的 GPS 卫星 PRN 号。

表 5.1 C/A 码生成及其 PRN 号

PRN	C/A（$G2_i$）的生成	C/A 前 10 个码[①]	PRN	C/A（$G2_i$）的生成[②]	C/A 前 10 个码
1	2⊕6	1440	17	1⊕4	1156
2	3⊕7	1620	18	2⊕5	1467
3	4⊕8	1710	19	3⊕6	1633
4	5⊕9	1744	20	4⊕7	1715
5	1⊕9	1133	21	5⊕8	1746
6	2⊕10	1455	22	6⊕9	1763
7	1⊕8	1131	23	1⊕3	1063
8	2⊕9	1454	24	4⊕6	1706
9	3⊕10	1626	25	5⊕7	1743
10	2⊕3	1504	26	6⊕8	1761
11	3⊕4	1642	27	7⊕9	1770
12	5⊕6	1750	28	8⊕10	1774
13	6⊕7	1764	29	1⊕6	1127
14	7⊕8	1772	30	2⊕7	1453
15	8⊕9	1775	31	3⊕8	1625
16	9⊕10	1776	32	4⊕9	1712

续表

PRN	C/A（$G2_i$）的生成	C/A 前 10 个码[①]	PRN	C/A（$G2_i$）的生成[②]	C/A 前 10 个码
33	5⊕10	1745	36	2⊕8	1456
34	4⊕10	1713	37	4⊕10	1713
35	1⊕7	1134			

注：① C/A 码中的前 10 个码采用了一种特殊的混合表示方法：第一位为 1，且用二进制表示；后三位用八进制表示，每位代表三个二进制数。例如，卫星 1 的 1440 对应的二进制序列为 1100100000。② 采用表中的 C/A 生成方式，一共可产生 37 种不同的 C/A 码。其中前 32 种分配给 32 颗卫星使用。33～37 留做它用（如给地面发射机用）。且第 34 种 C/A 码和第 37 种 C/A 码是相同的。

由于 C/A 码是由码序列 $G1$ 和 $G2$ 进行模二相加生成，因此，其周期与码速率都与码序列 $G1$ 和 $G2$ 相同。C/A 码的周期为 1 023 bit，单个周期持续时间 1 ms，码速率为 1.023 Mbps，码元宽度为 293.52 m。这些性质使得 C/A 码具有捕获效率高、测距精度低等特点，因此 C/A 码常用于捕获卫星信号以及粗略测距。C/A 码的这些特点是由伪距测量原理决定的，这将在下一小节中详细介绍。

除了 C/A 码，其他常用的测距码还有 GPS 的 P 码、Y 码、L2C 码，北斗系统的 B1-I 码和 B2b-I 码等，其生成方式可见相关信号接口文件。

5.1.4 码相关伪距测量原理

利用测距码可以实时测定卫星信号从卫星发射至接收机接收所经历的时间，从而推算出卫星至接收机之间的实时距离。不同的测距码测定卫星信号传播时延的原理都是相近的，都是利用测距码良好的自相关特性与互相关特性进行的。

以 GPS 为例，假设卫星钟和接收机钟均与标准的 GPS 时间严格一致。在时刻 t，卫星与接收机分别在卫星钟与接收机钟的控制下生成相同结构的测距码，分别记为卫星测距码 $s(t)$ 与接收机测距码 $r(t)$。同时，卫星测距码 $s(t)$ 被加载在卫星信号中发出。经过传播时延 Δt 后，在时刻 $t+\Delta t$，接收机接收到加载 $s(t)$ 的卫星信号并从卫星信号中提取出 $s(t)$。与此同时，接收机的测距码在经过时延 Δt 后变化为 $r(t+\Delta t)$。接收机通过比对提取出的 $s(t)$ 以及自身生成的测距码 $r(t+\Delta t)$ 便可推算出传播时延 Δt 的值。将传播时延 Δt 乘以光速便是接收机在时刻 $t+\Delta t$ 记录的测距码伪距观测值。

不难看出，卫星信号传播时延测定的关键在于卫星测距码与接收机测距码之间的比对方法。卫星测距码与接收机测距码之间的比对是基于测距码优良的自相关性与互相关性进行的。由于接收机测距码是卫星测距码的复制，因此，若不考虑各项误差，在时刻 $t+\Delta t$，接收机测距码为 $r(t+\Delta t)=s(t+\Delta t)$，其中 Δt 为待求的卫星传播时延。利用延迟器，对时刻 $t+\Delta t$ 的接收机测距码 $s(t+\Delta t)$ 进行延迟，得到延迟后的接收机测距码 $s(t+\Delta t-\tau)$，其中 τ 为延迟时间。接收机在 $t+\Delta t$ 时刻接收到的卫星测距码 $s(t)$ 与延迟后的接收机测距码 $s(t+\Delta t-\tau)$ 之间的相关系数定义如下

$$R = \frac{1}{T}\int_0^T s(t)s(t + \Delta t - \tau)\,\mathrm{d}t \tag{5.2}$$

其中，T 为积分区间。由于测距码是一种伪噪声码，在单个周期内，当且仅当总时延为 $\Delta t-\tau=0$ 时，自相关函数达到最大。根据这一性质，可以在测距码的重复周期内按照一定的间隔改变延迟时间 τ 的值并计算每个 τ 对应的相关系数，最大相关系数对应的 τ 即为卫星信号的传播时延 Δt。在实际操作中，上述积分运算采用数值近似方法。具体地，将积分区间按照一定的积分间隔等分成若干个小区间，在小区间内计算 $s(t)s(t+\Delta t-\tau)$ 的值，最后将所有小区间的计算结果累加并除以积分区间的长度。积分间隔通常等于或小于测距码的码元宽度，因此测距码在一个小区间内只有一个码元值。理论上，当 $\tau=\Delta t$ 时，$s(t)=s(t+\Delta t-\tau)$，相关系数达到最大值 1。

显然，接收机接收到的卫星测距码与接收机自身复制的测距码状态比对不是单一时刻的比对，而是一个时间段的卫星测距码序列与接收机测距码序列的比对，时间段的长度即为积分区间 T。然而在实际应用中，卫星与接收机之间的相对位置是不断变化的，因此积分区间 T 内的传播时延 Δt 是一个不断变化的值。因此，需要利用卫星信号的多普勒频移测定卫星与接收机之间的相对位置变化并确定出时延 Δt 的变化，从而测得 $t+\Delta t$ 时刻的准确传播时延 Δt。一旦传播时延 Δt 被测定，卫星信号就被锁定，如果卫星信号不失锁，接收机便会跟踪卫星信号及其测距码，并实时地调整延迟时间 τ 的值使得相关系数恒为 1，从而实时地测定传播时延 Δt，以及实时的伪距观测值。

需要说明的是，积分间隔 T 越长，相关系数 R 的计算越准确，但由于测距码上需要调制导航电文信息，因此积分区间 T 一般不会大于导航电文的码元宽度(0.02 s)。对于那些不需要调制导航电文的特殊卫星测距码，测距码的比对可允许较长的积分区间，这种卫星信号称为引导信号。

此外，对于重复周期小于卫星信号传播时延 Δt 的部分测距码(例如 C/A 码的重复周期只有 1 ms)，将存在多个使得相关系数为 1 的延迟时间 τ。此时需要利用外部信息来剔除不合理的 τ 值，例如卫星和接收机的近似位置、多普勒信息和卫星历书等。

5.2 导航卫星信号及相位测量原理

5.2.1 导航卫星信号

导航卫星信号是经过了调制的载波信号。其中，载波信号是一种可搭载调制信号的高频震荡波信号。调制信号是指调制了导航信号或者其他附加码的测距码信号，调制方法见

图 5.3。导航信号用于传输卫星的导航星历等信息,其码元宽度通常为 0.02 s。而调制附加码的目的是改变测距码信号的功率谱密度,从而区分载波频率相同的调制信号。目前导航卫星常用的载波信号都是 L 波段微波(1 ~2 GHz),不同的 GNSS 的载波频率通常是不同的,不同频率的载波上加载的调制信号也不相同。特殊地,当不同 GNSS 使用了相同的载波频率时,可以通过不同的调制方式予以区分。表 5.2 给出了几种全球 GNSS 的载波频率及其加载的调制信号。

表 5.2 全球导航卫星系统及其信号组成

系统	载波及其频率/MHz	调制信号		播发卫星	备注
		测距码	导航信号		
BDS	B1Ⅰ :1 561.098	B1-I	播发	全星座	公开
		B1-Q	未知	全星座	未公开
	B1C:1 575.42	数据	播发	BDS-Ⅲ	公开
		导频	不播发	BDS-Ⅲ	公开
	B2a:1 176.54	数据	播发	BDS-Ⅲ	公开
		导频	不播发	BDS-Ⅲ	公开
	B2b:1 207.14	B2-I	播发	全星座	公开
		B2-Q	未知	全星座	未公开
	B3I:1 268.52	B3-I	播发	全星座	公开
		B3-Q	未知	全星座	未公开
GPS	L1:1 575.42	P(Y)	播发	全星座	保密
		C/A	播发	全星座	公开
		L1C	播发	Block Ⅲ	公开
		M	未知	Block ⅡR-M/ⅡF/Ⅲ	保密
	L2:1 227.60	P(Y)	播发	全星座	保密
		L2C	播发	Block ⅡR-M/ⅡF/Ⅲ	公开
		M	未知	Block R-M/ⅡF/Ⅲ	保密
	L5:1 176.45	I5	播发	Block ⅡF/Ⅲ	公开
		Q5	不播发	Block ⅡF/Ⅲ	公开
Galileo	E1:1 575.420	E1A	未知	全星座	保密
		E1B	播发	全星座	公开
		E1C	不播发	全星座	公开

续表

系统	载波及其频率/MHz	调制信号		播发卫星	备注
		测距码	导航信号		
Galileo	E6:1 278.750	E6A	未知	全星座	保密
		E6B	播发	全星座	可加密收费
		E6C	不播发	全星座	可加密收费
	E5a:1 176.450	E5aI	播发	全星座	公开
		E5aQ	不播发	全星座	公开
	E5b:1 207.140	E5bI	播发	全星座	公开
		E5bQ	不播发	全星座	公开

注:播发卫星是指能够播发相应信号的卫星,部分 GNSS 因为更新换代或者分工设计的原因,在不同类型的卫星上播发的卫星信号类型并不相同。

表中所列的 GNSS 都是基于 CDMA 体制播发卫星信号。CDMA 是指通过测距码来区分不同卫星播发的信号。换言之,不同卫星播发的测距码即使类型相同,也是可以互相区分的,具体原理参见 5.1.3 中对卫星测距码的介绍。然而,GLONASS 采用了 FDMA 体制播发卫星信号。FDMA 是指通过不同的载波频率来区分不同卫星播发的信号。

GLONASS 卫星使用的载波频率包含 L1 与 L2 两个频段,每颗卫星在每个频段的频率不同。在 L1 频段中,卫星使用频率为 $f_{L1}(k)=1\ 602.0+0.562\ 5k$(MHz);在 L2 频段中,卫星使用频率为 $f_{L2}(k)=1\ 246.0+0.437\ 5k$(MHz)。其中,$k$ 为信道编号,取值为 $-7\sim6$,同一轨道上两颗对拓卫星取相同的 k 值。在 GLONASS 现代化方案中,增加了一个新的载波频率 L3(1 202.025 MHz),并在 L1 与 L2 频段中选取了特定的中心频率与 L3 一起采用 CDMA 体制播发信号。

如表 5.2 中所示,部分调制信号中不包含导航信号,该调制信号可作为引导信号,有助于用户在遮挡环境中捕捉微弱的卫星信号。事实上,GPS 的 L1C 码与 L2C 码也会间歇性地播发引导信号。此外,部分载波频率上同时播发了引导信号和含有导航信号的测距码信号,甚至多种类型的测距码信号,这是通过信号复用技术实现的。在 GNSS 领域中,信号复用技术是指在一个载波频率上调制多种测距码的技术,常用的复用方法有正交相移键控调制(QPSK)方法与时分复用方法等。

QPSK 方法将两种测距码信号分别调制到与原始载波信号同相的 I 通道,以及相对于原始载波信号平移了 $\pi/2$ 的正交相位 Q 通道上。由于两个通道互相正交,因此用户可以从合成的信号中完全分离两个通道的载波信号,从而得到两种不同的测距码信号。时分复用方法是在同一个通道上分时段调制两种不同的测距码,即在第一种测距码的一个或多个码序列之后紧跟着第二种测距码的一个或多个码序列。

5.2.2 导航卫星信号的调制

导航卫星信号调制的目的主要包括：

① 将导航信号加载到载波信号上，使得用户能够接收到导航信号；

② 将测距码信号加载到载波信号上，使得用户能够从接收到的信号中分辨并提取出不同卫星的信号，同时测定卫星的伪距观测值；

③ 改变调制信号的频谱形状，使得信号的能量可以分配到特定的频率部分，从而使得不同的 GNSS 可以共用一个载波频率来搭载各自的调制信号，并且在一定程度上能够改善信号的跟踪性能。

下面介绍载波信号的调制方法。首先，给出调制前的载波信号的表达式

$$A\cos(\omega t + \varphi_0) \tag{5.3}$$

式中，A 为振幅，ω 为角频率，φ_0 为初始相位。载波信号调制主要包括三个方面：

① 调幅：让载波的振幅 A 随着调制信号的变化而相应变化；

② 调频：让载波的频率 f（角频率 ω）随着调制信号的变化而变化；

③ 调相：让载波的相位（$\omega t+\varphi_0$）随着调制信号的变化而变化。

常用的两种 GNSS 载波信号调制方法为：二进制相移键控（BPSK）调制和二进制偏置载波（BOC）调制。BPSK 调制是一种调相信号调制；BOC 调制也是一种调相信号调制，只是在 BPSK 调制的基础上多调制了一个特定格式的附加码。其他的信号调制方法都是对 BPSK 和 BOC 调制的改进或组合，通常得到的载波调制信号具有更理想的频谱形状。

BPSK 调制的原理如图 5.5 所示，当调制信号的码元值为 0 时，载波信号的相位不发生变化，仍为 $A\cos(\omega t+\varphi_0)$；当调制信号的码元值为 1 时，载波信号的相位变化 180°，变为 $-A\cos(\omega t+\varphi_0)$。载波信号经过调制信号调制后可称为调制载波，调制载波可表示为 $\pm A\cos(\omega t+\varphi_0)$。当调制信号码元值为 0 时，取正号；当调制信号码元值为 1 时，取负号。

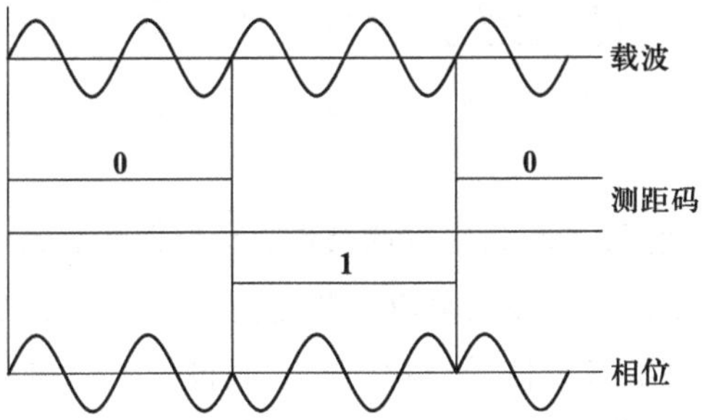

图 5.5 二进制相移键控调制示意图

若将调制信号在码元值为 0 时的码状态称为 1，在码元值为 1 时的码状态称为 -1，则调制载波可以表示成调制信号的码状态与载波信号的相乘。假设调制信号在 t 时刻的码状态

为 $M(t)$，则 t 时刻的调制载波即 $s(t)=M(t)A\cos(\omega t+\varphi_0)$。BOC 调制在 BPSK 调制的基础上多调制了一个附加码，若附加码在 t 时刻的码状态为 $V(t)$，则 BOC 调制的载波 $s(t)=V(t)M(t)A\cos(\omega t+\varphi_0)$。

导航卫星播发的卫星信号是从卫星钟播发的基准频率信号开始，经过倍频、分频、信号调制、信号合成等步骤后实现的。图 5.6 以北斗二号系统为例给出了单个导航卫星信号的生成示意图。

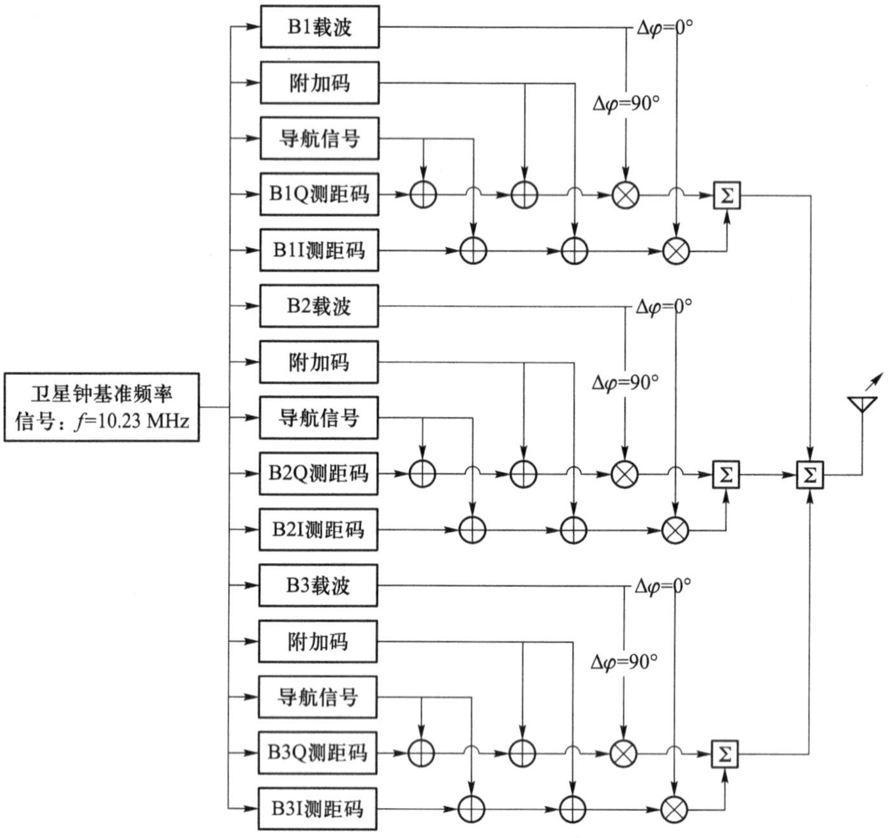

图 5.6 北斗二号卫星信号生成示意图

图中⊕为模二相加器，⊗为二进制相位调制器，$\boxed{\Sigma}$ 为信号合成器，$\Delta\varphi=0°$表示与原始载波信号同相的 I 通道载波，$\Delta\varphi=90°$表示将原始载波信号平移了 $\pi/2$ 的 Q 通道载波。北斗系统同一卫星不同频率上调制的导航信号是相同的。假设导航信号的码状态为 $D(t)$；六个测距码的码状态分别为 $B_{1Q}(t)$、$B_{1I}(t)$、$B_{2Q}(t)$、$B_{2I}(t)$、$B_{2Q}(t)$ 和 $B_{2I}(t)$；同一频率不同通道的信号采用相同的调制方式，假设三个载波频率上的附加码的码状态分别为 $V_1(t)$、$V_2(t)$ 和 $V_3(t)$；三个频率的原始载波信号分别为 $A\cos(\omega_1 t+\varphi_1)$、$A\cos(\omega_2 t+\varphi_2)$ 和 $A\cos(\omega_3 t+\varphi_3)$。根据北斗卫星的信号生成示意图，则得到的最终单个导航卫星信号为

$$s(t)=B_{1I}(t)D(t)V_1(t)A\cos(\omega_1 t+\varphi_1)+B_{1Q}(t)D(t)V_1(t)A\sin(\omega_1 t+\varphi_1)$$

$$
\begin{aligned}
&+B_{2I}(t)D(t)V_2(t)A\cos(\omega_2 t+\varphi_2)+B_{2Q}(t)D(t)V_2(t)A\sin(\omega_2 t+\varphi_2)\\
&+B_{3I}(t)D(t)V_3(t)A\cos(\omega_3 t+\varphi_3)+B_{3Q}(t)D(t)V_3(t)A\sin(\omega_3 t+\varphi_3)
\end{aligned}
\tag{5.4}
$$

对于北斗二号系统，卫星信号中所有的测距码都采用 BPSK 调制方式，附加码是码元值全为 0 的码序列（即没有调制附加码）。其他 GNSS 会采用 BOC、TMBOC、CBOC 等调制方式，需要在测距码上调制特定格式的附加码。

5.2.3 导航卫星信号的解调

需要注意的是，用户实际接收到的信号是所有星座所有频率的导航卫星信号与各种噪声信号的叠加信号，因此在进行导航卫星信号解调前，需要先捕获搭载了特定测距码的某个卫星的某个频率信号。一旦锁定到特定的导航卫星信号后，便可对其进行解调，而解调的目的主要有三个：

① 从某卫星的调制载波信号中提取出测距码信号，从而确定该卫星的编号与伪距观测值；

② 从某卫星的调制载波信号中提取出导航信号，从而生成该卫星的导航星历；

③ 将某卫星的调制载波信号恢复成原始载波信号，从而确定相位观测值。

调制载波信号（简称调制信号）的解调基本原理如图 5.7 所示，可分为三个步骤：

① 在信号接收端复制一个原始载波信号，简称复制信号；

② 将复制信号与接收到的调制信号相乘，简称相乘信号。必要时需要移动复制信号的相位，确保复制信号与调制信号在同一时间内同相或反相（即相位差为 180°）；

③ 对相乘信号进行低通滤波，剔除高频成分，保留低频成分，由此得到的滤波信号即为信号调制时加载在载波信号上的调制信号。

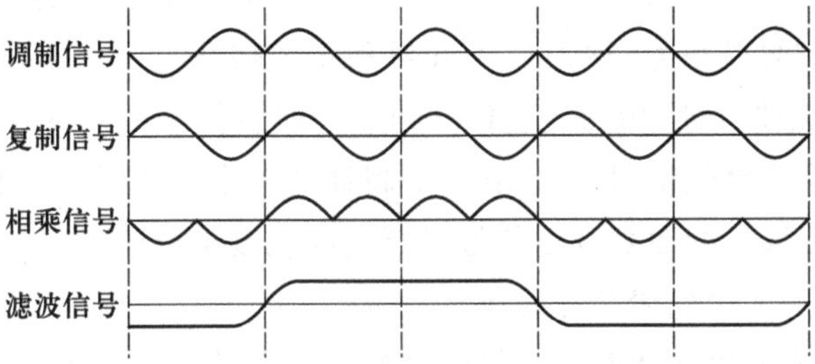

图 5.7 调制载波信号解调基本原理

载波信号的解调方法有很多种，包括码相关法、平方法、互相关技术以及 Z 跟踪技术等。上图描述的解调原理即为码相关法，它也是最常用的解调方法。其他方法是针对美国政府实施的 AS 等技术性限制与保密措施而提出的。在 GPS 现代化后，AS 等技术性限制与保密措施已基本被取消，已公开的测距码信息足够 GNSS 用户的日常使用，因此，此处仅介绍基于上述码相关法的导航卫星信号解调原理。

不同于一般的调制载波信号，导航卫星的调制信号包括了高频测距码信号与低频导航信号，且用户天线接收到的信号中往往同时包含多颗卫星多个频率的合成信号。因此，在解调过程中，首先需要分离出特定卫星与特定频率的载波信号，然后再解调出该载波信号上加载的测距码信号与导航信号。码相关法能从接收到的合成信号中分离出特定卫星、特定频率的载波信号，并且能从该载波信号中解调出测距码信号、导航信号以及原始载波信号。前文介绍的码相关伪距测量只是码相关法的一个环节，码伪距观测值的确定是在测距码信号的解调过程中实现的。以北斗 5 号卫星 B1 载波 I 通道信号为例，给出基于码相关法的导航卫星信号解调过程。

① 利用低通滤波器只允许特定频段信号通过的功能，从接收到的合成信号（包含了所有卫星所有频率的调制载波信号以及噪声）中提取出所有卫星 B1 频率的调制载波信号，称为“全星 B1 合成载波信号”。

② 在接收机端复制一个振幅较大的 B1 调制载波信号，该复制信号与卫星端调制了北斗 5 号卫星的 B1I 测距码的原始载波信号同相，称为“5 号星复制信号”。

③ 在积分区间 T 内，通常为导航信号的一个码元宽度 0.02 s，不断移动“5 号星复制信号”并与“全星 B1 合成载波信号”相乘（简称相乘信号），直至积分区间内相乘信号的积分值最大或最小。此时，“5 号星复制信号”与“全星 B1 合成载波信号”中的 5 号卫星 B1 载波 I 通道信号相位和测距码匹配。此时，参考 5.1 节中的码伪距测量原理可得，“5 号星复制信号”移动的距离即为 5 号卫星的 B1 载波 I 通道信号从卫星端发射至接收机端接收所经历的时延，根据该时延可确定出 5 号卫星在 B1 载波 I 通道的伪距观测值。同时，“全星 B1 合成载波信号”中的 5 号卫星 B1 载波 I 通道信号由于与“5 号星复制信号”同相而得到放大，从而可以从“全星 B1 合成载波信号”中被提取出来。

④ 根据码相关法解调原理，可以通过在得到的“5 号星调制载波信号”上再次调制北斗 5 号卫星 B1I 测距码来去除掉载波调制信号中原有的 B1I 测距码，从而得到仅包含 5 号卫星的原始 B1 载波信号与导航信号，称为“5 号星导航载波信号”。

⑤ “5 号星导航载波信号”中的导航信号与原始载波信号的频率相差极大，可用一个低通滤波器提取出“5 号星导航信号”，并用一个高通滤波器提取出“5 号星原始载波信号”。需要注意的是，这里提取出的原始载波信号是指接收机端接收的卫星信号，与接收机本身复制的卫星信号之间相差一个信号传播时延。

通过以上解调步骤便可从接收机端接收到的合成信号中提取出特定卫星、特定频率、特定通道的载波信号，并可解调出相应的码伪距观测值、导航信号和原始载波信号。信号解调完成后，下一步工作是利用原始载波信号来测量该载波上的相位观测值。实际接收机的信号解调过程更为复杂，需要考虑接收天线与卫星发射天线之间不断变化的相对位置，因此通常会分成捕获与跟踪两个阶段，其基本原理与上述简化后的解调步骤相似，更具体的叙述需要与接收机的工作原理相结合，有兴趣的读者可以参考相关文献。

5.2.4 载波相位测量原理

上节介绍了从接收到的合成信号中解调出特定卫星、特定频率、特定通道的原始载波信号的基本原理与方法。这一小节将介绍利用原始载波信号测量载波相位观测值的原理与方法。为了简便起见，忽略测距码信号与导航信号，并且只考虑一颗卫星发出的单个频率的原始载波信号。

卫星载波信号向空间传播的相位是时间的函数，记为 $s(t)$。记卫星载波信号在发射时刻 t_0 的相位为 $s(t_0)$。在 t_1 时刻，该信号到达接收机，那么 t_1 时刻接收机处的相位为 $s(t_0)$，卫星处的相位为 $s(t_1)$。卫星到接收机的距离 $\rho=\lambda[s(t_1)-s(t_0)]$。卫星信号的播发和接收是连续的，即 t_0 与 t_1 是连续的变量，接收机若要连续测量卫星至接收机的距离，需要在每个 t_1 时刻记录卫星信号在接收机端的相位 $s(t_0)$ 与该时刻卫星信号在卫星端的相位 $s(t_1)$。

由于接收机可以通过解调得到卫星原始载波信号，因此可以记录每一时刻卫星信号在接收机端的相位 $s(t_0)$。然而，由于卫星端没有记录卫星信号的相位，无法获得卫星信号在卫星端的相位 $s(t_1)$，更谈不上将其播发给接收机。解决方案是在接收机端复制一个始终与卫星端信号同相同频的复制信号。由于卫星端的所有信号都是从卫星钟的基准频率信号变化而来的，因此在接收机端生成复制信号的前提条件是接收机钟与卫星钟保持严格同步。

为了便于介绍，先不考虑接收机钟差与卫星钟差，认为接收机钟与卫星钟是严格同步的。由于接收机在记录信号的相位时，只能记录相位的小数部分，而无法记录整周部分，因此，接收机在 t_1 时刻记录的复制信号相位 $c(t_1)$ 与卫星信号相位 $s(t_0)$ 都只包含小数部分（此处以及后文中的 $s(t_0)$ 表示接收机记录的卫星信号相位，只包含小数部分，与前文未作说明的 $s(t_0)$ 相区分）。此时，$Fr(\varphi)=c(t_1)-s(t_0)$ 为接收机记录的载波相位观测值不足一周的部分，需要注意的是 $Fr(\varphi)$ 与实际卫地距之间有如下关系

$$\rho = \lambda(Fr(\varphi) + K + M) \tag{5.5}$$

其中，由于 $c(t_1)$ 与 $s(t_1)$ 同相，即 $M=s(t_1)-c(t_1)$ 为一个未知整数，K 为接收机记录的卫星信号相位 $s(t_0)$ 与实际卫星信号在 t_0 时刻相位的整周差值。从公式中可得，$Fr(\varphi)$ 与除以波长后的实际卫地距之间相差一个未知整数。该未知整数会因为接收机或卫星的运动而不断变化，虽然其绝对量不可测，但其变化量可以通过多普勒频移现象测定并作为载波相位观测值的整数部分。即接收机记录的完整载波相位观测值为 $\varphi=Fr(\varphi)+N$，N 为接收机记录的载波相位观测值整周部分，虽然 $N\neq K+M$，但是 $N-K-M$ 在卫星信号锁定期间为一个不变的常数。下面，将进一步介绍 N 的确定原理及其对载波相位观测值的影响。

载波相位观测值的整周 N 是由接收机里的一个整周计数器决定的。随着卫星与接收机的运动，接收机端接收到的卫星信号通常会因为多普勒效应而产生频率上的改变。频率改变后的卫星信号与稳定的复制信号合成后会产生一个拍频信号，拍频信号的相位可以反映接收到的卫星信号与复制信号之间的相位差变化量。拍频信号的相位变化一周代表接收到的卫星信号与复制信号之间的相位差增加或减小了一周（“增加”或“减小”取决于接收到的

卫星信号的频率相对于复制信号频率的大小)。接收机基于这一原理,使用多普勒计数器记录下拍频信号的相位变化过程,每当拍频信号变化一周,计数器的计数便加1或减1,计数器中记录的整数称为整周计数。整周计数会作为接收机记录的载波相位观测值的整数部分,它通常会在接收机初次锁定卫星信号时置零或者保持之前最后一次接收到该卫星信号时的整周计数。

综上,接收机记录的载波相位观测值由三部分组成,分别是观测时刻复制信号不足一周的相位、接收到卫星信号不足一周的相位以及整周计数。记录的载波相位观测值与伪距观测值相比,增加了一个未知的整周模糊度参数,在卫星信号被连续锁定的前提下,该未知整周模糊度参数具有继承性。

5.2.5 硬件延迟与信号偏差

硬件延迟通常是指卫星信号在生成与解码时所经历的数模转换路径导致的信号延迟。由于不同卫星信号所经历数模转换路径并不相同,因此不同卫星信号的硬件延迟也并不相同,从而导致这些信号之间存在着信号偏差,通常称为码间偏差(DCB)。硬件延迟与信号偏差可以分为卫星端与接收机端,并且对相位观测值和伪距观测值的影响并不相同。

对于伪距观测值而言,硬件延迟本身无法精确测定,只有信号偏差可以测定。因此,通常会选定一个参考信号或者参考信号组合,然后测定其他信号相对于参考信号的信号偏差,而参考信号本身的硬件延迟则和卫星钟差或者接收机钟差完全相关。在卫星端,以GPS为例,导航星历中播发的卫星钟差Δt_{SV}对应于L1与L2上P码观测值的无电离层组合,因此包含了无电离层组合的硬件延迟

$$D_{PIF}=\frac{f_{L1}^2 D_{P1}-f_{L2}^2 D_{P2}}{f_{L1}^2-f_{L2}^2} \tag{5.6}$$

其中f_{L1}与f_{L2}分别是L1与L2信号的载波频率,D_{P1}与D_{P2}分别是L1与L2上P码观测值的硬件延迟。如果使用P码观测值的无电离层组合进行定位可直接使用导航星历中的Δt_{SV}进行改正而不需要额外考虑硬件延迟的问题。如果使用单频观测值或其他组合进行定位,则需要使用导航星历中播发的一个群延参数$T_{GD}=-\frac{f_{L2}^2}{f_{L1}^2-f_{L2}^2}(D_{P1}-D_{P2})$对卫星钟差$\Delta t_{SV}$进行相应修正,才能避免码间偏差对定位的影响。北斗导航卫星系统播发的卫星钟差对应于B3I信号,其他信号对应的卫星钟差需要基于B3I的卫星钟差使用北斗导航星历中播发的相应T_{GD}参数和信号间修正参数(ISC)进行修正。此外,在精密定位应用中,通常会使用一些国际机构基于全球参考站计算并公布的DCB文件来更精确地消除卫星端的码间偏差。在接收机端,硬件延迟或者码间偏差无法事先消除。对于单点伪距定位,由于精度要求不高,通常直接忽略码间偏差而认为所有信号的硬件延迟相同且与接收机钟差完全相关,即只需要估计接收机钟差即可。对于精密单点定位,通常会对接收机码间偏差进行参数估计,而不同的参

数化方法之间定位效果略有差异。此外,也可以通过星间差分的方法消除接收机的硬件延迟。

码伪距观测值的精度较低,因此其中包含的硬件延迟经过 DCB 改正后可以很好地被接收机钟差参数吸收而不会影响最终定位精度。但相位观测值的精度较高,它的硬件延迟很难事先精确地测定,而残留的相位硬件延迟又会严重妨碍相位观测值中整周模糊度的确定,从而影响最终的定位效果。目前,解决相位硬件延迟的方案有很多种,在定位解算中,不同的参数化方案对应不同的硬件延迟处理方式。几种方案的基本思路都是比较接近的,首先利用全球参考站网,计算各个卫星不同频率的载波相位观测值的硬件延迟;然后用户端利用星间单差来消除相位观测值中的接收机硬件延迟,或者通过长时间的观测来估计不同频率载波相位观测值的接收机硬件延迟;最后在载波相位观测值上进行相位硬件延迟改正,得到可以确定出整周模糊度的相位观测值。由于相位观测值的精度较高,因此相位硬件延迟的变化不能完全忽略,通常卫星相位硬件延迟的更新频率在十几分钟左右,接收机相位硬件延迟如果进行估计的话更新频率也在十几分钟左右。

GLONSS 由于采用了频分多址(FDMA)的技术来播发导航卫星信号,因此其观测值中包含的硬件延迟与上述内容略有不同。不同卫星播发的同一频段的载波信号的播发频率并不相同,接收机需要使用多个信道去追踪不同频率的载波相位观测值,这会导致测得的不同卫星的同类载波相位观测值之间存在一个频间偏差(IFB)。不同卫星的同一频段的载波上的相位观测值之间的频间偏差与载波信号的实际频率相关,并且 L1 频段不同卫星载波之间的频间偏差与 L2 频段不同卫星载波之间的频间偏差相近。此外,频间偏差的线性相关性与接收机型号有关,不同型号的接收机之间无法通过站间差分来消除频间偏差。然而,频间偏差的主要成分不随时间变化,可以通过校正被较好地去除。

5.3 GNSS 接收机

5.3.1 GNSS 接收机的基本工作原理

GNSS 接收机主要包括三个部分:射频(RF)前端、数字信号处理器(DSP)与应用处理器。射频前端的主要作用是将天线发送过来的模拟信号转换成数字信号处理器可识别的数字卫星信号;数字信号处理器需要从射频前端传递过来的数字卫星信号中提取出码伪距、距离变化率、时间标志、导航电文以及载波相位等信息;应用处理器负责利用数字信号处理器提取出的信息计算出接收机的位置、速度等信息,并向数字信号处理器提供辅助信息。

射频前端是接收机的最重要部分,它决定了接收机的制造成本、大小以及功耗等重要参数。通用的射频前端功能模块如图 5.8 所示。

射频前端接收从天线传递过来的模拟信号后,主要处理流程如下:

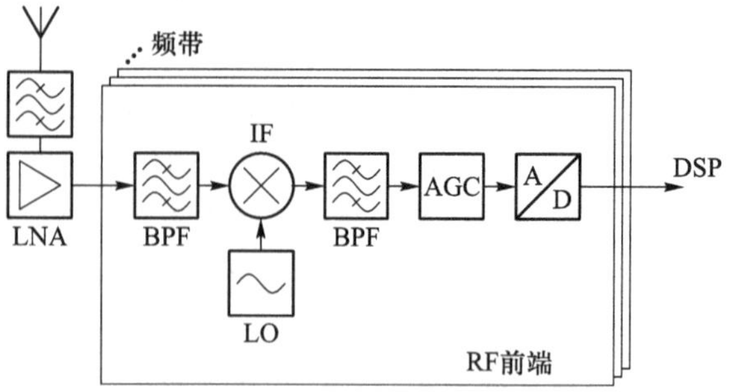

图5.8 通用射频前端功能模块示意图

① 首先通过一个预滤波排除卫星信号部分目标频段以外的信号干扰，然后通过一个功率放大器(LNA)将信号的功率放大；

② 通过一个带通滤波器(BPF)进一步抑制模拟信号中的带外干扰信号，并通过一个基于本地晶振(LO)的混频器将模拟信号进行下变频到中频(IF)；

③ 通过一个带通滤波器去除掉所需中频信号以外的干扰信号，并利用一个自动增益控制器(AGC)实时调整中频信号的强度以便于数模转换器(DAC)的处理；

④ 通过模数转换器将模拟信号采样转化为数字信号，交给数字信号处理器(DSP)处理。

上述的射频前端处理流程在大部分 GNSS 接收机中都是通用的，所不同的是接收机会采用各自的设计思路与频率方案，以便于平衡接收机的成本与复杂度。设计方案中每增加一个滤波与下变频到中频环节，都可以降低一些带外干扰，同时不损失带内信号，从而在模数转换中尽可能降低混频效应的影响。然而每增加一个这样的环节都会引入额外的噪声功率且会增加接收机的复杂度。此外，接收机如果需要处理两个不同频段的卫星信号，需要使用一个超宽带射频前端或者使用两个完全分开的射频前端进行处理。

数字信号处理器需要基于射频前端传递过来的数字信号完成卫星信号的捕获和跟踪工作，并且在捕获和跟踪卫星信号的过程中，提取或者测量出导航星历、伪距及相位观测值等信息。

数字信号处理的主要目的是提取出基带信号，因此又称为基带信号处理，通常包含捕获与跟踪两个步骤，这两个步骤是紧密相关的。卫星信号的捕获分为四种模式：冷启动、温启动、热启动和重捕获。冷启动是指没有任何辅助信息的条件下搜索卫星信号，温启动需要卫星历书、用户位置和时间估计等信息，热启动相比于温启动还额外需要星历数据，重捕获是指卫星信号失锁后重新捕获，通常采用较长的时间和多普勒频移信息进行辅助。

卫星信号捕获的核心在于接收到的卫星信号与接收机的复制信号之间的相关处理。假设射频前端传递过来的数字卫星信号为 $s(t)$，它是由不同卫星的信号、多路径信号、干扰信号和噪声叠加组成的。为了提取出调制了某一测距码的特定卫星、特定频率的载波调制信号 $r(t)$，首先在接收机端生成 $r(t)$ 的复制信号 $d(t)$，需要注意的是 $d(t)$ 中不包含导航信号。

然后对 $d(t)$ 与 $s(t)$ 进行相关处理,最大的自相关函数值对应的相关结果便是载波调制信号 $r(t)$。搜索最大自相关函数值的过程即为捕获。事实上由于多普勒效应的存在,搜索最大的自相关函数值即是对频率偏移量与码延迟的所有可能组合的二维遍历搜索。因此,一旦搜索到卫星信号,其频率偏移量与码伪距(码延迟)也就确定了。

卫星信号一旦捕获成功,便进入跟踪过程。卫星信号的跟踪是通过跟踪环实现的,跟踪环不仅需要实时地调整码延迟与频率偏移以确保能始终锁定卫星信号,还需要在跟踪过程中给出码伪距观测值、载波相位观测值、多普勒频移观测值以及导航信号等信息。根据鉴相器不同可将跟踪环分为码跟踪环与载波跟踪环两部分。

接收机在捕获与跟踪卫星信号时都是复制出两个同频的正交载波信号(同相支路与正交支路),分别与接收到的卫星信号进行相关处理,最后再将相关结果相加。这种处理方式称为 I/Q 解调法,它可以避免由相位偏移导致的相关结果衰减。

此外,接收机在跟踪卫星信号时会复制出三个结构相同但相对平移了的测距码信号分别与接收到的卫星信号进行相关。三个测距码是通过不同的相关间隔来实现时间平移的,从而得到超前相关结果、立即相关结果与滞后相关结果。同相支路与正交支路的超前相关结果与滞后相关结果只用于码跟踪环,立即相关结果在码跟踪环与载波跟踪环中都有使用。需要注意的是,I 路和 Q 路的立即相关结果的平方和即为捕获过程中计算的相关结果,可用于锁定判决器判断接收信号与复制信号之间的相关性。这个平方和可以表示平均信号功率,可在信噪比(S/N)估计和 AGC 中用到。只要锁定判决器确定捕获卫星,便会反馈给跟踪环开始跟踪载波和码。

载波跟踪环中的锁相环(PLL)可以跟踪载波相位,同时提供导航信息的数据比特符号变化。码跟踪环中的延迟锁定环(DLL)根据卫星信号连续调整接收机复制的测距码的延迟。PLL 通过低通滤波剥离载波而提取出导航信号。同时,PLL 中载波鉴相器可以测定相位平移量,测定结果输出给载波环路滤波器。载波环路滤波器决定了 PLL 的跟踪精度,它可以分析接收信号与复制信号的拍频相位并测定精确的频率偏移量与剩余相位偏移量。然后,载波环路滤波器的输出将驱动数控振荡器(NCO)控制复制信号中载波的生成。由于多普勒频移在不断改变,因此上述整个过程是一个反复迭代的闭环过程,需要连续进行。

DLL 中的码鉴相器可以测定码延迟,测定结果输出到码循环滤波器中进行滤波,滤波结果反馈给 NCO 并控制测距码的生成。多普勒频移同样会对测距码序列产生影响,因此需要载波环滤波器将测定的更高精度的频率偏移传递给码滤波器,从而得以动态地跟踪码延迟。

应用处理器需要完成三项工作。第一,对通过数字信号处理得到的导航信号进行解码,并计算卫星位置;第二,利用伪距观测值、相位观测值、多普勒观测值以及解码出的导航信息计算接收机的位置、速度与时间;第三,为数字信号处理器中的跟踪环与滤波器提供辅助信息。这三项工作的完成全都依赖于软件操作,并不需要特殊的电子元器件辅助。

5.3.2 GNSS 接收机分类

GNSS 接收机可以根据用户需求提供不同的功能，根据功能可大致分为手持型导航接收机、车载型导航接收机、低成本接收机元件、授时型接收机、测地型接收机以及空间接收机等。

手持型导航接收机将天线、电池以及板卡等元件都整合到移动终端（如手机）上，通常只提供单频伪距观测值进行定位，定位精度在 5 ~10 m 左右，成本低，携带方便。部分手持型导航接收机还可进行伪距差分定位，定位精度可达亚米级。

车载型导航接收机将天线、电池以及板卡等元件整合到一个黑匣子中，并且将黑匣子安置到车辆、船只以及飞机等交通工具上（图 5.9）。定位结果需要通过额外的硬件设备显示。该类型的接收机通常也只能接收单频的码伪距观测值，但是由于对体积与功耗等性能不作要求，因此设备往往更精密，定位精度更高，可以达到米级。部分军用接收机可以接收 P 码，因此能得到亚米级的定位精度。该类型接收机通常在大型船只和飞机使用较多，对公众安全的影响较大，须经过多个机构的审批方能投入使用。此外，该类型接收机往往还要求具备自主完好性监测的能力，避免粗差对接收机的定位产生恶劣影响。该类型接收机通常兼容多种数据协议，例如 NMEA0183、RTCM SC104 等格式。

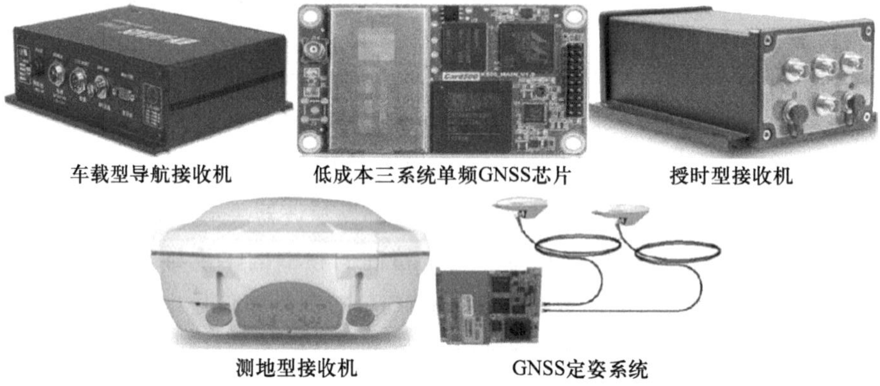

图 5.9 常见 GNSS 接收机

低成本接收机元件并不是一个完整的接收机，它泛指一些 GNSS 引擎、原厂模块、芯片等半成品。这些接收机元件并不能直接提供定位服务，还需要与电源、控制显示单元等一起封装才能使用。这种类型的接收机通常会内嵌到各种对导航定位服务有需求的设备上，或者专门提供给有需求的用户进行低成本的二次开发。它通常只能接收单频的观测值，定位精度在分米级至米级不等。

授时型接收机主要利用 GNSS 卫星提供的伪距观测值进行高精度授时，常用于天文和无线电通信中的时间同步。

测地型接收机主要用于精密定位,定位精度高、仪器结构复杂、价格较贵。测地型接收机需要具备接收多个 GNSS 多个频率卫星信号的能力。因此,测地型接收机通常会有上百个卫星通道。根据不同的定位模式,测地型接收机的定位精度可达到毫米到米级。

空间接收机通常是安置在卫星上的接收机,通常用于卫星定轨以及掩星的研究等。由于卫星运动速度较快,多普勒效应在±40 kHz 的范围,因此该类型接收机在硬件以及信号追踪算法上需要做特殊的设计。

此外,当采用 GNSS 进行姿态确定时,将多个天线安置在同一平台上,不同天线对应的接收机需要使用同一个晶振进行同步,即实现一机多天线功能。姿态角的确定精度主要取决于基线长度(天线之间的距离),对于 1 m 基线通常可达到 0.1°~0.5°的测姿精度。

5.3.3 GNSS 软件接收机

传统接收机的数字信号处理器需要通过 ASIC 实现,虽然运算速度快,但过于依赖硬件架构,在 GNSS 更新换代时就需要更换相应的硬件设备,导致接收机的更新成本较高。此外,用户与维护人员通常对传统接收机的数字信号处理过程不熟悉,因此在接收机故障时很难查找原因。

近年来,软件接收机被广泛研究。软件接收机参考了软件定义无线电的概念,将模数转换模块尽可能地贴近射频前端并且在完成模数转换后,完全依靠软件对数字信号进行处理。软件接收机的系统结构如图 5.10 所示。

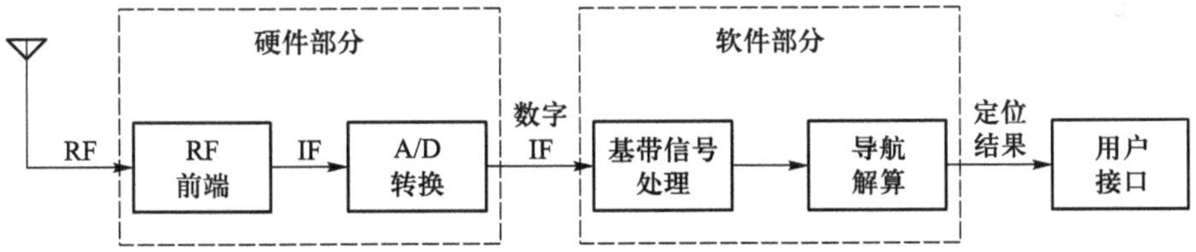

图 5.10 GNSS 软件接收机系统结构

GNSS 软件接收机的系统结构与传统接收机类似,但最大的区别在于数字信号处理过程不再通过集成电路实现,而是完全采用软件实现。因此,当 GNSS 更新换代时,如果出现新的卫星信号,只需要修改软件,增加对新信号的处理算法即可,不需要更换或升级硬件。若接收机出现信号失锁且无法正常捕获等故障时,可以通过调试软件来解决,便于日常维护。此外,基于 GNSS 软件接收机,可以构造一个接收机测试分析平台,方便接收机结构、功能、性能等的测试和优化,并且有利于研究、调整和优化信号处理方法。虽然软件接收机使用软件进行数字信号处理,但基本原理与传统接收机相同,并不需要做太多算法改进工作。综上,GNSS 软件接收机相比于硬件接收机而言,成本较低、开放性高、便于维护与升级。

习题

1. 请简述接收机伪距测量的基本原理。

2. 请给出接收机相位测量的基本原理。

3. 请解释伪距观测值精度大概为 0.3 m，相位观测值大概为 3 mm 的原因。

4. 请以 GPS L1 信号为例，简述卫星信号从卫星钟产生到生成伪距和相位观测值的基本流程。

5. 请给出 DCB、群延的定义以及二者的关系。

第 6 章

GNSS 误差及其处理

GNSS 测量是通过地面接收设备接收卫星播发的信息来确定用户的三维坐标。本章首先对测量误差相关概念进行概述，然后详细介绍 GNSS 观测所涉及的各类误差源以及它们的性质和对定位的影响，最后介绍这些误差源的消除和减弱方法。

6.1 测量误差概述

6.1.1 测量误差

所谓测量误差，是指真值与测量值(即观测值)之间的差异。从概率与数理统计的角度讲，真值就是观测值的数学期望。用 y 表示观测值、$\tilde{y}$ 表示真值、ϵ 表示观测误差，则

$$\tilde{y} = y + \epsilon \tag{6.1}$$

式(6.1)定义的观测误差通常也称为真误差，即观测值相对于真值的误差。在测量过程中，观测误差是不可避免的，通常分为以下三类：

偶然误差　也称随机误差。在相同的观测条件下进行一系列观测，如果观测误差的大小和符号表现出偶然性，这种误差称为偶然误差。大量偶然误差具有一定的统计规律，通常采用多次观测取平均的方法削弱其影响。

系统误差　在相同观测条件下进行一系列观测，如果观测误差在数值大小和符号上保持不变，或者在观测过程中表现出一定规律性，这种误差称为系统误差。通常系统误差会导致解算结果有偏。由于系统误差有一定的规律，可采用模型改正或者参数化的方式予以消除或削弱。

粗差　本质是一种观测异常或者错误，是指在正常观测条件下显著大于其他误差的孤立误差。粗差的存在会极大地危害测量最终成果，因此实际应用中需要剔除粗差观测值。

实际上，三类误差之间没有严格的判断标准。测量平差研究的主要对象是偶然误差，即通常假设粗差已被剔除，系统误差已被消除。因此，在观测误差中，仅含偶然误差或偶然误

差占主导。从统计分析角度来看,偶然误差的分布具有以下性质:

① 偶然误差的绝对值有一定的限值,即超过一定限值的偶然误差出现的概率趋于零;

② 绝对值较小的偶然误差比绝对值较大的偶然误差出现的概率大;

③ 绝对值相等的正负偶然误差出现的概率相同;

④ 偶然误差的期望为零。

测量上,通常认为偶然误差服从标准正态分布(又称为高斯分布),即

$$\epsilon \sim N(0,\sigma^2) \tag{6.2}$$

其中,$E(\epsilon)=0$ 是观测误差的期望,$D(\epsilon)=\sigma^2$ 是观测误差的方差。高斯分布的概率密度函数为

$$f(\epsilon)=\frac{1}{\sigma\sqrt{2\pi}}\exp\left(-\frac{1}{2\sigma^2}\right) \tag{6.3}$$

6.1.2 精度评定指标

观测数据的质量取决于观测误差的特性,通常采用精度、正确度和精确度来衡量观测数据的质量,如图6.1所示。

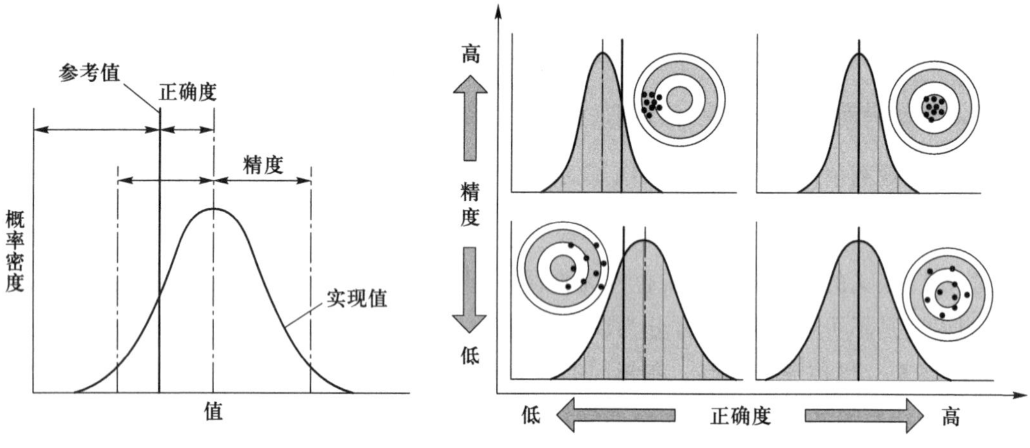

图6.1 精度和正确度的概念示意图

精度(precision) 又称为精密度。指观测误差分布的密集或离散程度。精度和观测值的方差直接相关,因而可以用观测值与其数学期望的接近程度来表示,也可从观测值分布曲线的陡峭程度来直观判断精度的高低。观测值的方差为

$$D(y)=E\{(y-E(y))^2\} \tag{6.4}$$

特别地,所谓精度高低是对不同组观测而言的。同一组若干个观测值,对应同一种误差分布,每个观测值的精度相同。在相同观测条件下进行的一组观测称为等精度观测。

正确度(trueness) 又称为准确度。一般用于描述系统误差,指观测值真值与数学期望

之差，即观测值的偏差

$$\mathrm{Bias}(y)=\tilde{y}-E(y) \tag{6.5}$$

精确度(accuracy) 精确度是一个综合衡量指标，同时顾及了精度和准确度，从整体上描述了偶然误差、系统误差的综合影响，指观测结果与真值的接近程度，包括观测结果与其数学期望的接近程度，以及数学期望与真值的接近程度。通常用观测值的均方误差 MSE (mean square error)来表示，即

$$\mathrm{MSE}(y)=E\{(y-\tilde{y})^2\}=D(y)+\mathrm{Bias}(y)^2 \tag{6.6}$$

当观测值中不存在系统误差时，亦即观测值中只存在偶然误差时，均方误差就等于方差，此时精确度就是精度。

实际应用中，总是希望用数值指标来反映观测值的质量，常用的衡量观测值质量的指标包括：

方差 在相同观测条件下得到一组(n 个)独立的观测误差 Δ_i，则方差 σ^2 定义为

$$\sigma^2=E(\Delta^2)=\int_{-\infty}^{+\infty}\Delta^2 f(\Delta)\,\mathrm{d}\Delta=\lim_{n\to\infty}\frac{1}{n}\sum_{i=1}^{n}\Delta_i^2 \tag{6.7}$$

中误差 方差 σ^2 的算数平方根定义为中误差，也称为标准差。

均方根误差 均方误差的算数平方根定义为均方根误差，即

$$\mathrm{RMSE}=\sqrt{\mathrm{MSE}(y)}=\sqrt{E\{(y-\tilde{y})^2\}} \tag{6.8}$$

平均误差 假设在相同的观测条件下得到一组独立的观测误差 Δ_i，将观测误差绝对值的数学期望定义为平均误差，即

$$\theta=E(|\Delta|)=\int_{-\infty}^{+\infty}|\Delta|f(\Delta)\,\mathrm{d}\Delta=\lim_{n\to\infty}\frac{1}{n}\sum_{i=1}^{n}|\Delta_i| \tag{6.9}$$

由于 $\theta=\int_{-\infty}^{+\infty}|\Delta|f(\Delta)\,\mathrm{d}\Delta=2\int_{0}^{+\infty}\Delta f(\Delta)\,\mathrm{d}\Delta$，因此平均误差与中误差满足 $\theta=\sqrt{\frac{2}{\pi}}\sigma\approx\frac{4}{5}\sigma$。

在实际工作中，观测数据的数量 n 总是有限的，有限个样本观测数据只能获得精度衡量指标的估值。方差的估值 $\hat{\sigma}^2$，中误差的估值 $\hat{\sigma}$ 和平均误差的估值 $\hat{\theta}$ 分别为

$$\hat{\sigma}^2=\frac{1}{n}\sum_{i=1}^{n}\Delta_i^2 \tag{6.10}$$

$$\hat{\sigma}=\sqrt{\hat{\sigma}^2} \tag{6.11}$$

$$\hat{\theta}=\frac{1}{n}\sum_{i=1}^{n}|\Delta_i|\approx\frac{4}{5}\hat{\sigma} \tag{6.12}$$

特别地，式(6.10)中的方差估值 $\hat{\sigma}^2$ 是 σ^2 有偏估计，即 $E(\hat{\sigma}^2)\neq\sigma^2$。若采用以下公式

$$\hat{\sigma}_{\mathrm{u}}^2=\frac{1}{n-1}\sum_{i=1}^{n}\Delta_i^2 \tag{6.13}$$

则可获得方差 σ^2 的无偏估计，即 $E(\hat{\sigma}_{\mathrm{u}}^2)=\sigma^2$。

6.1.3 GNSS 测量误差概述

GNSS 定位的基本观测量是接收机至卫星的伪距和载波相位观测值。如图 6.2 所示，卫星信号经历了信号生成与播发、空间传输、接收处理等环节，各个环节都有误差引入。因此，按照误差来源，GNSS 观测误差主要分为三类：

① 与卫星相关的误差；

② 与信号传播相关的误差；

③ 与接收设备相关的误差。

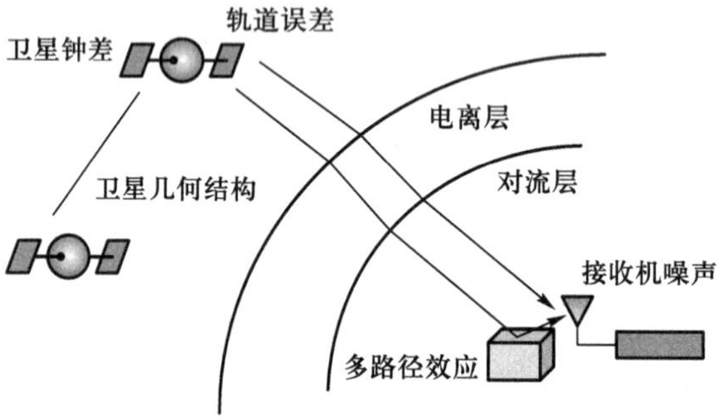

图 6.2 GNSS 观测误差示意图

按照误差的性质，GNSS 观测误差又可分为系统误差和随机误差。其中，系统误差主要包括卫星轨道误差、卫星钟差、接收机钟差和大气折射误差等，随机误差主要包括多路径效应、观测噪声以及各项系统误差的随机部分。

为了便于理解，通常将各类 GNSS 误差的影响归算到测站至卫星的距离上，用相应的距离误差表示，称为等效距离误差。表 6.1 列出了 GNSS 观测值的常见系统误差及其典型量级。

表 6.1 GNSS 观测值的常见系统误差

误差类型		量级
卫星端	天线相位中心 PCO	0.5~3 m
	天线相位中心变化 PCV	5~15 mm（GPS）
	钟差	< 1 ms
	相对论效应（非椭圆轨道）	10~20 m
	相对论效应（重力场 J2 项）	2 cm
	差分码延迟	< 5 m
	相位小数偏差	< 0.5 周

续表

误差类型		量级
大气传播延迟	对流层延迟(干分量)	2.3 m
	对流层延迟(湿分量)	0.3 m
	电离层延迟	< 30 m
接收机端	固体潮	< 0.4 m
	海洋载荷	1~10 cm
	极潮	25 mm
	大气载荷	< 2 cm
	天线相位中心 PCO	5~15 cm
	天线相位中心变化 PCV	< 3 cm
其他	相位缠绕	10 cm

资料来源:Teunissen 等(2017)。

6.2 与卫星相关的误差

6.2.1 卫星星历误差

由于卫星在复杂的摄动力和非摄动力的影响下运行,而通过地面监测站难以充分可靠地测定这些作用力并掌握它们的作用规律,因此产生卫星星历误差。由卫星星历推算出的卫星轨道与卫星的实际轨道之间的差异称为卫星星历误差,如图 6.3 所示。根据卫星轨道和卫星在空间中的位置、运动速度之间的对应关系,卫星星历误差定义为由卫星星历计算的卫星位置/速度与卫星实际位置/速度之间的差异。在较短的观测时间段内,对某一颗卫星而言,其星历误差属于系统误差;而对视场中的多颗卫星而言,其星历误差一般是不相关的,可以视为一组随机误差。卫星星历误差严重影响单点定位的精度,对相对定位也有一定的影响。

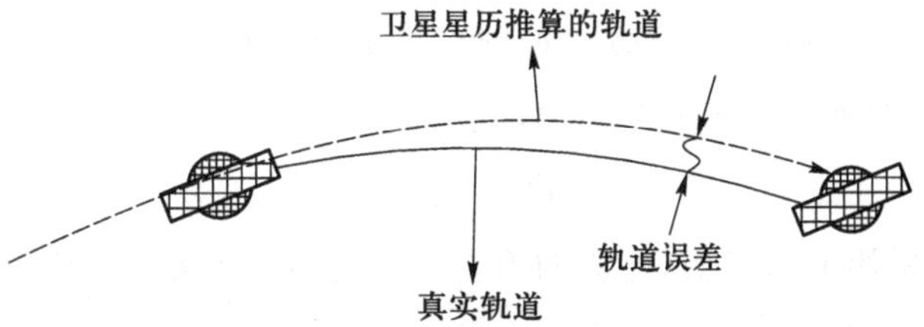

图 6.3 卫星星历误差示意图

卫星星历误差是GNSS定位的主要误差源之一。在空间交会的卫星定位中,将卫星星历给出的卫星位置作为已知控制点,此时星历误差可视为控制点的误差,是一种起算数据误差。这种误差对单点定位和相对定位的影响不同,下面将分别进行介绍。

1. 对单点定位的影响

图6.4中,U表示地面测站接收机的位置,S_0为卫星实际位置,S_i为采用星历计算的卫星位置。卫星到地面测站的距离观测值ρ_0可以表示为

$$\rho_0 = \rho + c \cdot \delta t^s - c \cdot \delta t_r \tag{6.14}$$

式中,δt^s为卫星钟差改正,可以从导航电文中获取;δt_r为观测瞬间接收机钟的钟差改正数。卫星至接收机的几何距离ρ与卫星坐标$[x_s, y_s, z_s]^{\mathrm{T}}$和接收机坐标$[x_u, y_u, z_u]^{\mathrm{T}}$之间的关系为

$$\rho = \sqrt{(x_s - x_u)^2 + (y_s - y_u)^2 + (z_s - z_u)^2}$$

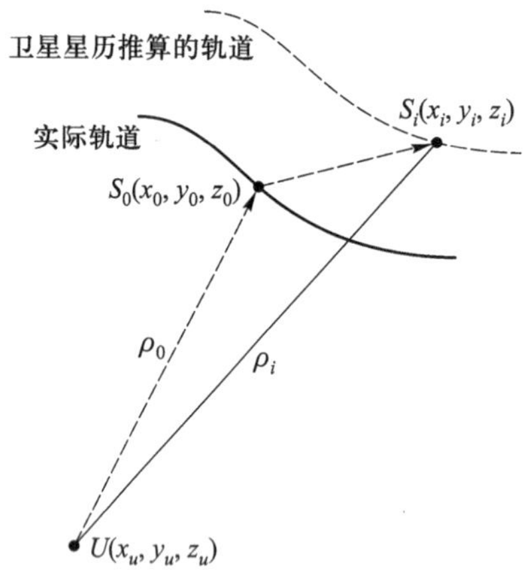

图6.4 卫星星历误差对单点定位的影响示意图

将(6.14)在接收机近似坐标$[x_{u0}, y_{u0}, z_{u0}]^{\mathrm{T}}$处用泰勒级数展开,对应的误差方程为

$$\delta_{\rho_0} = -l \times \delta_x - m \times \delta_y - k \times \delta_z - c \times \delta t_r + L_{\rho_0} \tag{6.15}$$

式中,δ_{ρ_0}为观测值ρ_0的改正数;$\dfrac{x_s - x_u}{\rho_u^{S_0}} = l$、$\dfrac{y_s - y_u}{\rho_u^{S_0}} = m$和$\dfrac{z_s - z_u}{\rho_u^{S_0}} = k$是从接收机近似位置至卫星$S$方向上的方向余弦;$\delta_x$、$\delta_y$和$\delta_z$为接收机近似坐标$U_0$的改正数;$\rho_u^{S_0}$为根据卫星星历给出的卫星位置与接收机近似坐标所求的距离,常数项L_{ρ_0}为

$$L_{\rho_0} = \rho_u^{S_0} - \rho_0 + c \times \delta t^s \tag{6.16}$$

然而,实际计算采用卫星星历,计算的卫星位置为S_i,因此会导致距离$d\rho_i = \rho_u^{S_i} - \rho_u^{S_0}$。$d\rho_i$即为卫星星历误差在接收机至该卫星方向上的投影。$d\rho_i$会以某种方式"分配"到未知参数$\delta_x$、$\delta_y$、$\delta_z$和$\delta t_r$中去,分配的方式与误差方程的系数有关。即卫星星历误差对坐标改正数的

影响除了与星历误差大小有关外，还与定位时的卫星几何构型有关。一般来说，单点定位的误差量级大体上与卫星星历误差的量级相当。因而广播星历通常只能满足导航和低精度单点定位的要求，广播星历对测站坐标的影响可达数米、数十米甚至更多。

2. 对相对定位的影响

在相对定位中，由于相邻测站的星历误差较为相似，因此，卫星星历误差对相对定位的影响远远低于对单点定位的影响。

如图 6.5 所示，在地面观测站 r 和 u 上对卫星 S 进行同步观测。只考虑卫星星历误差，忽略其他误差，分析轨道误差对相对定位的影响，首先要分析轨道误差对差分观测值的影响。由于忽略了所有其他误差，因此差分观测值是卫星在其实际位置 S 处对两个测站距离观测值之差

$$p_{ru}^{s}=p_{r}^{s}-p_{u}^{s} \tag{6.17}$$

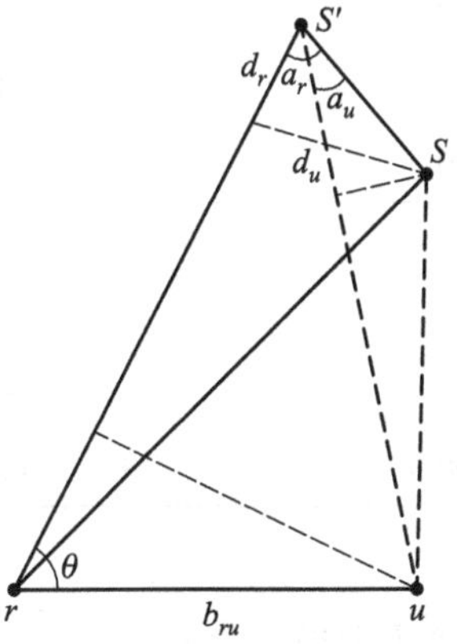

图 6.5　卫星星历误差对相对定位的影响示意图

由于星历误差存在，采用卫星星历位置 S' 计算的差分观测值为

$$\rho_{ru}^{s'}=\rho_{r}^{s'}-\rho_{u}^{s'} \tag{6.18}$$

则卫星星历误差 SS' 对距离差分观测值的影响为

$$\Delta\rho_{ru}^{s}=\rho_{ru}^{s'}-p_{ru}^{s}=SS'\cos(a_r)-SS'\cos(a_u) \tag{6.19a}$$

$$\Delta\rho_{ru}^{s}=SS'\{\cos(a_r)-\cos(a_u)\}=-2SS'\sin\left(\frac{a_r+a_u}{2}\right)\sin\left(\frac{a_r-a_u}{2}\right) \tag{6.19b}$$

当测站 r 和 u 之间的距离 b_{ru} 为 100 km 时，$a_r-a_u\leqslant 17'$ 是微小量，则有

$$\sin\left(\frac{a_r-a_u}{2}\right)\approx\frac{a_r-a_u}{2}\approx\frac{b_{ru}\sin(\theta)}{2\rho_{u}^{s'}} \tag{6.20}$$

那么，卫星星历误差对距离差分观测值的影响为

$$\Delta\rho_{ru}^{s}\approx -SS'\sin\left(\frac{a_r+a_u}{2}\right)\sin(\theta)\frac{b_{ru}}{\rho_{u}^{s'}} \tag{6.21}$$

卫星星历误差 SS' 对距离差分观测值的影响 $\Delta\rho_{ru}^{s}$ 会进一步影响基线解算，引起基线误差 Δb_{ru}。大量试验结果表明，经过数小时观测后，卫星星历误差对相对定位结果的影响，可用下式估计

$$\frac{\Delta b_{ru}}{b_{ru}} = \left[\frac{1}{4} \sim \frac{1}{10}\right] \times \frac{SS'}{\rho_{u}^{s'}} \tag{6.22}$$

例如，GPS 卫星距地面观测站的最大距离约为 25 000 km，卫星星历误差与基线误差大致如表 6.2 所示。如果基线长度为 100 km，假定测量的允许误差为 1 cm，则卫星星历误差不能超过 2.5 m。

表 6.2 卫星星历误差与基线相对误差

星历误差/m	基线长度/km	基线相对误差/$\times10^{-6}$	基线误差/mm
2.5	1	0.1	0.1
2.5	10	0.1	1
2.5	100	0.1	10
2.5	1 000	0.1	100
0.5	1	0.002	0.002
0.5	10	0.002	0.02
0.5	100	0.002	0.2
0.5	1 000	0.002	2

在 GNSS 定位中，根据不同需求采取的卫星轨道误差处理方式通常有以下几种。

（1）忽略卫星轨道误差

对于定位精度要求低，或者基线较短的情况，简单地忽略轨道误差的影响。

（2）参数法吸收轨道误差

在数据处理中引入相应的参数来吸收卫星轨道的偏差。通常假设在短时间内这些参数为常量，并与其他未知参数一起平差求解。参数法一般用于精度要求较高的定位工作，需要进行事后处理。卫星轨道偏差主要是由各种复杂的摄动力综合作用而产生的，而摄动力对卫星轨道 6 个参数的影响并不相同，如表 6.3 所示。此外，在对卫星轨道摄动进行参数法修正时，采用不同的摄动力模型得到的精度也有所不同。因此，在采用参数法进行数据处理时，根据引入轨道偏差改正数的不同，又分为短弧法和半短弧法。

短弧法 引入全部 6 个轨道偏差改正数，将其作为参数在数据处理中与其他待估参数一并求解。这种方法可明显减弱轨道偏差的影响，进而提高定位精度，但是计算工作量大。

半短弧法 根据摄动力对轨道参数的不同影响，只对其中影响较大的轨道参数引入相应的改正数并作为待估参数。从表 6.3 中可以看出，摄动力对轨道参数 $M_s+\omega_s$ 和 a_s 的影响比较大，即对轨道的切向和径向影响较大。因此，一般只对轨道三个方向（切向、径向和法

向)引入偏差参数。与短弧法相比,半短弧法的计算工作量明显减少,但对轨道误差的削弱效果不如短弧法。

表 6.3 摄动力对卫星轨道的影响(单位:m)

轨道参数	摄动位项	摄动位高阶项	月球摄动	太阳光压
a_s	2 600	20	220	5
e_s	1 600	5	140	5
i	800	5	80	5
Ω	4 800	3	80	5
$M_s+\omega_s$	1 200	40	500	10

取值时间:1987.5.14,4 小时累积量。

(3) 差分法

根据上文轨道误差对相对定位的影响可知,当基线较短时,由于卫星轨道误差对两个测站几乎相同,因此可利用两个或多个观测站对同一卫星的同步观测值求差,可以有效减弱轨道误差影响。该方法在精密定位中普遍使用。

(4) 采用精密星历

除了上述方法外,还可采用精密星历来削弱卫星轨道误差。国际 GNSS 服务机构 IGS 收集、存档和分发全球 GNSS 测站的观测数据,对收集的数据集进行处理生成精密卫星轨道产品,并向公众发布。发布的卫星精密轨道产品信息如表 6.4 所示。

表 6.4 IGS 发布的 GPS 卫星和 GLONASS 卫星星历数据产品信息

卫星系统	类型	精度/cm	滞后时间	更新时间	采样率
GPS	广播星历	~100	实时	—	—
	超快速星历(预报部分)	~5	实时	1 次/6 小时,03,09,15,21 UTC	15 min
	超快速星历(实测部分)	~3	3~9 小时	1 次/6 小时,03,09,15,21 UTC	15 min
	快速星历	~2.5	17~41 小时	1 次/1 天,17 UTC	15 min
	最终星历	~2.5	12~18 小时	1 次/1 周,每周四	15 min
GLONASS	最终	~3	12~18 小时	1 次/1 周,每周四	15 min

注:① 超快速星历包括 48 小时的卫星轨道,其中前 24 小时的轨道是根据观测值计算出来的,后 24 小时的轨道是预报轨道。② 表中给出的精度是三个坐标分量上的平均 RMS 值,是通过与独立的 SLR 结果进行比较后获得。

6.2.2 卫星钟差

时间是整个GNSS的核心,卫星测量依据卫星信号的传播时间来确定卫星至接收机的距离。若信号发射时刻的卫星钟钟面时相对于标准时间的钟差为δt,则卫星钟差对测距造成的影响为$c \cdot \delta t$。由于光速c的数值较大,因此在卫星测量中必须仔细地消除卫星钟差的影响。虽然卫星上搭载了高精度的原子钟,但它们测定的时间与标准时间之间仍存在偏差或者漂移。

由卫星钟直接给出的时间与标准时间之差称为卫星钟的物理同步误差。一般通过对卫星连续跟踪监测而精确确定卫星钟差,并用下式描述

$$\delta t = a_0 + a_1(t - t_{oe}) + a_2(t - t_{oe})^2 + \int_{t_{oe}}^{t} y(t)\,\mathrm{d}t \tag{6.23}$$

式中,t_{oe}为参考历元,a_0、a_1和a_2分别为参考历元的卫星钟的钟差、钟速(或频率偏差)和钟速变率(也称为老化率或频漂项)。这些参数由卫星系统的地面控制部分确定并通过卫星的导航电文播发给用户。随机项$\int_{t_{oe}}^{t} y(t)\,\mathrm{d}t$对应卫星钟的稳定度,通常忽略该项。

由于物理同步误差中包含了a_0、a_1和a_2的影响,所以其数值可能较大。地面控制部分将每颗卫星的物理同步误差限制在1 ms内。当某卫星的钟差接近1 ms时,地面控制系统会对其进行调整。但是1 ms的钟差引起的等效距离误差可达300 km,因此卫星定位中必须对卫星钟差进行修正。

将经过钟差模型改正后的残留的卫星钟差称为卫星钟的数学同步误差。数学同步误差反映了卫星钟差改正的精度,包含被忽略的钟差随机项,以及钟差参数a_0、a_1和a_2的测定精度和预报误差。尽管通过卫星钟差改正能有效削弱钟差,但在高精度定位中,卫星钟差依然需要仔细处理。处理卫星钟差的方式主要包括:

1. 采用广播星历改正卫星钟

在低精度定位中,利用导航电文提供的钟差参数a_0、a_1和a_2对卫星钟差改正,忽略残留的卫星钟差。此处理方式一般用于定位精度较低的伪距单点定位。

2. 差分法

两个测站在相同时刻对同一颗卫星进行观测时,两个测站对应的卫星钟差是严格相同的,因此可采用两个测站观测值的差值来消除钟差的影响。

3. 精密钟差产品

当两个测站不在同一时间观测相同卫星时,差分法无法有效消除卫星钟差。此外,在精密单点定位应用中,差分无从谈起。这就要求我们提供更高精度的卫星钟差改正数。IGS除

了发布精密轨道产品外，还发布精密钟差产品，如表 6.5 所示。

表 6.5 IGS 发布的卫星钟差数据产品信息

类型	精度	滞后时间	更新时间	采样率
广播星历	~5 ns RMS，~2.5 ns STD	实时	—	—
超快速星历（预报部分）	~3 ns RMS，~1.5 ns STD	实时	1 次/6 小时，03，09，15，21 UTC	15 min
超快速星历（实测部分）	~150 ps RMS，~50 ps STD	3~9 小时	1 次/6 小时，03，09，15，21 UTC	15 min
快速星历	~75 ps RMS，~25 ps STD	17~41 小时	1 次/1 天，17 UTC	5 min
最终星历	~75 ps RMS，~20 ps STD	12~18 小时	1 次/1 周，每周四	30 s

6.3 卫星信号传播路径误差

GNSS 测量是一种电磁波测量，卫星信号从天线发出，穿过大气层，到达接收机天线，如图 6.6 所示。信号在传播过程中受到的影响称为传播路径相关误差，主要包括大气折射误差和多路径效应，其中大气折射误差主要包括电离层折射误差和对流层折射误差。

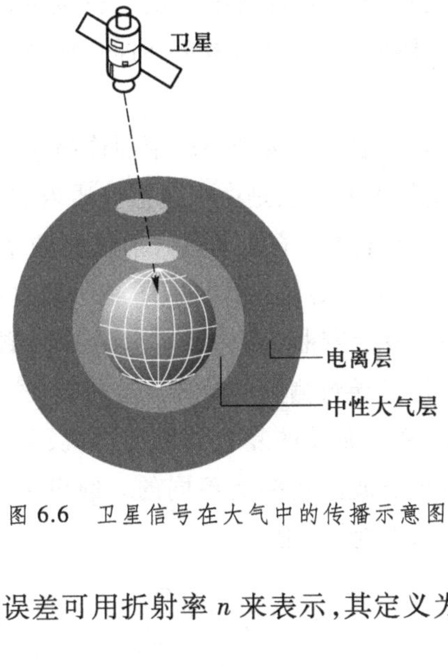

图 6.6 卫星信号在大气中的传播示意图

电磁波在大气中的传播误差可用折射率 n 来表示，其定义为

$$n = \frac{c}{v} = \frac{\lambda_c}{\lambda} \tag{6.24}$$

其中，c 和 λ_c 表示电磁波在真空中传播时的速率及波长，v 为电磁波在大气中传播时的速率。根据折射率公式，当电磁波在大气中的传播时间为 Δ_t 时，相应的传播路径长度为

$$\rho = \int_0^{\Delta_t} v\mathrm{d}t = \int_0^{\Delta_t} \frac{c}{n}\mathrm{d}t = \int_0^{\Delta_t} \frac{c}{1+(n-1)}\mathrm{d}t \tag{6.25}$$

将式中的$\frac{1}{1+(n-1)}$展开有

$$\rho = \int_0^{\Delta_t} \frac{c}{1+(n-1)}\mathrm{d}t = \int_0^{\Delta_t} c\{1-(n-1)+(n-1)^2-(n-1)^3+\cdots\}\mathrm{d}t \tag{6.26}$$

式中的$(n-1)$为微小量，忽略其高阶项后，折射率变化而引起的传播路径的距离误差 $\Delta\rho$ 为

$$\Delta\rho = c\Delta_t - \rho = c\int_0^{\Delta_t}(n-1)\mathrm{d}t \tag{6.27}$$

折射率 n 与大气的组成成分和结构密切相关。通常考虑到其实际数值接近于1，因而常采用折射指数 N 来代替，大气折射指数的定义为

$$N = (n-1) \times 10^6 \tag{6.28}$$

6.3.1 电离层误差及处理

地球大气层顶部的电离层大气（一般距地球表面 50～1 000 km），在太阳紫外线、X射线、γ射线和高能粒子等的作用下，电离层中的中性气体分子大部分被电离产生密度较高的电子和正离子而形成一个电离区域。电离层中的电子密度取决于太阳辐射强度和大气密度，与大气高度、太阳和其他天体的辐射强度、季节、时间、地理位置、太阳黑子的活动等因素有关。

根据大气物理学的概念，若电磁波在某种介质中的传播速度与电磁波的频率有关，则该种介质称为弥散性介质。介质的弥散现象是由于传播介质内的电场和入射波的外电场之间的电磁转换效应而产生的。当介质的原子频率和入射波的频率接近一致时，便会发生共振而影响电磁波的传播速度。与其他电磁波一样，GNSS信号通过电离层时受到这一介质弥散特性的影响，使得信号传播路径发生弯曲（弯曲的部分通常对测距结果影响不大，通常可忽略），同时传播速度发生变化，从而导致测量的距离发生偏差，这种影响称为电离层延迟。

如果把不同频率的多种波叠加而成的复合波称为群波，那么在具有速度弥散现象的介质中，单一频率正弦波的传播与群波的传播是不同的。假设单一频率正弦波的相位传播速率为相速 v_p，群波的传播速率为群速 v_g，则

$$v_g = v_p - \lambda\frac{\partial v_p}{\partial\lambda} \tag{6.29}$$

式中，λ 为通过大气层的电磁波波长。若用频率 f 表达，则相应的折射率为

$$n_g = n_p + f\frac{\partial n_p}{\partial f} \tag{6.30}$$

在电离层等离子化的大气中，单一频率为f的正弦波的折射率弥散公式为

$$n_p = \left(1 - \frac{N_e e_t^2}{4\pi^2 f^2 \varepsilon_0 m_e}\right)^{\frac{1}{2}} \tag{6.31}$$

上式中，e_t为电子所带的电荷量，单位为 c；m_e为电子质量，单位为 kg；N_e为电子密度，即单位体积中所含的电子数，单位为电子数/米^3；ε_0为真空介质常数，单位为 $c^2 \cdot kg^{-1} \cdot m^{-3} \cdot s^2$。

定义总电子含量 TEC(total electron content)为沿卫星信号传播路径对电子密度N_e的积分，可理解为在单位面积沿信号传播路径贯穿整个电离层的一个柱体内所含的总电子数，其单位为电子数/米^2。一般以$\times10^{16}$电子数/米^{2}作为 TEC 的单位，称为 TECU。由式(6.31)可以看出，电磁波在电离层中的折射率$n<1$。式中的物理量通常取值如下

$$e_t = 1.602\,1 \times 10^{-19}(c)$$

$$m_e = 9.109\,6 \times 10^{-31}(kg)$$

$$\varepsilon_0 = 8.854 \times 10^{-12}(c^2 \cdot kg^{-1} \cdot m^{-3} \cdot s^2)$$

若忽略二阶微小项，则频率为f的正弦波的折射率弥散公式(6.31)可简写为

$$n_p = 1 - 40.28\frac{N_e}{f^2} \tag{6.32}$$

由此可见，电离层的折射率与电子密度N_e成正比，而与穿过的电磁波频率的平方f^2成反比。对于给定频率的电磁波而言，折射率n仅与电子密度N_e有关。将n_p带入群波折射率公式，有

$$n_g = n_p + f\frac{\partial n_p}{\partial f} = 1 - 40.28\frac{N_e}{f^2} + 80.56\frac{N_e}{f^2} = 1 + 40.28\frac{N_e}{f^2} \tag{6.33}$$

在 GNSS 测量中，码伪距测量与群速v_g(折射率n_g)有关，载波相位测量与相速v_p(折射率n_p)有关。当电磁波穿过电离层时，由于折射率n是随传播路径变化的，因此在传播路径上引起的距离误差可表示为(s为传播路径)

$$\Delta\rho = \int_0^s (n - 1)\,ds \tag{6.34}$$

载波相位观测量(对应折射率n_p)的传播路径误差为

$$\Delta\rho_\varphi = \int_0^s (n_p - 1)\,ds = -\frac{40.28}{f^2}\int_0^s N_e\,ds \tag{6.35}$$

式中，$\int_0^s N_e\,ds$是电磁波在其传播路径上的总电子含量 TEC。对应的相位延迟$\Delta\varphi$为

$$\Delta\varphi = \frac{f}{c}\Delta\rho_\varphi = -\frac{40.28}{c \cdot f}\int_0^s N_e\,ds \tag{6.36}$$

码伪距观测量(对应折射率n_g)的传播路径误差$\Delta\rho_p$可表示为

$$\Delta\rho_p = \int_0^s (n_g - 1)\,ds = \frac{40.28}{f^2}\int_0^s N_e\,ds \tag{6.37}$$

由 $\Delta\rho_{\varphi}$ 和 $\Delta\rho_{p}$ 可以看出，对于给定频率的电磁波而言，电离层折射引起的误差仅与电磁波在其传播路径上的总电子含量 TEC 有关。电离层对载波相位观测量和伪距观测量的影响大小相等，符号相反。

资料分析表明，电离层电子密度 N_e 的变化范围大致为 $10^9 \sim 3\times10^{12}$ 电子数/米^3。在天顶方向，电离层总电子含量 TEC 在白天约为 5×10^{17} 电子数/米^2，在夜间约为 5×10^{16} 电子数/米^2。白天的电离层电子密度约为夜间的 5 倍，一年中冬季与夏季相差可达 4 倍，太阳黑子活动高峰期的电子密度约为低谷期的 4 倍。特别地，在 GNSS 测量中，当太阳黑子活动处于低潮和高潮期时，求得的电离层延迟改正精度是不同的。对于单频接收机用户来说，这一点应予以注意。

对于一个测站而言，各颗卫星方向上的 TEC 是不同的。卫星高度角越小，卫星信号在电离层中的传播路径越长，TEC 越大。换句话说，测站天顶方向的 TEC 最小，称为 VTEC。VTEC 与卫星高度角无关，常被用于反映测站上空电离层的总体特征。此外，各颗卫星方向上的 TEC 与路径对应的高度角有关，假设卫星高度角为 *ele*，则在该方向上的 TEC 可近似表示为

$$\mathrm{TEC}_{ele} = \frac{\mathrm{VTEC}}{\sin(\beta)} \tag{6.38}$$

由于电离层导致的测距误差在天顶方向最大可达 50 m，在高度角为 5°时超过 150 m，因而在 GNSS 测量中必须改正电离层误差。

从上面讨论可知，如果已知电离层总电子含量 TEC，就可求出卫星信号的电离层延迟改正。但是，由于影响电离层电子密度的因素非常复杂，难以准确地确定观测时刻沿电磁波传播路径的总电子含量。实际观测表明，TEC 与观测时间、测站位置和太阳活动等因素有关。迄今为止，仍然无法从理论上彻底理清 TEC 与各因素之间的准确关系，也就无法建立计算 TEC 的严密公式。

下面介绍目前常用的几种电离层改正方法。

1. 全球电离层模型

电离层模型是指表述电离层中的电子密度、离子密度、电子温度、离子温度、离子成分和总电子含量等参数的时空变化规律的经验数学公式。根据全球电离层观测站长期积累的大量观测资料可以建立全球电离层模型。

(1) GIM 模型

CODE、JPL、中国科学院、武汉大学等 7 家 IGS 电离层分析中心基于全球 300 多个 GNSS 观测站的观测资料，采用不同函数模型建立全球电离层模型，并发布全球电离层格网产品 GIM(global ionosphere maps)模型，GIM 模型通常采用 IONEX 格式进行发布。

(2) Klobuchar 模型

美国科学家 Klobuchar 于 1987 年提出用于改正单频 GPS 接收机电离层延迟的经验模型。该模型计算简单、实用可靠，被广泛使用。模型假设所有电子集中在高度为 350 km 的

薄层,采用余弦函数反映电离层的周日变化特征(夜晚的电离层延迟被视为一个常量)。模型表达式为

$$\Delta_{\text{ion}} = \begin{cases} c\left\{5 \times 10^{-9} + \sum_{i=0}^{i=3} a_1\left(\frac{\phi_m}{\pi}\right)^i \cos x\right\}, & |x| < \frac{\pi}{2} \\ 5 \times 10^{-9}c, & |x| \geqslant \frac{\pi}{2} \end{cases} \tag{6.39a}$$

$$x = \frac{2\pi(t - 14.60^2)}{\sum_{i=0}^{i=3} b_1\left(\frac{\phi_m}{\pi}\right)^i} \tag{6.39b}$$

式中,a_1 和 b_1 为 Klobuchar 模型的 8 个参数,可从广播星历文件中获得;ϕ_m 表示电离层穿刺点的地磁纬度;t 为观测历元;c 为光速。

(3) IRI 模型

国际参考电离层 IRI(international reference ionosphere)模型是根据大量电离层探测数据得到的经验模型。该模型可计算海拔 50~2 000 km 范围内的电子密度,2 000 km 以上至卫星轨道高度范围内的电子密度可通过外推得到。IRI 模型采用下式计算 2 000 km 以内大气电子密度

$$N_e(h) = N_e(h_i)e^{k(h-h_i)} \tag{6.40}$$

式中,$N_e(h)$ 为高度 h 处的电子密度,$N_e(h_i)$ 为高度 h_i 处的电子密度,k 为未知系数。根据最小二乘方法解算系数 k 后可外推 2 000 km 以上的电子密度,最后累加 50 km 至卫星轨道高度范围内的电子密度,可得总电子含量 TEC。目前 IRI 已发布多个版本,如 IRI-1980、IRI-2007、IRI-2012 等。

(4) NeQuick 模型

NeQuick 模型是随时间变化的三维电离层电子密度经验模型,可以计算测站与卫星以及卫星与卫星之间任意给定时刻、任意位置的电子密度,以及特定路径上的电子含量,再沿高度进行数值积分可得到传播路径上的电离层延迟。该模型主要由高度低于 F2 层峰值的底部公式和高度在 F2 层峰值以上的顶部公式组成,模型具体形式为

$$N_e(h) = \frac{4N_{\max}}{\left(1 + \exp\left(\frac{h - h_{\max}}{B}\right)\right)^2}\exp\left(\frac{h - h_{\max}}{B}\right) \tag{6.41}$$

式中,$N_{\max}$ 表示当前层的电子密度峰值,$h_{\max}$ 为电子密度峰值的对应高度,h 为测站高程,B 为当前层的层高。目前 NeQuick 已发布三种版本,NeQuick-1、NeQuick-G 和 NeQuick-2。

对于单频 GNSS 接收机用户,虽然一般可以采用上述电离层模型改正测站上空的电离层误差,但是该种改正方式的有效性不会优于 75%。例如,当电离层延迟为 50 m 时,采用电离层模型改正后依然可能存在 12.5 m 左右的残余误差。

2. 双频改正法

电磁波通过具有弥散特质的电离层时,对应的误差与电磁波频率的平方 f^2 成反比。如

果卫星同时用两个频率 f_1 和 f_2 发射信号，那么这两个频率的信号将沿着同一路径传播到达接收机。如果能精确测定这两个频率的信号到达接收机的时间差 Δt，就能反推出它们各自的电离层误差。这种利用电离层弥散特质建立双频电离层改正模型的方法称为双频改正法。

对于伪距观测值，频率 f_1 和 f_2 的电离层误差为

$$\begin{cases}\Delta\rho_1 = \dfrac{40.28}{f_1^2}\displaystyle\int_0^S N_e \mathrm{d}s \\ \Delta\rho_2 = \dfrac{40.28}{f_2^2}\displaystyle\int_0^S N_e \mathrm{d}s\end{cases} \tag{6.42}$$

由此可得，$\dfrac{\Delta\rho_2}{\Delta\rho_1}=\dfrac{f_1^2}{f_2^2}$。令两个频率的伪距观测值分别为 ρ_1 和 ρ_2（忽略其他误差影响），则

$$\rho_0 = \rho_1 + \Delta\rho_1 = \rho_2 + \Delta\rho_2 = \rho_2 + \Delta\rho_1 \frac{f_1^2}{f_2^2} \tag{6.43}$$

式中，ρ_0 表示电离层改正后的伪距观测值。将式中第二项和第四项相减，得

$$\rho_1 - \rho_2 = \Delta\rho_1 \frac{f_1^2 - f_2^2}{f_2^2} \tag{6.44}$$

从而导出频率 f_1 和 f_2 观测值的电离层误差为

$$\Delta\rho_1 = \frac{f_2^2}{f_1^2 - f_2^2}(\rho_1 - \rho_2) \tag{6.45a}$$

$$\Delta\rho_2 = \frac{f_1^2}{f_1^2 - f_2^2}(\rho_1 - \rho_2) \tag{6.45b}$$

由此可以得到经过双频改正法改正电离层影响的距离为

$$\rho_0 = \rho_1 + \frac{f_2^2}{f_1^2 - f_2^2}(\rho_1 - \rho_2) = \frac{f_1^2}{f_1^2 - f_2^2}\rho_1 - \frac{f_2^2}{f_1^2 - f_2^2}\rho_2 \tag{6.46}$$

设伪距观测值 ρ_1 和 ρ_2 的观测精度分别为 σ_1 和 σ_2，则经双频电离层改正后的伪距观测值 ρ_0 的噪声将被放大，其精度为

$$\sigma_{\rho_0} = \frac{1}{f_1^2 - f_2^2}\sqrt{f_1^4\sigma_1^2 + f_2^4\sigma_2^2} \tag{6.47}$$

以 GPS 双频观测值为例，经过双频电离层改正后的伪距观测量及其精度为

$$\rho_0 = 2.545\ 73\rho_1 - 1.545\ 73\rho_2 \tag{6.48}$$

$$\sigma_{\rho_0} = \sqrt{(2.545\ 73\sigma_1)^2 + (1.545\ 73\sigma_2)^2} \tag{6.49}$$

特别地，若 $\sigma_1 \approx \sigma_2$，则 $\sigma_{\rho_0} \approx 3\sigma_1$。

高精度的卫星定位普遍采用双频组合观测值来减弱电离层折射的影响，其有效性大于95%。值得注意的是，不同频率观测值的双频组合对电离层影响的改正效果不同。此外，由于在讨论电离层折射率时省略二阶项，因此经双频组合改正后依然存在残余电离层误差（可

达厘米级),如果在太阳黑子活动高峰期的中午时段,残余误差依然比较显著。

3. 借助双频观测值建立电离层延迟模型

双频改正法对于双频接收机用户来讲无疑是一种较为理想的消除电离层延迟的方法,但双频改正法对广大的单频接收机用户并不适用。用实测双频观测值建立电离层延迟模型就是在这种背景下提出来的。

GNSS 观测量包含分米级精度的伪距和毫米级精度的载波相位两类基本观测量,它们都受电离层的影响。由于相位观测值中包含未知的整周模糊度而无法直接求解电离层延迟的绝对量,通常采用载波相位平滑伪距观测值的方式来计算电离层穿刺点 IPP(ionospheric pierce point,GNSS 信号传播时与单层电离层球壳的交点)的电离层 VTEC。载波相位平滑后的伪距观测量 $P_{4,\mathrm{sm}}$ 为

$$P_{4,\mathrm{sm}} = I_1 - I_2 + c(\mathrm{DCB}_r + \mathrm{DCB}^s) \tag{6.50}$$

将 $I=\dfrac{40.28}{f^2}\mathrm{TEC}=\dfrac{40.28}{f^2\cos Z}\mathrm{VTEC}$ 代入

$$P_{4,\mathrm{sm}} = \frac{40.28(f_2^2-f_1^2)}{f_1^2 f_2^2}\frac{1}{\cos Z}\mathrm{VTEC} + c(\mathrm{DCB}_r + \mathrm{DCB}^s) \tag{6.51}$$

式中,f_1 和 f_2 为两个载波的频率,Z 为穿刺点的卫星天顶距,VTEC 为天顶方向的总电子含量,c 为真空中的光速,DCB_r 和 DCB^s 分别为接收机和卫星的码偏差。由于每个历元的 VTEC 均不相同,因此需要采用多个测站的观测数据联合求解 VTEC。此外,接收机和卫星 DCB 之间的相关性导致观测方程秩亏数为 1,因此需要引入至少 1 个基准方程。通常假设所有 GPS 卫星的 DCB 之和为 0。

VTEC 是随时间和空间变化的,若直接求解需要引入大量参数,导致计算量增加且不稳定。通常将 VTEC 表达为随时间和空间变化的函数,通过求解函数中的参数代替直接求解 VTEC,进而减少观测方程中的参数数量并提高计算效率。

(1) 多项式函数模型

该模型采用多项式函数将穿刺点处的 VTEC 表达为纬度差($\varphi-\varphi_0$)和太阳时角差($S-S_0$)的函数,即将穿刺点处的 VTEC 表示为

$$\mathrm{VTEC} = \sum_{m=0}^{M}\sum_{n=0}^{N} E_{mn}(\varphi-\varphi_0)^m(S-S_0)^n \tag{6.52}$$

式中,E_{mn} 为模型系数,φ_0 和 λ_0 是测区中心的地理纬度和经度,φ 和 λ 是穿刺点的地理纬度和经度,穿刺点在 t 时刻的太阳高度角差为 $S-S_0=(\lambda-\lambda_0)+(t-t_0)\dfrac{\pi}{12}$。

(2) 三角级数模型

Georgiadiou 于 1994 年提出采用 15 个参数的三角级数来建立电离层延迟模型。为了进一步表达电离层 TEC 的日变化,有学者提出了广义三角级数模型

$$\text{VTEC}=A_1+\sum_{i=1}^{N_2}A_{i+1}\varphi_m^i+\sum_{i=1}^{N_3}A_{i+N_2+1}h^i+\sum_{i=1,j=1}^{N_I,N_J}A_{i+N_2+N_3+1}\varphi_m^i h^j+\sum_{i=1}^{N_4}\{A_{2i+N_2+N_3+N_I+N_J}\cos(ih)+A_{2i+N_2+N_3+N_I+N_J+1}\sin(ih)\} \tag{6.53}$$

式中，A_i 为模型系数，N_2、N_3、N_4、N_I 和 N_J 用于调节模型阶数，$\varphi_m=\varphi_i+0.064\cos(\lambda_i-1.617)$ 是穿刺点 IPP 的地磁纬度，其中 φ_i 和 λ_i 为地理纬度和经度。

（3）球谐函数模型

Schaer 在 1999 年提出采用球谐函数描述全球电离层 VTEC，具体形式为

$$\text{VTEC}(\phi_m,\lambda')=\sum_{n=0}^{N}\sum_{k=0}^{n}P_n^k(\cos\phi_m)(A_n^k\cos k\lambda'+B_n^k\sin k\lambda') \tag{6.54}$$

式中，A_n^k、B_n^k 为球谐函数的参数，$P_n^k(\sin\phi_m)$ 为缔合勒让德（Legendre）函数，N 为模型阶数，λ' 为过穿刺点的经线与过地心和太阳连线的经线构成的夹角，ϕ_m 为地磁纬度。

（4）多面函数模型

多面函数是 1977 年美国 Hardy 教授提出的，其基本思想是任何一个圆滑的数学曲面都可以用一系列规则的数学曲面之和来表示。用多面函数将电离层 VTEC 表示为

$$\text{VTEC}(\varphi,\lambda)=\sum_{j=1}^{m}K_jQ(\varphi,\lambda,\varphi_j,\lambda_j) \tag{6.55}$$

式中，m 是划分格网的数量，K_j 是模型系数，$Q(\varphi,\lambda,\varphi_j,\lambda_j)$ 是核函数。通常采用的核函数为

$$Q(\varphi,\lambda,\varphi_j,\lambda_j)=[(\varphi-\varphi_j)^2+(\lambda-\lambda_j)^2+\delta^2]^\beta \tag{6.56}$$

式中，δ^2 和 β 可取为 $\delta^2=0.01$，$\beta=0.5$。

4. 差分法

在相对定位中，若两测站相距较近时（通常小于 20 km），同一颗卫星到两个测站的电磁波传播路径上的电离层误差将非常接近，可以采用两个测站同一颗卫星的相同类型观测值求差来削弱电离层误差。

6.3.2 对流层误差及处理

对流层延迟通常泛指电磁波信号在穿过高度位于 50 km 以下的未被电离的中性大气层（包括对流层和平流层）时所产生的信号延迟。整个大气层近 99% 的质量集中在该层。对流层与地面接触且从地面得到辐射能量，因此温度一般随高度的上升而降低，变化率约为 6.5 ℃/km。在水平方向，温度差异每 100 km 一般不会超过 1 ℃。

由于 80% 以上的中性大气延迟发生在对流层，因此将中性大气延迟统称为对流层延迟。对流层的大气密度比电离层大，大气状态也更复杂。与电离层类似，电磁波穿过对流层时同样会发生弯曲和延迟，从而导致测距误差。中性的对流层大气对频率低于 30 GHz 的电磁波传播可以认为是非弥散性的。电磁波在该中性大气中的传播速度与频率无关。换句话说，

中性大气的折射率与电磁波的频率或波长无关，单一频率正弦波的相位传播速率 v_p 和群波的传播速率 v_g 是相同的。因此，伪距和载波相位观测值受到的中性大气影响相同。在 GNSS 测量中，不能采用双频观测值改正的方法来消除对流层延迟，而只能通过传播路径上各处的大气折射计算对流层延迟。忽略大气折射率 n 的高阶项，对流层折射率变化引起传播路径 S 上的距离误差 $\Delta\rho$ 可表示为

$$\Delta\rho = \int_0^S (n-1)\,\mathrm{d}s = 10^{-6}\int_0^S N\mathrm{d}s \tag{6.57}$$

对流层大气成分比较复杂，主要由氮（78.03%）和氧（20.99%）组成，还包含少量的水蒸气及二氧化碳、氢气等气体和某些混合物，如硫化物、煤烟和粉尘等。折射率略大于 1，即 $n>1$，然而受大气密度影响，折射率随着高度的增加逐渐减小，当接近对流层顶时，折射率 n 趋近于 1。

折射率 n 与大气压强、温度和湿度等密切相关。由于该层中大气的对流作用很强，且大气压强、温度和湿度等因素变化复杂。因此，目前尚不能准确地对对流层折射率及其变化进行建模。Smith 和 Weintranb 通过大量试验，于 1953 年提出如下关系式

$$N = N_h + N_w \tag{6.58}$$

式中，N_h 表示静力学分量部分（hydrostatic），N_w 表示湿分量部分（wet）。静力学分量 N_h 主要与大气温度 T（单位为℃或者 K）和大气总气压 P（单位为 hPa 或者 mbar）有关，而湿分量 N_w 主要与水汽压 e（单位为 hPa 或者 mbar）有关（或者与水汽密度或大气湿度有关）。

通常将 N 表示为

$$N = k_1\frac{P_h}{T}Z_h^{-1} + k_2\frac{e}{T}Z_w^{-1} + k_3\frac{e}{T^2}Z_w^{-1} \tag{6.59}$$

或者

$$\begin{cases} N_h = k_1\dfrac{P}{T}Z_h^{-1} \\ N_w = k_2'\dfrac{e}{T}Z_w^{-1} + k_3\dfrac{e}{T^2}Z_w^{-1} \end{cases} \tag{6.60}$$

式中，大气压强 $P_h=P-e$；常数 $k_2'=k_2-k_1\dfrac{M_h}{M_w}$，其中大气摩尔质量分别为 $M_h=28.964\ 4$ kg/mol，$M_w=18.015\ 2$ kg/mol；常数 $k_1=77.60\pm0.09$（K/hPa），$k_2=69.4\pm2.2$（K/hPa），$k_3=370\ 100\pm1\ 200$（K^2/hPa）；大气压缩比因子 Z_h^{-1} 和 Z_w^{-1} 分别为

$$\begin{cases} Z_h^{-1} = 1 + P_h\left[57.97\times10^{-8}\times\left(1+\dfrac{0.52}{T}\right) - 9.461\ 1\times10^{-4}\times\dfrac{T-273.15}{T^2}\right] \\ Z_w^{-1} = 1 + 1\ 650\times\dfrac{e}{T^3}\times\left[\begin{array}{c}1-0.013\ 17\times(T-273.15)+1.75\times10^{-4}\times(T-273.15)^2 \\ +1.44\times10^{-6}\times(T-273.15)^3\end{array}\right] \end{cases} \tag{6.61}$$

压缩比因子 $Z_h^{-1}\approx1$，$Z_w^{-1}\approx1$。将 $N=N_h+N_w$ 带入(6.57)有

$$\Delta\rho = 10^{-6}\int_0^S N\mathrm{d}s = 10^{-6}\int_0^S N_{\mathrm{h}}\mathrm{d}s + 10^{-6}\int_0^S N_{\mathrm{w}}\mathrm{d}s = \Delta\rho_{\mathrm{h}} + \Delta\rho_{\mathrm{w}} \tag{6.62}$$

上式说明，对流层延迟 $\Delta\rho$ 可分为静力学延迟 $\Delta\rho_{\mathrm{h}}$ 和湿延迟 $\Delta\rho_{\mathrm{w}}$ 两部分。当电磁波沿测站的天顶方向传播时，天顶方向的对流层延迟 $\Delta\rho^Z$ 为

$$\Delta\rho^Z = 10^{-6}\int_0^{H_{\mathrm{h}}} N_{\mathrm{h}}\mathrm{d}s + 10^{-6}\int_0^{H_{\mathrm{w}}} N_{\mathrm{w}}\mathrm{d}s = \Delta\rho_{\mathrm{h}}^Z + \Delta\rho_{\mathrm{w}}^Z \tag{6.63}$$

式中，H_{h} 表示 N_{h} 趋于 0 时的高度（$H_{\mathrm{h}} \approx 40$ km），H_{w} 表示 N_{w} 趋于 0 时的高度（$H_{\mathrm{w}} \approx 10$ km）。

在 GNSS 测量中，通常采用投影函数将天顶方向的对流层延迟 $\Delta\rho^Z$ 投影到任意高度角的卫星信号传播路径上。高度角为 ele 的电磁波信号的对流层延迟量 $\Delta\rho$ 为

$$\Delta\rho = m_{\mathrm{h}}(ele)\cdot\Delta\rho_{\mathrm{h}}^Z + m_{\mathrm{w}}(ele)\cdot\Delta\rho_{\mathrm{w}}^Z \tag{6.64}$$

式中，$m_{\mathrm{h}}(ele)$ 和 $m_{\mathrm{w}}(ele)$ 分别表示静力学延迟和湿延迟投影函数。投影函数最简单的形式为

$$m(ele) = \frac{1}{\sin(ele)} \tag{6.65}$$

上述投影函数过于简单而不能反映复杂的大气状况。Herring 于 1992 年提出连分式的投影函数

$$m(\beta) = \frac{1 + \cfrac{a}{1 + \cfrac{b}{1 + \cfrac{c}{\cdots}}}}{\sin(ele) + \cfrac{a}{\sin(ele) + \cfrac{b}{\sin(ele) + \cfrac{c}{\cdots}}}} \tag{6.66}$$

式中，a、b 和 c 为投影函数的系数。

海平面上的 $\Delta\rho^Z$ 约为 2.30～2.60 m，当 $ele = 3°$时，$\Delta\rho$ 可达 50 m。中性大气中的水汽压通常远小于大气压，因此 $\Delta\rho_{\mathrm{w}}$ 通常远小于 $\Delta\rho_{\mathrm{h}}$（后者约占总延迟的 90%）。$\Delta\rho_{\mathrm{h}}$ 在天顶方向约为 2.25～2.35 m，$\Delta\rho_{\mathrm{w}}$ 在天顶方向约为 0～0.40 m。$\Delta\rho_{\mathrm{h}}$ 主要与大气压强有关，变化比较缓慢，约 1 cm/6 h。虽然大气中的水汽主要集中在地面以上的 2 km 范围内，但是其在时间和空间上变化极其复杂而且无规律可循，导致 $\Delta\rho_{\mathrm{w}}$ 的影响难以被准确描述，其变化率可达 $\Delta\rho_{\mathrm{h}}$ 的 3～4 倍。考虑到 $\Delta\rho$ 与电磁波频率无关，以及 $\Delta\rho$ 特别是 $\Delta\rho_{\mathrm{w}}$ 在时间和空间上的复杂变化，$\Delta\rho$ 是制约多频多模精密定位的主要因素之一。

若考虑大气在方位上分布的不对称性，$\Delta\rho$ 可以进一步表示为

$$\Delta\rho = \Delta\rho_{\mathrm{h},[\mathrm{S}]} + \Delta\rho_{\mathrm{h},[\mathrm{A}]} + \Delta\rho_{\mathrm{w},[\mathrm{S}]} + \Delta\rho_{\mathrm{w},[\mathrm{A}]} \tag{6.67}$$

式中，“[S]”和“[A]”分别表示对称部分和不对称部分。通常用对流层延迟在水平方向的梯度来描述不对称部分。将方位角为 α、高度角为 ele 的对流层延迟梯度分别投影到南北和东西方向，则

$$\Delta\rho = m_{\mathrm{h}}(ele) \cdot \Delta\rho_{\mathrm{h}}^{Z} + m_{\mathrm{w}}(ele) \cdot \Delta\rho_{\mathrm{w}}^{Z} + m_{\mathrm{h},[A]}(ele)[G_{\mathrm{N,h}}\cos(\alpha) + G_{\mathrm{E,h}}\sin(\alpha)] + m_{\mathrm{w},[A]}(ele)[G_{\mathrm{N,w}}\cos(\alpha) + G_{\mathrm{E,w}}\sin(\alpha)] \tag{6.68}$$

式中，$G_{\mathrm{N,h}}$和$G_{\mathrm{N,w}}$为南北方向静力学延迟和湿延迟梯度，$G_{\mathrm{E,h}}$和$G_{\mathrm{E,w}}$为东西方向静力学延迟和湿延迟梯度，$m_{\mathrm{h},[A]}(ele)$和$m_{\mathrm{w},[A]}(ele)$表示梯度的投影函数。通常将上式简写为

$$\Delta\rho = m_{\mathrm{h}}(ele) \cdot \Delta\rho_{\mathrm{h}}^{Z} + m_{\mathrm{w}}(ele) \cdot \Delta\rho_{\mathrm{w}}^{Z} + m(ele)_{[A]}[G_{\mathrm{N}}\cos(\alpha) + G_{\mathrm{E}}\sin(\alpha)] \tag{6.69}$$

式中，梯度投影函数$m(ele)_{[A]} \approx m_{\mathrm{h},[A]}(ele)$或者$m(ele)_{[A]} \approx m_{\mathrm{w},[A]}(ele)$；南北和东西方向的梯度分别为$G_{\mathrm{N}} = G_{\mathrm{N,h}} + G_{\mathrm{N,w}}$，$G_{\mathrm{E}} = G_{\mathrm{E,h}} + G_{\mathrm{E,w}}$。

要精确计算对流层延迟，需要已知传播路径上各处的大气折射信息。这就需要获取路径上各处的气象元素，包括气温T、气压P和水汽压e，然后采用积分计算对流层延迟。通常可采用的数据源包括微波辐射计观测数据、无线电探空数据、数值天气模型资料等。一般说来，传播路径上各处的气象元素很难测量，能测量的只是地面测站处的气象元素。为了实际应用，有学者根据大量研究建立了根据地面测站的气象元素（气温T_{s}、气压P_{s}和水汽压e_{s}）计算传播路径上各处的气象元素的数学模型，这样计算出传播路径上的气象元素后，再代入积分公式求出对流层延迟。

利用测站气象元素和测站位置信息（经度、纬度和高程），采用数学公式计算传播路径上的对流层延迟，这样的数学公式称为对流层延迟模型，包括天顶对流层延迟模型和投影函数两部分。

1. 常用的天顶对流层延迟模型

（1）萨斯塔莫宁（Saastamoinen）模型

$$\Delta\rho_{\mathrm{h}}^{Z} = \frac{0.002\,276\,7 \times P_{\mathrm{s}}}{1 - 0.002\,66 \times \cos(2\phi) - 0.000\,28 \times h} \tag{6.70a}$$

$$\Delta\rho_{\mathrm{w}}^{Z} = \frac{0.002\,276\,7 \times \left(\dfrac{1\,255}{T} + 0.05\right) e_{\mathrm{s}}}{1 - 0.002\,66 \times \cos(2\phi) - 0.000\,28 \times h} \tag{6.70b}$$

式中，ϕ和h分别是测站的大地纬度和椭球高，单位为 km，温度T单位为 K、气压P_{s}单位为 hPa，水汽压e_{s}单位为 hPa。

（2）UNB3 模型

$$\Delta\rho_{\mathrm{h}}^{Z} = \tau_{\mathrm{h}}^{z} \times k_{\mathrm{h}} \times P \tag{6.71a}$$

$$\Delta\rho_{\mathrm{w}}^{Z} = \tau_{\mathrm{w}}^{z} \times k_{\mathrm{w}} \times \frac{e}{T} \tag{6.71b}$$

式中，常数$g = 9.806\,65\ \mathrm{m/s^2}$，$R_{\mathrm{h}} = 287.054\ \mathrm{J \cdot kg^{-1} \cdot K^{-1}}$，$k'_3 = 382\,000\ \mathrm{K^2/hPa}$。$k_{\mathrm{h}} = \left(1-\dfrac{\beta h}{T}\right)^{\frac{g}{R_{\mathrm{h}}\beta}}$，$k_{\mathrm{w}} = \left(1-\dfrac{\beta h}{T}\right)^{\frac{\lambda' g}{R_{\mathrm{h}}\beta}-1}$，$\tau_{\mathrm{h}}^{z} = \dfrac{10^{-6}k_1 R_{\mathrm{h}}}{g_{\mathrm{m}}}$，$\tau_{\mathrm{w}}^{z} = \dfrac{10^{-6}k'_3 R_{\mathrm{h}}}{g_{\mathrm{m}}\lambda' - R_{\mathrm{h}}\beta}$。$g_{\mathrm{m}} = 9.784(1-2.66\times10^{-3}\cos(2\phi)-2.8\times10^{-4}h)$，$\lambda' = \lambda + 1$。气压$P$、温度$T$、水汽压$e$、温度变化率$\beta$以及变量$\lambda$可用下式内插求得

$$x(\phi,\mathrm{DOY}) = x_{\mathrm{avg}}(\phi) - x_{\mathrm{amp}}(\phi)\cos\left(2\pi\frac{\mathrm{DOY}-28}{365.25}\right) \tag{6.72}$$

式中,DOY 表示年积日。均值 $x_{\mathrm{avg}}(\phi)$ 与振幅 $x_{\mathrm{amp}}(\phi)$ 可以根据测站纬度 ϕ 插值计算。UNB3 模型中的气象元素均值以及振幅与纬度 ϕ 的关系如表 6.6 所示。

表 6.6 UNB3 模型中的气象元素与纬度 ϕ 的关系

ϕ/°	P/hPa	T/K	e/hPa	β/(K·km^{-1})	λ	P/hPa	T/K	e/hPa	β/(K·km^{-1})	λ
	均值					振幅				
15	1 013.25	299.65	26.31	6.30	2.77	0.00	0.00	0.00	0.00	0.00
30	1 017.25	294.15	21.79	6.05	3.15	−3.75	7.00	8.85	0.25	0.33
45	1 015.75	283.15	11.66	5.58	2.57	−2.25	11.00	7.24	0.32	0.46
60	1 011.75	272.15	6.78	5.39	1.81	−1.75	15.00	5.36	0.81	0.74
75	1 013.00	263.65	4.11	4.53	1.55	−0.50	14.50	3.39	0.62	0.30

其他经验对流层延迟模型与萨斯塔莫宁模型类似,例如霍普菲尔德(Hopfield)模型、勃兰克(Black)模型,可参阅相关资料。

2. 常用的投影函数模型

(1) Ifadis 投影函数

Ifadis 于 1986 年提出的静力学投影函数为

$$m_{\mathrm{h}}(ele) = \cfrac{1}{\sin(ele) + \cfrac{a}{\sin(ele) + \cfrac{b}{\sin(ele) + c}}} \tag{6.73}$$

式中,系数

$$a = 0.127\,3\times10^{-2} + 0.131\,6\times10^{-6}\times(P_{\mathrm{s}} - 1\,000) + 0.137\,8\times10^{-5}\times (T_{\mathrm{s}} - 15) + 0.805\,7\times10^{-5}\times\sqrt{e_{\mathrm{s}}} \tag{6.74a}$$

$$b = 0.333\,3\times10^{-2} + 0.194\,6\times10^{-6}\times(P_{\mathrm{s}} - 1\,000) + 0.104\,0\times10^{-6} \times (T_{\mathrm{s}} - 15) + 0.174\,7\times10^{-6}\times\sqrt{e_{\mathrm{s}}} \tag{6.74b}$$

$$c = 0.078 \tag{6.74c}$$

湿延迟投影函数的形式与静力学延迟投影函数相同,系数如下

$$a = 0.523\,6\times10^{-2} + 0.247\,1\times10^{-6}\times(P_{\mathrm{s}} - 1\,000) - 0.172\,4\times10^{-6} \times (T_{\mathrm{s}} - 15) + 0.132\,8\times10^{-4}\times\sqrt{e_{\mathrm{s}}} \tag{6.75a}$$

$$b = 0.170\,5 \times 10^{-2} + 0.738\,4 \times 10^{-6} \times (P_s - 1\,000) + 0.376\,7 \times 10^{-6} \times (T_s - 15) + 0.214\,7 \times 10^{-4} \times \sqrt{e_s} \tag{6.75b}$$

$$c = 0.059\,17 \tag{6.75c}$$

(2) Neill 投影函数

Neill 于 1996 年提出考虑投影函数系数的周期特性,其采用的投影函数形式为

$$m(ele) = \frac{1 + \dfrac{a}{1 + \dfrac{b}{1 + c}}}{\sin(ele) + \dfrac{a}{\sin(ele) + \dfrac{b}{\sin(ele) + c}}} \tag{6.76}$$

静力学延迟投影函数 $m_h(ele)$ 的系数 a、b、c 可表示为(以系数 a 为例)

$$a(\phi,\mathrm{DOY}) = a_{\mathrm{avg}}(\phi) - a_{\mathrm{amp}}(\phi)\cos\left(2\pi\frac{\mathrm{DOY} - \mathrm{DOY}_0}{365.25}\right) \tag{6.77}$$

通常在北半球取 $\mathrm{DOY}_0 = 28$,在南半球取 $\mathrm{DOY}_0 = 211$。Neill 静力学延迟投影函数 $m_h(ele)$ 中系数的均值以及振幅与纬度 ϕ 的关系如表 6.7 所示。

表 6.7 Neill 静力学延迟投影函数中系数的均值和振幅与纬度 ϕ 的关系

ϕ/°	$a/\times10^{-3}$	$b/\times10^{-3}$	$c/\times10^{-3}$	$a/\times10^{-5}$	$b/\times10^{-5}$	$c/\times10^{-5}$
	均值			振幅		
15	1.276 993 4	2.915 369 5	62.610 505	0.00	0.00	0.00
30	1.268 323 0	2.915 229 9	62.837 393	1.270 962 6	2.141 497 9	9.012 840 0
45	1.246 539 7	2.928 844 5	63.721 774	2.652 366 2	3.016 077 9	4.349 703 7
60	1.219 604 9	2.902 256 5	63.824 265	3.400 045 2	7.256 272 2	84.795 348
75	1.204 599 6	2.902 491 2	62.258 455	4.120 219 1	11.723 375	170.372 06

利用表 6.7 中的系数获得的 $m_h(ele)$ 是高程为 0 处的投影函数,实际使用时需要对 $m_h(ele)$ 进行高程改正,即 $m_h(ele)+\Delta m_h(ele)$,其中 $\Delta m_h(ele)$ 为

$$\Delta m_h(ele) = \frac{\mathrm{d}(m_h(ele))}{\mathrm{d}h} \cdot H \tag{6.78a}$$

$$\frac{\mathrm{d}(m_h(ele))}{\mathrm{d}h} = \frac{1}{\sin(ele)} - f(ele, a_{ht}, b_{ht}, c_{ht}) \tag{6.78b}$$

式中,H 是测站在海平面上的高程,单位 km,$f(ele, a_{ht}, b_{ht}, c_{ht})$ 为与式(6.77)相同的连分式。参数分别为

$$\begin{cases} a_{\text{ht}} = 2.53 \times 10^{-5} \\ b_{\text{ht}} = 5.49 \times 10^{-3} \\ c_{\text{ht}} = 1.14 \times 10^{-3} \end{cases} \tag{6.79}$$

与 $m_{\text{h}}(ele)$ 不同，$m_{\text{w}}(ele)$ 的系数中不包括季节变化项，系数的均值部分如表 6.8 所示。由于对流层大气中的水汽变化复杂而难以描述，因而难以对湿延迟投影函数进行高程改正。

表 6.8 Neill 湿延迟投影函数中的系数的均值与纬度 ϕ 的关系

ϕ/°	$a/\times10^{-4}$	$b/\times10^{-3}$	$c/\times10^{-2}$
	均值		
15	5.802 189 7	1.427 526 8	4.347 296 1
30	5.679 484 7	1.513 862 5	4.672 951 0
45	5.811 801 9	1.457 275 2	4.390 893 1
60	5.972 754 2	1.500 742 8	4.462 698 2
75	6.164 169 3	1.759 908 2	5.473 603 8

其他经验投影函数模型，例如 Davis、Herring、Black、VMF1、VMF3 等，此处不再细述。

3. 梯度投影函数模型

特别地，如式(6.69)所示，如果考虑对流层大气分布的不对称性，则需要考虑梯度投影函数 $m(ele)_{[\text{A}]}$。一种经验性的梯度投影函数为

$$m(ele)_{[\text{A}]} = \frac{m(ele)}{\tan(ele)} \tag{6.80}$$

即利用 $m_{\text{h}}(ele)$ 或者 $m_{\text{w}}(ele)$ 计算梯度投影函数。还可以采用如下形式的梯度投影函数

$$m(ele)_{[\text{A}]} = \frac{1}{\sin(ele) \times \tan(ele) + C} \tag{6.81}$$

式中，常数 C 可取为 $C = 0.003\ 2$。

总体而言，GNSS 应用中对流层延迟的处理方法主要有：

① 如果精度要求不高，可直接忽略对流层延迟。

② 当测站距离较近时，对同一卫星的同步观测值求差可以减弱对流层的影响。

③ 采用经验对流层延迟模型改正。

④ 将对流层延迟作为规则的待定参数，在数据处理中和其他未知参数同时求解。采用这种方法时，可以把上述经验模型计算的对流层延迟视为初始值（近似值），在数据处理过程中把残余量当作未知参数。根据观测时段长度、观测时的天气状况等因素，有以下几种处理方式。

a.对每个测站，整个观测时段只引入一个天顶方向对流层延迟参数。换而言之，假设各

测站天顶方向的对流层延迟在整个观测时段保持不变。这种方法引入的待定参数的个数最少。在一个时段中，x 个测站只引入 x 个未知参数。观测时段较短且天气稳定时可采用这种方法。

b. 将整个时段分为若干个区间，在每个区间内各测站均引入一个天顶方向对流层延迟参数。这种方法适合于时段较长且天气变化不太规则的情况。采用这种方法时参数个数较多。例如，当时段长度为 6 小时，每小时为一个区间，每个测站均需引入 6 个天顶对流层延迟参数。

c. 假设整个时段内各测站天顶对流层延迟都在均匀变化，则时段内任一时刻的天顶对流层延迟可用线性函数 $a_0+a_1(t-t_0)$ 来表示。该方法适用于时段较长、天气变化较规则的情况。

⑤ 用随机模型描述对流层湿延迟的变化。实验结果表明，用随机模型来描述天顶方向对流层湿延迟随时间的变化规律能取得较好的效果。在随机过程中，对流层湿延迟的变化过程可以用相关时间为 τ_p，方差为 σ_w 的一阶高斯-马尔可夫过程描述

$$\frac{d\rho_w(t)}{dt}=-\frac{\rho_w(t)}{\tau_p}+w(t) \tag{6.82}$$

式中，$w(t)$是均值为零的高斯白噪声。

6.4 与接收机有关的误差

6.4.1 接收机钟差

GNSS 接收机内部时标一般为石英钟，因为石英钟的精度有限，因此随着时间的推移接收机钟差会逐渐发生偏移。大部分的接收机都是通过周期性地插入时钟跳跃来调整时钟，从而尽量使接收机内部的石英钟与对应的 GNSS 时间系统同步。将上述现象称为钟跳（图 6.7），不同接收机制造商对钟跳的处理略有差异。但即使将钟跳修复后，剩余部分的接收机

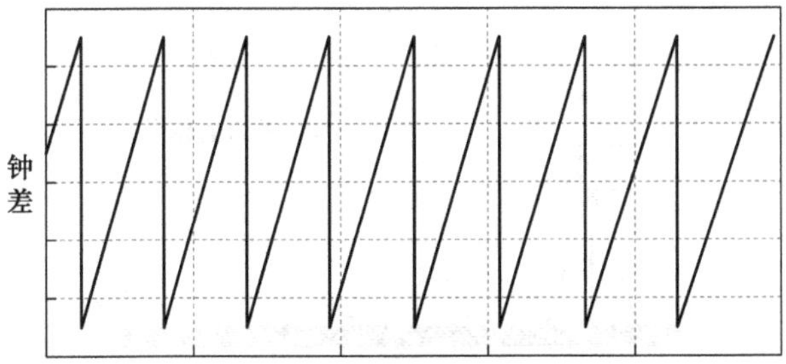

图 6.7 接收机钟跳示意图

钟差仍较大,因此在实际应用中不能忽略此误差项。

虽然接收机钟差可以通过预报的方式进行估计,如二次多项式或更高次数的多项式、灰色模型理论、时间序列分析、谱分析等方法,但由于接收机钟差的数值大且变化规律性差,因此对接收机进行钟差预报往往无法达到满意的精度。在实际应用中,处理接收机钟差还有以下策略:如在伪距单点定位中,可以将接收机钟差作为一个待估参数进行求解;在相对定位中,接收机钟差则可以被差分技术消去,因此可以不顾及此误差项。

6.4.2 多路径效应

理论上,接收机应该接收到的是仅包含直接来自卫星的信号,但由于信号在测站附近往往会发生反射和衍射现象并产生非直射信号,造成接收机接收到的信号不仅包含直射信号,还包含非直射信号,这种现象称为多路径效应。由于差分技术无法消除多路径效应,因此多路径效应是 GNSS 高精度应用中一项重要的误差源。

多路径效应会直接影响伪距和相位观测值的精度。多路径效应对伪距观测值的影响通常为 10~20 m,在严重时甚至会达到 100 m。此外,多路径效应严重时还会引起信号失锁。对于相位观测值,多路径效应则通常为几毫米到几厘米之间,因此根据定位精度的需要,在实际应用时需要注意此项误差是否可以忽略。

图 6.8 显示的是一种典型的多路径效应示意图。设直射信号的表达式为

$$S = A\cos\varphi \tag{6.83}$$

其中,S 为直射信号,A 为信号电压,φ 为直射信号的相位。非直射信号的数学表达式为

$$S' = \alpha A\cos(\varphi + \Delta\varphi) \tag{6.84}$$

其中,S'为非直射信号,$\Delta\varphi$ 为反射信号引起的相位偏差,α 则为反射系数,不同物质的反射系数不相同。最后,接收机接收到的信号为直射信号和反射信号的矢量和,表达式为

$$\boldsymbol{S}_r = A_r\cos(\varphi + \Delta\varphi_r) = \boldsymbol{S} + \boldsymbol{S}' \tag{6.85}$$

其中,$\boldsymbol{S}_r$ 为接收机接收到的信号,A_r 为接收机接收到的信号电压,$\Delta\varphi_r$ 为多路径效应引起的相位偏差。容易求得 A_r 和 $\Delta\varphi_r$ 如下

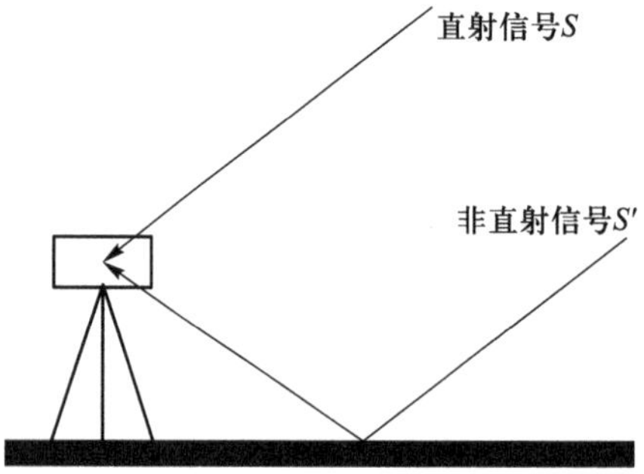

图 6.8 多路径效应示意图

$$\Delta\varphi_r = \arctan\left(\frac{\alpha\sin\Delta\varphi}{1+\alpha\cos\Delta\varphi}\right) \tag{6.86}$$

$$A_r = \sqrt{A^2 + (\alpha A)^2 + 2\alpha A^2\cos\Delta\varphi} \tag{6.87}$$

上述为多路径效应的基本模型,实际应用时可能有多个非直射信号同时进入接收机,情况要更加复杂。

在 GNSS 实际应用中,多路径误差是数据质量的重要指标之一,主要分析伪距观测值的多路径效应大小。目前通常利用伪距和相位观测值组成多路径组合(multipath combination, MP)观测值,以 GPS 波段 L1 和 L2 为例,其数学表达式如下所示

$$\mathrm{MP}_1 = P_1 - \frac{f_1^2+f_2^2}{f_1^2-f_2^2}\phi_1 + \frac{2f_2^2}{f_1^2-f_2^2}\phi_2 \tag{6.88}$$

其中,P 和 ϕ 分别为伪距和相位观测值,f 为频率。由于上述 MP 观测值是一种无几何(geometry-free)和无电离层(Ionosphere-free)组合,因此 MP 观测值中仅包含了伪距多路径、载波相位整周模糊度,以及硬件延迟。当没有发生周跳时,整周模糊度和硬件延迟这一部分可以视为常数,可以通过对式(6.88)进行去平均值的操作,因而可以利用剩余部分的量来判断伪距多路径效应的影响程度大小。

目前,抑制多路径效应的方法主要分为三类。

1. 选择良好的观测环境

抑制多路径效应最直接的方法是在低多路径效应环境下设置测站,如尽量避免高层建筑林立的城市峡谷地区,在空旷地方设置测站,这样可以避开信号反射物。选站还应尽量在地面粗糙的地方,如灌木丛、草地等,避开反射系数较大的地方,如水面、雪地、玻璃墙等。

2. 选择合适的接收机和天线类型

如卫星信号采用的是右旋极化电磁波信号,这种信号的非直射信号则会变成左旋极化信号,此时可采用右旋极化天线从而削弱左旋极化的非直射信号。如条件允许,还可以在天线下方设置抑径板或扼流圈,从而抑制较低高度角的多路径信号。此外,还可以在接收机内部的信号处理方法上进行改进,从而提升接收机抑制多路径效应方面的性能,例如窄相关技术、多路径效应消除技术、多路径效应消除延迟锁相环技术等。

3. 采用有效的数据处理方法

由于多路径效应变化的时空复杂性以及不可预测性,目前主要采用的是事后处理的方法。最常用的是恒星日滤波法,由于 GNSS 卫星的周期重复性,因此多路径效应在静态环境中也将呈现周期重复性的特征,可以利用多天数据以及多路径效应的重复性对观测值或坐标进行处理。此外,还可以根据应用模式的不同,利用观测值残差建模、载噪比分析、小波分析理论、Vondrak 滤波等方法。

6.5 其他相关误差

在 GNSS 应用中，除了上述各种误差源外还有其他影响观测量的因素，例如相对论效应、地球自转、卫星和接收机天线相位中心偏差等。为了提高定位精度，研究这些误差的来源并确定它们的影响规律和改正方法具有重要意义。

6.5.1 相对论效应

GNSS 测量中的相对论效应是由于卫星钟和接收机钟在惯性系中的运动速度和地球引力重力位不同而引起的卫星钟和接收机钟之间的相对误差。由于卫星钟相对于地面接收机钟存在显著的相对运动，因此相对于地面接收机钟，卫星钟走得慢；另一方面，由于卫星上的原子钟比它在地面上的引力位高，卫星钟走得快。两者综合影响电磁波传播时间的测定，最终影响卫星和接收机之间距离的测定。

1. 狭义相对论

根据狭义相对论，若某卫星钟在惯性空间中处于静止状态时的时钟频率为 f_0，那么将其安装在运行速率为 v_s 的卫星（载体）上，对地面观测者来说时钟频率将由于载体的运动发生偏移，偏移量约为

$$\Delta f_1 \approx -\frac{v_s^2}{2c^2} f_0 \tag{6.89}$$

地面接收机钟随地球一起以速率 v_r 自转时也会产生狭义相对论效应，相应的时钟频率变化为

$$\Delta f_r \approx -\frac{v_r^2}{2c^2} f_0 \tag{6.90}$$

根据卫星钟测定的信号发射时刻为 t^s，根据接收机钟测定的信号接收时刻为 t_r，则卫星信号的传播时间 $\Delta_t = t_r - t^s$。在讨论狭义相对论效应对距离测量（即传播时间测定）的影响时，理论上应该同时考虑狭义相对论对卫星钟和接收机钟的共同影响。但是，通常忽略狭义相对论对接收机钟的影响，其原因有两点：一是其影响非常微小，在我国区域 Δf_r 的平均值约为 Δf_1 的 1%；二是其影响难以与接收机钟差分离，通常会被接收机钟差参数吸收。

时钟频率偏移 Δf_1 是负值，说明在狭义相对论的影响下卫星上的时钟会变慢。若应用已知关系式

$$v_s^2 = g a_{\mathrm{m}} \left(\frac{a_{\mathrm{m}}}{R_s} \right) \tag{6.91}$$

则时钟频率偏移为

$$\Delta f_1 = -\frac{g a_{\mathrm{m}}}{2c^2}\left(\frac{a_{\mathrm{m}}}{R_s}\right) f_0 \tag{6.92}$$

上式中,g 为地面重力加速度,c 为光速,a_{m} 为地球平均半径,R_s 为卫星轨道平均半径。

2. 广义相对论

根据广义相对论,处于不同重力等位面的卫星钟的频率 f_0 由于引力位不同而产生变化,称为引力频移。也就是说,若卫星所处位置的地球引力位为 W_s,地面测站处的地球引力位为 W_T,那么同一台钟放在地面上与放在卫星上的频率是不同的,频率偏移可按下式估算

$$\Delta f_2 = \frac{W_S - W_T}{c^2} f_0 = \frac{\Delta W}{c^2} f_0 \tag{6.93}$$

式中,$\Delta W = g a_{\mathrm{m}}\left(1-\frac{a_{\mathrm{m}}}{R_s}\right)$ 为不同重力等位面的位差,将其代入上式,则卫星钟的引力频移为

$$\Delta f_2 = \frac{g a_{\mathrm{m}}}{c^2}\left(1 - \frac{a_{\mathrm{m}}}{R_s}\right) f_0 \tag{6.94}$$

在狭义相对论效应和广义相对论效应的综合影响下,卫星钟相对于地面钟的频率偏移为

$$\Delta f = \Delta f_1 + \Delta f_2 = \frac{g a_{\mathrm{m}}}{c^2}\left(1 - \frac{3}{2}\frac{a_{\mathrm{m}}}{R_s}\right) f_0 \tag{6.95}$$

以 GPS 卫星钟为例,其标准频率为 $f_0 = 10.23$ MHz,由相对论效应引起的频率偏移为 $\Delta f = 4.45\times10^{-10} f_0$,说明 GPS 卫星钟比其在地面上走得快。为了消除这一影响,通常在生产 GPS 卫星钟时就将其减小 $4.45\times10^{-10} f_0$。把这台钟安装到 GPS 卫星后,由于相对论效应的影响,其频率自然会变成 $f_0 = 10.23$ MHz,无须用户另做改正。

另外,由于地球运动和卫星轨道高度的变化以及地球重力场的变化,上述相对论效应的影响并非常数。经过上述方法改正后仍然有残余量,该残余量对卫星钟差 δt^s、钟速(频偏)$\delta \dot{t}^s$ 的影响可表示为

$$\delta t^s = -4.443 \times 10^{-10} e_s \sqrt{a_s} \sin(E_s) \tag{6.96}$$

$$\delta \dot{t}^s = -4.443 \times 10^{-10} e_s \sqrt{a_s} \cos(E_s)\frac{\mathrm{d}E_s}{\mathrm{d}t} = -4.443 \times 10^{-10} e_s \sqrt{a_s}\frac{n_s \cos(E_s)}{1 - e_s \cos(E_s)} \tag{6.97}$$

其中,e_s 为卫星轨道偏心率,a_s 为卫星轨道长半轴,E_s 为随时间变化的偏近点角,n_s 为卫星运动的平均角速率。当 $e_s = 0.01$,$a_s = 26\ 560$ km 时,由于卫星钟的频率偏移而引起的卫星信号的传播时间误差最大可达 22.9 ns。这样的影响对精密定位用户来讲是不可忽略的。

相对论效应主要取决于卫星的运动速度和所处位置的重力位,而且以卫星钟差的形式出现。相对论效应对码伪距观测值和载波相位观测值的影响是相同的。

6.5.2 地球自转

GNSS数据处理中卫星和地面测站的位置都是在协议地心地固系下进行解算的，如GPS在WGS84坐标系，BDS在BDCS坐标系。设卫星信号发射时刻t^s时的卫星位置为$[X^s, Y^s, Z^s]^{\mathrm{T}}$，接收机接收信号时刻为$t_r$，则信号传播从发射到接收这段时间内，由于地球自转，地固系绕自转轴（Z轴）旋转了一个角度

$$\alpha = \omega(t_r - t^s) \tag{6.98}$$

式中，ω为地球自转角速率。由地球自转引起的卫星坐标的变化为

$$\begin{bmatrix} \Delta X^s \\ \Delta Y^s \\ \Delta Z^s \end{bmatrix} = \begin{bmatrix} 0 & \sin(\alpha) & 0 \\ -\sin(\alpha) & 0 & 0 \\ 0 & 0 & 0 \end{bmatrix} \begin{bmatrix} X^s \\ Y^s \\ Z^s \end{bmatrix} \tag{6.99}$$

由于定位解算在协议地心地固系下进行，因此需要将卫星信号发射时刻的坐标转换到接收时刻的坐标。采用地球自转改正数改正发射时刻的坐标，即可得到卫星信号接收时刻的坐标。

由地球自转改正引起的卫星坐标变化而导致的卫星至接收机的距离变化$\Delta\rho_r^s$为

$$\Delta\rho_r^s = \frac{X^s - X_r}{\rho_r^s}\Delta X^s + \frac{Y^s - Y_r}{\rho_r^s}\Delta Y^s + \frac{Z^s - Z_r}{\rho_r^s}\Delta Z^s = \frac{X^s - X_r}{\rho_r^s}\sin(\alpha)Y^s - \frac{Y^s - Y_r}{\rho_r^s}\sin(\alpha)X^s \tag{6.100}$$

由于α是微小角度，则$\sin(\alpha)=\alpha=\omega(t_r-t^s)$，代入上式得

$$\Delta\rho_r^s = \frac{\omega(t_r - t^s)}{\rho_r^s}[(X^s - X_r)Y^s - (Y^s - Y_r)X^s] \approx \frac{\omega}{c}[(X^s - X_r)Y^s - (Y^s - Y_r)X^s] \tag{6.101}$$

当卫星截止高度角为15°时，位于赤道的地面测站的$\Delta\rho_r^s$可达36 m。当两站的间距为10 km时，地球自转改正对基线分量的影响大于1 cm。因而在GNSS测量中需要考虑地球自转的影响。

6.5.3 天线相位中心偏差

卫星（在信号发射时刻）和接收机（在信号接收时刻）之间的几何距离实际上是两个天线相位中心的距离。即GNSS测定的是从卫星发射天线的相位中心至接收机天线相位中心间的距离。

由于描述卫星位置的轨道参数通常参考的是卫星的质心，因而卫星星历给出的卫星位置是卫星质心的空间位置。卫星质心与卫星发射天线的相位中心一般是不重合的，因而需要进行卫星天线相位中心校正。同样地，接收机的天线相位中心与天线的参考点之间往往也不一致，但是接收机天线在对中、测量天线高时都是以天线参考点为准，因而也需要进行

天线相位中心改正。

天线相位中心的误差通常可以分为两个部分：① 天线的平均相位中心（天线瞬时相位中心的平均值）与天线参考点之间的偏差，称为天线相位中心偏差 PCO（phase center offset）；② 天线的瞬时相位中心与平均相位中心的偏差，称为天线相位中心变化 PCV（phase center variation）。对于某一天线而言，PCO 可以看成一个固定的偏差量，而 PCV 则与信号的方向相关，会随着信号方向的变化而变化。

1. 卫星天线相位中心偏差

卫星天线相位中心的 PCO 和 PCV 的示意图如图 6.9 所示。

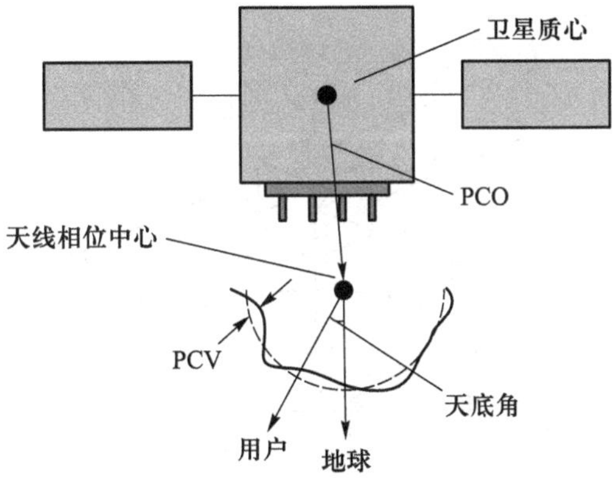

图 6.9 卫星天线相位中心偏差示意图

卫星 PCO 与卫星类型以及信号频率有关，而 PCV 还与信号的传播方向有关。卫星 PCO 是通过大量的卫星观测数据计算得到的，由于处理方法和流程不完全相同，因此不同机构给出的 PCO 值并不完全相同。国际 GNSS 服务机构 IGS 提供各类卫星的 PCO 和 PCV 改正数据，例如 igs08.atx、igs14.atx。以 igs14.atx 为例，其提供的 GPS 卫星天线校正数据是七个分析中心 AC（CODE、ESA、GFZ、JPL、MIT、NRCan、ULR）的加权平均值。图 6.10 给出了 GPS

```
                                                            START OF ANTENNA
BLOCK IIIA          G04                 G074       2018-109A TYPE / SERIAL NO
                    AEROSPACE/ESA/COD       1      30-JAN-19 METH / BY / # / DATE
     0.0                                                    DAZI
     0.0  17.0   1.0                                        ZEN1 / ZEN2 / DZEN
     3                                                      # OF FREQUENCIES
  2019     1     9     0     0    0.0000000                 VALID FROM
  2019     7    12    23    59   59.9999999                 VALID UNTIL
IGS14_2080                                                  SINEX CODE
PCO provided by the Aerospace Corporation                   COMMENT
PV from estimations by ESA/CODE                             COMMENT
   G01                                                      START OF FREQUENCY
      3.80    -18.10   1232.40                              NORTH / EAST / UP
   NOAZI   13.90   12.80   10.20    5.80    1.10   -4.50   -9.70  -12.80  -13.40  -11.80   -8.90   -4.50    1.20    7.20   13.30   13.30   13.30   13.30
   G01                                                      END OF FREQUENCY
   G02                                                      START OF FREQUENCY
      3.10    -16.20    740.50                              NORTH / EAST / UP
   NOAZI   13.90   12.80   10.20    5.80    1.10   -4.50   -9.70  -12.80  -13.40  -11.80   -8.90   -4.50    1.20    7.20   13.30   13.30   13.30   13.30
   G02                                                      END OF FREQUENCY
   G05                                                      START OF FREQUENCY
      3.20    -16.30    778.70                              NORTH / EAST / UP
   NOAZI   13.90   12.80   10.20    5.80    1.10   -4.50   -9.70  -12.80  -13.40  -11.80   -8.90   -4.50    1.20    7.20   13.30   13.30   13.30   13.30
   G05                                                      END OF FREQUENCY
                                                            END OF ANTENNA
```

图 6.10 GPS BLOCK ⅢA 系列 G04 卫星的 PCO 和 PCV 值

BLOCK ⅢA 系列 G04 卫星上与频率 G01、G02 和 G05 对应的卫星 PCO 和 PCV 值(单位都是 mm)。该值在 2019 年 1 月 9 日至 2019 年 7 月 12 日有效。可以看出卫星 PCV 仅与传播信号的天底角有关(该卫星的最大天底角为 17°),而与信号的方位角无关。图中“NORTH/EAST/UP”一行表示对应某一频率的卫星的 PCO 值,“NOAZI”开头的一行表示对应某一频率的卫星在不同天底角处的 PCV 值,其个数为(ZEN2-ZEN1)/DZEN+1。

需要说明的是:IGS 文件中给出的 PCO 是在星固坐标系中的三个分量,星固坐标系的示意图如图 6.11 所示。考虑卫星的 PCO 和 PCV,则有

$$\text{卫星质心的位置} = \text{卫星天线相位中心的位置} - \text{PCO}$$

$$\text{卫星至接收机间的几何距离} = \text{观测距离} - \text{PCV} + \text{其他改正}$$

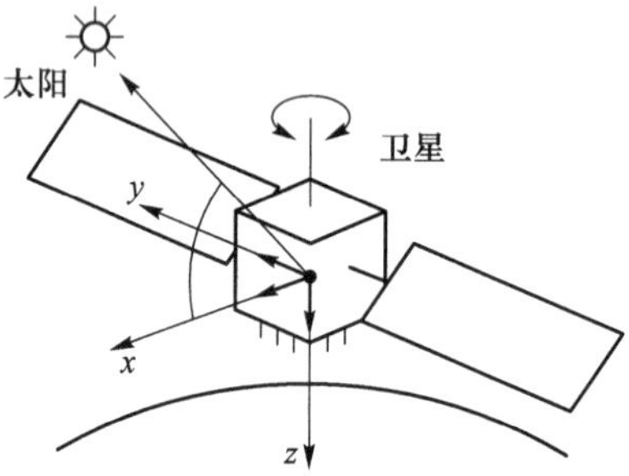

图 6.11 星固坐标系示意图

由于卫星星历中的卫星坐标是在地固坐标系中定义的,因此用户需要将星固坐标系中的卫星 PCO 值转到地固坐标系中,进而获得卫星天线相位中心的位置。上述其他改正项,例如地球固体潮、海洋负荷潮、大气负荷潮改正等并非 GNSS 测量所特有的改正项,此处不再详细介绍,感兴趣的读者可以参阅相关文献资料。

2. 接收机天线相位中心偏差

GNSS 定位解算以接收机天线的相位中心为参考。接收机天线相位中心与几何中心在理论上应保持一致,但是在实际观测时,天线相位中心的位置随着信号输入的强度和方向不同(以及天线的质量)而有所变化。接收机天线相位中心的 PCO 和 PCV 示意图如图 6.12 所示。

在实际工作中,如果在相距不远的两个或者多个测站上使用同一类型的天线同步观测同一组卫星,则可以通过观测值求差的方法削弱天线相位中心偏差的影响。根据天线性能的好坏,天线相位中心偏差对相对定位的影响可以达到数毫米至数厘米。在进行高精度单点定位以及采用不同类型的接收机天线进行相对定位时,天线相位中心偏差的影响是不可忽视的。如何减小天线相位中心偏差及其影响,是天线设计中的关键问题。

接收机 PCO 与接收机类型和信号频率有关,而 PCV 还与信号传播方向有关,一般都由接收机生产厂家给出。部分 PCO 和 PCV 可从 IGS 提供的 igs14.atx 等文件中获得。接收机

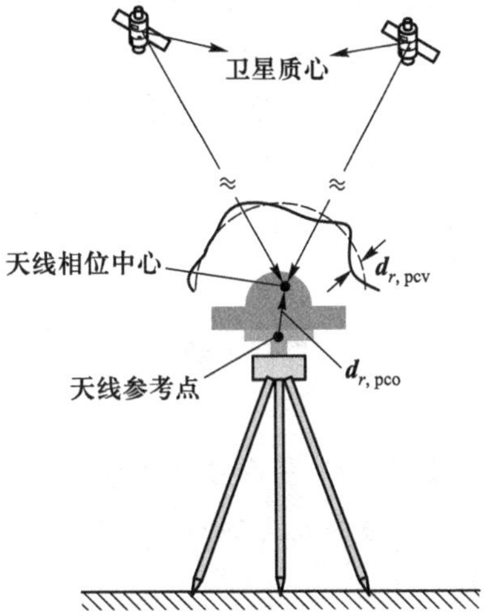

图 6.12 接收机天线相位中心偏差示意图

PCV 采用两种形式给出：一种只顾及卫星信号的天顶距而不考虑信号方位角的变化（PCV NOAZI）。一种同时顾及卫星信号的天顶距和方位角的变化。图 6.13 为 ASH7007188 天线在 GPS G01 和 G02 频率上的 PCO 和 PCV（单位都是 mm）。图中“NORTH/EAST/UP”一行表示对应某一频率的接收机的 PCO，“NOAZI”开头的一行为对应某一频率的 PCV 方位角变化；其余为对应某一频率的第二种接收机 PCV。图中天顶距和方位角的分辨率 DZEN 和 DAZI 都为 5°，对应共有 19×73 个 PCV 值。用户采用双线性内插法即可求得任一方向的卫星信号的 PCV。由于内容过多，只截取了一部分的 PCV 的值，其他以省略号代替。

```
                                                            START OF ANTENNA
ASH700718B      NONE                                        TYPE / SERIAL NO
ROBOT               Geo++ GmbH              8   25-MAR-11 METH / BY / # / DATE
     5.0                                                    DAZI
     0.0  90.0   5.0                                        ZEN1 / ZEN2 / DZEN
     2                                                      # OF FREQUENCIES
IGS14_2080                                                  SINEX CODE
   G01                                                      START OF FREQUENCY
     -1.67     -0.47     69.48                              NORTH / EAST / UP
   NOAZI    0.00    0.06    0.20    0.37    0.49    0.48    0.34    0.07   -0.33   -0.82   -1.38   -1.93   -2.36   -2.45   -2.00   -0.91    0.75    2.64    4.21
     0.0    0.00   -0.02   -0.12   -0.29   -0.53   -0.88   -1.37   -2.05   -2.93   -3.95   -4.99   -5.87   -6.40   -6.43   -5.89   -4.78   -3.25   -1.62   -0.42
     5.0    0.00   -0.04   -0.13   -0.25   -0.44   -0.74   -1.19   -1.85   -2.71   -3.74   -4.82   -5.76   -6.39   -6.53   -6.09   -5.07   -3.61   -2.03   -0.84
    10.0    0.00   -0.06   -0.12   -0.20   -0.33   -0.57   -0.98   -1.60   -2.44   -3.47   -4.56   -5.55   -6.26   -6.50   -6.15   -5.20   -3.79   -2.23   -1.05
     ...     ...     ...     ...     ...     ...     ...     ...     ...     ...     ...     ...     ...     ...     ...     ...     ...     ...     ...     ...
   350.0    0.00    0.03   -0.07   -0.29   -0.62   -1.04   -1.59   -2.30   -3.16   -4.12   -5.05   -5.77   -6.10   -5.90   -5.11   -3.78   -2.07   -0.30    0.97
   355.0    0.00    0.00   -0.10   -0.30   -0.59   -0.98   -1.50   -2.20   -3.08   -4.07   -5.06   -5.87   -6.30   -6.22   -5.55   -4.34   -2.73   -1.04    0.19
   360.0    0.00   -0.02   -0.12   -0.29   -0.53   -0.88   -1.37   -2.05   -2.93   -3.95   -4.99   -5.87   -6.40   -6.43   -5.89   -4.78   -3.25   -1.62   -0.42
   G01                                                      END OF FREQUENCY
   G02                                                      START OF FREQUENCY
      0.91     -1.34     50.21                              NORTH / EAST / UP
   NOAZI    0.00   -0.21   -0.87   -2.00   -3.54   -5.31   -7.00   -8.27   -8.91   -8.88   -8.38   -7.64   -6.76   -5.57   -3.62   -0.40    4.29   10.04   15.70
     0.0    0.00   -0.38   -1.32   -2.76   -4.61   -6.68   -8.70  -10.37  -11.44  -11.86  -11.75  -11.36  -10.81   -9.97   -8.38   -5.39   -0.58    5.80   12.46
     5.0    0.00   -0.38   -1.33   -2.79   -4.68   -6.78   -8.82  -10.48  -11.55  -11.96  -11.85  -11.46  -10.92  -10.08   -8.49   -5.54   -0.81    5.44   11.99
    10.0    0.00   -0.37   -1.32   -2.81   -4.71   -6.83   -8.87  -10.53  -11.57  -11.96  -11.85  -11.46  -10.91  -10.07   -8.47   -5.52   -0.85    5.27   11.68
     ...     ...     ...     ...     ...     ...     ...     ...     ...     ...     ...     ...     ...     ...     ...     ...     ...     ...     ...     ...
   350.0    0.00   -0.38   -1.27   -2.63   -4.38   -6.37   -8.32   -9.94  -10.98  -11.38  -11.25  -10.83  -10.27   -9.42   -7.78   -4.68    0.34    6.98   13.77
   355.0    0.00   -0.38   -1.30   -2.70   -4.51   -6.54   -8.54  -10.19  -11.25  -11.66  -11.55  -11.15  -10.59   -9.75   -8.14   -5.10   -0.19    6.32   13.06
   360.0    0.00   -0.38   -1.32   -2.76   -4.61   -6.68   -8.70  -10.37  -11.44  -11.86  -11.75  -11.36  -10.81   -9.97   -8.38   -5.39   -0.58    5.80   12.46
   G02                                                      END OF FREQUENCY
                                                            END OF ANTENNA
```

图 6.13 ASH7007188 天线在 GPS G01 和 G02 频率上的 PCO 和 PCV

在 GNSS 测量中求得的是接收机天线相位中心的位置，考虑 PCO 和 PCV，则接收机天线参考点的位置和距离观测值为

天线参考点的位置 = 天线相位中心的位置 - PCO

卫星至天线相位中心的几何距离 = 观测距离 - PCV + 其他改正

需要说明的是:IGS 文件中给出的 PCO 是在测站地平坐标系中的三个分量(North,East,Up),用户可以根据需要将其转换为在大地坐标系中的分量($\delta B,\delta L,\delta H$)或者空间直角坐标系中的分量($\delta X,\delta Y,\delta Z$)。获得天线参考点的位置后,可以根据天线对中数据以及仪器高等数据求得标石中心的位置。

习题

1. 请简述卫星信号在卫星端、传播路径和接收机端的误差。
2. 请给出测量误差的类型以及每种误差的消除办法。
3. 请给出卫星钟差的改正方法。
4. 请给出电离层延迟和对流层延迟误差的改正模型。
5. 请给出天线相位中心偏差和天线相位中心变化的定义。

第 7 章

GNSS 差分与组合观测模型

GNSS 观测模型是 GNSS 高精度数据处理理论的基础，由函数模型和随机模型组成。GNSS 高精度数据处理需要建立在正确的函数模型与随机模型的基础上。正确的函数模型是确定观测值与观测值之间、观测值与待估参数之间的相互关系的函数表达式，需要严密地改正或参数化各项误差。随机模型是描述观测误差的一些随机特性，包括观测值精度及它们之间的相关性。GNSS 的基本观测方程是非差观测方程，主要应用于单点定位，差分观测方程主要目的是消除一些公共误差，提高定位精度。同时，随着多频信号普及，可构成一些性质良好的组合观测方程。

7.1 GNSS 观测方程

码伪距观测值等于信号从发射到接收的时间差与光速乘积，但传播时间差受到卫星相关误差、传播路径相关误差以及接收机相关误差的影响，故称为伪距；载波相位观测值通过测量接收机捕获到的相位与本机生成的相位之差得到。掌握伪距和相位观测方程是 GNSS 定位的基础。

7.1.1 原始观测方程

用 s 表示卫星号，r 表示接收机号，k 表示历元号，j 表示频率号，则接收机 r 记录的第 k 个历元卫星 s 第 j 个频率的伪距观测值应为

$$P_{r,j,k}^{s} = c\Delta t_{r,k}^{s} \tag{7.1}$$

其中，c 代表光速，而 Δt 是接收机测定的信号传播时间。实际应用中，接收机测定信号传播时间时受到接收机钟与卫星钟不完全一致的影响，使得测得的 Δt 中往往包含接收机钟差 $dt_{r,k}$ 与卫星钟差 dt_{k}^{s}，即

$$\Delta t_{r,k}^{s} = \widetilde{\Delta t}_{r,k}^{s} + dt_{r,k} - dt_{k}^{s} \tag{7.2}$$

其中，$\widetilde{\Delta t}^{s}_{r,k}$为真实的信号传播时间，即卫星到接收机的真实距离应为$\rho^{s}_{r,k}=c\cdot\widetilde{\Delta t}^{s}_{r,k}$。因此，可以建立如下伪距观测值与真实卫地距之间的关系

$$P^{s}_{r,j,k}=\rho^{s}_{r,k}+c(dt_{r,k}-dt^{s}_{k}) \tag{7.3}$$

进一步地，卫星信号在生成、传播与接收的过程中，还会受到卫星硬件延迟、对流层延迟、电离层延迟、接收机硬件延迟以及多路径效应等误差的影响，此时伪距的观测方程可表示为

$$P^{s}_{r,j,k}=\rho^{s}_{r,k}+\tau^{s}_{r,k}+\mu_{j}\cdot\iota^{s}_{r,k}+c(dt_{r,k}-dt^{s}_{k})+D_{r,j}-d^{s}_{j}+M^{s}_{r,j,k}+\varepsilon_{P^{s}_{r,j,k}} \tag{7.4}$$

其中，$\rho^{s}_{r,k}$表示第k个历元卫星s到接收机r的距离，$\tau^{s}_{r,k}$表示第k个历元卫星s到接收机r的对流层延迟，$\iota^{s}_{r,k}$表示第一频率上第k个历元卫星s到接收机r的一阶电离层延迟，$\mu_{j}=f^{2}_{1}/f^{2}_{j}$且$f_{j}$与$f_{1}$分别表示第$j$频率信号与第一频率信号的载波频率，$dt_{r,k}$表示第$k$个历元接收机$r$的钟差，$dt^{s}_{k}$表示第$k$个历元卫星$s$的钟差。$D_{r,j}$表示接收机$r$的第$j$个频率的码硬件延迟，$d^{s}_{j}$表示卫星$s$的第$j$个频率的码硬件延迟。$M^{s}_{r,j,k}$表示第$k$个历元第$j$个频率卫星$s$到接收机$r$的伪距观测值多路径效应。$\varepsilon_{P^{s}_{r,j,k}}$表示伪距的观测噪声。

根据相位测量原理，接收机记录的相位观测值为$\Phi=c(t_{1})-c(t_{0})+N$，其中$c(t_{1})$为t_{1}时刻接收机记录的接收机复制的卫星信号的相位，$c(t_{0})$为t_{1}时刻接收机接收到来自发射时刻t_{0}的卫星信号相位，而N为t_{1}时刻接收机记录的整周计数。为了与伪距观测方程统一，用$c_{r,j,k}$、$c^{s}_{,j,k}$与$N^{s}_{r,j,k}$分别表示t_{1}时刻接收机记录的复制卫星信号相位$c(t_{1})$、卫星信号发出时相位$c(t_{0})$以及整周计数N，其中上下标的含义与伪距观测方程中相同。此时，相位观测值可表示为

$$\Phi^{s}_{r,j,k}=\lambda_{j}(c_{r,j,k}-c^{s}_{,j,k}+N^{s}_{r,j,k}) \tag{7.5}$$

其中，λ_{j}为卫星信号的波长。同样，接收机记录的卫星信号与复制信号受到接收机钟与卫星钟的影响。实际处理中，接收机只能记录信号相位的小数部分，因此记录的信号相位之差与实际的信号相位差有如下关系

$$c_{r,j,k}-c^{s}_{,j,k}=\widetilde{\Delta c}^{s}_{r,j,k}+A^{s}_{r,j,k}+c(dt_{r,k}-dt^{s}_{k})/\lambda_{j} \tag{7.6}$$

其中，$\widetilde{\Delta c}^{s}_{r,j,k}$为真实相位差的小数部分，$A^{s}_{r,j,k}$为真实相位差的整周部分。因为真实相位差与真实卫地距之间的关系为$\rho^{s}_{r,k}=\lambda_{j}\cdot\widetilde{\Delta c}^{s}_{r,j,k}$，所以相位观测值与真实卫地距满足

$$\Phi^{s}_{r,j,k}=\rho^{s}_{r,k}+c(dt_{r,k}-dt^{s}_{k})+\lambda_{j}(N^{s}_{r,j,k}+A^{s}_{r,j,k}) \tag{7.7}$$

又根据相位观测原理，在不考虑周跳时，接收机记录的整周计数与真实相位差整周部分随时间同步变化，即$N^{s}_{r,j,k}+A^{s}_{r,j,k}$为不随时间变化的常数。因此，在不考虑周跳时，相位观测值与卫地距之间的关系可简化为

$$\Phi^{s}_{r,j,k}=\rho^{s}_{r,k}+c(dt_{r,k}-dt^{s}_{k})+\lambda_{j}a^{s}_{r,j} \tag{7.8}$$

其中，$a^{s}_{r,j}=N^{s}_{r,j,k}+A^{s}_{r,j,k}$。进一步考虑卫星信号在生成、传播与接收过程中产生的对流层延迟、电离层延迟、硬件延迟和多路径效应等误差，得到原始相位观测方程

$$\Phi_{r,j,k}^{s}=\rho_{r,k}^{s}+\tau_{r,k}^{s}-\mu_{j}\iota_{r,k}^{s}+c(dt_{r,k}-dt_{k}^{s})+B_{r,j}-b_{j}^{s}-\lambda_{j}a_{r,j}^{s}+m_{r,j,k}^{s}+\varepsilon_{\Phi_{r,j,k}^{s}} \tag{7.9}$$

其中,$B_{r,j}$表示接收机 r 的第 j 个频率的相位硬件延迟,b_j^s 表示卫星 s 的第 j 个频率的相位硬件延迟。$m_{r,j,k}^s$表示第 k 个历元第 j 个频率卫星 s 到接收机 r 的相位观测值多路径效应。$\varepsilon_{\Phi_{r,j,k}^s}$表示相位观测噪声。

值得说明的是,式(7.4)和式(7.9)中的接收机相位硬件延迟和码硬件延迟适用于CDMA 星座。对于 FDMA 星座,尽管卫星在 L1 和 L2 频段播发信号,但是不同卫星播发频率不尽相同。因此对 FDMA 的观测值,接收机相位硬件延迟应该表示为 $B_{r,j}^s$,接收机码硬件延迟应该表示为 $D_{r,j}^s$,即它们不仅与接收机和频率有关,还与卫星有关。

由于接收机钟差与其硬件延迟是不可区分的,通常将其与接收机钟差合并,即

$$c\delta t_{r,j,k}=cdt_{r,k}+B_{r,j} \tag{7.10a}$$

$$cdt_{r,j,k}=cdt_{r,k}+D_{r,j} \tag{7.10b}$$

同样对于卫星钟差也是如此

$$c\delta t_{j,k}^{s}=cdt_{k}^{s}+b_{j}^{s} \tag{7.11a}$$

$$cdt_{j,k}^{s}=cdt_{k}^{s}+d_{j}^{s} \tag{7.11b}$$

则原始相位和伪距观测方程可表达为

$$\Phi_{r,j,k}^{s}=\rho_{r,k}^{s}+\tau_{r,k}^{s}-\mu_{j}\iota_{r,k}^{s}+c\delta t_{r,j,k}-c\delta t_{j,k}^{s}-\lambda_{j}a_{r,j}^{s}+m_{r,j,k}^{s}+\varepsilon_{\Phi_{r,j,k}^{s}} \tag{7.12a}$$

$$P_{r,j,k}^{s}=\rho_{r,k}^{s}+\tau_{r,k}^{s}+\mu_{j}\iota_{r,k}^{s}+cdt_{r,j,k}-cdt_{j,k}^{s}+M_{r,j,k}^{s}+\varepsilon_{P_{r,j,k}^{s}} \tag{7.12b}$$

有时在精度要求不高的情况下,还可直接将不同频率相位和伪距的接收机钟差视为相同。实际定位中,式(7.12)中的参数化方法仍不能完全吸收观测值尤其是高精度相位观测值中的所有误差,残留的误差通常会被模糊度参数吸收,从而导致待估的模糊度参数含有相位偏差而不具有整数性。相位偏差可以分为卫星相位偏差与接收机相位偏差,可以通过长时间观测来计算其精确值而予以消除,或者通过卫星间与接收机间的差分消除,即使不予消除也只是使模糊度参数不具备整数性而对其他参数的解算没有影响,因此不在观测方程中讨论。而其他的一些误差项,如相对论效应、相位缠绕、天线相位中心变化和潮汐负荷等,一般都可通过模型精确改正,因此也不在观测方程中讨论。此外,由于实际解算的是接收机的三维坐标,因此在观测方程中需要对卫地距 $\rho_{r,k}^s$进行线性化处理。线性化过程中需要使用卫星坐标,而此时通常会将地球自转改正(即信号传播过程中地球自转对信号传播距离的影响)吸收到卫星坐标里,因此在观测方程里并不讨论地球自转改正。

7.1.2 原始随机模型

原始观测方程的随机模型可表示为

$$Q=\begin{bmatrix}Q_{\Phi} & 0\\ 0 & Q_{P}\end{bmatrix}\otimes Q_{s} \tag{7.13}$$

其中,$Q_\Phi=\mathrm{diag}(\sigma_{\Phi_1}^2,\sigma_{\Phi_2}^2,\cdots,\sigma_{\Phi_n}^2)$,$Q_P=\mathrm{diag}(\sigma_{P_1}^2,\sigma_{P_2}^2,\cdots,\sigma_{P_n}^2)$,$\sigma_{\Phi_j}^2$和 $\sigma_{P_j}^2$分别表示第 j 个频

率天顶方向卫星的相位和伪距观测值的方差，n 为频率的个数。一般情况下，不同频率的观测值方差可认为是相同的，且天顶方向卫星的相位和伪距观测值的方差可分别记为 σ_{Φ}^2 和 σ_p^2，则 $\boldsymbol{Q}_{\Phi}=\sigma_{\Phi}^2\boldsymbol{I}_n$ 和 $\boldsymbol{Q}_P=\sigma_p^2\boldsymbol{I}_n$。$s$ 是卫星的个数，$\boldsymbol{Q}_s$ 是不同卫星的观测值的协因数阵，可用于刻画不同高度角和类型的卫星之间的精度差异及其相关关系。如果再假设不同卫星之间不存在相关性，且不同卫星的观测值等权时，则

$$\boldsymbol{Q}=\begin{bmatrix}\sigma_{\Phi}^2\boldsymbol{I}_{ns} & 0\\ 0 & \sigma_p^2\boldsymbol{I}_{ns}\end{bmatrix} \tag{7.14}$$

7.2 差分观测方程

GNSS 的原始观测量中包含了许多种观测误差，如果忽略这些误差，将严重影响定位精度；如果将这些误差作为参数求解，不但会导致解算过程非常复杂、计算效率低，同时会由于一些误差的相关性导致方程的性质比较差，甚至病态。因此，常见的观测误差处理方式有两种，一种是对观测误差进行建模，通过模型改正这些误差，可以称之为建模法；另一种是通过对不同卫星、不同接收机之间的观测值做差分来消除观测误差，称之为差分法。建模法的优点在于能保留尽可能多的观测值，在建立的误差模型比较精确时能得到较好的定位结果。建模法的缺点在于大部分观测误差的模型建立十分困难，建立的误差模型往往不能精确地改正真实误差，不能很好地改善定位结果。差分法的优点在于能有效消除或者削弱各类误差项，从而减少了这些误差项的待估参数（如果通过参数估计来补偿这些误差项的话），使定位模型变得简单。不同的差分方式可以消除不同的误差项，可用于不同的目的。其中，双差法是普遍采用的差分模式，其主要原因是只有双差观测值的模糊度才能保留整数特性，只有固定整数模糊度才能有效地提高定位精度，此外，差分法还可以消除部分大气相关误差，在两个接收机相距不远的条件下可以通过双差消除绝大部分大气相关误差，使相位观测值中的整周模糊度具有整数性，从而更容易被固定而得到厘米级精度的定位结果；三差相位观测值中更是消除了整周模糊度参数，能够快速求得接收机的位置变化量并且具备探测周跳的作用。差分法的缺点在于削减了大量的观测值，而在消除了部分观测误差后不可能再通过引入观测误差的外部约束来增加多余观测量，因此定位精度没有提升的空间；此外，双差观测值只能计算两个接收机之间的相对位置，三差观测值只能计算两个接收机之间的相对位置变化量。

7.2.1 差分观测方程

根据不同的差分方式，可以将差分观测方程分为星间单差观测方程、站间单差观测方

程、历元间单差观测方程、双差观测方程以及三差观测方程等。假设两台接收机 u 和 v，在 t_1 和 t_2 两个历元分别观测了 m 和 n 两颗卫星，则原始相位和伪距观测向量如下

$$\boldsymbol{y} = [\Phi^m_{u,t_1},\Phi^n_{u,t_1},\Phi^m_{v,t_1},\Phi^n_{v,t_1},P^m_{u,t_1},P^n_{u,t_1},P^m_{v,t_1},P^n_{v,t_1},\Phi^m_{u,t_2},\Phi^n_{u,t_2},\Phi^m_{v,t_2},\Phi^n_{v,t_2},P^m_{u,t_2},P^n_{u,t_2},P^m_{v,t_2},P^n_{v,t_2}]^{\mathrm{T}} \tag{7.15}$$

注意此处以单频观测值为例，故不对观测值的频率作区分。此外，由于多路径效应无法通过差分消除且很难进行建模，因此实际应用中一般会选择良好的观测环境避免多路径效应，此处暂时不予考虑。

1. 星间单差观测方程

星间单差是指对同一接收机接收到的两个卫星的观测值作差，它可以消除接收机钟差和接收机硬件延迟，并削弱对流层和电离层误差。观测向量如下所示

$$y_{\mathrm{ssd}} = [\Phi^{mn}_{u,t_1},\Phi^{mn}_{v,t_1},P^{mn}_{u,t_1},P^{mn}_{v,t_1},\Phi^{mn}_{u,t_2},\Phi^{mn}_{v,t_2},P^{mn}_{u,t_2},P^{mn}_{v,t_2}]^{\mathrm{T}} \tag{7.16}$$

其中，$\boldsymbol{y}_{\mathrm{ssd}}$表示星间单差观测向量，$(*)^{mn}=(*)^m-(*)^n$。星间单差观测向量与原始观测向量存在变换关系

$$\boldsymbol{y}_{\mathrm{ssd}} = \boldsymbol{D}_s\boldsymbol{y} = (\boldsymbol{I}_8 \otimes [1,\ -1])\boldsymbol{y} \tag{7.17}$$

其中，$\boldsymbol{D}_s$ 表示星间单差矩阵。结合式(7.12)得星间单差观测方程为

$$\boldsymbol{y}_{\mathrm{ssd}} = \begin{bmatrix} \rho^{mn}_{u,t_1} + \tau^{mn}_{u,t_1} - \iota^{mn}_{u,t_1} - cdt^{mn}_{t_1} - a^{mn}_u - \varphi^{mn} + \varepsilon_{\Phi^{mn}_{u,t_1}} \\ \rho^{mn}_{v,t_1} + \tau^{mn}_{v,t_1} - \iota^{mn}_{v,t_1} - cdt^{mn}_{,t_1} - a^{mn}_v - \varphi^{mn} + \varepsilon_{\Phi^{mn}_{v,t_1}} \\ \rho^{mn}_{u,t_1} + \tau^{mn}_{u,t_1} + \iota^{mn}_{u,t_1} - cdt^{mn}_{,t_1} - d^{mn} + \varepsilon_{P^{mn}_{u,t_1}} \\ \rho^{mn}_{v,t_1} + \tau^{mn}_{v,t_1} + \iota^{mn}_{v,t_1} - cdt^{mn}_{,t_1} - d^{mn} + \varepsilon_{P^{mn}_{v,t_1}} \\ \rho^{mn}_{u,t_2} + \tau^{mn}_{u,t_2} - \iota^{mn}_{u,t_2} - cdt^{mn}_{,t_2} - a^{mn}_u - \varphi^{mn} + \varepsilon_{\Phi^{mn}_{u,t_2}} \\ \rho^{mn}_{v,t_2} + \tau^{mn}_{v,t_2} - \iota^{mn}_{v,t_2} - cdt^{mn}_{,t_2} - a^{mn}_v - \varphi^{mn} + \varepsilon_{\Phi^{mn}_{v,t_2}} \\ \rho^{mn}_{u,t_2} + \tau^{mn}_{u,t_2} + \iota^{mn}_{u,t_2} - cdt^{mn}_{,t_2} - d^{mn} + \varepsilon_{P^{mn}_{u,t_2}} \\ \rho^{mn}_{v,t_2} + \tau^{mn}_{v,t_2} + \iota^{mn}_{v,t_2} - cdt^{mn}_{,t_2} - d^{mn} + \varepsilon_{P^{mn}_{v,t_2}} \end{bmatrix} \tag{7.18}$$

2. 站间单差观测方程

站间单差是指对两个接收机接收到的同一卫星的观测值作差，它可以消除卫星钟差、卫星端硬件延迟并削弱对流层和电离层误差。观测向量如下所示

$$\boldsymbol{y}_{\mathrm{rsd}} = [\Phi^m_{uv,t_1},\Phi^n_{uv,t_1},P^m_{uv,t_1},P^n_{uv,t_1},\Phi^m_{uv,t_2},\Phi^n_{uv,t_2},P^m_{uv,t_2},P^n_{uv,t_2}]^{\mathrm{T}} \tag{7.19}$$

其中，$\boldsymbol{y}_{\mathrm{rsd}}$表示站间单差观测向量，$(*)_{uv}=(*)_u-(*)_v$。站间单差观测向量与原始观测向量有如下关系

$$\boldsymbol{y}_{\mathrm{rsd}} = \boldsymbol{D}_r \boldsymbol{y} = \left(\boldsymbol{I}_4 \otimes \begin{bmatrix} 1 & 0 & -1 & 0 \\ 0 & 1 & 0 & -1 \end{bmatrix} \right) \boldsymbol{y} \tag{7.20}$$

其中,$\boldsymbol{D}_r$ 表示站间单差矩阵。结合式(7.12)得站间单差观测方程

$$\boldsymbol{y}_{\mathrm{rsd}} = \begin{bmatrix} \rho_{uv,t_1}^m + \tau_{uv,t_1}^m - \iota_{uv,t_1}^m - cdt_{uv,t_1} - a_{uv}^m + \varphi_{uv} + \varepsilon_{\Phi_{uv,t_1}^m} \\ \rho_{uv,t_1}^n + \tau_{uv,t_1}^n - \iota_{uv,t_1}^n - cdt_{uv,t_1} - a_{uv}^n + \varphi_{uv} + \varepsilon_{\Phi_{uv,t_1}^n} \\ \rho_{uv,t_1}^m + \tau_{uv,t_1}^m + \iota_{uv,t_1}^m - cdt_{uv,t_1} - D_{uv} + \varepsilon_{P_{uv,t_1}^m} \\ \rho_{uv,t_1}^n + \tau_{uv,t_1}^n + \iota_{uv,t_1}^n - cdt_{uv,t_1} - D_{uv} + \varepsilon_{P_{uv,t_1}^n} \\ \rho_{uv,t_2}^m + \tau_{uv,t_2}^m - \iota_{uv,t_2}^m - cdt_{uv,t_2} - a_{uv}^m + \varphi_{uv} + \varepsilon_{\Phi_{uv,t_2}^m} \\ \rho_{uv,t_2}^n + \tau_{uv,t_2}^n - \iota_{uv,t_2}^n - cdt_{uv,t_2} - a_{uv}^n + \varphi_{uv} + \varepsilon_{\Phi_{uv,t_2}^n} \\ \rho_{uv,t_2}^m + \tau_{uv,t_2}^m + \iota_{uv,t_2}^m - cdt_{uv,t_2} - D_{uv} + \varepsilon_{P_{uv,t_2}^m} \\ \rho_{uv,t_2}^n + \tau_{uv,t_2}^n + \iota_{uv,t_2}^n - cdt_{uv,t_2} - D_{uv} + \varepsilon_{P_{uv,t_2}^n} \end{bmatrix} \tag{7.21}$$

站间单差观测方程中留下了接收机钟差参数,且 ρ_{uv,t_1}^m 项中包含了两个接收机的位置坐标,通常可线性化为两个接收机的相对位置参数。此外,若两个接收机之间相距足够近(<20 km),残留的对流层和电离层误差通常可以忽略。

3. 历元间单差观测方程

历元间单差是指同一接收机同一卫星的前后历元的观测值之间作差,可以消除那些与历元没有关系或关系较小的参数(即不随时间变化或随时间变化缓慢的参数),观测向量如下所示

$$\boldsymbol{y}_{\mathrm{esd}} = [\boldsymbol{\Phi}_{u,t_1t_2}^m, \boldsymbol{\Phi}_{u,t_1t_2}^n, \boldsymbol{\Phi}_{v,t_1t_2}^m, \boldsymbol{\Phi}_{v,t_1t_2}^n, P_{u,t_1t_2}^m, P_{u,t_1t_2}^n, P_{v,t_1t_2}^m, P_{v,t_1t_2}^n]^{\mathrm{T}} \tag{7.22}$$

其中,$\boldsymbol{y}_{\mathrm{esd}}$ 表示历元间单差观测向量,$(*)_{t_1t_2} = (*)_{t_1} - (*)_{t_2}$。历元间单差观测向量与原始观测向量有如下关系

$$\boldsymbol{y}_{\mathrm{esd}} = \boldsymbol{D}_e \boldsymbol{y} = ([1, -1] \otimes \boldsymbol{I}_8) \boldsymbol{y} \tag{7.23}$$

其中,$\boldsymbol{D}_e$ 表示历元间单差矩阵。结合式(7.12)得历元间单差观测方程

$$\boldsymbol{y}_{\mathrm{esd}} = \begin{bmatrix} \rho_{u,t_1t_2}^m + \tau_{u,t_1t_2}^m - \iota_{u,t_1t_2}^m + c\delta t_{u,t_1t_2} - c\delta t_{t_1t_2}^m + m_{u,t_1t_2}^m + \varepsilon_{\Phi_{u,t_1t_2}^m} \\ \rho_{u,t_1t_2}^n + \tau_{u,t_1t_2}^n - \iota_{u,t_1t_2}^n + c\delta t_{r,t_1t_2} - c\delta t_{t_1t_2}^n + m_{u,t_1t_2}^n + \varepsilon_{\Phi_{u,t_1t_2}^n} \\ \rho_{v,t_1t_2}^m + \tau_{v,t_1t_2}^m - \iota_{v,t_1t_2}^m + c\delta t_{v,t_1t_2} - c\delta t_{t_1t_2}^m + m_{v,t_1t_2}^m + \varepsilon_{\Phi_{v,t_1t_2}^m} \\ \rho_{v,t_1t_2}^n + \tau_{v,t_1t_2}^n - \iota_{v,t_1t_2}^n + c\delta t_{v,t_1t_2} - c\delta t_{t_1t_2}^n + m_{v,t_1t_2}^n + \varepsilon_{\Phi_{v,t_1t_2}^n} \\ \rho_{u,t_1t_2}^m + \tau_{u,t_1t_2}^m + \iota_{u,t_1t_2}^m + cdt_{u,t_1t_2} - cdt_{t_1t_2}^m + m_{u,t_1t_2}^m + \varepsilon_{P_{u,t_1t_2}^m} \\ \rho_{u,t_1t_2}^n + \tau_{u,t_1t_2}^n + \iota_{u,t_1t_2}^n + cdt_{r,t_1t_2} - cdt_{t_1t_2}^n + m_{u,t_1t_2}^n + \varepsilon_{P_{u,t_1t_2}^n} \\ \rho_{v,t_1t_2}^m + \tau_{v,t_1t_2}^m + \iota_{v,t_1t_2}^m + cdt_{v,t_1t_2} - cdt_{t_1t_2}^m + m_{v,t_1t_2}^m + \varepsilon_{P_{v,t_1t_2}^m} \\ \rho_{v,t_1t_2}^n + \tau_{v,t_1t_2}^n + \iota_{v,t_1t_2}^n + cdt_{v,t_1t_2} - cdt_{t_1t_2}^n + m_{v,t_1t_2}^n + \varepsilon_{P_{v,t_1t_2}^n} \end{bmatrix} \tag{7.24}$$

如果历元之间相隔足够近,观测方程中的参数将只包含伪距变化项以及可能存在的周跳。因此,历元间单差常和无距离组合观测值一起用于周跳探测。

4. 双差观测方程

双差是指两个不同接收机接收到的两个卫星的观测值之间作差,它可以消除卫星钟差、卫星端硬件延迟、卫星端初始相位偏差、接收机钟差、接收机硬件延迟、接收机初始相位偏差以及部分大气相关误差。其观测向量如下所示

$$\boldsymbol{y}_{\mathrm{dd}} = [\Phi_{uv,t_1}^{mn}, P_{uv,t_1}^{mn}, \Phi_{uv,t_2}^{mn}, P_{uv,t_2}^{mn}]^{\mathrm{T}} \tag{7.25}$$

其中,$\boldsymbol{y}_{\mathrm{dd}}$表示双差观测向量,$(*)_{uv}^{mn}=(*)_u^m-(*)_u^n-(*)_v^m+(*)_v^n$。双差观测向量与原始观测向量有如下关系

$$\boldsymbol{y}_{dd} = \boldsymbol{D}_{dd}\boldsymbol{y} = (\boldsymbol{I}_4 \otimes [1, -1, -1, 1])\boldsymbol{y} \tag{7.26}$$

结合式(7.12)可得如下双差观测方程

$$\boldsymbol{y}_{\mathrm{dd}} = \begin{bmatrix} \rho_{uv,t_1}^{mn} + \tau_{uv,t_1}^{mn} - \iota_{uv,t_1}^{mn} - a_{uv}^{mn} + \varepsilon_{\Phi_{uv,t_1}^{mn}} \\ \rho_{uv,t_1}^{mn} + \tau_{uv,t_1}^{mn} + \iota_{uv,t_1}^{mn} + \varepsilon_{P_{uv,t_1}^{mn}} \\ \rho_{uv,t_2}^{mn} + \tau_{uv,t_2}^{mn} - \iota_{uv,t_2}^{mn} - a_{uv}^{mn} + \varepsilon_{\Phi_{uv,t_2}^{mn}} \\ \rho_{uv,t_2}^{mn} + \tau_{uv,t_2}^{mn} + \iota_{uv,t_2}^{mn} + \varepsilon_{P_{uv,t_2}^{mn}} \end{bmatrix} \tag{7.27}$$

双差观测方程中的参数只留下了几何距离项、对流层延迟、电离层延迟以及整周模糊度。此时几何距离项中包含的是两个接收机之间的相对位置参数。此外,若两个接收机之间相距足够近(<20 km),参数中还可以去掉对流层延迟与电离层延迟,此时双差观测方程中的参数只留下了几何距离项与整周模糊度项,定位模型最为简洁,实现方便,是常用的差分方程,常见于相对定位中。

5. 三差观测方程

三差是指两个接收机接收到的两个卫星的前后历元的观测值之间作差,它的观测方程中只保留了几何距离变化项,因此,常用于与无距离组合观测值一起探测双差观测值的周跳。其观测向量如下所示

$$\boldsymbol{y}_{\mathrm{td}} = [\Phi_{uv,t_{12}}^{mn}, P_{uv,t_{12}}^{mn}]^{\mathrm{T}} \tag{7.28}$$

其中,$\boldsymbol{y}_{\mathrm{td}}$表示三差观测向量,$(*)_{uv,t_{12}}^{mn}=(*)_{u,t_1}^m-(*)_{u,t_1}^n-(*)_{v,t_1}^m+(*)_{v,t_1}^n-(*)_{u,t_2}^m+(*)_{u,t_2}^n+(*)_{v,t_2}^m-(*)_{v,t_2}^n$,三差观测向量与原始观测向量有如下关系

$$\boldsymbol{y}_{\mathrm{td}} = \boldsymbol{D}_{\mathrm{td}}\boldsymbol{y} = (\boldsymbol{I}_2 \otimes [1, -1, -1, 1, -1, 1, 1, -1])\boldsymbol{y} \tag{7.29}$$

结合式(7.12)可得如下三差观测方程

$$\boldsymbol{y}_{\mathrm{td}} = \begin{bmatrix} \rho_{uv,t_{12}}^{mn} + \varepsilon_{\Phi_{uv,t_{12}}^{mn}} \\ \rho_{uv,t_{12}}^{mn} + \varepsilon_{P_{uv,t_{12}}^{mn}} \end{bmatrix} \tag{7.30}$$

7.2.2 差分观测值的随机模型

假设 t_1 与 t_2 两个时刻足够接近且两个接收机之间足够接近，则可忽略相同卫星在不同测站的高度角差异，以及卫星高度角随时间的变化。结合式(7.13)后，上述原始观测向量 $\boldsymbol{y}$ 的方差-协方差矩阵为

$$\boldsymbol{Q}_{yy} = \boldsymbol{I}_2 \otimes \mathrm{diag}([\sigma_{\Phi}^2, \sigma_P^2]) \otimes \boldsymbol{I}_2 \otimes \boldsymbol{Q}_s \tag{7.31}$$

其中 σ_{Φ}^2 和 σ_P^2 分别为天顶方向卫星的相位及伪距观测值的方差；$\boldsymbol{Q}_s=\mathrm{diag}([q^m, q^n])$，$q^m$ 与 q^n 分别为卫星 m 和卫星 n 的高度角相关因子。

根据不同差分观测值的差分算子以及原始观测值的随机模型（7.29）可以推导出各种差分观测值的随机模型。星间单差观测值、站间单差观测值、历元间单差观测值、双差观测值以及三差观测值的随机模型分别如下所示

$$\boldsymbol{Q}_{\boldsymbol{y}_{\mathrm{ssd}}\boldsymbol{y}_{\mathrm{ssd}}} = \boldsymbol{D}_s \boldsymbol{Q}_{\boldsymbol{yy}} \boldsymbol{D}_s^{\mathrm{T}} \tag{7.32a}$$

$$\boldsymbol{Q}_{\boldsymbol{y}_{\mathrm{rsd}}\boldsymbol{y}_{\mathrm{rsd}}} = \boldsymbol{D}_r \boldsymbol{Q}_{\boldsymbol{yy}} \boldsymbol{D}_r^{\mathrm{T}} \tag{7.32b}$$

$$\boldsymbol{Q}_{\boldsymbol{y}_{\mathrm{esd}}\boldsymbol{y}_{\mathrm{esd}}} = \boldsymbol{D}_e \boldsymbol{Q}_{\boldsymbol{yy}} \boldsymbol{D}_e^{\mathrm{T}} \tag{7.32c}$$

$$\boldsymbol{Q}_{\boldsymbol{y}_{\mathrm{dd}}\boldsymbol{y}_{\mathrm{dd}}} = \boldsymbol{D}_{\mathrm{dd}} \boldsymbol{Q}_{\boldsymbol{yy}} \boldsymbol{D}_{\mathrm{dd}}^{\mathrm{T}} \tag{7.32d}$$

$$\boldsymbol{Q}_{\boldsymbol{y}_{\mathrm{td}}\boldsymbol{y}_{\mathrm{td}}} = \boldsymbol{D}_{\mathrm{td}} \boldsymbol{Q}_{\boldsymbol{yy}} \boldsymbol{D}_{\mathrm{td}}^{\mathrm{T}} \tag{7.32e}$$

7.3 组合观测方程

尽管差分技术可消除公共系统误差，削弱相关系统误差，但当残留系统误差依然显著时，必须引入参数（如引入对流层、电离层参数）予以吸收，否则无法求得参数（如位置参数、模糊度参数）的精确估值。然而，当引入的参数过多或者不能很好地描述残留系统误差时，将会降低待求参数的解算精度。此时，可以基于等价性原理，在确保所需参数估值不变的情况下进一步消除残留系统误差，即构造组合观测方程。一般情况下，组合观测值至少满足 4 个有利条件之一：① 保持组合观测值模糊度的整数特性；② 保持组合观测值具有合适的波长；③ 保持组合观测值应消除或最大程度减弱电离层延迟影响；④ 保持组合观测值具有尽可能小的观测噪声。本节将介绍双频与三频组合观测值的基本函数模型与随机模型，并介绍几种常用的组合观测值及其用途。

7.3.1 组合观测值的基本函数模型

1. 双频组合观测值的函数模型

基于原始观测方程(7.12),省略历元下标,L1 和 L2 双频的相位和伪距组合方程为

$$\Phi^s_{r,(i,j)} = \rho^s_r + \tau^s_r - \mu_{(i,j)} \iota^s_r + c\delta t_{r,(i,j)} - c\delta t^s_{(i,j)} - \lambda_{(i,j)} a^s_{r(i,j)} + m^s_{r,(i,j)} + \varepsilon_{\Phi^s_{r,(i,j)}} \tag{7.33a}$$

$$P^s_{r,(i,j)} = \rho^s_r + \tau^s_r + \mu_{(i,j)} \iota^s_r + cdt_{r,(i,j)} - cdt^s_{(i,j)} + M^s_{r,(i,j)} + \varepsilon_{P^s_{r,(i,j)}} \tag{7.33b}$$

其中,$\Phi^s_{r,(i,j)} = \dfrac{i \cdot f_1 \cdot \Phi^s_{r,1} + j \cdot f_2 \cdot \Phi^s_{r,2}}{i \cdot f_1 + j \cdot f_2}$,$P^s_{r,(i,j)} = \dfrac{i \cdot f_1 \cdot P^s_{r,1} + j \cdot f_2 \cdot P^s_{r,2}}{i \cdot f_1 + j \cdot f_2}$,$i$ 和 j 为组合系数,其余符号与 7.1 节定义相同。观测值线性组合后不改变几何延迟量(如对流层延迟和卫地距)且钟差参数与多路径效应参数均为相应的组合参数。组合相位观测值的模糊度、频率、波长和电离层延迟系数分别为

$$a^s_{r(i,j)} = i \cdot a_1 + j \cdot a_2 \tag{7.34a}$$

$$f_{(i,j)} = i \cdot f_1 + j \cdot f_2 \tag{7.34b}$$

$$\lambda_{(i,j)} = \frac{c}{i \cdot f_1 + j \cdot f_2} = c/f_{(i,j)} \tag{7.34c}$$

$$\mu_{(i,j)} = \frac{f_1^2 \cdot (i/f_1 + j/f_2)}{i \cdot f_1 + j \cdot f_2} \tag{7.34d}$$

2. 三频组合观测值的函数模型

三频相位和伪距的组合观测方程与双频组合观测方程(7.33)类似,省去卫星上标和接收机下标符号,三频相位和伪距组合观测值表达为

$$\Phi_{(i,j,k)} = \frac{i \cdot f_1 \cdot \Phi_1 + j \cdot f_2 \cdot \Phi_2 + k \cdot f_3 \cdot \Phi_3}{i \cdot f_1 + j \cdot f_2 + k \cdot f_3} \tag{7.35a}$$

$$P_{(i,j,k)} = \frac{i \cdot f_1 \cdot P_1 + j \cdot f_2 \cdot P_2 + k \cdot f_3 \cdot P_3}{i \cdot f_1 + j \cdot f_2 + k \cdot f_3} \tag{7.35b}$$

其中,i,j,k 为组合系数,三频相位组合的模糊度、频率、波长和电离层延迟因子依次为

$$a_{(i,j,k)} = i \cdot a_1 + j \cdot a_2 + k \cdot a_3 \tag{7.36a}$$

$$f_{(i,j,k)} = i \cdot f_1 + j \cdot f_2 + k \cdot f_3 \tag{7.36b}$$

$$\lambda_{(i,j,k)} = c/f_{(i,j,k)} = \frac{\lambda_1 \lambda_2 \lambda_3}{i \cdot \lambda_2 \lambda_3 + j \cdot \lambda_1 \lambda_3 + k \cdot \lambda_1 \lambda_2} \tag{7.36c}$$

$$\mu_{(i,j,k)} = \frac{f_1^2 \cdot (i/f_1 + j/f_2 + k/f_3)}{f_{(i,j,k)}} \tag{7.36d}$$

3. 多频组合观测值的函数模型

将线性组合观测理论推广至 n 个频率的一般情况,即 n 个频点的伪距和相位观测值分

别为 $P_1, \cdots, P_n$ 和 $\Phi_1, \cdots, \Phi_n$。则多频线性组合可以写为

$$P_{(i_1,\cdots,i_n)} = \frac{\sum_{k=1}^{n} i_k f_k P_k}{\sum_{k=1}^{n} i_k f_k} \tag{7.37}$$

$$\Phi_{(i_1,\cdots,i_n)} = \frac{\sum_{k=1}^{n} i_k f_k \Phi_k}{\sum_{k=1}^{n} i_k f_k} \tag{7.38}$$

其中，$i_1, \cdots, i_n$ 是任意整数的组合系数。组合相位观测值的频率、波长、模糊度和电离层延迟因子为

$$f_{(i_1,\cdots,i_n)} = \sum_{k=1}^{n} i_k f_k \tag{7.39a}$$

$$\lambda_{(i_1,\cdots,i_n)} = c/f_{(i_1,\cdots,i_n)} \tag{7.39b}$$

$$a_{(i_1,\cdots,i_n)} = \sum_{k=1}^{n} i_k a_k \tag{7.39c}$$

$$\mu_{(i_1,\cdots,i_n)} = \frac{f_1^2 \cdot \left(\sum_{k=1}^{n} i_k / f_k\right)}{f_{(i_1,\cdots,i_n)}} \tag{7.39d}$$

其中，$a_1, \cdots, a_n$ 对应 n 个频点的模糊度参数，$\lambda_1, \cdots, \lambda_n$ 为对应波长。按照组合观测值的波长，通常将组合观测值分为超宽巷组合（EWL：$\lambda \geqslant 2.93$ m）、宽巷组合（WL：0.75 m $\leqslant \lambda < 2.93$ m）和窄巷组合（NL：$\lambda < 0.75$ m）。

7.3.2 组合观测值的随机模型

假设不同频率的伪距和相位观测值分别等精度，即 $\sigma_{\Phi_1} = \cdots = \sigma_{\Phi_n} \triangleq \sigma_{\Phi}$，$\sigma_{P_1} = \cdots = \sigma_{P_n} \triangleq \sigma_P$，则双频相位和伪距组合观测值的方差为

$$\sigma^2_{\Phi_{(i,j)}} = \frac{(i \cdot f_1)^2 \cdot \sigma^2_{\Phi_1} + (j \cdot f_2)^2 \cdot \sigma^2_{\Phi_2}}{(i \cdot f_1 + j \cdot f_2)^2} = \frac{(i \cdot f_1)^2 + (j \cdot f_2)^2}{(i \cdot f_1 + j \cdot f_2)^2} \sigma^2_{\Phi} \equiv \mu^2_{(i,j)} \sigma^2_{\Phi} \tag{7.40a}$$

$$\sigma^2_{P_{(i,j)}} = \frac{(i \cdot f_1)^2 \cdot \sigma^2_{P_1} + (j \cdot f_2)^2 \cdot \sigma^2_{P_2}}{(i \cdot f_1 + j \cdot f_2)^2} = \frac{(i \cdot f_1)^2 + (j \cdot f_2)^2}{(i \cdot f_1 + j \cdot f_2)^2} \sigma^2_{P} \equiv \mu^2_{(i,j)} \sigma^2_{P} \tag{7.40b}$$

其中，$\mu^2_{(i,j)}$ 为双频组合的噪声因子。三频相位组合观测值的方差为

$$\begin{aligned} \sigma^2_{\Phi_{(i,j,k)}} &= \frac{(i \cdot f_1)^2 \cdot \sigma^2_{\Phi_1} + (j \cdot f_2)^2 \cdot \sigma^2_{\Phi_2} + (k \cdot f_3)^2 \cdot \sigma^2_{\Phi_3}}{f^2_{(i,j,k)}} \\ &= \frac{(i \cdot f_1)^2 + (j \cdot f_2)^2 + (k \cdot f_3)^2}{{f_{(i,j,k)}}^2} \sigma^2_{\Phi} \equiv \mu^2_{(i,j,k)} \sigma^2_{\Phi} \end{aligned} \tag{7.41}$$

其中，$\mu^2_{(i,j,k)}$ 为三频组合的噪声因子。同样，三频伪距观测值的精度为

$$\sigma^2_{P_{(i,j,k)}} = \mu^2_{(i,j,k)}\sigma^2_P \tag{7.42}$$

同理可得多频组合随机模型

$$\sigma^2_{P_{(i_1,\cdots,i_n)}} = \mu^2_{(i_1,\cdots,i_n)}\sigma^2_P \tag{7.43a}$$

$$\sigma^2_{\Phi_{(i_1,\cdots,i_n)}} = \mu^2_{(i_1,\cdots,i_n)}\sigma^2_\Phi \tag{7.43b}$$

7.3.3 常用的组合观测值

式(7.33)与(7.35)给出的双频和三频组合观测值函数模型都含卫地距，因此都可用于定位解算。除此之外，为了其他用途（如周跳探测），有时会构造消去卫地距的组合观测值。理论上，可组成无穷多种线性组合观测值，但我们仅关心那些有实际价值的组合观测值，通常这些组合观测值应符合下列标准之一：

① 组合观测值应保持模糊度的整数特性，以利于确定整周模糊度，提高定位精度。

② 组合观测值具有较长的波长。

③ 组合观测值应削弱电离层的影响。

④ 组合观测值应具有较小的测量噪声。

⑤ 根据这些标准，下文以 GPS 为例给出一些常用的组合观测值。

1. 双频常用的组合观测值

双频观测值的常用组合相对较少，包括宽巷组合、无电离层组合、无几何组合、窄巷组合以及 MW 组合等，这些组合已广泛应用于定位、周跳探测和模糊度固定等过程。

(1) 宽巷组合

宽巷组合(wide-lane)具有较长的波长，组合误差对整数模糊度的影响相对较小，常用于宽巷模糊度的固定。对应的整数组合系数 $i=1, j=-1$，即

$$\Phi_{\mathrm{WL}} = \frac{f_1 \cdot \Phi_1 - f_2 \cdot \Phi_2}{f_1 - f_2} \tag{7.44}$$

以 GPS 为例，对应的波长为 $\lambda_{\mathrm{WL}} = 86.2$ cm，约为 L1 原始波长的 4 倍，因而较易准确确定宽巷模糊度。一旦宽巷模糊度确定，就能辅助固定非组合的模糊度。由于宽巷组合的噪声较大，一般不直接用于定位。

(2) 无电离层组合

无电离层组合(ionosphere-free)观测值满足 $\mu_{(i,j)} = 0$，即消除了一阶电离层延迟项。相位和伪距无电离层组合的系数都是 $i=f_1, j=-f_2$，即

$$\Phi_{\mathrm{IF}} = \frac{1}{f_1^2 - f_2^2}(f_1^2\Phi_1 - f_2^2\Phi_2) \tag{7.45a}$$

$$P_{\mathrm{IF}} = \frac{1}{f_1^2 - f_2^2}(f_1^2 P_1 - f_2^2 P_2) \tag{7.45b}$$

无电离层组合的模糊度项为

$$\frac{c}{f_1^2-f_2^2}(f_1a_1-f_2a_2)=\frac{c}{f_1-f_2}\left(a_1-\frac{f_2}{f_1+f_2}a_{\mathrm{WL}}\right) \tag{7.46}$$

显然在确保组合模糊度是整数的前提条件下,对应的组合波长非常小以至于很小的误差也会引起较大的整数误差,因此通常不采用无电离层组合固定模糊度。但是,当宽巷模糊度确定后,可将无电离层组合模糊度转化为L1模糊度,此时对应的波长为 $\lambda_n=c/(f_1-f_2)$,可进行L1模糊度的固定。无电离层组合消除了电离层延迟的影响,可提高定位精度。对于GPS而言,无电离层组合观测值的噪声精度 $\sigma_{\Phi_{\mathrm{IF}}}\approx3\sigma_{\Phi}$,$\sigma_{P_{\mathrm{IF}}}\approx3\sigma_P$。

(3) 无几何组合/电离层残差组合

电离层残差组合(geometry-free)消除了卫地距以及其他与频率无关的误差,如卫星轨道误差、对流层误差、接收机、卫星钟差等影响。观测值中仅包括电离层延迟、模糊度、硬件延迟、多路径延迟以及观测噪声。这些保留下来的误差延迟项随时间变化较为缓慢,所以在观测历元间隔较短时可用于观测值粗差的剔除、周跳探测与修复等。电离层残差组合为

$$\Phi_{\mathrm{GF}}=\Phi_1-\Phi_2 \tag{7.47a}$$

$$P_{\mathrm{GF}}=P_1-P_2 \tag{7.47b}$$

无几何组合观测值噪声的精度为 $\sigma_{\Phi_{\mathrm{GF}}}=\sqrt{2}\sigma_{\Phi}$,$\sigma_{P_{\mathrm{GF}}}=\sqrt{2}\sigma_P$。

(4) MW组合

MW组合(Melbourne-Wübberna)是伪距与相位间的组合,它消除了电离层延迟、卫星和接收机钟差及卫地距,仅包含模糊度参数并且只受观测噪声、硬件延迟和多路径延迟的影响。但由于硬件延迟是常数,因此历元差分可以消除,因此MW组合可用于探测周跳。此外,双差MW组合观测值能有效消除各项系统误差的影响,可采用多历元取平均有效固定模糊度。其计算公式为

$$L_{\mathrm{MW}}=\frac{1}{f_1-f_2}(f_1\Phi_1-f_2\Phi_2)-\frac{1}{f_1+f_2}(f_1P_1-f_2P_2) \tag{7.48}$$

以GPS为例,$\sigma_{\Phi_{\mathrm{MW}}}=\sqrt{\sigma_{\Phi}^2\cdot32.97+\sigma_P^2\cdot0.51}$。

(5) 多路径组合

多路径组合(multipath-combination)是伪距与相位间的观测值组合,它同时消除了几何项与电离层项,仅保留了硬件延迟、观测值噪声以及可能存在的多路径延迟。其计算公式为

$$L_{\mathrm{MC}}=P_1-\frac{f_1^2+f_2^2}{f_1^2-f_2^2}\Phi_1+\frac{2f_2^2}{f_1^2-f_2^2}\Phi_2 \tag{7.49}$$

当接收机安置在较好环境且多路径延迟可忽略时,多路径组合中仅包含硬件延迟与观测值噪声,因此该组合的时间序列能有效反映硬件延迟的稳定性;加之相位噪声相对伪距噪声极小,多路径组合也可体现伪距的噪声水平。反过来,由于硬件延迟通常在短时间内比较稳定,多路径组合可充分反映伪距多路径影响(因为相位多路径较小,小于波长的四分之一)。

2. 多频常用的组合观测值

三频观测值相对于双频能构成更多的组合,且在定位上有更大的优势。上述双频组合观测值的用途在三频组合观测值可完全实现,本节不再详细介绍上述组合观测值在三频中的实现。

(1) 多频无电离层组合

任意满足电离层延迟因子 $\mu_{(i_1,\cdots,i_n)}=0$ 的组合都可以消除电离层一阶项的影响。对于双频而言,由于组合系数自由度为 1,因此只能构成一种无电离层组合。而对于三频及以上的多频观测值,均存在多种无电离层组合。

(2) 多路径组合

多路径组合的本质是同时消除几何项和电离层项,这就需要由至少三个观测值来消除这两类参数,所以双频多路径组合必然涉及伪距和相位的组合。三频能构成只包含相位观测值的多路径组合,计算公式为

$$L_{\mathrm{TMC}}=\left(\frac{f_1^2}{f_1^2-f_2^2}-\frac{f_1^2}{f_1^2-f_3^2}\right)\boldsymbol{\Phi}_1-\frac{f_2^2}{f_1^2-f_2^2}\boldsymbol{\Phi}_2+\frac{f_3^2}{f_1^2-f_3^2}\boldsymbol{\Phi}_3 \tag{7.50}$$

当接收机安置在较好环境且多路径延迟可忽略时,三频相位多路径组合的时间序列也用于精确反映硬件延迟的稳定性,但反映的噪声水平是相位组合噪声水平。此外,该组合可用于反映组合相位多路径的变化。

(3) 宽巷/超宽巷组合

多频组合的最大优势在于可以构造不同的超宽巷与宽巷组合,从而提高模糊固定效率。因此,以三频为例,本节介绍一种用于模糊度解算的无几何三频组合观测值。为了模糊度的整数性,下文介绍将基于双差观测值的三频组合。

利用多频组合伪距和相位构成 GF 组合来求解模糊度,该组合中消除了几何相关项,只保留了模糊度、残留电离层延迟和噪声,无几何的三频组合模糊度为

$$a_{(i,j,k)}=\frac{P_{(l,m,n)}-\boldsymbol{\Phi}_{(i,j,k)}}{\lambda_{(i,j,k)}}-\frac{\mu_{(l,m,n)}+\mu_{(i,j,k)}}{\lambda_{(i,j,k)}}\iota-\frac{\varepsilon_{P_{(l,m,n)}}-\varepsilon_{\Phi_{(i,j,k)}}}{\lambda_{(i,j,k)}} \tag{7.51}$$

其中,$a_{(i,j,k)}$ 即为待求的模糊度参数,$P_{(l,m,n)}-\boldsymbol{\Phi}_{(i,j,k)}$ 即为 GF 组合观测值,其他变量的具体含义可参考 7.3.1 节。

显然,采用 GF 组合求解模糊度的主要限制因素是电离层延迟和伪距噪声。可以按照(7.51)计算组合观测值总体噪声的标准差 σ_{TN}(以周为单位)

$$\sigma_{\mathrm{TN}}=\frac{1}{\lambda_{(i,j,k)}}\sqrt{\left(\mu_{(l,m,n)}+\mu_{(i,j,k)}\right)^2\sigma_\iota^2+\mu_{(l,m,n)}^2\sigma_P^2+\mu_{(i,j,k)}^2\sigma_\Phi^2} \tag{7.52}$$

良好性能的 GF 组合应尽可能使 σ_{TN} 足够小,从而使得模糊度能在较短历元内准确固定。

窄巷伪距组合由于 $P_{(1,1,0)}$ 的噪声较小而被广泛用于三频无几何组合中。以 GPS 为例,表 7.1 给出了几组适用于 GF 模型的超宽巷、宽巷组合。

表 7.1 GF 模型的最优 EWL/WL 组合

无几何组合观测值	$\lambda_{(i,j,k)}$/m	$\beta_{(i,j,k)}$	$\mu_{(i,j,k)}$	组合观测值精度 σ_{TN}(周) $\sigma_{\Phi}=5$ mm, $\sigma_P=50$ cm		
				$\sigma_I=10$ cm	$\sigma_I=20$ cm	$\sigma_I=100$ cm
$P_{(1,1,0)}-\Phi_{(0,1,1)}$	5.861 0	-1.718 6	33.241 5	0.090 2	0.091 1	0.116 6
$P_{(1,1,0)}-\Phi_{(1,-6,5)}$	3.256 1	-0.074 4	103.800 7	0.224 4	0.233 5	0.432 2
$P_{(1,1,0)}-\Phi_{(1,-5,4)}$	2.093 2	-0.661 6	55.111 9	0.274 3	0.279 1	0.403 2
$P_{(1,1,0)}-\Phi_{(1,-4,3)}$	1.542 4	-0.939 7	32.150 1	0.341 2	0.343 4	0.406 9
$P_{(1,1,0)}-\Phi_{(1,-3,2)}$	1.221 1	-1.102 0	18.921 3	0.417 0	0.417 8	0.442 4
$P_{(1,1,0)}-\Phi_{(1,-1,0)}$	0.861 9	-1.283 3	5.742 2	0.581 1	0.581 1	0.581 1
$P_{(1,1,0)}-\Phi_{(1,0,-1)}$	0.751 4	-1.339 1	4.928 2	0.666 3	0.666 4	0.670 3

显然,最优超宽巷组合为 $P_{(1,1,0)}-\Phi_{(0,1,-1)}$。此外,$P_{(1,1,0)}-\Phi_{(1,-6,5)}$ 和 $P_{(1,1,0)}-\Phi_{(1,-5,4)}$ 也不失为理想的选择。由于 $\Phi_{(1,-6,5)}$ 和 $\Phi_{(1,-5,4)}$ 都涉及三个频率观测值,而 GPS 实测数据经常会因某个频率的观测值中断频繁或质量较差而不能正常使用。因此,实际应用中还可采用 $P_{(0,1,1)}-\Phi_{(0,1,-1)}$、$P_{(1,1,0)}-\Phi_{(1,-1,0)}$ 或 $P_{(1,0,1)}-\Phi_{(1,0,-1)}$,这些组合的最大优点是消除了电离层延迟的影响,即满足 $\mu_{(l,m,n)}+\mu_{(i,j,k)}=0$,只受伪距噪声的影响。

习题

1. 请给出伪距观测方程和相位观测方程,以及各符号的含义。
2. 请给出站间双差观测模型和随机模型,以及各符号的含义。
3. 请给出宽巷观测值、无电离层组合观测值、无几何观测值、窄巷观测值,以及 MW 观测值的表达式和符号含义。
4. 请给出多频组合伪距和相位观测值的表达式。

第 8 章

GNSS 单点定位原理

伪距单点定位（single point positioning，或者 standard point positioning，SPP）是 GNSS 最基本的定位方式，只需一台接收机即可实现独立定位，因而被广泛应用于飞机、船舶和车辆的导航，地质勘查，环境监测，防灾减灾以及军事等各个领域。本章首先介绍最小二乘平差和秩亏方程平差相关的原理，然后将详细介绍 SPP 的原理和算法流程。

8.1 最小二乘平差

所谓估计问题就是根据含有观测误差的观测值构造一个函数 $\hat{\boldsymbol{x}}=\hat{\boldsymbol{x}}(\boldsymbol{y})$，使得 $\hat{\boldsymbol{x}}$ 成为未知参数 $\boldsymbol{x}$ 的最佳估计量，其具体的数值称为最佳估值（一般不对估计量和估值的含义加以区分）。对于未知参数 $\boldsymbol{x}$ 的线性（或线性化）观测模型

$$\boldsymbol{y} = \boldsymbol{A}\boldsymbol{x} + \boldsymbol{\epsilon} \tag{8.1}$$

本质上是对总体观测数据进行有限次采样，通过样本观测值来估计总体未知参数（真值 $\boldsymbol{x}$）。在 GNSS 应用中，通常采用最小二乘法（least squares，LS）估计未知参数。

8.1.1 参数的可估性与可解性

方程的可估性要求方程未知参数之间相互独立。例如方程

$$\begin{bmatrix} 1 & -2 & -1 \\ 0 & -3 & -3 \\ 1 & 4 & 5 \end{bmatrix}\begin{bmatrix} x_1 \\ x_2 \\ x_3 \end{bmatrix} = \begin{bmatrix} b_1 \\ b_2 \\ b_3 \end{bmatrix} \tag{8.2}$$

该方程中，未知参数之间不独立，虽然可以对参数进行估计，但是参数的估值不唯一。相应地，参数的可估性要求方程的系数矩阵列满秩，进而使得参数的估值满足唯一性要求。

可解性是指相互独立的观测值数量不小于相互独立的未知参数的数量。例如方程

$$\begin{bmatrix} 1 & -3 & 6 \\ -2 & -4 & 6 \\ -1 & -2 & 3 \end{bmatrix} \begin{bmatrix} x_1 \\ x_2 \\ x_3 \end{bmatrix} = \begin{bmatrix} b_1 \\ 2b_3 \\ b_3 \end{bmatrix} \tag{8.3}$$

该方程中,虽然系数矩阵列满秩,未知参数之间相互独立,满足参数可估性的要求。但是依然不能求解未知参数。在该方程中,观测值之间不独立,即观测值之间的信息重复使得不能求解未知参数。未知参数可解性要求观测值之间相互独立,即系数矩阵满足行满秩,且行秩大于列秩。

例如,在 GNSS 观测网中,若所有观测点的三维坐标都未知,则该 GNSS 网络观测数据构成的观测模型不满足参数可估性的要求,不能获得观测点坐标的唯一值。在 GNSS 单点定位中,若跟踪到的卫星数量小于 4 颗,则卫星观测数据构成的观测方程不满足参数可解性要求,不能估计对应的未知参数。在 GNSS 应用中,通常首先满足参数的可解性要求。

8.1.2 最小二乘平差基本理论

对于任意线性(或线性化)模型

$$\underbrace{\boldsymbol{y}}_{m\times 1} = \underbrace{\boldsymbol{A}}_{m\times n}\underbrace{\boldsymbol{x}}_{n\times 1} + \underbrace{\boldsymbol{\epsilon}}_{m\times 1}, \underbrace{\boldsymbol{\epsilon}}_{m\times 1} \sim N(\underbrace{\boldsymbol{0}}_{m\times 1}, \underbrace{\sigma_0^2\boldsymbol{Q}_{\epsilon}}_{m\times m}) \tag{8.4}$$

式中,$\boldsymbol{y}$ 为 m 个观测值组成的观测向量,其观测误差为 $\boldsymbol{\epsilon}$,通常假设观测误差服从均值为 0 的正态分布。方程中 $\boldsymbol{x}$ 为待估计的未知参数。系数矩阵 $\boldsymbol{A}$ 描述了观测向量 $\boldsymbol{y}$ 与未知参数 $\boldsymbol{x}$ 之间的线性关系。

$$\boldsymbol{E}(\boldsymbol{y}) = \boldsymbol{E}(\boldsymbol{Ax}+\boldsymbol{\epsilon}) = \boldsymbol{E}(\boldsymbol{Ax}) = \boldsymbol{Ax} \tag{8.5a}$$

$$\boldsymbol{D}(\boldsymbol{y}) = \boldsymbol{D}(\boldsymbol{Ax}+\boldsymbol{\epsilon}) = \boldsymbol{D}(\boldsymbol{\epsilon}) = \sigma_0^2\boldsymbol{Q}_{\epsilon} \tag{8.5b}$$

观测误差的方差-协方差矩阵 $\boldsymbol{D}(\boldsymbol{\epsilon}) = \sigma_0^2\boldsymbol{Q}_{\epsilon}$ 为正定对称矩阵,通常为非对角矩阵,其中 $\boldsymbol{Q}_{\epsilon}$ 为协因数阵。方差-协方差矩阵描述了各观测值的精度以及观测值之间的相关关系。对于 GNSS 观测值,其方差-协方差矩阵通常与卫星高度角相关。一般而言,卫星高度角越高,观测值的精度越高。常用的高度角相关的观测值方差经验模型为

$$\sigma^2 = a^2 + \frac{b^2}{\sin^2(\alpha)}$$

式中,a 和 b 为常数,α 为卫星高度角。

方差-协方差矩阵 $\sigma_0^2\boldsymbol{Q}_{\epsilon}$ 中还可以包括卫星观测值的交叉相关性以及时间相关性等信息。交叉相关性通常指同类卫星观测值不同频率之间的相关性,例如相位观测值之间的相关性。时间相关性通常指卫星观测值在时间上的相关性,例如同一颗卫星观测值在观测时间 t 和 $t+\tau$ 的相关性。在实际应用中,可根据实际情况构造合理的方差-协方差矩阵。

最小二乘估计的准则为

$$\min_{x} \psi(\boldsymbol{x}) = \min_{x} \boldsymbol{\epsilon}^{\mathrm{T}}\boldsymbol{\epsilon} \tag{8.6a}$$

即要求参数估值使得观测误差平方和最小。若采用任意正定对称矩阵 $\boldsymbol{P}$ 描述各观测值的权

重,则相应的加权最小二乘准则为

$$\min_{x} \psi(\boldsymbol{x}) = \min_{x} \boldsymbol{\epsilon}^{\mathrm{T}} \boldsymbol{P} \boldsymbol{\epsilon} \tag{8.6b}$$

对上述二次型求一次和二次偏导数,有

$$\frac{\partial \boldsymbol{\epsilon}^{\mathrm{T}} \boldsymbol{P} \boldsymbol{\epsilon}}{\partial \boldsymbol{x}} = \boldsymbol{\epsilon}^{\mathrm{T}} \boldsymbol{P} \frac{\partial \boldsymbol{\epsilon}}{\partial \boldsymbol{x}} + \boldsymbol{\epsilon}^{\mathrm{T}} \boldsymbol{P}^{\mathrm{T}} \frac{\partial \boldsymbol{\epsilon}}{\partial \boldsymbol{x}} = 2\boldsymbol{\epsilon}^{\mathrm{T}} \boldsymbol{P} \boldsymbol{A} \tag{8.7a}$$

$$\frac{\partial^2 \boldsymbol{\epsilon}^{\mathrm{T}} \boldsymbol{P} \boldsymbol{\epsilon}}{\partial \boldsymbol{x}^2} = \frac{\partial}{\partial x} \frac{\partial \boldsymbol{\epsilon}^{\mathrm{T}} \boldsymbol{P} \boldsymbol{\epsilon}}{\partial \boldsymbol{x}} = \frac{\partial \boldsymbol{\epsilon}^{\mathrm{T}} \boldsymbol{P} \boldsymbol{A}}{\partial \boldsymbol{x}} = \boldsymbol{A}^{\mathrm{T}} \boldsymbol{P} \boldsymbol{A} \tag{8.7b}$$

显然,二次型的二阶偏导数 $\boldsymbol{A}^{\mathrm{T}}\boldsymbol{PA}>\boldsymbol{0}$,说明满足一次偏导数等于 $\boldsymbol{0}$ 时的参数估值 $\hat{\boldsymbol{x}}$ 就是二次型的极小值位置,对应有

$$\hat{\boldsymbol{\epsilon}}^{\mathrm{T}} \boldsymbol{P} \boldsymbol{A} = \boldsymbol{0} \tag{8.8}$$

将方程(8.8)转置,将观测误差的估值 $\hat{\boldsymbol{\epsilon}}=\boldsymbol{y}-\boldsymbol{A}\hat{\boldsymbol{x}}$ 带入,有

$$\boldsymbol{A}^{\mathrm{T}} \boldsymbol{P} \boldsymbol{A} \hat{\boldsymbol{x}} = \boldsymbol{A}^{\mathrm{T}} \boldsymbol{P} \boldsymbol{y} \tag{8.9}$$

方程(8.9)称为观测方程(8.4)的法方程。法方程的系数矩阵为满秩方阵,求解该法方程可获得未知参数的估值。参数的最小二乘估值 $\hat{\boldsymbol{x}}$ 及其估计误差 $\Delta_{\hat{x}}$分别为

$$\hat{\boldsymbol{x}} = (\boldsymbol{A}^{\mathrm{T}} \boldsymbol{P} \boldsymbol{A})^{-1} \boldsymbol{A}^{\mathrm{T}} \boldsymbol{P} \boldsymbol{y} \tag{8.10a}$$

$$\Delta_{\hat{x}} = \hat{\boldsymbol{x}} - \boldsymbol{x} = (\boldsymbol{A}^{\mathrm{T}} \boldsymbol{P} \boldsymbol{A})^{-1} \boldsymbol{A}^{\mathrm{T}} \boldsymbol{P} \boldsymbol{y} - \boldsymbol{x} = (\boldsymbol{A}^{\mathrm{T}} \boldsymbol{P} \boldsymbol{A})^{-1} \boldsymbol{A}^{\mathrm{T}} \boldsymbol{P} \boldsymbol{\epsilon} \tag{8.10b}$$

可以看出,最小二乘准则获得的参数估值式(8.10a)是观测值的线性函数,即最小二乘估计是一种线性估计。

由于观测误差 $\boldsymbol{\epsilon}$ 服从正态分布 $\boldsymbol{\epsilon} \sim N(\boldsymbol{0}, \sigma_0^2 \boldsymbol{Q}_{\epsilon})$,因此,最小二乘估值误差 $\Delta_{\hat{x}}$的期望为

$$\boldsymbol{E}(\Delta_{\hat{x}}) = \boldsymbol{E}\{(\boldsymbol{A}^{\mathrm{T}} \boldsymbol{P} \boldsymbol{A})^{-1} \boldsymbol{A}^{\mathrm{T}} \boldsymbol{P} \boldsymbol{\epsilon}\} = \boldsymbol{0} \tag{8.11a}$$

由误差传播定律可以得出参数估值误差 $\Delta_{\hat{x}}$的协因数阵为

$$\boldsymbol{Q}_{\Delta_{\hat{x}}} = (\boldsymbol{A}^{\mathrm{T}} \boldsymbol{P} \boldsymbol{A})^{-1} \boldsymbol{A}^{\mathrm{T}} \boldsymbol{P} \boldsymbol{Q}_{\epsilon} \boldsymbol{P} \boldsymbol{A} (\boldsymbol{A}^{\mathrm{T}} \boldsymbol{P} \boldsymbol{A})^{-1} \tag{8.11b}$$

当权矩阵 $\boldsymbol{P}=\boldsymbol{Q}_{\epsilon}^{-1}$ 时,参数估值误差 $\Delta_{\hat{x}}$的方差最小。换句话说,当权矩阵为协因数阵的逆矩阵时,最小二乘估计是最优线性无偏估计。

证明如下:利用楚列斯基分解法将对称正定矩阵 $\boldsymbol{Q}_{\epsilon}$ 分解为

$$\boldsymbol{Q}_{\epsilon} = \boldsymbol{L}^{\mathrm{T}} \boldsymbol{L}$$

其中,$\boldsymbol{L}$ 为可逆矩阵,并令向量 $\boldsymbol{a}$ 和 $\boldsymbol{b}$ 分别为

$$\boldsymbol{a} = \boldsymbol{A}^{\mathrm{T}} \boldsymbol{L}^{-1}, \quad \boldsymbol{b} = \boldsymbol{L} \boldsymbol{P} \boldsymbol{A} (\boldsymbol{A}^{\mathrm{T}} \boldsymbol{P} \boldsymbol{A})^{-1}$$

则有

$$\boldsymbol{ab} = \boldsymbol{A}^{\mathrm{T}} \boldsymbol{L}^{-1} \boldsymbol{L} \boldsymbol{P} \boldsymbol{A} (\boldsymbol{A}^{\mathrm{T}} \boldsymbol{P} \boldsymbol{A})^{-1} = \boldsymbol{I}_n$$

由矩阵形-施瓦茨不等式可得

$$\boldsymbol{Q}_{\Delta_{\hat{x}}} = \boldsymbol{b}^{\mathrm{T}} \boldsymbol{b} \geqslant (\boldsymbol{ab})^{\mathrm{T}} (\boldsymbol{aa}^{\mathrm{T}})^{-1} (\boldsymbol{ab}) = (\boldsymbol{aa}^{\mathrm{T}})^{-1}$$

即

$$\boldsymbol{Q}_{\Delta_{\hat{x}}} = (\boldsymbol{A}^{\mathrm{T}} \boldsymbol{P} \boldsymbol{A})^{-1} \boldsymbol{A}^{\mathrm{T}} \boldsymbol{P} \boldsymbol{Q}_{\epsilon} \boldsymbol{P} \boldsymbol{A} (\boldsymbol{A}^{\mathrm{T}} \boldsymbol{P} \boldsymbol{A})^{-1} \geqslant (\boldsymbol{A}^{\mathrm{T}} \boldsymbol{Q}_{\epsilon}^{-1} \boldsymbol{A})^{-1}$$

当且仅当 $\boldsymbol{P}=\boldsymbol{Q}_{\epsilon}^{-1}$ 时,上述不等式取等号,即参数估值误差 $\Delta_{\hat{x}}$的协因数阵最小。此时有

$$\boldsymbol{Q}_{\Delta_{\hat{x}}}=(\boldsymbol{A}^{\mathrm{T}}\boldsymbol{Q}_{\epsilon}^{-1}\boldsymbol{A})^{-1} \tag{8.12}$$

由于 $\boldsymbol{E}(\boldsymbol{\epsilon})=\boldsymbol{0}$，最小二乘估值(8.10a)具有无偏性，即

$$\boldsymbol{E}(\hat{\boldsymbol{x}})=\boldsymbol{E}((\boldsymbol{A}^{\mathrm{T}}\boldsymbol{P}\boldsymbol{A})^{-1}\boldsymbol{A}^{\mathrm{T}}\boldsymbol{P}\boldsymbol{y})=(\boldsymbol{A}^{\mathrm{T}}\boldsymbol{P}\boldsymbol{A})^{-1}\boldsymbol{A}^{\mathrm{T}}\boldsymbol{P}\boldsymbol{A}\boldsymbol{x}=\boldsymbol{x} \tag{8.13}$$

$$\boldsymbol{D}(\hat{\boldsymbol{x}})=\boldsymbol{D}(\Delta_{\hat{x}}) \tag{8.14}$$

当且仅当权矩阵 $\boldsymbol{P}=\boldsymbol{Q}_{\epsilon}^{-1}$ 时，最小二乘估计量 $\hat{\boldsymbol{x}}$ 具有最小方差性。此时，最小二乘估计量是最优线性无偏估计量，又称 BLUE(best linear unbiased estimator)。

观测值的最小二乘残差(即观测误差 $\boldsymbol{\epsilon}$ 的估值)$\hat{\boldsymbol{\epsilon}}$ 可以表示为

$$\hat{\boldsymbol{\epsilon}}=\boldsymbol{y}-\boldsymbol{A}\hat{\boldsymbol{x}} \tag{8.15}$$

容易证明未知参数的估值 $\hat{\boldsymbol{x}}$ 与残差 $\hat{\boldsymbol{\epsilon}}$ 相互独立，即

$$\boldsymbol{D}(\hat{\boldsymbol{x}},\hat{\boldsymbol{\epsilon}})=\boldsymbol{0} \tag{8.16a}$$

参数估值 $\hat{\boldsymbol{x}}$ 与最小二乘残差 $\hat{\boldsymbol{\epsilon}}$ 之间相互独立可以理解为，将观测值 $\boldsymbol{y}$ 中的信息分为相互独立的两部分，一部分用于未知参数的估计，另一部分用于观测值残差的估计。类似地，观测值的估值 $\hat{\boldsymbol{y}}=\boldsymbol{A}\hat{\boldsymbol{x}}$ 与残差 $\hat{\boldsymbol{\epsilon}}$ 也相互独立，即

$$\boldsymbol{D}(\hat{\boldsymbol{y}},\hat{\boldsymbol{\epsilon}})=\boldsymbol{0} \tag{8.16b}$$

最小二乘残差 $\hat{\boldsymbol{\epsilon}}$ 的期望和方差分别为

$$\boldsymbol{E}(\hat{\boldsymbol{\epsilon}})=\boldsymbol{E}(\boldsymbol{y}-\boldsymbol{A}\hat{\boldsymbol{x}})=\boldsymbol{E}(\boldsymbol{y})-\boldsymbol{E}(\boldsymbol{A}\hat{\boldsymbol{x}})=\boldsymbol{0} \tag{8.17a}$$

$$\boldsymbol{D}_{\hat{\epsilon}}=\boldsymbol{D}(\boldsymbol{y}-\boldsymbol{A}\hat{\boldsymbol{x}})=\sigma_0^2\boldsymbol{Q}_{\epsilon}-\sigma_0^2\boldsymbol{A}(\boldsymbol{A}^{\mathrm{T}}\boldsymbol{Q}_{\epsilon}^{-1}\boldsymbol{A})^{-1}\boldsymbol{A}^{\mathrm{T}} \tag{8.17b}$$

容易证明 $\boldsymbol{D}_{\hat{\epsilon}}$ 是秩亏矩阵，即 $\mathrm{rank}(\boldsymbol{D}_{\hat{\epsilon}})=m-n$。

对含有观测误差的观测数据进行平差，不仅包括对未知参数的估计，还包括对参数估值进行精度评定。当采用最小二乘法获得参数的估值 $\hat{\boldsymbol{x}}$ 后，需要对各个参数估值的精度 $\sigma_{\hat{x}_i}^2$ 进行评价

$$\sigma_{\hat{x}_i}^2=D(\hat{\boldsymbol{x}})_{ii}=\sigma_0^2((\boldsymbol{A}^{\mathrm{T}}\boldsymbol{Q}_{\epsilon}^{-1}\boldsymbol{A})^{-1})_{ii} \tag{8.18}$$

当单位权方差 σ_0^2 未知时，常采用单位权方差的估值 $\hat{\sigma}_0^2$ 来代替，计算公式为

$$\hat{\sigma}_0^2=\frac{\hat{\boldsymbol{\epsilon}}^{\mathrm{T}}\boldsymbol{P}\hat{\boldsymbol{\epsilon}}}{m-n} \tag{8.19}$$

单位权方差的估值 $\hat{\sigma}_0^2$ 具有无偏性，即 $E(\hat{\sigma}_0^2)=\sigma_0^2$。

证明如下：首先介绍二次型的期望和方差公式。设任意随机向量 $\boldsymbol{x}$ 满足，$\boldsymbol{E}(\boldsymbol{x})=\boldsymbol{u}_x$，$\boldsymbol{D}(\boldsymbol{x})=\boldsymbol{D}_x$，则对于任意对称可逆矩阵 $\boldsymbol{A}$ 有如下关系

$$\boldsymbol{E}(\boldsymbol{x}^{\mathrm{T}}\boldsymbol{A}\boldsymbol{x})=\mathrm{Tr}(\boldsymbol{A}\boldsymbol{D}_x)+\boldsymbol{u}_x^{\mathrm{T}}\boldsymbol{A}\boldsymbol{u}_x$$

二次型的方差很大程度上取决于随机向量的分布。如果随机向量遵循正态分布，则二次型的方差就容易处理。因此，当随机向量 $\boldsymbol{x}\sim N(\boldsymbol{u}_x,\boldsymbol{D}_x)$ 时，有

$$\boldsymbol{D}(\boldsymbol{x}^{\mathrm{T}}\boldsymbol{A}\boldsymbol{x})=2\mathrm{Tr}(\boldsymbol{A}\boldsymbol{D}_x\boldsymbol{A}\boldsymbol{D}_x)+4\boldsymbol{u}_x^{\mathrm{T}}\boldsymbol{A}\boldsymbol{D}_x\boldsymbol{A}\boldsymbol{u}_x$$

单位权方差的估值 $\hat{\sigma}_0^2$ 的期望为

$$E(\hat{\sigma}_0^2)=\frac{E(\hat{\boldsymbol{\epsilon}}^{\mathrm{T}}\boldsymbol{P}\hat{\boldsymbol{\epsilon}})}{m-n}=\frac{\mathrm{Tr}(\boldsymbol{P}\boldsymbol{D}_{\hat{\epsilon}})}{m-n}=\frac{\sigma_0^2\mathrm{Tr}(\boldsymbol{I}_m-\boldsymbol{A}(\boldsymbol{A}^{\mathrm{T}}\boldsymbol{P}\boldsymbol{A})^{-1}\boldsymbol{A}^{\mathrm{T}}\boldsymbol{P})}{m-n}=\sigma_0^2 \tag{8.20}$$

单位权方差的估值 $\hat{\sigma}_0^2$ 的方差为

$$D(\hat{\sigma}_0^2)=D\left(\frac{\hat{\boldsymbol{\epsilon}}^{\mathrm{T}}\boldsymbol{P}\hat{\boldsymbol{\epsilon}}}{m-n}\right)=\frac{1}{(m-n)^2}D(\hat{\boldsymbol{\epsilon}}^{\mathrm{T}}\boldsymbol{P}\hat{\boldsymbol{\epsilon}})=\frac{2\sigma_0^4}{(m-n)^2}\mathrm{Tr}(\boldsymbol{P}\boldsymbol{D}_{\hat{\epsilon}}\boldsymbol{P}\boldsymbol{D}_{\hat{\epsilon}})=\frac{2\sigma_0^4}{m-n} \tag{8.21}$$

从式(8.21)可以看出,随着多余观测数的增加,单位权方差的估值的方差就越小,即单位权方差的估值就越可靠。特别指出,单位权方差的估值 $\hat{\sigma}_0^2$ 并不总是越小越好。当 $\boldsymbol{P}=\boldsymbol{Q}_{\epsilon}^{-1}$ 时,估值 $\hat{\sigma}_0^2$ 应该接近实际观测值的单位权方差。

8.1.3 秩亏方程平差原理

以控制网为例,通常取点的坐标为未知参数,如果控制网中具有足够的起算数据,仅将其他待定点坐标作为平差参数,此时的观测模型满足参数可估性的要求,可以采用经典的最小二乘法估计未知参数。反之,如果控制网中没有足够的起算数据,则观测模型的系数矩阵不再列满秩,则不能采用经典最小二乘法估计参数。

控制网的起算数据是用于确定平差后待定点坐标的必要信息。例如,水准网的起算数据是已知网中一个点的高程;测角网需要四个起算数据,可以是已知网中两个点的坐标,或者是一个点的坐标、一个方位和一条基线;平面测边网(或者边角网)需要三个起算数据,包括一个点的坐标和一个方位;GNSS 观测网的观测值是三维坐标差,未知参数是点的三维坐标,因此通常需要七个起算数据,如果考虑 GNSS 基线观测值中隐含的方位和尺度基准,则只需要已知一个点的三维坐标。这些必要的起算数据就是对应平差问题的基准(或基准数据)。

在控制网中无起算数据或起算数据不可靠时,常采用秩亏平差。秩亏平差通常用于平差前的观测数据质量分析(内符合精度)。秩亏平差的特点是将控制网中的所有点视为待定点。

一般来讲,秩亏平差的观测模型为

$$\underset{m\times 1}{\boldsymbol{y}}=\underset{m\times u}{\boldsymbol{A}}\,\underset{u\times 1}{\boldsymbol{x}}+\underset{m\times 1}{\boldsymbol{\epsilon}},\qquad \underset{m\times 1}{\boldsymbol{\epsilon}}\sim N(\underset{m\times 1}{\boldsymbol{0}},\underbrace{\sigma_0^2\boldsymbol{Q}_{\epsilon}}_{m\times m}) \tag{8.22}$$

系数矩阵 $\boldsymbol{A}$ 秩亏,且有 $\mathrm{rank}(\boldsymbol{A})=n<u$。若采用最小二乘法估计未知参数,则对应的最小二乘法方程的系数矩阵不满秩,即 $\mathrm{rank}(\boldsymbol{A}^{\mathrm{T}}\boldsymbol{P}\boldsymbol{A})=n<u$,无法获得唯一的参数估值。方程的秩亏数 $d=u-n$ 就是网中基准亏损的数量,即网中必要的起算数据数量。经典最小二乘平差之所以不存在秩亏,是因为在平差前已经引入基准数据消除了秩亏。

秩亏方程的求解方法较多,包括广义逆法、附加基准约束条件法、伪观测法、直接法以及消去条件法等。下面分别对广义逆法和附加基准约束条件法进行介绍。

1. 广义逆法

对于任意的秩亏矩阵 $\boldsymbol{N}$,它的广义逆矩阵 $\boldsymbol{N}^{-}$定义为(广义逆矩阵 $\boldsymbol{N}^{-}$不唯一)

$$\boldsymbol{N}\boldsymbol{N}^{-}\boldsymbol{N}=\boldsymbol{N} \tag{8.23}$$

对于秩亏方程(8.22),附加最小范数条件

$$\|\hat{\boldsymbol{x}}\|_{\boldsymbol{P}_x}=\hat{\boldsymbol{x}}^{\mathrm{T}}\boldsymbol{P}_x\hat{\boldsymbol{x}}=\min \tag{8.24}$$

相应的参数估值为

$$\hat{\boldsymbol{x}}=\boldsymbol{P}_x^{-1}\boldsymbol{N}^{\mathrm{T}}(\boldsymbol{N}\boldsymbol{P}_x^{-1}\boldsymbol{N}^{\mathrm{T}})^{-}\boldsymbol{A}^{\mathrm{T}}\boldsymbol{P}\boldsymbol{y}=\boldsymbol{N}_m^{-}\boldsymbol{A}^{\mathrm{T}}\boldsymbol{P}\boldsymbol{y} \tag{8.25a}$$

其中,$\boldsymbol{N}_m^{-}$ 称为最小范数逆,是广义逆矩阵的一种,不具有唯一性。虽然 $\boldsymbol{N}_m^{-}$ 不具有唯一性,但是此时的最小范数解 $\hat{\boldsymbol{x}}$ 具有唯一性,即对于两种广义逆矩阵 $\boldsymbol{N}_{m1}^{-}$ 和 $\boldsymbol{N}_{m2}^{-}$,虽然 $\boldsymbol{N}_{m1}^{-}\neq\boldsymbol{N}_{m2}^{-}$,但是 $\hat{\boldsymbol{x}}_1=\hat{\boldsymbol{x}}_2$。

最小范数解的方差矩阵为(具有唯一性)

$$\boldsymbol{D}(\hat{\boldsymbol{x}})=\sigma_0^2\boldsymbol{N}_m^{-}\boldsymbol{N}(\boldsymbol{N}_m^{-})^{\mathrm{T}}=\sigma_0^2\boldsymbol{N}_m^{-}\boldsymbol{N}_m^{-}\boldsymbol{N} \tag{8.25b}$$

广义逆法采用的最小范数准则 $\|\hat{\boldsymbol{x}}\|_{\boldsymbol{P}_x}=\hat{\boldsymbol{x}}^{\mathrm{T}}\boldsymbol{P}_x\hat{\boldsymbol{x}}=\min$ 等价于

$$\mathrm{Tr}\{\boldsymbol{D}(\hat{\boldsymbol{x}})\boldsymbol{P}_x\}=\min \tag{8.26}$$

证明如下:由于

$$\boldsymbol{E}(\hat{\boldsymbol{x}}^{\mathrm{T}}\boldsymbol{P}_x\hat{\boldsymbol{x}})=\boldsymbol{E}(\mathrm{Tr}(\hat{\boldsymbol{x}}^{\mathrm{T}}\boldsymbol{P}_x\hat{\boldsymbol{x}}))=\boldsymbol{E}(\mathrm{Tr}(\hat{\boldsymbol{x}}\hat{\boldsymbol{x}}^{\mathrm{T}}\boldsymbol{P}_x))=\mathrm{Tr}(\boldsymbol{E}(\hat{\boldsymbol{x}}\hat{\boldsymbol{x}}^{\mathrm{T}})\boldsymbol{P}_x)$$

顾及 $\boldsymbol{D}(\hat{\boldsymbol{x}})=\boldsymbol{E}(\hat{\boldsymbol{x}}\hat{\boldsymbol{x}}^{\mathrm{T}})-\boldsymbol{E}(\hat{\boldsymbol{x}})\boldsymbol{E}(\hat{\boldsymbol{x}})^{\mathrm{T}}$,有

$$\boldsymbol{E}(\hat{\boldsymbol{x}}^{\mathrm{T}}\boldsymbol{P}_x\hat{\boldsymbol{x}})=\mathrm{Tr}(\boldsymbol{D}(\hat{\boldsymbol{x}})\boldsymbol{P}_x)+\mathrm{Tr}(\boldsymbol{E}(\hat{\boldsymbol{x}})\boldsymbol{E}(\hat{\boldsymbol{x}})^{\mathrm{T}}\boldsymbol{P}_x)$$

上式右边第二项为常量,因此可以证明如下等价性

$$\|\hat{\boldsymbol{x}}\|_{\boldsymbol{P}_x}=\hat{\boldsymbol{x}}^{\mathrm{T}}\boldsymbol{P}_x\hat{\boldsymbol{x}}=\min\Leftrightarrow\mathrm{Tr}\{\boldsymbol{D}(\hat{\boldsymbol{x}})\boldsymbol{P}_x\}=\min$$

等价条件(8.26)说明采用最小范数准则获得的参数估值 $\hat{\boldsymbol{x}}$ 具有方差最小的性质。

2. 附加基准约束条件法

为了获得未知参数的唯一解,给定平差最少基准约束条件(即基准方程)

$$\underbrace{\boldsymbol{S}^{\mathrm{T}}}_{d\times u}\underbrace{\boldsymbol{P}_x}_{u\times u}\underbrace{\hat{\boldsymbol{x}}}_{u\times 1}=\boldsymbol{0} \tag{8.27}$$

式中,$\boldsymbol{S}^{\mathrm{T}}$ 为行满秩矩阵,$\mathrm{rank}(\boldsymbol{S}^{\mathrm{T}})=d$,且满足

$$\boldsymbol{A}\boldsymbol{S}=\boldsymbol{0} \tag{8.28a}$$

对(8.28a)左乘 $\boldsymbol{A}^{\mathrm{T}}\boldsymbol{P}$,则有

$$\boldsymbol{A}^{\mathrm{T}}\boldsymbol{P}\boldsymbol{A}\boldsymbol{S}=\boldsymbol{N}\boldsymbol{S}=\boldsymbol{0} \tag{8.28b}$$

约束条件方程(8.27)中的 $\boldsymbol{P}_x$ 为基准权,不同 $\boldsymbol{P}_x$ 反映所取的基准约束不同,平差时可以根据参数的稳定性选择具体的值。上式引入 $d=u-n$ 个起算数据的约束条件,就是经典自由网平差,即仅具有必要起算数据的间接平差。

根据最小二乘原理可得附加约束条件的极值条件为

$$\psi=\boldsymbol{\epsilon}^{\mathrm{T}}\boldsymbol{P}\boldsymbol{\epsilon}-2\boldsymbol{k}^{\mathrm{T}}(\boldsymbol{S}^{\mathrm{T}}\boldsymbol{P}_x\hat{\boldsymbol{x}})=\min \tag{8.29a}$$

对未知参数 $\boldsymbol{k}$ 和 $\hat{\boldsymbol{x}}$ 求偏导有

$$\begin{cases}\dfrac{\partial\psi}{\partial\hat{\boldsymbol{x}}}=2\boldsymbol{v}^{\mathrm{T}}\boldsymbol{P}\boldsymbol{A}-2\boldsymbol{k}^{\mathrm{T}}\boldsymbol{S}^{\mathrm{T}}\boldsymbol{P}_x\\ \dfrac{\partial\psi}{\partial\boldsymbol{k}}=2\boldsymbol{S}^{\mathrm{T}}\boldsymbol{P}_x\hat{\boldsymbol{x}}\end{cases}\tag{8.29b}$$

令一阶偏导数等于 $\mathbf{0}$,则相应的法方程为

$$\begin{cases}\boldsymbol{A}^{\mathrm{T}}\boldsymbol{P}\boldsymbol{A}\hat{\boldsymbol{x}}+\boldsymbol{P}_x\boldsymbol{S}\boldsymbol{k}=\boldsymbol{A}^{\mathrm{T}}\boldsymbol{P}\boldsymbol{y}\\ \boldsymbol{S}^{\mathrm{T}}\boldsymbol{P}_x\hat{\boldsymbol{x}}=\mathbf{0}\end{cases}\tag{8.30}$$

将第一式两边左乘 $\boldsymbol{S}^{\mathrm{T}}$,且考虑 $\boldsymbol{S}^{\mathrm{T}}\boldsymbol{P}_x\boldsymbol{S}\neq\mathbf{0}$,有 $\boldsymbol{k}=\mathbf{0}$。将其带入(8.29a)式有

$$\psi=\boldsymbol{\epsilon}^{\mathrm{T}}\boldsymbol{P}\boldsymbol{\epsilon}=\min\tag{8.31}$$

对比条件(8.29a)和(8.31)可以发现,秩亏平差的最小二乘准则与附加的关于未知参数的约束条件无关,换句话说,最小值条件 $\boldsymbol{\epsilon}^{\mathrm{T}}\boldsymbol{P}\boldsymbol{\epsilon}=\min$ 是一个不变量。依此引出秩亏平差的一个重要性质:在秩亏平差中,平差所得的观测数据的改正数 $\boldsymbol{v}$ 不因所附加的基准约束不同而改变。其几何意义可以解释为:按照 $\boldsymbol{\epsilon}^{\mathrm{T}}\boldsymbol{P}\boldsymbol{\epsilon}=\min$ 求得最佳的网型后,对网型通过平移、旋转、伸缩即可以得出所需要的结果。

由法方程(8.30)可以进一步得

$$(\boldsymbol{A}^{\mathrm{T}}\boldsymbol{P}\boldsymbol{A}+\boldsymbol{P}_x\boldsymbol{S}\boldsymbol{S}^{\mathrm{T}}\boldsymbol{P}_x)\hat{\boldsymbol{x}}=\boldsymbol{A}^{\mathrm{T}}\boldsymbol{P}\boldsymbol{y}\tag{8.32}$$

该法方程的系数矩阵为满秩方阵,参数的估值 $\hat{\boldsymbol{x}}$ 及其方差矩阵 $\boldsymbol{D}(\hat{\boldsymbol{x}})$ 为

$$\hat{\boldsymbol{x}}=(\boldsymbol{A}^{\mathrm{T}}\boldsymbol{P}\boldsymbol{A}+\boldsymbol{P}_x\boldsymbol{S}\boldsymbol{S}^{\mathrm{T}}\boldsymbol{P}_x)^{-1}\boldsymbol{A}^{\mathrm{T}}\boldsymbol{P}\boldsymbol{y}=\boldsymbol{Q}_p\boldsymbol{A}^{\mathrm{T}}\boldsymbol{P}\boldsymbol{y}\tag{8.33a}$$

$$\boldsymbol{D}(\hat{\boldsymbol{x}})=\sigma_0^2\boldsymbol{Q}_p\boldsymbol{A}^{\mathrm{T}}\boldsymbol{P}\boldsymbol{A}\boldsymbol{Q}_p=\sigma_0^2(\boldsymbol{Q}_p-\boldsymbol{Q}_p\boldsymbol{P}_x\boldsymbol{S}\boldsymbol{S}^{\mathrm{T}}\boldsymbol{P}_x\boldsymbol{Q}_p)\tag{8.33b}$$

式中,$\boldsymbol{Q}_p=(\boldsymbol{A}^{\mathrm{T}}\boldsymbol{P}\boldsymbol{A}+\boldsymbol{P}_x\boldsymbol{S}\boldsymbol{S}^{\mathrm{T}}\boldsymbol{P}_x)^{-1}$。参数估值 $\hat{\boldsymbol{x}}$ 的期望为

$$\boldsymbol{E}(\hat{\boldsymbol{x}})=\boldsymbol{E}((\boldsymbol{A}^{\mathrm{T}}\boldsymbol{P}\boldsymbol{A}+\boldsymbol{P}_x\boldsymbol{S}\boldsymbol{S}^{\mathrm{T}}\boldsymbol{P}_x)^{-1}\boldsymbol{A}^{\mathrm{T}}\boldsymbol{P}\boldsymbol{y})\neq\boldsymbol{x}\tag{8.33c}$$

上式说明,在秩亏平差中,参数估值 $\hat{\boldsymbol{x}}$ 不具有无偏性。附加约束条件的秩亏平差的单位权方差估值 $\hat{\sigma}_0^2$ 为

$$\hat{\sigma}_0^2=\frac{\boldsymbol{v}^{\mathrm{T}}\boldsymbol{P}\boldsymbol{v}}{m-n}\tag{8.34}$$

(1) 附加基准约束条件的具体形式

附加的基准约束条件在满足 $\mathrm{rank}(\boldsymbol{S}^{\mathrm{T}})=d$ 的同时还需要满足 $\boldsymbol{A}\boldsymbol{S}=\mathbf{0}$ 或 $\boldsymbol{N}\boldsymbol{S}=\mathbf{0}$。换句话说,附加的 d 个约束条件互不相关,且 d 个附加条件与观测方程之间相互独立。根据不同的平差问题,矩阵 $\boldsymbol{S}$ 的具体形式可以是(假设未知点的数量为 h):

一维水准网(秩亏数 $d=1$)

$$\underbrace{\boldsymbol{S}^{\mathrm{T}}}_{1\times h}=[1\quad 1\quad\cdots\quad 1]\tag{8.35}$$

二维测边网、边角网(秩亏数 $d=3$)

$$\underbrace{\boldsymbol{S}^{\mathrm{T}}}_{3\times 2h}=\begin{bmatrix}1&0&1&0&\cdots&1&0\\0&1&0&1&\cdots&0&1\\-y_1^0&x_1^0&-y_2^0&x_2^0&\cdots&-y_h^0&x_h^0\end{bmatrix}\tag{8.36}$$

二维测角网(秩亏数 $d=4$)

$$\underbrace{\boldsymbol{S}^{\mathrm{T}}}_{4\times 2h}=\begin{bmatrix}1 & 0 & 1 & 0 & \cdots & 1 & 0\\ 0 & 1 & 0 & 1 & \cdots & 0 & 1\\ -y_1^0 & x_1^0 & -y_2^0 & x_2^0 & & -y_h^0 & x_h^0\\ x_1^0 & y_1^0 & x_2^0 & y_2^0 & \cdots & x_h^0 & y_h^0\end{bmatrix} \tag{8.37}$$

三维 GNSS 网(秩亏数 $d=3$)

$$\underbrace{\boldsymbol{S}^{\mathrm{T}}}_{3\times 3h}=\left[\boldsymbol{I}_3 \quad \boldsymbol{I}_3 \quad \cdots \quad \boldsymbol{I}_3\right] \tag{8.38}$$

(2) 重心基准

将基准约束条件(8.27)中的基准权 $\boldsymbol{P}_x$ 设为单位矩阵,即 $\boldsymbol{P}_x=\boldsymbol{I}$,此时的基准约束条件为

$$\underbrace{\boldsymbol{S}^{\mathrm{T}}}_{d\times u}\underbrace{\hat{\boldsymbol{x}}}_{u\times 1}=\boldsymbol{0} \tag{8.39}$$

基准约束条件(8.39)称为重心基准。

一般称秩亏自由网平差就是指采用重心基准进行平差。所谓重心基准,是指使得平差前后网中重心点高程(或坐标)保持不变的基准。这也说明秩亏平差基准取决于所取的高程(或坐标)近似值系统。

例如对于水准网,基准约束条件的具体形式为

$$\sum_{i=1}^{h}\hat{x}_i=0 \tag{8.40a}$$

其中,$\hat{x}_i$ 表示高程的增量。平差后各个点高程的均值为

$$\bar{X}=\frac{1}{h}\sum_{i=1}^{h}\hat{X}_i=\frac{1}{h}\sum_{i=1}^{h}(X_i^0+\hat{x}_i)=\frac{1}{h}\sum_{i=1}^{h}X_i^0=\bar{X}^0 \tag{8.40b}$$

其中,X_i^0 表示高程的近似值,$\hat{X}_i$ 表示高程的平差值。从(8.40b)可以看出,平差后各点高程的平均值 $\bar{X}$ 等于平差前各点高程近似值的平均值 $\bar{X}^0$,水准网的重心高程不变,故称为重心基准。

例如对于二维平面网,基准约束条件的具体形式为

$$\sum_{i=1}^{h}\hat{x}_i=0,\quad \sum_{i=1}^{h}\hat{y}_i=0 \tag{8.41a}$$

其中,$\hat{x}_i$ 和 $\hat{y}_i$ 表示纵、横坐标的增量。同样可以证明,平差后各点纵、横坐标的平均值等于平差前各点相应近似纵、横坐标的平均值,平差前后网中重心点坐标保持不变。即

$$\bar{X}=\frac{1}{h}\sum_{i=1}^{h}\hat{X}_i=\frac{1}{h}\sum_{i=1}^{h}(X_i^0+\hat{x}_i)=\frac{1}{h}\sum_{i=1}^{h}X_i^0=\bar{X}^0 \tag{8.41b}$$

$$\bar{Y}=\frac{1}{h}\sum_{i=1}^{h}\hat{Y}_i=\frac{1}{h}\sum_{i=1}^{h}(Y_i^0+\hat{y}_i)=\frac{1}{h}\sum_{i=1}^{h}Y_i^0=\bar{Y}^0 \tag{8.41c}$$

8.2 伪距单点定位

8.2.1 伪距单点定位方程

根据卫星星历和一台 GNSS 接收机的码伪距观测值来确定该接收机在地球坐标系中的绝对坐标的过程，称为伪距单点定位(SPP)。伪距单点定位的优势在于只需用一台接收机即可进行独立定位，操作简便，数据处理也较为简单。但由于伪距单点定位所采用的伪距观测值精度比较低，且受到卫星星历误差、卫星钟差，以及对流层、电离层等大气传播误差的影响，因此定位精度一般较低。理解和掌握 SPP 的过程和算法流程是 GNSS 定位的基础，尤为关键。

码伪距观测值进行 GNSS 单点定位的完整观测方程表达式在上一章中已有说明，为方便起见，此处表示为

$$P_r^s = \rho_r^s + cdt_r - cdt^s + \iota_r^s + \tau_r^s + \varepsilon_r^s \tag{8.42}$$

其中，s 和 r 分别代表卫星和接收机；c 代表真空中的光速；P 代表伪距观测值；$\rho_r^s = \sqrt{(X^s-X_r)^2+(Y^s-Y_r)^2+(Z^s-Z_r)^2}$ 代表同一时刻卫星 s 到接收机 r 的几何距离，由于我们求解的是接收机的位置，因此这里同一时刻通常是指接收时刻。X^s、Y^s 和 Z^s 为卫星 s 的三维地心坐标，X_r、Y_r 和 Z_r 为接收机 r 的三维地心坐标，dt_r 和 dt^s 分别代表接收机钟差和卫星钟差，ι 代表电离层延迟误差，τ 代表对流层延迟误差，ε 代表其他未被模型化的误差及观测值噪声。

卫星坐标$[X^s, Y^s, Z^s]^{\mathrm{T}}$可通过卫星星历计算，因此可认为是已知的。对式(8.42)中卫地距 ρ_r^s 在接收机近似坐标为$[X_{r,0}, Y_{r,0}, Z_{r,0}]^{\mathrm{T}}$处进行线性化，接收机 r 至卫星 s 的几何距离 ρ_r^s 可表示为

$$\rho_r^s = \sqrt{(X^s-X_r)^2+(Y^s-Y_r)^2+(Z^s-Z_r)^2} = f(X_r, Y_r, Z_r) \tag{8.43}$$

其中，$X_r = X_{r,0}+\Delta X_r$，$Y_r = Y_{r,0}+\Delta Y_r$，$Z_r = Z_{r,0}+\Delta Z_r$，$[\Delta X_r, \Delta Y_r, \Delta Z_r]^{\mathrm{T}}$ 为接收机的位置改正数。利用泰勒级数对 ρ_r^s 进行展开，可以得到

$$\rho_r^s = f(X_r^0, Y_r^0, Z_r^0) + \frac{\partial f}{\partial X_r^0}\Delta X_r + \frac{\partial f}{\partial Y_r^0}\Delta Y_r + \frac{\partial f}{\partial Z_r^0}\Delta Z_r + \cdots \tag{8.44}$$

其中，$f(X_r^0, Y_r^0, Z_r^0) = \rho_{r,0}^s$ 为卫星至接收机的近似几何距离；$\left.\frac{\partial f}{\partial X_r}\right|_{X_r^0} = -\frac{X^s-X_r^0}{\rho_{r,0}^s} = a_{X_r}^s$，$\left.\frac{\partial f}{\partial Y_r}\right|_{Y_r^0} = -\frac{Y^s-Y_r^0}{\rho_{r,0}^s} = a_{Y_r}^s$，$\left.\frac{\partial f}{\partial Z_r}\right|_{Z_r^0} = -\frac{Z^s-Z_r^0}{\rho_{r,0}^s} = a_{Z_r}^s$。因此，线性化后的观测方程为

$$P_r^s = \rho_{r,0}^s + a_{X_r}^s\Delta X_r + a_{Y_r}^s\Delta Y_r + a_{Z_r}^s\Delta Z_r + cdt_r - cdt^s + \iota_r^s + \tau_r^s + \varepsilon_r^s \tag{8.45}$$

由于卫星坐标和钟差可通过卫星星历计算，因此可作为已知值。由于单点定位一般获

取用户的概略坐标，因此电离层误差和对流层误差一般可以忽略。若为了提高单点定位精度，用户还可以采用电离层和对流层误差改正模型对这些误差进行改正。

因此，单点定位误差方程为

$$y_r^s = P_r^s - \rho_{r,0}^s - c\mathrm{d}t^s = a_{X_r}^s \Delta X_r + a_{Y_r}^s \Delta Y_r + a_{Z_r}^s \Delta Z_r + c\mathrm{d}t_r + \varepsilon_r^s \tag{8.46}$$

设在某个观测历元有 s（通常 $s \geqslant 4$）颗卫星被同时观测，我们采用最小二乘平差估计接收机的位置。单历元单点定位的误差方程以矩阵形式表达为

$$\begin{bmatrix} y_r^1 \\ y_r^2 \\ \vdots \\ y_r^s \end{bmatrix} = \begin{bmatrix} a_{X_r}^1 & a_{Y_r}^1 & a_{Z_r}^1 & 1 \\ a_{X_r}^2 & a_{Y_r}^2 & a_{Z_r}^2 & 1 \\ \vdots & \vdots & \vdots & \vdots \\ a_{X_r}^s & a_{Y_r}^s & a_{Z_r}^s & 1 \end{bmatrix} \begin{bmatrix} \Delta X_r \\ \Delta Y_r \\ \Delta Z_r \\ cdt_r \end{bmatrix} + \begin{bmatrix} \varepsilon_r^1 \\ \varepsilon_r^2 \\ \vdots \\ \varepsilon_r^k \end{bmatrix} \tag{8.47}$$

可写成

$$\boldsymbol{y} = \boldsymbol{A}\boldsymbol{x} + \boldsymbol{\varepsilon} \tag{8.48}$$

其中，$\boldsymbol{y} = \begin{bmatrix} y_r^1 \\ y_r^2 \\ \vdots \\ y_r^s \end{bmatrix}$，$\boldsymbol{A} = \begin{bmatrix} a_{X_r}^1 & a_{Y_r}^1 & a_{Z_r}^1 & 1 \\ a_{X_r}^2 & a_{Y_r}^2 & a_{Z_r}^2 & 1 \\ \vdots & \vdots & \vdots & \vdots \\ a_{X_r}^s & a_{Y_r}^s & a_{Z_r}^s & 1 \end{bmatrix}$为位置参数 $\boldsymbol{x} = \begin{bmatrix} \Delta X_r \\ \Delta Y_r \\ \Delta Z_r \end{bmatrix}$和接收机钟差参数 cdt_r 的设计矩阵，$\boldsymbol{\varepsilon}$ 为噪声向量。式(8.48)被称为伪距单点定位的函数模型。值得说明的是，这里我们没有求解钟差参数 dt_r，而是求解它的等效距离参数 cdt_r，其原因是设计矩阵中的坐标参数元素都是介于-1 到 1 的小量，而光速数值较大，这样处理的目的仅仅是确保数值计算的稳定性，避免大数吃小数的现象。通过(8.48)分析可得，当观测条件为单系统单频观测值时，静态定位时设卫星数为 n_s，历元数为 n_t，则观测值个数为 $n_s n_t$，未知数个数为 $3+n_t$，即 3 个位置参数和 n_t 个接收机钟差参数。此时，单点定位的解算条件为

$$n_s n_t \geqslant (3 + n_t), n_t \geqslant \frac{3}{n_s - 1} \tag{8.49}$$

若 $n_s = 2$，则 $n_t \geqslant 3$，即至少需要三个历元才可以进行单点定位求解；若 $n_s = 4$，则 $n_t \geqslant 1$，即单个历元即可求解。若为动态定位，则每个历元都有 4 个未知数，即 3 个位置参数和 1 个接收机钟差参数，因此当接收机接收到不少于 4 颗卫星时，才可进行单点定位。

8.2.2 伪距单点定位权矩阵

利用最小二乘原理进行平差还需要观测值的随机模型，即观测值的方差-协方差矩阵，从而确定观测值的权矩阵。在单点定位中，通常不考虑观测值之间的相关性，采用对角形式的方差-协方差矩阵

$$\boldsymbol{D} = \sigma_0^2 \boldsymbol{Q} = \sigma_0^2 \mathrm{diag}([q^1, q^2, \cdots, q^s]) = \sigma_0^2 \boldsymbol{P}^{-1} \tag{8.50}$$

其中，$\boldsymbol{D}$ 为观测值的方差-协方差矩阵，$\boldsymbol{Q}$ 为协因数阵，$\boldsymbol{P}=\boldsymbol{Q}^{-1}$ 为对应的权矩阵，σ_0^2 为先验单位权方差，q_i 为第 i 个卫星观测值的协因数，即为权倒数。实际应用采用的最简化的方差-协方差矩阵即为假设等精度观测

$$\boldsymbol{D}=\sigma_0^2\boldsymbol{Q}=\sigma_0^2\boldsymbol{I}_s \tag{8.51}$$

在实际应用中，通常采用卫星高度角定权的方式。由于低高度角卫星在对流层、电离层中的传播路径较长，且更容易受到观测环境的反射，因此低高度角卫星的观测值精度一般较差，对低高度角卫星观测值赋予较小的权，对高高度角卫星观测值赋予较大的权。目前有较多经验高度角加权函数，下面给出几种常用的高度角定权函数

$$P(E)=\sin^2 E \tag{8.52a}$$

$$P(E)=\begin{cases}1 & E>30^\circ\\ 2\sin E & E\leqslant 30^\circ\end{cases} \tag{8.52b}$$

对于更多更合理的高度角加权方式可参考相应的文献。协因数大小与高度角成反比关系

$$\boldsymbol{D}=\sigma_0^2\boldsymbol{Q}=\mathrm{diag}\left(\left[\frac{1}{P(E^1)},\frac{1}{P(E^2)},\cdots,\frac{1}{P(E^s)}\right]\right) \tag{8.53}$$

其中，E^i 表示第 i 个卫星的高度角。

8.2.3 伪距单点定位流程

根据之前的内容，本节将从程序编写角度介绍伪距单点定位的基本流程。具体流程图如图 8.1 所示，即主要包括采用卫星星历计算卫星坐标、构建函数模型和随机模型、迭代解算接收机位置和钟差参数等。

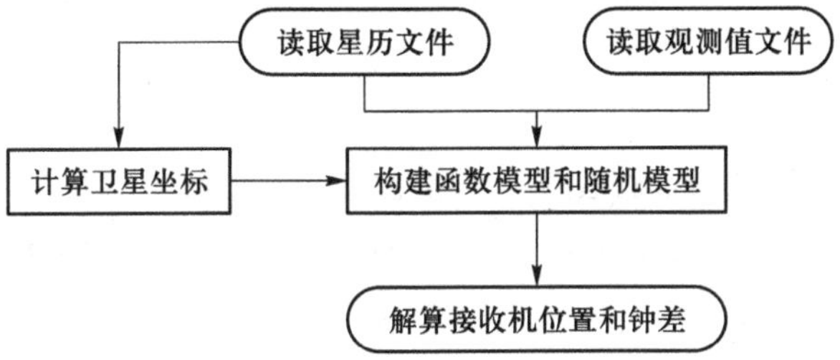

图 8.1 伪距单点定位流程图

(1) 采用卫星星历计算卫星坐标

由于接收机在 t 时刻接收到的信号是卫星在 t^s 时刻发出的，如果要采用该信号进行定位，就必须首先已知卫星在发射时刻的坐标，这就要推算卫星信号的发射时刻。这里我们将介绍两种卫星信号发射时刻的计算方法。

方法一

卫星发射伪距信号的真实时刻记为

$$T^s = t^s + dt^s \tag{8.54a}$$

其中，T^s为卫星信号发射真实时刻，t^s为卫星信号发射的钟面时，dt^s为卫星钟差。接收机接收信号的真实时刻记为

$$T_r = t_r + dt_r \tag{8.54b}$$

对于单点定位而言，我们从观测文件中已知信号的接收钟面时刻t_r，需要推算信号发射时刻T^s。已知

$$T^s = T_r - \Delta t \tag{8.54c}$$

其中，$\Delta t = \dfrac{\rho_r^s}{c}$为信号从卫星传播至接收机的时间。由于计算$\Delta t$需要已知卫星位置，而计算卫星位置又需要$\Delta t$，因此，按照下面流程迭代计算：

① 由于初始发射时刻及其卫星坐标未知，即不能采用公式$\Delta t = \dfrac{\rho_r^s}{c}$计算信号传播时间，也就无法推算卫星信号发射时刻。初始计算可采用伪距观测值计算卫星信号传播时间概略值$\Delta t_{(1)} \approx P/c$，还可根据卫星的轨道高度给定卫星信号在空间传播时间的概略值，对于GPS卫星，可取$\Delta t_{(1)} \approx 0.075$ s。

$$T^s_{(1)} = T_r - 0.075 \tag{8.55a}$$

采用卫星星历计算初始发射时刻$T^s_{(1)}$的卫星坐标$\boldsymbol{x}^s_{(1)} = [X^s_{(1)}, Y^s_{(1)}, Z^s_{(1)}]^{\mathrm{T}}$和卫星钟差$dt^s_{(1)}$。由于存在地球自转，不同时刻的地固系不同，卫星信号发射时刻的卫星坐标所在的地固系与接收机接收时刻的地固系存在地球自转，而单点定位的目的是求解用户在接收时刻的地固系中的坐标，因此，我们需要将计算的卫星坐标进行地球自转改正，将卫星坐标转换至用户所在的地固系

$$\tilde{\boldsymbol{x}}^s_{(1)} = \begin{bmatrix} \tilde{X}^s_{(1)} \\ \tilde{Y}^s_{(1)} \\ \tilde{Z}^s_{(1)} \end{bmatrix} = \begin{bmatrix} \cos \Omega_e \Delta t_{(1)} & \sin \Omega_e \Delta t_{(1)} & 0 \\ -\sin \Omega_e \Delta t_{(1)} & \cos \Omega_e \Delta t_{(1)} & 0 \\ 0 & 0 & 1 \end{bmatrix} \begin{bmatrix} X^s_{(1)} \\ Y^s_{(1)} \\ Z^s_{(1)} \end{bmatrix} = \boldsymbol{R}_e(\Delta t_{(1)}) \boldsymbol{x}^s_{(1)} \tag{8.55b}$$

其中，Ω_e为地球自转速度，Δt为信号传播时间。$\tilde{\boldsymbol{x}}^s_{(1)}$为地球自转改正后的发射时刻卫星坐标，$\boldsymbol{R}_e(\Delta t_{(1)}) = \begin{bmatrix} \cos \Omega_e \Delta t_{(1)} & \sin \Omega_e \Delta t_{(1)} & 0 \\ -\sin \Omega_e \Delta t_{(1)} & \cos \Omega_e \Delta t_{(1)} & 0 \\ 0 & 0 & 1 \end{bmatrix}$为地球自转改正对应的旋转矩阵。

② 根据计算的卫星坐标更新信号传播时间$\Delta t_{(2)} = \dfrac{\| \tilde{x}^s_{(1)} - x_r \|}{c}$，$\boldsymbol{x}_r$为接收机概略坐标。计

算卫星信号发射时刻

$$T^s_{(2)} = T_r - \Delta t_{(2)} \tag{8.55c}$$

采用卫星星历计算初始发射时刻 $T^s_{(2)}$ 的卫星坐标 $\boldsymbol{x}^s_{(2)}$ 和卫星钟差 $dt^s_{(2)}$，并进行地球自转改正得 $\tilde{\boldsymbol{x}}^s_{(2)} = \boldsymbol{R}_e(\Delta t_{(2)})\boldsymbol{x}^s_{(2)}$。

③ 根据第 $k-1$ 次迭代计算的卫星坐标更新信号传播时间 $\Delta t_{(k)} = \dfrac{\| \tilde{\boldsymbol{x}}^s_{(k-1)} - \boldsymbol{x}_r \|}{c}$，并计算卫星信号发射时刻

$$T^s_{(k)} = T_r - \Delta t_{(k)} \tag{8.55d}$$

采用卫星星历计算初始发射时刻 $T^s_{(k)}$ 的卫星坐标 $\boldsymbol{x}^s_{(k)}$ 和卫星钟差 $dt^s_{(k)}$，并进行地球自转改正得 $\tilde{\boldsymbol{x}}^s_{(k)} = \boldsymbol{R}_e(\Delta t_{(k)})\boldsymbol{x}^s_{(k)}$。

④ 迭代停止条件：当最后一次迭代计算的卫星信号发射时刻与前一次得到的卫星信号发射时刻之差 $|T^s_{(k)} - T^s_{(k-1)}| < \epsilon$，其中 ϵ 是一小量，通常取 $\epsilon = 10^{-8}$。

实践表明，此迭代过程是非常高效的，通常只需要经过几次迭代计算。

方法二

方法一根据卫星坐标和接收机坐标来计算卫地距，从而计算卫星信号传播时间。方法二将采用伪距观测值直接计算卫星信号传播时间，从而快速计算卫星信号发射时刻。根据伪距观测值的定义

$$P^s_r = c(t_r - t^s) \tag{8.56a}$$

其中，t_r 是接收机接收信号的钟面时刻，t^s 为卫星信号发射的钟面时刻。卫星信号发射的真实时刻可表示为

$$T^s = t^s + dt^s = t_r - P^s_r/c + dt^s \tag{8.56b}$$

同样，由于计算卫星信号发射的真实时刻需要已知卫星信号发射时刻的钟差，而卫星信号发射时刻的钟差计算又需要已知发射时刻，因此需要迭代计算。

① 初始计算忽略卫星钟差，即信号发射时刻 $T^s_{(1)} = t_r - P^s_r/c$；根据卫星星历计算该发射时刻的卫星钟差 $dt^s_{(1)}$。

② 根据计算的卫星钟差更新信号发射时刻 $T^s_{(2)} = t_r - P^s_r/c - dt^s_{(1)}$，根据卫星星历计算该发射时刻的卫星钟差 $dt^s_{(2)}$。

③ 根据第 $k-1$ 次迭代计算的卫星钟差 $dt^s_{(k-1)}$ 更新信号发射时刻 $T^s_{(k)} = t_r - P^s_r/c - dt^s_{(k-1)}$，根据卫星星历计算该发射时刻的卫星钟差 $dt^s_{(k)}$。

④ 迭代停止条件：当最后一次迭代计算的卫星信号发射时刻与前一次得到的卫星信号发射时刻之差 $|T^s_{(k)} - T^s_{(k-1)}| = |dt^s_{(k)} - dt^s_{(k-1)}| < \epsilon$，其中 ϵ 是一小量，通常取 $\epsilon = 10^{-8}$。迭代结束后，采用卫星星历计算发射时刻 $T^s_{(k)}$ 的卫星坐标 $\boldsymbol{x}^s_{(k)}$，并进行地球自转改正得 $\tilde{\boldsymbol{x}}^s_{(k)} = \boldsymbol{R}_e(\Delta t_{(k)})\boldsymbol{x}^s_{(k)}$。

由于卫星钟差比较稳定，所以采用该方法计算效率非常高，甚至无须迭代计算。

（2）构建函数模型和随机模型

获取观测值数据后，可根据每颗卫星伪距观测值和接收时刻采用上述两种方法计算卫星坐标，从而得到卫星高度角信息。令接收机坐标为 $\boldsymbol{x}_r=[X_r,Y_r,Z_r]^{\mathrm{T}}$，对应的大地坐标为 $[B_r,L_r,H_r]^{\mathrm{T}}$。卫星坐标为 $\tilde{\boldsymbol{x}}^s=[\tilde{X}^s,\tilde{Y}^s,\tilde{Z}^s]^{\mathrm{T}}$，则卫星高度角的计算需要将卫星坐标在以接收机为测站的极坐标系下表达。首先以接收机为测站建立站心地平坐标系，计算卫星在该坐标系下的坐标

$$\begin{bmatrix} N \\ E \\ U \end{bmatrix}=\begin{bmatrix} -\sin B_r\cos L_r & -\sin B_r\sin L_r & \cos B_r \\ -\sin L_r & \cos L_r & 0 \\ \cos B_r\cos L_r & \cos B_r\sin L_r & \sin B_r \end{bmatrix}\begin{bmatrix} \tilde{X}^s-X_r \\ \tilde{Y}^s-Y_r \\ \tilde{Z}^s-Z_r \end{bmatrix} \tag{8.57a}$$

卫星高度角的计算需要将卫星坐标在以接收机为测站的极坐标系下表达

$$E_s=\tan^{-1}\frac{U}{\sqrt{N^2+E^2}} \tag{8.57b}$$

然后根据高度角计算观测值的权矩阵。根据卫星星历计算卫星钟差，并采用电离层和对流层模型改正这两项误差，最终构建出函数模型（8.48）和随机模型（8.50）。根据最小二乘准则计算接收机的位置和钟差

$$\hat{\boldsymbol{x}}=(\boldsymbol{A}^{\mathrm{T}}\boldsymbol{Q}^{-1}\boldsymbol{A})^{-1}\boldsymbol{A}^{\mathrm{T}}\boldsymbol{Q}^{-1}\boldsymbol{y} \tag{8.58a}$$

参数估值的方差-协方差矩阵为

$$\boldsymbol{Q}_{\hat{x}}=\sigma_0^2(\boldsymbol{A}^{\mathrm{T}}\boldsymbol{Q}^{-1}\boldsymbol{A})^{-1} \tag{8.58b}$$

下面对单点定位的算法流程做简单总结。在采用方法一计算卫星坐标时，需要已知接收机坐标 $\boldsymbol{x}_r$ 和接收机钟差 $\mathrm{d}t_r$；在采用方法二计算卫星坐标时，不需要已知任何接收机相关信息，并且效率远高于方法一，因此我们推荐在实际计算中采用方法二。以方法二为例，整个单点定位算法流程如下

① 基于方法二计算卫星坐标 $\begin{bmatrix} \tilde{\boldsymbol{x}}^1 \\ \vdots \\ \tilde{\boldsymbol{x}}^s \end{bmatrix}$ 和钟差 $\begin{bmatrix} dt^1 \\ \vdots \\ dt^s \end{bmatrix}$，其中 $\tilde{\boldsymbol{x}}^i$ 和 dt^i 表示第 i 个卫星的坐标和钟差。

② 根据测站坐标初始值 $\boldsymbol{x}_{r,(1)}$ 和接收机钟差初始值 $dt_{r,(1)}$（若无法获得上述参数的初始值，可将其都取为 0）、卫星坐标 $\begin{bmatrix} \tilde{\boldsymbol{x}}^1 \\ \vdots \\ \tilde{\boldsymbol{x}}^s \end{bmatrix}$ 和钟差 $\begin{bmatrix} dt^1 \\ \vdots \\ dt^s \end{bmatrix}$，以及伪距观测值 $\begin{bmatrix} P_r^1 \\ \vdots \\ P_r^s \end{bmatrix}$ 和协因数阵

$\begin{bmatrix} q_{(1)}^{1} & & \\ & \ddots & \\ & & q_{(1)}^{s} \end{bmatrix}$，构建函数模型和随机模型，并采用最小二乘法求解接收机坐标和钟差参数。更新后的坐标和钟差为 $\boldsymbol{x}_{r,(2)}$，接收机钟差初始值 $dt_{r,(2)}$。

③ 根据第 $k-1$ 次迭代得到的接收机坐标 $\boldsymbol{x}_{r,(k-1)}$ 和接收机钟差 $\mathrm{d}t_{r,(k-1)}$、卫星坐标 $\begin{bmatrix} \tilde{\boldsymbol{x}}^{1} \\ \vdots \\ \tilde{\boldsymbol{x}}^{s} \end{bmatrix}$ 和钟差 $\begin{bmatrix} dt^{1} \\ \vdots \\ dt^{s} \end{bmatrix}$，以及伪距观测值 $\begin{bmatrix} P_{r}^{1} \\ \vdots \\ P_{r}^{s} \end{bmatrix}$ 和协因数阵 $\begin{bmatrix} q_{(k-1)}^{1} & & \\ & \ddots & \\ & & q_{(k-1)}^{s} \end{bmatrix}$，构建函数模型和随机模型，并采用最小二乘法求解接收机坐标和钟差参数。更新后的坐标和钟差为 $\boldsymbol{x}_{r,(k)}$，接收机钟差初始值 $\mathrm{d}t_{r,(k)}$。

④ 迭代停止条件：当迭代最后两次计算的接收机坐标差值足够小，即可停止迭代。一般采用判断条件 $(\boldsymbol{x}_{r,(k)}-\boldsymbol{x}_{r,(k-1)})^{\mathrm{T}}\boldsymbol{Q}_{x_{r,(k)}}^{-1}(\boldsymbol{x}_{r,(k)}-\boldsymbol{x}_{r,(k-1)})<\epsilon$，其中 ϵ 是一小量。

图 8.2 是利用某接收机 GPS 数据，按上述流程解算的单点定位结果。在补偿完各项误差后，单点定位技术可取得米级定位精度。

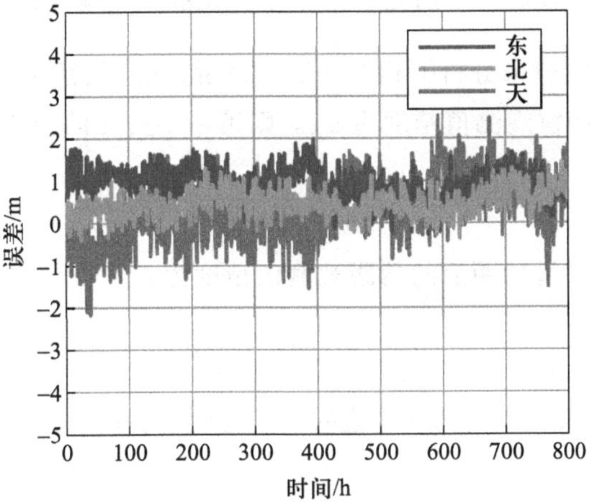

图 8.2　GPS 单系统单点定位结果

8.2.4 相位平滑伪距

利用伪距单点定位的方法进行定位时，由于伪距观测值精度较低，因此可以通过平滑和滤波等方法来消除和削弱观测值噪声，从而提高定位精度。目前，常用的一种方法是相位平滑伪距（phase-smoothed pseudorange）。

由于 GNSS 接收机可以同时接收伪距和相位观测值，如不发生周跳，且电离层变化不明显或已改正的情况下，在相同时间内，相位观测值变化量可以精确反映伪距观测值变化量。因此，利用相位观测值变化量可以对伪距观测值进行平滑，从而提高伪距观测值的精度，这就是相位平滑伪距的基本思想。

相位平滑伪距的第 n 个历元的伪距观测值 $\hat{P}_{n|n}$ 可以通过 P_n 和 ϕ_n 进行求解，具体如下

$$\hat{P}_{n|n-1} = \hat{P}_{n-1|n-1} + (\phi_n - \phi_{n-1}) \tag{8.59}$$

其中，$\hat{P}_{n|n-1}$ 代表第 $n-1$ 个历元对第 n 个历元的预报解。接着

$$\hat{P}_{n|n} = \hat{P}_{n|n-1} + \frac{1}{n}(P_n - \hat{P}_{n|n-1}) \tag{8.60}$$

将式(8.59)和(8.60)进行合并，可以得到

$$\hat{P}_{n|n} = \frac{1}{n}P_n + \frac{n-1}{n}(\hat{P}_{n-1|n-1} + \phi_n - \phi_{n-1}) \tag{8.61}$$

特别地，令 $\hat{P}_{1|1}=P_1$。可以发现，相位平滑伪距后的伪距观测值是原始伪距和预测伪距的线性组合。具体地，即第 n 个历元的相位平滑伪距观测值为权重为 $\frac{1}{n}$ 的第 n 个历元的伪距观测值与权重为 $\frac{n-1}{n}$ 的第 $n-1$ 个历元对第 n 个历元的预报解的线性组合。

下面利用误差传播定律来分析下相位平滑伪距后，观测值精度的改善。设一段时间内，伪距观测值精度为 σ_P，相位观测值精度为 σ_ϕ。则第一个历元的相位平滑伪距后的伪距观测值精度为

$$\sigma^2_{\hat{P}_{1|1}} = \sigma^2_P \tag{8.62}$$

第二个历元的相位平滑伪距后的伪距观测值精度为

$$\sigma^2_{\hat{P}_{2|2}} = \frac{1}{2}\sigma^2_P + \frac{1}{2}\sigma^2_\phi \tag{8.63}$$

由于 $\sigma_P \gg \sigma_\phi$，显然第二个历元观测值的精度得到了提高。第三个历元的相位平滑伪距后的伪距观测值精度为

$$\sigma^2_{\hat{P}3|3} = \frac{5}{18}\sigma^2_P + \frac{10}{9}\sigma^2_\phi \tag{8.64}$$

同样地，与第二个历元相比，第三个历元观测值的精度同样得到了提高。以此类推，即满足下式

$$\sigma^2_{\hat{P}_{n|n}} = \frac{1}{n^2}\sigma^2_P + \frac{(n-1)^2}{n^2}(\sigma^2_{\hat{P}_{n-1|n-1}} + 2\sigma^2_\phi) \tag{8.65}$$

我们可以发现，由于相位平滑伪距后的观测值中原始伪距观测值比例越来越低，因此平滑后的观测值精度越来越高。

图 8.3 是某一接收机经相位平滑伪距后的伪距观测值的定位结果和原始伪距观测值的定位结果。可以明显看到经过相位平滑伪距后的伪距观测值的定位结果的精度大大优于利

用原始伪距观测值的定位结果,很好地起到了消除和削弱观测值噪声的效果。

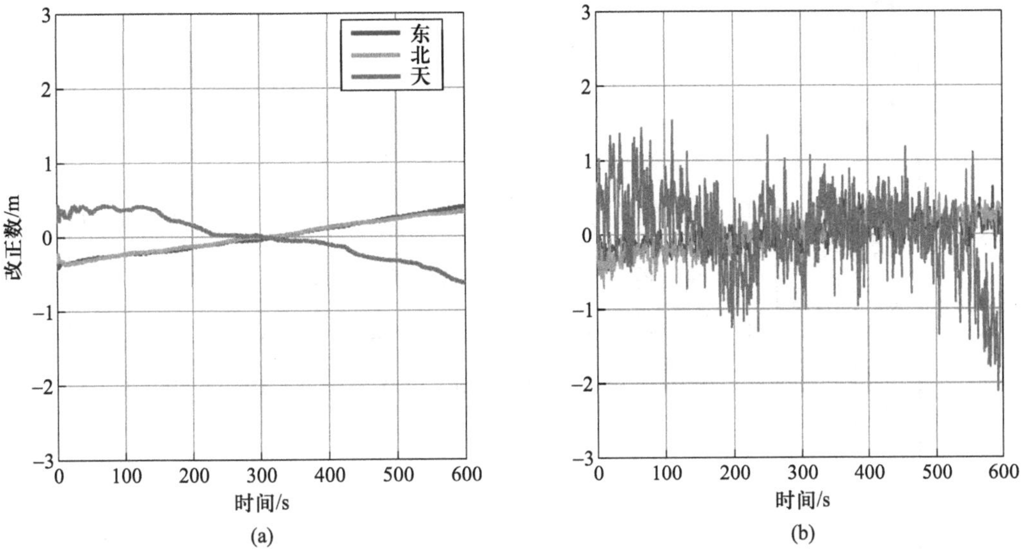

图 8.3 伪距观测值的定位结果

(a) 相位平滑伪距;(b) 原始伪距。

8.3 载波相位单点定位

8.3.1 单点定位方程

相位观测值的 GNSS 单点定位方程如下

$$\phi_r^s = \rho_r^s + \lambda(a_r^s + \varphi_{r,0} - \varphi_0^s) + cdt_r - cdt^s - \iota_r^s + \tau_r^s + \epsilon_r^s \tag{8.66}$$

其中,s 和 r 分别代表卫星和接收机,λ 代表此频率下相位观测值的波长,c 代表真空中的光速,ϕ 代表相位观测值,ρ 代表接收机至卫星的几何距离,a 代表整周模糊度(整数),$\varphi_{r,0}$ 和 φ_0^s 是接收机和卫星的初始相位偏差(包含了相应的硬件延迟),t_r 和 t^s 分别代表接收机钟差和卫星钟差,ι 代表电离层延迟误差,τ 代表对流层延迟误差,ϵ 代表其他未被模型化的误差及观测值噪声。

卫星钟差和卫星坐标可通过卫星星历计算,视为已知值。电离层延迟和对流层延迟则可采用相应的模型改正或通过外部提供信息进行改正,即下文将忽略电离层和对流层误差。线性化后的误差方程为

$$y_r^s = e_{X_r}^s \Delta X_r + e_{Y_r}^s \Delta Y_r + e_{Z_r}^s \Delta Z_r + \lambda(a_r^s + \varphi_{r,0} - \varphi_0^s) + cdt_r + \epsilon_r^s \tag{8.67}$$

其中,$y_r^s = \phi_r^s - \rho_{r,0}^s + cdt^s$。因此,设有 4 颗卫星,则单系统单频观测值的函数模型为

$$\boldsymbol{y} = \boldsymbol{A}\boldsymbol{x} + \boldsymbol{\varepsilon} \tag{8.68}$$

其中

$$
\boldsymbol{x}=\begin{bmatrix}\Delta X_r\\ \Delta Y_r\\ \Delta Z_r\\ \varphi_{r,0}\\ \varphi_0^1\\ \varphi_0^2\\ \varphi_0^3\\ \varphi_0^4\\ a_r^1\\ a_r^2\\ a_r^3\\ a_r^4\\ cdt_r\end{bmatrix},\boldsymbol{A}=\begin{bmatrix} e_{X_r}^1 & e_{Y_r}^1 & e_{Z_r}^1 & \lambda & -\lambda & 0 & 0 & 0 & \lambda & 0 & 0 & 0 & 1\\ e_{X_r}^2 & e_{Y_r}^2 & e_{Z_r}^2 & \lambda & 0 & -\lambda & 0 & 0 & 0 & \lambda & 0 & 0 & 1\\ e_{X_r}^3 & e_{Y_r}^3 & e_{Z_r}^3 & \lambda & 0 & 0 & -\lambda & 0 & 0 & 0 & \lambda & 0 & 1\\ e_{X_r}^4 & e_{Y_r}^4 & e_{Z_r}^4 & \lambda & 0 & 0 & 0 & -\lambda & 0 & 0 & 0 & \lambda & 1\end{bmatrix}
$$

$$
\boldsymbol{y}=\begin{bmatrix}y_r^1\\ y_r^2\\ y_r^3\\ y_r^4\end{bmatrix}=\begin{bmatrix}\phi_r^1-\rho_{r,0}^1+cdt^1\\ \phi_r^2-\rho_{r,0}^2+cdt^2\\ \phi_r^3-\rho_{r,0}^3+cdt^3\\ \phi_r^4-\rho_{r,0}^4+cdt^4\end{bmatrix}
$$

显然，由于矩阵 $\boldsymbol{A}$ 秩亏，因此无法同时求解上述所有参数。解决秩亏问题的方法就是附加最小约束条件，即存在多少个秩亏就需要对参数附加相同数量的约束条件。最简单的约束条件就是给定参数的约束条件或先验信息，另一种约束条件就是合并线性相关的参数。下文将通过合并参数的方式来讨论载波相位单点定位的独立参数化问题。

8.3.2 独立参数化

本节首先将以 4 颗观测卫星为例，分析式(8.66)中的各变量的独立参数化问题，从可估性和可解性角度进行介绍。

① 卫星初始相位和模糊度是线性相关的，因为它们对应设计矩阵的列向量是线性相关的。因此，我们无法同时估计卫星初始相位和模糊度参数，需要合并这两个参数，令合并后的参数为 $N_r^s \triangleq a_r^s - \varphi_0^s$，因此待估参数变为

$$
\boldsymbol{x}=[\Delta X_r \quad \Delta Y_r \quad \Delta Z_r \quad \varphi_{r,0} \quad N_r^1 \quad N_r^2 \quad N_r^3 \quad N_r^4 \quad cdt_r]^{\mathrm{T}} \tag{8.69}
$$

相应地，设计矩阵变为

$$A=\begin{bmatrix} e_{X_r}^1 & e_{Y_r}^1 & e_{Z_r}^1 & \lambda & \lambda & 0 & 0 & 0 & 1 \\ e_{X_r}^2 & e_{Y_r}^2 & e_{Z_r}^2 & \lambda & 0 & \lambda & 0 & 0 & 1 \\ e_{X_r}^3 & e_{Y_r}^3 & e_{Z_r}^3 & \lambda & 0 & 0 & \lambda & 0 & 1 \\ e_{X_r}^4 & e_{Y_r}^4 & e_{Z_r}^4 & \lambda & 0 & 0 & 0 & \lambda & 1 \end{bmatrix} \tag{8.70}$$

② 接收机初始相位和接收机钟差完全线性相关，合并后的参数为 $cdt_r \triangleq cdt_r+\lambda\varphi_{r,0}$，因此待估参数变为

$$x=[\Delta X_r \quad \Delta Y_r \quad \Delta Z_r \quad N_r^1 \quad N_r^2 \quad N_r^3 \quad N_r^4 \quad cdt_r]^{\mathrm{T}} \tag{8.71}$$

相应地，设计矩阵变为

$$A=\begin{bmatrix} e_{X_r}^1 & e_{Y_r}^1 & e_{Z_r}^1 & \lambda & 0 & 0 & 0 & 1 \\ e_{X_r}^2 & e_{Y_r}^2 & e_{Z_r}^2 & 0 & \lambda & 0 & 0 & 1 \\ e_{X_r}^3 & e_{Y_r}^3 & e_{Z_r}^3 & 0 & 0 & \lambda & 0 & 1 \\ e_{X_r}^4 & e_{Y_r}^4 & e_{Z_r}^4 & 0 & 0 & 0 & \lambda & 1 \end{bmatrix} \tag{8.72}$$

③ 接收机钟差和模糊度部分线性相关，合并后的参数为 $cdt_r \triangleq cdt_r+\lambda N_r^1$，因此待估参数变为

$$x=[\Delta X_r \quad \Delta Y_r \quad \Delta Z_r \quad N_r^2 \quad N_r^3 \quad N_r^4 \quad cdt_r]^{\mathrm{T}} \tag{8.73}$$

相应地，设计矩阵为

$$A=\begin{bmatrix} e_{X_r}^1 & e_{Y_r}^1 & e_{Z_r}^1 & 0 & 0 & 0 & 1 \\ e_{X_r}^2 & e_{Y_r}^2 & e_{Z_r}^2 & \lambda & 0 & 0 & 1 \\ e_{X_r}^3 & e_{Y_r}^3 & e_{Z_r}^3 & 0 & \lambda & 0 & 1 \\ e_{X_r}^4 & e_{Y_r}^4 & e_{Z_r}^4 & 0 & 0 & \lambda & 1 \end{bmatrix} \tag{8.74}$$

与伪距线性化后的观测方程相比，未知数增加了模糊度，此时可估参数有 3 个坐标参数，1 个等效接收机钟差，3 个等效模糊度，共 7 个未知数；但此时只有 4 个观测方程，因此可估参数不可解。

接着扩展到一般情景，即设单历元内可观测到 s 颗卫星，则设计矩阵和未知参数向量分别为

$$\boldsymbol{x}=[\boldsymbol{X} \quad \varphi_{r,0} \quad \boldsymbol{\varphi}_r \quad \boldsymbol{N} \quad cdt_r]^{\mathrm{T}} \tag{8.75a}$$

$$\boldsymbol{A}=[\boldsymbol{G} \quad \lambda\boldsymbol{e}_s \quad -\lambda\boldsymbol{I}_s \quad \lambda\boldsymbol{I}_s \quad \boldsymbol{e}_s] \tag{8.75b}$$

其中，$\boldsymbol{G}$ 为位置参数向量 $\boldsymbol{X}$ 的设计矩阵，$\boldsymbol{\varphi}_r$ 为卫星的初始相位偏差向量，$\boldsymbol{N}$ 为整周模糊度向量。另 $\boldsymbol{e}_s$ 为 $s\times1$ 维全 1 向量，$\boldsymbol{I}_s$ 为 $s\times s$ 维单位矩阵。类似地，有如下情形：

① 卫星初始相位和模糊度完全线性相关，合并参数，得

$$\boldsymbol{x}=[\boldsymbol{X} \quad \varphi_{r,0} \quad \boldsymbol{N}-\boldsymbol{\varphi}_r \quad cdt_r]^{\mathrm{T}} \tag{8.76a}$$

$$\boldsymbol{A}=[\boldsymbol{G} \quad \lambda\boldsymbol{e}_s \quad \lambda\boldsymbol{I}_s \quad \boldsymbol{e}_s] \tag{8.76b}$$

② 接收机初始相位和接收机钟差完全线性相关，合并参数，得

$$\boldsymbol{x}=[\boldsymbol{X} \quad \boldsymbol{N}-\boldsymbol{\varphi}_r \quad cdt_r-\lambda\varphi_{r,0}]^{\mathrm{T}} \tag{8.77a}$$

$$\boldsymbol{A}=[\boldsymbol{G} \quad \lambda\boldsymbol{I}_s \quad \boldsymbol{e}_s] \tag{8.77b}$$

③ 接收机钟差和模糊度部分线性相关，合并参数，得

$$x = [\boldsymbol{X} \quad \overline{\boldsymbol{N}} \quad cdt_r + \lambda\varphi_{r,0} + \lambda N_r^1 - \lambda\varphi_0^1]^{\mathrm{T}} \tag{8.78a}$$

$$\boldsymbol{A} = [\boldsymbol{G} \quad \lambda\boldsymbol{\Lambda} \quad \boldsymbol{e}_s] \tag{8.78b}$$

其中，$\boldsymbol{\Lambda}=\begin{bmatrix}\boldsymbol{0}_{1\times(s-1)}\\ \boldsymbol{I}_{s-1}\end{bmatrix}$，$\overline{\boldsymbol{N}}=\begin{bmatrix}N_r^2-\varphi_0^2-N_r^1+\varphi_0^1\\ \cdots\\ N_r^s-\varphi_0^s-N_r^1+\varphi_0^1\end{bmatrix}$，$\boldsymbol{0}$ 为全零矩阵。

分析可知，此时可估参数有 3 个坐标参数，1 个等效接收机钟差，$s-1$ 个等效模糊度，共 $s+3$ 个未知数；但只有 s 个观测方程，因此可估参数不可解。以此类推，当有 K 个历元观测到 s 颗卫星时，如采用静态定位模式，此时可估参数有 3 个位置向量，K 个等效接收机钟差，$s-1$ 个等效模糊度，共 $K+s+2$ 个未知数；观测方程数为 $K\times s$。因此，当 $K\times s>K+s+2$ 时，方程可解。如采用动态定位模式，此时可估参数有 $3K$ 个位置向量，K 个等效接收机钟差，$s-1$ 个等效模糊度，共 $4K+s-1$ 个未知数；观测方程数为 $K\times s$。因此，当 $K\times s>4K+s-1$ 时，方程可解。

此外，其他类型的误差根据其性质和显著性，也可能需要进行参数化。因此，在实际应用中，需要根据观测环境和应用模式的不同，针对方程进行合理参数化，即确定哪些误差或哪些误差即使被改正后仍需要进行参数化的操作。同时，还需注意避免参数化后的方程出现秩亏和病态等问题，即获得的模型是可估的、可解的。

值得说明的是，采用相位观测值进行单点定位又称为精密单点定位(precise point positioning，PPP)，因为相位观测值具有毫米级的观测精度。因此为了真正实现精密定位，对卫星坐标和钟差精度要求也相应较高，此时不能采用广播星历计算，而是采用精密星历计算高精度的卫星坐标和钟差。此外，PPP 中应该精细化处理电离层和对流层误差，通常仅采用误差改正模型不能达到高精度定位的要求，因此对于双频甚至多频应用可采用无电离层组合观测值，对于单频应用需要将电离层延迟作为参数估计。对于对流层误差一般先通过模型改正，对于残余误差需要引入相应的参数进行补偿(图 8.4)。

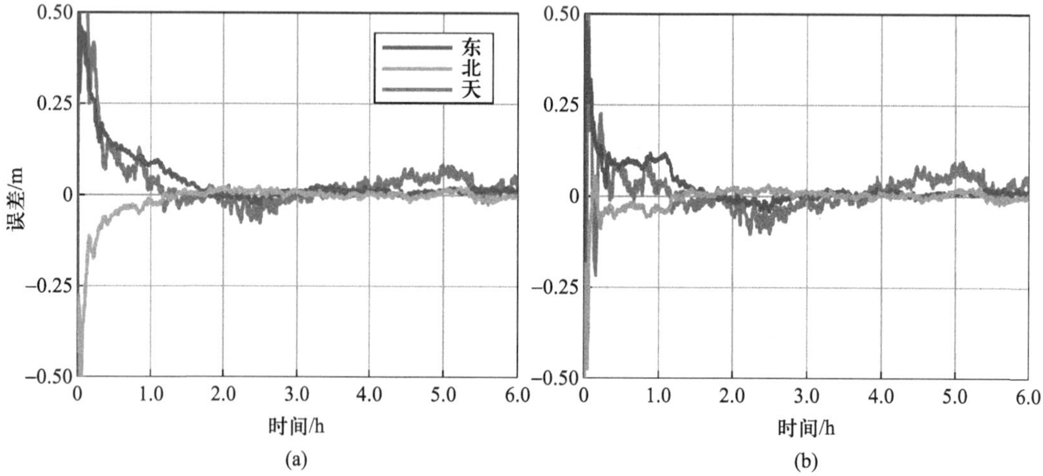

图 8.4 不同电离层延迟处理策略下 GPS+BDS 双系统 PPP 定位结果

(a) 无电离层组合；(b) 估计残余电离层延迟。

8.4 卫星定位精度评定

利用 GNSS 卫星观测值进行导航定位时,其应用精度主要取决于两个因素:一个是观测卫星在空间的几何分布,通常称为卫星几何图形;另一个是卫星观测数据的精度。卫星观测数据的精度已经在前文做了介绍,这里主要介绍卫星几何图形对导航定位精度的影响。

8.4.1 精度因子

由于卫星到接收机的距离观测值有误差,因此计算出的用户位置存在不确定性。精度因子 DOP(dilution of precision)用于描述用户和卫星的相对几何图形对测距误差引起的位置误差的影响。以两颗卫星为例,图 8.5 显示了卫星和接收机构成的两种几何图形,每个圆弧的半径等于用户到卫星的距离以及受误差影响的距离。从用户角度看,左图中两颗卫星大约成直角,而右图中卫星之间的角度要小得多。两图中的测距误差是相同的,对应的阴影区域表示所计算的用户位置的不确定区域。从统计信息可以知道,如果不确定区域较小,则计算出的用户位置更精确。从阴影区域的比较可以看出,右图中的位置不确定区域的大小比左图要大得多。也就是说,右图中的几何图形比左图中的几何图形对精度的影响更大,导致计算位置的误差更大。总体来说,更高的定位精度取决于更好的卫星几何图形。当卫星在天空中散布时,可获得良好的卫星几何图形。

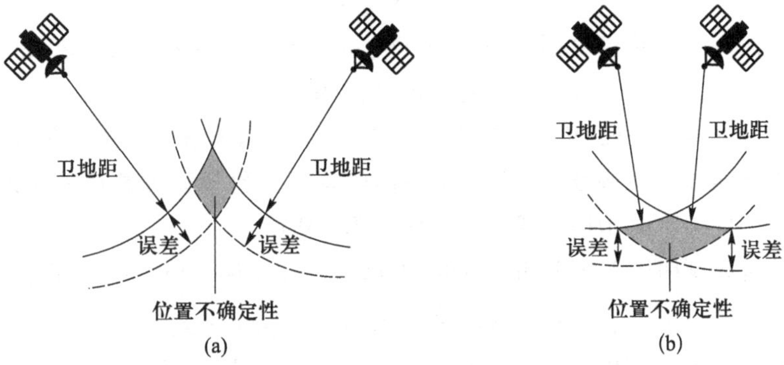

图 8.5 不同卫星几何图形对应的位置不确定区域

(a) 卫星几何图形较好;(b) 卫星几何图形较差。

在 GNSS 测量中,任一历元,测站的位置参数$[X,Y,Z]^{T}$和接收机钟差参数估值的方差-协方差矩阵为

$$Q_{Z}=(A^{T}A)^{-1} \tag{8.79}$$

其中,$\boldsymbol{A}$ 表示在该历元时,测站上空卫星观测数据组成的相对于未知参数的观测方程的系数矩阵。矩阵 $\boldsymbol{Q}_Z$ 的具体形式可一般地表示为

$$\boldsymbol{Q}_Z = \begin{bmatrix} q_{11} & q_{12} & q_{13} & q_{14} \\ q_{21} & q_{22} & q_{23} & q_{24} \\ q_{31} & q_{32} & q_{33} & q_{34} \\ q_{41} & q_{42} & q_{43} & q_{44} \end{bmatrix} \tag{8.80}$$

与测站位置参数$[X,Y,Z]^{\mathrm{T}}$ 有关的方差-协方差矩阵 $\boldsymbol{Q}_X$ 为

$$\boldsymbol{Q}_X = \begin{bmatrix} q_{11} & q_{12} & q_{13} \\ q_{21} & q_{22} & q_{23} \\ q_{31} & q_{32} & q_{33} \end{bmatrix} \tag{8.81}$$

其中,元素 q_{ij}表示参数解算结果的精度及其相互之间的相关信息。通常方差-协方差矩阵 $\boldsymbol{Q}_Z$ 和 $\boldsymbol{Q}_X$ 在空间直角坐标系中给出。为了估计测站的位置精度,常常采用其在大地坐标系中的表达形式。在大地坐标系中,相应的点位坐标的方差-协方差矩阵 $\boldsymbol{Q}_B$ 为

$$\boldsymbol{Q}_B = \begin{bmatrix} g_{11} & g_{12} & g_{13} \\ g_{21} & g_{22} & g_{23} \\ g_{31} & g_{32} & g_{33} \end{bmatrix} \tag{8.82}$$

根据方差-协方差传播定律有($\boldsymbol{H}$ 为空间直角坐标系和大地坐标系的转换矩阵)

$$\boldsymbol{Q}_B = \boldsymbol{H}\boldsymbol{Q}_X\boldsymbol{H}^{\mathrm{T}} \tag{8.83}$$

为了对定位结果进行评价,可以根据参数估值的方差-协方差矩阵估计每一个未知参数的精度。第 i 个参数估值的中误差 σ_i 为

$$\sigma_i = \sigma_0 \sqrt{q_{ii}} \tag{8.84}$$

在导航学中,一般采用精度因子 DOP 的概念来评价定位结果。精度定义如下

$$\sigma_X = \sigma_0 \times \mathrm{DOP} \tag{8.85}$$

比较 σ_X 和 σ_i,可以发现 DOP 实际上就是方差-协方差矩阵 $\boldsymbol{Q}_Z$ 主对角线元素的函数。在实际应用中,根据不同的要求,可以采用不同的精度评价模型和相应的精度因子。通常 DOP 主要包括几类:GDOP、HDOP、PDOP、VDOP 和 TDOP。

① 平面位置精度因子 HDOP(horizontal dilution of precision)相应的平面位置精度为

$$\sigma_{\mathrm{H}} = \sigma_0 \times \mathrm{HDOP}, \quad \mathrm{HDOP} = \sqrt{g_{11} + g_{22}} \tag{8.86}$$

② 高程精度因子 VDOP(vertical dilution of precision)相应的高程精度为

$$\sigma_{\mathrm{V}} = \sigma_0 \times \mathrm{VDOP}, \quad \mathrm{VDOP} = \sqrt{g_{33}} \tag{8.87}$$

③ 空间位置精度因子 PDOP(position dilution of precision)相应的三维定位精度为

$$\sigma_{\mathrm{P}} = \sigma_0 \times \mathrm{PDOP}, \quad \mathrm{PDOP} = \sqrt{q_{11} + q_{22} + q_{33}} = \sqrt{\mathrm{HDOP}^2 + \mathrm{VDOP}^2} \tag{8.88}$$

④ 钟差精度因子 TDOP(time dilution of precision)相应的钟差的精度为

$$\sigma_{\mathrm{T}} = \sigma_0 \times \mathrm{TDOP}, \quad \mathrm{TDOP} = \sqrt{q_{44}} \tag{8.89}$$

⑤ 几何精度因子 GDOP(geometric dilution of precision)用于描述空间位置误差和时间误差综合影响的精度,相应的中误差为

$$\sigma_G = \sigma_0 \times \mathrm{GDOP}, \quad \mathrm{GDOP} = \sqrt{q_{11} + q_{22} + q_{33} + q_{44}} = \sqrt{\mathrm{PDOP}^2 + \mathrm{TDOP}^2} \tag{8.90}$$

通过上述几种精度因子,可以从不同的角度对导航定位结果的精度进行评价。精度因子的大小与定位结果的精度成正比,在实际应用中,可以通过尽量减小精度因子大小来提高定位精度。精度因子与测站所观测卫星的空间分布有关。因此,精度因子也称为观测卫星星座的图形强度因子。由于卫星的运动以及观测卫星的选择不同,所观测卫星的空间几何分布图形是变化的,因而精度因子的数值也是变化的。通常,用户应当挑选卫星数较多、PDOP 值较小的时间段来进行卫星观测。

假设某一测站观测到四颗卫星,则由该测站和所观测的四颗卫星构成的六面体的体积 V 为

$$V = \frac{1}{6}\sqrt{\det(\boldsymbol{A}^{\mathrm{T}}\boldsymbol{A})} = \frac{1}{6}\sqrt{\det(\boldsymbol{Q}_Z^{-1})} \tag{8.91}$$

分析表明,GDOP 与该六面体体积的倒数成正比,即

$$\mathrm{GDOP} \propto \frac{1}{V} \tag{8.92}$$

一般来说,六面体体积 V 越大,所测卫星在空间的分布范围也越大,对应的 GDOP 越小。反之,所测卫星在空间的分布范围越小,则 GDOP 越大,如图 8.6 所示。

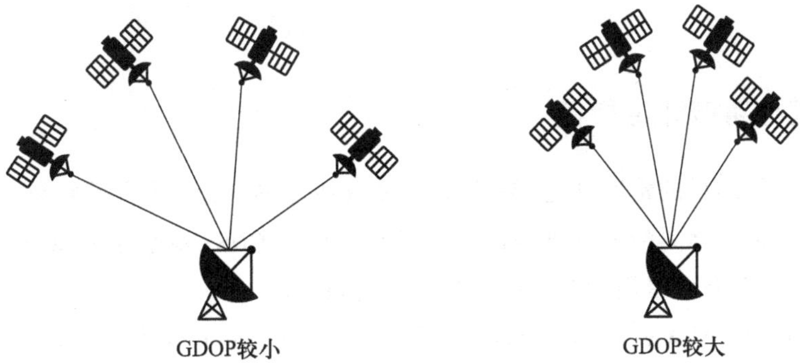

图 8.6 卫星在空间分布与 GDOP 示意图

理论分析表明,由测站至四颗卫星的观测方向中,任意两方向之间的夹角接近 109.5°时,所构成的六面体的体积最大。一般认为,在满足高度角观测要求时,当一颗卫星处于天顶位置时,其余三颗卫星相距约 120°时,所构成的六面体的体积接近最大。在实际工作中可将其作为选择和评价观测卫星几何图形的参考。

虽然随着各全球导航卫星系统的发展,可观测的卫星数量显著增多,但是在实际观测中,为了减小大气折射的影响,所观测卫星的高度角不能过低。在这样的前提下,应当尽可能使所观测卫星与测站构成的几何图形的体积接近最大。表 8.1 给出了经验性的 DOP 对应

的观测条件等级。

表 8.1 DOP 对应的观测条件等级

DOP	1	2~3	4~6	7~8	9~20	21~50
等级	理想的	极好的	好的	中等的	恰当的	差的

DOP 通常由卫星历书和接收机概略位置计算出来，且并不考虑障碍物对卫星视线的遮挡。所以估算的 DOP 在实际应用中常常是无法兑现的。因此，由于实际应用环境的复杂性，好的 DOP 不一定会有高的定位精度，如图 8.7 中的卫星遮挡情况。

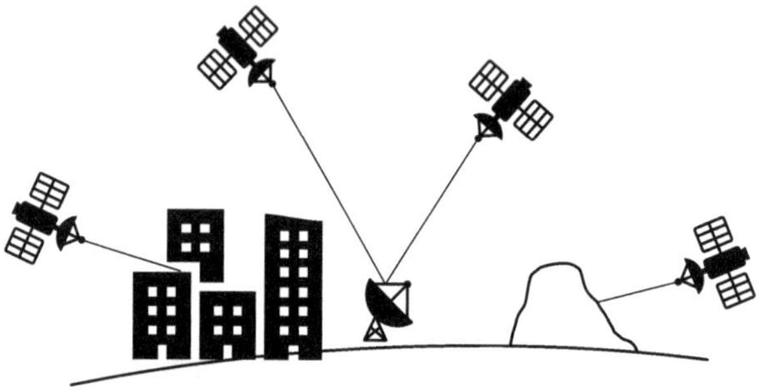

图 8.7 好的 GDOP 与坏的可见性情况

8.4.2 其他精度评定指标

对于导航定位结果的精度评定，除了依据参数估值的方差-协方差矩阵 $\boldsymbol{Q}_Z$ 外，还可以选择其他方式对定位结果的精度进行评价。时间序列是 GNSS 测量中常常遇到的一种数据集合，因此本节主要介绍常用的时间序列精度评定指标。

对于任意时间序列 $\boldsymbol{x}=[x_1,x_2,\cdots,x_n]^{\mathrm{T}}$，其均值（mean value）和标准（偏）差（standard deviation）分别为

$$\bar{x}=\frac{1}{n}\sum_{i=1}^{n}x_i \tag{8.93a}$$

$$\sigma_x=\sqrt{\frac{\sum_{i=1}^{n}(x_i-\bar{x})^2}{n-1}} \tag{8.93b}$$

均值用于描述一组数据的集中趋势。标准差是反映一组数据离散程度最常用的一种量化形式，在一定程度上可以当作一组数据不确定性（或者平稳性）的一种度量。简单来说，标准差较大代表大部分数值与平均值之间差异较大，反之，标准差较小代表这些数值较接近平均值。

在实际应用中,若待评价的时间序列 $\boldsymbol{x}$ 有相对应的、比较精确的参考时间序列 $\tilde{\boldsymbol{x}}=[\tilde{x}_1 \quad \tilde{x}_2 \quad \cdots \quad \tilde{x}_n]$,则可以根据参考时间序列 $\tilde{\boldsymbol{x}}$ 计算时间序列 $\boldsymbol{x}$ 的均方根误差(root mean square error)

$$\mathrm{RMSE}(\boldsymbol{x})=\sqrt{\frac{\sum_{i=1}^{n}(x_i-\tilde{x}_i)^2}{n}} \tag{8.94}$$

均方根误差 RMSE($\boldsymbol{x}$)与标准差 σ_x 的计算形式相似,区别在于 σ_x 的大小反映一组数据相对于其均值 $\bar{\boldsymbol{x}}$ 的平均差异,可以将其理解为一种相对精度的指标;而均方根误差 RMSE($\boldsymbol{x}$)描述一组数据相对于其参考值 $\tilde{\boldsymbol{x}}$ 的平均差异,如果参考值 $\tilde{\boldsymbol{x}}$ 的精度足够高,则可以将 RMSE($\boldsymbol{x}$)看成该组数据的绝对精度指标,用来描述时间序列的准确度。

特别地,当 $\tilde{\boldsymbol{x}}=\boldsymbol{0}$ 时,均值、标准差以及均方根误差之间的关系为

$$[\mathrm{RMSE}(\boldsymbol{x})]^2=\bar{x}^2+\sigma_x^2 \tag{8.95}$$

习题

1. 请描述伪距单点定位的基本原理。
2. 请以单点定位为例,解释 GNSS 观测方程的可估性和可解性。
3. 请给出最小二乘估计量是最优无偏估计量的证明。
4. 请给出单位权方差估值的无偏性证明。
5. 请给出秩亏方程的解法及具体表达式。
6. 请简述卫星坐标计算的两种方法。
7. 请给出卫星定位精度评定的指标。

第9章

GNSS 相对定位原理

与单点定位不同，相对定位需要两台接收机同时对若干个可视卫星进行观测，采用差分观测值求解两台接收机的相对坐标参数。当一台接收机的坐标已知时（称为参考站），就可以确定另一台接收机的坐标，坐标未知的接收机被称为流动站。相对定位求取的是流动站相对于参考站的坐标差向量，该向量称为基线向量。由于已知参考站坐标，相对定位也可直接求解流动站的坐标。相比于单点定位，相对定位之所以可以利用更短的观测时间获得更精确的坐标，是因为相对定位采用了差分观测值，差分的过程中消除或减小了多项误差，使得差分后的观测值受到大气延迟等误差的影响更小。

基于相对定位原理常用的定位模式是差分 GNSS（DGNSS）。在实际应用中，为了减少通信量，参考站并不是直接将参考站原始观测数据发送给用户，而是在参考站对原始观测值进行处理后才发送至用户端，比如原始观测数据扣除卫地距、接收机概略钟差和大气延迟改正量等。相对定位可以只采用单独的伪距或相位观测值，也可以同时采用两类观测值。本章将介绍相对定位的基本原理与数学模型。

9.1 差分观测方程

为消除不同接收机和卫星观测值的相似误差，相对定位需要在观测值间进行不同形式的差分。观测值差分形式包括：接收机间（站间）、星间和历元间差分。具体进行何种形式差分需要根据差分观测值的用途决定。站间和星间差分使用同一时刻的观测值，而历元间差分使用不同历元的观测值。

9.1.1 站间单差

站间差分指将两台接收机同一历元对同一颗卫星的观测值进行差分，差分后将消除与卫星相关的误差（如卫星钟差、卫星硬件延迟等），并削弱观测值中的大气延迟等误差。这里需要说明的是，虽然采用了同一时刻接收的观测数据，但由于卫星至两台接收机的卫地距和接收机钟差均不严格相同,故用以差分的两个观测值信号从卫星天线发射的时刻并不完全相同,导致两个差分观测值对应的卫星钟差并不完全相同,因此严格来说不能完全消除卫星钟差。但由于两个测站通常距离接近,两个测站相同历元时刻观测值对应的发射时刻相差极小,对应的卫星钟差几乎相同,忽略它们的差别对解算结果影响可以忽略。单差伪距和相位观测方程为

$$P_{rq}^{s} = P_{r}^{s} - P_{q}^{s} = \rho_{rq}^{s} + cdt_{rq} + \tau_{rq}^{s} + \iota_{rq}^{s} + \varepsilon_{rq,P}^{s} \tag{9.1}$$

$$\Phi_{rq}^{s} = \Phi_{r}^{s} - \Phi_{q}^{s} = \rho_{rq}^{s} + c\delta t_{rq} + \tau_{rq}^{s} - \iota_{rq}^{s} + \lambda a_{rq}^{s} + \varepsilon_{rq,\Phi}^{s} \tag{9.2}$$

式中下标 r、q 表示进行差分的两台接收机,a 表示模糊度参数,其余参数的意义和前章相同,观测方程忽略了多路径效应、相位缠绕和相位中心偏差等误差。需要指出,虽然站间单差消除了卫星钟差参数,但计算卫地距需要卫星钟差信息(因为需要卫星精确的发射时刻),故卫星星历对于差分定位也是不可或缺的。对于短基线,大气延迟误差 τ_{rq}^{s}和 ι_{rq}^{s}参数已是很小的量,可以忽略。

接下来讨论差分后观测值间的相关性,两个非差方程组成一个单差方程的过程可以用矩阵形式表示。以单频伪距观测值为例,设两个测站(r 和 q)的非差观测值的协方差矩阵为

$$\boldsymbol{Q}_{r} = \text{diag}([\sigma_{r,1}^{2}, \sigma_{r,2}^{2}, \cdots, \sigma_{r,s}^{2}]) \tag{9.3a}$$

$$\boldsymbol{Q}_{q} = \text{diag}([\sigma_{q,1}^{2}, \sigma_{q,2}^{2}, \cdots, \sigma_{q,s}^{2}]) \tag{9.3b}$$

式中,$\sigma_{r,s}^{2}$表示 r 测站第 s 颗卫星观测值的方差,$\sigma_{q,s}^{2}$表示 q 测站第 s 颗卫星观测值的方差。单差过程中的协方差传播定律可表示为

$$\boldsymbol{Q}_{\text{sd}} = [\boldsymbol{I}_{s} \quad -\boldsymbol{I}_{s}] \begin{bmatrix} \boldsymbol{Q}_{r} & \boldsymbol{0} \\ \boldsymbol{0} & \boldsymbol{Q}_{q} \end{bmatrix} \begin{bmatrix} \boldsymbol{I}_{s} \\ -\boldsymbol{I}_{s} \end{bmatrix} = \boldsymbol{Q}_{r} + \boldsymbol{Q}_{q} \tag{9.4}$$

式中,$\boldsymbol{Q}_{\text{sd}} = \boldsymbol{Q}_{\text{r}} + \boldsymbol{Q}_{q} = \text{diag}([q_{rq}^{1}, q_{rq}^{2}, \cdots, q_{rq}^{s}])$是对角矩阵,$q_{rq}^{s} = \sigma_{r,s}^{2} + \sigma_{q,s}^{2}$。这说明不同卫星的单差观测值之间不相关,即单差观测值不引入数学相关。当非差观测值协方差矩阵为单位矩阵时,$\boldsymbol{Q}_{\text{sd}} = 2\boldsymbol{I}_{s}$。另外,若不考虑观测值之间的时间相关性,不同历元的站间单差观测值之间也是不相关的。

9.1.2 站间-星间双差

由于单差模糊度的整周特性无法保留,不能直接进行固定而获得高精度的位置解,一般会进行二次差分进一步消除或者削弱误差。双差是在站间单差观测值的基础上,使用不同卫星的单差观测值在卫星间再次进行差分。差分后的双差观测值可以用于解算双差模糊度,双差模糊度已经消除所有与卫星和接收机相关的硬件延迟误差,整数特性得以保留。另外,双差模型待求参数进一步减少,观测值受误差的影响也更小,解算结果也更理想。一般以获得精确位置为目的的相对定位模型,通常选择双差模式进行解算。假设两个接收机均可观测到 s、v 两颗卫星,将单差方程在两颗卫星之间求差分,得

$$P_{rq}^{sv} = P_{rq}^{s} - P_{rq}^{v} = \rho_{rq}^{sv} + \tau_{rq}^{sv} + \iota_{rq}^{sv} + \varepsilon_{rq,P}^{sv} \tag{9.5}$$

$$\boldsymbol{\Phi}_{rq}^{sv} = \boldsymbol{\Phi}_{rq}^{s} - \boldsymbol{\Phi}_{rq}^{v} = \boldsymbol{\rho}_{rq}^{sv} + \boldsymbol{\tau}_{rq}^{sv} - \boldsymbol{\iota}_{rq}^{sv} + \lambda a_{rq}^{sv} + \boldsymbol{\varepsilon}_{rq,\Phi}^{sv} \tag{9.6}$$

式中上标 s、v 表示差分的两颗卫星，a 表示整周模糊度参数。双差过程消除了接收机钟差，方程进一步得到简化。每个双差观测值都是由四个非差观测值组合而来。以伪距为例，一个双差观测值和组成它的四个非差观测值的关系可表示为

$$P_{rq}^{sv} = P_{r}^{s} - P_{q}^{s} - P_{r}^{v} + P_{q}^{v} \tag{9.7}$$

需要说明，上述方程成立必须满足两个条件：一是两站观测共同卫星，二是用于差分的卫星信号频率相同。对于频率不同的卫星（如 GLONASS）间的差分，将引入一项频间偏差参数，该参数用于描述不同频率观测值间差分造成的差异，本节仅介绍同频率情况下的差分。

与单差部分类似，这里导出双差观测方程的协方差矩阵。以第 s 颗卫星为参考卫星，s 颗卫星双差观测值的方差-协方差矩阵为

$$\boldsymbol{Q}_{\mathrm{dd}} = \boldsymbol{C}\boldsymbol{Q}_{\mathrm{sd}}\boldsymbol{C}^{\mathrm{T}} = \begin{bmatrix} q_{rq}^{1} + q_{rq}^{s} & q_{rq}^{s} & \cdots & q_{rq}^{s} \\ q_{rq}^{s} & q_{rq}^{2} + q_{rq}^{s} & \ddots & \vdots \\ \vdots & \ddots & \ddots & q_{rq}^{s} \\ q_{rq}^{s} & \cdots & q_{rq}^{s} & q_{rq}^{s-1} + q_{rq}^{s} \end{bmatrix} \tag{9.8}$$

式中，$\boldsymbol{Q}_{\mathrm{sd}} = \mathrm{diag}([q_{rq}^{1}, q_{rq}^{2}, \cdots, q_{rq}^{2}])$ 为 s 颗卫星的单差观测值的方差-协方差矩阵。$\boldsymbol{C} = [\boldsymbol{I}_{s-1}, -\boldsymbol{e}_{s-1}]$ 为 $s-1$ 行 s 列矩阵，其中 $\boldsymbol{I}_{s-1}$ 表示 $s-1$ 维的单位矩阵、$\boldsymbol{e}_{s-1}$ 表示元素全为 1 的 $s-1$ 维列向量。举例说明，当 $s=3$ 时，以第 3 颗卫星为参考卫星，与第 1 和第 2 颗卫星组成的双差观测值的方差-协方差矩阵为

$$\boldsymbol{Q}_{\mathrm{dd}} = \begin{bmatrix} q_{rq}^{1} + q_{rq}^{3} & q_{rq}^{3} \\ q_{rq}^{3} & q_{rq}^{2} + q_{rq}^{3} \end{bmatrix} \tag{9.9}$$

双差观测值之间均是相关的，协方差矩阵是一个非对角矩阵，矩阵的非对角元素都是非零值。

9.1.3 站间-星间-历元间三差

无论单差还是双差观测值，都含有模糊度参数。如果可以通过差分消除模糊度，是否解算位置参数将非常容易呢？由于模糊度在信号未失锁情况下是定值，如果将同一个卫星对不同历元的双差观测值继续作差，就可以将模糊度参数消除。用 k 和 $k+1$ 表示两个历元，两个历元的双差相位观测方程为

$$\begin{aligned} \boldsymbol{\Phi}_{rq,k}^{sv} &= \boldsymbol{\rho}_{rq,k}^{sv} + \boldsymbol{\tau}_{rq,k}^{sv} - \boldsymbol{\iota}_{rq,k}^{sv} + \lambda a_{rq,k}^{sv} + \boldsymbol{\varepsilon}_{rq,\Phi,k}^{sv} \\ \boldsymbol{\Phi}_{rq,k+1}^{sv} &= \boldsymbol{\rho}_{rq,k+1}^{sv} + \boldsymbol{\tau}_{rq,k+1}^{sv} - \boldsymbol{\iota}_{rq,k+1}^{sv} + \lambda a_{rq,k+1}^{sv} + \boldsymbol{\varepsilon}_{rq,\Phi,k+1}^{sv} \end{aligned} \tag{9.10}$$

假设未发生周跳，将两式相减，得

$$\boldsymbol{\Phi}_{rq,(k,k+1)}^{sv} = \boldsymbol{\rho}_{rq,(k,k+1)}^{sv} + \boldsymbol{\tau}_{rq,(k,k+1)}^{sv} - \boldsymbol{\iota}_{rq,(k,k+1)}^{sv} + \boldsymbol{\varepsilon}_{rq,\Phi,(k,k+1)}^{sv} \tag{9.11}$$

上式$(k,k+1)$表示在 k 和 $k+1$ 两个历元间作差。模糊度参数被消除，在两个历元时间间

隔较小的情况下对流层 $\boldsymbol{\tau}_{rq,(k,k+1)}^{sv}$ 与电离层 $\boldsymbol{\iota}_{rq,(k,k+1)}^{sv}$ 可以忽略。三差观测方程可用于周跳探测等用途,具体方法将在第 10 章介绍。

假设观测值不存在历元相关性(即不存在时间相关性),以 3 颗卫星构成双差观测值为例,推导三差观测值的方差-协因数阵

$$\begin{aligned}\boldsymbol{Q}_{\mathrm{td}} &= [\boldsymbol{I}_2, -\boldsymbol{I}_2]\begin{bmatrix}\boldsymbol{Q}_{\mathrm{dd},k} & \\ & \boldsymbol{Q}_{\mathrm{dd},k+1}\end{bmatrix}\begin{bmatrix}\boldsymbol{I}_2 \\ -\boldsymbol{I}_2\end{bmatrix} \\ &= \begin{bmatrix} q_{rq,k}^{1} + q_{rq,k+1}^{1} + q_{rq,k}^{3} + q_{rq,k+1}^{3} & q_{rq,k}^{3} + q_{rq,k+1}^{3} \\ q_{rq,k}^{3} + q_{rq,k+1}^{3} & q_{rq,k}^{2} + q_{rq,k+1}^{2} + q_{rq,k}^{3} + q_{rq,k+1}^{3}\end{bmatrix}\end{aligned} \tag{9.12}$$

通常由于两个历元的时间间隔较短,两个历元双差观测值的方差-协方差矩阵认为是相同的,即 $q_{rq,k}^{s}=q_{rq,k+1}^{s}$。则

$$\boldsymbol{Q}_{\mathrm{td}} = 2\begin{bmatrix} q_{rq,k}^{1} + q_{rq,k}^{3} & q_{rq,k}^{3} \\ q_{rq,k}^{3} & q_{rq,k}^{2} + q_{rq,k}^{3}\end{bmatrix} \tag{9.13}$$

换句话说,三差观测值在双差观测值的基础上没有引入额外的相关性。

接下来讨论差分前后观测值数量的变化。如果两个测站连续 t 个历元观测相同的 s 颗卫星,非差、单差、双差和三差各有多少观测值呢?两个站的单频非差相位观测值总数为 $2st$;组成站间单差后观测值数量减半,为 st 个单差观测值;在每个历元选定参考星并进行双差后,消耗 t 个单差观测值,剩下 $(s-1)t$ 个双差观测值;从第一个历元起逐历元进行三差分,一组双差卫星可进行差分运算 $t-1$ 次,则共有 $(s-1)(t-1)$ 个三差观测值。

9.2 伪距相对定位

本节介绍伪距相对定位几种差分及组合模型的方程形式和可解条件,最后将给出一个实验算例。针对电离层延迟不同的处理方式,可分为短基线情况下忽略电离层模型、消电离层(ionosphere-free,简称 IF)模型和电离层加权模型。电离层延迟误差远大于对流层延迟误差,对流层延迟使用对流层模型可以改正绝大部分干延迟分量及部分湿延迟分量,因此本节讨论中忽略残余对流层延迟的影响,并将分析不同模型下的方程可解条件。

9.2.1 静态伪距相对定位

1. 单差模式相对定位

站间单差可以消除或削弱两台接收机共有的多项空间相关误差,如卫星轨道误差、对流

层延迟和电离层延迟等。这些误差被削弱的程度与两台接收机间的距离有关,一般间距小于 10 km 时可认为上述误差被消除,可以忽略不计。

这里先给出观测方程,再给出使用矩阵表示的简洁形式。对于站间单差观测方程,当观测 s 颗卫星时,可得单历元双频伪距观测方程

$$\begin{cases}P_{rq,f_1}^1=\rho_{rq}^1+cdt_{rq,f_1}+\mu_1\iota_{rq}^1+\varepsilon_{rq,P_1}^1\\P_{rq,f_2}^1=\rho_{rq}^1+cdt_{rq,f_2}+\mu_2\iota_{rq}^1+\varepsilon_{rq,P_2}^1\\P_{rq,f_1}^2=\rho_{rq}^2+cdt_{rq,f_1}+\mu_1\iota_{rq}^2+\varepsilon_{rq,P_1}^2\\P_{rq,f_2}^2=\rho_{rq}^2+cdt_{rq,f_2}+\mu_2\iota_{rq}^2+\varepsilon_{rq,P_2}^2\\\qquad\vdots\\P_{rq,f_1}^s=\rho_{rq}^s+cdt_{rq,f_1}+\mu_1\iota_{rq}^s+\varepsilon_{rq,P_1}^s\\P_{rq,f_2}^s=\rho_{rq}^s+cdt_{rq,f_2}+\mu_2\iota_{rq}^s+\varepsilon_{rq,P_2}^s\end{cases}\tag{9.14}$$

其中,$\mu_1=1/f_1^2,\mu_2=1/f_2^2$。由于参考站坐标精确已知,可直接计算参考站的卫地距,并将其移至等式左边与观测值合并,仅将流动站的卫地距在流动站近似坐标处泰勒展开。令流动站近似坐标为$[x_0,y_0,z_0]^{\mathrm T}$,以第一颗卫星为例,线性化后观测方程为

$$\begin{cases}P_{rq,f_1}^1=\dfrac{x_0-x^1}{\rho_0^1}\Delta x+\dfrac{y_0-y^1}{\rho_0^1}\Delta y+\dfrac{z_0-z^1}{\rho_0^1}\Delta z+cdt_{rq,f_1}+\mu_1\iota_{rq}^1+\varepsilon_{rq,P_1}^1\\P_{rq,f_2}^1=\dfrac{x_0-x^1}{\rho_0^1}\Delta x+\dfrac{y_0-y^1}{\rho_0^1}\Delta y+\dfrac{z_0-z^1}{\rho_0^1}\Delta z+cdt_{rq,f_2}+\mu_2\iota_{rq}^1+\varepsilon_{rq,P_2}^1\end{cases}\tag{9.15}$$

式中,流动站坐标参数改正数为 $\boldsymbol b=[\Delta x,\Delta y,\Delta z]^{\mathrm T}$。为简单明了地表达一个复杂矩阵,可以使用矩阵嵌套矩阵的形式表示,s 颗卫星单历元单差伪距误差方程的系数矩阵 $\boldsymbol B$ 可写为

$$\boldsymbol B=[\boldsymbol e_2\otimes\boldsymbol G,\boldsymbol I_2\otimes\boldsymbol e_s,\boldsymbol\mu\otimes\boldsymbol I_s]\tag{9.16}$$

式中 $\boldsymbol\mu=[\mu_1,\mu_2]^{\mathrm T}$,$\boldsymbol G=[\boldsymbol g^1,\boldsymbol g^2,\cdots,\boldsymbol g^s]^{\mathrm T}$,$\boldsymbol g^s=\left[\dfrac{x_0-x^s}{\rho_0^s},\dfrac{y_0-y^s}{\rho_0^s},\dfrac{z_0-z^s}{\rho_0^s}\right]^{\mathrm T}$,$[x^s,y^s,z^s]^{\mathrm T}$ 表示第 s 颗卫星的坐标,$\boldsymbol G$ 为流动站卫地距线性化后的系数,维数是 $s\times3$。对于接收机钟差,由于不同频率的硬件延迟存在差异,因此可以认为不同频率下的接收机钟差不同。每颗卫星的电离层参数不同,故共有 s 个参数,但由于不同频率的电离层延迟存在比例关系,因此同一颗卫星两个频率观测值只需要求解一个电离层参数。所有的待估参数向量为

$$\boldsymbol\beta=[\boldsymbol b^{\mathrm T},cdt_{rq,f_1},cdt_{rq,f_2},\iota_{rq}^1,\iota_{rq}^2,\cdots,\iota_{rq}^s]^{\mathrm T}\tag{9.17}$$

其中,待求参数分为三类:位置参数、接收机钟差和电离层延迟参数。显然在系数矩阵(9.16)中,接收机钟差参数和电离层延迟参数的系数满足$[\boldsymbol I_2\otimes\boldsymbol e_s,\boldsymbol\mu\otimes\boldsymbol I_s]\begin{bmatrix}\boldsymbol\mu\\-\boldsymbol e_s\end{bmatrix}=\boldsymbol 0$,说明接收机钟差参数与电离层延迟参数不能同时全部估计,存在一个秩亏数,这里通过合并参数的

方式消除秩亏,合并后的等效参数为

$$\begin{gathered}\bar{\iota}_{rq}^{1}=\iota_{rq}^{1}+cdt_{rq,f_1}\\ \vdots\\ \bar{\iota}_{rq}^{s}=\iota_{rq}^{s}+cdt_{rq,f_1}\end{gathered}\tag{9.18a}$$

$$cdt_{rq,f_2}=c(dt_{rq,f_2}-dt_{rq,f_1})=\xi_{rq}\tag{9.18b}$$

因此,可估方程的系数矩阵和参数为

$$\boldsymbol{B}=\begin{bmatrix}\boldsymbol{G} & \boldsymbol{0} & \mu_1\boldsymbol{I}_s\\ \boldsymbol{G} & \boldsymbol{e}_s & \mu_2\boldsymbol{I}_s\end{bmatrix}=[\boldsymbol{e}_2\otimes\boldsymbol{G}\quad\boldsymbol{\vartheta}\otimes\boldsymbol{e}_s\quad\boldsymbol{\mu}\otimes\boldsymbol{I}_s]\tag{9.19}$$

$$\boldsymbol{\beta}=[\boldsymbol{b}^{\mathrm{T}},\xi_{rq},\bar{\iota}_{rq}^{1},\bar{\iota}_{rq}^{2},\cdots,\bar{\iota}_{rq}^{s}]^{\mathrm{T}}\tag{9.20}$$

其中,$\boldsymbol{\vartheta}=[0,1]^{\mathrm{T}}$。方程的最小二乘解为

$$\hat{\boldsymbol{\beta}}=(\boldsymbol{B}^{\mathrm{T}}(\boldsymbol{I}_2\otimes\boldsymbol{Q}_{\mathrm{sd}})^{-1}\boldsymbol{B})^{-1}\boldsymbol{B}^{\mathrm{T}}(\boldsymbol{I}_2\otimes\boldsymbol{Q}_{\mathrm{sd}})^{-1}\boldsymbol{y}\tag{9.21}$$

其中,$\boldsymbol{Q}_{\mathrm{sd}}$即为式(9.4)所示的单差伪距观测值的协因数阵,通过$\boldsymbol{I}_2$扩展为双频观测值对应的矩阵;$\boldsymbol{y}$为误差方程的常数项。假设观测历元数t,观测卫星数s,则双频单差观测值总数为$2ts$。对于静态伪距相对定位,连续观测t个历元的伪距单差误差方程的系数矩阵和参数向量为

$$\boldsymbol{B}=[\boldsymbol{\mathcal{G}},\boldsymbol{I}_t\otimes\boldsymbol{\vartheta}\otimes\boldsymbol{e}_s,\boldsymbol{I}_t\otimes(\boldsymbol{\mu}\otimes\boldsymbol{I}_s)]\tag{9.22a}$$

$$\boldsymbol{\beta}=[\boldsymbol{b}^{\mathrm{T}},\boldsymbol{\xi}_{rq},\bar{\boldsymbol{\iota}}_{rq,1}^{\mathrm{T}},\cdots,\bar{\boldsymbol{\iota}}_{rq,n_t}^{\mathrm{T}}]^{\mathrm{T}}\tag{9.22b}$$

其中,$\boldsymbol{\mathcal{G}}=\begin{bmatrix}\boldsymbol{e}_2\otimes\boldsymbol{G}_1\\ \vdots\\ \boldsymbol{e}_2\otimes\boldsymbol{G}_t\end{bmatrix}$,$\boldsymbol{G}_t$为第$t$个历元的坐标参数系数矩阵。$\boldsymbol{\xi}_{rq}=\begin{bmatrix}\xi_{rq,1}\\ \vdots\\ \xi_{rq,t}\end{bmatrix}$,$\bar{\boldsymbol{\iota}}_{rq,t}=\begin{bmatrix}\bar{\iota}_{rq,t}^{1}\\ \vdots\\ \bar{\iota}_{rq,t}^{s}\end{bmatrix}$,电离层参数随时间变化较大,通常每个历元都引入不同的参数,因此采用$\boldsymbol{I}_t$进行多历元扩展。若连续t个历元观测s颗相同的卫星,则观测值个数为$2ts$,待估参数包括3个坐标参数,t个等效钟差参数(实际为两个单差接收机钟差之差),ts个等效单差电离层延迟参数,共$ts+t+3$个参数。方程可解的条件为

$$2ts\geqslant ts+t+3,\quad 即\ t\geqslant\frac{3}{s-1}$$

下面介绍三种不同组合形式的观测方程。

(1) 短基线

短基线情况下认为两台接收机距离较近,空间观测误差一致,所以站间单差消除了与卫星相关的误差,削弱了大气延迟误差并可以忽略残余量的影响。与式(9.14)相比,方程中不再出现电离层延迟参数。以第一颗卫星为例,线性化观测方程为

$$\begin{cases}P_{rq,f_1}^{1}=\boldsymbol{g}^{1}\boldsymbol{b}+cdt_{rq,f_1}+\varepsilon_{rq,P_1}^{1}\\ P_{rq,f_2}^{1}=\boldsymbol{g}^{1}\boldsymbol{b}+cdt_{rq,f_2}+\varepsilon_{rq,P_2}^{1}\end{cases}\tag{9.23}$$

t个历元观测方程的系数矩阵和参数向量为

$$\boldsymbol{B}=[\boldsymbol{\mathcal{G}},\boldsymbol{I}_t\otimes\boldsymbol{I}_2\otimes\boldsymbol{e}_s] \tag{9.24a}$$

$$\boldsymbol{\beta}=[\boldsymbol{b}^{\mathrm{T}},cdt_{rq,f_1,1},cdt_{rq,f_2,1},\cdots,cdt_{rq,f_1,t},cdt_{rq,f_2,t}]^{\mathrm{T}} \tag{9.24b}$$

讨论该方程组的可解性条件，所有卫星方程组的总观测值个数为 $2ts$，参数包含 3 个位置参数和 $2t$ 个单差接收机钟差。通常方程可解条件要求观测值数大于参数数量，但理论上而言只有当系数矩阵的行向量完全独立时该条件才是成立的，在短基线情况下，该条件并不满足，$2ts$ 个观测值中只有 $(s+1)t$ 个观测值相互独立，因此需要采用严格的可解条件，即系数矩阵的行的秩不小于可估参数

$$\mathrm{rank}(\boldsymbol{B},1)=(s+1)t\geqslant 2t+3,\quad 即\ t\geqslant\frac{3}{s-1}$$

（2）消电离层模型

当基线较长时，差分后的电离层延迟误差依然较大，因此需要每颗卫星每个历元都引入相应的电离层延迟参数，导致方程非常庞大，求解复杂，计算效率低。事实上，对于定位用户而言，用户只关心位置参数，电离层延迟参数属于无用参数。为了提高计算效率，通常利用不同频率间电离层延迟的关系，通过频率间的观测值组合消除电离层延迟参数，同时不影响位置参数的求解，采用频间消电离层延迟组合观测值进行定位的模型称为消电离层模型。以第一颗卫星为例，消电离层组合观测方程为

$$P^1_{rq,\mathrm{IF}}=\frac{f_1^2P^1_{rq,f_1}}{f_1^2-f_2^2}-\frac{f_2^2P^1_{rq,f_2}}{f_1^2-f_2^2}=\boldsymbol{g}^1\boldsymbol{b}+cdt_{rq,\mathrm{IF}}+\boldsymbol{\varepsilon}^1_{rq,P_{\mathrm{IF}}} \tag{9.25}$$

t 个历元观测方程的系数矩阵和参数向量为

$$\boldsymbol{B}=\left[\begin{bmatrix}\boldsymbol{G}_1\\ \vdots\\ \boldsymbol{G}_t\end{bmatrix},\boldsymbol{I}_t\otimes\boldsymbol{e}_s\right] \tag{9.26a}$$

$$\boldsymbol{\beta}=[\boldsymbol{b}^{\mathrm{T}},cdt_{rq,\mathrm{IF},1},\cdots,cdt_{rq,\mathrm{IF},t}]^{\mathrm{T}} \tag{9.26b}$$

同一颗卫星两个频率的观测值组合成一个 IF 观测值，组合后观测值数减半为 ts，方程需要估计 3 个位置参数和 t 个单差接收机钟差，共 $t+3$ 个未知参数。方程可解的条件为

$$ts\geqslant t+3,\quad 即\ t\geqslant\frac{3}{s-1}$$

（3）电离层加权模型

当已知电离层的先验信息时，采用电离层加权模型对电离层参数进行约束，可以在获得较高的解算效率的同时求解电离层延迟参数的估值。具体方法可将电离层延迟的先验信息作为伪观测方程加入观测值方程组。相比于无约束模型，加权模型中每个历元增加了 n_s 个电离层延迟伪观测方程，可以显著提高定位模型的强度。附加电离层延迟约束的第一颗卫星的伪距单差观测方程为

$$\begin{cases} P_{rq,f_1}^1 = \boldsymbol{g}^1 \boldsymbol{b} + cdt_{rq,f_1} + \mu_1 \iota_{rq}^1 + \varepsilon_{rq,P_1}^1 \\ P_{rq,f_2}^1 = \boldsymbol{g}^1 \boldsymbol{b} + cdt_{rq,f_2} + \mu_2 \iota_{rq}^1 + \varepsilon_{rq,P_2}^1 \\ \qquad \tilde{\iota}_{rq}^1 = \iota_{rq}^1 \end{cases} \tag{9.27}$$

式中，$\Delta\tilde{\iota}_{rq}^1$为电离层延迟伪观测值，满足 $\tilde{\iota}_{rq}^1 \sim N(\iota_{rq}^1, \sigma_{\iota_{rq}^1}^2)$。可根据它的方差 $\sigma_{\iota_{rq}^1}^2$来确定伪观测方程的权。对于 s 颗卫星的单差伪距观测方程，共引入 s 个电离层延迟伪观测值，总观测值数为 $3ts$，估计参数包括 3 个位置参数，$2t$ 个单差接收机钟差和 ts 个电离层参数。对应的 t 个历元观测方程的系数矩阵和参数向量为

$$\boldsymbol{B} = \begin{bmatrix} \mathcal{G} & \boldsymbol{I}_t \otimes \boldsymbol{I}_2 \otimes \boldsymbol{e}_s & \boldsymbol{I}_t \otimes (\boldsymbol{\mu} \otimes \boldsymbol{I}_s) \\ \boldsymbol{0} & \boldsymbol{0} & \boldsymbol{I}_t \otimes \boldsymbol{I}_s \end{bmatrix} \tag{9.28a}$$

$$\boldsymbol{\beta} = [\boldsymbol{b}^{\mathrm{T}}, cdt_{rq,f_1,1}, cdt_{rq,f_2,1}, \cdots, cdt_{rq,f_1,t}, cdt_{rq,f_2,t}, \boldsymbol{\iota}_{rq,1}^{\mathrm{T}}, \cdots, \boldsymbol{\iota}_{rq,n_t}^{\mathrm{T}}]^{\mathrm{T}} \tag{9.28b}$$

其中，$\Delta\boldsymbol{\iota}_{rq,t} = [\iota_{rq,t}^1, \cdots, \iota_{rq,t}^s]^{\mathrm{T}}$。上式第二行表示电离层延迟伪观测值的系数矩阵。方程可解的条件为

$$\mathrm{rank}(\boldsymbol{B}, 1) = 3ts - t(s-1) \geqslant ts + 2t + 3, \quad \text{即 } t \geqslant \frac{3}{s-1}$$

2. 双差模式相对定位

双差模式是在站间单差的基础上再做一次星间差，将消除包括接收机钟差在内的多项与接收机相关的误差，同时大气延迟误差进一步被削弱。对于 s 颗卫星的观测方程，每个频率需要指定一颗基准卫星，每个频率的双差观测值数量为 $s-1$，以第 s 颗卫星作为参考星，其余 $s-1$ 颗卫星单历元双差伪距观测方程为

$$\begin{cases} P_{rq,f_1}^{1s} = \rho_{rq}^{1s} + \mu_1 \iota_{rq}^{1s} + \varepsilon_{rq,P_1}^{1s} \\ P_{rq,f_2}^{1s} = \rho_{rq}^{1s} + \mu_2 \iota_{rq}^{1s} + \varepsilon_{rq,P_2}^{1s} \\ P_{rq,f_1}^{2s} = \rho_{rq}^{2s} + \mu_1 \iota_{rq}^{2s} + \varepsilon_{rq,P_1}^{2s} \\ P_{rq,f_2}^{2s} = \rho_{rq}^{2s} + \mu_2 \iota_{rq}^{2s} + \varepsilon_{rq,P_2}^{2s} \\ \qquad \vdots \\ P_{rq,f_1}^{s-1,s} = \rho_{rq}^{s-1,s} + \mu_1 \iota_{rq}^{s-1,s} + \varepsilon_{rq,P_1}^{s-1,s} \\ P_{rq,f_2}^{s-1,s} = \rho_{rq}^{s-1,s} + \mu_2 \iota_{rq}^{s-1,s} + \varepsilon_{rq,P_2}^{s-1,s} \end{cases} \tag{9.29}$$

与单差观测方程(9.14)相比，双差方程消除了接收机钟差参数；另外方程个数也减少了。单历元观测方程的系数矩阵 $\boldsymbol{B}$ 为

$$\boldsymbol{B} = [\boldsymbol{e}_2 \otimes \overline{\boldsymbol{G}}, \boldsymbol{\mu} \otimes \boldsymbol{I}_{s-1}] \tag{9.30}$$

式中，$\overline{\boldsymbol{G}} = [\boldsymbol{g}^{1s}, \boldsymbol{g}^{2s}, \cdots \boldsymbol{g}^{(s-1)s}]^{\mathrm{T}}$，$\boldsymbol{g}^{1s} = \boldsymbol{g}^1 - \boldsymbol{g}^s$。注意单差坐标参数的系数矩阵 $\boldsymbol{G}$ 为 $s\times 3$，双差观测值的坐标参数系数矩阵 $\overline{\boldsymbol{G}}$ 为$(s-1)\times 3$。此时求解双差电离层延迟参数，其系数矩阵也发生

了类似的变化。待求解参数为

$$\boldsymbol{\beta} = [\boldsymbol{b}^{\mathrm{T}}, \iota_{rq}^{1s}, \cdots, \iota_{rq}^{(s-1)s}]^{\mathrm{T}} \tag{9.31}$$

参数的最小二乘解为

$$\hat{\boldsymbol{\beta}} = (\boldsymbol{B}^{\mathrm{T}}(\boldsymbol{I}_2 \otimes \boldsymbol{Q}_{\mathrm{dd}})^{-1}\boldsymbol{B})^{-1}\boldsymbol{B}^{\mathrm{T}}(\boldsymbol{I}_2 \otimes \boldsymbol{Q}_{\mathrm{dd}})^{-1}\boldsymbol{y} \tag{9.32}$$

式中,$\boldsymbol{Q}_{\mathrm{dd}}$即式(9.8)所示双差协因数阵。若连续 t 个历元观测 s 颗相同的卫星,则双差观测值个数为 $2t(s-1)$,待估参数包括 3 个坐标参数,$t(s-1)$个双差电离层延迟参数,共 $t(s-1)+3$ 个参数。t 个历元观测方程的系数矩阵和参数向量为

$$\boldsymbol{B} = [\bar{\boldsymbol{\mathcal{G}}}, \boldsymbol{I}_t \otimes \boldsymbol{\mu} \otimes \boldsymbol{I}_{s-1}] \tag{9.33a}$$

$$\boldsymbol{\beta} = [\boldsymbol{b}^{\mathrm{T}}, \boldsymbol{\iota}_{rq,1}^{\mathrm{T}}, \cdots, \boldsymbol{\iota}_{rq,t}^{\mathrm{T}}]^{\mathrm{T}} \tag{9.33b}$$

其中,$\bar{\boldsymbol{\mathcal{G}}}=\begin{bmatrix} \boldsymbol{e}_2 \otimes \bar{\boldsymbol{G}}_1 \\ \vdots \\ \boldsymbol{e}_2 \otimes \bar{\boldsymbol{G}}_t \end{bmatrix}$,$\boldsymbol{\iota}_{rq,t}=[\iota_{rq,t}^{1s}, \cdots, \iota_{rq,t}^{(s-1)s}]^{\mathrm{T}}$。方程可解的条件为

$$\mathrm{rank}(\boldsymbol{B},1) = 2t(s-1) \geqslant t(s-1)+3, \quad 即\ t \geqslant \frac{3}{s-1}$$

下面介绍双差模式不同观测值组合的情况。

(1) 短基线

以第一颗卫星为例,双差短基线线性化后观测方程为

$$\begin{cases} P_{rq,f_1}^{1s} = \boldsymbol{G}^{1s}\boldsymbol{b} + \varepsilon_{rq,P_1}^{1s} \\ P_{rq,f_2}^{1s} = \boldsymbol{G}^{1s}\boldsymbol{b} + \varepsilon_{rq,P_2}^{1s} \end{cases} \tag{9.34}$$

与单差短基线(9.23)相比,上式进一步消除了接收机钟差项。t 个历元的观测值个数为 $2t(s-1)$,参数仅剩下 3 个坐标参数。位置参数的系数为

$$\boldsymbol{B} = \bar{\boldsymbol{\mathcal{G}}} \tag{9.35}$$

方程可解的条件为

$$\mathrm{rank}(\boldsymbol{B},1) = 2t(s-1) - t(s-1) \geqslant 3, \quad 即\ t \geqslant \frac{3}{s-1}$$

(2) 消电离层模型

第一颗卫星的双差 IF 组合观测方程为

$$P_{rq,\mathrm{IF}}^{1s} = \frac{f_1^2 P_{rq,f_1}^{1s}}{f_1^2 - f_2^2} - \frac{f_2^2 P_{rq,f_2}^{1s}}{f_1^2 - f_2^2} = \boldsymbol{G}^{1s}\boldsymbol{b} + \varepsilon_{rq,P_{\mathrm{IF}}}^{1s} \tag{9.36}$$

组合后观测值数为 $t(s-1)$,待估参数为 3 个坐标参数。对应的系数矩阵为

$$\boldsymbol{B} = \begin{bmatrix} \bar{\boldsymbol{G}}_1 \\ \vdots \\ \bar{\boldsymbol{G}}_t \end{bmatrix} \tag{9.37}$$

方程可解的条件为

$$\mathrm{rank}(\boldsymbol{B},1)=t(s-1)\geqslant 3,\quad 即\ t\geqslant\frac{3}{s-1}$$

(3) 电离层加权模型

与单差模式类似,第一颗卫星的双差电离层加权模型的观测方程为

$$\begin{cases}P_{rq,f_1}^{1s}=\boldsymbol{g}^{1s}\boldsymbol{b}+\mu_1\iota_{rq}^{1s}+\varepsilon_{rq,P_1}^{1s}\\P_{rq,f_2}^{1s}=\boldsymbol{g}^{1s}\boldsymbol{b}+\mu_2\iota_{rq}^{1s}+\varepsilon_{rq,P_2}^{1s}\\\tilde{\iota}_{rq}^{1s}=\iota_{rq}^{1s}\end{cases}\tag{9.38}$$

该模型包括$(s-1)$个双差电离层延迟伪观测值,故 t 个历元观测值总数为 $3(ts-t)$,待估参数包括 3 个位置参数和 $t(s-1)$个双差电离层延迟参数。系数矩阵为

$$\boldsymbol{B}=\begin{bmatrix}\bar{\mathcal{G}} & \boldsymbol{I}_t\otimes\boldsymbol{\mu}\otimes\boldsymbol{I}_{s-1}\\\boldsymbol{0} & \boldsymbol{I}_t\otimes\boldsymbol{I}_{s-1}\end{bmatrix}\tag{9.39a}$$

$$\boldsymbol{\beta}=[\boldsymbol{b}^{\mathrm{T}},\boldsymbol{\iota}_{rq,1}^{\mathrm{T}},\cdots,\boldsymbol{\iota}_{rq,t}^{\mathrm{T}}]^{\mathrm{T}}\tag{9.39b}$$

方程可解条件为

$$\mathrm{rank}(\boldsymbol{B},1)=3t(s-1)-t(s-1)\geqslant t(s-1)+3,\quad 即\ t\geqslant\frac{3}{s-1}$$

由上述不同模型下定位的可解条件可知,相同模型情况下,单差和双差伪距静态定位的方程可解条件是相同的。需要注意,上述方程可解条件必须在参数可估的前提下才有意义。由于同一颗卫星两个频率的观测方程中坐标和钟差参数的系数相同,提供的信息远小于两颗卫星的单频观测值。从信息量的角度而言,第二个频率的观测值对于卫星几何图形提供的有利信息为零。

9.2.2 动态伪距相对定位

对于移动的用户端接收机,需要采用动态定位模式进行测量和解算。动态定位与静态定位的区别在于动态测量时流动站坐标时刻变化,使得某历元获得的用于定位的数据只对解算该时刻的坐标是有效的,也就是说每个历元都必须更新流动站坐标参数。不同历元的流动站位置参数可采用序贯平差方法求解,也可采用附有运动学方程约束的滤波方法求解,本小节暂不介绍滤波方法,卡尔曼滤波的相关内容在第 13 章介绍。

对于动态定位,观测方程与静态定位的唯一区别在于坐标参数随历元变化,本节内容不进行详细推导,而是在静态定位观测方程的基础上直接给出多历元动态定位观测方程。以下方程都是针对双频伪距观测,并假设 t 个历元观测相同的 s 颗卫星。

1. 单差模式相对定位

对于动态伪距相对定位,连续观测 t 个历元的伪距单差误差方程的系数矩阵为

$$\boldsymbol{B} = [\boldsymbol{\mathcal{G}}, \boldsymbol{I}_t \otimes \boldsymbol{\vartheta} \otimes \boldsymbol{e}_s, \boldsymbol{I}_t \otimes (\boldsymbol{\mu} \otimes \boldsymbol{I}_s)] \tag{9.40a}$$

其中,$\boldsymbol{\mathcal{G}} = \mathrm{blkdiag}(\boldsymbol{e}_2 \otimes \boldsymbol{G}_1, \boldsymbol{e}_2 \otimes \boldsymbol{G}_2, \cdots, \boldsymbol{e}_2 \otimes \boldsymbol{G}_t)$,注意这里$\boldsymbol{\mathcal{G}}$阵与式(9.22a)形式的区别。对应的待估参数向量为

$$\boldsymbol{\beta} = [\boldsymbol{b}_1^{\mathrm{T}}, \cdots, \boldsymbol{b}_t^{\mathrm{T}}, \boldsymbol{\xi}_{rq}, \bar{\boldsymbol{\iota}}_{rq,1}^{\mathrm{T}}, \cdots, \bar{\boldsymbol{\iota}}_{rq,t}^{\mathrm{T}}]^{\mathrm{T}} \tag{9.40b}$$

观测值总数为 $2ts$,待估参数包括 $3t$ 个坐标参数,t 个等效钟差参数(实际为两个单差接收机钟差之差),ts 个等效单差电离层延迟参数,共 $ts+4t$ 个参数。方程可解的条件为

$$\mathrm{rank}(\boldsymbol{B}, 1) = 2ts \geqslant ts + 4t, \quad \text{即 } s \geqslant 4$$

下面简要地介绍几种组合模式的方程可解和单历元可估的极限条件。各模型的系数矩阵和求解参数的变化形式请读者自行推导。

(1) 短基线

短基线忽略了电离层延迟误差,观测值总数为 $2ts$,需要估计 $3t$ 个坐标参数,$2t$ 个单差接收机钟差,共 $5t$ 个未知参数。观测方程的系数矩阵和参数向量为

$$\boldsymbol{B} = [\boldsymbol{\mathcal{G}}, \boldsymbol{I}_t \otimes \boldsymbol{I}_2 \otimes \boldsymbol{e}_s] \tag{9.41a}$$

$$\boldsymbol{\beta} = [\boldsymbol{b}_1^{\mathrm{T}}, \cdots, \boldsymbol{b}_t^{\mathrm{T}}, cdt_{rq,f_1,1}, cdt_{rq,f_2,1}, \cdots, cdt_{rq,f_1,t}, cdt_{rq,f_2,t}]^{\mathrm{T}} \tag{9.41b}$$

方程可解的条件为

$$\mathrm{rank}(\boldsymbol{B}, 1) = 2ts - t(s-1) \geqslant 5t, \quad \text{即 } s \geqslant 4$$

(2) 消电离层模型

组合后观测值数为 ts,需要估计 $3t$ 个位置参数,t 个单差 IF 接收机钟差,共 $4t$ 个未知参数。观测方程的系数矩阵和参数向量为

$$\boldsymbol{B} = [\mathrm{blkdiag}(\boldsymbol{G}_1, \boldsymbol{G}_2, \cdots, \boldsymbol{G}_t), \boldsymbol{I}_t \otimes \boldsymbol{e}_s] \tag{9.42a}$$

$$\boldsymbol{\beta} = [\boldsymbol{b}_1^{\mathrm{T}}, \cdots, \boldsymbol{b}_t^{\mathrm{T}}, cdt_{rq,\mathrm{IF},1}, \cdots, cdt_{rq,\mathrm{IF},t}]^{\mathrm{T}} \tag{9.42b}$$

方程可解的条件为

$$\mathrm{rank}(\boldsymbol{B}, 1) = ts \geqslant 4t, \quad \text{即 } s \geqslant 4$$

(3) 电离层加权模型

t 个历元共有 ts 个电离层延迟伪观测方程,则总观测方程个数为 $3ts$,需要估计 $3t$ 个坐标参数,$2t$ 个单差接收机钟差和 ts 个电离层参数,共 $ts+5t$ 个未知参数。方程可解的条件为

$$\mathrm{rank}(\boldsymbol{B}, 1) = 3ts - t(s-1) \geqslant ts + 5t, \quad \text{即 } s \geqslant 4$$

2. 双差模式相对定位

双差组合中接收机钟差被消除,动态伪距相对定位的 t 个历元双频双差方程系数矩阵和参数向量为

$$\boldsymbol{B} = [\bar{\boldsymbol{\mathcal{G}}}, \boldsymbol{I}_t \otimes (\boldsymbol{\mu} \otimes \boldsymbol{I}_{s-1})] \tag{9.43a}$$

$$\boldsymbol{\beta} = [\boldsymbol{b}_1^{\mathrm{T}}, \cdots, \boldsymbol{b}_t^{\mathrm{T}}, \boldsymbol{\iota}_{rq,1}^{\mathrm{T}}, \cdots, \boldsymbol{\iota}_{rq,t}^{\mathrm{T}}]^{\mathrm{T}} \tag{9.43b}$$

其中$\bar{\boldsymbol{\mathcal{G}}} = \mathrm{blkdiag}(\boldsymbol{e}_2 \otimes \bar{\boldsymbol{G}}_1, \cdots, \boldsymbol{e}_2 \otimes \bar{\boldsymbol{G}}_t)$,$\boldsymbol{\iota}_{rq,t}^{\mathrm{T}} = [\iota_{rq,t}^{1s}, \iota_{rq,t}^{2s}, \cdots, \iota_{rq,t}^{(s-1)s}]$。注意这里$\bar{\boldsymbol{\mathcal{G}}}$矩阵与式(9.33a)形式的区别。$t$ 个历元双频双差观测值总数为 $2t(s-1)$,待估参数包括 $3t$ 个坐标参

数,$t(s-1)$个双差电离层延迟参数,共 $t(s-1)+3t$ 个参数。方程可解的条件为

$$\mathrm{rank}(\boldsymbol{B},1)=2t(s-1)\geqslant t(s-1)+3t,\quad 即\ s\geqslant 4$$

下面介绍动态定位模式下的三种双差模型。

(1) 短基线

t 个历元的双频双差观测值个数为 $2t(s-1)$,参数仅剩下 $3t$ 个坐标参数。观测方程的系数矩阵和待估参数为

$$\boldsymbol{B}=\bar{\mathcal{G}},\quad \boldsymbol{\beta}=[\boldsymbol{b}_1^{\mathrm{T}},\cdots,\boldsymbol{b}_t^{\mathrm{T}}]^{\mathrm{T}} \tag{9.44}$$

方程可解的条件为

$$\mathrm{rank}(\boldsymbol{B},1)=2t(s-1)-t(s-1)\geqslant 3t,\quad 即\ s\geqslant 4$$

(2) 消电离层模型

IF 组合后的双差观测值数为 $t(s-1)$,待估参数为 $3t$ 个坐标参数。对应的系数矩阵为

$$\boldsymbol{B}=\mathrm{blkdiag}(\bar{\boldsymbol{G}}_1,\cdots,\bar{\boldsymbol{G}}_t),\quad \boldsymbol{\beta}=[\boldsymbol{b}_1^{\mathrm{T}},\cdots,\boldsymbol{b}_t^{\mathrm{T}}]^{\mathrm{T}} \tag{9.45}$$

方程可解的条件为

$$\mathrm{rank}(\boldsymbol{B},1)=t(s-1)\geqslant 3t,\quad 即\ s\geqslant 4$$

(3) 电离层加权模型

t 个历元引入 $t(s-1)$个双差电离层延迟伪观测值,观测值总数为 $3t(s-1)$,待估参数包括 $3t$ 个位置参数和 $t(s-1)$个双差电离层延迟参数。系数矩阵为

$$\boldsymbol{B}=\begin{bmatrix}\bar{\mathcal{G}} & \boldsymbol{I}_t\otimes\boldsymbol{\mu}\otimes\boldsymbol{I}_{s-1}\\ \boldsymbol{0} & \boldsymbol{I}_t\otimes\boldsymbol{I}_{s-1}\end{bmatrix} \tag{9.46a}$$

$$\boldsymbol{\beta}=[\boldsymbol{b}_1^{\mathrm{T}},\cdots,\boldsymbol{b}_t^{\mathrm{T}},\boldsymbol{\iota}_{rq,1}^{\mathrm{T}},\cdots,\boldsymbol{\iota}_{rq,t}^{\mathrm{T}}]^{\mathrm{T}} \tag{9.46b}$$

方程可解条件为

$$\mathrm{rank}(\boldsymbol{B},1)=3t(s-1)-t(s-1)\geqslant t(s-1)+3t,\quad 即\ s\geqslant 4$$

下面分别给出一个伪距双差静态和动态定位的实验算例以直观展示伪距相对定位模式的解算结果。

静态实验选取了 2019 年 1 月 11 日上海某地观测的 2 小时零基线 GPS 观测数据。图 9.1 为各历元解算坐标的误差,可见北和东两个方向大部分误差在 0.5 m 之内,而大部分高程误差在 1 m 之内。由于零基线数据在差分过程中消除了全部的大气延迟误差和与接收机、卫星相关的所有硬件延迟误差,呈现的结果波动就是伪距观测的噪声水平。结果表明伪距双差短基线定位可以达到分米级的定位精度。

图 9.2 为同一天使用小推车载接收机绕操场不同跑道匀速移动三圈的轨迹图,可见一些定位误差较大的点已经脱离环形跑道轨迹范围。由于实验在起始点停留一段时间之后才开始测量,故起始点区域点位较为密集。

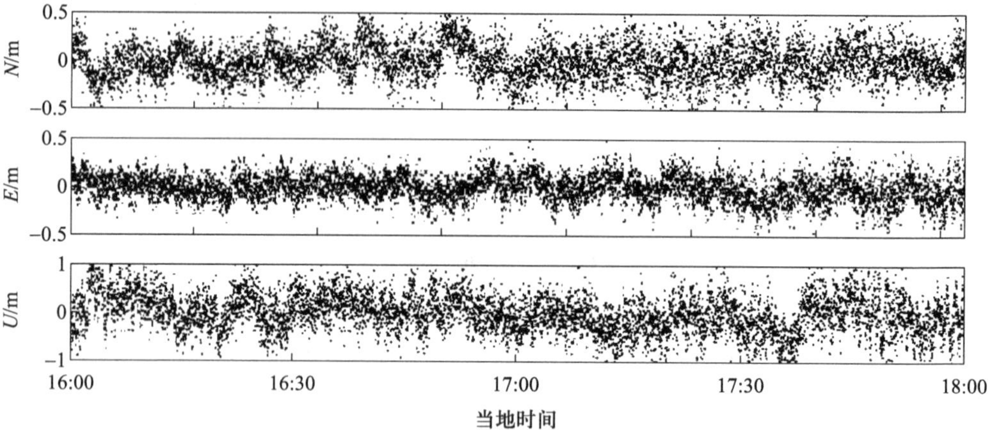

图 9.1 伪距静态数据单历元定位误差

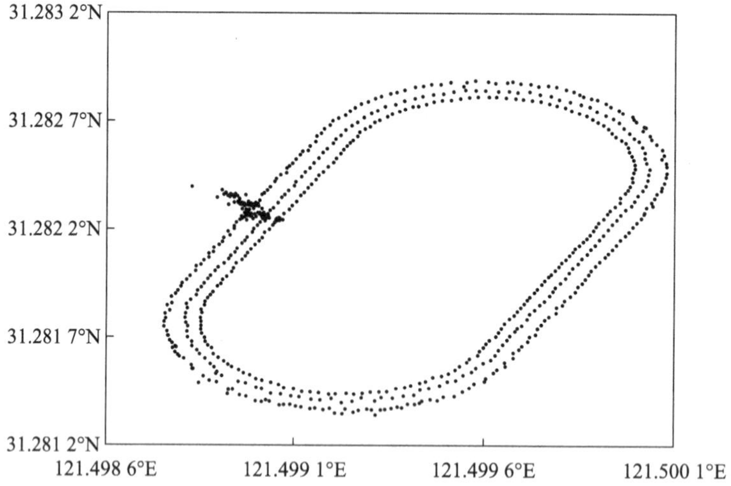

图 9.2 伪距动态定位轨迹图

9.2.3 相位平滑伪距差分定位

相位测量的观测精度比码伪距高两个数量级,在正确固定模糊度之后,就可以将相位观测值视为噪声极低的伪距观测量,从而解得精确的位置解。一般情况下,固定模糊度并不是一件容易的事情,另外也并不是所有用户都必须要获得厘米级的高精度位置解。在这种情况下,如果能够同时利用相位观测值的高精度且规避模糊度固定问题,就可以跳过相位方程解算同时获得分米级精度的解。一种可行的方法是通过作历元间差分获得载波频率多普勒计数,利用该信息进行位置解算。在 GNSS 接收机中一般利用这一信息估计用户的移动速度。载频多普勒计数值反映了载波相位变化信息,即反映了伪距的变化率,若能使用这一信息辅助进行伪距测量,则可以获得比单独采用码伪距测量更高的精度,这一方法称为相位平滑伪距测量。

以单频为例,假设第 1 个和第 k 个历元的站间单差相位方程分别为

$$\left.\begin{aligned}\Phi^s_{rq,1} &= \rho^s_{rq,1} + c\delta t_{rq,1} + \tau^s_{rq,1} - \iota^s_{rq,1} + \lambda a^s_{rq} + \varepsilon^s_{rq,\Phi,1}\\ \Phi^s_{rq,k} &= \rho^s_{rq,k} + c\delta t_{rq,k} + \tau^s_{rq,k} - \iota^s_{rq,k} + \lambda a^s_{rq} + \varepsilon^s_{rq,\Phi,k}\end{aligned}\right\} \tag{9.47}$$

讨论较短基线下的情况,且考虑到历元差分后的电离层和对流层延迟等误差可以进一步消除,这里忽略单差电离层和对流层误差项。相位观测量的历元之差为

$$\Phi^s_{rq,(1,k)} = \Phi^s_{rq,1} - \Phi^s_{rq,k} = \rho^s_{rq,1} - \rho^s_{rq,k} + c\delta t_{rq,1} - c\delta t_{rq,k} \tag{9.48}$$

类似地,对于第 1 个和第 k 个历元的站间单差伪距方程为

$$P^s_{rq,(1,k)} = P^s_{rq,1} - P^s_{rq,k} = \rho^s_{rq,1} - \rho^s_{rq,k} + cdt_{rq,1} - c\delta dt_{rq,k} \tag{9.49}$$

忽略伪距和相位接收机钟差的差异(事实上差异非常小),即 $dt_{rq,k} = \delta t_{rq,k}$,$dt_{rq,1} = \delta t_{rq,1}$。将式(9.48)代入式(9.49),即可以用两个历元的相位观测量之差反求出第 1 个历元的伪距观测值

$$P^s_{rq,1} = P^s_{rq,k} + \rho^s_{rq,1} - \rho^s_{rq,k} + cdt_{rq,1} - c\delta dt_{rq,k} = P^s_{rq,k} + \Phi^s_{rq,(1,k)} \tag{9.50}$$

上述过程可以利用全部历元的伪距观测值和相位观测值之差计算任一历元的平滑值。这里利用 k 个历元的伪距观测值以及 k 个历元和第 1 个历元相位观测量的增量分别求出的 k 个平滑伪距观测量为

$$\left.\begin{aligned}P^s_{rq,1}[1] &= P^s_{rq,1}\\ P^s_{rq,1}[2] &= \Phi^s_{rq,(1,2)} + P^s_{rq,2}\\ &\vdots\\ P^s_{rq,1}[k] &= \Phi^s_{rq,(1,k)} + P^s_{rq,k}\end{aligned}\right\} \tag{9.51}$$

式中,$P^s_{rq,1}[i]$表示使用第 i 个历元的观测值求取的第 1 个历元的伪距观测量。对上述 k 个值求平均,得到第 1 个历元的伪距平滑值为

$$\bar{P}^s_{rq,1} = \frac{1}{k}\sum_{x=1}^{k} P^s_{rq,1}[x] \tag{9.52}$$

以此可以类推任一历元 m 的平滑伪距值为

$$\bar{P}^s_{rq,m} = \frac{1}{m}\sum_{x=1}^{m}\left(\Phi^s_{rq,\Delta(x,m)} + P^s_{rq,x}\right) \tag{9.53}$$

上述相位平滑伪距算法对单频数据同样有效。平滑方法可用的前提是不受到周跳的影响,在使用该平滑方法前应保守地探测周跳。

综上,在相位平滑伪距差分定位中,用户站接收到参考站观测数据进行一次站间差分后,利用差分相位观测值对差分伪距进行平滑滤波。平滑后观测方程与解算参数均无变化,但因为观测值精度大幅度提高,用户将更快地得到精度更高的伪距位置解。

9.3 相位相对定位

在高精度测量作业生产中，为了获得厘米级的位置解，通常都使用测地型 GNSS 接收机进行相位差分测量。这里要说明的是，仅使用相位观测值是无法进行单历元解算的，因为每颗卫星的每个频率都需要解算一个模糊度参数，这导致单历元解算时观测值数量永远小于待估参数数量。所以对于本节的相位相对定位问题，在讨论系数矩阵等问题时均给出 t 个历元的联立形式。

9.3.1 静态相位相对定位

1. 单差模式相对定位

r、q 两站观测第 s 颗卫星的单差相位观测方程为

$$\Phi_{rq}^{s} = \rho_{rq}^{s} + c\delta t_{rq} + \tau_{rq}^{s} - \iota_{rq}^{s} + \lambda a_{rq,f}^{s} + \varepsilon_{rq,\Phi}^{s} \tag{9.54}$$

方程中包含的参数为位置、接收机钟差、大气延迟和模糊度四类，模糊度参数的上标为卫星，两个下标分别为差分的两个接收机和频率。方程中系数矩阵为单位矩阵的模糊度参数与接收机钟差和电离层参数之间均存在线性相关，需要采用一系列消秩亏策略合并参数，使得各参数可估，过程比较复杂。为循序渐进地展示参数相关性的核心特征，本节首先以忽略大气延迟参数的短基线情况为例进行介绍，处理好模糊度与接收机钟差的相关性后再介绍完整方程的消秩亏形态。短基线情况下的单差相位观测方程为

$$\Phi_{rq}^{s} = \rho_{rq}^{s} + c\delta t_{rq} + \lambda a_{rq}^{s} + \varepsilon_{rq,\Phi}^{s} \tag{9.55}$$

s 颗卫星短基线单历元双频单差相位误差方程为

$$\begin{cases} \Phi_{rq,f_1}^{1} = \rho_{rq}^{1} + c\delta t_{rq} + \lambda_1 a_{rq,f_1}^{1} + \varepsilon_{rq,\Phi_1}^{1} \\ \Phi_{rq,f_2}^{1} = \rho_{rq}^{1} + c\delta t_{rq} + \lambda_2 a_{rq,f_2}^{1} + \varepsilon_{rq,\Phi_2}^{1} \\ \Phi_{rq,f_1}^{2} = \rho_{rq}^{2} + c\delta t_{rq} + \lambda_1 a_{rq,f_1}^{2} + \varepsilon_{rq,\Phi_1}^{2} \\ \Phi_{rq,f_2}^{2} = \rho_{rq}^{2} + c\delta t_{rq} + \lambda_2 a_{rq,f_2}^{2} + \varepsilon_{rq,\Phi_2}^{2} \\ \qquad\qquad\vdots \\ \Phi_{rq,f_1}^{s} = \rho_{rq}^{s} + c\delta t_{rq} + \lambda_1 a_{rq,f_1}^{s} + \varepsilon_{rq,\Phi_1}^{s} \\ \Phi_{rq,f_2}^{s} = \rho_{rq}^{s} + c\delta t_{rq} + \lambda_2 a_{rq,f_2}^{s} + \varepsilon_{rq,\Phi_2}^{s} \end{cases} \tag{9.56}$$

这里需要注意，与伪距方程不同，相位方程中的接收机钟差没有区分频率。这并不是因为相位接收机钟差没有频率间的差别，而是因为相位方程中存在与卫星、频率都相关的模糊

度参数,不同卫星和频率的硬件延迟可以被对应的模糊度参数完全吸收,仅使用一个接收机钟差参数即可表示无频率影响的原始接收机钟差。在双差观测方程中,这些被模糊度吸收的硬件延迟在观测值相差时都被消除,所以并不会影响模糊度固定。以第 1 颗卫星为例,线性化后的单历元双频观测方程为

$$\begin{cases} \boldsymbol{\Phi}_{rq,f_1}^{1} = \dfrac{x_0 - x^1}{\rho_0^1}\Delta x + \dfrac{y_0 - y^1}{\rho_0^1}\Delta y + \dfrac{z_0 - z^1}{\rho_0^1}\Delta z + c\delta t_{rq} + \lambda_1 a_{rq,f_1}^{1} + \varepsilon_{rq,\Phi_1}^{1} \\ \boldsymbol{\Phi}_{rq,f_2}^{1} = \dfrac{x_0 - x^1}{\rho_0^1}\Delta x + \dfrac{y_0 - y^1}{\rho_0^1}\Delta y + \dfrac{z_0 - z^1}{\rho_0^1}\Delta z + c\delta t_{rq} + \lambda_2 a_{rq,f_2}^{1} + \varepsilon_{rq,\Phi_2}^{1} \end{cases} \tag{9.57}$$

单历元系数矩阵 $\boldsymbol{B}$ 可写为

$$\boldsymbol{B} = [\boldsymbol{e}_2 \otimes \boldsymbol{G}, \boldsymbol{e}_2 \otimes \boldsymbol{e}_s, \boldsymbol{\Lambda} \otimes \boldsymbol{I}_s] \tag{9.58a}$$

式中的三个子矩阵依次代表位置参数、接收机钟差和模糊度对应的系数矩阵,其中 $\boldsymbol{\Lambda} = \mathrm{diag}[\lambda_1, \lambda_2]$,为两个频率模糊度参数系数。对应的解算参数为

$$\boldsymbol{\beta} = [\boldsymbol{b}^{\mathrm{T}}, \delta t_{rq}, a_{rq,f_1}^{1}, a_{rq,f_2}^{1}, a_{rq,f_1}^{2}, a_{rq,f_2}^{2}, \cdots, a_{rq,f_2}^{s}]^{\mathrm{T}} \tag{9.58b}$$

与单差伪距方程出现的不可估问题类似,式中接收机钟差与模糊度的系数之间存在线性相关,方程秩亏数为 1。用参数的系数矩阵表示其相关性可写为

$$\boldsymbol{e}_2 \otimes \boldsymbol{e}_s - (\boldsymbol{\Lambda} \otimes \boldsymbol{I}_s)\left(\begin{bmatrix} \dfrac{1}{\lambda_1} & \dfrac{1}{\lambda_2} \end{bmatrix}^{\mathrm{T}} \otimes \boldsymbol{e}_s\right) = 0 \tag{9.59}$$

上式表示接收机钟差和模糊度参数在方程解算时无法被区分,出现参数不可估的情况。那么该秩亏特征能否使用多历元数据同时解算而消除呢?当联合解算多个历元的方程时,接收机钟差各历元不同,在不考虑周跳或卫星失锁的情况下模糊度参数不变,系数矩阵 $\boldsymbol{B}$ 写为

$$\boldsymbol{B} = [\boldsymbol{\mathcal{G}}, \boldsymbol{I}_t \otimes (\boldsymbol{e}_2 \otimes \boldsymbol{e}_s), \boldsymbol{e}_t \otimes (\boldsymbol{\Lambda} \otimes \boldsymbol{I}_s)] \tag{9.60}$$

其中$\boldsymbol{\mathcal{G}} = \begin{bmatrix} \boldsymbol{e}_2 \otimes \boldsymbol{G}_1 \\ \vdots \\ \boldsymbol{e}_2 \otimes \boldsymbol{G}_t \end{bmatrix}$,参数相关性可表示为

$$[\boldsymbol{I}_t \otimes (\boldsymbol{e}_2 \otimes \boldsymbol{e}_s)]\boldsymbol{e}_t - \boldsymbol{e}_t \otimes \left[(\boldsymbol{\Lambda} \otimes \boldsymbol{I}_s)\left(\begin{bmatrix} \dfrac{1}{\lambda_1}, \dfrac{1}{\lambda_2} \end{bmatrix}^{\mathrm{T}} \otimes \boldsymbol{e}_s\right)\right] = 0 \tag{9.61}$$

秩亏数仍然为 1。可见,由于模糊度参数在一般情况下在连续多个历元是相同的,这一秩亏无法通过多历元观测数据消除,需要采取消秩亏处理。考虑到秩亏数为 1,这里为了使得各参数可解,需要将某一参数置零,将其作为基准被其他与其有相关性的参数吸收,解除了系数列向量之间的相关性。与伪距方程的处理方法相同,由于接收机钟差一般是定位用户不关心的参数,可以将第一个历元的接收机钟差作为基准被模糊度吸收,即令

$$\delta t_{rq,1} = 0 \tag{9.62}$$

合并后的等效参数为

$$
\begin{aligned}
\bar{a}^{1}_{rq,f_1} &= a^{1}_{rq,f_1} + c\delta t_{rq,1}/\lambda_1 \\
\bar{a}^{1}_{rq,f_2} &= a^{1}_{rq,f_2} + c\delta t_{rq,1}/\lambda_2 \\
\delta\bar{t}_{rq,2} &= \delta t_{rq,2} - \delta t_{rq,1} \\
&\vdots \\
\delta\bar{t}_{rq,t} &= \delta t_{rq,t} - \delta t_{rq,1}
\end{aligned}
\tag{9.63}
$$

t 个历元方程的系数矩阵 $\boldsymbol{B}$ 变为

$$
\boldsymbol{B} = [\boldsymbol{\mathcal{G}}, \boldsymbol{\Gamma}_t \otimes (\boldsymbol{e}_2 \otimes \boldsymbol{e}_s), \boldsymbol{e}_t \otimes (\boldsymbol{\Lambda} \otimes \boldsymbol{I}_s)]
\tag{9.64}
$$

式中 $\boldsymbol{\Gamma}_t = \text{blkdiag}[0 \quad \boldsymbol{I}_{s-1}]$，为第一行第一列元素为 0 的特殊单位矩阵。此时方程不再秩亏，可以进行解算。这里给出方程可解的条件，若连续 t 个历元观测 s 颗相同的卫星。观测值个数为 $2ts$，待估参数包括 3 个坐标参数，$t-1$ 个钟差参数，$2s$ 个模糊度参数，共 $2s+t+2$ 个参数。可解条件为

$$
\text{rank}(\boldsymbol{B}, 1) = 2ts \geqslant 2s + t + 2, \quad 即\ t \geqslant \frac{2s+2}{2s-1}
$$

在实际测量工程应用中，一般会使用高精度测地型接收机，相位和伪距观测值可以同时被观测到，如果将伪距与相位观测方程联立解算，伪距硬件延迟可以使用提前标定的 DCB 产品消除，而相位硬件延迟可以分别被各频率对应的模糊度吸收，将不再区分伪距和相位接收机钟差不同频率的区别。由于伪距观测值包含接收机钟差参数而不包含模糊度参数，解算时将不再存在上述秩亏问题。消秩亏问题的原因可作如下理解，当仅使用伪距观测值时可以无秩亏地解算接收机钟差参数，之后将其作为已知值代入相位观测方程中。由于接收机钟差参数已知，它和模糊度之间的相关性也就不存在了，秩亏随之消除。第 s 颗卫星的联立方程可写为

$$
\begin{cases}
P^{s}_{rq,f_1} = \rho^{s}_{rq} + ct_{rq} + \varepsilon^{s}_{rq,P_1} \\
P^{s}_{rq,f_2} = \rho^{s}_{rq} + ct_{rq} + \varepsilon^{s}_{rq,P_2} \\
\Phi^{s}_{rq,f_1} = \rho^{s}_{rq} + ct_{rq} + \lambda_1 a^{s}_{rq,f_1} + \varepsilon^{s}_{rq,\Phi_1} \\
\Phi^{s}_{rq,f_2} = \rho^{s}_{rq} + ct_{rq} + \lambda_2 a^{s}_{rq,f_2} + \varepsilon^{s}_{rq,\Phi_2}
\end{cases}
\tag{9.65}
$$

t 个历元方程的系数矩阵 $\boldsymbol{B}$ 为

$$
\boldsymbol{B} = \begin{bmatrix} \boldsymbol{\mathcal{G}} & \boldsymbol{I}_t \otimes (\boldsymbol{e}_2 \otimes \boldsymbol{e}_s) & \boldsymbol{0} \\ \boldsymbol{\mathcal{G}} & \boldsymbol{I}_t \otimes (\boldsymbol{e}_2 \otimes \boldsymbol{e}_s) & \boldsymbol{e}_t \otimes (\boldsymbol{\Lambda} \otimes \boldsymbol{I}_s) \end{bmatrix}
\tag{9.66}
$$

观测值个数为 $4ts$，待估参数包括 3 个坐标参数，t 个钟差参数，$2s$ 个模糊度参数，共 $2s+t+3$ 个参数。可解条件为

$$
\text{rank}(\boldsymbol{B}, 1) = 4ts - ts \geqslant 2s + t + 3, \quad 即\ t \geqslant \frac{2s+3}{3s-1}
$$

对于式(9.54)所示的完整形式单差相位观测方程，按照式(9.63)的方案解除接收机钟差与模糊度的相关性后，第 1 颗卫星 t 个历元的观测方程可以写为

$$
\begin{cases}
\Phi^1_{rq,f_1,1} = \rho^1_{rq} + \alpha^1_1\tau^{\text{ztd}}_{rq} + \mu_1\iota^1_{rq,1} + \lambda_1\bar{a}^1_{rq,f_1} + \varepsilon^1_{rq,\Phi_1,1} \\
\Phi^1_{rq,f_2,1} = \rho^1_{rq} + \alpha^1_1\tau^{\text{ztd}}_{rq} + \mu_2\iota^1_{rq,1} + \lambda_2\bar{a}^1_{rq,f_2} + \varepsilon^1_{rq,\Phi_2,1} \\
\Phi^1_{rq,f_1,2} = \rho^1_{rq} + c\delta\bar{t}_{r,2} + \alpha^1_2\tau^{\text{ztd}}_{rq} + \mu_1\iota^2_{rq,2} + \lambda_1\bar{a}^1_{rq,f_1} + \varepsilon^2_{rq,\Phi_1,2} \\
\Phi^1_{rq,f_2,2} = \rho^1_{rq} + c\delta\bar{t}_{rq,2} + \alpha^1_2\tau^{\text{ztd}}_{rq} + \mu_2\iota^2_{rq,2} + \lambda_2\bar{a}^1_{rq,f_2} + \varepsilon^2_{rq,\Phi_2,2} \\
\vdots \\
\Phi^1_{rq,f_1,t} = \rho^1_{rq} + c\delta\bar{t}_{rq,t} + \alpha^1_t\tau^{\text{ztd}}_{rq} + \mu_1\iota^2_{rq,t} + \lambda_1\bar{a}^1_{rq,f_1} + \varepsilon^s_{rq,\Phi_1,t} \\
\Phi^1_{rq,f_2,t} = \rho^1_{rq} + c\delta\bar{t}_{rq,t} + \alpha^1_t\tau^{\text{ztd}}_{rq} + \mu_2\iota^2_{rq,t} + \lambda_2\bar{a}^1_{rq,f_2} + \varepsilon^s_{rq,\Phi_2,t}
\end{cases}
\tag{9.67}
$$

式中参数下标 1~t 表示所属的历元，α^1_t 为第 1 颗卫星 t 历元对流层映射函数值，τ^{ztd}_{rq} 为对流层天顶延迟估计量。斜对流层延迟在参数估计时写为由卫星高度角确定的映射函数值和天顶延迟的乘积形式。

可以发现模糊度参数与电离层延迟和对流层延迟参数均存在相关性，对流层天顶延迟参数在较长一段时间内可以认为是定值，而其系数（即映射函数值）随历元变化，所以天顶对流层参数和模糊度之间的相关性可以通过多历元方程联立消除。虽然对流层延迟参数可以通过多历元联立处理，但是电离层延迟参数每个历元每颗卫星都需要估计一个，与模糊度无法区分，秩亏数为 1。为了使得方程可以解算，需要将电离层与模糊度参数合并消除参数间的相关性。这里需要确定如何进行参数合并，模糊度参数在不发生信号失锁的情况下是定参数，如果在每个历元都吸收卫星各历元对应的不同的电离层延迟参数显然不现实。所以，恰当的方案是令 L1 频率的电离层延迟吸收对应的模糊度，第 t 个历元第 s 颗卫星的参数合并后的等效参数为

$$
\begin{cases}
\bar{\iota}^s_{rq,t} = \iota^s_{rq,1} + \dfrac{\lambda_1}{\mu_1}\bar{a}^s_{rq,f_1} \\
\bar{\bar{a}}^s_{rq,f_2} = \bar{a}^s_{rq,f_2} - \dfrac{\mu_2\lambda_1}{\mu_1\lambda_2}\bar{a}^s_{rq,f_1}
\end{cases}
\tag{9.68}
$$

第 1 颗卫星 t 个历元的参数合并后的观测方程可以写为

$$
\begin{cases}
\Phi^1_{rq,f_1,1} = \rho^1_{rq} + \alpha^1_1\tau^{\text{ztd}}_{rq} + \mu_1\bar{\iota}^1_{rq,1} + \varepsilon^1_{rq,\Phi_1,1} \\
\Phi^1_{rq,f_2,1} = \rho^1_{rq} + \alpha^1_1\tau^{\text{ztd}}_{rq} + \mu_2\bar{\iota}^1_{rq,1} + \lambda_2\bar{\bar{a}}^1_{rq,f_2} + \varepsilon^1_{rq,\Phi_2,1} \\
\Phi^1_{rq,f_1,2} = \rho^1_{rq} + \alpha^1_2\tau^{\text{ztd}}_{rq} + \mu_1\bar{\iota}^1_{rq,2} + c\delta\bar{t}_{rq,2} + \varepsilon^2_{rq,\Phi_1,2} \\
\Phi^1_{rq,f_2,2} = \rho^1_{rq} + \alpha^1_2\tau^{\text{ztd}}_{rq} + \mu_2\bar{\iota}^1_{rq,2} + c\delta\bar{t}_{rq,2} + \lambda_2\bar{\bar{a}}^1_{rq,f_2} + \varepsilon^2_{rq,\Phi_2,2} \\
\vdots \\
\Phi^1_{rq,f_1,t} = \rho^1_{rq} + \alpha^1_t\tau^{\text{ztd}}_{rq} + \mu_1\bar{\iota}^1_{rq,t} + c\delta\bar{t}_{rq,t} + \varepsilon^s_{rq,\Phi_1,t} \\
\Phi^1_{rq,f_2,t} = \rho^1_{rq} + \alpha^1_t\tau^{\text{ztd}}_{rq} + \mu_2\bar{\iota}^1_{rq,t} + c\delta\bar{t}_{rq,t} + \lambda_2\bar{\bar{a}}^1_{rq,f_2} + \varepsilon^s_{rq,\Phi_2,t}
\end{cases}
\tag{9.69}
$$

所有卫星观测方程的系数矩阵 $\boldsymbol{B}$ 为

$$\boldsymbol{B}=[\boldsymbol{\mathcal{G}},\boldsymbol{\Gamma}_t\otimes(\boldsymbol{e}_2\otimes\boldsymbol{e}_s),\boldsymbol{M},\boldsymbol{I}_t\otimes(\boldsymbol{\mu}\otimes\boldsymbol{I}_s),\boldsymbol{e}_t\otimes(\boldsymbol{\Omega}\otimes\boldsymbol{I}_s)] \tag{9.70a}$$

式中 $\boldsymbol{M}=[\boldsymbol{e}_2^{\mathrm{T}}\otimes\boldsymbol{M}_1,\boldsymbol{e}_2^{\mathrm{T}}\otimes\boldsymbol{M}_2,\cdots,\boldsymbol{e}_2^{\mathrm{T}}\otimes\boldsymbol{M}_t]^{\mathrm{T}}$，$\boldsymbol{M}_t=[\alpha_t^1,\alpha_t^2,\cdots,\alpha_t^s]$，$\boldsymbol{\Omega}=[0,\lambda_2]^{\mathrm{T}}$，对应的全部待求参数为

$$\boldsymbol{\beta}=[\boldsymbol{b}_1^{\mathrm{T}},\cdots,\boldsymbol{b}_t^{\mathrm{T}},\tau_{rq}^{\mathrm{ztd}},c\delta\bar{t}_{rq,2},\cdots,c\delta\bar{t}_{rq,t},\bar{\boldsymbol{\iota}}_{rq,1}^{\mathrm{T}},\cdots,\bar{\boldsymbol{\iota}}_{rq,t}^{\mathrm{T}},a_{rq,f_2}^1,a_{rq,f_2}^2,\cdots,a_{rq,f_2}^s]^{\mathrm{T}} \tag{9.70b}$$

式中 $\boldsymbol{\iota}_{rq,t}^{\mathrm{T}}=[\bar{\iota}_{rq,t}^1,\bar{\iota}_{rq,t}^2,\cdots,\bar{\iota}_{rq,t}^s]$。观测值个数为 $2ts$，待估参数包括 3 个坐标参数，$t-1$ 个钟差参数，1 个对流层天顶延迟参数，st 个电离层延迟参数，s 个模糊度参数，共 $st+s+t+3$ 个参数。可解条件为

$$\mathrm{rank}(\boldsymbol{B},1)=2ts\geqslant st+s+t+3,\quad 即\ t\geqslant\frac{s+3}{s-1}$$

对于式(9.67)，另外一种消除电离层和模糊度间相关性的策略是组成无电离层组合，第 1 颗卫星 t 个历元的相位单差无电离层组合方程为

$$\begin{cases}\Phi_{rq,\mathrm{IF},1}^1=\rho_{rq}^1+\alpha_1^1\tau_{rq}^{\mathrm{ztd}}+\lambda_{\mathrm{IF}}\bar{a}_{rq,\mathrm{IF}}^1+\varepsilon_{rq,\Phi_{\mathrm{IF}},1}^1\\ \Phi_{rq,\mathrm{IF},2}^1=\rho_{rq}^1+c\delta\bar{t}_{rq,2}+\alpha_2^1\tau_{rq}^{\mathrm{ztd}}+\lambda_{\mathrm{IF}}\bar{a}_{rq,\mathrm{IF}}^1+\varepsilon_{rq,\Phi_{\mathrm{IF}},2}^1\\ \vdots\\ \Phi_{rq,\mathrm{IF},t}^1=\rho_{rq}^1+c\delta\bar{t}_{rq,t}+\alpha_t^1\tau_{rq}^{\mathrm{ztd}}+\lambda_{\mathrm{IF}}\bar{a}_{rq,\mathrm{IF}}^1+\varepsilon_{rq,\Phi_{\mathrm{IF}},t}^1\end{cases} \tag{9.71}$$

对应的系数矩阵为

$$\boldsymbol{B}=[\dot{\boldsymbol{G}},\boldsymbol{\Gamma}_t\otimes\boldsymbol{e}_s,\dot{\boldsymbol{M}},\boldsymbol{e}_t\otimes\boldsymbol{I}_s] \tag{9.72}$$

式中 $\dot{\boldsymbol{M}}=[\boldsymbol{M}_1,\boldsymbol{M}_2,\cdots,\boldsymbol{M}_t]^{\mathrm{T}}$。双频观测值组合消除了电离层延迟，将双频模糊度组合为无电离层模糊度，方程可以直接解算。可解条件为

$$\mathrm{rank}(\boldsymbol{B},1)=ts\geqslant s+t+3,\quad 即\ t\geqslant\frac{s+3}{s-1}$$

2. 双差模式相对定位

单差相位方程中的模糊度不能被固定，无法通过模糊度固定得到厘米级的精密解，所以实际上使用最广泛的差分模式是相位双差。双差观测方程中，由于原本由模糊度吸收的接收机与卫星的硬件延迟均被消除，模糊度恢复了整周特性，可以直接固定。r、q 两站观测 s、v 两颗卫星的双差相位观测方程为

$$\Phi_{rq}^{sv}=\rho_{rq}^{sv}+\tau_{rq}^{sv}-\mu_f\iota_{rq}^{sv}+\lambda a_{rq}^{sv}+\varepsilon_{rq,\Phi}^{sv} \tag{9.73}$$

以第 s 颗卫星为参考星，$s-1$ 颗卫星单历元双频双差相位误差方程为

$$\begin{cases}\Phi_{rq,f_1}^{1s}=\rho_{rq}^{1s}+\tau_{rq}^{1s}-\mu_1\iota_{rq}^{1s}+\lambda_1 a_{rq,f_1}^{1s}+\varepsilon_{rq,\Phi_1}^{1s}\\ \Phi_{rq,f_2}^{1s}=\rho_{rq}^{1s}+\tau_{rq}^{1s}-\mu_2\iota_{rq}^{1s}+\lambda_2 a_{rq,f_2}^{1s}+\varepsilon_{rq,\Phi_2}^{1}\\ \Phi_{rq,f_1}^{2s}=\rho_{rq}^{2s}+\tau_{rq}^{2s}-\mu_1\iota_{rq}^{2s}+\lambda_1 a_{rq,f_1}^{2s}+\varepsilon_{rq,\Phi_1}^{2s}\\ \Phi_{rq,f_2}^{2s}=\rho_{rq}^{2s}+\tau_{rq}^{2s}-\mu_2\iota_{rq}^{2s}+\lambda_2 a_{rq,f_2}^{2s}+\varepsilon_{rq,\Phi_2}^{2s}\\ \vdots\\ \Phi_{rq,f_1}^{s-1,s}=\rho_{rq}^{s-1,s}+\tau_{rq}^{s-1,s}-\mu_1\iota_{rq}^{s-1,s}+\lambda_1 a_{rq,f_1}^{s-1,s}+\varepsilon_{rq,\Phi_1}^{s-1,s}\\ \Phi_{rq,f_2}^{s-1,s}=\rho_{rq}^{s-1,s}+\tau_{rq}^{s-1,s}-\mu_2\iota_{rq}^{s-1,s}+\lambda_2 a_{rq,f_2}^{s-1,s}+\varepsilon_{rq,\Phi_2}^{s-1,s}\end{cases}\tag{9.74}$$

星间做差的过程消除了接收机钟差,钟差与模糊度之间的相关性也随之解除。

与单差模型类似,为了消除电离层延迟参数与模糊度之间的相关性需要进行参数合并,但电离层与模糊度参数合并会直接导致合并后的模糊度失去整数特性。只有保证模糊度具有整数特性,被正确固定之后才可以快速获得厘米级精度的模糊度固定解。所以,实际应用中一般不会直接使用式(9.74)方程消秩亏后进行位置解算。下面给出几种可以保证模糊度整数特性的相位双差观测方程模型。

(1) 短基线

当基线长度在 10 km 以内时,一般大气延迟误差参数可以认为在组成双差的过程中完全消除。第 1 颗卫星的观测方程可以写为

$$\begin{cases}\Phi_{rq,f_1}^{1s}=\rho_{rq}^{1s}+\lambda_1 a_{rq,f_1}^{1s}+\varepsilon_{rq,\Phi_1}^{1s}\\ \Phi_{rq,f_2}^{1s}=\rho_{rq}^{1s}+\lambda_2 a_{rq,f_2}^{1s}+\varepsilon_{rq,\Phi_2}^{1}\end{cases}\tag{9.75}$$

t 个历元方程的系数矩阵 $\boldsymbol{B}$ 为

$$\boldsymbol{B}=[\bar{\mathcal{G}},\boldsymbol{e}_t\otimes\boldsymbol{\Lambda}\otimes\boldsymbol{I}_{s-1}]\tag{9.76}$$

其中$\bar{\mathcal{G}}=\begin{bmatrix}\boldsymbol{e}_2\otimes\bar{\boldsymbol{G}}_1\\ \vdots\\ \boldsymbol{e}_2\otimes\bar{\boldsymbol{G}}_t\end{bmatrix}$。该式在多历元联立的情况下可以直接解算。可解条件为

$$\operatorname{rank}(\boldsymbol{B},1)=2t(s-1)\geqslant 2(s-1)+3,\quad 即\ t\geqslant\frac{2s+1}{2s-2}$$

(2) 消电离层模型

组成消电离层模型可以消除电离层延迟参数,从而解除参数间的相关性。第 1 颗卫星的无电离层观测方程为

$$\Phi_{rq,\mathrm{IF}}^{1s}=\rho_{rq}^{1s}+\alpha^{1s}\tau_{rq}^{\mathrm{ztd}}+\lambda_{\mathrm{IF}}a_{rq,\mathrm{IF}}^{1s}+\varepsilon_{rq,\mathrm{IF}}^{1s}\tag{9.77}$$

系数矩阵为

$$\boldsymbol{B}=[\dot{\boldsymbol{G}},\dot{\boldsymbol{M}},\boldsymbol{e}_t\otimes\boldsymbol{I}_{s-1}]\tag{9.78}$$

式中 $\dot{\boldsymbol{M}}=[\boldsymbol{M}_1,\boldsymbol{M}_2,\cdots,\boldsymbol{M}_t]^{\mathrm{T}}$,$\boldsymbol{M}_t=[\alpha_t^{1s},\alpha_t^{2s},\cdots,\alpha_t^{s-1,s}]$,$\dot{\boldsymbol{G}}=[\bar{\boldsymbol{G}}_1,\cdots,\bar{\boldsymbol{G}}_t]^{\mathrm{T}}$。这里需要说明,无

电离层模糊度数值上并不是整数，但用无电离层组合时通常会配套使用“宽巷-无电离层-窄巷”的模糊度固定策略，同样可以高效率地获得模糊度固定的高精度位置解，关于该固定方法的算法将在第 11 章介绍。该组合可解条件为

$$\mathrm{rank}(\boldsymbol{B},1)=t(s-1)\geqslant s-1+4,\quad \text{即 } t\geqslant \frac{s+3}{s-1}$$

（3）伪距-相位联立电离层约束模型

与单差模型中解除模糊度与接收机钟差相关性的方法类似，利用伪距观测方程不包含模糊度参数的特性，可以消除模糊度与电离层延迟间的相关性。第 1 颗卫星的伪距与相位联立的观测方程写为

$$\begin{cases} P_{rq,f_1}^{1s}=\rho_{rq}^{1s}+\alpha^{1s}\tau_{rq}^{\mathrm{ztd}}+\mu_1\iota_{rq}^{1s}+\varepsilon_{rq,P_1}^{1s} \\ P_{rq,f_2}^{1s}=\rho_{rq}^{1s}+\alpha^{1s}\tau_{rq}^{\mathrm{ztd}}+\mu_2\iota_{rq}^{1s}+\varepsilon_{rq,P_2}^{1s} \\ \Phi_{rq,f_1}^{1s}=\rho_{rq}^{1s}+\alpha^{1s}\tau_{rq}^{\mathrm{ztd}}-\mu_1\iota_{rq}^{1s}+\lambda_1 a_{rq,f_1}^{1s}+\varepsilon_{rq,\Phi_1}^{1s} \\ \Phi_{rq,f_2}^{1s}=\rho_{rq}^{1s}+\alpha^{1s}\tau_{rq}^{\mathrm{ztd}}-\mu_2\iota_{rq}^{1s}+\lambda_2 a_{rq,f_2}^{1s}+\varepsilon_{rq,\Phi_2}^{1} \end{cases} \tag{9.79}$$

对应的系数矩阵 $\boldsymbol{B}$ 为

$$\boldsymbol{B}=\begin{bmatrix} \bar{\mathcal{G}} & \boldsymbol{M} & \boldsymbol{I}_t\otimes(\boldsymbol{\mu}\otimes\boldsymbol{I}_{s-1}) & \boldsymbol{0} \\ \bar{\mathcal{G}} & \boldsymbol{M} & \boldsymbol{I}_t\otimes(-\boldsymbol{\mu}\otimes\boldsymbol{I}_{s-1}) & \boldsymbol{e}_t\otimes(\boldsymbol{\Lambda}\otimes\boldsymbol{I}_{s-1}) \end{bmatrix} \tag{9.80}$$

式中 $\boldsymbol{M}=[\boldsymbol{e}_2^{\mathrm{T}}\otimes\boldsymbol{M}_1,\boldsymbol{e}_2^{\mathrm{T}}\otimes\boldsymbol{M}_2,\cdots,\boldsymbol{e}_2^{\mathrm{T}}\otimes\boldsymbol{M}_t]^{\mathrm{T}}$，$\bar{\mathcal{G}}=\begin{bmatrix}\boldsymbol{e}_2\otimes\bar{\boldsymbol{G}}_1\\ \vdots \\ \boldsymbol{e}_2\otimes\bar{\boldsymbol{G}}_t\end{bmatrix}$。这里需要指出，在式(9.79)中，电离层的解算精准度高度依赖伪距观测值的测量误差。由于伪距测量的不准确性，通常需要相当长的观测时间用以收敛电离层延迟参数。只有在电离层参数收敛至足够精确的情况下，才可以求得小数偏差和中误差都足够小的模糊度参数，进而被固定。为了加快电离层和模糊度参数的解算效率，有效缩短等待模糊度固定所需的观测时间，一般都会对电离层延迟参数施以外部约束。与式(9.28a)类似，附加电离层延迟参数外部约束后的方程系数矩阵可写为

$$\boldsymbol{B}=\begin{bmatrix} \bar{\mathcal{G}} & \boldsymbol{M} & \boldsymbol{I}_t\otimes(\boldsymbol{\mu}\otimes\boldsymbol{I}_{s-1}) & \boldsymbol{0} \\ \bar{\mathcal{G}} & \boldsymbol{M} & \boldsymbol{I}_t\otimes(-\boldsymbol{\mu}\otimes\boldsymbol{I}_{s-1}) & \boldsymbol{e}_t\otimes(\boldsymbol{\Lambda}\otimes\boldsymbol{I}_{s-1}) \\ 0 & 0 & \boldsymbol{I}_t\otimes\boldsymbol{I}_{s-1} & \boldsymbol{0} \end{bmatrix} \tag{9.81}$$

电离层约束信息有效地加快了电离层估计的收敛速度，为正确固定模糊度创造了条件。该组合可解条件为

$$\mathrm{rank}(\boldsymbol{B},1)=5t(s-1)-t(s-1)\geqslant 2(s-1)+1+3+t(s-1),\quad \text{即 } t\geqslant\frac{2s+2}{3s-3}$$

9.3.2 动态相位相对定位

动态相位定位一般会采用卡尔曼滤波算法。当使用卡尔曼滤波时,通过状态转移矩阵把两个历元间的位置和大气延迟参数的参数值与方差-协方差矩阵联系起来,充分利用了历史观测信息,不需要每个历元都更新位置参数,具体算法将在第 13 章进行介绍。如果仅使用相位观测值且不使用卡尔曼滤波,逐历元更新的电离层延迟参数与模糊度参数相关,该相关性也无法通过多历元联立消除,导致方程没有实际意义。为了获得位置参数解,可以使用双差伪距-相位联立观测方程进行位置解算,并利用外部电离层约束信息对电离层延迟量进行约束。这里暂时不引入卡尔曼滤波,仅讨论原始观测方程,给出 t 个历元双差动态伪距-相位联立附加电离层约束的误差方程的系数矩阵 $\boldsymbol{B}$ 为

$$\boldsymbol{B}=\begin{bmatrix}\bar{\boldsymbol{\mathcal{G}}} & \boldsymbol{M} & \boldsymbol{I}_t\otimes(\boldsymbol{\mu}\otimes\boldsymbol{I}_{s-1}) & \boldsymbol{0}\\ \bar{\boldsymbol{\mathcal{G}}} & \boldsymbol{M} & \boldsymbol{I}_t\otimes(-\boldsymbol{\mu}\otimes\boldsymbol{I}_{s-1}) & \boldsymbol{e}_t\otimes(\boldsymbol{\Lambda}\otimes\boldsymbol{I}_{s-1})\\ \boldsymbol{0} & \boldsymbol{0} & \boldsymbol{I}_t\otimes\boldsymbol{I}_{s-1} & \boldsymbol{0}\end{bmatrix} \tag{9.82a}$$

其中,$\bar{\boldsymbol{\mathcal{G}}}=\mathrm{blkdiag}(\boldsymbol{e}_2\otimes\bar{\boldsymbol{G}}_1,\cdots,\boldsymbol{e}_2\otimes\bar{\boldsymbol{G}}_t)$。全部的待估参数为

$$\boldsymbol{\beta}=[\boldsymbol{b}_1^{\mathrm{T}},\cdots,\boldsymbol{b}_t^{\mathrm{T}},\boldsymbol{\tau}_{rq}^{\mathrm{ztd}},\boldsymbol{\iota}_{rq,1}^{\mathrm{T}},\cdots,\boldsymbol{\iota}_{rq,t}^{\mathrm{T}},a_{rq,f_1}^{1s},a_{rq,f_2}^{1s},a_{rq,f_1}^{2s},a_{rq,f_2}^{2s},\cdots,a_{rq,f_2}^{s-1,s}]^{\mathrm{T}} \tag{9.82b}$$

这里需要说明的是,当不使用卡尔曼滤波时,该动态观测方程在实时测量状态下的解算结果与仅使用伪距观测值一致。但对于后处理模式,由于模糊度在所有历元是相同的参数,对各个历元的位置参数具有约束,因此可以获得相位精度的参数解。当使用了卡尔曼滤波之后,当前历元可以继承之前历元提供的先验信息,可以实时地获得相位测量精度的位置解。

与伪距相对定位相同,这里给出静态和动态相位观测值定位的实验算例。所用实验数据采集信息与伪距算例一致,每个历元都尝试固定模糊度。图 9.3 为静态相位定位尝试模糊度固定后的三个方向的点位误差。

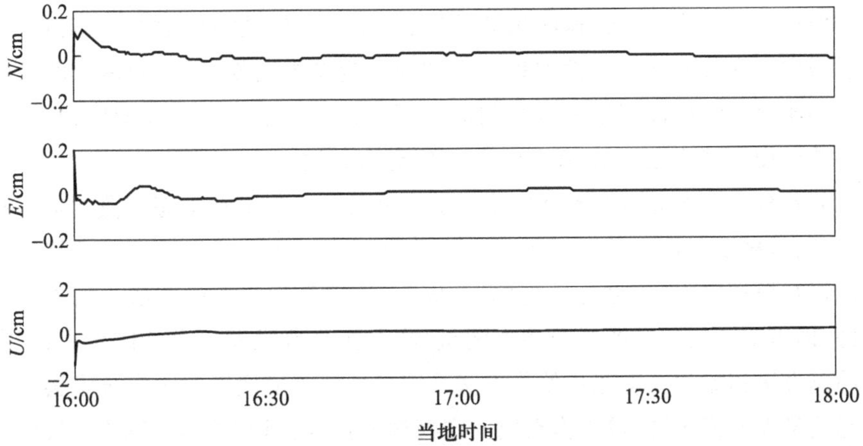

图 9.3 相位模糊度固定静态解

图中纵轴的单位为cm，三个方向定位误差曲线相对平滑，误差在毫米级，说明模糊度固定后获得了相当高的定位精度。与伪距解算结果类似，高程方向相对于平面两个方向精度明显低一些，可达到亚毫米级。GNSS解算的高程方向精度通常劣于平面方向是由于可视卫星全部位于地球的同一侧造成的，导致观测值信息对高程方向的约束相对较弱。图9.4为操场实验使用相位观测数据的解算结果。

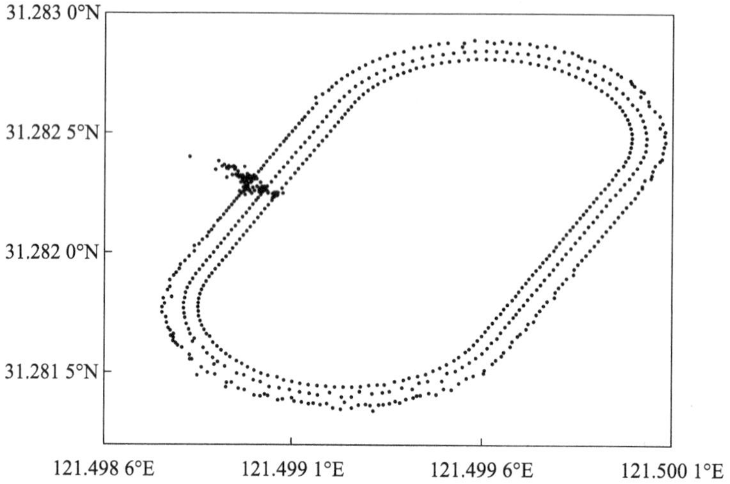

图9.4 动态相位定位轨迹图

仔细对比图9.2和图9.4，可以发现图9.4的轨迹更符合椭圆轨道的特征，尤其是在直线跑道部分，相位观测值的解算结果明显更符合直线轨迹。这也反映了相位观测值解算坐标精度明显高于伪距观测值。

9.3.3 动态定位的初始化

动态定位中为了使模糊度快速收敛并固定，需要大量的观测值信息，这对信号质量、观测卫星数和观测历元都有要求。而如果固定的模糊度参数已知，对观测信息的限制条件将放宽很多。初始化方法可以利用一段时间的观测数据解算出固定的模糊度，在之后的观测中可以将整数模糊度视为已知值，使得定位工作更加高效。

初始化问题分为静态方法和动态方法两类。静态方法要求在动态测量之前进行一段时间的静态观测，模糊度固定之后即可进行动态测量。该方法的优势是不需要使用复杂的数据处理手段进行模糊度固定，也是最简单、最成熟、使用最为广泛的方法。如果没有静态初始化的条件，即需要开机后立即开始动态测量，或者在测量时发生大量信号失锁的情况，则需要使用动态方法初始化。动态初始化方法采用多种模糊度搜索与固定技术尝试在短时间内固定动态测量中的模糊度，被称作在航固定模糊度技术，即OTF(on the fly)模糊度解算问题，模糊度固定相关技术将在第11章详细叙述。这里简要介绍三种常用的静态初始化方法。

最简单的方法是静态测量法。为了获得固定的模糊度，将流动站接收机放在距离参考站距离不远（10 km 以内）的某一观测环境良好的站点测量一段时间，根据短基线模型可以方便地固定模糊度。之后，只要不发生信号失锁并保证视野中有足够的卫星，就可以确定所有历元的动态位置。该方法的缺点是需要的观测时间有时较长，当定位过程中出现频繁周跳时，工作效率比较低。

如果有精确已知的两个点坐标，可以使用已知基线法。将参考站和流动站置于已知基线两端，几分钟后即可根据已知坐标推导出精确的浮点模糊度，一般可以顺利快速固定。已知基线一般要求短于 10 km，已知坐标精度要求精确至几个厘米以内，在很多情况下这些苛刻的条件难以满足。

还有一种被称作天线交换法的初始化方法，在参考站与流动站观测一段时间后交换它们的天线再观测一段时间。两根天线全程连续观测，所以即使移动了位置他们对各颗卫星的模糊度依然不变。两个时段分别组成双差模糊度，交换前后同一卫星对的双差模糊度互为相反数，利用这一特性可以快速确定初始基线向量，从而完成初始化。

习题

1. 请给出双差模式的伪距相对定位基本观测方程。
2. 请给出双差模式的相位相对定位基本观测方程。
3. 请推导从非差到站间-星间-历元间三差的伪距及相位观测模型和随机模型。
4. 请简述动态定位初始化的方法。

第 10 章

GNSS 数据预处理

GNSS 数据预处理是 GNSS 数据处理过程中重要环节之一。在定位解算前，需对观测值质量、可用性等指标进行评估，剔除粗差，修复异常等，以保证定位结果的可靠性。本章主要介绍 GNSS 数据预处理中的粗差探测理论和周跳探测与修复方法。GNSS 数据预处理中的粗差探测一般利用平差后得到的残差序列，通过假设检验理论探测粗差并予以剔除。周跳探测与修复是对相位观测值是否发生周跳进行探测并估计周跳值，然后对周跳进行修复及相关处理。此外，本章还介绍 GNSS 数据预处理软件 TEQC 及 ETEQC，简述了其主要功能模块和使用方法，包括 GNSS 数据的格式转换、数据编辑和数据质量检核。

10.1 粗差探测理论

10.1.1 GNSS 观测粗差

如果观测值中的粗差没有被有效剔除，将会影响平差结果的正确性，因此在数据预处理中进行粗差探测十分必要。巴尔达(Baarda)于 1968 年提出了测量模型可靠性理论，从一维备选假设出发，定义和研究了内部和外部可靠性，并提出了检测和估计粗差的数据探测法。粗差通常有两种处理方式：一是将粗差归入函数模型，采用粗差探测法检验并剔除；二是将粗差归入随机模型，采用稳健估计通过选权迭代法降低粗差观测值的权，从而减小粗差对平差结果的影响。本节主要介绍第一种处理方式，粗差探测的假设检验理论。

在 GNSS 原始观测值的生成、数据转换与解码等过程中都可能产生粗差。在平差前和平差过程中均需对 GNSS 观测值中的粗差进行探测。平差前可通过近似卫地距或观测值间的离散程度，采用简单的拟合方法剔除含有较大粗差的伪距观测值。平差过程中的粗差探测，主要基于平差计算得到的残差。粗差的探测和估计主要基于残差的大小和统计特性。

需要注意的是，平差一定程度上会减小粗差的影响并将粗差分配到整个平差系统中，即出现误差转移。一个含有粗差的观测值往往也会影响到其他正常观测值的残差。如果一个观测值的残差没有通过粗差检验,并不意味着该观测值就一定含有粗差。尽管如此,未通过粗差检验的残差也是发现粗差位置的重要线索。在使用数据探测法对一组残差序列进行检验时,需要依次找出超过阈值的检验量中最大值所对应的观测值,剔除该观测值后重新平差,直到所有观测值均能通过检验为止。

10.1.2 w 检验的粗差探测

粗差探测中常用的数据探测方法是 w 检验。下面详细介绍 w 检验的原理。假设 GNSS 原始观测值为 $\boldsymbol{y}$,未知数为 $\boldsymbol{x}$,观测方程为

$$E(\boldsymbol{y}) = \boldsymbol{Ax}, \quad D(\boldsymbol{y}) = \sigma_0^2\boldsymbol{Q}_y \tag{10.1}$$

由于正态分布可以描述大部分测量观测值,我们通常假设观测值 $\boldsymbol{y}$ 服从正态分布,即期望 $E(\boldsymbol{y})=\boldsymbol{Ax}$,方差 $D(\boldsymbol{y})=\sigma_0^2\boldsymbol{Q}_y$。当观测模型正确(即不存在粗差)时,原假设为

$$\mathrm{H}_0:\boldsymbol{y} \sim N(\boldsymbol{Ax},\sigma_0^2\boldsymbol{Q}_y) \tag{10.2}$$

由于 $\boldsymbol{x}$ 是未知的,我们不能直接对观测值 $\boldsymbol{y}$ 进行检验。引入条件方程来等价地消除 $\boldsymbol{x}$

$$\boldsymbol{t} = \boldsymbol{B}^{\mathrm{T}}\boldsymbol{y}, \quad D(\boldsymbol{t}) = \sigma_0^2\boldsymbol{B}^{\mathrm{T}}\boldsymbol{Q}_y\boldsymbol{B} \tag{10.3}$$

式中,$\boldsymbol{B}^{\mathrm{T}}\boldsymbol{A}=0$,$\boldsymbol{t}$ 为条件平差中的闭合差向量,由原假设可知 $\boldsymbol{t}$ 服从正态分布:$E(\boldsymbol{t})=0$,$\boldsymbol{Q}_t=\boldsymbol{B}^{\mathrm{T}}\boldsymbol{Q}_y\boldsymbol{B}$,即可构造出对闭合差进行检验的原假设

$$\overline{\mathrm{H}}_0:\boldsymbol{t} \sim N(\boldsymbol{0},\sigma_0^2\boldsymbol{Q}_t) \tag{10.4}$$

由于 $\boldsymbol{B}$ 不唯一,$\overline{\mathrm{H}}_0$ 并不等价于 H_0。闭合差 $\boldsymbol{t}$ 是观测值 $\boldsymbol{y}$ 的线性函数,如果 $\overline{\mathrm{H}}_0$ 被拒绝,H_0 也应被拒绝,因为 $\overline{\mathrm{H}}_0$ 为假时 H_0 也必为假;但如果 $\overline{\mathrm{H}}_0$ 被接受,不代表 H_0 一定为真。

如果观测值中存在粗差,则观测模型(10.1)不正确,即观测值 $\boldsymbol{y}$ 不再严格服从原假设 H_0。因此,需给出含有粗差情况下的函数模型,即 H_0 和 $\overline{\mathrm{H}}_0$ 的备选假设。在备选假设中,由于粗差的存在,观测值向量 $\boldsymbol{y}$ 的期望与原假设不同。若第 i 个观测值中存在粗差,则对应的备选假设为

$$\mathrm{H}_A:\boldsymbol{y} \sim N(\boldsymbol{Ax}+\boldsymbol{c}_i\nabla,\sigma_0^2\boldsymbol{Q}_y) \tag{10.5}$$

式中,$\boldsymbol{c}_i=[0,\cdots,0,1,0,\cdots,0]^{\mathrm{T}}$ 是一个列向量,除了第 i 个元素为 1 外,其余元素全为 0。∇ 表示第 i 个观测值中的粗差值。

在该备选假设下,闭合差也会发生变化,令 $\boldsymbol{c}_{t_i}=\boldsymbol{B}^{\mathrm{T}}\boldsymbol{c}_i$,得到 $\overline{\mathrm{H}}_0$ 的备选假设

$$\overline{\mathrm{H}}_{\mathrm{A}}:\boldsymbol{t} \sim N(\boldsymbol{c}_{t_i}\nabla,\sigma_0^2\boldsymbol{Q}_t) \tag{10.6}$$

根据似然比检验(likelihood ratio test)理论,当似然比检验量 $\dfrac{f_t(t\mid\overline{\mathrm{H}}_0)}{f_t(t\mid\overline{\mathrm{H}}_{\mathrm{A}})}<a$ 时,拒绝原假设 $\overline{\mathrm{H}}_0$。其中 $f_t(t\mid\overline{\mathrm{H}}_0)$ 和 $f_t(t\mid\overline{\mathrm{H}}_{\mathrm{A}})$ 分别表示闭合差在原假设 $\overline{\mathrm{H}}_0$ 和备选假设 $\overline{\mathrm{H}}_{\mathrm{A}}$ 下的概率密度函数,a 为检验阈值,通常给定一个正常数以控制检验功率。具体地

$$\frac{P_t(t\mid\overline{\mathrm{H}}_0)}{P_t(t\mid\overline{\mathrm{H}}_\mathrm{A})}=\exp\left\{-\frac{1}{2}[\boldsymbol{t}^\mathrm{T}\boldsymbol{Q}_t^{-1}\boldsymbol{t}-(\boldsymbol{t}-\boldsymbol{c}_{t_i}\nabla)^\mathrm{T}\boldsymbol{Q}_t^{-1}(\boldsymbol{t}-\boldsymbol{c}_{t_i}\nabla)]\right\}<a \tag{10.7}$$

简化后得

$$\boldsymbol{c}_{t_i}^\mathrm{T}\boldsymbol{Q}_t^{-1}\boldsymbol{t}>\frac{\ln a^{-1}}{\nabla}+\frac{1}{2}\boldsymbol{c}_{t_i}^\mathrm{T}\boldsymbol{Q}_t^{-1}\boldsymbol{c}_{t_i}\nabla \tag{10.8}$$

若粗差的大小∇已知,则不等式右侧为一个常量,不等式左侧的随机变量 $\boldsymbol{c}_{t_i}^\mathrm{T}\boldsymbol{Q}_t^{-1}\boldsymbol{t}$ 在 $\overline{\mathrm{H}}_0$ 及 $\overline{\mathrm{H}}_\mathrm{A}$ 备选假设下的方差为 $\sigma_0^2\boldsymbol{c}_{t_i}^\mathrm{T}\boldsymbol{Q}_t\boldsymbol{c}_{t_i}$。因此,在不等式两边同时除以$\sqrt{\boldsymbol{c}_{t_i}^\mathrm{T}\boldsymbol{Q}_t^{-1}\boldsymbol{c}_{t_i}}$,并对其进行归一化处理,到

$$\frac{\boldsymbol{c}_{t_i}^\mathrm{T}\boldsymbol{Q}_t^{-1}\boldsymbol{t}}{\sqrt{\boldsymbol{c}_{t_i}^\mathrm{T}\boldsymbol{Q}_t^{-1}\boldsymbol{c}_{t_i}}}>\frac{\ln a^{-1}}{\sqrt{\boldsymbol{c}_{t_i}^\mathrm{T}\boldsymbol{Q}_t^{-1}\boldsymbol{c}_{t_i}}\nabla}+\frac{1}{2}\sqrt{\boldsymbol{c}_{t_i}^\mathrm{T}\boldsymbol{Q}_t^{-1}\boldsymbol{c}_{t_i}}\nabla \tag{10.9}$$

记不等式右边的常量为 k_α,左边的随机变量即为 w_i 检验量

$$w_i=\frac{\boldsymbol{c}_{t_i}^\mathrm{T}\boldsymbol{Q}_t^{-1}\boldsymbol{t}}{\sqrt{\boldsymbol{c}_{t_i}^\mathrm{T}\boldsymbol{Q}_t^{-1}\boldsymbol{c}_{t_i}}} \tag{10.10}$$

那么,当 $w_i<k_\alpha$ 时,接受原假设 $\overline{\mathrm{H}}_0$,即第 i 个观测值中不存在粗差;当 $w_i>k_\alpha$ 时,拒绝原假设 $\overline{\mathrm{H}}_0$,即第 i 个观测值中存在粗差。

根据期望和方差的性质,以及变量 t 在原假设 $\overline{\mathrm{H}}_0$ 和备选假设 $\overline{\mathrm{H}}_\mathrm{A}$ 下的分布,可得随机变量 w 在原假设 $\overline{\mathrm{H}}_0$ 和备选假设 $\overline{\mathrm{H}}_\mathrm{A}$ 下的分布为

$$\overline{\mathrm{H}}_0:w_i\sim N(0,1);\quad \overline{\mathrm{H}}_\mathrm{A}:w_i\sim N\left(\sqrt{\boldsymbol{c}_{t_i}^\mathrm{T}\boldsymbol{Q}_t^{-1}\boldsymbol{c}_{t_i}}\nabla,1\right) \tag{10.11}$$

上述 w 检验量是用条件方程中的变量 $\boldsymbol{t}$、$\boldsymbol{c}_t$、$\boldsymbol{Q}_t$ 表示的,也可以直接利用观测量 $\boldsymbol{y}$、$\boldsymbol{c}_i$、$\boldsymbol{Q}_y$ 来构造 w 检验量。将 $\boldsymbol{t}=\boldsymbol{B}^\mathrm{T}\boldsymbol{y}$,$\boldsymbol{Q}_t=\boldsymbol{B}^\mathrm{T}\boldsymbol{Q}_y\boldsymbol{B}$ 以及 $\boldsymbol{c}_t=\boldsymbol{B}^\mathrm{T}\boldsymbol{c}_i$ 代入式(10.10)得

$$w_i=\frac{\boldsymbol{c}_i^\mathrm{T}\boldsymbol{B}(\boldsymbol{B}^\mathrm{T}\boldsymbol{Q}_y\boldsymbol{B})^{-1}\boldsymbol{B}^\mathrm{T}\boldsymbol{y}}{\sqrt{\boldsymbol{c}_i^\mathrm{T}\boldsymbol{B}(\boldsymbol{B}^\mathrm{T}\boldsymbol{Q}_y\boldsymbol{B})^{-1}\boldsymbol{B}^\mathrm{T}\boldsymbol{c}_i}} \tag{10.12}$$

若最小二乘残差向量为 $\hat{\boldsymbol{\epsilon}}$,对应的方差-协方差矩阵为 $\sigma_0^2\boldsymbol{Q}_{\hat{\epsilon}}$,根据条件平差原理,$\hat{\boldsymbol{\epsilon}}$、$\boldsymbol{Q}_{\hat{\epsilon}}$和观测量 $\boldsymbol{y}$ 及其方差-协方差矩阵 $\sigma_0^2\boldsymbol{Q}_y$ 的关系为

$$\hat{\boldsymbol{\epsilon}}=\boldsymbol{Q}_y\boldsymbol{B}(\boldsymbol{B}^\mathrm{T}\boldsymbol{Q}_y\boldsymbol{B})^{-1}\boldsymbol{B}^\mathrm{T}\boldsymbol{y},\quad \boldsymbol{Q}_{\hat{\epsilon}}=\boldsymbol{Q}_y\boldsymbol{B}(\boldsymbol{B}^\mathrm{T}\boldsymbol{Q}_y\boldsymbol{B})^{-1}\boldsymbol{B}^\mathrm{T}\boldsymbol{Q}_y \tag{10.13}$$

将式(10.13)代入式(10.12)可得利用观测量 $\boldsymbol{y}$、$\boldsymbol{c}_i$、$\boldsymbol{Q}_y$ 来构造的 w 检验量为

$$w_i=\frac{c_i^\mathrm{T}\boldsymbol{Q}_y^{-1}\hat{\boldsymbol{\epsilon}}}{\sqrt{\boldsymbol{c}_i^\mathrm{T}\boldsymbol{Q}_y^{-1}\boldsymbol{Q}_{\hat{\epsilon}}\boldsymbol{Q}_y^{-1}\boldsymbol{c}_i}} \tag{10.14}$$

上式中的 w 检验量是卫星大地测量中较为常用的形式。实际应用中,由于事先未知粗差是否存在以及粗差的数量,因此往往需要对每个观测值构造 w 检验量,即取不同的 $\boldsymbol{c}_i$。每次探测时,需要找出超过阈值且对应统计量 $|w_i|$ 最大的观测值予以剔除。迭代计算直到观测值中不含有粗差为止。

10.2 周跳探测与修复

10.2.1 周跳及其处理方式

首先从 GNSS 相位观测值的生成出发给出周跳的定义。假设 GNSS 接收机在 t_0 时刻跟踪上卫星信号，此时量测的相位观测量由不足一周的小数部分 φ_0 和未知整周数 N_0（整周模糊度）构成，并由此开始整周计数，只要连续跟踪卫星信号且不失锁，整数 N_0 将保持不变。随着卫星和接收机的运动，卫地距将不断变化，当接收机观测的拍频信号小数部分累积变化一周时，接收机整周计数器的计数变化 1。因此，历元 t_i 时刻的相位观测量是从 t_0 到 t_i 的累积整周数 N_i、初始整周数 N_0 和小数部分 φ_i 三部分组成（图 10.1）。通常情况下，接收机得到的累积整周数和小数部分都是正确的。但当信号失锁或者受到外界干扰时，尽管接收机能确保跟踪的小数部分 φ_i 正确，但整数计数将出现错误，这种现象称为周跳。信号失锁可以长达几分钟，也可能发生在两个连续观测历元之间。

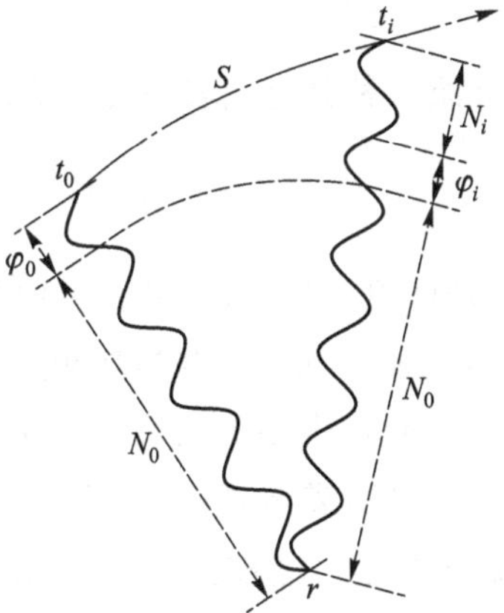

图 10.1 GNSS 载波相位观测量

图 10.2 是相位观测值的周跳示意图。周跳具有两个特点：整数性和连续性。整数性是指当没有发生周跳时，相位观测值序列是平滑的，周跳的出现将破坏这种平滑性，使相位观测值发生一个整周数跳变。连续性是指自周跳发生的历元起，相同的整数跳变被引入后续所有历元的相位观测值。因此，通常采用历元间差分的相位观测值来孤立出整数周跳。

引起周跳的原因有很多，主要包括以下情况：

① 卫星信号被遮挡，如树木、建筑物等，造成信号暂时失锁而产生周跳。

② 恶劣的电离层环境、多路径效应或低信噪比所引起的周跳。

③ 接收机所处的恶劣环境（如穿越隧道）或高速运动状态造成信号失锁，导致所有卫星

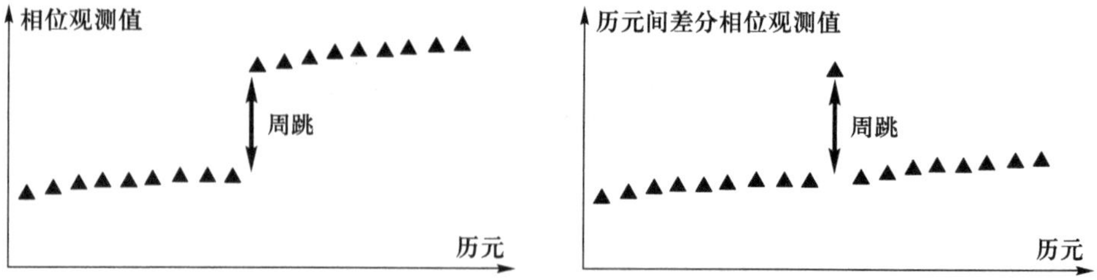

图 10.2 GNSS 相位观测值周跳示意图

信号失锁,也称数据中断。

④ 接收机软件问题引起的信号不正确处理。

一旦周跳被探测出来,其处理方式一般有两种:一是重新初始化模糊度,即引入新的模糊度参数;二是修复周跳,改正周跳后的所有相位观测值。前者设置新的模糊度参数,引入更多未知参数,增加数据处理的复杂度。后者需要确保周跳估计的准确性,包括周跳发生的卫星、频率、历元,以及周跳的大小,否则将导致数据修复错误。

10.2.2 探测与修复方法

探测周跳的方法较多,这里介绍几种具有代表性的方法。

1. 高次差分法

卫星轨道的运行速度快,以 MEO 卫星为例,其最大径向速率可达 0.9 km/s,1 秒钟相位观测值的变化可达几百甚至上千周,对于 30 s 采样的观测数据来说,相邻两历元的相位观测值可相差几万周,即使发生几十周的周跳也很难发现。高次差分法就是利用高次求差放大周跳的影响。表 10.1 的示例展示了高次差分法探测周跳的基本原理,其中 t_i 表示观测历元,$y(t_i)$表示一组连续的相位观测值,y^k 分别表示 k 次历元差分后的相位数据。假设在 t_4 历元发生一个大小为 a 的周跳,经过四次差分后被放大,根据附近历元的周跳放大比例关系可确定周跳的大小。对于 MEO 卫星而言,一般四次差分的正常相位观测值趋近 0,剩余量主要包括接收机钟差等误差。

高次差分法探测周跳的原理简单、直观、便于理解,但在大采样间隔或数据中断的动态观测条件下,电离层延迟变化量和对流层延迟变化量较大,各种误差对于观测值的影响也较大。高次差分的阶数越高,周跳的放大效果越明显,但同时噪声也被放大,无法区分出周跳与历元间电离层变化(不适用于动态)及观测噪声等。除此之外,高次差分法受接收机钟的稳定度影响很大。GNSS 接收机的钟为石英钟,石英晶体振荡器的频率稳定性一般为 10^{-9} ~ 10^{-12},假设其短期稳定度为 10^{-10},采样间隔为 30 s,以北斗卫星 B1 波段为例,由接收机钟的随机误差所造成的影响可达到 1 561.098 (MHz) $\times 10^{-10} \times 30$(s) = 46.8(周),因此,没有进行星间差分（即没有消除接收机钟差影响）的高次差分法只能用于大周跳的探测，只有当接收机钟差、对流层延迟、电离层延迟等各种误差的影响被削弱到远小于 1 周时，才能用高次差分法来修复 1 周的周跳。高次差分法对数据采样率要求高，采样间隔过大导致接收机钟差影响很大，电离层延迟变化量和对流层延迟变化量也会相应变大，因此不利用其处理连续的周跳。同时，高次差分法需要周跳发生前后多个历元的数据，不能用于实时的周跳探测。

表 10.1 高次差分法原理

t_i	$y(t_i)$	y^1	y^2	y^3	y^4
t_1	0				
		0			
t_2	0		0		
		0		a	
t_3	0		a		$-3a$
		a		$-2a$	
t_4	a		$-a$		$3a$
		0		a	
t_5	a		0		$-a$
		0		0	
t_6	a		0		
		0			
t_7	a				

2. 多项式拟合法

多项式拟合法的周跳探测原理如图 10.3 所示。对连续 n 个没有周跳的相位观测值 y_j 进行多项式拟合

$$y_j = \alpha_0 + \alpha_1(t_i - t_0) + \alpha_2(t_i - t_0)^2 + \cdots + \alpha_m(t_i - t_0)^m \tag{10.15}$$

其中，拟合阶次 $m<n-1$，拟合系数 α_j 通过最小二乘法求解，利用最小二乘拟合残差 $\boldsymbol{v}=[v_1,\cdots,v_n]^{\mathrm{T}}$ 求得拟合弧段的中误差 $\hat{\sigma}=\sqrt{\dfrac{\boldsymbol{v}^{\mathrm{T}}\boldsymbol{v}}{n-(m+1)}}$。用最小二乘法求得的多项式系数预测下一个历元的相位观测值并与实测相位观测值比较（两者差值称为周跳拟合差值），如果两者之差小于用户定义的阈值（一般为 $3\hat{\sigma}$），则认为当前历元相位观测值没有发生周跳；反之，则认为当前历元发生周跳。根据周跳的定义，当发生周跳时，相位观测值的整数部分有

跳变，但其小数部分依然正确，因此可通过对周跳拟合差值取整得到周跳值。在选择多项式拟合的阶数时，由于卫星和接收机间的距离相对时间的四阶导数已趋于 0，因此取 3~4 阶即可。

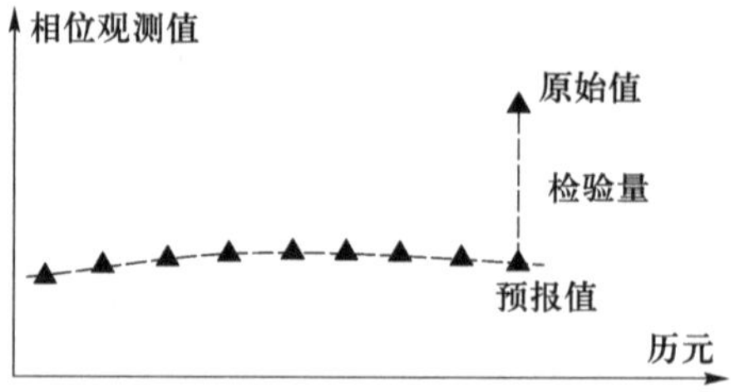

图 10.3 多项式拟合法周跳探测示意图

随着观测弧段的长度和采样间隔的增加，(t_i-t_0)越来越大，再加上误差（如接收机钟差）累积，会使多项式拟合的预报值与实际观测值之间的差异也越来越大。对于连续周跳的情况，利用多项式拟合会出现较大的系统偏差。此外，探测周跳大小的能力取决于拟合标准差的大小，拟合标准差本身又受到相位观测值包含的各类误差的影响，特别是在动态情况下，多项式拟合也很难准确探测小周跳。

3. 粗差探测法

粗差探测法的基本原理是将观测值中的周跳值视为粗差，利用粗差探测法进行探测。由于当前历元发生的周跳会被下一历元继承，因此粗差探测法应利用经历元间差分后的观测值序列进行探测。在差分 RTK 定位中，往往采用三差观测值（即站间、星间和历元间差），并基于三差观测值的最小二乘残差进行周跳探测。

若三差观测值序列为 $\boldsymbol{y}$，对应的方差-协方差矩阵为 $\boldsymbol{Q}_{yy}$，采用最小二乘法求解三差观测方程，得到的残差序列为 $\hat{\boldsymbol{\epsilon}}$。如果观测值序列中没有周跳，则残差应为一系列较小量。反之，利用 10.1 节中的粗差探测方法进行粗差探测，从而确定周跳的大小和位置。

首先用总体检验判断观测序列中是否存在粗差

$$T_q = \frac{\hat{\boldsymbol{\epsilon}}^{\mathrm{T}} \boldsymbol{Q}_{yy}^{-1} \hat{\boldsymbol{\epsilon}}}{q} \tag{10.16}$$

其中，q 为平差的自由度，即观测值的总个数减去三差方程的未知数个数。如果整体检验未通过，则认为观测序列中存在周跳。此时，采用 w 检验来探测各个观测值中的周跳。第 i 个观测值的 w 检验量为

$$w_i = \frac{\boldsymbol{c}_i^{\mathrm{T}} \boldsymbol{Q}_{yy}^{-1} \hat{\boldsymbol{\epsilon}}}{\sqrt{\boldsymbol{c}_i^{\mathrm{T}} \boldsymbol{Q}_{yy}^{-1} \boldsymbol{Q}_{\hat{\epsilon}\hat{\epsilon}} \boldsymbol{Q}_{yy}^{-1} \boldsymbol{c}_i}} \tag{10.17}$$

其中，给定检验的显著水平阈值 α，若 $|w_i|>N_{1-\alpha/2}$，且 $|w_i|$ 为所有观测值检验量中的最大值，则认为第 i 个观测值存在周跳。此时，求解周跳的浮点解及方差值为

$$\hat{z}_i = \frac{\boldsymbol{c}_i^{\mathrm{T}} \boldsymbol{Q}_{yy}^{-1} \hat{\boldsymbol{\epsilon}}}{\boldsymbol{c}_i^{\mathrm{T}} \boldsymbol{Q}_{yy}^{-1} \boldsymbol{Q}_{\hat{\epsilon}\hat{\epsilon}} \boldsymbol{Q}_{yy}^{-1} \boldsymbol{c}_i}, \quad \sigma_{\hat{z}_i}^2 = (\boldsymbol{c}_i^{\mathrm{T}} \boldsymbol{Q}_{yy}^{-1} \boldsymbol{Q}_{\hat{\epsilon}\hat{\epsilon}} \boldsymbol{Q}_{yy}^{-1} \boldsymbol{c}_i)^{-1} \tag{10.18}$$

对周跳的浮点解四舍五入取整并修复周跳，然后重新解算三差观测方程，并重复上述周跳探测步骤，直到当前历元的三差观测序列中没有周跳为止。

由于粗差探测法受多余观测数的影响，当多个周跳同时发生时很难成功探测。一方面该方法要求解三差观测方程，因此当没有周跳的观测值少于必要观测数时无法工作；另一方面当多余观测量较少时，误差转移的情况会导致周跳探测的可靠性下降。此外，由于粗差探测法本身忽略了残差间的相关性，周跳的整数值也很难正确求解。

4. HMW 方法

Hatch-Melbourne-Wübbena（HMW）方法也叫双频 P 码伪距法，是 TurboEdit 算法中的一个组成部分，利用宽巷组合观测值与伪距组合观测值作差，消除了卫地距、接收机钟差、卫星钟差、对流层延迟等非弥散性误差项和电离层延迟的影响，形成新的组合观测值

$$\phi_{\mathrm{MW}} = \frac{1}{f_1 - f_2}(f_1\phi_1 - f_2\phi_2) - \frac{1}{f_1 + f_2}(f_1 P_1 + f_2 P_2) = \lambda_{\mathrm{MW}} N_{\mathrm{MW}} + \varepsilon_{\phi_{\mathrm{MW}}} \tag{10.19}$$

由于该组合量是由三位学者分别提出，因此该方法由三位学者联合命名。该组合观测值实际上是一个无几何无电离层（geometry-ionosphere-free，GIF）组合。其中，宽巷组合波长 $\lambda_{\mathrm{MW}} = c/(f_1 - f_2)$（GPS L1 和 L2 频率组成的宽巷波长约为 86.2 cm，BDS B1 和 B2 频率组成的宽巷波长约为 84.7 cm），$N_{\mathrm{MW}} = N_1 - N_2$ 为宽巷模糊度。根据式（10.19）计算宽巷模糊度的浮点解

$$N_{\mathrm{MW}} = \frac{\phi_{\mathrm{MW}}}{\lambda_{\mathrm{MW}}} \tag{10.20}$$

在 TurboEdit 算法中，每个历元都利用式（10.20）独立求解宽巷模糊度，但由式（10.19）可知，所得宽巷模糊度精度受伪距影响严重。为了尽可能削弱伪距影响，通常采用递推公式更新宽巷模糊度的均值 $\overline{N}_{\mathrm{MW}}$ 及方差 σ_{MW}^2

$$\overline{N}_{\mathrm{MW},k} = \overline{N}_{\mathrm{MW},k-1} + \frac{1}{k}(N_{\mathrm{MW},k} - \overline{N}_{\mathrm{MW},k-1}) \tag{10.21}$$

$$\sigma_{\mathrm{MW},k}^2 = \sigma_{\mathrm{MW},k-1}^2 + \frac{1}{k}[(N_{\mathrm{MW},k} - \overline{N}_{\mathrm{MW},k-1})^2 - \sigma_{\mathrm{MW},k-1}^2] \tag{10.22}$$

采用式（10.21）计算宽巷模糊度是严密的，但采用式（10.22）计算方差只是一个较好的近似。首个历元的方差给定初值为 0.5 周，若求得相邻历元的宽巷模糊度满足以下条件

$$|\overline{N}_{\mathrm{MW},k} - \overline{N}_{\mathrm{MW},k-1}| < 4\sigma_{\mathrm{MW},k} \tag{10.23}$$

则认为第 k 个历元没有发生周跳。更新式（10.21）和式（10.22）可继续检验第 $k+1$ 个历元的周跳。若相邻历元宽巷模糊度之差不满足式（10.23），则表明第 k 个历元发生周跳，以此为分界点，重新开始计算下一个弧段数据，直到出现下一个周跳。数据事后处理中，利用检测

出的周跳可将观测数据划分为若干个连续观测弧段，相邻弧段宽巷模糊度均值之差四舍五入后就是这两个弧段间的宽巷周跳数。

另外，利用 HMW 方法只能探测宽巷周跳，不能识别周跳发生的频率，且无法处理两个频率同时发生相同周跳的特殊情况。此外，HMW 方法受伪距精度影响较大，当多路径效应显著时，效果将受到严重影响。

5. 电离层残差法

无几何(geometry-free，GF)组合方法也叫电离层残差法，是 TurboEdit 算法中的另一个组成部分，通过两个频率的相位观测值相减消去与频率无关的非弥散性误差项，包括卫星和接收机间的几何距离、接收机钟差、卫星钟差和对流层延迟等，电离层残差法的组合为

$$\phi_{\mathrm{GF}} = \phi_1 - \phi_2 = \lambda_1 N_1 - \lambda_2 N_2 - \left(1 - \frac{f_1^2}{f_2^2}\right) \iota + \varepsilon_{\phi_{1,2}} \tag{10.24}$$

电离层延迟对于 GF 组合的影响与电离层因子$(1-f_1^2/f_2^2)$有关，对于 GPS L1 和 L2 频率及 BDS B1 和 B2 频率分别为-0.646 9 和-0.672 4。这个方法的重要前提是电离层延迟量 ι 变化较为平缓，因此，历元差分后可忽略电离层延迟的影响

$$\Delta N_{\mathrm{GF}} = \Delta N_1 - \frac{\lambda_2}{\lambda_1}\Delta N_2 = \frac{\Delta\phi_{\mathrm{GF}}}{\lambda_1} \tag{10.25}$$

其中，ΔN_1 和 ΔN_2 为两个频率上的周跳。由式(10.25)可知，当 $\Delta N_1/\Delta N_2=\lambda_2/\lambda_1$ 时，$\Delta N_{\mathrm{GF}}=0$。换句话说，当 GPS(近似)满足 $\Delta N_1/\Delta N_2=77/60$、当 BDS(近似)满足 $\Delta N_1/\Delta N_2=763/620$ 时，电离层残差法将无法探测周跳。以 GPS 为例，若设相位观测值的精度为 $\sigma_\phi=0.01$ 周，则根据误差传播定律，GF 周跳检验量的精度为 $\sigma_{\Delta N_{\mathrm{GF}}}=2.3\sigma_\phi=0.023$ 周。若以 3 倍中误差为周跳检验阈值，则周跳检验量 ΔN_{GF}应大于 0.07 周。当 GPS 双频发生 1 周的周跳时，$|\Delta N_{\mathrm{GF}}|=|1-77/60|\approx 0.283$ 周，因此在实际应用中，一般设置周跳探测阈值为 0.2~0.25 周。

当电离层活动比较活跃时，GPS 和 BDS 的 MEO 卫星电离层变化量在 30 s 内可达到数十厘米，将严重影响 GF 周跳探测效果。假设卫星历元间电离层变化量为 50 cm，则电离层变化量所产生的影响对于 GPS 为 0.646 9×50 = 32.345(cm)(相当于 1.7 周)，对 BDS 为 -0.672 4×50 = -33.62(cm)(相当于 1.8 周)。在这种情况下，因电离层变化量过大将导致周跳误探。因此，历元间隔较大或电离层变化活跃时，还需要对电离层变化量进行修正，以提高周跳探测的准确性。

6. 三频周跳探测和修复方法

随着 BDS 的建成和 GPS 的现代化，以及其他播发多频信号的全球及区域 GNSS 的发展，三频信号观测值对于 GNSS 用户已经触手可及，特别是 BDS 全系统播发三频信号，引发了大量学者研究三频周跳探测和修复的热潮。三频信号能提供给用户更多的观测数据，以及由这些原始观测值衍生出的各种组合观测值，理论上可以提高周跳探测的成功率。

总体上来说,基于各种具有不同特性(如波长更长、电离层延迟影响更小、观测噪声影响更小)的三频无几何组合观测值,进行历元间差分后进行周跳探测,这些无几何组合观测值的构成可以是:① 单纯使用相位观测值;② 相位和伪距观测值。

周跳探测后确定周跳大小的方法主要包括:① 组合周跳确定后采用转换矩阵恢复原始载波的整数周跳;② 求出浮点周跳后四舍五入固定成整数周跳;③ 求出周跳浮点解再利用LAMBDA 方法固定整数周跳。由于不同组合观测值具有的不同优点特性,以及不同方法受历元间电离层延迟变化量的影响不同且对其处理方式也不尽相同,因此各方法的适用范围也不相同,具有不同的局限性。下面介绍两种较为基础的三频周跳探测方法。

设第 i 个频率上的相位观测值经历元间差分后为 $\Delta\phi_i$,忽略历元间差分后残余的电离层延迟和硬件延迟偏差,则组合后的相位观测值为

$$\Delta\phi_c=\sum_{i=1,2,3}\alpha_i\Delta\phi_i=[\Delta\rho+c\delta t_r-c\delta t^s]\sum_{i=1,2,3}\alpha_i+\sum_{i=1,2,3}\alpha_i\lambda_i\Delta N_i+\sum_{i=1,2,3}\alpha_i\Delta\varepsilon_i \tag{10.26}$$

其中,α_i 为三频组合系数,ΔN_i 为各频率上的周跳值。由于观测值的频率间偏差随时间变化较为缓慢,经历元间差分后可忽略不计,因此式(10.26)中历元间差分后各频率上的卫星和接收机钟差是相同的。

可以看出,三频组合观测值的构造取决于组合系数的选取。为保留式(10.26)中的卫地距及钟差项,组合系数通常满足

$$\alpha_1+\alpha_2+\alpha_3=1 \tag{10.27}$$

将卫星和接收机钟差项合并到卫地距中,则式(10.26)可进一步写成

$$\Delta\phi_c=\Delta\rho+\lambda_c\Delta N_c+\Delta\varepsilon_c \tag{10.28}$$

其中,$\Delta N_c=\sum\limits_{i=1,2,3}\dfrac{\alpha_i\lambda_i}{\lambda_c}\Delta N_i$,$\Delta N_c$ 为组合周跳值,λ_c 为组合波长,$\Delta\varepsilon_c$ 为组合后的随机噪声。为保证组合周跳值的整数特性,组合系数还应满足

$$m_i=\frac{\alpha_i\lambda_i}{\lambda_c} \tag{10.29}$$

为整数。从而得到组合波长的形式为

$$\lambda_c=\frac{\lambda_1\lambda_2\lambda_3}{m_1\lambda_2\lambda_3+m_2\lambda_1\lambda_3+m_3\lambda_1\lambda_2}=\frac{1}{m_1/\lambda_1+m_2/\lambda_2+m_3/\lambda_3} \tag{10.30}$$

进一步地,引入经历元间差分后的伪距观测值来消除卫地距参数、构造无几何观测值,从而求得组合周跳值为

$$\Delta N_c=\frac{\Delta\phi_c-\Delta P}{\lambda_c}+\frac{\Delta\varepsilon_c-\Delta\varepsilon_P}{\lambda_c} \tag{10.31}$$

假设各频率观测值相互独立且精度相同,相位和伪距观测值的标准差分别定义为 σ_ϕ 和 σ_P,根据误差传播定律求得组合周跳值的标准差为

$$\sigma_{\Delta N_c}=\frac{\sqrt{2}}{\lambda_c}\sqrt{\sigma_\phi^2(\alpha_1^2+\alpha_2^2+\alpha_3^2)+\sigma_P^2} \tag{10.32}$$

由上式可以看出，组合周跳值的精度主要取决于伪距和相位观测噪声的大小以及组合波长的长度。组合系数 m_i 的绝对值越小，组合波长越长，组合周跳值的精度越高。一般来讲，可以根据需要选择不同的组合系数 m_i，以得到不同波长的组合观测值。

此外，还可以令组合系数满足

$$\alpha_1 + \alpha_2 + \alpha_3 = 0 \tag{10.33}$$

此时，仅用相位观测值来构造无几何组合，组合相位观测值可表示为

$$\Delta\phi_c = \sum_{i=1,2,3} \alpha_i \lambda_i \Delta N_i + \sum_{i=1,2,3} \alpha_i \Delta\varepsilon_i = \lambda_c \Delta N_c + \Delta\varepsilon_c \tag{10.34}$$

组合后的观测值中仅包含周跳值及观测噪声，由误差传播定律得组合后的观测噪声为

$$\sigma_{\Delta N_c} = \frac{\sqrt{2}\sigma_\phi}{\lambda_c}\sqrt{\alpha_1^2 + \alpha_2^2 + \alpha_3^2} \tag{10.35}$$

给 β（一般取 $\beta=3$）进行周跳探测，若组合观测值 $\Delta\phi_c$ 满足

$$|\Delta\phi_c| > \beta\lambda_c\sigma_{\Delta N_c} \tag{10.36}$$

则认为该卫星的相位观测值发生了周跳。该方法同样存在一些不敏感或无法探测的周跳组合，以 GPS 为例，$\Delta N_c\{154,120,115\}$ 恒为 0。对不同的组合系数，存在不同的不敏感周跳组合，使得 ΔN_c 为无法探测的极小值。此时，可以同时采用两个无几何组合来降低不敏感周跳组合对探测结果的影响。

10.3 TEQC/ETEQC 软件介绍及应用

10.3.1 TEQC 介绍

TEQC（translation，editing and quality checking）是一款功能强大的 GNSS 数据预处理工具，是由美国卫星导航系统与地壳形变观测研究大学联合体（UNAVCO）开发并维护的公开免费软件。其主要功能包括格式转换、编辑和质量检核。TEQC 是一个命令行工具，能够在多种操作系统上运行，包括 Unix、Linux、MacOS，以及 Windows 的 DOS 等。以下简单介绍其常用功能及命令行语法。

1. 命令行格式

TEQC 命令行的基本格式为：

teqc {option} [the option 's argument or value，if any] inputfile

其中，option 是 TEQC 的控制参数，file 为待处理的文件名或处理结果保存文件名。

2. 格式转换功能

TEQC 的格式转换功能将不同型号接收机采集的不同类型原始数据转换为标准的

RINEX(receiver independent exchange format)格式文件。常见的 GPS 数据存储格式一般有三种:观测数据、导航数据和气象数据。

以天宝(Trimble)的接收机文件为例,假设文件为 *.dat 格式,文件名为 source.dat,将其转换为 RINEX 格式的观测文件与导航文件,命令行为:

teqc -tr d -week 866 +nav result.17n source.dat > result.17o

其中,-tr d 表示输入文件的类型参数,-week 866 表示数据时间为 GPS 周 866 周。转换后的观测文件为 result.17o,导航文件为 result.17n。

其余支持的接收机数据类型,详见 UNAVCO 网站的 Teqc Tutorial。

3. 编辑功能

TEQC 的编辑功能主要包括:RINEX 文件字头块部分编辑、RINEX 文件的分割、RINEX 文件的合并、卫星系统的选择及特定卫星的禁用、观测数据重采样等。用法举例如下。

(1) 观测系统选择

例如,在观测文件 source.17o 中去掉所有 GPS 观测数据的命令为:

teqc -G source.17o > GPSsource.17o

其中,参数 G、C、R、E、J、S 分别对应 GPS、BDS、GLONASS、Galileo、QZSS 和 SBAS。

(2) 禁用特定卫星

例如,禁用 GPS14 号卫星的命令为:

teqc -G14 source.17o > result.17o

(3) 数据重采样

例如,将采样间隔为 1 s 的观测数据重采样成采样间隔为 30 s 的数据,命令为:

teqc -O.dec 30 source.17o > result.17o

4. 质量检核功能

使用 TEQC 质量检核功能,需在执行命令时添加一个+qc 参数。TEQC 的质量分析模式分为两种:完整模式(full)和轻量模式(lite)。其区别在于在进行质量检核时是否引入相应时段的卫星广播星历文件。

轻量模式下,仅对观测文件进行质量检核,命令为:

teqc +qc fbar0010.97o

若同时写入参数+plot,则可以获得相应的绘图文件,包括:

fbar0010.ion 提取电离层延迟信息

fbar0010.iod 提取电离层延迟变化率信息

fbar0010.mp1 and fbar0010.mp2 提取多路径效应信息

fbar0010.sn1 and fbar0010.sn2 提取数据信噪比信息

完整模式下,需要在当前文件夹下有匹配的导航文件,命令为:

teqc +qc fbar0010.97o 或者 teqc +qc -nav fbar0010.97n fbar0010.97o

若同时写入参数+plot,除了轻量模式下输出的绘图文件外,完整模式另外输出文件包括:

fbar0010.azi 提取卫星方位角信息

fbar0010.ele 提取卫星高度角信息

质量检核结果的总结文件是 S 文件,包括卫星观测情况、观测数据记录及统计情况、参数设置表、电离层延迟观测量、多路径效应和信噪比统计等。

10.3.2 ETEQC 介绍

TEQC 是一个命令行工具,需要使用者掌握命令行语法,对初学者不友好,且 TEQC 目前仅支持 RINEX 2 版本。为满足初学者进行 GNSS 数据预处理的需求,本书编写团队开发了一款支持 Windows 平台并且拥有用户图形界面的 GNSS 数据预处理软件 ETEQC(extended-TEQC)。相比于 TEQC,该软件包含一些新功能,并且兼容 RINEX 2 与 RINEX 3 版本的数据文件。其简洁易操作的界面,使得初学者也能较快上手。

10.3.2.1. ETEQC 功能模块

ETEQC 主要包括三个功能模块,分别为:数据格式转换模块、数据文件编辑模块和数据质量检核模块。每一个模块的功能如下。

① 数据格式转换模块:主要包括 RINEX 2 文件与 RINEX 3 文件的相互转换;部分接收机文件和 RTCM 文件的解码;RINEX 文件向 Compact-RINEX 文件的压缩;Compact-RINEX 文件的解压缩;*.Z 文件的解压缩。

② 数据文件编辑模块:主要包括 RINEX 文件的合并;RINEX 文件格式检核;RINEX 文件指定时间窗内数据截取;RINEX 文件观测系统选取;RINEX 文件指定卫星删除;RINEX 文件采样间隔修改。

③ 数据质量检核模块:主要为 RINEX 文件质量检核,包括电离层延迟、电离层延迟变化率、数据信噪比、多路径延迟、观测数据完整性,以及检查结果可视化和检核结果文件分解。

10.3.2.2. ETEQC 软件操作

软件主要包括三个菜单:"Translate"、"Edit"和"Quality check"(图 10.4),分别对应数据格式转换模块、数据文件编辑模块和数据质量检核模块。其基本操作方式如下。

1. 数据格式转换(Translate)

(1) RINEX 3 文件转换成 RINEX 2 文件

选中需要转换的 RINEX 3 格式观测文件以后,会弹出如图 10.5 所示窗口。当所选文件格式不符的时候,将弹出信息提示文件格式不正确。该窗口提供不同系统不同种类观测值的筛选,观测值种类标签第一个字母表示所属的观测系统,后三位表示观测值种类。勾选需

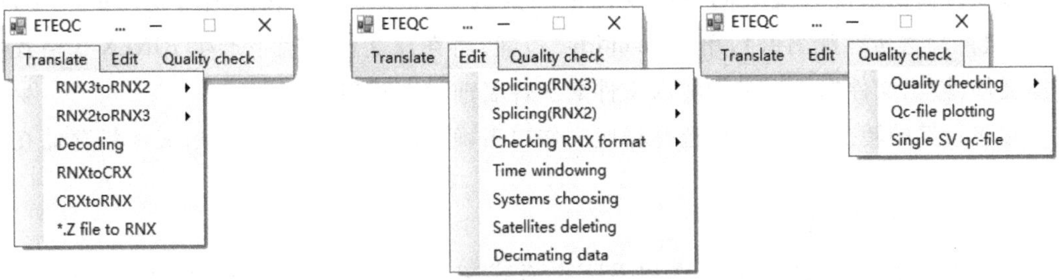

图 10.4 软件主界面

要的观测值种类(单击“select all”按钮将勾选所有观测值),单击“confirm”按钮,将在原文件路径下产生 RINEX 2 格式的转换文件,输出文件的文件名为输入文件的文件名加“r2”前缀。

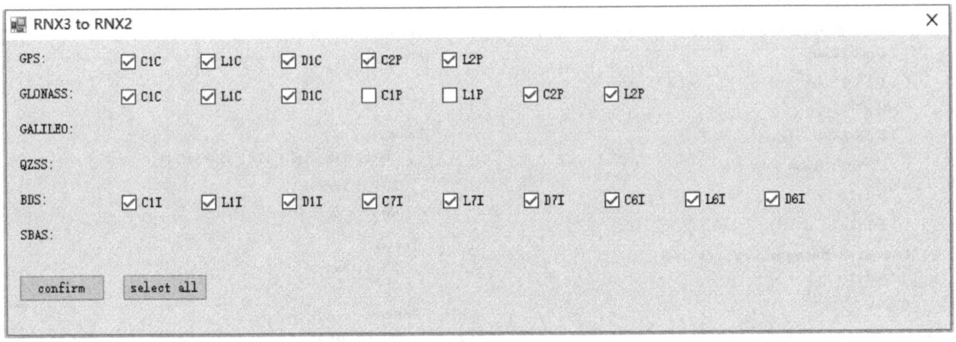

图 10.5 RINEX 3 转换成 RINEX 2

导航文件的转换比较简单,选择相应文件单击确定即可,转换成功后新文件将存储在原文件同一文件夹下。

(2) RINEX 2 文件转换成 RINEX 3 文件

选中需要转换的 RINEX 2 格式文件以后,会弹出如图 10.6 所示窗口。当所选文件格式不符的时候,将弹出信息提示文件格式不正确。

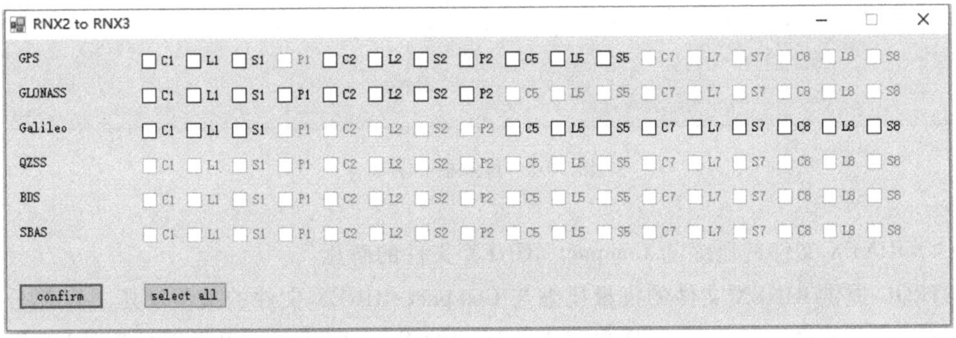

图 10.6 RINEX 2 转换成 RINEX 3

该窗口提供不同系统不同种类观测值的筛选。勾选需要的观测值种类(单击“select all”按钮将勾选所有观测值),单击“confirm”按钮,将在原文件路径下产生 RINEX 3 格式的转换文件,输出文件的文件名为输入文件的文件名前加“r3”前缀。

导航文件的转换比较简单,选择相应文件单击确定即可,转换成功后新文件将存储在原文件同一文件夹下。

(3) 接收机文件解码

ETEQC 提供部分接收机文件和 RTCM 格式文件的批量解码。如图 10.7 所示,单击“choose files”按钮弹出对话框,选择将要解码的接收机文件,分别输入文件的 GPS 周,并选择该批文件所属的文件类型。点击“decode”按钮,即可将原文件解码,并将新生成的文件放入原文件所在文件夹。

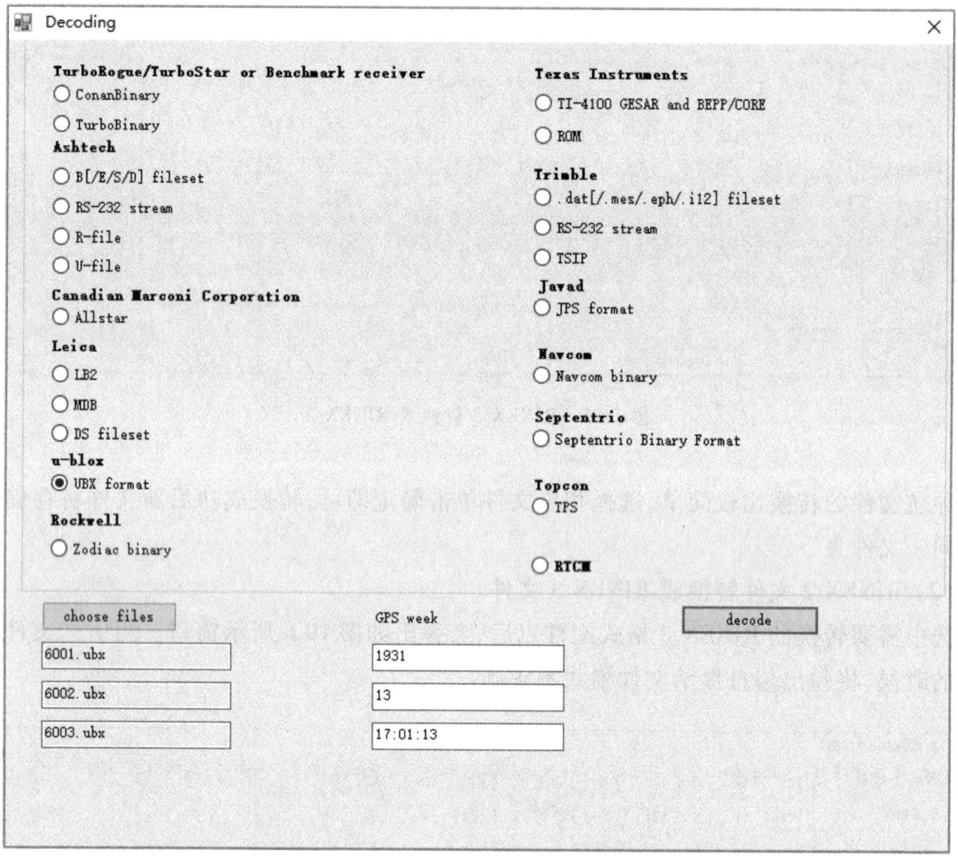

图 10.7 解码操作界面

(4) RINEX 文件的压缩与 Compact-RINEX 文件的解压

ETEQC 提供 RINEX 文件的批量压缩与 Compact-RINEX 文件的批量解压。这部分功能基于 crx2rnx.exe 与 rnx2crx.exe(日本国土地理院的 Yuki Hatanaka 提供工具软件)开发。单击菜单中的此应用的相应选项，选择多个 RINEX 文件或 Compact-RINEX 文件，点击打开，将运行压缩或解压功能，目标文件将存储在原文件所在文件夹下。当目标文件已存在时，将弹出信息提醒“目标文件已经存在”。

（5） *.Z 格式压缩文件的解压

ETEQC 提供 *.Z 格式压缩文件的批量解压。这部分功能基于 gunzip.exe 开发。单击菜单中的此应用的相应选项，选择多个 *.Z 格式压缩文件，点击打开，将运行解压功能，目标文件将存储在原文件所在文件夹下。当目标文件已存在时，将弹出信息提醒“目标文件已经存在”。

2. 数据文件编辑(Edit)

（1） RINEX 文件合并

单击菜单中的此应用的相应选项，选择多个 RINEX 文件，点击打开，将弹出对话框，要求用户选择输出文件的位置并输入文件名，点击确定将运行合并功能。当目标文件已存在时，将弹出信息提醒“目标文件已经存在”。

（2） RINEX 文件格式检查

单击菜单中的此应用的相应选项，选择多个文件，点击打开。格式错误的文件将以弹窗的形式给用户提醒。

（3） RINEX 文件时间窗

如图 10.8 所示，点击“choose files”选择文件，点击“time list”在左侧显示相应观测文件的起止时间，格式有误的文件将显示为“wrong file”。在右侧的文本框中，以“××××(年)××(月)××(日)××(时)××(分)××(秒)”的格式输入时间窗的起止时间。例如“2016 年 11 月

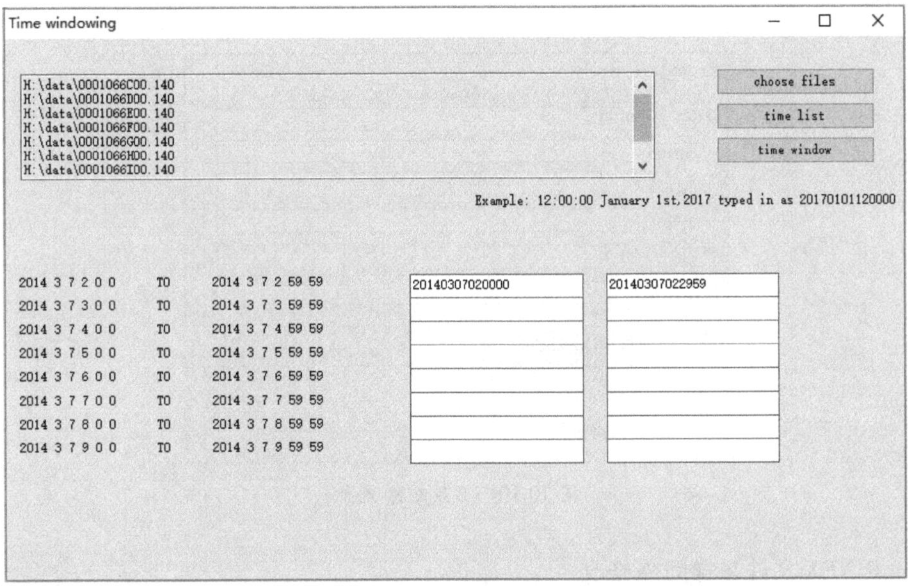

图 10.8 时间窗界面

1日12时0分0秒”表示为“20161101120000”。点击“time window”按钮,目标文件将存储在原文件所在文件夹下,输出文件的文件名为原文件名加前缀“tw”。

(4) RINEX文件观测系统选取

ETEQC提供RINEX 2和RINEX 3文件的观测系统选取。如图10.9所示,点击“choose files”选择输入的文件,在界面勾选需要的观测系统(可多选),单击“confirm”,目标文件将存储在原文件所在文件夹下,文件名为原文件名加代表所选系统的前缀。

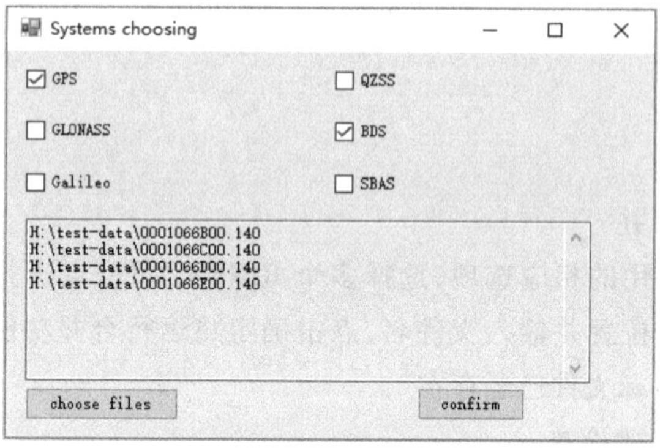

图10.9 系统选取界面

(5) RINEX文件指定卫星删除

ETEQC提供RINEX 2和RINEX 3文件指定卫星删除的功能。如图10.10所示,点击“choose files”选择输入的文件,在界面各观测系统对应的文本框中输入需要删除的卫星号,单击“delete”按钮,目标文件将存储在原文件所在文件夹下,输出文件的文件名为原文件名加前缀“sat”。

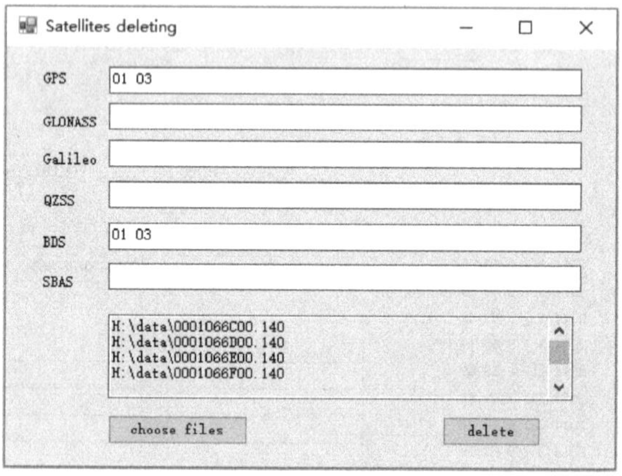

图10.10 卫星删除界面

(6) RINEX文件采样间隔修改

如图10.4所示,单击“Edit”菜单下的“Decimating data”功能,选取需要重采样的文件,弹出对话框如图 10.11 所示，在文本框中输入期望的采样间隔，单位为秒，单击“process”按钮，目标文件将存储在原文件所在文件夹下，输出文件的文件名为原文件名加前缀“dec”。

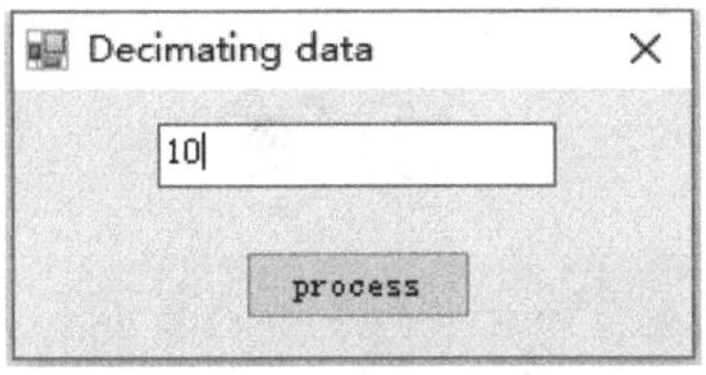

图 10.11 数据重采样界面

3. 数据质量检核(Quality check)

(1) RINEX 文件质量检核

在“Quality check”菜单下，根据需要检核的文件格式，选择相对应的功能。在弹出的对话框中，选择用于检核的文件，单击确定。在原文件的文件夹下，将新建一个名为“qc+原文件名”的文件夹，用于放置所有生成的质量检核文件。RINEX 3 文件的检核结果，将根据不同观测系统分类，以文件名第一个字母(系统标识)来区分。

(2) 质量检核文件可视化

在“Quality check”菜单下，单击“QC-file plotting”功能，弹出绘图窗口。单击“choose file”选择文件，下方列出文件中所有卫星用于选择。选定卫星后，单击“show plot”按钮，折线图显示在图像区域，横坐标为历元，纵坐标为数值，如图 10.12 所示。

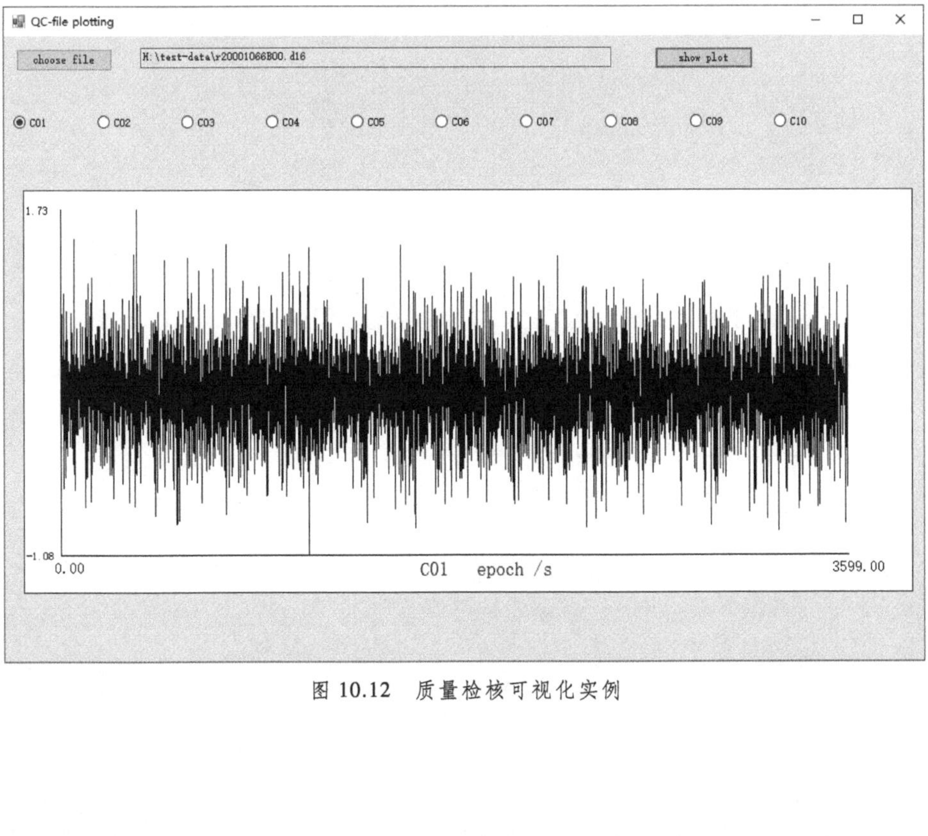

图 10.12 质量检核可视化实例

(3) 质量检核文件分解

在"Quality check"菜单下,单击"Single SV qc-file"功能,选择质量检核功能的检核结果文件"qc-file",将分解文件为单颗卫星的一系列文件,可用于绘制图表。

习题

1. 请给出粗差探测的基本流程和其中的典型计算公式。

2. 请给出整周模糊度和周跳的定义。

3. 请给出周跳探测的高次差分法、多项式拟合法、粗差探测法、HMW方法、电离层残差法的基本原理。

4. 请给出三频周跳探测的基本观测方程。

第 11 章

GNSS 整周模糊度固定

载波相位观测值的精度为毫米级，因此高精度 GNSS 定位需要采用载波相位观测值。然而相位观测值中存在着整周模糊度，一周的相位误差相当于一个波长的距离误差，对于厘米级或毫米级精度的定位需求，影响是极其严重的。因此，若要获得高精度的定位结果，模糊度必须要固定到正确的整数上。本章先简要介绍整周模糊度的概念及其特点，随后详细介绍混合整数模型理论与模糊度固定方法。

11.1 整周模糊度特点

如之前 GNSS 信号一章所描述,接收机在进行首次载波相位测量时,只能记录不足一周的相位部分,用户无法精确测量首次载波信号所在的周数。因此,载波相位测量中会出现整周模糊度的问题。随着卫星的运动,卫星至接收机的距离在不断地变化,接收机利用多普勒计数器可精确测定自首次锁定卫星信号后相位变化过程中的整周数及不足一整周的部分。因此,在卫星不失锁的情况下,完整的载波相位观测值由三个部分组成:初始的整周模糊度、整数变化部分以及不足一整周的小数部分。其中,初始的整周模糊度是无法测定的。测量过程如图 11.1 所示,在 t_0 时刻,接收机 r 锁定卫星 s,载波相位观测值由整周模糊度 N_0 与不足一周的小数部分 φ_0 组成。在不失锁的情况下,t_i 时刻载波相位观测值包括整周模糊度 N_0、计数器记下的整数变化量 N_i 以及不足一周的小数部分 φ_i。如果卫星信号失锁的时间较长导致无法用周跳的修复技术将失锁前后的载波相位观测值连接起来,那么失锁后的观测值需要重新计算整周模糊度。

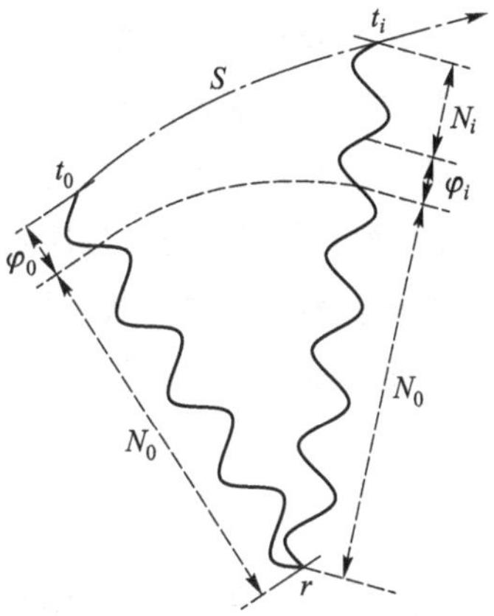

图 11.1 GNSS 相位观测值

在解算模糊度时,首先忽略其整周特性,将其按照实数进行求解。但实数解的精度对于后续整周模糊度的固定十分重要。影响实数解精度的因素主要有电离层和对流层延迟等大气影响、卫星的几何图形以及多路径效应等。在 GNSS 观测模型中的各类误差,有些误差不能很好地模型化,例如对流层延迟中的湿延迟等,这些误差产生的残差将直接或者间接影响到未知参数(即测站坐标、模糊度),从而造成模糊度固定困难以及降低定位精度。

卫星的几何图形也是模糊度成功固定的另一个重要因素。在任一时刻跟踪卫星数量的增加通常会改善可视卫星的空间几何图形(即减小 DOP)。因此,更多的卫星数目通常有助于提高整周模糊度解算的效率和可靠性。当然,另一个重要因素是解算整周模糊度所需要的时间跨度。载波相位观测值中所包含的信息是直接与卫星运动相关的时间函数。可以用一个简单的例子说明,假如有两组数据,一组数据是连续观测 1 小时,采样间隔为 30 秒,那么每个卫星会有 120 个观测值(单频相位观测值);而另一组数据是连续观测 2 分钟,其采样间隔为 1 秒,那么每个卫星也会有 120 个观测值。尽管每个卫星的观测值数目一样,但其所包含的信息明显不同。第一组数据由于观测时间跨度长,卫星几何图形变化较大,其正确解算整周模糊度的可能性也大。因此,即使在较好的几何条件下,观测时间长短也是整周模糊度解算的一个关键因素。

多路径效应也是整周模糊度解算的一个关键因素。当然,多路径效应与测站相关,即使是在短基线向量中,对模糊度解算的影响也会很大。因此,应该尽量避开易产生多路径效应的区域。

11.2 混合整数模型

在 GNSS 定位解算中,首先往往忽略整周模糊度的整数特性,将其作为实数与其他参数一并求解。随后通过整数搜索方法来确定最优的整周模糊度。因此,GNSS 定位模型既包含实数参数又包含整数参数,是一个典型的混合整数模型。例如,采用双差法进行短基线解算时,忽略了电离层与对流层延迟影响,参数只剩下实数的位置参数与整数的整周模糊度,往往先将模糊度按照实数解算,然后进行整数搜索求得整周模糊度,最后将求得的整周模糊度回代至方程中求得整周模糊度约束下的位置参数。下面将主要介绍混合整数模型的求解方法。

11.2.1 混合整数模型最小二乘准则

GNSS 技术广泛应用于大地测量,混合整数模型研究自然成为大地测量数据处理的研究热点。本节将对混合整数模型作详细介绍。

考虑线性或者线性化的混合整数模型

$$\boldsymbol{y} = \boldsymbol{A}\boldsymbol{x} + \boldsymbol{B}\boldsymbol{z} + \boldsymbol{\varepsilon} \tag{11.1}$$

其中，实数参数 $\boldsymbol{x}\in\mathbb{R}^t$，当只有坐标参数时则 $t=3$，以下将实数参数直接称为坐标参数；整数参数 $\boldsymbol{z}\in\mathbb{Z}^n$，$\boldsymbol{A}$ 和 $\boldsymbol{B}$ 是它们的设计矩阵且列满秩；观测向量 $\boldsymbol{y}\in\mathbb{R}^m$，观测噪声 $\boldsymbol{\varepsilon}\in\mathbb{R}^m$。观测值的方差-协方差矩阵为 $\boldsymbol{Q}_{yy}$。与传统的纯实数模型不同，模型(11.1)实质上是一个附加约束条件的观测模型，只不过约束条件不是针对参数的约束方程，而是针对参数性质的。采用最小二乘准则求解式(11.1)的极值函数为

$$g(\boldsymbol{x},\boldsymbol{z};\boldsymbol{y})=\boldsymbol{\varepsilon}^{\mathrm{T}}\boldsymbol{Q}_{yy}^{-1}\boldsymbol{\varepsilon}=(\boldsymbol{y}-\boldsymbol{A}\boldsymbol{x}-\boldsymbol{B}\boldsymbol{z})^{\mathrm{T}}\boldsymbol{Q}_{yy}^{-1}(\boldsymbol{y}-\boldsymbol{A}\boldsymbol{x}-\boldsymbol{B}\boldsymbol{z})=\min,\quad \boldsymbol{z}\in\mathbb{Z}^n \tag{11.2}$$

采用正交分解，可将最小二乘极值问题式(11.1)分解为

$$\|\boldsymbol{\varepsilon}\|^2_{\boldsymbol{Q}_{yy}}+\|\hat{\boldsymbol{z}}_f-\boldsymbol{z}\|^2_{\boldsymbol{Q}_{\hat{z}_f}}+\|\hat{\boldsymbol{x}}_f-\boldsymbol{x}\|^2_{\boldsymbol{Q}_{\hat{x}_f|\check{z}}}=\min \tag{11.3}$$

其中，$\|\cdot\|^2_{\boldsymbol{Q}}=(\cdot)^{\mathrm{T}}\boldsymbol{Q}^{-1}(\cdot)$，从而将极值问题式(11.2)分解为三个极值问题(三个准则)

$$\|\boldsymbol{y}-\boldsymbol{A}\boldsymbol{x}-\boldsymbol{B}\boldsymbol{z}\|^2_{\boldsymbol{Q}_{yy}}=\min,\quad \boldsymbol{z}\in\mathbb{Z}^n \tag{11.4a}$$

$$\|\hat{\boldsymbol{z}}_{\mathrm{f}}-\boldsymbol{z}\|^2_{\boldsymbol{Q}_{\hat{z}_f}}=\min,\quad \boldsymbol{z}\in\mathbb{Z}^n \tag{11.4b}$$

$$\|\hat{\boldsymbol{x}}_{\mathrm{f}}-\boldsymbol{x}\|^2_{\boldsymbol{Q}_{\hat{x}_f|\check{z}}}=\min \tag{11.4c}$$

求解的过程一般分为三步：

① 忽略模糊度参数 $\boldsymbol{z}$ 的整数特性，将其视为实数，根据式(11.4a)按照最小二乘法求解，称为浮点解

$$\begin{bmatrix}\hat{\boldsymbol{x}}_{\mathrm{f}}\\ \hat{\boldsymbol{z}}_{\mathrm{f}}\end{bmatrix}=\begin{bmatrix}\boldsymbol{N}_{11} & \boldsymbol{N}_{12}\\ \boldsymbol{N}_{21} & \boldsymbol{N}_{22}\end{bmatrix}^{-1}\begin{bmatrix}\boldsymbol{A}^{\mathrm{T}}\boldsymbol{Q}_{yy}^{-1}\boldsymbol{y}\\ \boldsymbol{B}^{\mathrm{T}}\boldsymbol{Q}_{yy}^{-1}\boldsymbol{y}\end{bmatrix} \tag{11.5a}$$

坐标和模糊度浮点解对应的方差-协方差矩阵为

$$\begin{bmatrix}\boldsymbol{Q}_{\hat{x}_f} & \boldsymbol{Q}_{\hat{x}_f\hat{z}_f}\\ \boldsymbol{Q}_{\hat{z}_f\hat{x}_f} & \boldsymbol{Q}_{\hat{z}_f}\end{bmatrix}=\begin{bmatrix}\boldsymbol{N}_{11} & \boldsymbol{N}_{12}\\ \boldsymbol{N}_{21} & \boldsymbol{N}_{22}\end{bmatrix}^{-1}=\begin{bmatrix}\boldsymbol{A}^{\mathrm{T}}\boldsymbol{Q}_{yy}^{-1}\boldsymbol{A} & \boldsymbol{A}^{\mathrm{T}}\boldsymbol{Q}_{yy}^{-1}\boldsymbol{B}\\ \boldsymbol{B}^{\mathrm{T}}\boldsymbol{Q}_{yy}^{-1}\boldsymbol{A} & \boldsymbol{B}^{\mathrm{T}}\boldsymbol{Q}_{yy}^{-1}\boldsymbol{B}\end{bmatrix}^{-1} \tag{11.5b}$$

② 当得到模糊度的浮点解 $\hat{\boldsymbol{z}}_{\mathrm{f}}$ 及其协方差矩阵 $\boldsymbol{Q}_{\hat{z}_f}$ 后，利用准则(11.4b)求解模糊度整数解。显然准则(11.4b)可写成

$$(\hat{\boldsymbol{z}}_{\mathrm{f}}-\boldsymbol{z})^{\mathrm{T}}\boldsymbol{Q}_{\hat{z}_f}^{-1}(\hat{\boldsymbol{z}}_f-\boldsymbol{z})=\min,\quad \boldsymbol{z}\in\mathbb{Z}^n \tag{11.5c}$$

由于在这个极值问题中，参数是整数，我们不能采用类似实数参数求解过程中直接对其求导的方式，而只能通过搜索的方式将所有可能的整数解代入(11.5c)，使得该二次型最小的整数解即为最优解。该极值问题的求解是整个模糊度固定的核心，不同的搜索方法的计算效率将有所不同。

③ 当模糊度固定后，求解第三个极值问题(11.4c)实现对坐标参数的修正，得到所谓的坐标参数的固定解

$$\check{\boldsymbol{x}}=\hat{\boldsymbol{x}}_{\mathrm{f}}-\boldsymbol{Q}_{\hat{x}_f\hat{z}_f}\boldsymbol{Q}_{\hat{z}_f}^{-1}(\hat{\boldsymbol{z}}_{\mathrm{f}}-\check{\boldsymbol{z}}) \tag{11.5d}$$

其中，$\boldsymbol{Q}_{\hat{x}_f\hat{z}_f}$ 是实数参数与整数参数浮点解的协方差矩阵，坐标参数固定解的方差-协方差矩阵为 $\boldsymbol{Q}_{\check{x}}=\boldsymbol{Q}_{\hat{x}_f}-\boldsymbol{Q}_{\hat{x}_f\hat{z}_f}\boldsymbol{Q}_{\hat{z}_f}^{-1}\boldsymbol{Q}_{\hat{z}_f\hat{x}_f}$。

为了深入理解这三个准则式(11.4a)～(11.4c)与原始最小二乘准则式(11.2)的关系，我

们基于原始最小二乘准则式(11.2),根据实数参数可求导、整参数不可求导的原则,严密推导原始极值问题(11.2)的解

$$\frac{g(\boldsymbol{x},\boldsymbol{z};\boldsymbol{y})}{\partial \boldsymbol{x}} = -2\boldsymbol{A}^{\mathrm{T}}\boldsymbol{Q}_{yy}^{-1}(\boldsymbol{y}-\boldsymbol{A}\boldsymbol{x}-\boldsymbol{B}\boldsymbol{z}) = 0 \tag{11.6}$$

经推导,将实参数估值用观测值和整数参数表达

$$\hat{\boldsymbol{x}} = (\boldsymbol{A}^{\mathrm{T}}\boldsymbol{Q}_{yy}^{-1}\boldsymbol{A})^{-1}(\boldsymbol{A}^{\mathrm{T}}\boldsymbol{Q}_{yy}^{-1}\boldsymbol{y} - \boldsymbol{A}^{\mathrm{T}}\boldsymbol{Q}_{yy}^{-1}\boldsymbol{B}\boldsymbol{z}) \tag{11.7}$$

将式(11.7)代入式(11.2),并经过严格推导整理后,得

$$g(\boldsymbol{x},\boldsymbol{z};\boldsymbol{y}) = (\hat{z}_0 - z)^{\mathrm{T}}\boldsymbol{H}(\hat{z}_0 - z) + \zeta = \min,\quad z \in \mathbb{Z}^t \tag{11.8}$$

其中

$$\begin{cases} \zeta = \boldsymbol{y}^{\mathrm{T}}\boldsymbol{W}\boldsymbol{y} - \boldsymbol{y}^{\mathrm{T}}\boldsymbol{W}\boldsymbol{A}\boldsymbol{H}^{-1}\boldsymbol{A}^{\mathrm{T}}\boldsymbol{W}\boldsymbol{y} \\ \boldsymbol{W} = \boldsymbol{Q}_{yy}^{-1} - \boldsymbol{Q}_{yy}^{-1}\boldsymbol{B}(\boldsymbol{B}^{\mathrm{T}}\boldsymbol{Q}_{yy}^{-1}\boldsymbol{B})^{-1}\boldsymbol{B}^{\mathrm{T}}\boldsymbol{Q}_{yy}^{-1} \\ \boldsymbol{H} = \boldsymbol{A}^{\mathrm{T}}\boldsymbol{W}\boldsymbol{A} \\ \hat{z}_0 = \boldsymbol{H}^{-1}\boldsymbol{A}^{\mathrm{T}}\boldsymbol{W}\boldsymbol{y} \end{cases}$$

显然ζ是常数,那么极值问题(11.8)等价于

$$(\hat{z}_0 - \boldsymbol{z})^{\mathrm{T}}\boldsymbol{H}(\hat{z}_0 - \boldsymbol{z}) = \min,\quad z \in \mathbb{Z}^t \tag{11.9}$$

我们再来分析矩阵$\boldsymbol{H}$和$\hat{z}_0$的具体形式,首先对于$\boldsymbol{H}$矩阵

$$\boldsymbol{H} = \boldsymbol{A}^{\mathrm{T}}\boldsymbol{W}\boldsymbol{A} = \boldsymbol{A}^{\mathrm{T}}\boldsymbol{Q}_{yy}^{-1}\boldsymbol{A} - \boldsymbol{A}^{\mathrm{T}}\boldsymbol{Q}_{yy}^{-1}\boldsymbol{B}(\boldsymbol{B}^{\mathrm{T}}\boldsymbol{Q}_{yy}^{-1}\boldsymbol{B})^{-1}\boldsymbol{B}^{\mathrm{T}}\boldsymbol{Q}_{yy}^{-1}\boldsymbol{A} = \boldsymbol{Q}_{\hat{z}_{\mathrm{f}}}^{-1} \tag{11.10}$$

对于$\hat{z}_0$向量

$$\hat{z}_0 = \boldsymbol{H}^{-1}\boldsymbol{A}^{\mathrm{T}}\boldsymbol{W}\boldsymbol{y} = \boldsymbol{Q}_{\hat{z}_{\mathrm{f}}}(\boldsymbol{A}^{\mathrm{T}}\boldsymbol{Q}_{yy}^{-1}\boldsymbol{y} - \boldsymbol{A}^{\mathrm{T}}\boldsymbol{Q}_{yy}^{-1}\boldsymbol{B}(\boldsymbol{B}^{\mathrm{T}}\boldsymbol{Q}_{yy}^{-1}\boldsymbol{B})^{-1}\boldsymbol{B}^{\mathrm{T}}\boldsymbol{Q}_{yy}^{-1}\boldsymbol{y}) = \hat{z}_{\mathrm{f}} \tag{11.11}$$

将式(11.10)和式(11.11)代入式(11.9),得

$$(\hat{z}_{\mathrm{f}} - z)^{\mathrm{T}}\boldsymbol{Q}_{\hat{z}_{\mathrm{f}}}^{-1}(\hat{z}_{\mathrm{f}} - z) = \min,\quad z \in \mathbb{Z}^n \tag{11.12}$$

显然按照原始准则推导得到的极值问题(11.12)等价于式(11.4b),说明采用LS准则求解混合整数模型(11.2)等价于采用极值分解方式得到的第二个准则(11.4b),也就澄清了混合整数模型最小二乘准则等价于第二个极值准则,而第一和第三个准则可理解为求解模型(11.4b)的辅助计算。

11.2.2 整数容许估计方法

在实际应用中,无法直接求得整数参数的整数估值,只能得到它的实数解(即浮点解),因此所谓模糊度固定,即为找到一类映射函数将实数估值从实数空间映射到整数空间,从而实现模糊度的固定。Teunissen引入了整数容许估计的概念,并表明凡是满足整数容许估计条件的映射函数都可以用于整数参数的估计。

映射函数$f:\mathbb{R}^n \rightarrow \mathbb{Z}^n$将实数$\boldsymbol{x} \in \mathbb{R}^n$映射为整数$\boldsymbol{z} \in \mathbb{Z}^n$,即$\boldsymbol{z}=f(\boldsymbol{x})$。由于整数的离散性,要

求f是多对一映射,即不同的实数可以映射为同一个整数。因此,定义实数集$\boldsymbol{S}_z \subset \mathbb{R}^n$为所有通过$f$映射为整数$z$的实数构成的集合

$$\boldsymbol{S}_z = \{\boldsymbol{x} \in \mathbb{R}^n \mid \boldsymbol{z} = f(\boldsymbol{x})\}, \quad \boldsymbol{z} \in \mathbb{Z}^n \tag{11.13}$$

Teunissen 称$\boldsymbol{S}_z$为归整域(pull-in-region),数学上对应 Voronoi 单元,这里我们称其为取整空间。映射函数与整数估计准则、整数估计方法和取整空间是一一对应,也就是说不同的映射函数对应唯一的整数估计准则,从而也就得到唯一的整数估计方法及其唯一的取整空间。整数容许估计的映射函数满足三个条件。

① 可估性:所有的实数都可通过映射函数f映射为整数,即所有离散整数的取整空间构成了n维实数空间$\bigcup_{z \in \mathbb{Z}^n} \boldsymbol{S}_z = \mathbb{R}^n$。换句话说,所有整数的取整空间构成的实数空间填满整个$\mathbb{R}^n$空间,不留任何空隙。

② 唯一性:任何一个实数通过映射函数f被映射为唯一的整数,即任意两个整数的取整空间的交集为空,$\boldsymbol{S}_{z_1} \cap \boldsymbol{S}_{z_2} = \varnothing$, $\forall z_1, z_2 \in \mathbb{Z}^n, z_1 \neq z_2$。也就是说,两个不同整数的取整空间没有重叠。

③ 整数平移不变性:当实数被平移一个整数后,平移后实数的整数解等于平移前实数的整数解与整数平移量之和,即$\boldsymbol{S}_z = z + \boldsymbol{S}_0$, $\forall z \in \mathbb{Z}^n$。此性质允许在整数估计过程中采用移去恢复技术计算。

凡是满足以上三个条件的映射函数都可用于固定整数,例如:向下取整法定义为

$$z = \lfloor x \rfloor, \quad x - 1 < z \leqslant x, \quad x \in \mathbb{R}, \quad z \in \mathbb{Z} \tag{11.14}$$

对应的取整空间为

$$\boldsymbol{S}_{z,\mathrm{FL}} = \{\boldsymbol{x} \in \mathbb{R}^n \mid -1 < z_i - x_i \leqslant 0, i = 1, \cdots, n\}, \quad \forall \boldsymbol{z} \in \mathbb{Z}^n \tag{11.15}$$

下面介绍三种常用的整数容许估计方法:四舍五入(rounding)、整数序贯(bootstrapping)和整数最小二乘法(ILS),并给出它们对应的取整空间。在此基础上将详细介绍整数最小二乘法。

1. 四舍五入

早期的 GPS 应用大多在静态基线解算,通过长时间观测计算得到高精度的模糊度浮点解(即模糊度浮点解非常接近整数且精度远小于 0.2 周),模糊度解算通常采用四舍五入方法,即

$$z = [x], \quad x - 0.5 < z \leqslant x + 0.5, \quad x \in \mathbb{R}, \quad z \in \mathbb{Z} \tag{11.16}$$

其中,[·]表示四舍五入取整运算。对于一个浮点模糊度向量而言,其四舍五入取整解为$\check{\boldsymbol{z}}_{\mathrm{R}} = [[\hat{z}_{\mathrm{f},1}], [\hat{z}_{\mathrm{f},2}], \cdots, [\hat{z}_{\mathrm{f},n}]]^{\mathrm{T}}$,对应的取整空间为

$$\begin{aligned}\boldsymbol{S}_{z,\mathrm{IR}} &= \{\boldsymbol{x} \in \mathbb{R}^n \mid |\boldsymbol{c}_i^{\mathrm{T}}(\boldsymbol{x} - \boldsymbol{z})| \leqslant 0.5, i = 1, \cdots, n\} \\ &= \{\boldsymbol{x} \in \mathbb{R}^n \mid |z_i - x_i| \leqslant 0.5, i = 1, \cdots, n\}\end{aligned}, \forall \boldsymbol{z} \in \mathbb{Z}^n \tag{11.17}$$

其中,$\boldsymbol{c}_i = [0, \cdots, 1, \cdots, 0]^{\mathrm{T}}$表示$n$维列向量,除了第$i$个元素为 1 外其余元素全为 0。四舍五

入方法是对每个模糊度分别进行四舍五入取整，而忽略了模糊度浮点解之间的相关特性。换句话说，任何一个模糊度的固定对其他模糊度没有任何影响。

2. 整数序贯

由于四舍五入完全忽略模糊度之间的相关关系，因此当一个模糊度正确固定后对其他模糊度没有帮助。而整数序贯法则是考虑了模糊度之间的部分相关性。具体介绍如下，对浮点模糊度解的方差-协方差矩阵 $\boldsymbol{Q}_{\hat{z}_{\mathrm{f}}}$进行楚列斯基分解

$$\boldsymbol{Q}_{\hat{z}_{\mathrm{f}}} = \boldsymbol{LDL}^{\mathrm{T}} \tag{11.18}$$

其中，$\boldsymbol{L}$ 是单位下三角矩阵，$\boldsymbol{D}$ 是对角矩阵。对浮点模糊度进行变换

$$\hat{\hat{z}}_{\mathrm{f}} = \boldsymbol{L}^{-1}\hat{z}_{\mathrm{f}}, \quad \boldsymbol{Q}_{\hat{\hat{z}}_{\mathrm{f}}} = \boldsymbol{D} \tag{11.19}$$

显然，变换后的模糊度之间是完全独立的，因此变换后的模糊度$\hat{\hat{z}}_{\mathrm{f}}$ 采用四舍五入取整是严密的，以此得到的固定解为整数序贯解，即 $\check{z}_{\mathrm{B}} = [[\hat{\hat{z}}_{\mathrm{f},1}],[\hat{\hat{z}}_{\mathrm{f},2}],\cdots,[\hat{\hat{z}}_{\mathrm{f},n}]]^{\mathrm{T}}$。那么整数序贯方法对应的取整空间为

$$\boldsymbol{S}_{z,\mathrm{IB}} = \{\boldsymbol{x} \in \mathbb{R}^n \mid |\boldsymbol{c}_i^{\mathrm{T}}\boldsymbol{L}^{-1}(\boldsymbol{x} - \boldsymbol{z})| \leqslant 0.5, i = 1,\cdots,n\}, \quad \forall \boldsymbol{z} \in \mathbb{Z}^n \tag{11.20}$$

根据对方差-协方差矩阵的楚列斯基分解可得

$$\boldsymbol{L}^{-1} = \begin{bmatrix} 1 & & & & & & \\ -\dfrac{\sigma_{21}}{\sigma_1^2} & 1 & & & & & \\ -\dfrac{\sigma_{31}}{\sigma_1^2} & -\dfrac{\sigma_{3,2|1}}{\sigma_{2|1}^2} & 1 & & & & \\ \vdots & \ddots & \ddots & \ddots & & & \\ -\dfrac{\sigma_{i1}}{\sigma_1^2} & -\dfrac{\sigma_{i,2|1}}{\sigma_{2|1}^2} & \cdots & -\dfrac{\sigma_{i,(i-1)|(i-2)}}{\sigma_{(i-1)|(i-2)}^2} & 1 & & \\ \vdots & \vdots & \ddots & \ddots & \ddots & \ddots & \\ -\dfrac{\sigma_{n1}}{\sigma_1^2} & -\dfrac{\sigma_{n,2|1}}{\sigma_1^2} & \cdots & \cdots & -\dfrac{\sigma_{n,(n-2)|(n-3)}}{\sigma_{(n-2)|(n-3)}^2} & -\dfrac{\sigma_{n,(n-1)|(n-2)}}{\sigma_{(n-1)|(n-2)}^2} & 1 \end{bmatrix}$$

$$\boldsymbol{D} = \begin{bmatrix} \sigma_1^2 & & & & & \\ & \sigma_{2|1}^2 & & & & \\ & & \ddots & & & \\ & & & \sigma_{i|I}^2 & & \\ & & & & \ddots & \\ & & & & & \sigma_{n|N}^2 \end{bmatrix} \tag{11.21}$$

其中，

$$\sigma_{i|I}^2 = \sigma_i^2 - \sum_{j=1}^{i-1} \frac{\sigma_{i,j|J}\sigma_{j|J,i}}{\sigma_{j|J}^2}, i = 2,\cdots n, i = \{1,2,..,i-1\}, J = \{1,2,\cdots,j-1\} \tag{11.22}$$

$$\sigma_{k,i|I} = \sigma_{ki} - \sum_{j=1}^{i-1} \frac{\sigma_{i,j|J}\sigma_{k,j|J}}{\sigma_{j|J}^2}, k > i, i = 2,\cdots n, i = \{1,2,..,i-1\}, J = \{1,2,\cdots,j-1\} \tag{11.23}$$

变换后的浮点模糊度及其对应点方差和协方差元素如下所示

$$\hat{\hat{z}}_{f,1} = \hat{z}_{f,1} \qquad \sigma_1^2 = \sigma_1^2$$

$$\hat{\hat{z}}_{f,2} = \hat{z}_{f,2} - \frac{\sigma_{21}}{\sigma_1^2}(\hat{z}_{f,1} - z_1) \triangleq \hat{z}_{f,2|1} \qquad \sigma_{2|1}^2 = \sigma_2^2 - \frac{\sigma_{21}\sigma_{12}}{\sigma_1^2}$$

$$\sigma_{k,2|1} = \sigma_{k2} - \frac{\sigma_{21}\sigma_{k1}}{\sigma_1^2}, k = 3,\cdots,n$$

$$\hat{\hat{z}}_{f,3} = \hat{z}_{f,3} - \frac{\sigma_{31}}{\sigma_1^2}(\hat{z}_{f,1} - z_1) - \frac{\sigma_{3,2|1}}{\sigma_{2|1}^2}(\hat{z}_{f,2|1} - z_2) \triangleq \hat{z}_{f,3|1,2} \qquad \sigma_{3|1,2}^2 = \sigma_3^2 - \frac{\sigma_{31}\sigma_{13}}{\sigma_1^2} - \frac{\sigma_{3,2|1}\sigma_{2|1,3}}{\sigma_{2|1}^2}$$

$$\sigma_{k,3|1,2} = \sigma_{k3} - \frac{\sigma_{31}\sigma_{k1}}{\sigma_1^2} - \frac{\sigma_{3,2|1}\sigma_{k,2|1}}{\sigma_{2|1}^2}$$

$$k = 4,..,n$$

$$\hat{\hat{z}}_{f,i} = \hat{z}_{f,i} - \sum_{j=1}^{i-1} \frac{\sigma_{i,j|J}}{\sigma_{j|J}^2}(\hat{z}_{f,j|J} - z_j) \triangleq \hat{z}_{f,i|I} \qquad \sigma_{i|I}^2 = \sigma_i^2 - \sum_{j=1}^{i-1} \frac{\sigma_{i,j|J}\sigma_{j|J,i}}{\sigma_{j|J}^2}$$

$$\sigma_{k,i|I} = \sigma_{ki} - \sum_{j=1}^{i-1} \frac{\sigma_{i,j|J}\sigma_{k,j|J}}{\sigma_{j|J}^2}$$

$$k = i+1,\cdots,n$$

其中，$\hat{z}_{f,i|I}$表示经第 1 至 $i-1$ 个模糊度改正后的第 i 个模糊度浮点解。

3. 整数最小二乘法

整数最小二乘法严格考虑了浮点模糊度的相关性，以极值函数(11.4b)最小作为整数模糊度的搜索准则，其含义是除了整数解 $z \in \mathbb{Z}^n$ 外，所有其他整数 $\forall a \in \mathbb{Z}^n$ 代入(11.4b)计算的二次型值都大于该整数解对应的值，所以整数解 z 对应的取整空间为

$$S_{z,LS} = \{x \in \mathbb{R}^n \mid \|x - z\|_{Q_{\hat{z}_f}}^2 \leqslant \|x - a\|_{Q_{\hat{z}_f}}^2\}, \quad \forall a \in \mathbb{Z}^n \tag{11.24}$$

因为上式等价于

$$(a - z)^T Q_{\hat{z}_f}^{-1}(x - z) \leqslant (a - z)^T Q_{\hat{z}_f}^{-1}(a - z)/2, \quad \forall a \in \mathbb{Z}^n \tag{11.25}$$

简单起见，利用取整空间的性质③，将 z 平移至原点，即令 $z = \mathbf{0}$，则

$$S_{\mathbf{0},LS} = \{x \in \mathbb{R}^n \mid a^T Q_{\hat{z}_f}^{-1} x \leqslant a^T Q_{\hat{z}_f}^{-1} a/2, \forall a \in \mathbb{Z}^n\} \tag{11.26}$$

因此，ILS 的取整空间是由无数个不等式约束方程构成，即由无数个超平面切割 n 维实数空间得到，形状极其复杂。

11.3 模糊度固定方法

模糊度解算方法主要从三个方面展开：

① 针对不同的 GNSS 应用实例(如变形监测、网络 RTK 等)，选择适当的参数估计准则(如四舍五入、整数最小二乘法)并利用多种实数参数约束条件，求解高精度的浮点模糊度，即减小浮点模糊度与真值之差及浮点模糊度协方差矩阵的相关性。求得高质量的浮点解后，在模糊度固定时，有非常多的方法，这些方法的出发点无疑是为了提高固定的计算效率和固定的可靠性。

② 构造并利用整数约束条件，剔除大量错误的备选模糊度组合，提高模糊度搜索效率。这一环节是模糊度求解的核心，如果采用高效率的搜索方法，在某种程度上可以弥补①中的不足，因此许多模糊度解算方法实质是研究如何构造整数条件。模糊度的搜索方法有全组合搜索、FARA、整数序贯、LAMBDA 等。

③ 在实数模型数据处理中，估计参数的同时还需要估计参数的精度。类似地，估计整周模糊度的同时也需要对其有效性作出合理的评定，不同的是，整周模糊度是离散的，不能用协方差矩阵来刻画精度，通常采用显著性检验和成功概率指标来描述整数估值的有效性。

11.3.1 MW-IF 组合

本节介绍常用的 MW-IF 组合固定模糊度。根据第 7 章介绍，载波相位和伪距的双频双差观测模型为

$$\begin{cases} \Phi_1 = \rho + \lambda_1 N_1 - I_1 + T + \varepsilon_{\Phi_1} \\ \Phi_2 = \rho + \lambda_2 N_2 - I_2 + T + \varepsilon_{\Phi_2} \\ P_1 = \rho + I_1 + T + \varepsilon_{P_1} \\ P_2 = \rho + I_2 + T + \varepsilon_{P_2} \end{cases} \tag{11.27}$$

其中，Φ_1 和 Φ_2 分别为双频的载波相位观测值(以长度为单位)，P_1 和 P_2 分别为双频伪距观测值，λ_1 和 λ_2 为波长，ρ 为卫星至测站距离，N_1 和 N_2 为双差整周模糊度，I 为电离层延迟，T 为对流层延迟，ε_Φ 和 ε_P 分别为相位与伪距观测噪声。

由于双频电离层存在关系 $I_1 = \dfrac{f_2^2}{f_1^2} I_2$，载波相位的宽巷组合观测值为

$$\varphi_{\mathrm{WL}} = \frac{1}{\lambda_1}\Phi_1 - \frac{1}{\lambda_2}\Phi_2 = \frac{1}{\lambda_{\mathrm{WL}}}\frac{f_1\Phi_1 - f_2\Phi_2}{f_1 - f_2}$$

$$= \frac{1}{\lambda_{WL}}\rho + \frac{1}{\lambda_{WL}}T + \frac{1}{\lambda_{WL}}\frac{f_1}{f_2}I_1 + N_{WL} \tag{11.28}$$

宽巷组合的波长定义为 $\lambda_{WL}=\frac{c}{f_1-f_2}$，其波长与原始信号波长相比有明显的增长，对于 GPS 双频观测值而言 $\lambda_{WL}\approx 86$ cm。相应地，可构成伪距窄巷组合观测方程

$$P_{NL} = \frac{f_1P_1 + f_2P_2}{f_1 + f_2} = \rho + T + \frac{f_1}{f_2}I_1 \tag{11.29}$$

因此，宽巷模糊度可表示为

$$N_{WL} = \varphi_{WL} - \frac{1}{\lambda_{WL}}P_{NL} = \frac{1}{\lambda_{WL}}\left(\frac{f_1\Phi_1 - f_2\Phi_2}{f_1 - f_2} - \frac{f_1P_1 + f_2P_2}{f_1 + f_2}\right) \tag{11.30}$$

显然按照上式求解的宽巷浮点模糊度消除了几何相关的误差和电离层误差，浮点模糊度估值只受到载波相位和伪距观测噪声的影响。由于载波相位噪声远小于伪距噪声，因此，浮点模糊度主要受到伪距噪声的影响。除此之外，伪距多路径效应也是影响 MW 组合求解宽巷模糊度的主要因素。为了提高宽巷浮点模糊度解的精度，可采用多历元求平均的方式

$$\bar{N}_{WL} = \frac{1}{t}\frac{1}{\lambda_{WL}}\sum_{k=1}^{t}\frac{f_1\Phi_1(t) - f_2\Phi_2(t)}{f_1 - f_2} - \frac{f_1P_1(t) + f_2P_2(t)}{f_1 + f_2} \tag{11.31}$$

令原始载波相位观测值精度为 $\sigma_{\Phi_1}=\sigma_{\Phi_2}=\sigma_{\Phi}$，伪距精度为 $\sigma_{P_1}=\sigma_{P_2}=\sigma_P$，则

$$\sigma_{N_{WL}} = \frac{1}{\lambda_{WL}}\sqrt{\frac{f_1^2+f_2^2}{(f_1 - f_2)^2}\sigma_{\Phi}^2 + \frac{f_1^2+f_2^2}{(f_1 + f_2)^2}\sigma_P^2} \tag{11.32a}$$

$$\sigma_{\bar{N}_{WL}} = \frac{1}{\sqrt{t}}\sigma_{N_{WL}} \tag{11.32b}$$

由于在双差观测值中，电离层误差是最显著的误差，构成载波相位的无电离层组合（IF 组合）

$$\Phi_{IF} = \frac{f_1^2\Phi_1 - f_1^2\Phi_2}{f_1^2 - f_2^2} = \rho + T + \lambda_{NL}\frac{f_1N_1 - f_2N_2}{f_1 - f_2} \tag{11.33a}$$

其中，$\lambda_{NL}=\frac{c}{f_1+f_2}$ 定义为窄巷波长，对于 GPS 双频观测值而言 $\lambda_{NL}\approx 10$ cm。构成伪距无电离层组合（IF 组合）

$$P_{IF} = \frac{f_1^2P_1 - f_1^2P_2}{f_1^2 - f_2^2} = \rho + T \tag{11.33b}$$

将 $N_2=N_1-N_{WL}$ 代入（11.33a）可以消除 N_2，得到

$$\Phi_{IF} = \rho + T + \lambda_{NL}\frac{f_2}{f_1 - f_2}N_{WL} + \lambda_{NL}N_1 \tag{11.34}$$

将（11.33b）代入（11.34）构成无几何-无电离层组合（geometry-ionosphere-free，GIF）观测值

$$\Phi_{\mathrm{IF}} - P_{\mathrm{IF}} = \lambda_{\mathrm{NL}} \frac{f_2}{f_1 - f_2} N_{\mathrm{WL}} + \lambda_{\mathrm{NL}} N_1 \tag{11.35}$$

因此,窄巷模糊度为

$$N_1 = \frac{\Phi_{\mathrm{IF}} - P_{\mathrm{IF}}}{\lambda_{\mathrm{NL}}} - \frac{f_2}{f_1 - f_2} N_{\mathrm{WL}} \tag{11.36a}$$

当宽巷模糊度固定后,可直接求解窄巷模糊度。这里之所以将 N_1 称为窄巷模糊度,是因为它所对应的波长为窄巷波长。同样可采用多历元取平均来提高窄巷模糊度的精度

$$\overline{N}_1 = \frac{1}{t}\sum_{k=1}^{t} \frac{\Phi_{\mathrm{IF}}(t) - P_{\mathrm{IF}}(t)}{\lambda_{\mathrm{NL}}} - \frac{f_2}{f_1 - f_2} N_{\mathrm{WL}} \tag{11.36b}$$

单历元求解的窄巷模糊度精度为

$$\sigma_{N_1} = \frac{\sqrt{f_1^4 + f_2^4}}{\lambda_{\mathrm{NL}}(f_1^2 - f_2^2)} \sqrt{\sigma_{\Phi}^2 + \sigma_p^2} \tag{11.37a}$$

$$\sigma_{\overline{N}_1} = \frac{1}{\sqrt{t}} \sigma_{N_1} \tag{11.37b}$$

对于 GPS 双频观测值而言,$\sigma_{N_1} \approx 30\sigma_p$。当 $\sigma_p = 0.2$ 时,窄巷模糊度的精度达到 6 周。显然采用载波相位和伪距构成的无电离层组合求解窄巷模糊度是不现实的。因此,实际应用中,联合伪距和相位无电离层组合观测值,将卫地距按坐标参数线性化,并采用滤波方法同时求解坐标和浮点模糊度。上述通过 MW-IF 组合求得的模糊度参数为实数,还需要通过搜索方式对其固定,如何搜索确定整周模糊度将在后面的小节中介绍。

11.3.2 全组合搜索

将求得的实数模糊度固定为整数的最简单方法是四舍五入。当然,通常只有当解算的浮点模糊度足够接近整数时,采用四舍五入取整才有可能获得正确的模糊度解。但往往事实情况不是如此,如果所解得的第 i 个模糊度浮点解为$\hat{N}_i$,中误差为 $\sigma_{\hat{N}_i}$。根据设定的置信度 $1-\alpha$ 和自由度 f 就可采用 t 分布查取相应系数分位值 $t(f,\alpha/2)=\beta$,那么模糊度搜索的置信区间表示为$[\hat{N}_i-\beta\sigma_{\hat{N}_i},\hat{N}_i+\beta\sigma_{\hat{N}_i}]$。当置信度取得足够大时,从数理统计意义上讲,正确解的整数解就不应该落在置信区间以外。对于每一个模糊度,都将会有类似于$\hat{N}_i$ 这样的一个置信区间,对于所有观测到的卫星的模糊度参数的备选解进行排列组合,构成了整周模糊度向量 N 的备选组,其数量往往非常大。例如,观测到 7 颗卫星,每个卫星都有 6 个备选模糊度,那么一共可以组成 $6^7 = 279\,936$ 个备选组。但是其中只有一组整周模糊度是最优的。

从模糊度的置信区间可以看出,影响模糊度搜索的重要因素就是浮点模糊度的解算精度。这些重要因素在 11.1 中已有介绍。

11.3.3 快速模糊度解算法

虽然可以采取全组合搜索的模式将最优的模糊度从备选组中挑选出来，但是由于备选组中的组合数往往是十分惊人的，计算工作量巨大。快速模糊度解算法（fast ambiguity resolution approach，FARA）是 1990 年由 E. Frei 和 G. Beutler 提出的，它的实质是在将备选组合代入式（11.4b）计算对应的二次型前，先对备选组合进行数理统计检验，把大量显然不合理的备选组合率先剔除，而不再计算它们对应的二次型，从而有效减少计算量。统计检验的标准是：任意两个整周模糊度参数之差是否位于它们的置信区间，可以表示为

$$P(\hat{N}_{ij}-\beta\sigma_{\hat{N}_{ij}}\leqslant N_{ij}\leqslant\hat{N}_{ij}+\beta\sigma_{\hat{N}_{ij}})=1-\alpha \tag{11.38}$$

式中，$\hat{N}_{ij}=\hat{N}_j-\hat{N}_i$，$N_{ij}=N_j-N_i$，其中 N_i 和 N_j 为备选组合中的第 i 和第 j 个整周模糊度，$\sigma_{\hat{N}_{ij}}^2=\sigma_{\hat{N}_i}^2-2\sigma_{\hat{N}_i\hat{N}_j}+\sigma_{\hat{N}_j}^2$。

FARA 充分利用了协因数阵的非对角线元素所提供的模糊度间相互关系，对参数做了进一步的数理统计检验。通过上述统计检验之后，可以把大量不符合要求的整数组合迅速剔除。然后可以将通过统计检验的备选组合代入式（11.4b），求出相应的二次型。理论上，使二次型最小的整周模糊度组合就是最优整周模糊度组合。

当然，在求得最优整周模糊度组合后，还需要对其可靠性进行检验。首先，对坐标参数的整数解与实数解进行一致性检验。令坐标参数的实数解为$\hat{\boldsymbol{x}}_{\mathrm{f}}$，相应协因数阵为 $\boldsymbol{Q}_{\hat{x}_{\mathrm{f}}}$，对应的固定解为 $\check{\boldsymbol{x}}$，下列不等式成立则说明固定解和浮点解统计意义上是一致的

$$(\hat{\boldsymbol{x}}_{\mathrm{f}}-\check{\boldsymbol{x}})^{\mathrm{T}}\boldsymbol{Q}_{\hat{x}_{\mathrm{f}}}^{-1}(\hat{\boldsymbol{x}}_{\mathrm{f}}-\check{\boldsymbol{x}})\leqslant\beta\mu \tag{11.39}$$

式中，$\beta=F(\mu,f,1-\alpha)$是置信度为 $1-\alpha$、自由度为 f 和 μ 的 F 分布的单尾分位值，μ 为未知参数的个数，f 为参数估计中的自由度。由于模糊度参数已经位于相应的置信区间内，故只要位置参数也是一致的，就意味着整数解和实数解是一致的。

其次，可以对整数解和实数解的单位权中误差进行一致性检验。设整数解的单位权中误差为 σ_{fixed}，先验单位权中误差为 σ_0，如果下式成立，则表示两者从统计检验的角度讲是一致的

$$\xi_{\chi^2(f,\alpha/2)}\leqslant\frac{\sigma_{\mathrm{fixed}}^2}{\sigma_0^2}\leqslant\xi_{\chi^2(f,1-\alpha/2)} \tag{11.40}$$

上式检验也称为方差因子的 χ^2 检验。

最后，最优整数解对应的最小单位权中误差为 σ_{first}，次优整数解对应的次小单位权中误差为 σ_{sec}，还可对这两者之间的可区分性进行显著性检验。理论上，若最优整数解的确是正确解，那么它所对应的单位权中误差 σ_{first}应该统计意义上显著远小于 σ_{sec}，因为与 σ_{sec}所对应的那组整数解中至少存在一个错误的整数元素。反之，如果我们搜索出来的最小单位权中误差所对应的整周模糊度组合中也存在着错误的模糊度参数，而 σ_{sec}所对应的整周模糊度

组合中也存在着错误的整周模糊度，那么 σ_{first} 与 σ_{sec} 的差异就不显著。具体采用 Fisher 分布检验统计量来检验

$$\frac{\sigma_{\text{sec}}^2}{\sigma_{\text{first}}^2} \geqslant F(u, f, 1 - \alpha/2) \tag{11.41}$$

11.3.4 LAMBDA

我们首先分析模糊度搜索准则 $(\hat{z}_f - z)^{\mathrm{T}} \boldsymbol{Q}_{\hat{z}_f}^{-1} (\hat{z}_f - z) = \min$，若 $\boldsymbol{Q}_{\hat{z}_f}$ 为对角矩阵，那么采用四舍五入法对所有实数模糊度逐个取整即可得到最优解，此时搜索准则退化为

$$(\hat{z}_f - z)^{\mathrm{T}} \boldsymbol{Q}_{\hat{z}_f}^{-1} (\hat{z}_f - z) = \min \Leftrightarrow \sum_{i=1}^{n} \frac{(\hat{z}_{f,i} - z_i)^2}{\sigma_{\hat{z}_{f,i}}^2} = \min \tag{11.42}$$

然而，实际应用中 $\boldsymbol{Q}_{\hat{z}_f}$ 并不是对角矩阵，且大部分时候（特别在快速定位中）模糊度之间具有较强的相关性，显然此时采用四舍五入法得到的模糊度容易错误，因此我们需要将极值问题转换为一个搜索问题，给定一个正常数 χ^2，则

$$q(z) = (\hat{z}_f - z)^{\mathrm{T}} \boldsymbol{Q}_{\hat{z}_f}^{-1} (\hat{z}_f - z) \leqslant \chi^2 \tag{11.43}$$

显然对于二维情景，上式对应一个搜索椭圆；对于三维，则对应一个搜索椭球；当大于三维时，则对应一个超椭球体。注意这里的 χ^2 取值比较重要，因为一旦取值太小，则在对应的椭球体内可能不包含整数，取值太大则导致搜索椭球体较大，搜索效率较低。一般可采用四舍五入整数解代入二次型计算 χ^2，那么该椭球体内至少包含一个整数解。

下面我们介绍整数解的搜索过程。将协方差矩阵的楚列斯基分解 $\boldsymbol{Q}_{\hat{z}_f} = \boldsymbol{LDL}^{\mathrm{T}}$ 代入式(11.43)得

$$(\hat{z}_f - z)^{\mathrm{T}} \boldsymbol{Q}_{\hat{z}_f}^{-1} (\hat{z}_f - z) = \sum_{j=1}^{n} \frac{(\hat{z}_{f,j|J} - z_j)^2}{\sigma_{j|J}^2} \leqslant \chi^2 \tag{11.44}$$

其中，$\boldsymbol{D} = \mathrm{diag}([\sigma_1^2, \sigma_{2|1}^2, \cdots, \sigma_{j|J}^2, \cdots, \sigma_{n|N}^2])$，$\boldsymbol{L}^{-1}\hat{z}_f = [\hat{z}_{f,1}, \hat{z}_{f,2|1}, \cdots, \hat{z}_{f,j|J}, \cdots, \hat{z}_{f,n|N}]^{\mathrm{T}}$。模糊度搜索的目的是要遍历到搜索椭球体内所有的备选整数解，一旦找到所有的备选整数解，就可代入它们对应的二次型。具体过程是逐个确定出每一个模糊度的备选整数从而构成备选整数向量。从第一个模糊度开始构成 n 个不等式

$$
\begin{aligned}
&(\hat{z}_{f,1} - z_1)^2 \leqslant \sigma_1^2 \chi^2 \\
&(\hat{z}_{f,2|1} - z_2)^2 \leqslant \sigma_{2|1}^2 \left(\chi^2 - \frac{(\hat{z}_{f,1} - z_1)^2}{\sigma_1^2}\right) \\
&\vdots \\
&(\hat{z}_{f,j|J} - z_j)^2 \leqslant \sigma_{j|J}^2 \left(\chi^2 - \sum_{k=1}^{j-1} \frac{(\hat{z}_{f,k|K} - z_k)^2}{\sigma_{k|K}^2}\right) \\
&\vdots
\end{aligned}
$$

$$(\hat{z}_{f,n|N} - z_n)^2 \leqslant \sigma_{n|N}^2\left(\chi^2 - \sum_{k=1}^{n-1}\frac{(\hat{z}_{f,k|K} - z_k)^2}{\sigma_{k|K}^2}\right) \tag{11.45}$$

首先根据第一个不等式可确定出第一个模糊度的备选整数,将备选整数代入第二个不等式可以确定出第二个模糊度的备选整数,然后将第一和第二个模糊度的备选整数代入第三个不等式可确定出第三个模糊度的备选整数,以此类推可以确定出一个整数备选向量,将该向量代入式(11.43)可计算出该整数向量对应的二次型 $q(z)$。

图 11.2 给出了一个三维模糊度搜索的例子,对于三维示例,对应式(11.45)中包含三个不等式。首先根据第一个不等式确定出第一个模糊度备选整数解有 5 个,记为 1、2、3、4 和 5。然后先将 1 代入第二个不等式,则可确定第二个模糊度备选整数解有 3 个,记为 1、2、3。然后将第一个和第二个模糊度备选整数 1 和 1 同时代入第三个不等式,遗憾的是该不等式不能找到整数解,即在整数解 1 和 1 条件下不能找出一组完整的整数向量。再将第一个和第二个模糊度备选整数 1 和 2 同时代入第三个不等式,确定出了唯一的整数解 5,此时得到唯一整数解向量$[1,2,5]^T$。继续将第一个和第二个模糊度备选整数 1 和 3 同时代入第三个不等式,确定出了唯一的整数解 6,此时得到唯一组整数解向量$[1,3,6]^T$。

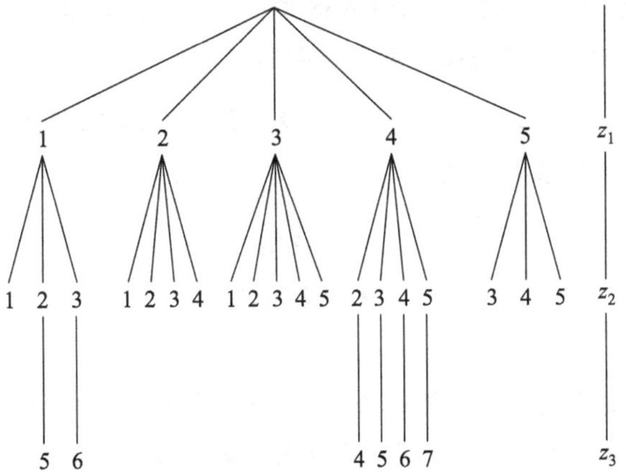

图 11.2 三维模糊度搜索过程示意图

由于此时第二个模糊度的备选整数解已经遍历完毕,退回第一个备选整数解,即将第一个模糊度的备选整数 2 代入第二个不等式,确定出第二个模糊度备选整数解有 4 个,记为 1、2、3、4。类似地,对第一个模糊度整数解 2 分别联合第二个模糊度的所有备选整数解代入第三个不等式,很遗憾没有得到整数向量。

以此类推,通过逐个更换第一个和第二个模糊度的备选整数,搜索出所有的备选整数向量。在该算例中,我们在椭球体内一共得到了 6 组备选整数向量,然后将这些备选向量分别代入式(11.43)计算对应的二次型 $q(z)$,对应 $q(z)$ 最小的整数解即为最优解。

在上述三维模糊度搜索过程的示例中,存在较多的搜索"死节点",也就是说有较多次搜索没有得到完整的三维整数向量,例如 $z_1=1, z_2=1$ 时,没有找到对应的 z_3;$z_2=2$,z_2 为 1、2、

3、4 时，均没有找到对应的 z_3。这种搜索现象称为搜索蹒跚不前(search halting)，也就是说该搜索过程作了大量的无用功。从几何的角度来看(下文再详细举例说明)，导致这一现象的原因是该三维模糊度搜索椭球的形状“扁”“狭长”，椭球的三个主轴与三个模糊度坐标轴夹角较大，且三个模糊度的搜索区间大小相差较大。搜索椭球的形状和方向，以及每个模糊度的搜索区间是完全由浮点模糊度的方差-协方差矩阵 $\boldsymbol{Q}_{\hat{z}_f}$ 确定的。在理想情况下，当浮点模糊度的方差-协方差矩阵 $\boldsymbol{Q}_{\hat{z}_f}$ 是完全对角矩阵时，则搜索椭球的三个主轴与三个模糊度坐标轴的指向是完全相同的，即搜索椭球没有倾斜；再当所有浮点模糊度的精度相等时，则搜索模糊度的搜索区间是相同的。此时搜索椭球退化为三维球体。在这种情况下，将能有效减少搜索“死节点”，提高搜索效率。

长期以来模糊度固定是整个 GNSS 精密定位研究的热点，其主要研究内容之一就是如何提高搜索效率，因为没有高效率的搜索技术就不能满足快速和实时定位的需求。加之随着多频多模 GNSS 的发展和联合应用，当前的 GNSS 定位有大量的观测数据，导致解的整数模糊度数量成倍增加。早在 20 世纪 90 年代，Teunissen 教授率先提出了一种浮点模糊度方差-协方差的降相关技术，并以此为核心发明了 LAMBDA(least squares ambiguity decorrelation adjustment)方法，该方法已成为当前 GNSS 模糊度固定的标准方法。下面将重点介绍去相关技术，并阐述它是如何改善模糊度搜索效率的。

对于浮点模糊度为 $\hat{\boldsymbol{a}}$、方差-协方差矩阵为 $\boldsymbol{Q}_{\hat{a}}$，采用 $\boldsymbol{Z}$ 矩阵对模糊度进行变换，变换后的浮点模糊度及其方差-协方差矩阵为

$$\begin{cases} \hat{z} = \boldsymbol{Z}^{\mathrm{T}} \hat{\boldsymbol{a}} \\ \boldsymbol{Q}_{\hat{z}} = \boldsymbol{Z}^{\mathrm{T}} \boldsymbol{Q}_{\hat{a}} \boldsymbol{Z} \end{cases} \tag{11.46}$$

该变换必须满足三个条件：

① 为保证变换后的模糊度保持整数特性，变换矩阵 $\boldsymbol{Z}$ 的所有元素必须是整数；

② 变换前后保持体积不变，即 $\boldsymbol{Z}$ 矩阵的行列式满足 $|\boldsymbol{Z}| = \pm 1$；

③ 该变换要能有较小浮点模糊度的相关性。

满足以上三个条件的变换矩阵在数学上称为幺阵(unimodel matrix)。对于满足上述三个条件的幺阵，其逆变换矩阵 $\boldsymbol{Z}^{-1}$ 的所有元素也必然是整数。

对于一个二维的模糊度参数，其浮点模糊度和方差-协方差矩阵的具体形式为

$$\hat{\boldsymbol{a}} = \begin{bmatrix} \hat{a}_1 \\ \hat{a}_2 \end{bmatrix}, \quad \boldsymbol{Q}_{\hat{a}} = \begin{bmatrix} \sigma_{\hat{a}_1}^2 & \sigma_{\hat{a}_1\hat{a}_2} \\ \sigma_{\hat{a}_2\hat{a}_1} & \sigma_{\hat{a}_2}^2 \end{bmatrix} \tag{11.47}$$

采用高斯变换得

$$\begin{bmatrix} \hat{z}_1 \\ \hat{z}_2 \end{bmatrix} = \begin{bmatrix} 1 & 0 \\ \alpha & 1 \end{bmatrix} \begin{bmatrix} \hat{a}_1 \\ \hat{a}_2 \end{bmatrix}, \quad \boldsymbol{Q}_{\hat{z}} = \begin{bmatrix} 1 & 0 \\ \alpha & 1 \end{bmatrix} \boldsymbol{Q}_{\hat{a}} \begin{bmatrix} 1 & \alpha \\ 0 & 1 \end{bmatrix} \tag{11.48}$$

可以看到，通过高斯变换后，$\hat{a}_1$ 保持不变，其方差也保持不变；$\hat{a}_2$ 发生了变化，其方差

变为

$$\sigma_{\hat{z}_2}^2 = \alpha^2\sigma_{\hat{a}_1}^2 + 2\alpha\sigma_{\hat{a}_2\hat{a}_1} + \sigma_{\hat{a}_2}^2 \tag{11.49a}$$

$$\sigma_{\hat{z}_2\hat{z}_1} = \alpha\sigma_{\hat{a}_1}^2 + \sigma_{\hat{a}_2\hat{a}_1} \tag{11.49b}$$

由于我们的主要目标是降低浮点模糊度的相关性，即要求 $\sigma_{\hat{z}_2\hat{z}_1}=0$，则 $\alpha=-\sigma_{\hat{a}_2\hat{a}_1}/\sigma_{\hat{a}_1}^2$。将其代入式(11.48)，得到

$$\begin{bmatrix}\hat{z}_1\\ \hat{z}_2\end{bmatrix} = \begin{bmatrix}1 & 0\\ -\dfrac{\sigma_{\hat{a}_2\hat{a}_1}}{\sigma_{\hat{a}_1}^2} & 1\end{bmatrix}\begin{bmatrix}\hat{a}_1\\ \hat{a}_2\end{bmatrix} = \begin{bmatrix}\hat{a}_1\\ \hat{a}_2 - \dfrac{\sigma_{\hat{a}_2\hat{a}_1}}{\sigma_{\hat{a}_1}^2}\hat{a}_1\end{bmatrix} = \begin{bmatrix}\hat{a}_1\\ \hat{a}_{2|1}\end{bmatrix} \tag{11.50a}$$

$$Q_{\hat{z}} = \begin{bmatrix}\sigma_{\hat{z}_1}^2 & \sigma_{\hat{z}_1\hat{z}_2}\\ \sigma_{\hat{z}_2\hat{z}_1} & \sigma_{\hat{z}_2}^2\end{bmatrix} = \begin{bmatrix}\sigma_{\hat{a}_1}^2 & 0\\ 0 & \sigma_{\hat{a}_2}^2 - \dfrac{\sigma_{\hat{a}_2\hat{a}_1}\sigma_{\hat{a}_1\hat{a}_2}}{\sigma_{\hat{a}_1}^2}\end{bmatrix} = \begin{bmatrix}\sigma_{\hat{a}_1}^2 & 0\\ 0 & \sigma_{\hat{a}_{2|1}}^2\end{bmatrix} \tag{11.50b}$$

从上述变换可以看到，$\hat{z}_2$ 是在 $\hat{z}_1$ 确定的基础上确定的，$\hat{z}_2$ 的方差为

$$\sigma_{\hat{z}_2}^2 = \sigma_{\hat{a}_2}^2 - \frac{\sigma_{\hat{a}_2\hat{a}_1}\sigma_{\hat{a}_1\hat{a}_2}}{\sigma_{\hat{a}_1}^2} \tag{11.51}$$

可以清楚地看到，变换后的模糊度方差 $\sigma_{\hat{z}_2}^2$ 小于变换前的模糊度方差 $\sigma_{\hat{a}_2}^2$。因此，上述高斯变换满足了变换的后两个条件，但是无法满足第一个条件，即高斯变换没有确保所有的元素为整数，即破坏了模糊度的整数特性。因此，高斯变换附加整数条件得到整数高斯变换矩阵

$$\boldsymbol{Z}^{\mathrm{T}} = \begin{bmatrix}1 & 0\\ -\left[\dfrac{\sigma_{\hat{a}_2\hat{a}_1}}{\sigma_{\hat{a}_1}^2}\right] & 1\end{bmatrix} \tag{11.52}$$

整数高斯变换后的模糊度为

$$\begin{bmatrix}\hat{z}_1\\ \hat{z}_2\end{bmatrix} = \begin{bmatrix}1 & 0\\ -\left[\dfrac{\sigma_{\hat{a}_2\hat{a}_1}}{\sigma_{\hat{a}_1}^2}\right] & 1\end{bmatrix}\begin{bmatrix}\hat{a}_1\\ \hat{a}_2\end{bmatrix} = \begin{bmatrix}\hat{a}_1\\ \hat{a}_2 - \left[\dfrac{\sigma_{\hat{a}_2\hat{a}_1}}{\sigma_{\hat{a}_1}^2}\right]\hat{a}_1\end{bmatrix} = \begin{bmatrix}\hat{a}_1\\ \hat{a}_{2|1}\end{bmatrix} \tag{11.53a}$$

$$\boldsymbol{Q}_{\hat{z}} = \begin{bmatrix}\sigma_{\hat{z}_1}^2 & \sigma_{\hat{z}_1\hat{z}_2}\\ \sigma_{\hat{z}_2\hat{z}_1} & \sigma_{\hat{z}_2}^2\end{bmatrix} = \begin{bmatrix}\sigma_{\hat{a}_1}^2 & 0\\ 0 & \left[\dfrac{\sigma_{\hat{a}_2\hat{a}_1}}{\sigma_{\hat{a}_1}^2}\right]^2\sigma_{\hat{a}_1}^2 - 2\left[\dfrac{\sigma_{\hat{a}_2\hat{a}_1}}{\sigma_{\hat{a}_1}^2}\right]\sigma_{\hat{a}_2\hat{a}_1} + \sigma_{\hat{a}_2}^2\end{bmatrix} \tag{11.53b}$$

其中，[·]表示四舍五入取整。显然，$\left|\dfrac{\sigma_{\hat{a}_2\hat{a}_1}}{\sigma_{\hat{a}_1}^2}\right| < \dfrac{1}{2}$ 时，$\boldsymbol{Z}^{\mathrm{T}} = \begin{bmatrix}1 & 0\\ 0 & 1\end{bmatrix}$。即该整数高斯变换将不起作用。换句话说，此时在整数去相关变化的意义下，已经认为原始浮点模糊度具有最小的相关性，应该直接在其$(\hat{\boldsymbol{a}}, \boldsymbol{Q}_{\hat{a}})$进行搜索。

下面用一个简单的二维模糊度例子来说明去相关的过程，用算例展示去相关变换是如何降低模糊度之间的相关性的。假如进行最小二乘平差之后，得到的浮点模糊度以及相应的方差-协方差矩阵分别为

$$\hat{\boldsymbol{a}}=\begin{bmatrix}\hat{a}_1\\\hat{a}_2\end{bmatrix}=\begin{bmatrix}1.05\\1.30\end{bmatrix},\quad \boldsymbol{Q}_{\hat{a}}=\begin{bmatrix}\sigma_{\hat{a}_1}^2 & \sigma_{\hat{a}_1\hat{a}_2}\\\sigma_{\hat{a}_2\hat{a}_1} & \sigma_{\hat{a}_2}^2\end{bmatrix}=\begin{bmatrix}53.4 & 38.4\\38.4 & 28.0\end{bmatrix} \tag{11.54a}$$

可以计算两个模糊度的相关系数为 $\rho=\dfrac{\sigma_{\hat{a}_1\hat{a}_2}}{\sigma_{\hat{a}_1}\sigma_{\hat{a}_2}}=0.986$。去相关过程不仅是要降低模糊度之间的相关性，还需要尽量减小模糊度方差，实现所有模糊度的方差大小尽量一致，这样才能使所有的搜索区间大小接近，有效避免搜索“死节点”。由于模糊度 $\hat{a}_1$ 比 $\hat{a}_2$ 的方差大，$\sigma_{\hat{a}_1}^2>\sigma_{\hat{a}_2}^2$，因此我们在构造 $\boldsymbol{Z}_1$ 变换矩阵时首先考虑减小 $\hat{a}_1$ 的方差，故构造整数高斯变换矩阵

$$\boldsymbol{Z}_1^{\mathrm{T}}=\begin{bmatrix}1 & -\left[\dfrac{\sigma_{\hat{a}_1\hat{a}_2}}{\sigma_{\hat{a}_2}^2}\right]\\0 & 1\end{bmatrix}=\begin{bmatrix}1 & -1\\0 & 1\end{bmatrix} \tag{11.54b}$$

则变换后的方差-协方差矩阵为

$$\boldsymbol{Z}_1^{\mathrm{T}}\hat{\boldsymbol{a}}=\begin{bmatrix}-0.25\\1.30\end{bmatrix},\quad \boldsymbol{Z}_1^{\mathrm{T}}\boldsymbol{Q}_{\hat{a}}\boldsymbol{Z}_1=\begin{bmatrix}4.6 & 10.4\\10.4 & 28.0\end{bmatrix} \tag{11.54c}$$

经过整数高斯变换后，第一个模糊度的方差显著减小，且两个模糊度的相关系数为 $\dfrac{10.4}{\sqrt{4.6}\times\sqrt{28}}\approx0.916\,8$。相关系数较原始模糊度 0.986 有所减小，但相关系数依然较大，我们尝试继续去相关变换。此时，由于第二个模糊度的方差大于第一个模糊度的方差，因此构造整数高斯变换矩阵为

$$\boldsymbol{Z}_2^{\mathrm{T}}=\begin{bmatrix}1 & 0\\-\left[\dfrac{10.4}{4.6}\right] & 1\end{bmatrix}=\begin{bmatrix}1 & 0\\-2 & 1\end{bmatrix} \tag{11.54d}$$

则变换后的方差-协方差矩阵为

$$\hat{\boldsymbol{z}}=\boldsymbol{Z}_2^{\mathrm{T}}\boldsymbol{Z}_1^{\mathrm{T}}\hat{\boldsymbol{a}}=\begin{bmatrix}-0.25\\1.80\end{bmatrix},\quad \boldsymbol{Q}_{\hat{z}}=\boldsymbol{Z}_2^{\mathrm{T}}\boldsymbol{Z}_1^{\mathrm{T}}\boldsymbol{Q}_{\hat{a}}\boldsymbol{Z}_1\boldsymbol{Z}_2=\begin{bmatrix}4.6 & 1.2\\1.2 & 4.8\end{bmatrix} \tag{11.54e}$$

此时，由于 $\left|\dfrac{\sigma_{\hat{z}_1\hat{z}_2}}{\sigma_{\hat{z}_1}^2}\right|<1/2$ 和 $\left|\dfrac{\sigma_{\hat{z}_1\hat{z}_2}}{\sigma_{\hat{z}_2}^2}\right|<1/2$，即无法再通过整数高斯变换降低相关性。事实上，此时两个模糊度的相关系数为 $\dfrac{1.2}{\sqrt{4.6}\times\sqrt{4.8}}\approx0.255\,4$，其相关性已较原始模糊度的相关性明显降低。定义多次整数变换的整体变换矩阵为 $\boldsymbol{Z}=\boldsymbol{Z}_1\boldsymbol{Z}_2$，则去相关变换可表示为

$$\hat{\boldsymbol{z}}=\boldsymbol{Z}_2^{\mathrm{T}}\boldsymbol{Z}_1^{\mathrm{T}}\hat{\boldsymbol{a}}=\boldsymbol{Z}^{\mathrm{T}}\hat{\boldsymbol{a}},\quad \boldsymbol{Q}_{\hat{z}}=\boldsymbol{Z}_2^{\mathrm{T}}\boldsymbol{Z}_1^{\mathrm{T}}\boldsymbol{Q}_{\hat{a}}\boldsymbol{Z}_1\boldsymbol{Z}_2=\boldsymbol{Z}^{\mathrm{T}}\boldsymbol{Q}_{\hat{a}}\boldsymbol{Z} \tag{11.54f}$$

上述示例表明：① 整数去相关变换是一个多次变换过程，每次变换可以从减小方差最

大的模糊度入手；② 整数变换能有效减小模糊度方差，使得各个模糊度方差比较接近；③ 整数变换可有效降低模糊度之间的相关性。

下面我们从几何的角度分析去相关的意义。图 11.3 给出了去相关前后模糊度搜索椭圆（这里我们取 $\chi^2=1$）。显然，去相关后的搜索椭圆更接近圆，椭圆的两个轴长短更加接近（即两个模糊度的精度更加接近，$|\sigma_{\hat{z}_1}^2-\sigma_{\hat{z}_2}^2|<|\sigma_{\hat{a}_1}^2-\sigma_{\hat{a}_2}^2|$），两个椭圆轴与模糊度轴的夹角更小，而该夹角对应相关系数，相关系数越小夹角越小。

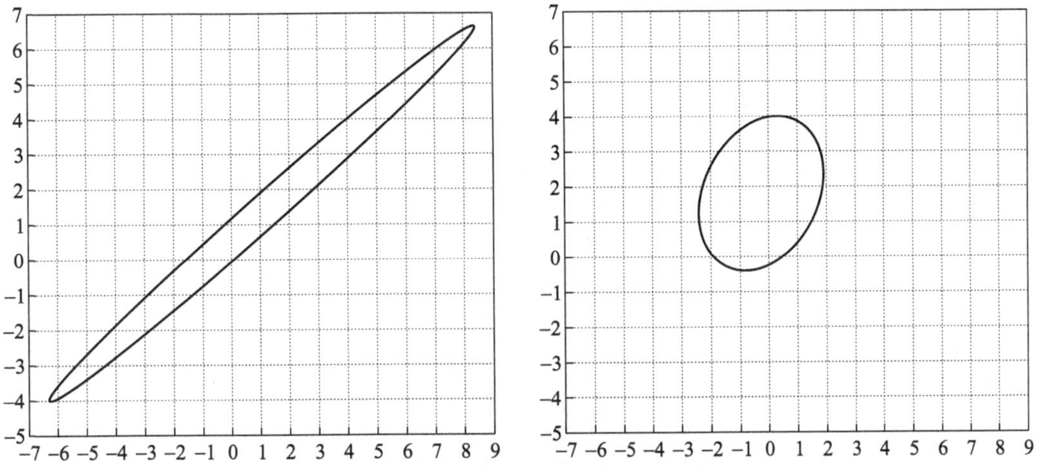

图 11.3 去相关前后二维模糊度搜索椭圆

下面我们分析基于原始模糊度和基于去相关后模糊度搜索过程，根据确定模糊度搜索区间的不等式（11.45），对于本算例则存在两个不等式（这里取 $\chi^2=1$）

$$(\hat{a}_1-a_1)^2\leqslant\sigma_{\hat{a}_1}^2$$

$$(\hat{a}_{2|1}-a_2)^2\leqslant\sigma_{\hat{a}_2|\hat{a}_1}^2\left(1-\frac{(\hat{a}_1-a_1)^2}{\sigma_{\hat{a}_1}^2}\right)\tag{11.55a}$$

将具体数值（11.54a）代入第一个不等式，得

$$|1.05-a_1|\leqslant 7.3075\Rightarrow a_1\in\{-6,-5,\cdots,8\}\tag{11.55b}$$

将 $\sigma_{\hat{a}_2|\hat{a}_1}^2=\sigma_{\hat{a}_2}^2-\dfrac{\sigma_{\hat{a}_2\hat{a}_1}\sigma_{\hat{a}_1\hat{a}_2}}{\sigma_{\hat{a}_1}^2}=0.386\ 5$ 和 $\hat{a}_{2|1}=\hat{a}_2-\dfrac{\sigma_{\hat{a}_2\hat{a}_1}}{\sigma_{\hat{a}_1}^2}\hat{a}_1=0.544\ 9$ 的具体数值以及第一个不等式确定的整数 a_1 代入第二个不等式，得

$$0.5449-\sqrt{0.3865-\frac{(1.05-a_1)^2}{138.8889}}\leqslant a_2\leqslant 0.5449+\sqrt{0.3865-\frac{(1.05-a_1)^2}{138.8889}}\tag{11.55c}$$

将第一个不等式确定的第一个模糊度备选整数（11.55b）逐个代入式（11.55c），则可确定出第二个模糊度的备选整数。

图 11.4 给出了模糊度搜索树。在基于原始模糊度搜索时，若从第一个模糊度开始，则

存在 16 个备选整数，然后逐个代入第二个约束方程(11.55c)。显然对于 $a_1 \in \{-6,7,8\}$ 时，没有找到第二个模糊度的备选整数，即碰到"死节点"，浪费搜索时间。然而在去相关后的搜索树中，每个备选整数 z_1 都能找到相应的备选整数 z_2，提高了搜索效率。

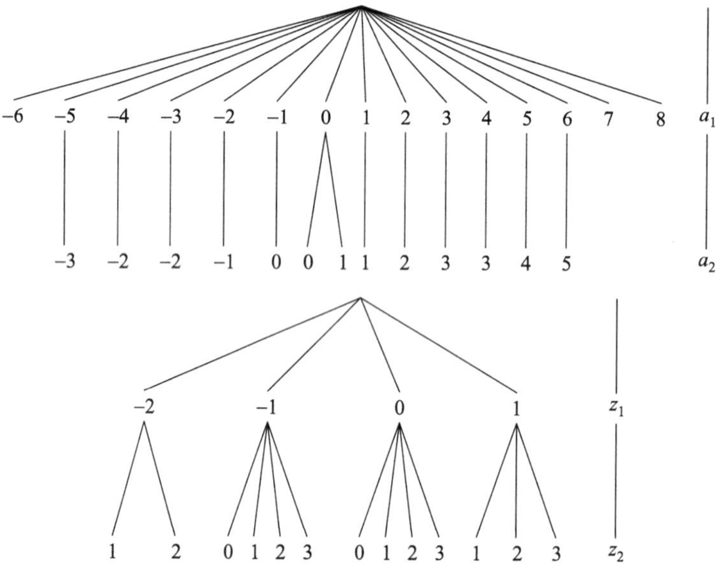

图 11.4 去相关前后二维模糊度搜索椭圆

最后值得一提的是，基于去相关搜索固定了模糊度后，即 $\check{z}=[\check{z}_1,\check{z}_2]^{\mathrm{T}}$，需要通过逆变换 $\boldsymbol{Z}^{-\mathrm{T}}$ 将模糊度转换到原始的模糊度 $\check{\boldsymbol{a}}=\boldsymbol{Z}^{-\mathrm{T}}\check{\boldsymbol{z}}$。

我们再来给出一个需要经过三次整数变换的二维模糊度去相关例子，浮点模糊度对应的方差-协方差矩阵为

$$\boldsymbol{Q}_{\hat{a}}=\begin{bmatrix}4.971\ 8 & 3.873\ 3\\ 3.873\ 3 & 3.018\ 8\end{bmatrix} \tag{11.56}$$

对应的相关系数为 $\rho=\dfrac{\sigma_{\hat{a}_1\hat{a}_2}}{\sigma_{\hat{a}_1}\sigma_{\hat{a}_2}}=0.999\ 8$。构造整数变换矩阵进行第一次去相关

$$\boldsymbol{Z}_1^{\mathrm{T}}=\begin{bmatrix}1 & 0\\ -1 & 1\end{bmatrix},\quad \boldsymbol{Z}_1^{\mathrm{T}}\boldsymbol{Q}_{\hat{a}}\boldsymbol{Z}_1=\begin{bmatrix}4.971\ 8 & -1.098\ 5\\ -1.098\ 5 & 0.244\ 0\end{bmatrix},\quad \rho=-0.997\ 4 \tag{11.57}$$

构造整数变换矩阵进行第二次去相关

$$\boldsymbol{Z}_2^{\mathrm{T}}=\begin{bmatrix}1 & 5\\ 0 & 1\end{bmatrix},\quad \boldsymbol{Z}_2^{\mathrm{T}}\boldsymbol{Z}_1^{\mathrm{T}}\boldsymbol{Q}_{\hat{a}}\boldsymbol{Z}_1\boldsymbol{Z}_2=\begin{bmatrix}0.868\ 0 & 0.121\ 5\\ 0.121\ 5 & 0.244\ 0\end{bmatrix},\quad \rho=0.834\ 9 \tag{11.58}$$

构造整数变换矩阵进行第三次去相关

$$\boldsymbol{Z}_3^{\mathrm{T}}=\begin{bmatrix}1 & 0\\ -1 & 1\end{bmatrix},\quad \boldsymbol{Z}_3^{\mathrm{T}}\boldsymbol{Z}_2^{\mathrm{T}}\boldsymbol{Z}_1^{\mathrm{T}}\boldsymbol{Q}_{\hat{a}}\boldsymbol{Z}_1\boldsymbol{Z}_2\boldsymbol{Z}_3=\begin{bmatrix}0.086\ 8 & 0.034\ 7\\ 0.034\ 7 & 0.087\ 8\end{bmatrix},\quad \rho=0.397\ 5 \tag{11.59}$$

至此,由于 $\left|\dfrac{0.0347}{0.0868}\right|<0.5$ 和 $\left|-\dfrac{0.0347}{0.0878}\right|<0.5$,去相关变换到此结束。三次变换得到的整数变换矩阵为

$$\mathbf{Z}^{\mathrm{T}}=\mathbf{Z}_3^{\mathrm{T}}\mathbf{Z}_2^{\mathrm{T}}\mathbf{Z}_1^{\mathrm{T}}=\begin{bmatrix}-4 & 5\\ 3 & -4\end{bmatrix} \tag{11.60}$$

图 11.5 给出了原始模糊度搜索椭圆,以及三次去相关后对应的模糊度搜索椭圆。显然随着迭代去相关的推进,搜索椭圆更加接近圆,对应的搜索树的"死节点"也越来越少,搜索效率将得到显著提升。

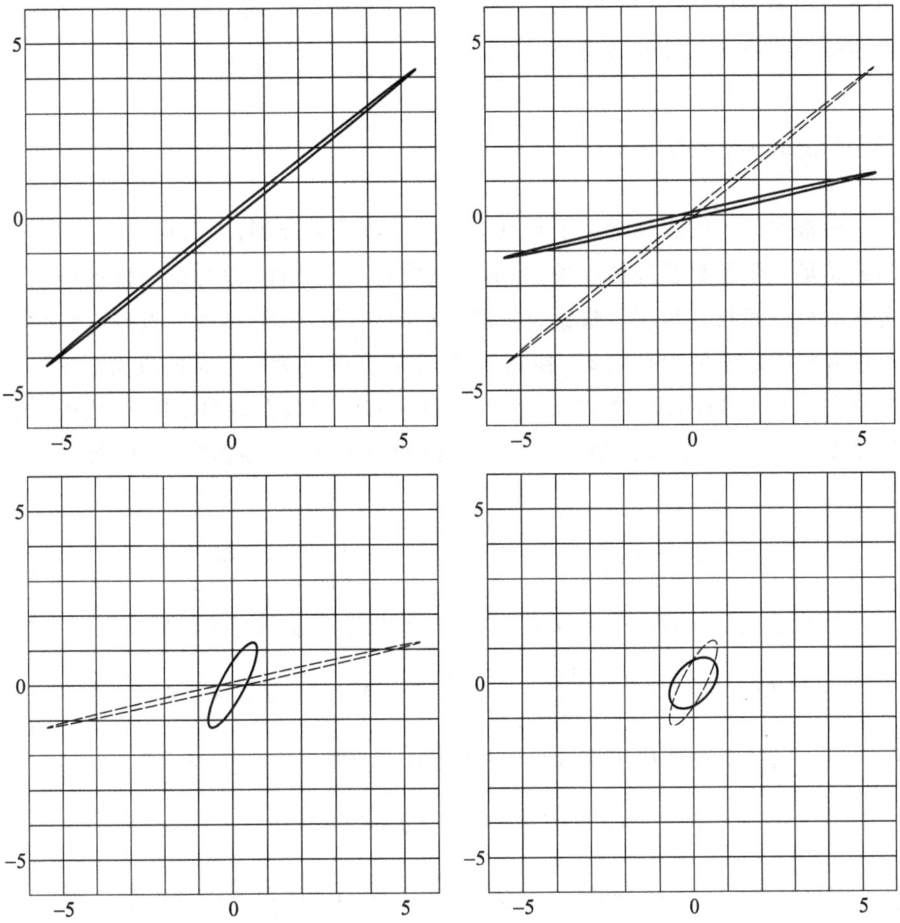

图 11.5 去相关前以及三次去相关对应模糊度搜索椭圆

11.4 模糊度质量控制方法

随着对整数估计理论研究的不断深入,对整数估值可靠性的研究越来越被重视。在实数模型参数估计中,通常采用方差-协方差矩阵来刻画参数估值的精度,然而,由于整数的非连续性(离散性),而无法找到与其对应的方差-协方差矩阵来描述整数估值的精度。通常采用成功概率和显著性检验(ratio 检验)指标来描述整数估值的有效性。本节将阐述成功概率和显著性检验的概念和计算方法。

11.4.1 成功概率的概念

任何一种整数估计方法都定义了与其对应的整数求解准则,即对应唯一的映射函数,且该映射函数满足三个整数容许估计条件,加之整数的离散特性,即对每一整数估值都有唯一的映射实数取整空间与其对应。根据整数取整空间 $S_{\boldsymbol{a}}$ 的定义,凡是落入该取整空间的实数都可以通过取整函数映射为整数 $\boldsymbol{a}$。换句话说,模糊度固定为整数 $\boldsymbol{a}$ 的成功概率可定义为实数落入取整空间 $S_{\boldsymbol{a}}$ 的概率,即浮点模糊度解的概率密度函数在取整空间 $S_{\boldsymbol{a}}$ 内的积分值。当假设观测模型完全正确,且观测值只受到高斯白噪声影响时,根据定义,整数 $\boldsymbol{a}$ 的成功概率表示为

$$P_{\mathrm{S}}=P(\check{\boldsymbol{a}}=\boldsymbol{a})=P(\hat{\boldsymbol{a}}\in S_{\boldsymbol{a}})=\int_{S_{\boldsymbol{a}}}f_{\hat{a}}(\boldsymbol{x}\mid\boldsymbol{a})\,\mathrm{d}\boldsymbol{x} \tag{11.61}$$

其中,$\check{\boldsymbol{a}}$ 表示模糊度的固定解,$f_{\hat{a}}(\boldsymbol{x}\mid\boldsymbol{a})$ 为均值为 $\boldsymbol{a}$ 的浮点模糊度 $\hat{\boldsymbol{a}}$ 的概率密度函数

$$f_{\hat{a}}(\boldsymbol{x}\mid\boldsymbol{a})=\frac{1}{\sqrt{\det(2\pi\boldsymbol{Q}_{\hat{a}\hat{a}})}}\exp\left\{-\frac{1}{2}(\boldsymbol{x}-\boldsymbol{a})^{\mathrm{T}}\boldsymbol{Q}_{\hat{a}\hat{a}}^{-1}(\boldsymbol{x}-\boldsymbol{a})\right\} \tag{11.62}$$

根据取整空间的整数平移不变性质,整数 $\boldsymbol{z}$ 的成功概率也可以表示为

$$P_{\mathrm{S}}=P(\check{\boldsymbol{a}}=0)=\int_{S_{\boldsymbol{a}}}f_{\hat{a}}(\boldsymbol{x}\mid\boldsymbol{0})\,\mathrm{d}\boldsymbol{x} \tag{11.63}$$

其中,$f_{\hat{a}}(\boldsymbol{x}\mid\boldsymbol{0})=\dfrac{1}{\sqrt{\det(2\pi\boldsymbol{Q}_{\hat{a}\hat{a}})}}\exp\left\{-\dfrac{1}{2}\boldsymbol{x}^{\mathrm{T}}\boldsymbol{Q}_{\hat{a}\hat{a}}^{-1}\boldsymbol{x}\right\}$ 表示零均值的概率密度函数。图 11.6 示意了二维整数最小二乘法对应的成功概率计算。左图表示二维浮点模糊度的概率密度函数,下面表示的是最小二乘取整空间;右图表示固定不同整数解的成功概率,即概率密度函数在不同整数对应取整空间内的积分。该算例表明,模糊度固定为整数 $[0,0]^{\mathrm{T}}$ 的成功概率最大,固定成其他整数解的概率远小于该整数解。

成功概率的计算不需要浮点模糊度解的本身数值,只需已知浮点模糊度的方差-协方差矩阵。换句话说,我们事先可以根据观测模型、观测值方差-协方差矩阵等信息,而不需要观

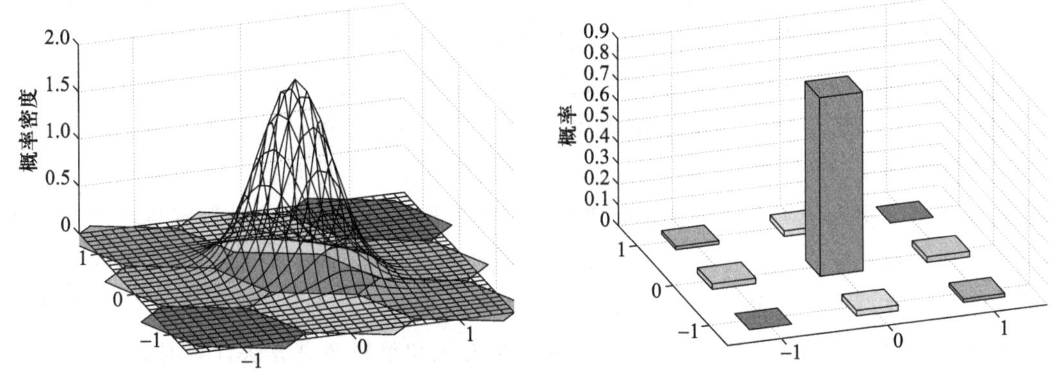

图 11.6 二维浮点模糊度概率密度函数及其 ILS 成功概率

测值本身信息即可计算模糊度的方差-协方差矩阵,从而计算模糊度的成功概率。当得到的成功概率大于我们设定的阈值(比如 99.99%),则可认为我们有希望成功固定模糊度;然而小于该阈值时,则认为固定模糊度的风险较大。在实际应用中,模糊度成功概率只受到观测模型(观测几何强度)、观测值方差-协方差矩阵的影响,通常当模糊度成功概率较低时,通过多历元累计观测即能容易达到较高的成功概率。然而,值得一提的是,上述模糊度成功概率的计算是基于模糊度浮点解是无偏的,即观测模型完全正确,只受到随机噪声的影响。然而在实际应用中,由于 GNSS 大气误差、多路径误差等误差的影响,浮点模糊度本身不可能完全满足无偏正态分布,这就导致以成功概率为准则判断模糊度整数固定解的可靠性是不足为信的,因此在实际应用中,要特别注意非随机噪声的有效消除,尽量确保观测模型不含有未模型化的误差。例如,在基线较短时,双差观测值较好地消除了所有误差,只有随机噪声的影响,此时采用成功概率能较好地反映模糊度固定的可靠性。

11.4.2 成功概率的数值计算

根据成功概率的定义可以看到,因为不同整数估计方法的取整空间不同,因此,四舍五入(IR)、整数序贯(IB)和整数最小二乘法(ILS)的成功概率计算不同。研究表明这三种方法的成功概率满足

$$P(\check{\boldsymbol{a}}_{\mathrm{IR}} = \boldsymbol{z}) \leqslant P(\check{\boldsymbol{a}}_{\mathrm{IB}} = a) \leqslant P(\check{\boldsymbol{a}}_{\mathrm{ILS}} = \boldsymbol{a}) \tag{11.64}$$

对于给定一组浮点模糊度,采用四舍五入的成功概率小于整数序贯的成功概率,而整数最小二乘法的成功概率最大。三种方法的成功概率大小的顺序与这些方法的复杂度相反。四舍五入是最简单的,完全忽略了模糊度的相关性,直接对每个模糊度元素四舍五入取整;整数序贯考虑了模糊度之间的部分相关性;而整数最小二乘法是最复杂的,需要采用搜索方法求解。三种方法的成功概率也暗含着四舍五入成功概率是整数序贯成功概率的下界,整数序贯成功概率是整数最小二乘法成功概率的下界。因此,在实际应用中,当整数序贯的成

功概率已经大于设定的阈值时，整数最小二乘法的成功概率也必然大于阈值；同时当整数序贯的成功概率小于阈值时，四舍五入的成功概率也必然小于阈值。

由于不同整数估计方法取整空间的复杂度不同，因此不是所有的整数估计方法都能推导出成功概率计算解析公式，有时候甚至难以采用数值方法精确计算成功概率。如果不能精确求得成功概率，那么如何尽可能地逼近真实成功概率就十分重要。成功概率的下界表示真实成功概率将大于等于该下界。而成功概率的上界则表示真实成功概率将小于或等于该上界。如果用户定义的成功概率要高于计算得到的成功概率上界，那么所求得的整数模糊度将不再可靠。由于四舍五入和整数序贯不具备 **Z** 变换不变性，通常通过 **Z** 变换可提高四舍五入和整数序贯的成功概率，因此在采用四舍五入和整数序贯方法计算时，通常可采用基于 **Z** 转换后的浮点模糊度。下面将介绍四舍五入、整数序贯以及整数最小二乘法的成功概率计算方法及其概率上下界。

1. 四舍五入的成功概率

根据式(11.17)定义，四舍五入的 n 维取整空间积分很难实现。如果 $\boldsymbol{Q}_{\hat{a}\hat{a}}$ 是对角矩阵，那么成功概率就等于 n 维不相关的成功概率的乘积。如果 $\boldsymbol{Q}_{\hat{a}\hat{a}}$ 不是对角矩阵，四舍五入的下限可以表示为

$$P_{s,\mathrm{IR}} = P(\check{\boldsymbol{a}}_{\mathrm{IR}} = \boldsymbol{a}) \geqslant \prod_{i=1}^{n}\left(2\Phi\left(\frac{1}{2\sigma_{\hat{a}_i}}\right) - 1\right) \tag{11.65}$$

其中，$\Phi(x)=\dfrac{1}{\sqrt{2\pi}}\displaystyle\int_{-\infty}^{x}\exp\left\{-\frac{1}{2}t^2\right\}\mathrm{d}t$。由于四舍五入不满足 **Z** 变换不变性，因此四舍五入的成功概率也是如此。由于取整空间不受 **Z** 变换影响，因此，变换后的模糊度满足 $\hat{\boldsymbol{z}} \sim N(\boldsymbol{Z}^{\mathrm{T}}\boldsymbol{a}, \boldsymbol{Q}_{\hat{z}\hat{z}})$。若四舍五入采用了 Z 变换，那么成功概率有

$$P(\check{\boldsymbol{z}}_{\mathrm{IR}} = \boldsymbol{z}) \geqslant P(\check{\boldsymbol{a}}_{\mathrm{IR}} = \boldsymbol{a}) \tag{11.66}$$

2. 整数序贯的成功概率

整数序贯的最大优势就是能够推导出成功概率解析公式

$$P_{s,\mathrm{IB}} = P(\check{\boldsymbol{a}}_{\mathrm{IB}} = \boldsymbol{a}) = \prod_{i=1}^{n}\left(2\Phi\left(\frac{1}{2\sigma_{\hat{a}_{i|I}}}\right) - 1\right) \tag{11.67}$$

由于整数序贯的成功概率也不满足整数变换的不变性，因此

$$P(\check{\boldsymbol{z}}_{\mathrm{IB}} = \boldsymbol{z}) \geqslant P(\check{\boldsymbol{a}}_{\mathrm{IB}} = \boldsymbol{a}) \tag{11.68}$$

对于整数序贯，我们可以准确计算出其成功概率。但是如果有一个成功概率上界也将十分有价值。如果其成功概率上界太小，那么用户可以立刻得出结论：无论是整数序贯还是四舍五入都不可信。这个上界可以表示为

$$P_{s,\mathrm{IB}} \leqslant \left(2\Phi\left(\frac{1}{2\mathrm{ADOP}}\right) - 1\right)^{n} \tag{11.69}$$

其中,ADOP 表示模糊度精度因子(ambiguity dilution of precision)

$$\mathrm{ADOP}=\sqrt[n]{\det(\boldsymbol{Q}_{\hat{a}\hat{a}})} \tag{11.70}$$

3. ILS 成功概率

由于整数最小二乘法的取整空间极其复杂,其积分只能采用蒙特卡洛法模拟计算。整数最小二乘法是我们最关心的方法,因为尽管它的成功概率难以计算,但是它较四舍五入和整数序贯方法具有更高的成功概率。为了能够较好地逼近整数最小二乘法的成功概率,学术界已经发展了诸多整数最小二乘法成功概率上下界逼近方法。

(1) 基于 IB 和 ADOP 的逼近

首先整数序贯的成功概率可作为整数最小二乘法成功概率的下界,即

$$P_{\mathrm{s,ILS}}=P(\check{\boldsymbol{a}}_{\mathrm{ILS}}=\boldsymbol{a})\geqslant P(\check{\boldsymbol{a}}_{\mathrm{IB}}=\boldsymbol{a})=\prod_{i=1}^{n}\left(2\Phi\left(\frac{1}{2\sigma_{\hat{a}_{i|I}}}\right)-1\right) \tag{11.71}$$

而基于 ADOP 的成功概率上界表示为

$$P_{\mathrm{s,ILS}}\leqslant P\left(\chi^2(n,0)\leqslant\frac{c_n}{\mathrm{ADOP}^2}\right) \tag{11.72}$$

其中,$c_n=\sqrt[n]{\left(\frac{n}{2}\Gamma\left(\frac{n}{2}\right)\right)^2}\Big/\pi$。大量研究表明,整数序贯成功概率可作为整数最小二乘法成功概率的良好下界,而基于 ADOP 的整数最小二乘法成功概率上界往往是不理想的,即 ADOP 上界大部分情况下偏大。

(2) 基于积分区间的逼近

整数最小二乘法成功概率的计算是浮点模糊度概率密度函数在取整空间 $S_{\boldsymbol{a},\mathrm{LS}}$ 内的积分,由于取整空间比较复杂,如果我们用一个简单的积分区间来近似取整空间,则可得到近似的成功概率。如果某一积分区间被取整空间完全包围,那么基于该积分区间的成功概率即可作为整数最小二乘法成功概率的下界;如果该积分区间包围了取整空间,那么基于该积分区间的成功概率可以作为整数最小二乘法成功概率的上界。因此,我们应该选择便于积分计算的积分区间来作为整数最小二乘法成功概率的上下界。若选择椭圆 $E_{\boldsymbol{a}}$ 作为整数最小二乘法成功概率下界的积分区间,即 $E_{\boldsymbol{a}}\subset\mathcal{P}_{\boldsymbol{a},\mathrm{LS}}$,其成功概率 $P(\hat{\boldsymbol{a}}\in E_{\boldsymbol{a}})$ 可以用 χ^2 分布来表示

$$P_{\mathrm{s,LS}}\geqslant P(\hat{\boldsymbol{a}}\in E_{\boldsymbol{a}})=P\left(\chi^2(n,0)\leqslant\frac{1}{4}\min\|\boldsymbol{u}\|^2_{\boldsymbol{Q}_{\hat{a}\hat{a}}},\boldsymbol{u}\in\mathbb{Z}^n\setminus\{0\}\right) \tag{11.73}$$

二维情况下,$\boldsymbol{Q}_{\hat{z}\hat{z}}$ 和不同的归整域所对应的积分区间如图 11.7 所示。

而对于成功概率的上限,可以定义积分区域 $\boldsymbol{U}_{\boldsymbol{a}}\supset\mathcal{P}_{\boldsymbol{a},\mathrm{LS}}$。图 11.8 给出了二维情况下的一种包含取整空间的区域。

概率 $P(\hat{\boldsymbol{a}}\in U_{\boldsymbol{a}})$ 虽然不能精确求得,但可以利用下式求得

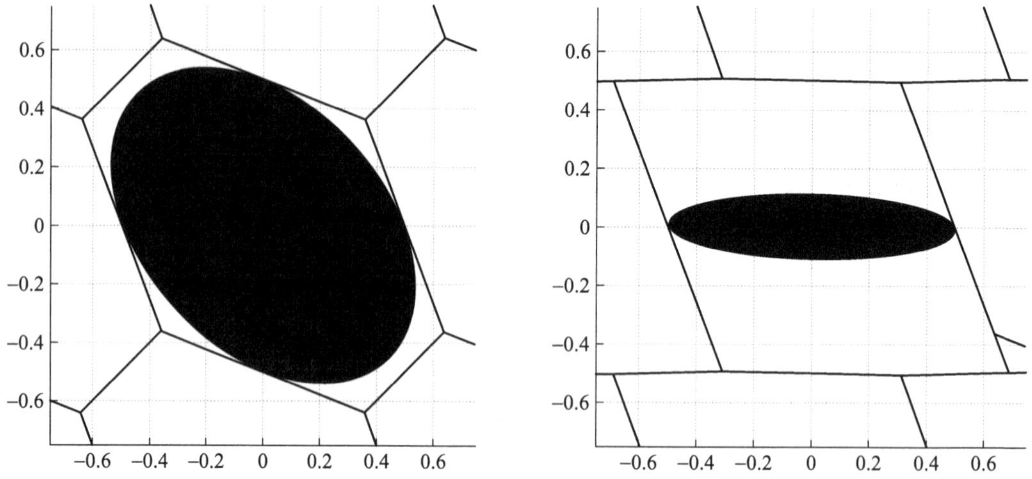

图 11.7 被取整空间 $S_{a,LS}$ 包含的最大椭圆区域

不同形状的取整空间对应不同的浮点模糊度方差-协方差矩阵。

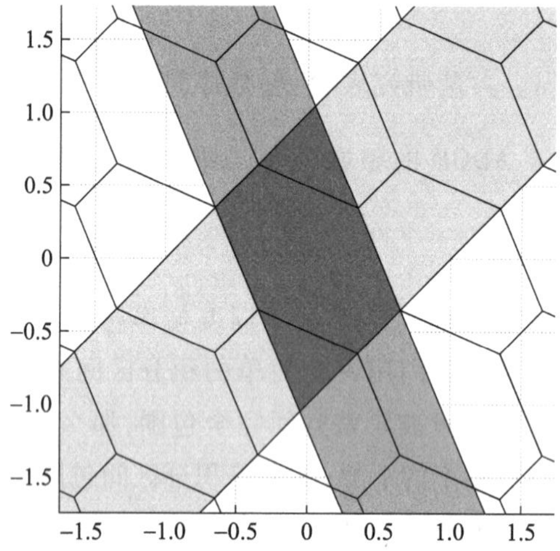

图 11.8 包含取整空间的积分区域(深色阴影部分)

$$P_{s,LS} \leqslant P(\hat{\boldsymbol{a}} \in U_{\boldsymbol{a}}) \leqslant \prod_{i=1}^{p}\left(2\Phi\left(\frac{1}{2\sigma_{\sigma_{v_{i|I}}}}\right)-1\right) \tag{11.74}$$

(3) 基于方差-协方差矩阵的逼近

我们也可以根据模糊度的方差-协方差矩阵来得到模糊度成功概率的上下界。我们可以很容易得到

$$\lambda_{\min}\boldsymbol{I}_n \leqslant \boldsymbol{Q}_{\hat{a}\hat{a}} \leqslant \lambda_{\max}\boldsymbol{I}_n \tag{11.75}$$

其中,$\lambda_{\min}$和 $\lambda_{\max}$为 $\boldsymbol{Q}_{\hat{a}\hat{a}}$的特征值的最小值和最大值,$\boldsymbol{I}_n$ 为 n 维单位矩阵。那么 ILS 的成功概率的上下界可以表示为

$$\left(2\Phi\left(\frac{1}{2\sqrt{\lambda_{\max}}}\right)-1\right)^{n}\leqslant P_{s,LS}\leqslant\left(2\Phi\left(\frac{1}{2\sqrt{\lambda_{\min}}}\right)-1\right)^{n} \tag{11.76}$$

从以上阐述可以看到，采用不同的逼近方式，成功概率的上下界不尽相同。对于不同的应用应当选择相应的上下界。

11.4.3 Ratio 检验

无论采用何种模糊度搜索方法，都可以得到最优和次优整数解，分别记为 $\check{z}_{\text{first}}$ 和 $\check{z}_{\text{sec}}$，这两个整数解对应的模糊度搜索准则二次型的数值分别为

$$q(\check{z}_{\text{first}})=(\hat{z}_f-\check{z}_{\text{first}})^{\mathrm{T}}\boldsymbol{Q}_{\hat{z}_f}^{-1}(\hat{z}_f-\check{z}_{\text{first}}) \tag{11.77a}$$

$$q(\check{z}_{\text{sec}})=(\hat{z}_f-\check{z}_{\text{sec}})^{\mathrm{T}}\boldsymbol{Q}_{\hat{z}_f}^{-1}(\hat{z}_f-\check{z}_{\text{sec}}) \tag{11.77b}$$

根据模糊度搜索准则的定义，最优和次优整数解必然满足

$$q(\check{z}_{\text{first}})<q(\check{z}_{\text{sec}}) \tag{11.78}$$

然而，为了确保模糊度固定的可靠性，避免含有错误的整周模糊度元素，可以得到

$$\text{若}\ \frac{q(\check{z}_{\text{sec}})}{q(\check{z}_{\text{first}})}>c\text{，则接受}\ \check{z}_{\text{first}}$$

其中，c 为用户设定的阈值，具体阈值的定义应当根据不同的情况给出相应的值，一般取 2~3。

习题

1. 请简述整周模糊度的特点。
2. 请推导混合整数模型在最小二乘准则下的求解过程。
3. 请叙述整数容许估计的三个条件。
4. 请简述四舍五入、整数序贯和整数最小二乘法准则对模糊度固定的影响。
5. 请简述模糊度固定成功概率的定义以及质量控制方法。

第 12 章

GNSS 控制网建立与数据处理

和传统测量手段相比，使用 GNSS 技术建立控制网具有全天候、自动化、精度高、测站间无须通视的特点。因此，GNSS 控制网在大范围基础设施工程、城市轨道交通建设、水利工程、变形监测等领域都有着广泛应用。本章主要介绍 GNSS 控制网的基本概念、优化设计、外业工作和内业数据处理流程，其中内业数据处理部分包括基线解算、坐标转换和 GNSS 控制网平差等数学模型和解算方法。

12.1 GNSS 控制网概述与设计

12.1.1 GNSS 控制网基本概念

在介绍利用 GNSS 建立控制网之前,先介绍观测时段、独立基线、同步环、异步环等相关术语和概念。

(1) **观测时段** 观测时段指从接收机开始观测到结束观测的连续观测时间段,是 GNSS 静态测量的基本单位。多台接收机在同一观测时段内观测同一组卫星称为同步观测。

(2) **基线** 利用两台接收机同步观测时段解算的两个测站的三维坐标差称为基线(向量),是 GNSS 内业数据处理的基本单元。

(3) **独立基线** 对于一组基线,若其中任何一条基线都无法用其他基线在数学上线性表示,则该组基线为独立基线。比如,来自不同观测时段的基线,或来自同一时段但不能构成闭合环的一组基线向量。在 GNSS 控制网平差时,要使用独立基线,否则只能增加无信息增益的基线。假设有三台接收机观测一个时段,则全部基线和独立基线的选择如图 12.1 所示。

(4) **同步环** 多台接收机同一时段观测得到的基线向量构成的闭合环称为同步环。由于同步环是由同一时段观测的同一组卫星得到的基线构成,因此闭合差理论上为零。但当逐条计算同步环中的基线时,各条基线所使用的观测数据不完全同步、数据处理软件不尽严密、计算过程舍入误差等原因,会造成同步环的闭合差往往不严格等于零,但通常很小。

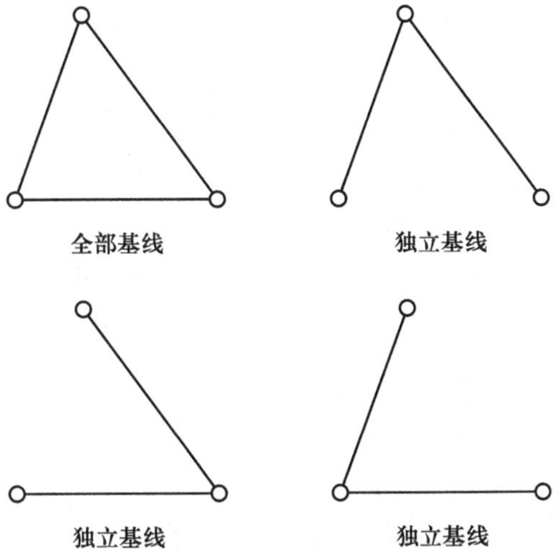

图 12.1 全部基线与独立基线

（5）**异步环** 采在用多台接收机进行非同步观测所获得的基线向量构成的闭合环为异步环。与同步环相比，构成异步环的基线为独立基线，因此异步环闭合差能更好地反映出基线质量。

（6）**重复基线** 当在某条基线进行多个时段观测时得到的基线组为重复基线。与异步环闭合差类似，重复基线坐标闭合差也可作为检验基线解算质量的指标。

12.1.2 GNSS 控制网的构网方式

GNSS 控制网由基线向量和 GNSS 点（控制点、观测点等）构成。和单基线相比，GNSS 控制网可以利用点和基线向量间的几何关系来消除环闭合差、重复基线闭合差等误差，从而提高解算结果的精度和可靠性。GNSS 控制网按图形可分为多边形网（三角形网）、附合导线网，星型网（图 12.2）。

（1）**多边形网** 多边形网以多边形作为基本图形，其中以三角形作为基本图形的为三角形网。三角形网的优点为几何强度高，可靠性高；缺点是作业强度大。当多边形边数增加时，虽然会减少工作量，但是会降低网型的可靠性，因此需要对多边形的边数加以限制。

（2）**附合导线网** 附合导线网以附合导线作为基本图形。和多边形网相比，附合导线网的几何强度一般较差。

（3）**星型网** 星型网以一点为中心，其余各点只和中心点相连。优点是作业简单速度快，缺点是各基线之间不构成闭合图形，网的可靠性差。一般用于界址点、碎部点、图根点等对可靠性要求不高的点的测定。

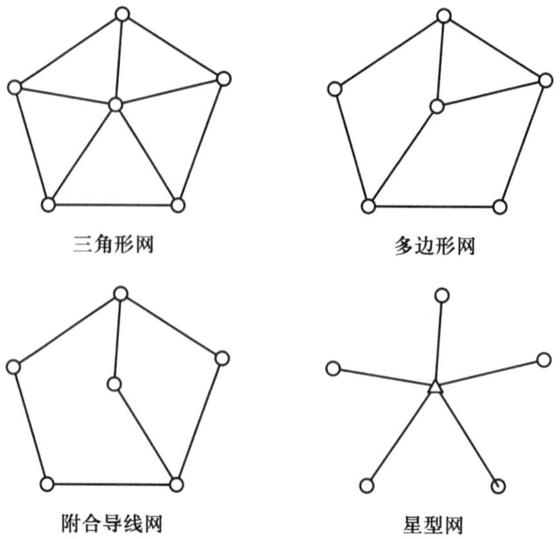

图 12.2 几种 GNSS 控制网网型图

12.1.3 GNSS 控制网的网型设计原则

GNSS 控制网的网型设计应依据 GNSS 测量规范和测量任务书。GNSS 测量规范是由国家质检部门和行业主管等部门发布的技术标准，测量任务书是甲方下达的技术要求文件。在进行 GNSS 控制网的网型设计时，一般遵循以下原则：

① 一般逐级布设，在保证精度、密度要求时可跨级布设。

② 网中尽量避免不能构成闭合环的自由基线。

③ 网点应尽量均匀分布，相邻点间最大距离不宜超过该网平均基线长度的 2 倍。

④ 所有网点观测时段数应尽量相同，且应尽量确保有相同的多余观测次数，以保障所有网点具有相近的精度和可靠性。

⑤ 若要实现 GNSS 测量成果与已有坐标成果的转换，GNSS 控制网中应至少包括 3 个已有坐标成果中的点位。若要实现水准测量，网中还应包括一定数量的水准点。

12.1.4 GNSS 控制网优化设计

GNSS 控制网的优化设计是在精度、可靠性和费用等指标约束下，寻求尽可能提高效率、降低成本的设计过程。参照 1974 年 Grafarend 提出的控制网优化分类方法，GNSS 控制网优化设计可分为四类。

（1）**零类设计** 零类设计是基准选取，为已确定网型和观测方案的 GNSS 网选择最优基准。基准是指平差前后保持不变的一种参考系，包括位置、尺度和方位基准。

（2）**一类设计** 一类设计是对图形结构的优化，是在基本确定了点数、基线数的基础上，对网型进一步优化。合理的网型结构（包括基线长度）对平差结果有重要影响，改变网型结构相当于改变 GNSS 控制网平差中的设计矩阵。在网型设计中，经常会涉及基线长度，基线精度 σ 的经验公式

$$\sigma = \sqrt{a^2 + (b \times d)^2} \tag{12.1}$$

其中，a 为固定常数、b 为比例系数、d 为基线长度。通常根据不同应用需求和相关规范对 a、b 和 d 有具体的要求。

（3）**二类设计** 二类设计是对观测精度的优化，在 GNSS 控制网网型确定的基础上，根据精度准则或费用准则对基线向量的权矩阵进行优化设计。包括点位的观测次数、不同接收机测量的权比等。

（4）**三类设计** 三类设计是对已有控制网的改造问题，往往是对精度或可靠性未达到需求的 GNSS 控制网进行加密、拓展和改进，使其满足精度和可靠性的要求。

12.2 GNSS 外业工作

12.2.1 选点和埋设标识

选点前需要了解测区情况，如交通、供电、气象等情况，并收集测区相关资料，如测区地形图、各类控制点资料等。GNSS 控制网的选点应满足以下基本要求：

① 尽量选取符合条件的已有控制点。

② 交通便利，便于安置接收设备，且有利于与其他测量手段联测和扩展。

③ 视野开阔，视场内周围障碍物的高度角一般应小于 15°。

④ 远离大功率无线电发射源和高压输电线等对 GNSS 信号干扰的电磁环境。

⑤ 避免周围环境有电磁波强反射的物体（如大面积水域、大型建筑物等），以减弱多路径效应的影响。

GNSS 控制点一般应设置具有中心标志的标石，以精确标示点位。点位标石和标志必须稳定、坚固，以便点位的长期保存。根据相关测量规范要求，不同等级控制点需采用不同类型的标石。

12.2.2 GNSS 接收机检验

为使外业测量顺利进行，必须在外业工作前对 GNSS 接收机的健康性进行测试和检验。常规的 GNSS 接收机的检校包括一般检验、通电检验和试测检验等。

（1）**一般检验** 包括接收机外观是否良好，仪器、天线等设备的型号是否正确，各种附

件和配件是否齐全完好，附件是否与主件相匹配，仪器说明书和后处理软件操作说明书等手册是否齐全，电池、电缆是否完好等。

（2）**通电检验** 对接收机通电，检查电源指示灯等信号灯是否正常工作，按键及显示系统是否正常，接收机锁定卫星时间是否正常，接收到的卫星信号是否正常等。

（3）**试测检验** 通过对实际测量数据分析检验接收机是否正常，该步骤通常委托专业检测机构进行。试测检验包括接收机内部噪声水平、天线相位中心稳定性等。

12.2.3 GNSS 外业测量

1. 作业调度

在外业测量之前，测量团队需制订好详细的调度计划，作为外业工作的依据。制订调度计划时需要综合考虑人员、交通、时间、设备等因素，确定好要观测时段数、时段的开机和关机时间、测站人员、接收机迁站、迁站交通工具等方案。整个调度方案应在确保满足外业任务的基础上，耗费最少的时间和人力、物力、财力资源。

举例：采用 3 台仪器对包含 5 个控制点的 GNSS 控制网测量，表 12.1 给出了测量 3 个时段的作业调度表。

表 12.1 作业调度表

时段	观测时间	1 号仪器	2 号仪器	3 号仪器
1	2018/03/06 09：00—10：00	1 号点	2 号点	3 号点
2	2018/03/06 10：10—11：10	2 号点	3 号点	4 号点
3	2018/03/06 11：20—12：20	3 号点	4 号点	5 号点

2. 外业测量

外业测量的过程中，应遵循以下基本原则：

① 观测组按调度表规定的时间进行观测，确保多测站同步观测，同时确保同时段多台接收机采用相同的采样间隔。

② 每时段开机前，作业员量取天线高，并记录测站名、时间、时段号、天线高、气象参数等信息。关机后再量取一次天线高，若开机前后的天线高互差吻合，则取平均值作为天线高；否则，需查明原因，并提出处理意见。

③ 测量过程中，作业员对照指示灯工作状况判断接收机是否正常工作。

④ 观测时段内，不得关闭或重启接收机、调整天线位置、调整接收机相关参数设置等。

12.3 GNSS 基线解算

12.3.1 中短基线解算

外业测量结束后,需要对测量结果进行内业处理。内业处理首先要解算基线,为后续的控制网平差做准备。中短基线控制网预处理一般采用随接收机附赠的商用数据处理软件,如天宝公司的 TGO 软件、华测公司的 CGO 软件等。商用软件的基线解算具体步骤包括:

① 将 GNSS 接收机中的原始观测数据通过数据线或网络传输到计算机;还可将原始数据转换为 RINEX 标准格式的文件,以备后续他用。

② 根据 GNSS 控制网网型设计,选取不同观测时段的独立基线。

③ 设置基线处理参数,包括坐标系、起算点、误差模型(对流层模型等)、截止高度角、数据采样间隔、仪器高、卫星系统选取、解算模式(单频、双频或多频等)。

④ 基线结果分析。计算出模糊度固定检核比率(ratio)、基线精度等指标,通过设定的阈值筛选合格基线;对不合格基线,进行重新处理或剔除。

⑤ 生成基线解算报表。

下面以华测公司的 CGO 软件为例,介绍采用商用软件解算基线的基本操作流程。

① 首先创建一个新项目,并设置项目名称及其存放路径,可选择类似参数设置的模板(图 12.3)。

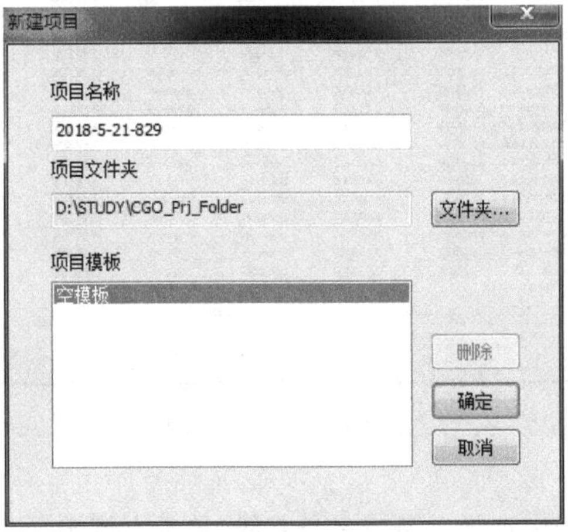

图 12.3 项目属性窗口

② 在“项目属性”对话框(如图 12.4)设置相关参数,包括坐标系统、时间系统、单位格式等。

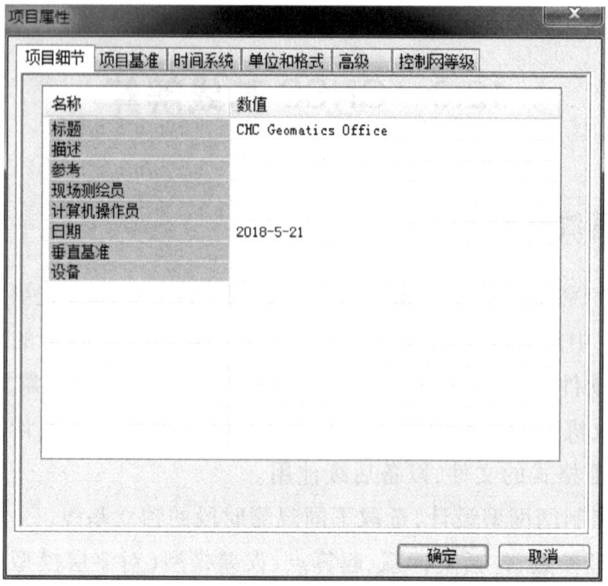

图 12.4 新建项目窗口

③ 导入相关数据。CGO 支持的数据类型有华测格式 HCN 文件(＊.HCN)、RINEX 文件(＊.??O,＊.OBS)、HEMISPHERE 主板文件(＊.RAW)和精密星历文件(＊.SP3)等,如图 12.5 所示。

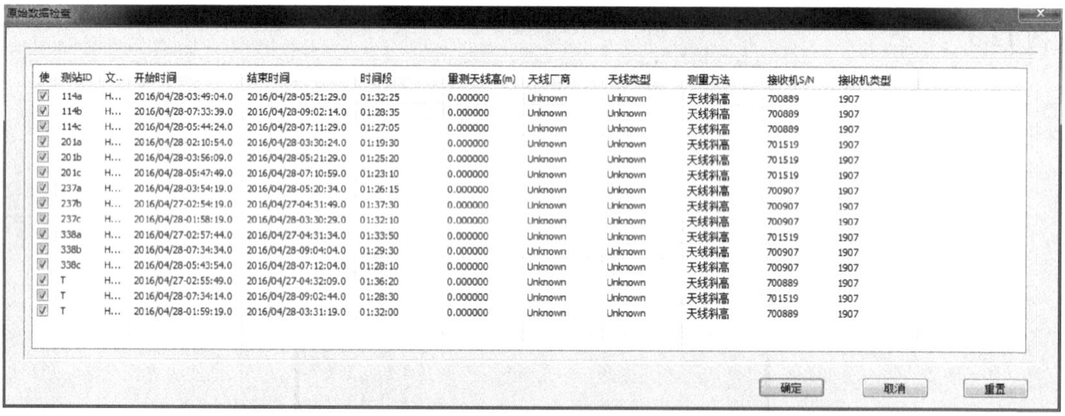

图 12.5 导入文件窗口

④ 在网图或基线列表中选择一条或多条基线,单击右键选择“基线处理设置”打开配置对话框(图 12.6),设置高度角、处理程序(解算方法)、大气改正模型等参数。

⑤ 点击基线处理,系统会按照基线处理设置来解算选中的所有基线向量(图 12.7)。

⑥ 对不合格的基线,打开基线数据观测数据页面(图 12.8),根据参考基线残差图分析原因,在卫星相位跟踪图中,拖动鼠标删除相应误差较大的数据;还可修改基线处理设置,最

后对该基线重新解算。

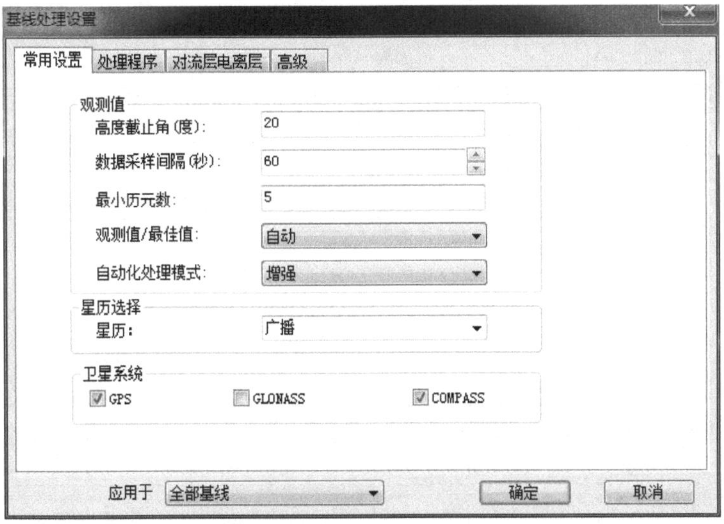

图 12.6 基线处理设置窗口

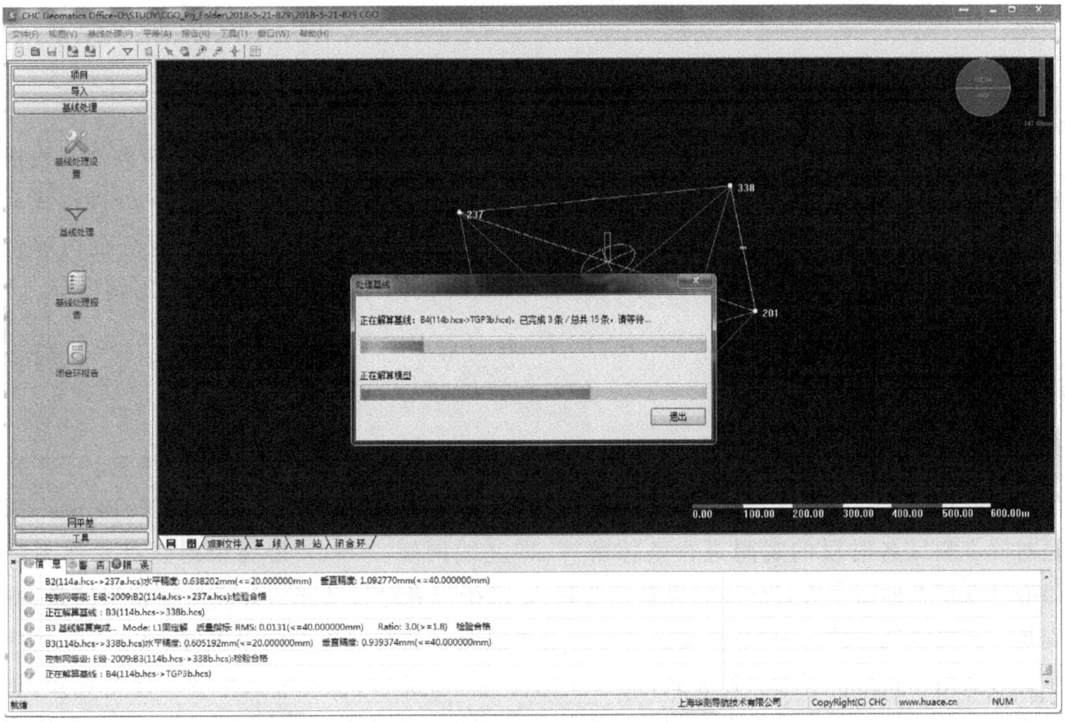

图 12.7 基线处理视图

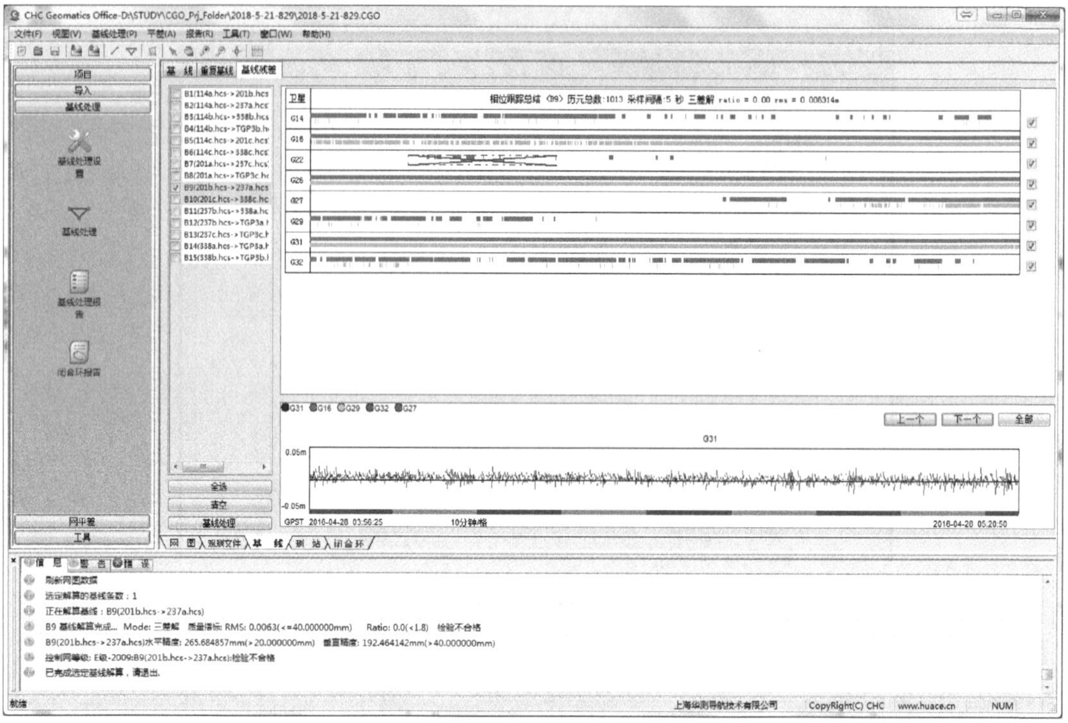

图 12.8 基线残差视图

⑦ 基线解算结束后，可自动生成基线处理报告和闭合环报告。CGO 的静态数据基线报告包括：基线总结、观测数据、基线成分、跟踪摘要、残差、处理形式这六个模块。处理形式又包括静态、基本设置、对流层、电离层、模糊度、质量这几种处理形式。闭合环报告的内容包括环类型、环的质量检验、环观测时间、环组合、环长度、水平精度、垂直精度、相对精度等。

12.3.2 长基线解算

对于 GNSS 长基线解算，通常采用 Gamit、Bernese 等国际著名软件，对几百甚至上千千米的基线处理可达到毫米级精度。其中 Gamit 通常是以单基线模式进行基线解算，Bernese 则是对同步测区各时段的观测进行整体解算，即基线网解。Gamit 需要采用磁盘操作系统(DOS)以复杂的命令方式分步完成基线解算，要求操作者对长基线的计算流程相当清楚，特别是涉及精密轨道的处理、各种改正模型的设置以及各类待估参数的设置等。Bernese 软件尽管可采用 Windows 界面操作方式，但其步骤与 Gamit 类似，也需要操作者掌握专业知识，事先在各种系统文件目录下准备并编辑好相应的文件。无论 Gamit 和 Bernese，对于非 GNSS 专业人员都很难顺利运行，即使专业人员若没有系统掌握相关原理和流程也很难得到精密的基线解。

同济大学 GNSS 团队基于 Bernese 软件在 Visual Studio 平台进行二次开发，在保证其高精度数据的前提下,简化 Bernese 烦琐的文件、表格操作,编写出友好交互界面、长-中-短基线可统一解算的一键式基线解算模块。基线解算模块的主要流程图如图 12.9 所示。

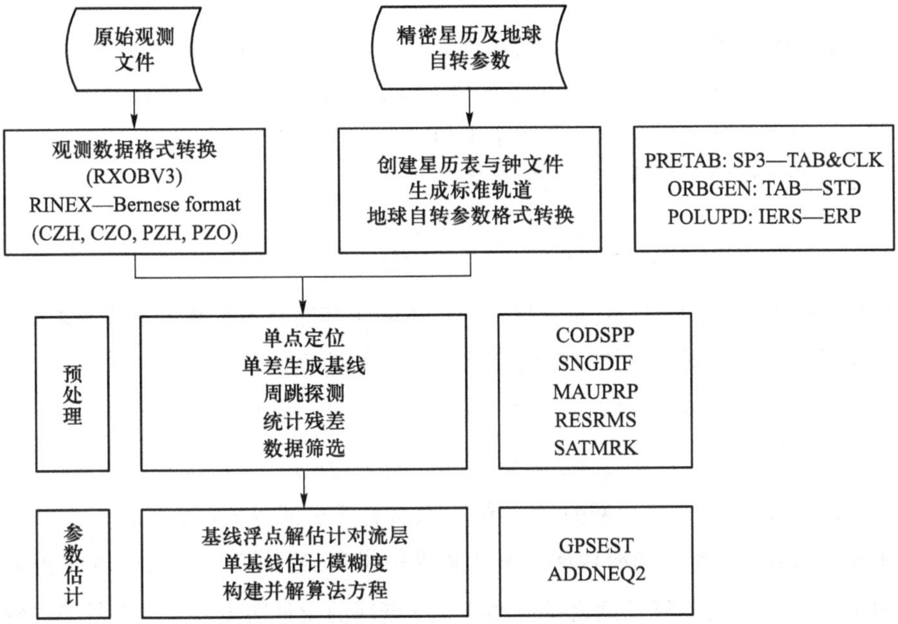

图 12.9 基线处理流程

12.3.3 以 PPP 模式构建基线网

与基线模式观测建立控制网不同,PPP 模式观测无须同步观测,观测比较自由、节约成本,且能根据精度需求来调整不同点位的观测时长。同时,PPP 计算简单、效率高,无须考虑基线网构网等复杂过程。采用 PPP 模型构建基线网,首先需采用 PPP 模式计算所有网点坐标及其方差-协方差矩阵,然后采用坐标差分的方式构造控制网基线向量,并采用误差传播定律计算基线向量的方差-协方差矩阵,最后利用 GNSS 控制网平差软件进行网平差。

令 PPP 解算得到第 i 个测站的坐标及其协方差矩阵为 $\hat{\boldsymbol{x}}_i$ 和 $\boldsymbol{Q}_{\hat{x}_i}$。若控制网中有 n 个测站,则所有测站坐标可写成向量 $\hat{\boldsymbol{x}}=[\hat{\boldsymbol{x}}_1^{\mathrm{T}},\hat{\boldsymbol{x}}_2^{\mathrm{T}},\cdots,\hat{\boldsymbol{x}}_n^{\mathrm{T}}]^{\mathrm{T}}$,对应的协方差矩阵为分块对角矩阵,即 $\boldsymbol{Q}_{xx}=\mathrm{blkdiag}(\boldsymbol{Q}_{\hat{x}_1},\boldsymbol{Q}_{\hat{x}_2},\cdots,\boldsymbol{Q}_{\hat{x}_n})$。$n$ 个测站可生成 $n-1$ 条独立基线,并利用误差传播原理计算基线对应的协方差信息。第 i 点和 j 点坐标作差后的基线向量为

$$\Delta\boldsymbol{x}_{ij}=\hat{\boldsymbol{x}}_j-\hat{\boldsymbol{x}}_i \tag{12.2}$$

设测站 PPP 解算坐标进行差分构成的基线向量组为 $\boldsymbol{y}$,写成矩阵形式为 $\boldsymbol{y}=\boldsymbol{T}\boldsymbol{x}$,其中 $\boldsymbol{T}$ 为差分矩阵。通过误差传播定律计算基线向量的协方差矩阵 $\boldsymbol{Q}_{yy}=\boldsymbol{T}\boldsymbol{Q}_{xx}\boldsymbol{T}^{\mathrm{T}}$。由此得到基线向量组 $\boldsymbol{y}$ 及其方差-协方差矩阵 $\boldsymbol{Q}_{yy}$,与基线模式构建控制网一样,可将 $\boldsymbol{y}$ 和 $\boldsymbol{Q}_{yy}$ 作为输入量,用 GNSS 控制网平差软件进行平差处理。

12.3.4 基线成果检核

基线解算完成后，要对基线成果进行检核，一般包括以下指标（参照《卫星定位城市测量技术标准（CJJ/T 73-2019）》《全球定位系统（GPS）测量规范（GB/T 18314-2009）》指标）：

① 同一时段观测值的数据剔除率应小于 10%。

② 三边同步环闭合差应满足下式的要求

$$W_X \leqslant \frac{\sqrt{3}}{5}\sigma,\quad W_Y \leqslant \frac{\sqrt{3}}{5}\sigma,\quad W_Z \leqslant \frac{\sqrt{3}}{5}\sigma \tag{12.3}$$

对于边数超过三边的同步环，应保证每个三边同步环闭合差都满足上式要求。

③ 异步环闭合差或附合导线坐标闭合差应满足下式的要求

$$W_X \leqslant 2\sqrt{n}\sigma,\quad W_Y \leqslant 2\sqrt{n}\sigma,\quad W_Z \leqslant 2\sqrt{n}\sigma$$

$$\sqrt{W_X^2 + W_Y^2 + W_Z^2} \leqslant 2\sqrt{3n}\sigma \tag{12.4}$$

其中，n 代表闭合环边数，σ 表示网的设计精度，具体计算公式见式（12.1）。

④ 重复基线较差，即不同时段同一基线解算结果之差，当同一条基线进行多个时段的观测时，任意两个时段的基线长度之差应小于 $2\sqrt{2}$ 倍网的设计精度 σ。当重复基线较差超限时，可以通过比较多条重复基线来确定具体的不合格基线。

12.4 GNSS 控制网平差

12.4.1 GNSS 控制网平差概述

1. GNSS 控制网平差目的

在 GNSS 建立控制网之后，经数据处理之后得到的基线向量，反映的是三维空间直角坐标系下的坐标差，而不是测站的绝对坐标。GNSS 控制网平差（简称网平差）的目的是通过引入起算点坐标或者外部信息，将所有基线向量作为输入量，通过平差计算得到在相应基准下的所有测站的坐标。网平差具有以下意义：

① 消除 GNSS 控制网在几何上的不一致。由于观测值中存在的误差以及数据处理过程中存在模型误差等因素，通过基线解算得到的基线向量中必然存在误差。另外，起算数据也可能存在误差，这些因素都会导致最后得到的 GNSS 控制网存在几何上的不一致，通过网平差可以将其消除。

② 改善 GNSS 控制网的质量，评定 GNSS 控制网的精度。通过网平差，不仅可以测出点

位坐标，还可以得到基线的平差结果，更重要的是能够评估 GNSS 控制网的质量，包括：基线改正数、验后方差、单位权方差、点位中误差等。结合这些指标，还可探测潜在的粗差以及修正随机模型等，从而达到改善控制网质量的目的。

③ 确定控制网中站点在指定参考系下的坐标及其相应的辅助参数。在网平差过程中，通过引入起算数据，如已知点坐标、已知边长或者已知某条边的方位角等，可以确定网中待定点在已知参照系下的坐标及其他一些辅助参数（如坐标转换参数等）。

2. GNSS 控制网平差的类型

根据网平差时采用的观测量和已知条件的类型和数量，可将网平差分为无约束平差（最小约束平差或自由网平差）、约束平差和联合平差三种类型。还可根据平差时所在的坐标系统维度分为三维网平差（在三维空间直角坐标系下，如 WGS84 坐标系、西安 80 坐标系等）、二维网平差（在二维平面直角坐标系下，如高斯平面坐标系）。

3. GNSS 控制网平差整体流程

网平差的整体流程如图 12.10 所示，主要包括以下四个步骤。

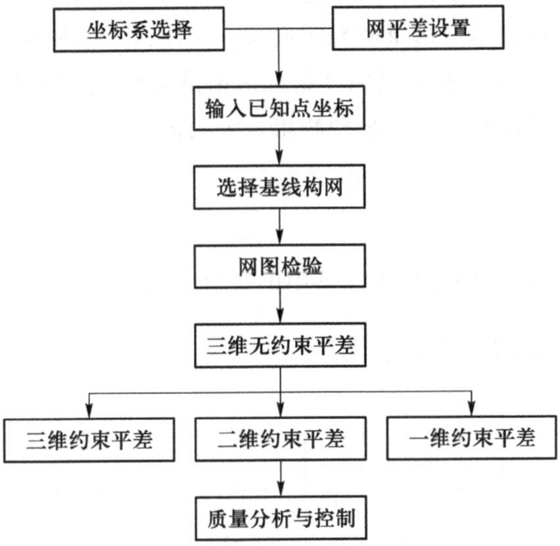

图 12.10　网平差流程图

（1）基线选取与构网

选取独立基线构成 GNSS 控制网网型，此过程遵循三个基本原则：① 选取的基线相互独立；② 独立基线尽可能构成非同步闭合环；③ 尽量选取距离较短的基线。

（2）三维无约束平差

在空间直角坐标系或大地坐标系下进行无约束平差，其过程类似于水准网平差，其主要目的是检验 GNSS 控制网基线向量的内符合精度，发现并处理含有粗差或质量较差的基线，评估基线向量的精度。

（3）约束平差/联合平差

约束平差或联合平差可根据实际需要在三维空间或二维空间中进行，主要流程包括：① 确定坐标系统和平差基准；② 确定起算数据；③ 确定潜在的约束条件，并检验约束条件的质量；④ 若是二维网约束平差，还需要将三维基线向量转化到平面坐标系中；⑤ 平差解算。

（4）质量分析与控制

根据平差得到的改正数和各类精度指标，采取统计假设检验等方法评定 GNSS 控制网质量，核验基线向量、基准、起算数据和约束条件的质量。

12.4.2 GNSS 控制网无约束平差

GNSS 控制网无约束平差也称为自由网平差，平差时只采用基线向量作为观测值，不引入任何的外部起算数据。由于基线向量本身能够提供尺度和方位基准信息，只缺少位置基准信息，因此，无约束平差只需引入一个起算点的坐标来获取位置基准。

在无约束平差中，由于没有引入外部起算数据，平差结果完全取决于 GNSS 基线向量，平差结果的质量是基线向量本身质量的真实反映。因此，GNSS 控制网无约束平差的主要目的有两点。① 通过无约束平差得到的精度指标来衡量 GNSS 控制网的内符合精度；② 通过无约束平差所得到的基线向量改正数来判断粗差观测值。

1. 无约束平差模型

设任意两点 i,j 在三维空间直角坐标系中的坐标分别为$[\tilde{X}_i,\tilde{Y}_i,\tilde{Z}_i]^{\mathrm{T}}$和$[\tilde{X}_j,\tilde{Y}_j,\tilde{Z}_j]^{\mathrm{T}}$，两点对应的坐标差向量为$[\tilde{X}_{ij},\tilde{Y}_{ij},\tilde{Z}_{ij}]^{\mathrm{T}}$，则

$$\begin{bmatrix}\tilde{X}_{ij}\\ \tilde{Y}_{ij}\\ \tilde{Z}_{ij}\end{bmatrix}=\begin{bmatrix}\tilde{X}_{j}\\ \tilde{Y}_{j}\\ \tilde{Z}_{j}\end{bmatrix}-\begin{bmatrix}\tilde{X}_{i}\\ \tilde{Y}_{i}\\ \tilde{Z}_{i}\end{bmatrix}=\begin{bmatrix}X_j^0+\hat{x}_j\\ Y_j^0+\hat{y}_j\\ Z_j^0+\hat{z}_j\end{bmatrix}-\begin{bmatrix}X_i^0+\hat{x}_i\\ Y_i^0+\hat{y}_i\\ Z_i^0+\hat{z}_i\end{bmatrix} \tag{12.5}$$

其中，$[X_i^0,Y_i^0,Z_i^0]^{\mathrm{T}}$和$[\hat{x}_i,\hat{y}_i,\hat{z}_i]^{\mathrm{T}}$分别表示站点的近似坐标及其改正数。在无约束网平差中，以基线向量$[X_{ij},Y_{ij},Z_{ij}]^{\mathrm{T}}$为观测值，以测站的空间直角坐标为未知参数，则基线向量的误差方程为

$$\begin{bmatrix}v_{X_{ij}}\\ v_{Y_{ij}}\\ v_{Z_{ij}}\end{bmatrix}=\begin{bmatrix}\hat{x}_j\\ \hat{y}_j\\ \hat{z}_j\end{bmatrix}-\begin{bmatrix}\hat{x}_i\\ \hat{y}_i\\ \hat{z}_i\end{bmatrix}-\begin{bmatrix}X_{ij}-X_{ij}^0\\ Y_{ij}-Y_{ij}^0\\ Z_{ij}-Z_{ij}^0\end{bmatrix} \tag{12.6}$$

设 GNSS 控制网中共有 n 个点，共有 m 条基线向量，根据上式得到 GNSS 控制网中所有基线的联合误差方程

$$\boldsymbol{v} = \boldsymbol{B}\hat{\boldsymbol{x}} - \boldsymbol{l} \tag{12.7}$$

式中，$\boldsymbol{v}$ 是全部基线向量观测值的改正数，$\boldsymbol{B}$ 为设计矩阵，$\boldsymbol{l}$ 是由基线向量观测值减去初值得到的常数项，$\hat{\boldsymbol{x}}$ 是包含 n 个站点的坐标改正数。

$$\underset{3m\times 3n}{\boldsymbol{B}} = \begin{bmatrix} \boldsymbol{B}_1 \\ \vdots \\ \boldsymbol{B}_k \\ \vdots \\ \boldsymbol{B}_m \end{bmatrix}, \quad \underset{3m\times 1}{\boldsymbol{v}} = \begin{bmatrix} \boldsymbol{v}_1 \\ \vdots \\ \boldsymbol{v}_k \\ \vdots \\ \boldsymbol{v}_m \end{bmatrix}, \quad \underset{3m\times 1}{\boldsymbol{l}} = \begin{bmatrix} \boldsymbol{l}_1 \\ \vdots \\ \boldsymbol{l}_k \\ \vdots \\ \boldsymbol{l}_m \end{bmatrix}, \quad \underset{3n\times 1}{\hat{\boldsymbol{x}}} = \begin{bmatrix} \hat{\boldsymbol{x}}_1 \\ \vdots \\ \hat{\boldsymbol{x}}_k \\ \vdots \\ \hat{\boldsymbol{x}}_n \end{bmatrix} \tag{12.8}$$

其中，若第 k 条基线是由 i 和 j 点构成的基线，则对应误差方程的元素为

$$\boldsymbol{B}_k = [0,\cdots,-\boldsymbol{I}_{ith},\cdots,\boldsymbol{I}_{jth},\cdots,0],\ \boldsymbol{v}_k = \begin{bmatrix} v_{X_{ij}} \\ v_{Y_{ij}} \\ v_{Z_{ij}} \end{bmatrix},\ \underset{3\times 1}{\boldsymbol{l}_k} = \begin{bmatrix} X_{ij} - X_{ij}^0 \\ Y_{ij} - Y_{ij}^0 \\ Z_{ij} - Z_{ij}^0 \end{bmatrix}, \quad \underset{3\times 1}{\hat{\boldsymbol{x}}_k} = \begin{bmatrix} \hat{x}_k \\ \hat{y}_k \\ \hat{z}_k \end{bmatrix} \tag{12.9}$$

无约束平差的观测值是所有 GNSS 基线向量，基线向量观测值 $\boldsymbol{l}$ 的方差-协方差矩阵可直接采用基线解算时得到各基线向量的方差-协方差矩阵。

2. 起算基准

自由网平差的观测值是基线向量，包含了三维空间的尺度和方位基准信息，但缺少位置基准信息，因此是一个典型的秩亏网平差问题，需引入适当的位置基准。秩亏网平差需要引入外部最少约束条件来补充位置基准，最少约束条件满足

$$\boldsymbol{G}^{\mathrm{T}}\hat{\boldsymbol{x}} = \boldsymbol{0}, \quad \boldsymbol{BG} = 0 \tag{12.10}$$

最少约束条件中矩阵 $\boldsymbol{G}$ 的选取有无穷多种。通常可以固定某个点的坐标，即

$$\boldsymbol{G}^{\mathrm{T}} = [\boldsymbol{0},\cdots,\boldsymbol{I}_3,\cdots,\boldsymbol{0}] \tag{12.11}$$

或者采用重心基准作为位置基准，即

$$\boldsymbol{G}^{\mathrm{T}} = [\boldsymbol{I}_3,\cdots,\boldsymbol{I}_3] \tag{12.12}$$

3. 解算方法

设 GNSS 控制网基线向量观测值的权矩阵为 $\boldsymbol{P}=\boldsymbol{Q}_l^{-1}$，其中，$\boldsymbol{Q}_l$ 是基线向量观测值的协因数阵，则未知参数的估值及其协因数阵分别为

$$\hat{\boldsymbol{x}} = (\boldsymbol{B}^{\mathrm{T}}\boldsymbol{PB} + \boldsymbol{GG}^{\mathrm{T}})^{-1}\boldsymbol{B}^{\mathrm{T}}\boldsymbol{Pl} = \boldsymbol{Q}_G\boldsymbol{B}^{\mathrm{T}}\boldsymbol{Pl} \tag{12.13}$$

$$\boldsymbol{Q}_{\hat{x}} = \boldsymbol{Q}_G\boldsymbol{B}^{\mathrm{T}}\boldsymbol{PBQ}_G \tag{12.14}$$

式中，$\boldsymbol{Q}_G=(\boldsymbol{B}^{\mathrm{T}}\boldsymbol{PB}+\boldsymbol{GG}^{\mathrm{T}})^{-1}$。观测值验后单位权中误差为

$$\hat{\sigma}_0 = \sqrt{\frac{\boldsymbol{v}^{\mathrm{T}}\boldsymbol{P}\boldsymbol{v}}{3m - 3n + 3}} \tag{12.15}$$

需要注意的是,平差后的点位精度是相对于位置基准而言的。不同的最少约束条件得到的点位坐标不同,但是唯一不变的是观测值的改正数(即残差)。因此,无约束平差的目的是检验观测值本身的质量。

4. 精度评定和检验

基于无约束平差,可以评定控制网中所有基线的整体质量和每个观测值的质量,通常涉及χ^2-检验、t-检验、τ-检验等统计检验。χ^2-检验是通过检验后单位权方差来判断网平差的整体可靠性,而 t-检验或 τ-检验是通过检验基线向量的残差来判断基线的质量。

12.4.3 GNSS 控制网三维约束平差

GNSS 控制网约束平差采用的观测量也完全为 GNSS 控制网基线向量,但与无约束平差不同的是,在约束平差会引入多于必要起算数据的外部信息,比如边长、方位角和角度等外部信息,这些外部信息所隐含的尺度和方位信息可能与 GNSS 控制网基线向量本身所体现的尺度和方位信息不同。约束平差通常通过引入多个起算点坐标来实现,多个起算点坐标就隐含了除位置基准信息外的尺度和方位基准信息。此外,GNSS 控制网的约束平差通常还要实现在给定坐标系下的 GNSS 控制网的坐标平差成果。

1. 三维坐标转换参数求解模型

GNSS 控制网平差的重要作用在于实现 GNSS 控制网的基线向量在不同坐标系下的坐标平差成果,涉及不同参心坐标系间的转换、不同地心坐标系间的转换,以及地心坐标系和参心坐标系之间的转换。三维坐标转换模型根据坐标系的旋转和尺度的参考点不同,可分为布尔莎(Bursa)模型和莫洛坚斯基(Molodensky)模型等。

本节主要介绍布尔莎模型。原坐标系的原点在新坐标系中的坐标为$[X_0, Y_0, Z_0]^{\mathrm{T}}$,原坐标系的坐标轴在新坐标下对应三个微小的旋转角为 ε_x、ε_y 和 ε_z,原坐标系的尺度相对于新坐标系的尺度为 $1+\mu$。则点 P_i 在两个坐标系中的坐标$[X_i, Y_i, Z_i]^{\mathrm{T}}$ 和$[X_i', Y_i', Z_i']^{\mathrm{T}}$ 之间的关系

$$\begin{bmatrix} X_i' \\ Y_i' \\ Z_i' \end{bmatrix} = \begin{bmatrix} X_0 \\ Y_0 \\ Z_0 \end{bmatrix} + (1+\mu)\begin{bmatrix} 1 & \varepsilon_z & -\varepsilon_y \\ -\varepsilon_z & 1 & \varepsilon_x \\ \varepsilon_y & -\varepsilon_x & 1 \end{bmatrix}\begin{bmatrix} X_i \\ Y_i \\ Z_i \end{bmatrix} \tag{12.16}$$

舍去了旋转角 ε_x、ε_y、ε_z 与尺度差 μ 乘积的二阶小量,得三维坐标转换模型为

$$\begin{bmatrix} X_i' \\ Y_i' \\ Z_i' \end{bmatrix} = \begin{bmatrix} X_0 \\ Y_0 \\ Z_0 \end{bmatrix} + \begin{bmatrix} X_i \\ Y_i \\ Z_i \end{bmatrix} + \mu\begin{bmatrix} X_i \\ Y_i \\ Z_i \end{bmatrix} + \begin{bmatrix} 0 & \varepsilon_z & -\varepsilon_y \\ -\varepsilon_z & 0 & \varepsilon_x \\ \varepsilon_y & -\varepsilon_x & 0 \end{bmatrix}\begin{bmatrix} X_i \\ Y_i \\ Z_i \end{bmatrix} \tag{12.17}$$

坐标转换模型含有 7 个未知参数,即 3 个平移参数(X_0,Y_0,Z_0),3 个旋转参数($\varepsilon_x,\varepsilon_y,\varepsilon_z$)和 1 个尺度参数 μ,利用转换参数可实现任意点的坐标在两套坐标系下的相互转换。利用两套坐标系下的公共点坐标,求解转换参数。将上式改写为

$$\begin{bmatrix} X_i'-X_i \\ Y_i'-Y_i \\ Z_i'-Z_i \end{bmatrix}=\begin{bmatrix} 1 & 0 & 0 & 0 & -Z_i & Y_i & X_i \\ 0 & 1 & 0 & Z_i & 0 & -X_i & Y_i \\ 0 & 0 & 1 & -Y_i & X_i & 0 & Z_i \end{bmatrix}\begin{bmatrix} X_0 \\ Y_0 \\ Z_0 \\ \varepsilon_x \\ \varepsilon_y \\ \varepsilon_z \\ \mu \end{bmatrix} \tag{12.18}$$

式中,为了求解 7 个转换参数,至少需要已知两套坐标系下 3 个公共点的坐标。

2. GNSS 控制网三维约束平差模型

对于点 j 在两套三维坐标系下,也存在类似式(12.17)的坐标转换关系,则两点 i 和 j 对应基线向量的坐标转换关系为

$$\begin{bmatrix} X_{ij} \\ Y_{ij} \\ Z_{ij} \end{bmatrix}=\begin{bmatrix} X_{ij}' \\ Y_{ij}' \\ Z_{ij}' \end{bmatrix}-\begin{bmatrix} 0 & -Z_{ij} & Y_{ij} & X_{ij} \\ Z_{ij} & 0 & -X_{ij} & Y_{ij} \\ -Y_{ij} & X_{ij} & 0 & Z_{ij} \end{bmatrix}\begin{bmatrix} \varepsilon_x \\ \varepsilon_y \\ \varepsilon_z \\ \mu \end{bmatrix} \tag{12.19}$$

将上式代入 GNSS 基线向量的误差方程(12.6)得 GNSS 控制网三维约束平差的误差方程

$$\begin{bmatrix} v_{X_{ij}} \\ v_{Y_{ij}} \\ v_{Z_{ij}} \end{bmatrix}=\begin{bmatrix} -1 & 0 & 0 & 1 & 0 & 0 & 0 & -Z_{ij}^0 & Y_{ij}^0 & X_{ij}^0 \\ 0 & -1 & 0 & 0 & 1 & 0 & Z_{ij}^0 & 0 & -X_{ij}^0 & Y_{ij}^0 \\ 0 & 0 & -1 & 0 & 0 & 1 & -Y_{ij}^0 & X_{ij}^0 & 0 & Z_{ij}^0 \end{bmatrix}\boldsymbol{\xi}-\begin{bmatrix} X_{ij}-X_{ij}^0 \\ Y_{ij}-Y_{ij}^0 \\ Z_{ij}-Z_{ij}^0 \end{bmatrix} \tag{12.20}$$

其中,未知参数 $\boldsymbol{\xi}=[\hat{x}_i',\hat{y}_i',\hat{z}_i',\hat{x}_j',\hat{y}_j',\hat{z}_j',\hat{\varepsilon}_x,\hat{\varepsilon}_y,\hat{\varepsilon}_z,\hat{\mu}]^{\mathrm{T}}$,包含了 GNSS 控制网站点坐标在新坐标下的改正数以及坐标转换参数。

设 GNSS 控制网中共有 n 个点,共有 m 条基线向量,根据上式得到 GNSS 控制网中所有基线的联合误差方程

$$\boldsymbol{v}=\boldsymbol{B}\hat{\boldsymbol{\Xi}}-\boldsymbol{l} \tag{12.21}$$

其中,$\boldsymbol{v}$ 是全部基线向量观测值的改正数,$\boldsymbol{B}$ 为设计矩阵,$\boldsymbol{l}$ 是由基线向量观测值减去初值得到的常数项,$\hat{\boldsymbol{\Xi}}$ 是包含 n 个站点的坐标改正数和 4 个坐标转换参数。

$$\underset{3m\times(3n+4)}{\boldsymbol{B}}=\begin{bmatrix}\boldsymbol{B}_1\\ \vdots\\ \boldsymbol{B}_k\\ \vdots\\ \boldsymbol{B}_m\end{bmatrix},\ \underset{3m\times 1}{\boldsymbol{v}}=\begin{bmatrix}\boldsymbol{v}_1\\ \vdots\\ \boldsymbol{v}_k\\ \vdots\\ \boldsymbol{v}_m\end{bmatrix},\ \underset{3m\times 1}{\boldsymbol{l}}=\begin{bmatrix}\boldsymbol{l}_1\\ \vdots\\ \boldsymbol{l}_k\\ \vdots\\ \boldsymbol{l}_m\end{bmatrix},\ \underset{(3n+4)\times 1}{\hat{\boldsymbol{\Xi}}}=\begin{bmatrix}\underset{3n\times 1}{\hat{\boldsymbol{\Xi}}_1}\\ \underset{4\times 1}{\hat{\boldsymbol{\Xi}}_2}\end{bmatrix} \tag{12.22}$$

其中，若第 k 条基线是由 i 和 j 点构成的基线，则对应误差方程的元素为

$$\boldsymbol{B}_k=[0,\cdots,-\boldsymbol{I}_{ith},\cdots,\boldsymbol{I}_{jth},\cdots,0,\boldsymbol{T}_{k,}],\quad \boldsymbol{T}_k=\begin{bmatrix}0 & -Z_{ij}^0 & Y_{ij}^0 & X_{ij}^0\\ Z_{ij}^0 & 0 & -X_{ij}^0 & Y_{ij}^0\\ -Y_{ij}^0 & X_{ij}^0 & 0 & Z_{ij}^0\end{bmatrix} \tag{12.23}$$

$$\boldsymbol{v}_k=\begin{bmatrix}v_{X_{ij}}\\ v_{Y_{ij}}\\ v_{Z_{ij}}\end{bmatrix},\quad \underset{3\times 1}{\boldsymbol{l}_k}=\begin{bmatrix}X_{ij}-X_{ij}^0\\ Y_{ij}-Y_{ij}^0\\ Z_{ij}-Z_{ij}^0\end{bmatrix},\quad \underset{3n\times 1}{\hat{\boldsymbol{\Xi}}_1}=\begin{bmatrix}\hat{\boldsymbol{x}}'_1\\ \vdots\\ \hat{\boldsymbol{x}}'_k\\ \vdots\\ \hat{\boldsymbol{x}}'_n\end{bmatrix},\quad \underset{4\times 1}{\hat{\boldsymbol{\Xi}}_2}=\begin{bmatrix}\varepsilon_x\\ \varepsilon_y\\ \varepsilon_z\\ \mu\end{bmatrix},\quad \underset{3\times 1}{\hat{\boldsymbol{x}}'_k}=\begin{bmatrix}\hat{x}'_k\\ \hat{y}'_i\\ \hat{z}'_i\end{bmatrix} \tag{12.24}$$

3. 约束条件

相比于无约束平差，GNSS 控制网约束平差可能会引入测站点坐标、边长、方位角等外部数据，实际上是引入了未知参数的约束条件。若在参心坐标系中引入 n_c 个已知点坐标、n_s 条已知边长和 n_a 个已知方位作为约束条件，则约束条件方程

$$\boldsymbol{G}^{\mathrm{T}}\hat{\boldsymbol{\Xi}}_1=\boldsymbol{0} \tag{12.25}$$

式中

$$\underset{(3n_c+n_s+n_a)\times 3n}{\boldsymbol{G}^{\mathrm{T}}}=\begin{bmatrix}\underset{3n_c\times 3n}{\boldsymbol{G}_c^{\mathrm{T}}}\\ \underset{n_s\times 3n}{\boldsymbol{G}_s^{\mathrm{T}}}\\ \underset{n_a\times 3n}{\boldsymbol{G}_a^{\mathrm{T}}}\end{bmatrix} \tag{12.26}$$

下面分别给出坐标基准、边长基准和方位基准的约束条件所对应约束方程系数矩阵的形式。

(1) 坐标约束

$$\underset{3n_c\times 3n}{\boldsymbol{G}_c^{\mathrm{T}}}=\begin{bmatrix}\boldsymbol{g}_{c_1}^{\mathrm{T}}\\ \vdots\\ \boldsymbol{g}_{c_k}^{\mathrm{T}}\\ \vdots\\ \boldsymbol{g}_{c_{n_c}}^{\mathrm{T}}\end{bmatrix},\quad \underset{3\times 3n}{\boldsymbol{g}_{c_k}^{\mathrm{T}}}=[\boldsymbol{0},\cdots,\boldsymbol{I}_3,\cdots,\boldsymbol{0}] \tag{12.27}$$

表示将第 k 个测站的坐标固定为初始值，即第 k 个测站坐标改正数为 0。

（2）边长约束

$$\underset{n_s\times 3n}{\boldsymbol{G}_s^{\mathrm{T}}}=\begin{bmatrix}\boldsymbol{g}_{s_1}^{\mathrm{T}}\\ \vdots\\ \boldsymbol{g}_{s_k}^{\mathrm{T}}\\ \vdots\\ \boldsymbol{g}_{s_{n_s}}^{\mathrm{T}}\end{bmatrix},\quad \underset{1\times 3n}{\boldsymbol{g}_{s_k}^{\mathrm{T}}}=[\boldsymbol{0},\cdots,-\underset{ith}{\boldsymbol{T}_s},\cdots,\underset{jth}{\boldsymbol{T}_s}\cdots,\boldsymbol{0}]\ ,\boldsymbol{T}_s=\frac{[X_{ij}^0,Y_{ij}^0,Z_{ij}^0]}{s_k^0} \tag{12.28}$$

式中，第 k 条基线以 i 点到 j 点的长度为例。用测站近似坐标计算的边长为 $s_k^0=\sqrt{(X_{ij}^0)^2+(Y_{ij}^0)^2+(Z_{ij}^0)^2}$。

（3）方位约束

$$\underset{n_a\times 3n}{\boldsymbol{G}_a^{\mathrm{T}}}=\begin{bmatrix}\boldsymbol{g}_{a_1}^{\mathrm{T}}\\ \vdots\\ \boldsymbol{g}_{a_k}^{\mathrm{T}}\\ \vdots\\ \boldsymbol{g}_{a_{n_a}}^{\mathrm{T}}\end{bmatrix},$$

$$\underset{1\times 3n}{\boldsymbol{g}_{a_k}^{\mathrm{T}}}=[\boldsymbol{0},\cdots,-\underset{ith}{\boldsymbol{T}_a},\cdots,\underset{jth}{\boldsymbol{T}_a}\cdots,\boldsymbol{0}],\boldsymbol{T}_a=\begin{bmatrix}\dfrac{E_k}{N_k^2+E_k^2}\sin B_i^0\cos L_i^0-\dfrac{N_k}{N_k^2+E_k^2}\sin L_i^0\\ \dfrac{E_k}{N_k^2+E_k^2}\sin B_i\sin L_i^0+\dfrac{N_k}{N_k^2+E_k^2}\cos L_i^0\\ -\dfrac{E_k}{N_k^2+E_k^2}\cos B_i^0\end{bmatrix}^{\mathrm{T}} \tag{12.29}$$

式中，第 k 个方位角以 i 点到 j 点的方位角为例。B_i^0、L_i^0 为 i 点的大地坐标近似值（由空间直角坐标初值计算），E_k、N_k 为基线在站心坐标系中的东和北方向的坐标差。

4. 解算方法

联合 GNSS 控制网约束平差观测方程和所有约束方程，得

$$\begin{cases} \boldsymbol{v} = \boldsymbol{B}\hat{\boldsymbol{\Xi}} - \boldsymbol{l} \\ \boldsymbol{G}^{\mathrm{T}}\hat{\boldsymbol{\Xi}}_1 = \boldsymbol{0} \end{cases} \tag{12.30}$$

GNSS 控制网三维约束平差往往会引入多余必要起算数据的约束信息,此时平差解算有两种方法,一种是将约束条件作为固定约束,即平差结果一定要满足约束条件,此时需要采用附有约束条件的间接平差方法求解。另一种是依然允许约束条件变化,即认为约束条件之间可能不完全相符,此时可将约束条件作为观测方程来处理。注意当约束条件的个数满足最少约束条件时,两种方法的结果是等价的。此处介绍第二种处理方法。

设 GNSS 控制网基线向量观测值的权矩阵为 $\boldsymbol{P}=\boldsymbol{Q}_l^{-1}$,其中,$\boldsymbol{Q}_l$ 是基线向量观测值的协因数阵,则未知参数的估值及其协因数阵分别为

$$\hat{\boldsymbol{\Xi}} = \left(\boldsymbol{B}^{\mathrm{T}}\boldsymbol{PB} + \begin{bmatrix} \boldsymbol{GG}^{\mathrm{T}} & \boldsymbol{0} \\ \boldsymbol{0} & \boldsymbol{0} \end{bmatrix}\right)^{-1}\boldsymbol{B}^{\mathrm{T}}\boldsymbol{Pl} = \boldsymbol{Q}_G\boldsymbol{B}^{\mathrm{T}}\boldsymbol{Pl} \tag{12.31}$$

$$\boldsymbol{Q}_{\hat{\Xi}} = \boldsymbol{Q}_G\boldsymbol{B}^{\mathrm{T}}\boldsymbol{PBQ}_G \tag{12.32}$$

式中,$\boldsymbol{Q}_G=\left(\boldsymbol{B}^{\mathrm{T}}\boldsymbol{PB}+\begin{bmatrix} \boldsymbol{GG}^{\mathrm{T}} & \boldsymbol{0} \\ \boldsymbol{0} & \boldsymbol{0} \end{bmatrix}\right)^{-1}$。观测值验后单位权中误差为

$$\hat{\sigma}_0 = \sqrt{\frac{\boldsymbol{v}^{\mathrm{T}}\boldsymbol{Pv}}{3m + 3n_c + n_s + n_a - 3n - 4}} \tag{12.33}$$

5. 精度评定和检验

对于约束平差,精度评定包括平面边长相对中误差、约束条件的精确度、约束平差与无约束平差基线向量改正数的互差等指标。

这里,特别要注意对平差模型的检验,一般通过对验后单位权方差检验来判断,若验后单位权方差未通过检验,则往往是由于下述原因引起:

① 函数模型的缺陷。这里包括 GNSS 基线向量中存在粗差或仍然有某些未被模型化的系统误差。如 GNSS 控制网中的基线向量不是同期观测的,存在尺度标准的差异,或者地面网方向边长观测数据有明显的粗差或没有被模型化的系统误差,或者引入的尺度或残余定向改正参数不恰当,等等。

② 起算数据的误差。当作为 GNSS 控制网约束平差的固定基准(如坐标、边长、方位角)的误差过大时,往往也会导致验后单位权方差不能通过检验。检验哪些点上有较大的起算数据误差,最好的办法是选取一个点和一个方位角的约束,进行 GNSS 控制网约束平差。这时验后单位权方差不含有起算数据误差的影响,然后逐一加入新的起算数据后再平差,根据前后两次平差得到的验后单位权方差的差异来判断起算数据是否含有较大误差。

6. 几点说明

(1) 不含坐标转换的三维约束平差

上文讨论了含有坐标转换的 GNSS 控制网三维约束平差，其目的是用 GNSS 基线向量求解在给定坐标系下的测站坐标平差结果。若当目标坐标系的定向和尺度与 GNSS 基线向量体现的坐标系相同时，只需要引入该目标坐标系下的多个测站的坐标即可完成三维约束平差，与水准网约束平差完全类似。

此过程可完全由上述含有坐标转换的三维约束平差退化得到，即只要将转换参数设为0。还可通过对方程(12.27)附加约束条件

$$\begin{cases} \boldsymbol{v} = \boldsymbol{B}\hat{\boldsymbol{\Xi}} - \boldsymbol{l} \\ \boldsymbol{G}^{\mathrm{T}}\hat{\boldsymbol{\Xi}}_1 = \boldsymbol{0} \\ \hat{\boldsymbol{\Xi}}_2 = \boldsymbol{0} \end{cases} \tag{12.34}$$

其求解方法与上文类似，不再赘述。

(2) 以大地坐标为未知参数三维约束平差

GNSS 控制网的三维约束平差还可直接以测站的大地坐标改正数为未知数，这里只需将测站坐标改正数从三维坐标系转换到大地坐标系，利用两个坐标系的微分关系

$$\begin{bmatrix} \hat{x}_i \\ \hat{y}_i \\ \hat{z}_i \end{bmatrix} = \boldsymbol{R}_i \begin{bmatrix} \hat{b}_i \\ \hat{l}_i \\ \hat{h}_i \end{bmatrix} \tag{12.35}$$

其中，转换矩阵

$$\boldsymbol{R}_i = \begin{bmatrix} -(M_i + H_i)\sin B_i \cos L_i & -(N_i + H_i)\cos B_i \sin L_i & \cos B_i \cos L_i \\ -(M_i + H_i)\sin B_i \sin L_i & (N_i + H_i)\cos B_i \cos L_i & \cos B_i \sin L_i \\ (M_i + H_i)\cos B_i & 0 & \sin B_i \end{bmatrix} \tag{12.36}$$

其中，M_i 和 N_i 为子午圈和卯酉圈曲率半径。将微分转换关系代入以空间坐标为参数的误差方程，得到以大地坐标为参数的误差方程。其求解过程并无差别。

12.4.4 GNSS 控制网联合平差

当在进行 GNSS 控制网平差时，若观测值除了 GNSS 基线向量外，还加入了其他测量方式得到的边长、角度、方向或高差等数据，则联合这些数据一起处理的过程称为联合平差。联合平差实现的效果与约束平差类似，通过加入能使 GNSS 控制网的尺度和方位发生变化的观测值，使 GNSS 基线向量由原坐标系转换到特定坐标系。在 GNSS 应用于控制网建设初期，主要测量手段还是以传统的角度和距离测量为主，经常会用到 GNSS 控制网联合平差。然而 GNSS 发展至今，大多测量成果已更新为三维空间成果，因此联合平差已鲜有应用。

12.4.5　GNSS 控制网二维平差

空间三维直角坐标系和大地坐标系一般适用于空间大地测量的位置描述。而对于传统的工程测量来说,三维空间位置是不直观和不方便的。大部分区域工程测量依然多采用以参考椭球为基准的二维平面坐标,以及以大地水准面为基准的高程系统。常见的二维平面坐标系有高斯平面坐标系、地方独立平面坐标系等,这就需要将 GNSS 三维测量成果转换到二维平面坐标系统中。GNSS 控制网二维平差的做法通常是,将三维 GNSS 基线向量转换为高斯平面坐标系中的二维坐标差,然后在高斯平面坐标系中进行二维 GNSS 控制网平差求得各点在地面坐标系中的坐标。

1. 三维基线投影二维坐标差方法

三维空间直角坐标与三维站心地平坐标的转换为

$$\begin{bmatrix} x_i \\ y_i \\ z_i \end{bmatrix} = \boldsymbol{R}_{H,o}\left(\begin{bmatrix} X_i \\ Y_i \\ Z_i \end{bmatrix} - \begin{bmatrix} X_o \\ Y_o \\ Z_o \end{bmatrix}\right) \tag{12.37}$$

其中,$\boldsymbol{R}_{H,o}=\begin{bmatrix} -\sin B_0\cos L_0 & -\sin B_0\sin L_0 & \cos B_0 \\ -\sin L_0 & \cos L_0 & 0 \\ \cos B_0\cos L_0 & \cos B_0\sin L_0 & \sin B_0 \end{bmatrix}$,$(B_0,L_0)$是站心原点的三维空间坐标$[X_0,Y_0,Z_0]^{\mathrm{T}}$对应的大地坐标。对于基线向量而言,二维坐标差的对应转换为

$$\begin{bmatrix} x_{ij} \\ y_{ij} \\ z_{ij} \end{bmatrix} = \boldsymbol{R}_{H,o}\begin{bmatrix} X_{ij} \\ Y_{ij} \\ Z_{ij} \end{bmatrix} \tag{12.38}$$

在模型中,x_{ij}、y_{ij}即为平面上的二维坐标差,z_{ij}为高程方向的坐标差。

2. 二维平差模型

二维平差模型包括一个尺度参数μ和一个旋转参数ε_z,其函数模型为

$$\begin{bmatrix} x_{ij} \\ y_{ij} \end{bmatrix} = (1+\mu)\begin{bmatrix} x_{ij}^0+\delta x_{ij} \\ y_{ij}^0+\delta y_{ij} \end{bmatrix} + \varepsilon_z\begin{bmatrix} y_{ij}^0+\delta y_{ij} \\ -x_{ij}^0-\delta x_{ij} \end{bmatrix} \tag{12.39}$$

其中,$\begin{bmatrix} x_{ij} \\ y_{ij} \end{bmatrix}$表示二维基线向量观测值,$\begin{bmatrix} x_{ij}^0 \\ y_{ij}^0 \end{bmatrix}$为目标坐标系下两点近似坐标之差,$\begin{bmatrix} \delta x_{ij} \\ \delta y_{ij} \end{bmatrix}=\begin{bmatrix} \delta x_j-\delta x_i \\ \delta y_j-\delta y_i \end{bmatrix}$为坐标差改正数。给基线向量观测值引入改正数,舍弃二阶小量,对应的误差方程为

$$\begin{bmatrix} x_{ij} + v_{x_{ij}} \\ y_{ij} + v_{y_{ij}} \end{bmatrix} = \begin{bmatrix} x_{ij}^0 \\ y_{ij}^0 \end{bmatrix} + \mu \begin{bmatrix} x_{ij}^0 \\ y_{ij}^0 \end{bmatrix} + \begin{bmatrix} \delta x_j - \delta x_i \\ \delta y_j - \delta y_i \end{bmatrix} + \varepsilon_z \begin{bmatrix} y_{ij}^0 \\ -x_{ij}^0 \end{bmatrix} \tag{12.40}$$

其中,未知参数为尺度 μ 和旋转参数 ε_z,以及坐标改正数 δx_i、δy_i、δx_j、δy_j。引入起算数据,即取至少两个点的坐标改正数为 0,则可通过最小二乘求解。

当网中有边长约束时,地面已知边长为 $\tilde{s}_{ij}$,则引入约束方程

$$\tilde{s}_{ij} = \sqrt{(x_{ij}^0 + \delta x_{ij})^2 + (y_{ij}^0 + \delta y_{ij})^2} \tag{12.41}$$

同理,有方位约束时,引入方程

$$\tilde{\alpha}_{ij} = \arctan \frac{y_{ij}^0 + \delta y_{ij}}{x_{ij}^0 + \delta x_{ij}} \tag{12.42}$$

由此可见,地面已知边长 $\tilde{s}_{ij}$和已知方位角 $\tilde{\alpha}_{ij}$构成 GNSS 控制网的外部尺度和方位约束,其误差方程与常规控制网相同,可与坐标差误差方程(12.40)进行联合平差。

习题

1. 请给出独立基线、同步环、异步环、重复基线的定义。
2. 请简述 GNSS 控制网数据处理的基本流程。
3. 请给出无约束平差和约束平差的观测模型。
4. 请阐述三维基线投影二维坐标差方法。

第13章

GNSS定位技术

GNSS具有连续运行、全天候、全球覆盖和实时服务等优势，通过绝对定位和相对定位的不同定位模式，可为GNSS用户提供米级至毫米级精度的定位服务。常用的绝对定位模式主要包括：基于伪距的标准单点定位（SPP）、基于伪距和载波相位的精密单点定位（PPP）。常用的相对定位模式主要包括：坐标差分、单基准站差分、多基准站区域差分、广域差分。本章将对上述常用的定位模式依次介绍。

13.1 绝对定位

单点定位是最简单的定位模式，也是GNSS设计之初的定位模式。根据接收到的卫星星历计算卫星轨道位置和卫星钟差，并根据单台GNSS接收机接收的伪距和相位观测值计算测站的坐标。尽管卫星轨道的计算需要地面观测台站，但单点定位的用户无须引入参考站信息，从用户体验上可称为绝对定位。单点定位的优点是只需要单台接收机，外业观测（数据采集）的组织和实施也较为方便和自由。单点定位主要有两种典型技术。一种是基于伪距观测值的标准单点定位，另一种是基于伪距和高精度载波相位的精密单点定位。

13.1.1 伪距单点定位（SPP）

SPP通常只采用伪距观测值，由于伪距观测值的精度较低，且受到卫星轨道误差、卫星钟差，以及对流层延迟和电离层延迟误差等信号传播误差的影响，因此定位精度较低。一般用于飞机、船舶和车辆的导航以及地质勘查和军事等对定位精度要求较低的领域。对于高精度的位置服务，SPP一般用于获取测站的坐标初值。

单点定位采用的观测模型为

$$P_r^s = \rho_r^s + cdt_r - cdt^s + \iota_r^s + \tau_r^s + \varepsilon_{P_r^s} \tag{13.1}$$

其中，P_r^s 为某个历元接收机 r 到卫星 s 的伪距观测值，$\rho_r^s = \sqrt{(X^s - X_r)^2 + (Y^s - Y_r)^2 + (Z^s - Z_r)^2}$

为接收机到卫星的几何距离，dt^s 和 dt_r 为卫星钟差和接收机钟差，c 为光速；τ_r^s 和 ι_r^s 为对流层延迟和电离层延迟，ε 代表其他未被模型化的误差及观测值噪声。在单点定位中，卫星坐标(X^s, Y^s, Z^s)和卫星钟差 dt^s 由卫星星历计算得到，对流层延迟可通过标准对流层模型进行改正，其他误差通常忽略。将接收机坐标(X_r, Y_r, Z_r)和接收机钟差作为未知参数一起求解。由于参数个数为 4，因此 SPP 需要至少 4 颗卫星进行定位解算。

由于电离层延迟是 SPP 的主要误差，为了提高定位的精度，可采用双频或者多频观测值构成无电离层组合观测来进行 SPP 解算。以双频观测为例，无电离层组合的 SPP 模型为

$$\frac{f_1^2 P_{r,1}^s - f_2^2 P_{r,2}^s}{f_1^2 - f_2^2} = \rho_r^s - cdt_{\mathrm{IF}}^s + cdt_{r,\mathrm{IF}} + \tau_r^s + \varepsilon_{P_{r,\mathrm{IF}}^s} \tag{13.2}$$

式中，$P_{r,1}^s$ 和 $P_{r,2}^s$ 为两个频率的伪距观测值。无电离层的卫星钟差 dt_{IF}^s 依然由卫星星历计算，电离层延迟已被消除，其他参数和计算方式不变。

标准单点定位具有以下优缺点：

① 硬件要求低。SPP 只需要单台接收机的伪距观测值，因此只要能够接收卫星星历和伪距观测值的接收机即可进行单点定位，这也是任意低端接收机具备的基本功能。

② 算法简单。由于 SPP 的精度不高，一般也不刻意精细化处理各类系统误差。一般需要处理的系统误差主要包括卫星钟差、接收机钟差、电离层延迟和对流层延迟等。卫星钟差由卫星星历计算，大部分对流层延迟可采用模型改正，电离层延迟也可采用模型改正或者双频无电离层组合来消除，接收机钟差通过引入参数来吸收。可以看到，SPP 只对接收机钟差需要进行参数化，处理算法简单。此外，SPP 仅采用伪距观测值，不使用载波相位观测值，因此不涉及载波相位周跳和模糊度固定等复杂问题，这也使得其算法相比之下更为简单。

③ 可用性好。通常而言，一个数据处理系统涉及的数据来源越少，其运行可靠性就越高。SPP 只依赖 GNSS 的运营端，不需要来自任何第三方服务机构的数据，而卫星系统的运营端由政府或军方管理，因此服务的可靠性级别是最高的，保障了 SPP 的高可用性。

④ 定位精度不高。SPP 有以上的诸多优点，但它的最大缺点就是定位精度较低，其原因是几方面的。一是，SPP 采用的伪距观测值精度本身不高，仅有分米级精度；二是，广播星历计算的卫星轨道和钟差精度无法满足高精度的绝对定位；三是，未有效处理或忽略的系统误差较多，限制了定位精度。

13.1.2 精密单点定位(PPP)

深入分析影响 SPP 精度的误差源包括：观测值精度、轨道误差、卫星钟差、对流层延迟和电离层延迟误差等。若能逐一妥善处理这些误差项，就可以得到厘米级的高精度定位解，也就是精密单点定位。PPP 采用了载波相位观测值来提高观测值本身的精度，采用了 IGS 提供的卫星精密轨道和精密钟差产品来削弱卫星轨道和钟差的影响。通常采用无电离层组合观测值来消除电离层的影响，采用参数化的方式来吸收残余的对流层延迟，并采用精确的模

型改正固体潮、海潮、天线相位中心偏差和相位缠绕等误差。PPP 通常采用卡尔曼滤波方法来解算，多系统 PPP 可以经过约半小时收敛达到分米级甚至更高的定位精度，静态 PPP 经过一天的数据解算可以达到厘米级甚至毫米级的定位精度，实时 PPP 定位收敛后也可以达到分米级。

PPP 无电离层组合的伪距与载波相位观测方程为

$$\left.\begin{aligned} P_{r,\mathrm{IF}}^{s} &= \rho_{r}^{s} - cdt_{\mathrm{IF}}^{s} + cdt_{r,\mathrm{IF}} + \tau_{r}^{s} + \delta_{P} + \varepsilon_{P_{r,\mathrm{IF}}^{s}} \\ \Phi_{r,\mathrm{IF}}^{s} &= \rho_{r}^{s} - cdt_{\mathrm{IF}}^{s} + cdt_{r,\mathrm{IF}} + \tau_{r}^{s} - a_{r}^{s} + \delta_{\Phi} + \varepsilon_{\Phi_{r,\mathrm{IF}}^{s}} \end{aligned}\right\} \tag{13.3}$$

式中，δ_P 为不可忽略的伪距改正项，包括地球固体潮、海潮负荷、相对论效应等，δ_Φ 除了 δ_P 中的各项外，还包括天线相位中心偏差和相位缠绕，δ_P 和 δ_Φ 都需提前进行精确改正。a_r^s 是包含初始相位偏差的非整数模糊度参数。

在系统误差处理方面，PPP 典型的处理方法如下：① 电离层误差采用消电离层组合或在数据处理中将电离层误差建模为系统参数从而得到有效处理；② 对流层误差的干延迟分量通常较为稳定，可以采用对流层改正模型在预处理阶段予以精确改正，而湿延迟分量无法有效建模，通常设置天顶湿延迟参数并将观测方向的湿延迟分量表示为天顶湿延迟的函数从而予以吸收；③ 卫星轨道误差和钟差采用 IGS 精密星历予以改正；④ 影响 GNSS 信号的相对论效应可以分为卫星钟频偏差、信号路径弯曲和不规则重力场的 J2 项改正，其中前两项可以由模型予以改正，第三项影响极小对于 PPP 可以忽略不计；⑤ 地球固体潮通常参照 IERS 协议提供的标准模型进行改正，地球海潮也有相应的标准化的改正模型，地球极潮影响需要 IGS 分析中心解算的 ERP 产品予以改正；⑥ 卫星和接收机天线的相位中心偏差需要对天线进行预先校准才能改正，通常用 IGS 提供的 ATX 文件数据来改正。PPP 解算一般采用卡尔曼滤波算法。在没有周跳的情况下，模糊度是时不变参数，对流层天顶延迟可以建模为具有较小过程噪声的随机游走过程参数，接收机钟差通常建模为白噪声过程参数。

随着低成本定位平台的发展，使用单频观测数据开展 PPP 成为热点，通过对各类误差的精确改正和参数化估计，可实现分米级的定位精度。此外，随着三频甚至多频 GNSS 的发展，使用三频及多频观测数据可有效加快 PPP 的收敛速度，提高定位精度和可信度。近年来，围绕 PPP 模糊度的固定、解算的实时性，以及收敛的快速性开展了大量研究。① 前期的 PPP 研究都是直接估计包含初始相位偏差的非整数模糊度。近年来多个 IGS 分析中心提供了初始相位偏差产品，经过该产品改正后可以恢复模糊度的整周特性，从而固定整数模糊度，实现厘米级精度的 PPP。② PPP 采用的卫星精密轨道和钟差产品往往需要事后才能获得，近年来多个 IGS 分析中心可实时播发精密轨道和钟差产品，从而开展实时 PPP。③ 为了加快 PPP 收敛，利用区域 CORS 站实时解算精确的对流层和电离层延迟改正数，经过这些改正数修正后，大大提升了 PPP 的收敛速度，可实现类似于网络 RTK 的实时厘米级的 PPP 定位，该技术也称为 PPP-RTK 技术。

13.2 相对定位

影响单站绝对定位精度的主要因素有卫星轨道误差、卫星钟差、大气延迟误差和接收机钟差等。当两个距离接近的接收机同时观测一颗卫星时,上述误差对两站的影响是非常接近甚至相同的,因此如果采用这两个接收机得到的定位解的误差应该是一致的。这启示我们若一个测站的坐标已知(称为基准站),就可以解算出各类误差对位置影响的改正数(称为位置改正数)或者对观测值影响的改正数(观测值改正数),然后将这些改正数发送给另一个距离接近的测站(这里称为用户站),从而消除误差对用户站定位的影响,提高用户站的定位精度,这就是差分定位的基本原理。差分定位可以有效提高单点定位精度。目前市场上的大部分接收机都具有差分服务功能,差分定位是位置服务领域最流行的定位方式。

根据基准站所提供的改正数类型,差分定位分为位置差分和观测值差分两种形式。

图 13.1(a)给出了位置差分示意图。S_1'、S_2'、S_3'和 S_4'表示由广播星历计算的卫星位置,由单点定位所求得的基准站位置为 P',基准站的已知位置为 P。由于各种误差的影响,P'一般不会和 P 重合,$\overrightarrow{P'P}$即为位置差分的改正矢量。采用空间直角坐标表示位置改正数$\overrightarrow{P'P}=(\Delta X,\Delta Y,\Delta Z)$。位置差分的前提条件是,用户站与基准站距离接近,所观测到的卫星及其收到的各类观测误差接近。若令用户站的定位解为 P_u',则利用基准站播发的位置改正数修正 P_u',即可得到较高精度的用户站坐标,该过程称为位置差分,也称为坐标差分。

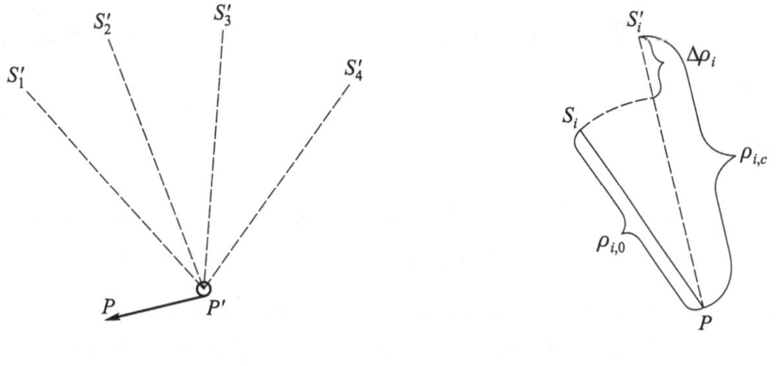

(a) (b)

图 13.1 位置差分和观测值差分示意图
(a) 位置差分示意图;(b) 观测值差分示意图

位置差分只需要传输基准站点的位置改正数,对通信信道宽度的要求很低,但也存在一些弊端。基准站上一般都配备频率和卫星通道数较多的高性能接收机,而位置差分应用中的用户大多配备通道数较少的导航型接收机。这就导致基准站和用户站观测到的卫星数目和观测值数量不尽相同，基准站根据其接收到的所有观测值求得的坐标改正数往往与用户站根据其接收到的观测值计算的坐标误差不完全匹配，从而影响用户站定位精度。

图 13.1(b)给出了观测值差分示意图。图中，S_i 为卫星 i 在空间的真实位置，$\rho_{i,0}$ 为伪距观测值。由于用户不知道卫星在空间的真实位置(存在卫星星历误差)，并且由于卫星钟差、接收机钟差、大气延迟误差及测量噪声等因素的影响，$\rho_{i,0}$ 并不等于测站至卫星的真实距离，所以无法用单点定位来准确计算自己的位置。

对于基准站 P 来说，$\rho_{i,c}$ 为根据卫星星历得到的卫星位置 S_i' 和基准站已知坐标计算得到的卫地距。两个卫地距之差 $\Delta\rho_i=\rho_{i,c}-\rho_{i,0}$ 反映了卫星星历误差、卫星钟差、接收机钟差、大气延迟误差和测量噪声等综合影响。若同一历元用户站也观测到卫星 i，当用户站与基准站接近时，两个测站对同一卫星的观测值的综合误差是接近的，因此用户站计算的卫地距之差 $\Delta\rho_i'=\rho_{i,c}'-\rho_{i,0}'\approx\Delta\rho_i$，其中 $\rho_{i,c}'$ 为基于用户站坐标(未知)和卫星坐标计算的卫地距，$\rho_{i,0}'$ 为伪距观测值。于是用户站上修正后卫地距为 $\rho_{i,c}'=\rho_{i,0}'+\Delta\rho_i$，基于修正后的卫地距可实现用户站更加精确的定位。

按照实时应用的需求，差分定位可分为实时差分和事后差分。当用户需要实时获得定位结果时，需要实时进行数据通信传输改正数，如导航用户。不需要实时结果的用户可以采用事后差分解算，不需要建立实时数据通信。

按照应用需求和工作原理，差分定位又可分为单基准站差分、区域差分与广域差分。该分类的准则是系统工作原理以及所采用的数学模型，下面介绍这三种差分定位模型。

13.2.1 单基准站差分

仅依靠单个基准站提供的差分改正信息进行的差分定位技术，称为单基准站差分 GNSS 技术，简称单站差分。

1. 单站伪距差分

单站伪距差分是仅仅采用伪距差分改正数的差分定位技术，其数学模型非常简单。可以采用位置差分的计算模式，也可以采用伪距观测值差分的计算模式。

单站伪距差分对基准站的稳定性要求较高，如果基准站设备故障或改正信号出现错误将导致用户测量工作停摆或定位错误，所以采用单站差分系统的可靠性较差。此外，单站伪距差分采用伪距观测值，尽管计算简单，但由于观测值本身精度不高，因此定位精度只能达到米级到分米级。同时，单站差分的前提是用户站与基准站收到的各类误差相似，因此要求用户站和基准站之间的距离不能太远，一般在 20 km 以内。当用户站与基准站之间的距离较大时，两个测站误差的相似性减弱，通过差分也无法有效消除用户站的定位误差，导致定位精度下降。

2. RTK 技术

除了采用伪距观测值外，还可在单基准站差分解算中采用高精度的相位观测值，但相位观测值会涉及模糊度固定的问题，数据处理相对复杂。基于载波相位差分的最典型的定位技术就是 RTK（real-time kinematic）技术。下面介绍 RTK 的算法原理。

基准站 A 观测卫星 s 的相位观测方程为

$$\Phi_A^s = \rho_A^s + O_A^s + dt^s + dt_A + \tau_A^s - \iota_A^s + \lambda N_A^s \tag{13.4}$$

式中，Φ_A^s 为相位观测值（这里以米为单位），ρ_A^s 为卫星到测站的距离，O_A^s 为卫星轨道误差，dt^s 为卫星钟差，dt_A 为接收机钟差，τ_A^s 和 ι_A^s 分别为对流层延迟和电离层延迟，λ 为波长，N 为模糊度。

由几何距离减去相位观测值得到相位改正数为

$$C_\Phi^s = \rho_A^s - \Phi_A^s = -O_A^s - dt^s - dt_A - \tau_A^s + \iota_A^s - \lambda N_A^s \tag{13.5}$$

式中，ρ_A^s 根据卫星位置和参考站已知坐标计算。同时可以通过 C_Φ^s 的序列计算其变化率 $\dot{C}_\Phi^s$。参考历元 t_0 时刻的 C_Φ^s 和 $\dot{C}_\Phi^s$ 被播发至流动站 U，流动站根据这两个量可以计算出观测时刻 t 的相位改正数

$$C_\Phi^s(t) = C_\Phi^s(t_0) + (t - t_0) \times \dot{C}_\Phi^s(t_0) \tag{13.6}$$

改正后的流动站相位观测值为

$$\Phi_U^s(t)_{\text{cor}} = \Phi_U^s(t) + C_\Phi^s(t) = \rho_U^s + O_{AU}^s + dt_{AU} + \tau_{AU}^s - \iota_{AU}^s + \lambda N_{AU}^s \tag{13.7}$$

式中，差分变量 $(*)_{AU} = (*)_U - (*)_A$。当两个测站距离较近时，轨道误差和大气延迟误差具有相似性，差分后可以忽略。此时，差分相位观测方程为

$$\Phi_U^s(t)_{\text{cor}} = \rho_U^s + dt_{AU} + \lambda N_{AU}^s \tag{13.8}$$

在差分观测方程中，除了用户站位置外，还有两个测站的相对接收机钟差和模糊度参数。

对于伪距观测值，同理可以得到改正数

$$C_P^s = \rho_A^s - P_A^s = -O_A^s - dt^s - \tau_A^s - \iota_A^s \tag{13.9}$$

式中，P_A^s 为伪距观测值，其他变量与相位改正数相同。同样根据参考历元 t_0 时刻的改正数和改正数变化率可计算出观测时刻 t 的伪距改正数

$$C_P^s(t) = C_P^s(t_0) + (t - t_0) \times \dot{C}_P^s(t_0) \tag{13.10}$$

采用改正数改正流动站的伪距观测值，可修正轨道误差和大气延迟误差，得到差分后的伪距观测方程为

$$P_U^s(t)_{\text{cor}} = \rho_U^s + dt_{AU} \tag{13.11}$$

联合相位观测方程（13.8）和伪距观测方程（13.11），可进行差分定位。此时由于单差模糊度不具有整数，只能作为实数解算。若要利用模糊度整数特性进一步提高定位精度，则可以在单差的基础上再进行星间差分，进一步消除接收机钟差，从而求解相位和伪距联合双差观测方程，具体可参考第 9 章内容。

13.2.2 区域差分

在某一区域内布设若干个基准站，用户根据各个基准站提供的改正数，经过平差计算得到用户站的高精度改正数，用该改正数实现与用户站的差分定位，称为基于多基准站的区域差分 GNSS 技术，简称区域差分，如图 13.2 所示。

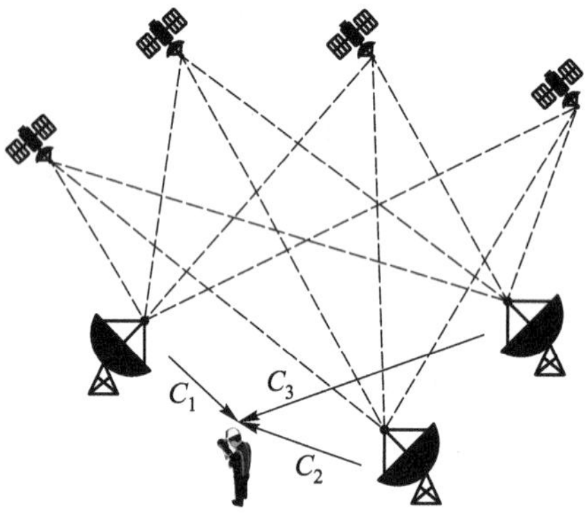

图 13.2 区域差分示意图

对于区域差分，用户需按照某种算法对来自多个基准站的改正数（坐标改正数或观测值改正数）进行平差计算，以求得用户站的高精度改正数。其中加权平均法是被经常采用的，用户将来自各基准站的改正数的加权平均值作为用户站的改正数。加权平均法的关键是确定来自各基准站改正数的权，最常用的定权方法是取基准站与用户站之间距离 D_j 的反比作为权，即

$$P_j = u/D_j \tag{13.12}$$

用户站的改正数 C_u 等于 n 个基准站改正数 C_j 的加权平均

$$C_u = \frac{\sum_{j=1}^{n} P_j C_j}{\sum_{j=1}^{n} P_j} \tag{13.13}$$

这是符合逻辑的，因为离用户站越远的基准站改正数与用户站误差的相似性越小。通过加权平均可以在一定程度上顾及基准站位置对差分改正数的影响。

另一种方法是在多个参考站中选取主基准站，然后根据多个基准站的改正数，计算出在该区域内，改正数在经度和纬度方向上的变化率，从而可以恢复出用户站上的改正数。令第 1 个基准站为主基准站，则第 i 个基准站的改正数 C_i 可表达为

$$C_i = C_1 + a \times (L_i - L_1) + b \times (B_i - B_1) \tag{13.14}$$

其中，(B_i, L_i) 为第 i 个基准站的大地坐标，a 和 b 为改正数沿经度和纬度方向上的变化率。所有基准站的改正数可以表达为上式，多个方程联立并采用最小二乘法求解系数 a、b。将求

解的系数和主基准站的改正数一并播发给用户,用户可以计算其改正数

$$C_u = C_1 + a \times (L_u - L_1) + b \times (B_u - B_1) \tag{13.15}$$

其中,(B_u, L_u)是用户站的近似大地坐标。

相较于单站差分,基于多基准站的区域差分顾及了差分改正数的空间相关性,使得系统可靠性与服务质量都有所提高。另外,当个别基准站出现故障时,系统一般仍然可以正常运行。区域差分常用于较大范围的导航定位。

实际上,不同误差源对定位结果的影响机制是不同的,比如卫星轨道误差和大气延迟误差改正数对用户站的影响,与用户站在区域网参考站网中的位置相关,用户站越靠近区域网中心,则改正数的效果就越好;而卫星钟差改正数对用户站的影响与用户站所处的位置无关。如果将所有误差源综合为一个混合的改正数,忽略各误差改正数对用户站的影响机制,当区域网的基准站比较稀疏时,将导致用户解算精度迅速下降。广域差分服务就考虑了各类误差的特性,并将各类误差单独处理。

13.2.3 广域差分

当差分 GNSS 应用需覆盖较大区域时(如需覆盖我国大陆和邻近海域时),采用前面两种方法就会碰到许多困难。首先是需建立大量的基准站。其次,由于地理条件和自然条件的限制,在很多地方无法建立基准站和信号发射站,从而产生大片基准站无法覆盖的空白地区。广域差分 GNSS 就是在这种情况下发展起来的。

在一个相当大的区域中,较为均匀地布设少量的基准站组成一个稀疏的差分 GNSS 基准站网,各基准站独立观测并将观测值传送给数据处理中心,由数据处理中心进行统一处理,以便将各种误差分离开来,然后再将卫星轨道改正数、卫星钟差改正数和大气延迟模型播发给用户,这种差分系统称为广域差分 GNSS。

广域差分与单站差分、区域差分的区别在于:单站差分和区域差分把基准站各种误差的综合改正数播发给用户,而广域差分则把这些误差分别计算出来并播发给用户,使用户能根据具体的需要分别采用这些改正数修正观测值。

13.3 网络 RTK 技术

网络 RTK 技术可以看作区域差分的一个典型的实现方法。网络 RTK 技术利用大气延迟误差的空间相关性,通过区域内多个连续运行参考站(continuously operating reference stations, CORS)的观测值反演大气延迟误差并对其精确建模。在利用该模型内插出区域内流动站的大气延迟改正数,经过大气延迟改正后,流动站也实现快速模糊度固定以及精密定位。网络 RTK 技术最大的优点就是综合利用区域 CORS 观测信息生成虚拟的参考站观测

值，该虚拟参考站距离用户较近，用户可以使用已有的 RTK 系统进行解算，类似于求解短基线 RTK。

CORS 网是网络 RTK 系统的重要组成部分，也是重要的基础设施。由于 CORS 网强调长期稳定的连续运行，除了高精度定位服务外，还可提供其他行业的相关服务。如向车辆、船舶和飞机等交通工具提供米级导航定位服务，向大地测量基准维护机构提供动态大地测量参考框架，向时间服务部门提供授时服务，向气象部门提供大气研究的相关数据等。

迄今为止，世界多个国家、地区已建成了不同等级的 CORS 网，如美国国家大地测量局建成了由近 400 个站覆盖全美国的美国国家 CORS 网，参考站的间距 100 ~200 km，德国国家 CORS 网(SAPOS)包含了 250 个观测站，站间距平均 40 km，日本建成了高密度的国家 CORS 网(COSMOS)，由超过 1 200 个测站组成，站间距平均为 30 km。我国不同行业也相继建立了全国和区域的 CORS 网，许多城市也建立了省级和城市级别的 CORS 系统，如江苏、广东、四川等省建立了省级 CORS 系统，北京、上海、深圳、武汉等数十个城市建立了城市级 CORS 系统。

1. 系统构成

网络 RTK 系统由 CORS 网、数据处理与播发中心、通信链路和用户四部分组成。

CORS 网：由一批静态 GNSS 观测台站构成，要求台站的坐标精确已知，且具有良好的观测环境。每个台站需要配备高精度测地型接收机、数据传输及气象观测设备。站间距一般为 30~100 km，具体参考站网密度需要根据服务区域的地形、当地大气条件和定位精度需求来综合确定。

数据处理与播发中心：数据处理中心实时收集 CORS 的观测数据，并对这些数据进行预处理、质量分析和组网解算。生成综合区域误差改正数信息的虚拟参考站观测值，并将其播发给流动站。

通信链路：基准站与数据中心的通信一般由专用光纤光缆实现，也可使用无线数据网络。数据中心与流动站通常采用移动数据网络通信。

用户：由接收机、通信接收设备和数据处理设备(如手簿和掌上电脑)组成。有些接收机嵌入了数据处理软件，手簿只用于结果的展示以及和用户交互。

2. 实现方法

虚拟参考站技术(virtual reference station，VRS)是实现网络 RTK 服务的代表性技术，如图 13.3 所示。VRS 技术的基本原理是通过流动站周边多个 CORS 的观测数据生成一个位于流动站附近但实际不存在的虚拟参考站观测数据，并将其虚拟参考站观测数据传输给流动站，在流动站实现 RTK 定位。由于虚拟参考站距离流动站较近，所以虚拟参考站与流动站之间的双差观测值中的大气延迟误差可以忽略。

下面介绍如何通过 CORS 数据生成虚拟参考站数据。下文推导以相位观测值为例，伪距观测值可类似推导。如图 13.3 已知三个参考站 A、B、C，则以参考站 A 为主参考站，参考

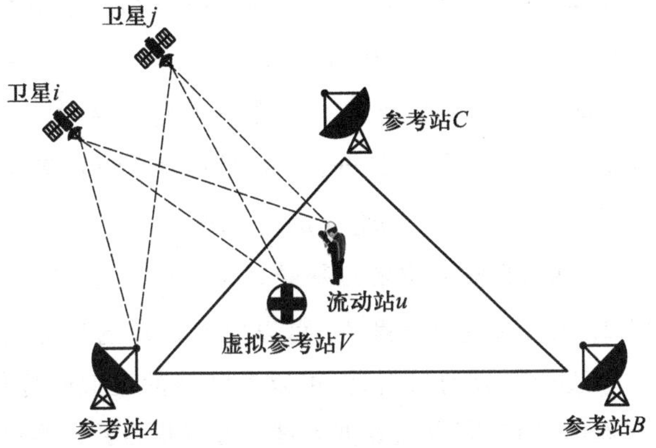

图 13.3 虚拟观测值生成示意图

站之间建立卫星 i 和卫星 j 的相位双差观测方程

$$\begin{aligned}\lambda\varphi_{AB}^{ij}&=\rho_{AB}^{ij}+\lambda N_{AB}^{ij}+\tau_{AB}^{ij}-\iota_{AB}^{ij}\\\lambda\varphi_{AC}^{ij}&=\rho_{AC}^{ij}+\lambda N_{AC}^{ij}+\tau_{AC}^{ij}-\iota_{AC}^{ij}\end{aligned}\tag{13.16}$$

其中，φ_{AB}^{ij}、ρ_{AB}^{ij}、N_{AB}^{ij}分别为双差相位观测值、卫地距和模糊度，τ_{AB}^{ij}和 ι_{AB}^{ij}为双差对流层延迟和电离层延迟。基线 AC 中的变量与基线 AB 中完全类似。由于参考站坐标精确已知，因此ρ_{AB}^{ij}和ρ_{AC}^{ij}精确已知。双差模糊度固定后，可求解高精度的各项误差。各类误差的综合误差为

$$\begin{aligned}m_{AB}^{ij}&=\tau_{AB}^{ij}-\iota_{AB}^{ij}=\lambda\varphi_{AB}^{ij}-\rho_{AB}^{ij}-\lambda N_{AB}^{ij}\\m_{AC}^{ij}&=\tau_{AC}^{ij}-\iota_{AC}^{ij}=\lambda\varphi_{AC}^{ij}-\rho_{AC}^{ij}-\lambda N_{AC}^{ij}\end{aligned}\tag{13.17}$$

设三个参考站 A、B、C 的平面坐标为(x_A,y_A)、(x_B,y_B)和(x_C,y_C)，采用平面内插模型拟合综合误差

$$\begin{aligned}m_{AB}^{ij}&=a_1(x_B-x_A)+a_2(y_B-y_A)\\m_{AC}^{ij}&=a_1(x_C-x_A)+a_2(y_C-y_A)\end{aligned}\tag{13.18}$$

求解平面拟合参数(a_1,a_2)，并给定虚拟参考站 V 的坐标(x_V,y_V)，即可内插出虚拟参考站到主参考站 A 的综合误差

$$m_{AV}^{ij}=a_1(x_V-x_A)+a_2(y_V-y_A)=\tau_{AV}^{ij}-\iota_{AV}^{ij}\tag{13.19}$$

类似地，虚拟参考站 V 和主参考站 A 的双差观测方程为

$$\lambda\varphi_{AV}^{ij}=\rho_{AV}^{ij}+\lambda N_{AV}^{ij}+m_{AV}^{ij}\tag{13.20}$$

则虚拟参考站的观测值为

$$\varphi_V^{ij}=\varphi_A^{ij}+\frac{\rho_{AV}^{ij}+m_{AV}^{ij}}{\lambda}+N_{AV}^{ij}\tag{13.21}$$

其中，ρ_{AV}^{ij}可基于虚拟参考站坐标和主参考站坐标以及卫星星历计算，m_{AV}^{ij}通过内插计算，φ_A^{ij}是主参考站星间单差观测值，N_{AV}^{ij}可以给定任意的整数值。

将虚拟参考站观测值发给用户后，与用户站的星间单差观测值 φ_u^{ij} 构成双差

$$\lambda(\varphi_u^{ij}-\varphi_V^{ij})=\lambda(\varphi_u^{ij}-\varphi_A^{ij})-\rho_{AV}^{ij}-m_{AV}^{ij}-\lambda N_{AV}^{ij}=\lambda\varphi_{Au}^{ij}-\rho_{AV}^{ij}-m_{AV}^{ij}-\lambda N_{AV}^{ij} \tag{13.22}$$

将双差观测方程 $\lambda\varphi_{Au}^{ij}=\rho_{Au}^{ij}+\lambda N_{Au}^{ij}+m_{Au}^{ij}$ 代入上式，则

$$\lambda\varphi_{Vu}^{ij}=\rho_{Au}^{ij}-\rho_{AV}^{ij}+m_{Au}^{ij}-m_{AV}^{ij}+\lambda N_{Au}^{ij}-\lambda N_{AV}^{ij} \tag{13.23}$$

由于虚拟参考站与流动站较近，则 $m_{Au}^{ij}-m_{AV}^{ij}\approx 0$，即差分后的误差可以忽略

$$\lambda\varphi_{Vu}^{ij}=\rho_{Au}^{ij}-\rho_{AV}^{ij}+\lambda N_{Vu}^{ij} \tag{13.24}$$

显然，上式中 ρ_{AV}^{ij} 是已知的，只需要求解短基线 RTK 就可实现定位。值得说明的是，在生成 VRS 观测值的式(13.21)中，双差模糊度 N_{AV}^{ij} 可以给定任意的整数值，不会影响到用户站的定位解。虚拟参考站一般选在流动站附近，可以流动站的近似坐标作为虚拟参考站的位置。VRS 技术需要双向通信，用户需要向数据处理中心提供自身的概率位置，数据中心根据概率位置生成 VRS 观测值。

除了 VRS 技术，还有两种实现网络 RTK 的技术。莱卡公司的参考站处理软件(SPIDER)采用了“主辅站技术(MAX)”。该技术确定一个基准站作为主站，其余各站为辅站。数据处理中心根据各基准站的观测数据解算主站的误差改正数和各辅站相对于主站的改正数，将上述解算信息发送给用户，由用户内插出自己的改正数进行观测值修正。另外一种技术是德国 Geo++GmbH 公司提出的“区域改正数法(FKP)”。在该技术中，数据处理中心用南北和东西方向的误差系数来描述参考站网所在区域的残余大气误差，用户通过这些系数计算自己的残余误差。该技术只需要单向的数据通信，但需要用户配备相应的数据处理软件。

13.4 PPP-RTK 技术

与网络 RTK 系统类似，PPP-RTK 服务系统也是基于 CORS 网观测数据，综合 CORS 网的各类改正信息，供用户修正自身的观测数据，从而实现高精度定位。与网络 RTK 最大的区别是 PPP-RTK 求解各类误差对应的参数，并非观测值的改正数；此外，PPP-RTK 数据处理中心和用户站都是基于 PPP 的算法，而并非差分算法。因此，PPP-RTK 数据处理中心需要解算并播发给用户的参数较多，包括轨道和钟差改正数、卫星端硬件延迟、区域电离层与对流层延迟等；用户采用这些改正数直接修正其观测数据，用修正后的数据可实现 PPP 模糊度固定、快速收敛和精密定位。

本文以无电离层组合观测值构成的 PPP-RTK 模型为例，介绍 PPP-RTK 的工作原理。服务端参考站的观测方程为

$$P_{1,\mathrm{IF}}^s=\rho_1^s-cdt_{\mathrm{IF}}^s+cdt_{1,\mathrm{IF}}+\tau_1^s+\delta_p+\varepsilon_{P_{1,\mathrm{IF}}^s}$$

$$\Phi_{1,\mathrm{IF}}^s=\rho_1^s-cdt_{\mathrm{IF}}^s+cdt_{1,\mathrm{IF}}+\tau_1^s-a_1^s+\delta_\Phi+\varepsilon_{\Phi_{1,\mathrm{IF}}^s}$$

$$
\begin{aligned}
&P_{2,\mathrm{IF}}^{s}=\rho_{2}^{s}-cdt_{\mathrm{IF}}^{s}+cdt_{2,\mathrm{IF}}+\tau_{2}^{s}+\delta_{p}+\varepsilon_{P_{2,\mathrm{IF}}^{s}}\\
&\Phi_{2,\mathrm{IF}}^{s}=\rho_{2}^{s}-cdt_{\mathrm{IF}}^{s}+cdt_{2,\mathrm{IF}}+\tau_{2}^{s}-a_{2}^{s}+\delta_{\Phi}+\varepsilon_{\Phi_{2,\mathrm{IF}}^{s}}\\
&\vdots\\
&P_{N,\mathrm{IF}}^{s}=\rho_{N}^{s}-cdt_{\mathrm{IF}}^{s}+cdt_{N,\mathrm{IF}}+\tau_{N}^{s}+\delta_{p}+\varepsilon_{P_{N,\mathrm{IF}}^{s}}\\
&\Phi_{N,\mathrm{IF}}^{s}=\rho_{N}^{s}-cdt_{\mathrm{IF}}^{s}+cdt_{N,\mathrm{IF}}+\tau_{N}^{s}-a_{N}^{s}+\delta_{\Phi}+\varepsilon_{\Phi_{N,\mathrm{IF}}^{s}}
\end{aligned}
\tag{13.25}
$$

N 表示测站数量,其他符号的含义与式(13.3)相同。

PPP-RTK 服务端的主要任务是估计各类误差的对应参数,生成供用户端使用的改正产品。处理流程可分为三步:首先,各测站单独解算各自的误差参数,此时各测站的模糊度尚未固定,各误差参数的精度较低;然后,利用多测站的卫星相位硬件延迟误差实现基准站的模糊度固定,增强解算模型的强度,提高大气等其他参数的解算精度;最后,整合各测站的大气误差,建立大气误差模型。上述解算的各类误差即为服务端提供给用户端的改正信息。接下来简要介绍各部分的处理策略。

各测站的独立解算部分采用 PPP 的定位模型。轨道误差和卫星钟差可利用 IGS 精密产品加以改正。待估计的误差主要包括:卫星相位硬件延迟、对流层延迟。当服务端采用非组合观测值时,待估计的误差还包括电离层延迟。各测站的坐标已知,在解算时可直接改正。

由于各测站单独解算时卫星相位硬件延迟误差包含了测站的信息,因此需要联合各测站的信息分离出卫星端相位硬件延迟的小数偏差。具体地,在 IF 模糊度的基础上进行星间差分,该单差模糊度可以分解为宽巷和窄巷模糊度两部分。利用原始观测值构成的 MW 组合解算得到宽巷的小数偏差后,改正到上述单差模糊度。然后,利用 LAMBDA 方法进行窄巷模糊度固定,得到窄巷小数偏差。上述计算卫星端相位硬件延迟小数偏差的方法称为未校准硬件延迟(uncalibrated phase delays,UPD)方法。除该方法外,计算卫星相位硬件延迟的方法还有 Collins 等提出的耦合钟法和 Laurichesse 等提出的整数相位钟法,他们均将卫星端相位硬件延迟和卫星钟差合并,即卫星钟差改正数吸收了卫星端的硬件延迟,两个方法的区别在于对宽巷硬件延迟的解算策略不同,由于篇幅有限,该部分的解算方法可自行参考相关文献。

在大气建模方面,单站估计的对流层参数通常为天顶湿延迟,不可直接用于建模。采用模糊度固定后的基准站观测值可直接获得斜路径的对流层湿延迟,与单站估计的天顶湿延迟相比,采用前者获得的对流层延迟的精度更高。电离层延迟参数经常建模为各个卫星的斜电离层延迟,且吸收了 IF 组合的卫星端和接收机端硬件延迟,因此在建模时需要另外设立参数吸收硬件延迟部分,得到可用于用户端内插使用的电离层模型。常用的建模方式主要是球谐函数、多项式模型、多面函数模型等。通过建立大气延迟量和模型系数之间的线性关系,可以使用最小二乘法求得模型系数。

最后,服务端生成的各项改正需要以一定形式播发给用户。现有的 RTCM 10403 和 IGS SSR 格式可以实现轨道、钟差、硬件延迟等产品的播发。

在 PPP-RTK 用户端方面，采用的定位模型与式(13.3)相同。用户端在进行高精度定位时，首先利用服务端提供的大气模型自行内插得到当前观测值的改正数；然后利用 UPD 产品对相位观测值进行改正，使用户端模糊度参数具有整数特性；最后用户采用带大气约束的 PPP 模型进行解算，进行模糊度固定后实现服务范围内的快速收敛高精度定位。

除上述多步法的处理流程外，近年来，诸多学者发展了由原始观测方程推导得到的一步法处理流程。该流程的核心特点是在服务端构建包含所有系统误差参数的严密满秩数学模型，使用最小二乘法或卡尔曼滤波进行解算，在模糊度固定后得到各项系统误差参数的固定解，编码播发给用户端。

下面对上述定位技术从发展的先后顺序方面进行总结。GNSS 常用定位技术的发展如图 13.4 所示。从最初的 SPP 到目前的 PPP-RTK 技术，GNSS 的定位技术逐步向定位精度高、收敛速度快和应用范围广等方面发展。从采用的观测值类型来说，GNSS 的定位技术一方面逐渐采用精度高的相位观测值，另一方面逐渐由传统的组合观测值向非组合观测值发展；从数据处理技术来说，GNSS 的定位技术逐渐从集中式处理向去中心化式发展；从定位采用的改正产品类型来说，GNSS 定位技术逐渐从观测值的改正数向参数的改正数方面发展。实际上，不同定位技术之间有着紧密的关系，未来，GNSS 定位技术可能将逐步向统一的模式发展。

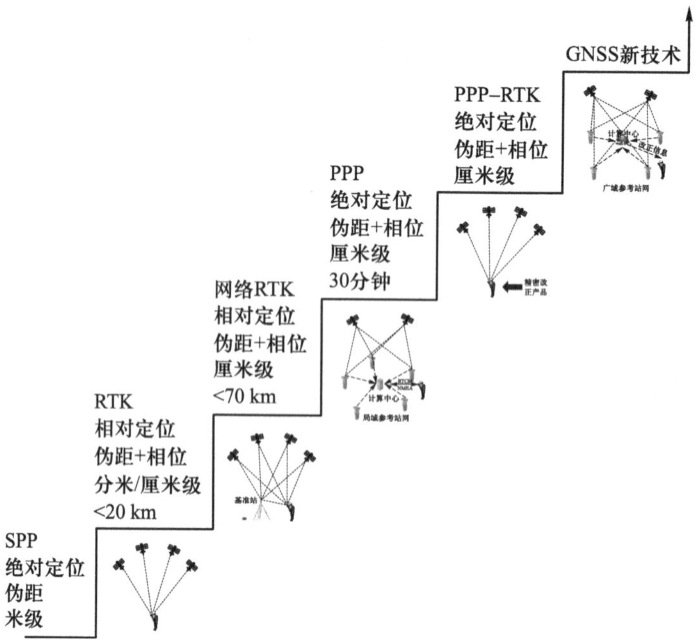

图 13.4 GNSS 定位技术发展总结

13.5 动态定位数据处理方法

GNSS 动态定位通常采用序贯平差和卡尔曼滤波方法，本节介绍这两种经典的动态数据处理方法。

13.5.1 序贯平差

在许多测量问题中，都存在对某一物理量在不同历元的重复观测。当被观测的物理量不随时间变化时，基于最小二乘原理有两种主要处理手段。第一种方法是基于各历元数据相互独立的假设，并采用各历元数据分别解算得到一系列的独立解，然后对这些解进行平差处理；第二种方法是采用所有历元数据联合构建观测模型并进行整体解算。第一种方法无法严密地融合各历元数据得到最优解。第二种方法的观测数据量大，对应的权矩阵维数会随着历元增加迅速增大，造成运算量大大增加。此外，每当引入新历元数据时，第二种方法都需要基于所有数据重新解算，运算负担较重。因此，需要一种高效率的可递进式的数据处理方法，能够在新数据引入时充分利用旧数据的解算结果，从而降低运算量并依旧取得全局最优的参数估计结果。序贯平差在假设各历元观测数据互相独立的前提下，能够使用之前各历元联合求得的最优估值以及当前历元的新观测数据，联合解算得到参数的最优估值。该方法在控制网维持、RTK 定位算法等场景中有广泛应用。

1. 序贯平差

假设有 n 个历元的观测数据，各历元观测模型为

$$\boldsymbol{y}_i = \boldsymbol{A}_i\boldsymbol{x} + \boldsymbol{e}_i, \quad \boldsymbol{Q}_{e,i} \tag{13.26}$$

其中，$\boldsymbol{y}_i$ 为历元 i 的观测向量，$\boldsymbol{A}_i$ 为对应设计矩阵，$\boldsymbol{x}$ 为待估参数，$\boldsymbol{e}_i$ 为观测噪声，$\boldsymbol{Q}_{e,i}$为观测噪声方差-协方差矩阵。假设各历元数据独立，即 $E(\boldsymbol{e}_i\boldsymbol{e}_j^{\mathrm{T}})=0$ 且 $j\neq i$。在历元 i 时刻，联立全部前 i 个历元的观测数据，得到整体的观测模型

$$\underbrace{\begin{bmatrix}\boldsymbol{y}_1\\ \vdots\\ \boldsymbol{y}_i\end{bmatrix}}_{\boldsymbol{y}_{1:i}} = \underbrace{\begin{bmatrix}\boldsymbol{A}_1\\ \vdots\\ \boldsymbol{A}_i\end{bmatrix}}_{\boldsymbol{A}_{1:i}}\boldsymbol{x} + \underbrace{\begin{bmatrix}\boldsymbol{e}_1\\ \vdots\\ \boldsymbol{e}_i\end{bmatrix}}_{\boldsymbol{e}_{1:i}}, \underbrace{\mathrm{blkdiag}(\boldsymbol{Q}_{e,1},\cdots,\boldsymbol{Q}_{e,i})}_{\boldsymbol{Q}_{1:i}} \tag{13.27}$$

其中，blkdiag 表示由一系列矩阵构成分块对角矩阵。根据最小二乘原则，参数估值及其方差-协方差矩阵分别为

$$\begin{cases}\hat{\boldsymbol{x}}_i = \boldsymbol{Q}_{\hat{x},i}\boldsymbol{W}_{1:i} = \boldsymbol{Q}_{\hat{x},i}\boldsymbol{A}_{1:i}^{\mathrm{T}}\boldsymbol{Q}_{1:i}^{-1}\boldsymbol{y}_{1:i}\\ \boldsymbol{Q}_{\hat{x},i} = \boldsymbol{N}_{1:i}^{-1} = (\boldsymbol{A}_{1:i}^{\mathrm{T}}\boldsymbol{Q}_{1:i}^{-1}\boldsymbol{A}_{1:i})^{-1}\end{cases} \tag{13.28}$$

注意,考虑到 $\boldsymbol{Q}_{1:i}$ 的分块对角特性,式(13.28)还可以表示为

$$\begin{cases}\hat{\boldsymbol{x}}_i=\boldsymbol{Q}_{\hat{x},i}\boldsymbol{W}_{1:i}=\boldsymbol{Q}_{\hat{x},i}\sum_{k=1}^{i}\boldsymbol{W}_k\\ \boldsymbol{Q}_{\hat{x},i}=\boldsymbol{N}_{1:i}^{-1}=\left(\sum_{k=1}^{i}\boldsymbol{N}_k\right)^{-1}\end{cases}\tag{13.29}$$

其中,$\boldsymbol{W}_k=\boldsymbol{A}_k^{\mathrm{T}}\boldsymbol{Q}_{e,k}^{-1}\boldsymbol{y}_k$,$\boldsymbol{N}_k=\boldsymbol{A}_k^{\mathrm{T}}\boldsymbol{Q}_{e,k}^{-1}\boldsymbol{A}_k$。同理,在历元 $i-1$ 有对应的最优估值

$$\begin{cases}\hat{\boldsymbol{x}}_{i-1}=\boldsymbol{Q}_{\hat{x},i-1}\boldsymbol{W}_{1:i-1}=\boldsymbol{Q}_{\hat{x},i-1}\sum_{k=1}^{i-1}\boldsymbol{W}_k\\ \boldsymbol{Q}_{\hat{x},i-1}=\boldsymbol{N}_{1:i-1}^{-1}=\left(\sum_{k=1}^{i-1}\boldsymbol{N}_k\right)^{-1}\end{cases}\tag{13.30}$$

将式(13.30)代入到式(13.29),得

$$\begin{cases}\hat{\boldsymbol{x}}_i=\boldsymbol{Q}_{\hat{x},i}\boldsymbol{W}_{1:i}=\boldsymbol{Q}_{\hat{x},i}(\boldsymbol{W}_{1:i-1}+\boldsymbol{W}_i)\\ \boldsymbol{Q}_{\hat{x},i}=\boldsymbol{N}_{1:i}^{-1}=(\boldsymbol{N}_{1:i-1}+\boldsymbol{N}_i)^{-1}\end{cases}\tag{13.31}$$

上式已经能够满足序贯数据处理,历元更新和传递的信息是法方程 $\boldsymbol{N}_{1:i}$ 和 $\boldsymbol{W}_{1:i}$。继续推导更新 $\boldsymbol{Q}_{\hat{x},i}$ 和 $\hat{\boldsymbol{x}}_i$ 的形式。利用矩阵反演公式,可将 $\boldsymbol{Q}_{\hat{x},i}$ 表达为

$$\begin{aligned}\boldsymbol{Q}_{\hat{x},i}&=(\boldsymbol{N}_{1:i-1}+\boldsymbol{A}_i^{\mathrm{T}}\boldsymbol{Q}_{e,i}^{-1}\boldsymbol{A}_i)^{-1}\\&=\boldsymbol{Q}_{\hat{x},i-1}-\boldsymbol{Q}_{\hat{x},i-1}\boldsymbol{A}_i^{\mathrm{T}}(\boldsymbol{A}_i\boldsymbol{Q}_{\hat{x},i-1}\boldsymbol{A}_i^{\mathrm{T}}+\boldsymbol{Q}_{e,i})^{-1}\boldsymbol{A}_i\boldsymbol{Q}_{\hat{x},i-1}\\&=(\boldsymbol{I}-\boldsymbol{J}_i\boldsymbol{A}_i)\boldsymbol{Q}_{\hat{x},i-1}\end{aligned}\tag{13.32}$$

其中,$\boldsymbol{J}_i=\boldsymbol{Q}_{\hat{x},i-1}\boldsymbol{A}_i^{\mathrm{T}}(\boldsymbol{A}_i\boldsymbol{Q}_{\hat{x},i-1}\boldsymbol{A}_i^{\mathrm{T}}+\boldsymbol{Q}_{e,i})^{-1}$ 称为增益矩阵。从而将序贯平差的解表达为

$$\begin{aligned}\hat{\boldsymbol{x}}_i&=\boldsymbol{Q}_{\hat{x},i}(\boldsymbol{W}_{1:i-1}+\boldsymbol{W}_i)\\&=(\boldsymbol{I}-\boldsymbol{J}_i\boldsymbol{A}_i)\boldsymbol{Q}_{\hat{x},i-1}(\boldsymbol{W}_{1:i-1}+\boldsymbol{W}_i)\\&=(\boldsymbol{I}-\boldsymbol{J}_i\boldsymbol{A}_i)\hat{\boldsymbol{x}}_{i-1}+\boldsymbol{Q}_{\hat{x},i-1}\boldsymbol{A}_i^{\mathrm{T}}\boldsymbol{Q}_{e,i}^{-1}\boldsymbol{y}_i-\boldsymbol{J}_i\boldsymbol{A}_i\boldsymbol{Q}_{\hat{x},i-1}\boldsymbol{A}_i^{\mathrm{T}}\boldsymbol{Q}_{e,i}^{-1}\boldsymbol{y}_i\\&=(\boldsymbol{I}-\boldsymbol{J}_i\boldsymbol{A}_i)\hat{\boldsymbol{x}}_{i-1}+\boldsymbol{J}_i(\boldsymbol{A}_i\boldsymbol{Q}_{\hat{x},i-1}\boldsymbol{A}_i^{\mathrm{T}}+\boldsymbol{Q}_{e,i})\boldsymbol{Q}_{e,i}^{-1}\boldsymbol{y}_i-\boldsymbol{J}_i\boldsymbol{A}_i\boldsymbol{Q}_{\hat{x},i-1}\boldsymbol{A}_i^{\mathrm{T}}\boldsymbol{Q}_{e,i}^{-1}\boldsymbol{y}_i\\&=\hat{\boldsymbol{x}}_{i-1}+\boldsymbol{J}_i(\boldsymbol{y}_i-\boldsymbol{A}_i\hat{\boldsymbol{x}}_{i-1})\end{aligned}\tag{13.33}$$

通常采用式(13.33)和式(13.32)更新参数估值及其方差-协方差矩阵。

2. 附加约束条件的序贯平差

在许多数据处理问题中,系统误差的处理方式有两种,引入参数进行补偿吸收或者使用经验模型和外界信息进行改正。而在一些处理场景中,外界信息改正信息本身具有一定的误差而不应看作真值直接使用,否则会造成解算结果的有偏性。因此,通常需要考虑将外界改正信息作为有误差的虚拟观测加入数据处理中,并通过调整其方差来平衡外界改正信息对估值的影响。例如,在单频 PPP 算法中,通常要采用外界的电离层模型改正电离层的影响。考虑到电离层的时变特性,外界改正信息的精度较低,远不足以作为真值直接消去观测

值中的电离层误差。因此需要在处理中考虑外界电离层信息的精度情况，在保证无偏性同时求得尽可能准确的参数估值。

假设某一历元已有序贯平差得到的估值 $\hat{\boldsymbol{x}}_i$ 和方差 $\boldsymbol{Q}_{\hat{x},i}$，并有外界改正信息的虚拟观测方程

$$\boldsymbol{y}_{c,i}=\boldsymbol{A}_{c,i}\boldsymbol{x}+\boldsymbol{e}_{c,i},\boldsymbol{Q}_{e_c,i} \tag{13.34}$$

其中，$\boldsymbol{y}_{c,i}$为虚拟观测值，$\boldsymbol{A}_{c,i}$为设计矩阵，表征了虚拟观测值与待估参数之间的数学关系，$\boldsymbol{e}_{c,i}$为虚拟观测值的随机误差，其方差-协方差矩阵为 $\boldsymbol{Q}_{e_c,i}$。由于虚拟观测值（外界改正信息）通常只与部分参数有关，因此 $\boldsymbol{A}_{c,i}$不保证列满秩。此时，经过外界改正信息（虚拟观测值）修正的参数解为

$$\begin{cases}\check{\boldsymbol{x}}_i=\hat{\boldsymbol{x}}_i+\boldsymbol{J}_{c,i}(\boldsymbol{y}_{c,i}-\boldsymbol{A}_{c,i}\hat{\boldsymbol{x}}_i)\\ \boldsymbol{Q}_{\check{x},i}=(\boldsymbol{I}-\boldsymbol{J}_{c,i}\boldsymbol{A}_{c,i})\boldsymbol{Q}_{\hat{x},i}\end{cases} \tag{13.35}$$

其中，$\boldsymbol{J}_{c,i}=\boldsymbol{Q}_{\hat{x},i}\boldsymbol{A}_{c,i}^{\mathrm{T}}(\boldsymbol{A}_{c,i}\boldsymbol{Q}_{\hat{x},i}\boldsymbol{A}_{c,i}^{\mathrm{T}}+\boldsymbol{Q}_{e_c,i})^{-1}$。注意式（13.35）与序贯平差公式本身的相似性。经过推导，可以得到

$$\boldsymbol{Q}_{\hat{x},i}-\boldsymbol{Q}_{\check{x},i}=\boldsymbol{Q}_{\hat{x},i}\boldsymbol{A}_{c,i}^{\mathrm{T}}(\boldsymbol{A}_{c,i}\boldsymbol{Q}_{\hat{x},i}\boldsymbol{A}_{c,i}^{\mathrm{T}}+\boldsymbol{Q}_{e_c,i})^{-1}\boldsymbol{A}_{c,i}\boldsymbol{Q}_{\hat{x},i} \tag{13.36}$$

考虑到 $\boldsymbol{Q}_{\hat{x},i}$和 $\boldsymbol{Q}_{e_c,i}$均为正定矩阵，而 $\boldsymbol{A}_{c,i}$不保证列满秩，显然上式 $\boldsymbol{Q}_{\hat{x},i}\boldsymbol{A}_{c,i}^{\mathrm{T}}$可保证为非负定。假定与参数维度相同的任意单位向量 $\boldsymbol{a}$，可知 $|(\boldsymbol{Q}_{\hat{x},i}-\boldsymbol{Q}_{\check{x},i})\boldsymbol{a}|\geqslant 0$。这意味着，对于参数 $\boldsymbol{x}$ 的所有分量，附加虚拟观测值后参数解的精度都不会低于原解，即参数解 $\check{\boldsymbol{x}}_i$ 的精度优于 $\hat{\boldsymbol{x}}_i$。

13.5.2 卡尔曼滤波

卡尔曼滤波是在许多领域都有广泛研究和应用的实用动态数据处理方法。该方法源于数字信号处理中的滤波问题，即如何从带有噪声的信号中尽可能滤除噪声并保留信号。1940 年，维纳（Wiener）提出了维纳滤波，该方法是从频域角度设计的一种滤波方法。维纳滤波是随机滤波理论研究的重大突破，但其本身使用复杂，大大限制了其应用推广。1960 年，卡尔曼（R. E. Kalman）提出了卡尔曼滤波。该方法改进了维纳滤波中的若干缺陷，大大提高了其实用性。几十年来，卡尔曼滤波在许多不同领域得到应用，例如太空航天器的定轨问题、导弹的导航制导、车辆导航，等等。

1. 状态方程和观测方程

卡尔曼滤波的数学模型由状态方程和观测方程两部分组成。状态方程描述了参数随时间的变化和随机特性，通常由参数的物理特性决定；观测方程描述了对参数的测量，由测量过程的方法、设计决定。在任意历元 i，离散时间、线性的卡尔曼滤波方程为

$$\boldsymbol{x}_i=\boldsymbol{F}_{i/i-1}\boldsymbol{x}_{i-1}+\boldsymbol{e}_{s,i} \tag{13.37}$$

$$\boldsymbol{y}_i = \boldsymbol{A}_i\boldsymbol{x}_i + \boldsymbol{e}_{\mathrm{m},i} \tag{13.38}$$

其中，式(13.37)称为状态方程，(13.38)称为观测方程。$\boldsymbol{x}_i$ 和 $\boldsymbol{x}_{i-1}$ 分别为历元 i 和 $i-1$ 的系统参数，$\boldsymbol{F}_{i/i-1}$ 称为状态转移矩阵，用于描述 $\boldsymbol{x}_i$ 和 $\boldsymbol{x}_{i-1}$ 之间的数学关系，$\boldsymbol{e}_{\mathrm{s},i}$ 称为过程噪声，用于描述状态方程本身的不确定性，$\boldsymbol{y}_i$ 和 $\boldsymbol{A}_i$ 分别为观测向量和设计矩阵，$\boldsymbol{e}_{\mathrm{m},i}$ 为观测噪声。$\boldsymbol{e}_{\mathrm{s},i}$ 和 $\boldsymbol{e}_{\mathrm{m},i}$ 历元间不相关并且二者之间也不相关，即二者满足如下关系：$E(\boldsymbol{e}_{\mathrm{s},i})=\boldsymbol{0}$，$E(\boldsymbol{e}_{\mathrm{m},i})=\boldsymbol{0}$，$E(\boldsymbol{e}_{\mathrm{s},i}\boldsymbol{e}_{\mathrm{s},j}^{\mathrm{T}})=\boldsymbol{Q}_{e_{\mathrm{s}},i}\delta_{ij}$，$E(\boldsymbol{e}_{\mathrm{m},i}\boldsymbol{e}_{\mathrm{m},j}^{\mathrm{T}})=\boldsymbol{Q}_{e_{\mathrm{m}},i}\delta_{ij}$，$E(\boldsymbol{e}_{\mathrm{s},i}\boldsymbol{e}_{\mathrm{m},j}^{\mathrm{T}})=\boldsymbol{0}$，其中 j 为任意历元，$\boldsymbol{Q}_{e_{\mathrm{s}},i}$ 为过程噪声方差阵，$\boldsymbol{Q}_{e_{\mathrm{m}},i}$ 为观测噪声方差阵，δ_{ij} 称为克罗内克符号

$$\delta_{ij} = \begin{cases} 1, & \text{如果 } i=j \\ 0, & \text{如果 } i\neq j \end{cases} \tag{13.39}$$

由式(13.37)可以看出，状态方程描述了参数在两个历元间的变化，而过程噪声描述了状态方程与实际物理过程间的差异。状态方程的引入也是卡尔曼滤波不同于序贯平差的最显著之处。此外，在实际应用问题中，状态方程有可能以连续时间的微分方程的形式给定而非式(13.37)的离散时间形式，观测方程也可能以非线性方程形式给定而非式(13.38)的线性方程形式。此时，需要将状态方程转换为离散形式、将观测方程转换为线性形式。

2. 卡尔曼滤波解算原理

卡尔曼滤波的公式和推导有多种方式，本节仅展示较为易于理解的一种方式。假设在历元 i，有上一历元的参数估值 $\hat{\boldsymbol{x}}_{i-1}$ 和对应的方差 $\boldsymbol{Q}_{\hat{x},i-1}$。根据式(13.37)，可由上一历元的信息推算本历元的参数预测值 $\bar{\boldsymbol{x}}_i$ 并按照误差传播定律得到对应方差 $\boldsymbol{Q}_{\bar{x},i}$

$$\begin{cases} \bar{\boldsymbol{x}}_i = \boldsymbol{F}_{i/i-1}\hat{\boldsymbol{x}}_{i-1} \\ \boldsymbol{Q}_{\bar{x},i} = \boldsymbol{F}_{i/i-1}\boldsymbol{Q}_{\hat{x},i-1}\boldsymbol{F}_{i/i-1}^{\mathrm{T}} + \boldsymbol{Q}_{e_{\mathrm{s}},i} \end{cases} \tag{13.40}$$

上式也称为卡尔曼滤波的时间更新方程。进一步地，可以由预测值 $\bar{\boldsymbol{x}}_i$ 与观测信息求取 $\boldsymbol{x}_i$ 的最优估值 $\hat{\boldsymbol{x}}_i$ 及其方差。将 $\bar{\boldsymbol{x}}_i$ 写成虚拟观测方程形式并与式(13.38)联立，得

$$\begin{bmatrix} \bar{\boldsymbol{x}}_i \\ \boldsymbol{y}_i \end{bmatrix} = \begin{bmatrix} \boldsymbol{I} \\ \boldsymbol{A}_i \end{bmatrix} \boldsymbol{x}_i + \begin{bmatrix} \boldsymbol{e}_{\bar{x},i} \\ \boldsymbol{e}_{\mathrm{m},i} \end{bmatrix} \tag{13.41}$$

其中，$\boldsymbol{e}_{\bar{x},i}$ 表示预测值的误差并有 $D(\boldsymbol{e}_{\bar{x},i})=\boldsymbol{Q}_{\bar{x},i}$。根据最小二乘原理，得

$$\begin{cases} \hat{\boldsymbol{x}}_i = \boldsymbol{Q}_{\hat{x},i}(\boldsymbol{Q}_{\bar{x},i}^{-1}\bar{\boldsymbol{x}}_i + \boldsymbol{W}_i) \\ \boldsymbol{Q}_{\hat{x},i} = (\boldsymbol{Q}_{\bar{x},i}^{-1} + \boldsymbol{N}_i)^{-1} \end{cases} \tag{13.42}$$

其中，$\boldsymbol{W}_i=\boldsymbol{A}_i^{\mathrm{T}}\boldsymbol{Q}_{\mathrm{m},i}^{-1}\boldsymbol{y}_i$，$\boldsymbol{N}_i=\boldsymbol{A}_i^{\mathrm{T}}\boldsymbol{Q}_{\mathrm{m},i}^{-1}\boldsymbol{A}_i$。使用矩阵反演公式可以得到

$$\begin{cases} \hat{\boldsymbol{x}}_i = \bar{\boldsymbol{x}}_i + \boldsymbol{K}_i(\boldsymbol{y}_i - \boldsymbol{A}_i\bar{\boldsymbol{x}}_i) \\ \boldsymbol{Q}_{\hat{x},i} = (\boldsymbol{I} - \boldsymbol{K}_i\boldsymbol{A}_i)\boldsymbol{Q}_{\bar{x},i} \end{cases} \tag{13.43}$$

其中，$\boldsymbol{K}_i=\boldsymbol{Q}_{\bar{x},i}\boldsymbol{A}_i^{\mathrm{T}}(\boldsymbol{A}_i\boldsymbol{Q}_{\bar{x},i}\boldsymbol{A}_i^{\mathrm{T}}+\boldsymbol{Q}_{\mathrm{m},i})^{-1}$ 称为卡尔曼增益矩阵。式(13.43)称为卡尔曼滤波的量测更新方程。需要注意的是，式(13.40)和式(13.43)仅描述了 $\hat{\boldsymbol{x}}_i$、$\boldsymbol{Q}_{\hat{x},i}$ 同 $\hat{\boldsymbol{x}}_{i-1}$、$\boldsymbol{Q}_{\hat{x},i-1}$ 之间的关

系。对于数据处理开始的首个历元,需要提供参数的初值和初始方差。

3. 附加约束条件的卡尔曼滤波

在前述卡尔曼滤波的基础上,同样可以考虑引入约束条件,从而得到附加约束条件的卡尔曼滤波。假设已获得某历元的卡尔曼滤波更新结果 $\hat{\boldsymbol{x}}_i$ 和方差 $\boldsymbol{Q}_{\hat{x},i}$,并有如式(13.34)的约束信息,则附加约束条件的滤波解为

$$\begin{cases}\check{\boldsymbol{x}}_i = \hat{\boldsymbol{x}}_i + \boldsymbol{J}_{c,i}(\boldsymbol{y}_{c,i} - \boldsymbol{A}_{c,i}\hat{\boldsymbol{x}}_i) \\ \boldsymbol{Q}_{\check{x},i} = (\boldsymbol{I} - \boldsymbol{J}_{c,i}\boldsymbol{A}_{c,i})\boldsymbol{Q}_{\hat{x},i}\end{cases} \tag{13.44}$$

其中,$\boldsymbol{J}_{c,i}=\boldsymbol{Q}_{\hat{x},i}\boldsymbol{A}_{c,i}^{\mathrm{T}}(\boldsymbol{A}_{c,i}\boldsymbol{Q}_{\hat{x},i}\boldsymbol{A}_{c,i}^{\mathrm{T}}+\boldsymbol{Q}_{e_c,i})^{-1}$。式(13.44)实际上与式(13.35)完全一致,除了采用的参数估值 $\hat{\boldsymbol{x}}_i$ 来自不同的算法。注意,如果不希望约束信息影响到后续的滤波过程,可以将 $\hat{\boldsymbol{x}}_i$ 和 $\boldsymbol{Q}_{\hat{x},i}$传递给后续历元。反之,如果希望保留约束信息的影响,可以将 $\check{\boldsymbol{x}}_i$ 和 $\boldsymbol{Q}_{\check{x},i}$传递给后续历元。

13.6 多频 GNSS 定位

随着 GNSS 的不断建设完善,更加丰富的观测信息和多类型的地面跟踪网络成为当代多频多模 GNSS 应用的有力支撑。目前,现代化的 GPS、Galileo、GLONASS 和北斗三号全球卫星导航系统(BDS-3)均发射三个甚至三个以上频率观测值,其公开支持的信号频率如表 13.1 所示。多频 GNSS 信号的显著优点是可形成满足多种需求的最优组合观测值,诸如消除和抑制各项误差、减轻计算负担、减小通信带宽等。此外,采用多频载波观测值可提高模糊度快速解的成功率和可靠性,提高局部的、区域的乃至全球性的 GNSS 实时定位精度。

表 13.1 GPS、Galileo、GLONASS 和 BDS-3 公开的 GNSS 信号

	信号	频率/MHz
BDS-3	B1C	f_2 = 1 575.420
	B1I	f_1 = 1 561.098
	B3I	f_5 = 1 268.520
	B2b	f_4 = 1 207.140
	B2(B2a+B2b)	f_6 = 1 191.795
	B2a	f_3 = 1 176.450

续表

	信号	频率/MHz
GPS	L1	$f_1 = 1\ 575.420$
	L2	$f_2 = 1\ 227.600$
	L5	$f_3 = 1\ 176.450$
GLONASS	G1	$f_1 = 1\ 602+k*9/16, k=-7,\cdots,12$
	G1a	$f_2 = 1\ 600.995$
	G2	$f_3 = 1\ 246+k*7/16$
	G2a	$f_4 = 1\ 248.060$
	G3	$f_5 = 1\ 202.025$
Galileo	E1	$f_1 = 1\ 575.420$
	E5a	$f_2 = 1\ 176.450$
	E5b	$f_3 = 1\ 207.140$
	E5(E5a+E5b)	$f_4 = 1\ 191.795$
	E6	$f_5 = 1\ 278.750$

在本节中，首先给出了基于多频超宽巷模糊度解算的 RTK 定位理论，简称 ERTK(extra-wide-lane RTK)。然后以 BDS 五频信号为例，并结合实际案例分析了多频定位的优势。

13.6.1 多频超宽巷模糊度解算

为了概括一般的定位场景，我们假定任意的频率数来推导公式。首先给出了具有电离层约束的单历元双差几何模型。

在考虑残余电离层误差的影响下，f 个频率上伪距和相位的单历元双差观测方程为

$$E\begin{bmatrix}\boldsymbol{p}\\ \boldsymbol{\phi}\end{bmatrix}=\begin{bmatrix}\boldsymbol{e}_f\otimes\boldsymbol{A} & \boldsymbol{\mu}\otimes\boldsymbol{I}_s & \boldsymbol{0}\\ \boldsymbol{e}_f\otimes\boldsymbol{A} & -\boldsymbol{\mu}\otimes\boldsymbol{I}_s & \boldsymbol{\Lambda}\otimes\boldsymbol{I}_s\end{bmatrix}\begin{bmatrix}\boldsymbol{x}\\ \boldsymbol{\iota}\\ \boldsymbol{a}\end{bmatrix} \tag{13.45}$$

其中 $\boldsymbol{p}=[p_1^{\mathrm{T}},\cdots,p_f^{\mathrm{T}}]^{\mathrm{T}}$ 为 f 个频率上的伪距观测值，p_j 为 f_j 频率上的伪距观测值。$\boldsymbol{\phi}$ 是 f 个频率上的载波观测值，具有与 $\boldsymbol{p}$ 相同的结构。$\boldsymbol{A}$ 是基线参数 $\boldsymbol{x}$ 的设计矩阵。$\boldsymbol{\mu}=[\mu_1,\cdots,\mu_f]^{\mathrm{T}}$ 是双差电离层参数 $\boldsymbol{\iota}$ 的系数向量，$\mu_j=f_1^2/f_j^2$。$\boldsymbol{\Lambda}=\mathrm{diag}([\lambda_1,\cdots,\lambda_f])$ 是对应双差模糊度 $\boldsymbol{a}=[a_1^{\mathrm{T}},\cdots,a_f^{\mathrm{T}}]^{\mathrm{T}}$ 的对角矩阵，由波长组成。下标 s 表示双差卫星对的数量。在这里，我们忽略了双差观测值中的残余对流层误差，因为在使用标准对流层模型的情况下，对流层延迟至少校正了 90%，所以其残差对模糊度解算的影响微乎其微。此外，如果设置天顶对流层延迟(ZTD)参数以进一步吸收其残余误差，则由于天顶对流层延迟参数与定位坐标的高度分量

之间的强相关性，定位的收敛时间会被延长。随机模型公式为

$$D\begin{bmatrix}\boldsymbol{p}\\ \boldsymbol{\phi}\end{bmatrix}=\mathrm{diag}([\sigma_p^2,\sigma_\phi^2])\otimes\boldsymbol{I}_f\otimes\boldsymbol{Q} \tag{13.46}$$

其中 σ_p^2 和 σ_ϕ^2 是与频率无关的非差伪距和非差载波方差因子。$\boldsymbol{Q}$ 是 $s\times s$ 维的高度角加权的双差观测值协因数阵。

为了使模型更普适，我们将双差电离层约束作为伪观测方程引入模型

$$E(\boldsymbol{\iota}_0)=\boldsymbol{\iota},\quad D(\boldsymbol{\iota})=\sigma_\iota^2\boldsymbol{Q} \tag{13.47}$$

其中，方差 σ_ι^2 用于模拟基线相关的电离层的空间不确定性。将电离层约束合并到模型中并进一步等效地减少电离层参数，得到基于几何的电离层加权模型为

$$E\begin{bmatrix}\bar{\boldsymbol{p}}\\ \bar{\boldsymbol{\phi}}\end{bmatrix}=\begin{bmatrix}\boldsymbol{e}_f\otimes\boldsymbol{A} & \boldsymbol{0}\\ \boldsymbol{e}_f\otimes\boldsymbol{A} & \boldsymbol{\Lambda}\otimes\boldsymbol{I}_s\end{bmatrix}\begin{bmatrix}\boldsymbol{x}\\ \boldsymbol{a}\end{bmatrix} \tag{13.48}$$

其中 $\bar{\boldsymbol{p}}=\boldsymbol{p}-\boldsymbol{\mu}\otimes\boldsymbol{\iota}_0$，$\bar{\boldsymbol{\phi}}=\boldsymbol{\phi}+\boldsymbol{\mu}\otimes\boldsymbol{\iota}_0$。相应地，其随机模型为

$$D\begin{bmatrix}\bar{\boldsymbol{p}}\\ \bar{\boldsymbol{\phi}}\end{bmatrix}=\begin{bmatrix}\sigma_p^2\boldsymbol{I}_f+\sigma_\iota^2\boldsymbol{\mu}\boldsymbol{\mu}^{\mathrm{T}} & -\sigma_\iota^2\boldsymbol{\mu}\boldsymbol{\mu}^{\mathrm{T}}\\ -\sigma_\iota^2\boldsymbol{\mu}\boldsymbol{\mu}^{\mathrm{T}} & \sigma_\phi^2\boldsymbol{I}_f+\sigma_\iota^2\boldsymbol{\mu}\boldsymbol{\mu}^{\mathrm{T}}\end{bmatrix}\otimes\boldsymbol{Q} \tag{13.49}$$

作为基于几何模型的特殊情况，无几何模型是用 $\boldsymbol{A}=\boldsymbol{I}_s$ 的条件构建得到的。换句话说，卫星到接收机的距离直接作为未知数加入方程中，而不是将其进行一阶展开并把位置误差改正量加入方程中。尽管基于几何的模型是大多数测量应用中最常见的定位模式，但无几何模型仍然具有其独特优势，这主要源于其简单性和免受对流层变化的影响。无几何的电离层加权模型可以表示为

$$E\begin{bmatrix}\bar{\boldsymbol{p}}\\ \bar{\boldsymbol{\phi}}\end{bmatrix}=\begin{bmatrix}\boldsymbol{e}_f\otimes\boldsymbol{I}_s & \boldsymbol{0}\\ \boldsymbol{e}_f\otimes\boldsymbol{I}_s & \boldsymbol{\Lambda}\otimes\boldsymbol{I}_s\end{bmatrix}\begin{bmatrix}\boldsymbol{\rho}\\ \boldsymbol{a}\end{bmatrix} \tag{13.50}$$

电离层浮动模型 $\sigma_\iota^2=\infty$ 和电离层固定模型 $\sigma_\iota^2=0$ 这两种特殊形式可以从电离层加权模型进一步简化得到，此处并未给出，请读者自行推导。

然后，超宽巷模糊度组合可以表示为原始频率模糊度的线性变换，寻找合适的超宽巷组合即为寻找合适的线性变换矩阵。对于式(13.48)或式(13.50)的模糊度解算模型而言，仅有 $f-1$ 个线性无关超宽巷-宽巷组合，而其他宽巷-超宽巷组合都可以通过它们线性组合得到。使用频间线性变换矩阵($\boldsymbol{z}_{\mathrm{E}}^{\mathrm{T}}\otimes\boldsymbol{I}_s$)将所有卫星对的原始频率模糊度变换为组合模糊度，其中 $\boldsymbol{z}_{\mathrm{E}}^{\mathrm{T}}=[z_1,\cdots,z_f]$ 为整数向量，对应的基于几何模型的超宽巷模糊度解算模型如下所示

$$E\begin{bmatrix}\boldsymbol{p}-\boldsymbol{\mu}\otimes\boldsymbol{\iota}_0\\ \boldsymbol{\phi}_{\mathrm{E}}+\mu_{\mathrm{E}}\boldsymbol{\iota}_0\end{bmatrix}=\begin{bmatrix}\boldsymbol{e}_f\otimes\boldsymbol{A} & \boldsymbol{0}\\ \boldsymbol{A} & \lambda_{\mathrm{E}}\boldsymbol{I}_s\end{bmatrix}\begin{bmatrix}\boldsymbol{x}\\ \boldsymbol{a}_{\mathrm{E}}\end{bmatrix} \tag{13.51}$$

其中，$\boldsymbol{\phi}_{\mathrm{E}}=(\boldsymbol{Z}_{\mathrm{E}}^{\mathrm{T}}\otimes\boldsymbol{I}_s)\boldsymbol{\phi}$，$\mu_{\mathrm{E}}=\boldsymbol{Z}_E^{\mathrm{T}}\boldsymbol{\mu}$。

对应随机模型为

$$D\begin{bmatrix}\boldsymbol{p}-\boldsymbol{\mu}\otimes\boldsymbol{\iota}_0\\ \boldsymbol{\phi}_{\mathrm{E}}+\mu_{\mathrm{E}}\boldsymbol{\iota}_0\end{bmatrix}=\begin{bmatrix}\sigma_p^2\boldsymbol{I}_f+\sigma_\iota^2\boldsymbol{\mu}\boldsymbol{\mu}^{\mathrm{T}} & -\sigma_\iota^2\mu_{\mathrm{E}}\boldsymbol{\mu}\\ -\sigma_\iota^2\mu_{\mathrm{E}}\boldsymbol{\mu}^{\mathrm{T}} & \sigma_{\phi_{\mathrm{E}}}^2+\sigma_\iota^2\mu_{\mathrm{E}}^2\end{bmatrix}\otimes\boldsymbol{Q} \tag{13.52}$$

在实际超宽巷模糊度解算中,无几何模型因为其简便性而更受欢迎,其模型如下所示

$$E\begin{bmatrix} \boldsymbol{p}-\boldsymbol{\mu}\otimes\boldsymbol{\iota}_0 \\ \boldsymbol{\phi}_{\mathrm{E}}+\mu_{\mathrm{E}}\boldsymbol{\iota}_0 \end{bmatrix}=\begin{bmatrix} \boldsymbol{e}_f\otimes\boldsymbol{I}_s & \boldsymbol{0} \\ \boldsymbol{I}_s & \lambda_{\mathrm{E}}\boldsymbol{I}_s \end{bmatrix}\begin{bmatrix} \boldsymbol{\rho} \\ \boldsymbol{a}_{\mathrm{E}} \end{bmatrix} \tag{13.53}$$

对应随机模型同式(13.52)。无几何模型的解算也可以简化为标量模式,即逐个双差卫星对解算。通过等价消除几何距离项,可得到电离层加权无几何模型的标量形式

$$\boldsymbol{p}-\boldsymbol{e}_f\phi_{\mathrm{E}}-\bar{\boldsymbol{\mu}}\iota_0=-\lambda_{\mathrm{E}}\boldsymbol{e}_f a_{\mathrm{E}},\quad \boldsymbol{W}^{-1}=4\sigma_p^2\boldsymbol{I}_f+4\sigma_{\phi_{\mathrm{E}}}^2\boldsymbol{e}_f\boldsymbol{e}_f^{\mathrm{T}}+4\sigma_\iota^2\bar{\boldsymbol{\mu}}\bar{\boldsymbol{\mu}}^{\mathrm{T}} \tag{13.54}$$

其中 $\bar{\boldsymbol{\mu}}=\boldsymbol{\mu}+\mu_{\mathrm{E}}\boldsymbol{e}_f$ 且 $\boldsymbol{W}$ 表示左侧合并观测值的权矩阵。式(13.54)的最小二乘浮点解为

$$\hat{a}_{\mathrm{E}}=\sigma_{\hat{a}_{\mathrm{E}}}^2 u \tag{13.55}$$

其中

$$\sigma_{\hat{a}_{\mathrm{E}}}^{-2}=\frac{\lambda_{\mathrm{E}}^2}{4\sigma_p^2+4f\sigma_{\phi_{\mathrm{E}}}^2}\left[f-\frac{\sigma_p^2\bar{\mu}_\Sigma^2\sigma_\iota^2}{[(\sigma_p^2+f\sigma_{\phi_{\mathrm{E}}}^2)\bar{\boldsymbol{\mu}}^{\mathrm{T}}\bar{\boldsymbol{\mu}}-\sigma_{\phi_{\mathrm{E}}}^2\bar{\mu}_\Sigma^2]\sigma_\iota^2+\sigma_p^2(\sigma_p^2+f\sigma_{\phi_{\mathrm{E}}}^2)}\right] \tag{13.56a}$$

$$u=-\frac{1}{4}\frac{\lambda_{\mathrm{E}}[(\bar{\boldsymbol{\mu}}^{\mathrm{T}}\bar{\boldsymbol{\mu}}\sigma_\iota^2+\sigma_p^2)(\boldsymbol{e}_f^{\mathrm{T}}\boldsymbol{p}-f\phi_{\mathrm{E}}-\bar{\boldsymbol{\mu}}_\Sigma\iota_0)-\sigma_\iota^2\bar{\mu}_\Sigma(\bar{\boldsymbol{\mu}}^{\mathrm{T}}\boldsymbol{p}-\bar{\mu}_\Sigma\phi_{\mathrm{E}}-\bar{\boldsymbol{\mu}}^{\mathrm{T}}\bar{\boldsymbol{\mu}}\iota_0)]}{[(\sigma_p^2+f\sigma_{\phi_{\mathrm{E}}}^2)\bar{\boldsymbol{\mu}}^{\mathrm{T}}\bar{\boldsymbol{\mu}}-\sigma_{\phi_{\mathrm{E}}}^2\bar{\mu}_\Sigma^2]\sigma_\iota^2+\sigma_p^2(\sigma_p^2+f\sigma_{\phi_{\mathrm{E}}}^2)} \tag{13.56b}$$

且 $\bar{\mu}_\Sigma=\boldsymbol{e}_f^{\mathrm{T}}\bar{\boldsymbol{\mu}}$。

对于 $\sigma_\iota^2=\infty$ 的电离层浮动模型,由于电离层约束不可用,其等价的无几何模型标量模式为

$$\boldsymbol{p}-\boldsymbol{e}_f\phi_{\mathrm{E}}=[\bar{\boldsymbol{\mu}}\quad -\lambda_{\mathrm{E}}\boldsymbol{e}_f]\begin{bmatrix}\iota\\ a_{\mathrm{E}}\end{bmatrix},\quad \boldsymbol{W}^{-1}=4\sigma_p^2\boldsymbol{I}_f+4\sigma_{\phi_{\mathrm{E}}}^2\boldsymbol{e}_f\boldsymbol{e}_f^{\mathrm{T}} \tag{13.57}$$

基于最小二乘原则,可得式(13.57)对应的法方程为

$$\begin{bmatrix} n_{11} & n_{12} \\ n_{21} & n_{22} \end{bmatrix}\begin{bmatrix}\hat{\iota}\\ \hat{a}_{\mathrm{E}}\end{bmatrix}=\begin{bmatrix}u_1\\ u_2\end{bmatrix} \tag{13.58}$$

法方程中各项含义为

$$n_{11}=\frac{\bar{\boldsymbol{\mu}}^{\mathrm{T}}\bar{\boldsymbol{\mu}}}{\sigma_p^2}-\frac{\sigma_{\phi_{\mathrm{E}}}^2\bar{\mu}_\Sigma^2}{\sigma_p^4+f\sigma_p^2\sigma_{\phi_{\mathrm{E}}}^2},\quad n_{22}=\frac{f\lambda_{\mathrm{E}}^2}{\sigma_p^2+f\sigma_{\phi_{\mathrm{E}}}^2},\quad n_{12}=n_{21}=\lambda_{\mathrm{E}}\frac{\bar{\mu}_\Sigma}{\sigma_p^2+f\sigma_{\phi_{\mathrm{E}}}^2},$$

$$u_1=\frac{\bar{\boldsymbol{\mu}}^{\mathrm{T}}\boldsymbol{p}-\bar{\mu}_\Sigma\phi_{\mathrm{E}}}{\sigma_p^2}+\frac{\sigma_{\phi_{\mathrm{E}}}^2 f\bar{\mu}_\Sigma}{\sigma_p^4+f\sigma_p^2\sigma_{\phi_{\mathrm{E}}}^2}(\bar{p}-\phi_{\mathrm{E}}),\quad u_2=-\frac{\lambda_{\mathrm{E}}f}{\sigma_p^2+f\sigma_{\phi_{\mathrm{E}}}^2}(\bar{p}-\phi_{\mathrm{E}}),\bar{p}=\frac{1}{f}\boldsymbol{e}_f^{\mathrm{T}}\boldsymbol{p}$$

由此推导电离层浮动无几何模型的超宽巷模糊度浮点解为

$$\hat{a}_{\mathrm{E}}=\sigma_{\hat{a}_{\mathrm{E}}}^2\left(u_2-\frac{n_{21}}{n_{11}}u_1\right),\quad \sigma_{\hat{a}_{\mathrm{E}}}^2=\frac{4n_{11}}{n_{22}n_{11}-n_{21}n_{12}} \tag{13.59}$$

对于电离层固定的无几何模型,我们可以简单地将电离层约束 $\sigma_\iota^2=0$ 代入式(13.56a)和式(13.56b)而得到超宽巷模糊度浮点解

$$\hat{a}_{\mathrm{E}}=\frac{1}{\lambda_{\mathrm{E}}}\left(\phi_{\mathrm{E}}-\frac{\boldsymbol{e}_f^{\mathrm{T}}\boldsymbol{p}}{f}+\frac{\bar{\mu}_\Sigma}{f}\iota_0\right),\quad \sigma_{\hat{a}_{\mathrm{E}}}=\frac{2}{\lambda_{\mathrm{E}}}\sqrt{\frac{\sigma_p^2}{f}+\sigma_{\phi_{\mathrm{E}}}^2} \tag{13.60}$$

此时,浮点解因为先验电离层延迟 ι_0 的不准确而存在如下偏差

$$b_{\hat{a}_E} = \frac{\bar{\mu}_\Sigma}{f\lambda_E}\iota_b \tag{13.61}$$

其中 $\iota_b=\iota-\iota_0$ 且 ι 为真实电离层延迟。

上述三个无几何超宽巷模糊度解算模型的标量形式在本质上是合理加权平均 f 频码伪距观测值联合组合相位观测值以计算组合模糊度值。因此,可以使用如下更一般形式的公式表示无几何超宽巷模糊度求解模型

$$\hat{a}_E = \frac{\phi_E - \boldsymbol{w}^T\boldsymbol{p}}{\lambda_E} \tag{13.62}$$

此处 $\boldsymbol{w}$ 是 f 维权向量并且满足 $\boldsymbol{e}_f^T\boldsymbol{w}=1$ 以消除几何项。此外,为了消除电离层延迟的影响,可以再对权向量添加约束 $\boldsymbol{w}^T\boldsymbol{\mu}+\mu_E=0$,此时因消除了电离层影响,所得模糊度浮点解等价于电离层浮动模型。因此,为了尽可能减小浮点解方差,权向量可通过解算如下附加约束的极值问题获得

$$\sigma_p^2\boldsymbol{w}^T\boldsymbol{w} + \sigma_{\phi_E}^2 = \min, \quad \text{s.t.} -1 \leqslant \boldsymbol{w} \leqslant 1, \quad \boldsymbol{e}_f^T\boldsymbol{w} = 1, \quad \boldsymbol{w}^T\boldsymbol{u} + \mu_E = 0 \tag{13.63}$$

在添加了两个约束后,权向量的自由度减 2,可以设置步长 0.001 以搜索极值问题(13.63)的最优解。给定 $\sigma_p=0.2$ m 且 $\sigma_\phi=3$ mm,可得北斗五频信号的最优权向量及对应模糊度固定成功概率,如表 13.2 所示,其中频率的顺序在表 13.1 中给出。

表 13.2 电离层浮动无几何超宽巷模糊度解算时的最优伪距权向量及其标准差与成功概率

频率数	$\boldsymbol{z}_E^T$	$\boldsymbol{w}^T$	$\sigma_{\hat{a}_E}$/周	成功概率/%
$f=3$	[0,0,1,-1,0]	[0,0.020,0.428,0.552,0]	0.067 1	100.00
	[0,1,-2,1,0]	[0,0.751,0.208,0.041,0]	0.249 1	95.53
$f=4$	[1,-1,0,0,0]	[0.490,0.476,0.106,0,-0.072]	0.046 3	100.00
	[0,0,1,0,-1]	[0.014,0.027,0.392,0,0.567]	0.091 6	100.00
	[-1,2,-2,0,1]	[0.446,0.435,0.132,0,-0.013]	0.181 8	99.40
$f=5$	[0,0,0,1,-1]	[-0.042,-0.031,0.277,0.372,0.424]	0.042 5	100.0
	[1,-1,0,0,0]	[-0.489,-0.477,-0.108,0.005,0.069]	0.046 3	100.0
	[0,0,1,-1,0]	[0.049,0.056,0.248,0.307,0.340]	0.055 5	100.0
	[-1,2,-2,0,1]	[0.446,0.435,0.122,0.025,-0.028]	0.181 6	99.41

可以看出,电离层浮动的无几何模型的超宽巷模糊度解算拥有很高的模糊度固定成功概率。此外,在成功固定一个超宽巷模糊度后,可以基于已固定的超宽巷模糊度计算后续其他超宽巷组合的模糊度浮点解,以此提高后续超宽巷组合的模糊度浮点解精度。然而,一旦前一个模糊度组合固定错误,这种序贯方法会影响到后续模糊度组合的解算。因此考虑到

单独使用码伪距观测值固定超宽巷模糊度已经拥有较高的成功概率，此处在固定宽巷模糊度时不采用序贯方法。

综上，兼顾简便性、电离层适应性与成功概率，接下来使用最后一种模型，即电离层浮动无几何模型的一般形式(13.62)解算超宽巷模糊度。

13.6.2 ERTK 定位及实验分析

1. ERTK 定位模型

通常在 RTK 定位中，会首先固定超宽巷模糊度，再代入观测方程中解算窄巷模糊度浮点解与基线参数浮点解，然后尝试固定窄巷模糊度并在成功固定窄巷模糊度后更新基线参数的固定解。然而，当超宽巷模糊度固定后，模糊度固定的超宽巷组合观测值本身便可用于定位并且精度高于伪距定位，有时甚至可达厘米级。这种定位方式简单快速，不需要使用复杂的 LAMBDA 算法搜索窄巷模糊度最优解，适合手机等无法承担较大计算负担的平台或者需要较高计算效率的应用。本节主要研究直接使用模糊度固定的超宽巷组合观测值进行 RTK 定位的效果。

当 $f-1$ 个超宽巷模糊度固定后，对应模糊度已固定的超宽巷组合观测值便可类似于伪距观测值一样直接用于定位并且通常精度更高。Li 等(2017)基于三频观测值提出直接使用模糊度固定的超宽巷组合观测值进行 RTK 定位，并称之为 ERTK(extra-wide-lane RTK)技术。本节基于任意频率，首先介绍电离层加权的 ERTK 定位模型，然后以 BDS-3 五频观测值为例给出了一种电离层平滑的 ERTK 模型。

ERTK 定位的电离层加权模型如下

$$E\begin{bmatrix} \boldsymbol{p}_k - \boldsymbol{\mu} \otimes \boldsymbol{\iota}_0 \\ \check{\boldsymbol{\phi}}_{\mathrm{E},k} + \boldsymbol{\mu}_{\mathrm{E}} \otimes \boldsymbol{\iota}_0 \end{bmatrix} = (\boldsymbol{e}_{2f-1} \otimes \boldsymbol{A}_k)\boldsymbol{x}_k, \begin{bmatrix} \sigma_p^2 \boldsymbol{I}_f + \sigma_\iota^2 \boldsymbol{\mu}\boldsymbol{\mu}^{\mathrm{T}} & \sigma_\iota^2 \boldsymbol{\mu}\boldsymbol{\mu}_E^{\mathrm{T}} \\ \sigma_\iota^2 \boldsymbol{\mu}_{\mathrm{E}} \boldsymbol{\mu}^{\mathrm{T}} & \sigma_\phi^2 \boldsymbol{Q}_{\mathrm{E}} + \sigma_\iota^2 \boldsymbol{\mu}_{\mathrm{E}} \boldsymbol{\mu}_{\mathrm{E}}^{\mathrm{T}} \end{bmatrix} \otimes \boldsymbol{Q} \tag{13.64}$$

为了进一步提高 ERTK 定位效果，可以在定位模型(13.64)中加入窄巷观测值以平滑定位结果。使用窄巷观测值提升 ERTK 定位效果的方法称为电离层平滑 ERTK 定位方法。首先，使用 $f-1$ 个模糊度固定的超宽巷相位组合观测值组成 $f-2$ 个无电离层超宽巷相位组合观测值。而后用无电离层超宽巷相位组合观测值与无电离层码伪距观测值直接解算基线参数，定位结果与电离层浮动模型等价，并且因为待解参数只有基线参数而更简便。然而，无电离层超宽巷相位组合观测值精度很低，以 BDS-3 五频观测值为例仅有 $141.7\sigma_\phi$，故用其解算的基线参数精度也较低。此时，可基于历元间差分的无电离层窄巷相位观测值使用如下 Hatch 滤波公式平滑低精度的无电离层相位组合观测值

$$\tilde{\phi}_{\mathrm{IF,E}}(K) = \frac{1}{K}\sum_{k=1}^{K} \bar{\phi}_{\mathrm{IF,E}}(k) + \frac{1}{K}\left((K-1)\,\bar{\phi}_{\mathrm{IF,N}}(K) - \sum_{k=1}^{K-1} \bar{\phi}_{\mathrm{IF,N}}(k)\right) \tag{13.65}$$

其中$\overline{\phi}_{\mathrm{IF,E}}$是模糊度固定了的无电离层相位组合观测值，$\overline{\phi}_{\mathrm{IF,N}}$是无电离层窄巷相位组合观测值。$k$ 和 K 代表历元号。忽略$\overline{\phi}_{\mathrm{IF,E}}$和$\overline{\phi}_{\mathrm{IF,N}}$之间的相关性与观测值历元间相关性，可算得平滑观测值$\tilde{\phi}_{\mathrm{IF,E}}(K)$标准差如下

$$\sigma_{\tilde{\phi}_{\mathrm{IF,E}}(K)}=\sqrt{\frac{\sigma_{\overline{\phi}_{\mathrm{IF,E}}}^{2}+(K-1)\sigma_{\overline{\phi}_{\mathrm{IF,N}}}^{2}}{K}} \tag{13.66}$$

当历元数 K 足够大时，有

$$\sigma_{\tilde{\phi}_{\mathrm{IF,E}}(K)}\approx\sigma_{\overline{\phi}_{\mathrm{IF,N}}} \tag{13.67}$$

以第一频率和第五频率之间的无电离层组合窄巷相位组合观测值为例，其精度为 $5.2\sigma_{\phi}$。因此，通过观测值平滑，可以大幅提高无电离层超宽巷组合观测值的精度，提高 ERTK 定位效果。电离层平滑 ERTK 定位模型可以得到高精度的无偏定位结果并且由于实现简单而更高效。当窄巷模糊度成功固定，便可以直接使用模糊度固定的无电离层窄巷相位组合观测值替代无电离层超宽巷相位组合观测值实现高精度的 RTK 定位。

2. 模糊度解算实验

实验数据为三台配备了扼流圈天线的天宝 Alloy 接收机接收的 BDS-3 五频观测数据，三台接收机安置在三个精密坐标已知的站点上，组成了两条长度分别为 82 km 和 27 km 的基线。数据采样间隔 1 秒，采集时间为 2020 年的年积日 158，采集时长 24 小时。上文所述的模糊度解算模型与 ERTK 模型都在用户端的“TJRTK”软件中实现。“TJRTK”是一款我国自主研发的多频多系统 RTK 定位软件，主要用于工程应用与技术研究。

数据处理过程中，只涉及 BDS-3 的五频观测值，卫星高度截止角 10°。观测值随机模型采用高度角相关的随机模型

$$\sigma=\frac{1.02}{\sin\theta+0.02}\sigma_{90^{\circ}} \tag{13.68}$$

且天顶方向的非差相位及码伪距观测值的精度分别为 3 mm 和 0.2 m。尽管实验结果通过事后处理实验数据获得，所有数据都是模仿实时应用逐个历元地依次解算。

图 13.5 所示为两条基线的共用流动站处观测到的卫星数量与对应的精度衰减因子。可以看到，跟踪到的 BDS-3 卫星数量 7 到 10 颗，平均 9 颗，对应各类精度衰减因子都小于 3，这说明 BDS-3 已经能够一直独立地提供高质量定位服务。

为了比较不同超宽巷模糊度解算模型以及研究多频观测值对模糊度解算的影响，基于不同频率数量与不同超宽巷模糊度解算模型在每一个历元独立计算了双差超宽巷模糊度浮点解并提取统计了其小数部分。模糊度浮点解的小数部分定义为模糊度浮点解与其最近整数的差值。统计值包括小数部分的平均值、其绝对值的平均值及其标准差。参与统计的数据为使用两条基线 24 小时 86 400 个历元观测值算得的超宽巷模糊度的小数部分。图 13.6 与图 13.7 所示分别为短基线与长基线的统计结果。纵坐标表示不同类型的统计值，单位为

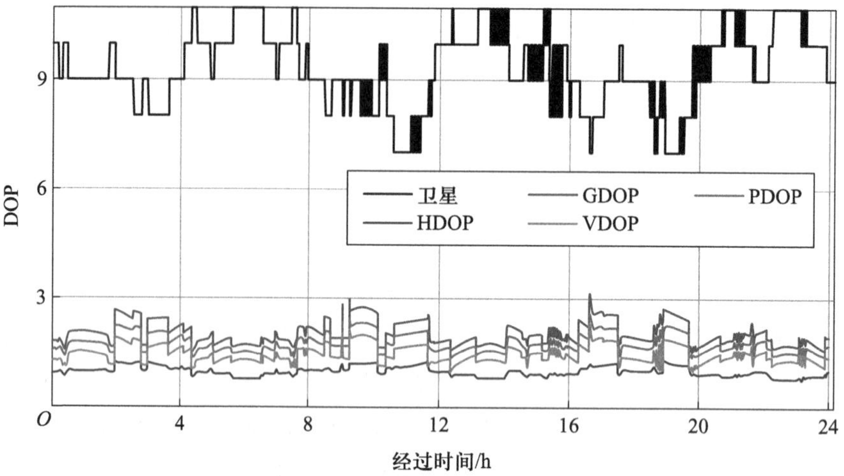

图 13.5 流动站观测到的卫星数量与对应的精度衰减因子

周。其中,平均值的统计为了统一坐标比例而在所有的平均值上乘了 10。横坐标轴表示不同的超宽巷模糊度解算模型,每个模型都分别计算了五频观测值的四个最优超宽巷组合、四频观测值的三个最优超宽巷组合以及三频观测值的两个最优超宽巷组合的统计值。表 13.3 给出了图中横坐标数字对应的超宽巷组合解算模型。

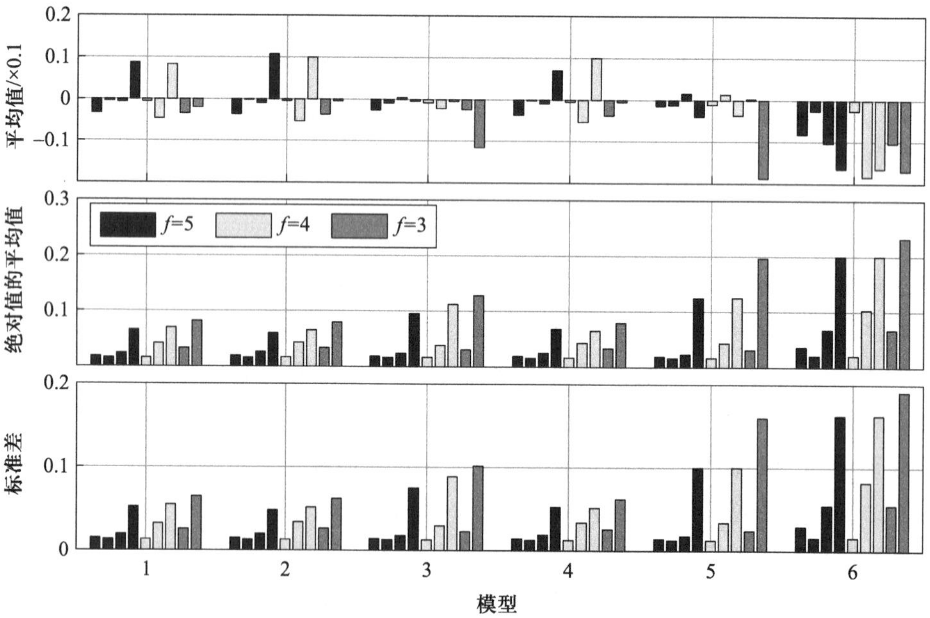

图 13.6 不同模糊度解算模型下短基线的模糊度小数部分统计值

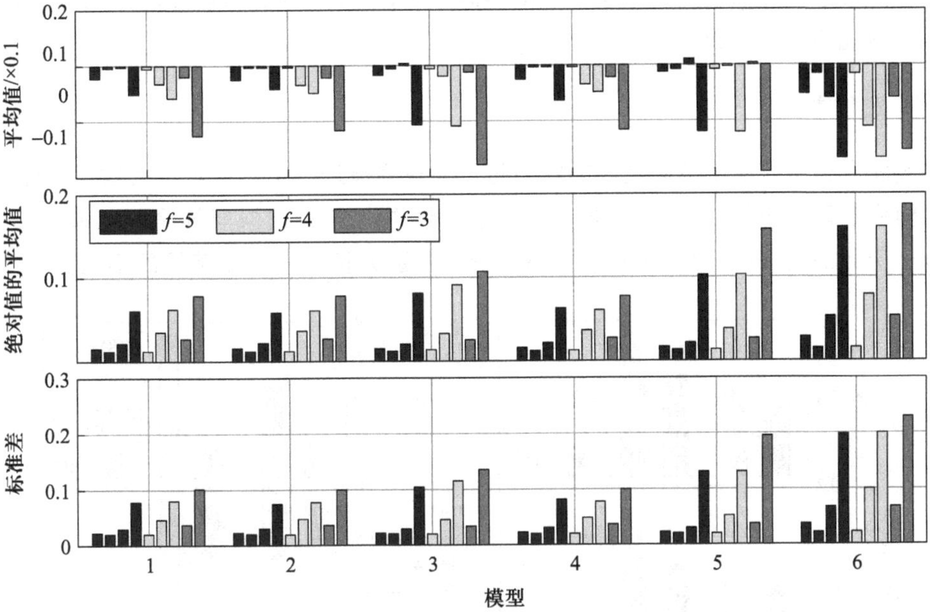

图 13.7 不同模糊度解算模型下长基线的模糊度小数部分统计值

表 13.3 图 13.7 中横坐标值对应的超宽巷模糊度解算模型

横坐标值	超宽巷模糊度解算模型
1	式(13.55) 且 $\sigma_\iota=0.1$ m, $\iota_0=0$ (电离层加权)
2	式(13.60) 且 $\sigma_\iota=0.1$ m 与 $\iota_0=0$ (电离层固定)
3	式(13.55) 且 $\sigma_\iota=0.3$ m 与 $\iota_0=0$ (电离层加权)
4	式(13.60) 且 $\sigma_\iota=0.3$ m 与 $\iota_0=0$ (电离层固定)
5	式(13.62) 且使用表 13.2 中给定的 $\boldsymbol{w}^{\mathrm{T}}$(电离层浮动)
6	式(13.62) 且 $\boldsymbol{w}^{\mathrm{T}}=[1,0,0,0,0]$

绝大多数超宽巷模糊度的小数部分绝对值平均值标准差不超过 0.1 周,这意味着超宽巷模糊度解算效率很高。此外,小数部分的均值接近 0 并总体上只有标准差的十分之一。因此,可以认为这些超宽巷模糊度无偏。比较不同的超宽巷模糊度解算模型时可以看到,不同电离层约束下的电离层加权模型与电离层固定模型的解算效果接近且都优于电离层浮动模型。当基线延长时,超宽巷模糊度解算模型对应的小数部分标准差都增加了,但电离层浮动模型的增加幅度最小。可以推测,当基线足够长,而电离层约束不够准确时,电离层浮动模型的解算效果会逐渐接近甚至优于电离层加权模型与电离层固定模型。作为比较,使用 $\boldsymbol{w}^{\mathrm{T}}=[1,0,0,0,0]$ 作为权向量的超宽巷模糊度解算模型(13.62)的解算效果最差,其对应模糊度小数部分的标准差甚至接近 0.2。至于多频观测值优势,可以看到超宽巷模糊度小数部

分的绝对值均值与标准差都随频率数的增加而减小，尤其是对于三频、四频及五频观测值的最后一个最优超宽巷组合而言。

3. ERTK 定位实验

本实验主要研究使用模糊度已固定的超宽巷观测值进行 ERTK 定位的效果。此处统计了不同频率数量下不同 ERTK 定位模型的定位误差。实验数据同样是两条基线 24 小时 86 400 个历元的观测值。图 13.8 与图 13.9 所示分别为长基线与短基线的不同频率不同模

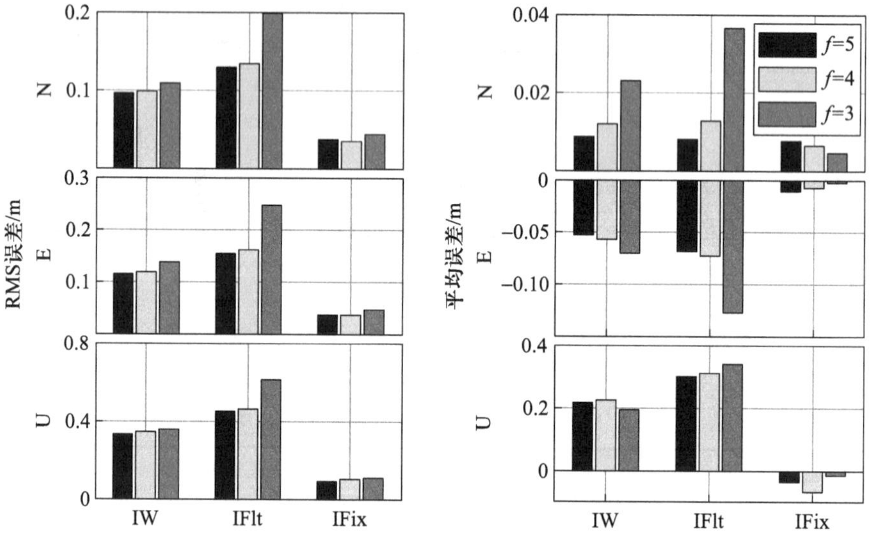

图 13.8 不同定位模型下短基线的 ERTK 定位误差的 RMS 值与均值

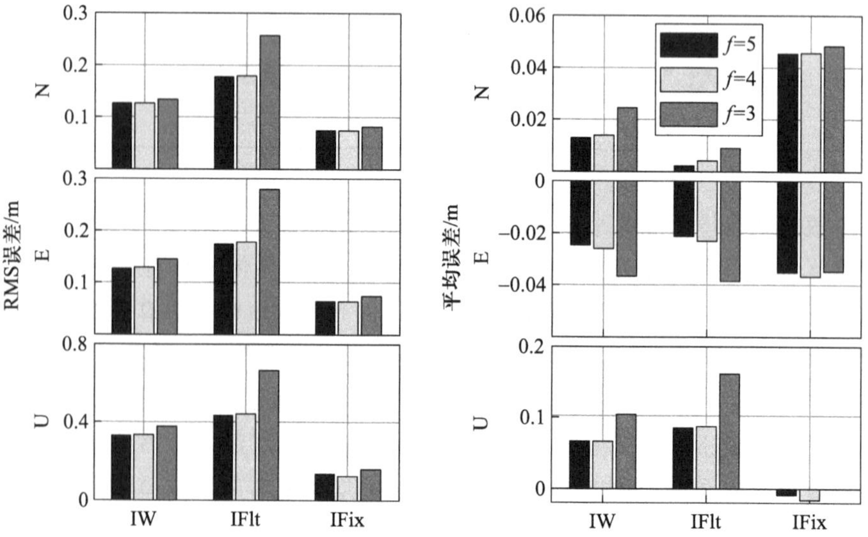

图 13.9 不同定位模型下长基线的 ERTK 定位误差的 RMS 值与均值

型的 ERTK 定位误差的 RMS 值与均值统计。纵坐标轴表示北、东、天三个方向上的定位误差 RMS 值与均值。横坐标轴表示三个不同的 ERTK 定位模型，包括 $\sigma_\iota=0.1$ 的电离层加权模型(IW)，电离层浮动模型(IFlt)与电离层固定模型(IFix)。

总体上，电离层固定的 ERTK 定位模型可以提供厘米级的水平定位服务，另外两个 ERTK 定位模型可以提供亚分米级的水平定位服务。对于短基线，电离层固定模型明显优于另外两个模型，平面两个方向定位误差的 RMS 值在 5 cm 左右且均值小于 1 cm。然而对于长基线，电离层固定模型的定位效果明显变差，平面两个方向定位误差的 RMS 值接近 10 cm 且均值也达到 4 cm 左右。这说明长基线中，忽略的电离层延迟已经开始影响电离层固定模型的 ERTK 定位结果。另一方面，尽管定位误差的 RMS 值依然大于电离层固定模型，但电离层浮动模型与电离层加权模型的定位误差均值并未随着基线的延长而增大，因此反而小于电离层固定模型。这说明随着基线的延长，电离层偏差的影响加大，电离层固定模型的定位效果会慢慢不如电离层加权模型与电离层浮动模型。此外，高程方向的定位误差明显大于平面方向且存在系统偏差，这是由于定位模型中忽略了与高程参数强相关的天顶对流层延迟参数。最后，平面定位精度明显随着频率数量的增加而改善，并且四频和五频观测值远优于三频观测值。

在加入窄巷观测值对超宽巷观测值进行平滑后，ERTK 的定位效果可以得到显著提升。如图 13.10 和图 13.11 所示分别为短基线和长基线基于不同频率数量的电离层浮动 ERTK 定位结果、电离层固定 ERTK 定位结果以及使用式(13.65)所示无电离层平滑超宽巷组合观测值的电离层平滑 ERTK 定位结果。

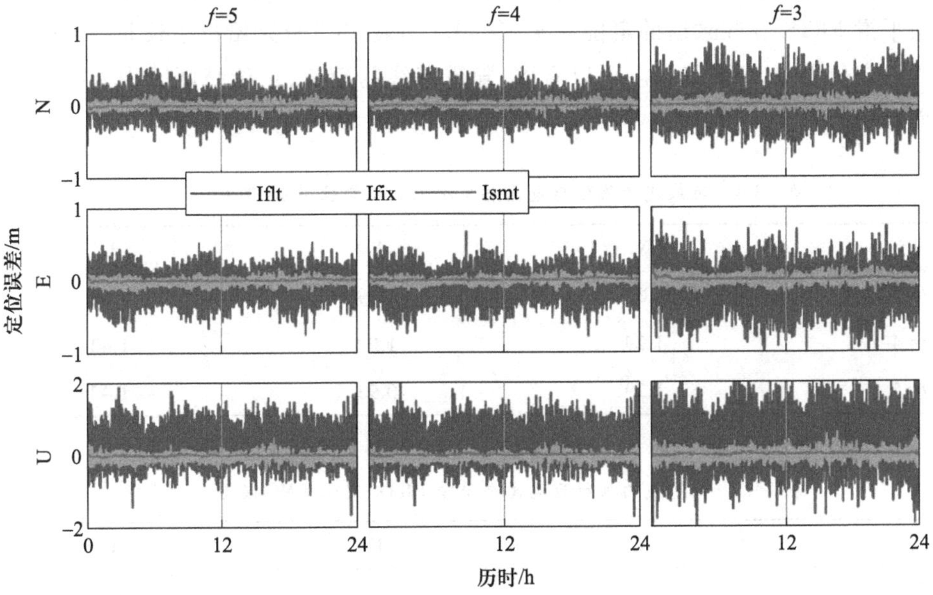

图 13.10 短基线定位误差

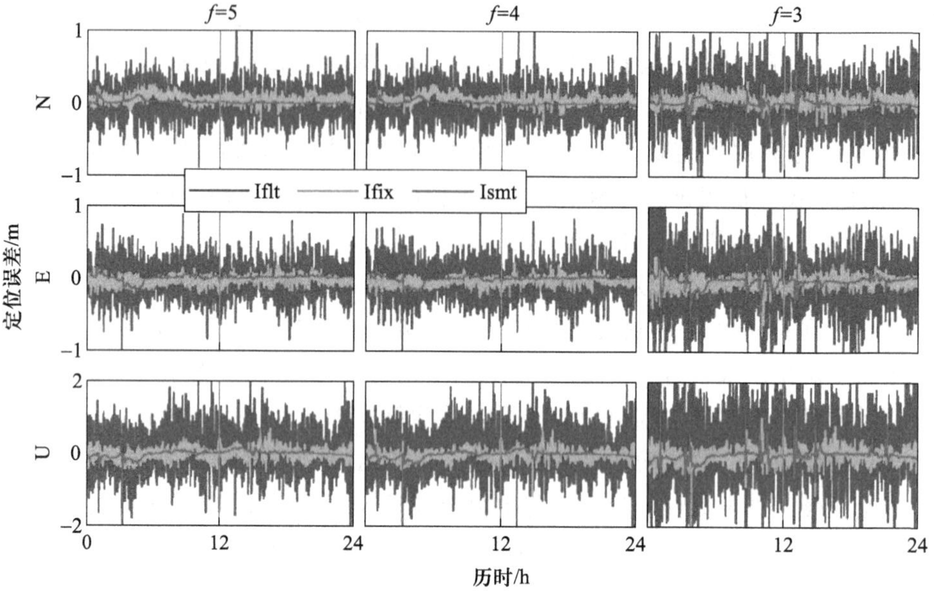

图 13.11 长基线定位误差

电离层平滑 ERTK 定位结果明显优于另外两个模型。在收敛后,其平面两个方向的定位误差只有几个厘米。与图 13.8 与图 13.9 所示结论相吻合,此处高程定位误差存在系统偏差,且对于长基线而言,电离层固定模型的平面定位误差同样存在系统偏差。此外,电离层平滑 ERTK 存在几处重新初始化的现象,这是由于对应时刻出现大量卫星信号失锁。为了分析电离层平滑 ERTK 在收敛后的定位精度,表 13.4 与表 13.5 分别给出了长基线与短基线最后两小时的定位误差 RMS 统计。可以看到,随着基线的延长,定位精度因为未模型化误差的增加而有所变差。

表 13.4 短基线的收敛后电离层平滑 ERTK 定位 RMS 误差

模型	N	E	U
$f=3$	1.37	0.89	1.68
$f=4$	1.29	1.02	1.43
$f=5$	1.29	0.93	1.42

表 13.5 长基线的收敛后电离层平滑 ERTK 定位 RMS 误差

模型	N	E	U
$f=3$	1.44	1.74	3.57
$f=4$	1.42	1.35	2.67
$f=5$	1.38	1.39	2.87

为了分析电离层平滑 ERTK 定位的收敛时间,本实验进一步再次计算了长基线和短基线的电离层平滑 ERTK 定位结果,但是这次计算时会定期重新初始化,而只有每次初始化之前的最后一个定位结果会被记录。图 13.12 与图 13.13 所示分别为对应不同频率不同初始化

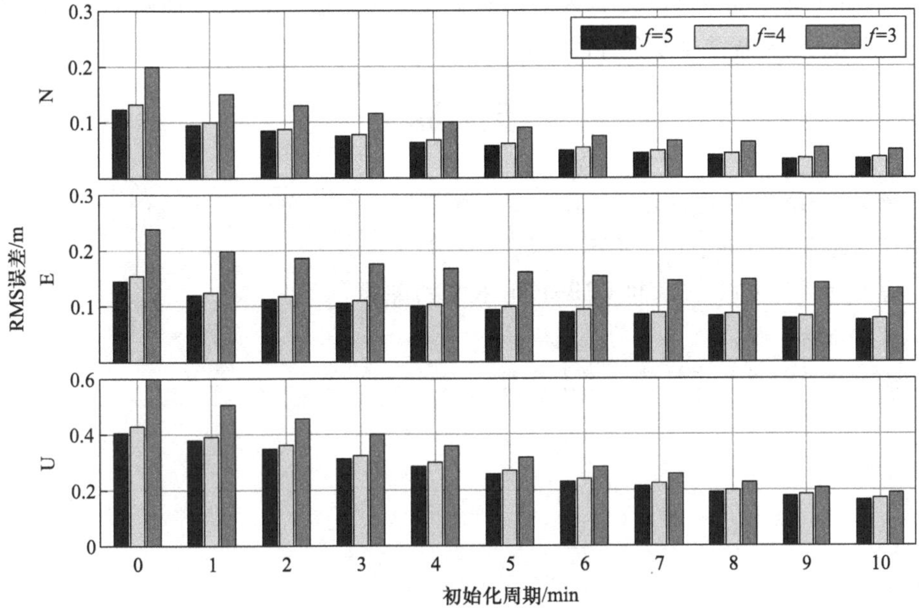

图 13.12 不同初始化周期的短基线定位误差
横坐标为初始化周期,纵坐标为 RMS 误差。

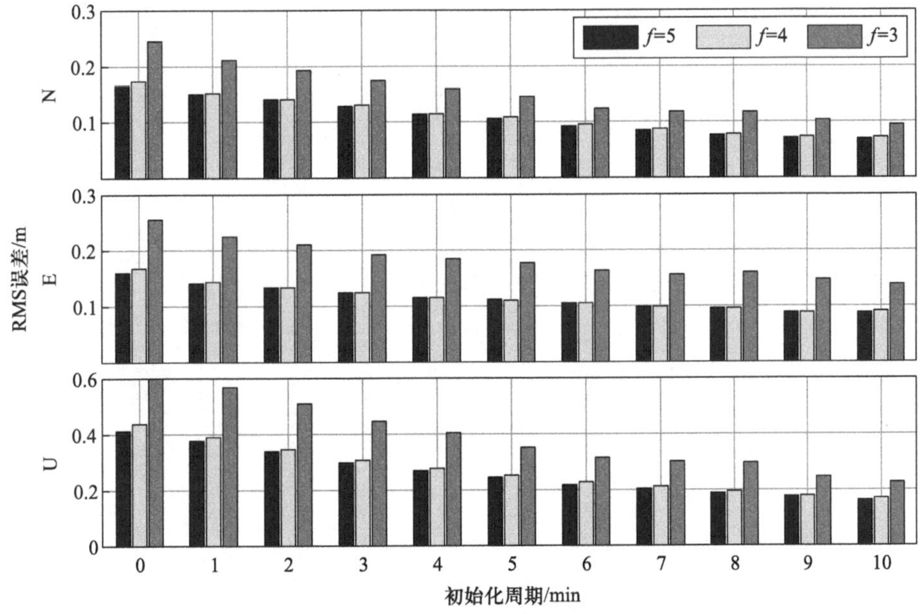

图 13.13 不同初始化周期的长基线定位误差
横坐标为初始化周期,纵坐标为 RMS 误差。

周期的短基线和长基线的定位误差 RMS 统计。初始化周期为 0 意味着每个历元都会重新初始化。

对于短基线的定位结果，若使用四频和五频观测值，即使每个历元都重新初始化，平面两个方向的 RMS 误差依然为 0.1 m 左右。对于长基线的定位结果，平面两个方向的 RMS 误差要收敛至 0.1 m 大概需要 6 分钟的时间。

习题

1. 请阐述 GNSS 的绝对定位技术的基本原理。
2. 请简述区域差分的基本原理。
3. 请阐述网络 RTK 技术和 PPP-RTK 技术的异同。
4. 请给出卡尔曼滤波解算的公式。
5. 请阐述多频模糊度解算的基本思想。

第 14 章

GNSS 应用概述

14.1　GNSS 高程测量

高程信息是实现高精度测绘的基本前提，对社会发展、经济建设具有重要的实际意义。传统高程测量需要借助水准测量技术，利用水准仪和水准标尺测量出两点间的高差。整个过程不仅耗费大量的人力物力，而且实时性差、受外界环境干扰严重。GNSS 技术凭借着高精度、全天候、低成本的优势，逐渐成为主流的高程测量手段。但 GNSS 技术获得的高程是相对于参考椭球面的大地高，而实际应用中通常采用相对于大地水准面的正高或者相对于似大地水准面的正常高。本节介绍如何采用 GNSS 技术实现高效率的水准测量。

14.1.1　高程基准

高程系统指与确定高程有关的参考面及以其为基础的高程，常用的高程系统包括大地高、正高和正常高系统。根据图 14.1，我们介绍这几种高程系统。大地高系统指以参考椭球面为基准面的高程系统。点 P 的大地高是点 P 沿参考椭球法线方向到参考椭球面的距离，用 H 表示。参考椭球面是人为引入的几何参考面，不具有物理意义，因此在实际工程中使用得较少。GNSS 技术测量得到的高程是以参考椭球为基准的大地高。

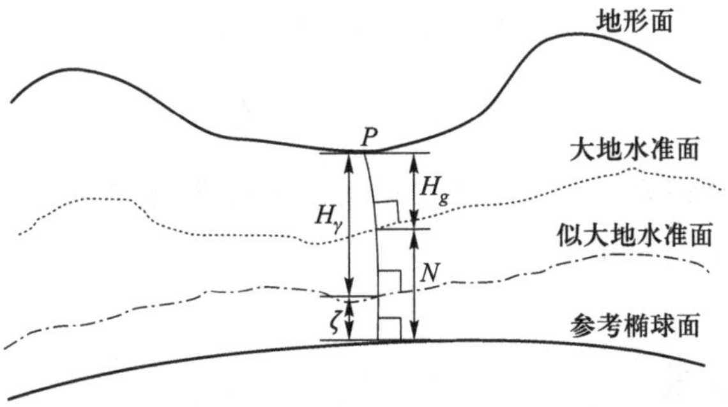

图 14.1　大地高、正高、正常高、高程异常和大地水准面差距

正高系统指以大地水准面为基准的高程系统，其高程被称为正高。点 P 的正高是从点 P 出发，沿点 P 与基准面间各个重力等位面的垂线所量测出的距离，用 H_g 表示。大地水准面是重力位为 w_0 的地球重力等位面，在广阔的海面上可认为与平均海水面重合。由于大地水准面具有明确的物理定义，因而在高程系统中常被当作自然参考面。由于重力值与地球内部物质分布息息相关，因此大地水准面是一个不规则曲面。它与参考椭球面之间的差异被称为大地水准面差距，即从参考椭球面沿参考椭球面法线至大地水准面的距离，用 N 表示。大地高与正高之间的关系为

$$H_g = H - N \tag{14.1}$$

根据正高的定义，正高是沿垂线方向从大地水准面到点 P 的重力位变化 $-\int_0^P g(h)\,\mathrm{d}h$ 与平均重力值之比

$$H_g = \int_0^P h\mathrm{d}h = \frac{-\int_0^P g(h)\,\mathrm{d}h}{g_m} \tag{14.2}$$

其中，$g_m = -\int_0^P g(h)\,\mathrm{d}h / \int_0^P h\mathrm{d}h$ 是沿垂线方向从大地水准面到点 P 的平均重力值。

虽然正高系统具有明确的物理定义，但是想要确定沿垂线从地面点至大地水准面之间的平均重力值 g_m 却十分困难，需要利用重力场模型、地球内部质量分布及地形数据进行复杂的计算。莫洛坚斯基提出了采用平均正常重力值 γ_m 来替代 g_m，由此得到的高程被称为正常高 H_γ，即

$$H_\gamma = \frac{-\int_0^P g(h)\,\mathrm{d}h}{\gamma_m} \tag{14.3}$$

其中，γ_m 是与纬度和高程相关的函数，可精确计算，因此正常高也能精确确定。正常高的参考面被称为似大地水准面，点 P 相对于似大地水准面的高度被称为正常高。沿正常重力线方向，由似大地水准面上的点量测到参考椭球面的距离被称为高程异常，用 ζ 表示。大地高、正高、正常高之间，以及大地水准面差距和高程异常之间的关系

$$H = H_g + N = H_\gamma + \zeta \tag{14.4a}$$

$$N = \zeta + \frac{g_m - \gamma_m}{\gamma_m} H_g \tag{14.4b}$$

因此，若要通过 GNSS 测量的大地高 H 来得到正高 H_g 或者正常高 H_γ，其关键在如何获取大地水准面差距 N 和高程异常 ζ。

14.1.2 GNSS 水准

GNSS 水准测量的目的是通过 GNSS 测定的大地高 H 来求解正高 H_g 或者正常高 H_γ，显然其关键是求解大地水准面差距 N 或者高程异常 ζ。这里重点介绍测定正高的 GNSS 水准

测量方法。GNSS 水准测量通常包含两方面内容:一是利用 GNSS 技术快速便捷地测定大地高;二是确定大地水准面差距。大地水准面差距的确定属于物理大地测量的知识,本节只介绍其中几种方法。

1. 几何内插法

几何内插法的基本原理如下。通过一些已知大地高和正高的点来确定出这些点的大地水准面差距,采用内插方法对这些点所在区域范围内的大地水准面差距进行建模,通过模型可以内插出区域内任意点的大地水准面差距。常用的建模方法是二次曲面拟合

$$H - H_g = a_0 + a_1 \times \mathrm{d}B + a_2 \times \mathrm{d}L + a_3 \times \mathrm{d}B^2 + a_4 \times \mathrm{d}L^2 + a_5 \times \mathrm{d}B \times \mathrm{d}L \tag{14.5}$$

式中,$\mathrm{d}B=B-\overline{B}$,$\mathrm{d}L=L-\overline{L}$。$(B,L)$ 是测点的纬度和经度,$(\overline{B},\overline{L})$ 是测区范围的平均纬度和经度,$a_0,a_1,\cdots,a_5$ 是内插系数。二次曲面内插模型有 6 个未知参数,则需要至少 6 个已知大地高和正高的点。假设存在 m 个已知大地高和正高的点,构成方程组

$$\boldsymbol{y} = \boldsymbol{A}\boldsymbol{x} + \boldsymbol{\epsilon} \tag{14.6}$$

式中,$\boldsymbol{A}=\begin{bmatrix} 1 & \mathrm{d}B_1 & \mathrm{d}L_1 & \mathrm{d}B_1^2 & \mathrm{d}L_1^2 & \mathrm{d}B_1\times\mathrm{d}L_1 \\ 1 & \mathrm{d}B_2 & \mathrm{d}L_2 & \mathrm{d}B_2^2 & \mathrm{d}L_2^2 & \mathrm{d}B_2\times\mathrm{d}L_2 \\ \vdots & \vdots & \vdots & \vdots & \vdots & \vdots \\ 1 & \mathrm{d}B_m & \mathrm{d}L_m & \mathrm{d}B_m^2 & \mathrm{d}L_m^2 & \mathrm{d}B_m\times\mathrm{d}L_m \end{bmatrix}$, $\boldsymbol{y}=\begin{bmatrix} H_1-H_{g,1} \\ H_2-H_{g,2} \\ \vdots \\ H_m-H_{g,m} \end{bmatrix}$, $\boldsymbol{y}=\begin{bmatrix} a_0 \\ a_1 \\ \vdots \\ a_5 \end{bmatrix}$采用最小二乘法求解系数

$$\hat{\boldsymbol{x}} = (\boldsymbol{A}^{\mathrm{T}}\boldsymbol{A})^{-1}(\boldsymbol{A}^{\mathrm{T}}\boldsymbol{y}) \tag{14.7}$$

其中,几何内插法操作简单,适用于高程已知点分布均匀且密度较高的区域。内插效果与高程已知点的分布、密度和高程精度,以及拟合区域内的大地水准面光滑度等因素有关。由于几何内插法无法充分模拟大地水准面的不规则起伏变化,因此一般仅适用于大地水准面较为光滑的地区(如平原地区),在这些区域的拟合内插精度可优于分米甚至达到厘米级,但对于大地水准面起伏较大的地区(如山区),该方法拟合内插精度较低。

2. 大地水准面模型法

地球重力场的重力位通常采用球谐函数建模,如果能够获得重力位的球谐系数,就可以根据已有的数学模型计算大地水准面差距。该模型如下

$$N = \frac{GM}{R\gamma}\sum_{n=2}^{n_{\max}}\sum_{m=0}^{n}\left(\frac{a_{\mathrm{e}}}{R}\right)^{n} P_{nm}(\sin(\phi))\left[C_{nm}^{*}\cos(m\lambda) + S_{nm}\sin(m\lambda)\right] \tag{14.8}$$

其中,ϕ、λ 为计算点的地心纬度和经度,R 为计算点的地心半径,γ 为椭球上的正常重力,a_{e} 为地球赤道半径、GM 为地球万有引力常数,P_{nm}为 n 次 m 阶伴随勒让德函数,C_{nm}^{*}、S_{nm}为大地水准面差距所对应的参考椭球重力位的球谐系数,$n_{\max}$为球谐展开式的最高阶次。

上述模型精度取决于用作边界条件的重力观测值的覆盖面积和精度、卫星跟踪数据的数量和质量、大地水准面的平滑度,以及模型的最高阶次等因素。目前最新的大地水准面模

型的绝对精度能够达到几个厘米。该大地水准面模型可在众多场景中应用，包括陆地、海洋和近地轨道等，不过目前全球重力场模型在某些区域的精度和分辨率较低。

3. 残差模型法

由于重力场模型计算的大地水准面差距精度有限，但几何内插法需要足够密度的且已知大地高和正高的点位。结合两种方法的优势，采用已知大地高和正高计算的大地水准面差距，对模型计算的大地水准面差距进行拟合，该方法称为残差模型法。具体处理步骤如下：

① 根据大地水准面模型计算点 P 的大地水准面差距 N；

② 利用点 P 已知的大地高和正高，计算得到大地水准面差距 N'；

③ 求出大地水准面的模型残差 $\Delta N=N'-N$；

④ 计算区域内所有已知大地高和正高的大地水准面模型残差；

⑤ 对这些点的大地水准面模型残差进行拟合建模，通过拟合模型可以计算出区域内任意点的大地水准面模型残差 ΔN_i，并利用大地水准面模型计算出该点的大地水准面差距 N_i，最终得到该点大地水准面差距值 $N_i'=N_i+\Delta N$。

14.1.3 GNSS 高程精度

目前 GNSS 水准精度能达到三等水准的要求。GNSS 水准精度由大地高和大地水准面差距两者共同决定，主要包括两方面：GNSS 技术得到的大地高精度，采用不同方法所确定的大地水准面差距的精度。综合目前各方面实际情况，GNSS 水准能够达到四等水准要求，在大地水准面差距精度较高的区域内，甚至能满足三等水准要求。

大地水准面差距的精度很大程度上依赖于物理大地测量的理论和技术，通过反演地球重力场模型来建立高精度、高分辨率的大地水准面，从而计算高精度的大地水准面差距。目前，应用最新的全球重力场模型，结合地面重力数据、GNSS 测量成果和精密水准资料所建立的区域性大地水准面模型的精度已能够达到 1 cm。

相比于提高大地水准面差距精度，提高大地高精度显得更加可行，可采用以下方法进行作业和数据处理尽可能提高大地高的测量精度。

① 使用多频多系统 GNSS 接收机。随着各国导航卫星系统的建设与完善，用户能够使用的卫星数和频率数都得到了显著增加。使用多频多系统接收机，不仅能够大量增加多余观测，而且还可以通过观测值之间的组合来消除电离层误差等影响。

② 使用带有抑径板或抑径圈的大地型接收机天线。当作业环境周围有高楼、树林或水面时，GNSS 接收机在接收卫星信号时极易受到多路径效应的干扰，导致观测值精度下降甚至产生严重误差。一种较为有效的方式是使用带有抑径板或抑径圈的大地型接收机天线，从硬件上避免多路径效应的干扰。

③ 优化数据处理算法。通常在进行 GNSS 水准时，会将天线在测站位置处静止放置一

段时间,完全可以将该过程看作一次静态测量过程。采用序贯最小二乘法或静态卡尔曼滤波算法,一次测量过程仅考虑一组位置参数,从而能够大大地改善位置的估计精度;如果对结果没有实时性的要求,也可以采用后处理算法提高位置估计精度;方差分量估计、周跳探测与修复、粗差探测等方法在复杂环境中也能够有效地改善测量精度。

14.2 GNSS-R

14.2.1 GNSS-R 简介

GNSS-R(GNSS-reflectometry)是一种充分利用 GNSS 反射信号的遥感技术,采用 GNSS 反射信号来反演反射体的物理特性。GNSS 信号在经过海面、冰面或陆地反射时,由于反射面的机理不同得到反射信号的特性也不同。通过对 GNSS 反射信号的研究,可以实现对反射面物理特性的反演和估计,GNSS-R 从而成为一种新的遥感手段。

早在 1988 年,Hall 和 Cordey 就提出采用 GNSS 反射信号反演海洋表面特性的思想。到 1993 年,GNSS-R 概念初步形成之际,欧洲航天局的 Martin-Neira 便提出了被动式反射与干涉系统的概念,并进行了系统性的理论描述。其主要思想是利用 GNSS 的海面反射波作为测距信号来反演海面高度。在之后的实验中,Martin-Neira 等人验证了 GNSS-R 测高的可行性。1994 年,Auber 等人在进行机载飞行实验时,意外探测到了 GPS 海面反射信号,首次证实了常规导航定位接收机在机载高度可以接收到 GNSS 反射信号。1996 年,Katzberg、Garrison 等人提出利用海面前向散射的双频 GPS 信号来获取海洋上空的电离层延迟。从 1997 年起,美国 NASA 和科罗拉多大学开始联合开展 GNSS-R 反演海面风场的研究,并研制了一种特殊的延迟映射接收机用于机载试验,验证了 GNSS-R 反演海面风场的可行性。目前,已通过 GNSS-R 技术构建了多个海面风场反演模型。2002 年,Lowe 等人在 SIR-C(Spaceborne Imaging Radar-C)卫星中发现了 GPS L_2 频率的反射信号,从而拉开了星载 GNSS-R 技术的试验验证序幕。除了上述海面遥感之外,GNSS-R 还进行了多项陆地面的遥感研究。利用 GNSS-R 遥感土壤湿度的研究结果表明,反射信号峰值对土壤湿度敏感,可以通过反射信号的强弱来探测土壤湿度,之后 NASA 又开展了一系列海冰和积雪厚度的遥感实验。

从 1993 年 GNSS-R 学术思想提出至今,该技术不断发展,理论框架和应用体系均在不断完善。如今,GNSS-R 技术已经应用于海洋遥感和陆面遥感等多个领域,其观测平台也从地基/岸基逐步发展到机载和星载航空平台,多项试验结果验证了 GNSS-R 在探测海面平均高度、海面粗糙度、土壤水分和植被参数等方面的可行性。

14.2.2 GNSS-R 的原理

GNSS-R 是一种使用 GNSS 卫星作为信号源、被动式的探测技术。其信号的接收和处理采用双基配置，发射机和接收机位于不同地点。理论上，GNSS-R 可看作收发分置双(多)基雷达结构。从电磁波传播基本理论来看，GNSS 反射信号中携带着反射面的特性信息，反射信号波形、极化特征、幅值、相位和频率等参量的变化都直接反映了反射面的物理特性，利用 GNSS 测量直射信号与反射信号之间的延迟，再根据 GNSS 卫星、接收机和反射点之间的几何位置关系，反演地表特征。

1. GNSS-R 几何关系

当连续的 GNSS 信号到达地球表面时，将发生伪随机的散射，GNSS-R 的几何关系如图 14.2 所示。反射点 O 是地球上使得卫星 T—地球表面—接收机 R 之间距离最短的点，它是 GNSS-R 测量和建模应用的主要参考点。根据卫星 T、接收机 R 和反射点 O 的几何关系，以反射点为坐标原点，z 轴为地球切面的法线方向，卫星、反射点和接收机处于 yOz 平面内，且 y 轴正向在卫星方向，x 轴按右手法则确定，建立 GNSS-R 几何关系。

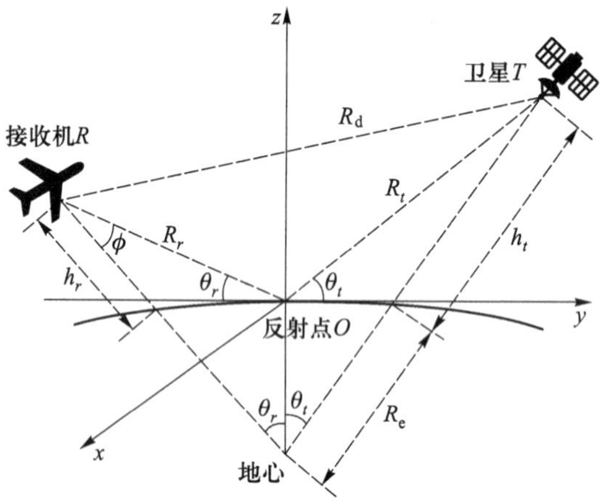

图 14.2 GNSS-R 几何关系

图 14.2 中，h_r 和 h_t 分别表示接收机 R 和卫星 T 到参考椭球面的高度；R_e 表示地球半径，$G=R_e+h_t$ 和 $L=R_e+h_r$ 分别表示卫星、接收机到地心的距离；θ_r 为接收机的高度角，R_d 为卫星到接收机之间的距离。当给定接收机高度 h_r、卫星高度 h_t 和卫星高度角 θ_t 时，可以根据空间位置关系计算 R_r、R_t、Θ_t、ϕ 和 Θ_r 的值

$$R_t = -R_e\sin\theta_t + \sqrt{G^2 - R_e^2\cos^2\theta_t} \tag{14.9a}$$

$$R_r = -R_e\sin\theta_r + \sqrt{L^2 - R_e^2\cos^2\theta_r} \tag{14.9b}$$

$$\Theta_t = \arccos\left[\frac{R_t^2 - G^2 - R_e^2}{-2R_e G}\right] \tag{14.9c}$$

$$\phi = \arccos\left[\frac{R_e^2 - R_r^2 - L^2}{-2R_r L}\right] \tag{14.9d}$$

$$\Theta_r = \arccos\left[\frac{R_r^2 - R_e^2 - L^2}{-2R_e L}\right] \tag{14.9e}$$

$$R_d = \sqrt{(R_t \cos\theta_t + R_r \cos\theta_r)^2 + (R_t \sin\theta_t - R_r \sin\theta_r)^2} \tag{14.9f}$$

根据上述几何关系,可以估计反射点的位置,将其作为信号搜索和捕获、确定多普勒频移和近似码相位偏移的参考中心。

2. GNSS-R 信号相关函数

GNSS 信号是一种直接序列扩频信号,卫星发射的信号分布在一个较宽的频带内,并且由于卫星发射功率的限制,以及信号空间传输所造成的自由空间衰减,使得地面接收到的 GNSS 信号被噪声淹没,无法直接进行信号功率测量,只能通过相关处理后才能完成捕获和跟踪测量。反射信号与直射信号相比,功率更低,也必须通过相关处理才获得较高增益。

在 GNSS 直射信号的处理中,任意时刻 t_0 的本地 PRN 码复制码 a 与接收天线在 $t_0+\tau$ 时刻输出的信号 u_D 的相关函数定义为

$$Y_D(t_0,\tau) = \int_0^{T_i} u_D(t_0 + \tau + t)a(t_0 + t)\exp[2\pi j(f_L + \hat{f}_D)(t_0 + t)]dt \tag{14.10}$$

式中,T_i 为积分时间,f_L 为接收信号的中心频率;$\hat{f}_D$为本地多普勒估计值,用于补偿接收信号的多普勒频移。

对于直射信号而言,u_D 与 a 的差为一个时间延迟,通过与不同延迟时刻 τ 的本地码进行相关操作,可在本地码和接收信号码片对齐时获得相关函数的最大值。直射信号的时间延迟信息表达了从发射机到接收机的距离信息,可用于导航定位。

反射信号的相关函数定义与直射信号基本类似,即反射信号与本地标准信号之间的相关值。然而由于反射面的粗糙性,导致反射信号特征较为复杂,表现为信号幅度的衰减以及不同时间延迟和不同多普勒信号的叠加,而不同的时延与多普勒又与反射面的不同反射单元相对应,因此,反射信号的相关值需要从时间延迟和多普勒频率两方面考虑。针对反射信号的特性,可从三个角度对反射信号的相关函数进行分析,即时延一维相关函数、多普勒一维相关函数和时延-多普勒二维相关函数。利用上述相关函数可以分析得到不同反射面元上直射信号与反射信号之间的时间延迟。

(1) 时延一维相关函数

反射信号时延一维相关函数与直射信号相关函数的定义相同,即

$$Y_{R-\tau}(t_0,\tau) = \int_0^{T_i} u_R(t_0 + \tau + t)a(t_0 + t)\exp[2\pi j(f_L + \hat{f}_R + f_0)(t_0 + t)]dt \tag{14.11}$$

可以看出,反射信号的时延一维相关函数是指在特定的某个多普勒频移 f_0 下,接收信号

与本地伪码信号在不同时间延迟 τ 下的相关值。$\hat{f}_R$ 为镜面反射点处多普勒的估计值，表示反射信号相关值随时延的一维变化趋势，反映了反射面上特定的多普勒频移区域内不同时间延迟区的反射信号分布情况。

（2）多普勒一维相关函数

多普勒一维相关函数是指在特定的某个码延迟 τ_0 下，接收信号与本地载波信号在不同多普勒频移 f 下的相关值，即

$$Y_{R-f}(t_0,f)=\int_0^{T_i}u_R(t_0+\tau_0+t)a(t_0+t)\exp[2\pi j(f_L+\hat{f}_R+f)(t_0+t)]\mathrm{d}t \quad (14.12)$$

多普勒一维相关函数表征了反射信号的频域特性，反映了反射面上特定等时间延迟环内不同多普勒频移区的反射信号分布情况。

（3）时延-多普勒二维相关函数

综合时延一维相关函数和多普勒一维相关函数，可得到反射信号的时延-多普勒二维相关函数，即

$$Y_{R-\tau-f}(t_0,\tau,f)=\int_0^{T_i}u_R(t_0+\tau+t)a(t_0+t)\exp[2\pi j(f_L+\hat{f}_R+f)(t_0+t)]\mathrm{d}t \quad (14.13)$$

时延-多普勒二维相关函数反映了反射区内各等延迟线和各等多普勒线交叉区域处反射信号的相关值，是反射信号最为全面的描述方式。时延-多普勒二维相关功率值可以描述反射信号在不同反射面单元的反射强度，其幅度的最大值可用于描述反射介质对 GNSS 反射信号的反射率，二维相关值的时间延迟可用于描述反射信号相对于直射信号的路径延迟关系，二维相关值的相位可用于描述反射信号自身的相关特性。

14.2.3 GNSS-R 的应用

GNSS-R 技术采用异源观测模式，利用全球 GNSS 星座作为多源微波信号发射源，具有成本低廉、全球覆盖、数据量大、实时性强、全天候工作等优势，已经成为传统遥感测量手段的有力补充，在海洋和陆面遥感中得到了广泛应用。

GNSS-R 技术在海洋领域中的研究及应用被最早提出，是目前 GNSS-R 技术发展较为成熟的领域，尤其是在海面风场和海面测高方面的应用已经逐渐业务化。风速通过风应力对海面作用，产生表面波，这些表面波改变了海面粗糙度，而 GNSS 海面散射信号相关功率后沿斜率与海面粗糙度相关，通过对海面散射信号相关功率的精确测量便可以反演海面风场参数。GNSS-R 海洋测高常用方法有三种，分别是利用 GNSS 反射信号相对于直射信号的码相位延迟、载波相位延迟和载波频率变化来计算海面高度。这三种方法中，由于码片宽度较大，因此利用码相位延迟计算海面高度的方法精度最差，但其模型简单，应用较广；利用载波相位延迟计算海面高度的方法精度最高，但要求反射信号的相位连续，在粗糙反射面的情况下较难实现。除了海面风场和海面测高外，GNSS-R 技术在海冰、海水盐度和海面目标探测等方面也得到了快速发展。

GNSS-R 陆面遥感研究及应用主要集中在土壤湿度、积雪深度、植被等参数反演。与来自海面的 GNSS 散射信号相比，来自陆地的双基散射信号平均返回功率要低得多，而且具有更大可变性。介电常数的实部反映了表面反射信号的电磁能量部分，虚部反映了被介质吸收的那部分能量，与介质的导电性有关。利用陆地反射信号可以直接计算反射系数，从而获取土壤的介电常数。由于土壤的介电性能在很大程度上取决于土壤的含水量，因此 GNSS-R 也可以用于土壤湿度探测。除此之外，GNSS-R 在积雪深度、植被参数探测方面都有较好应用潜力。

14.3 GNSS 掩星系统

14.3.1 GNSS 掩星简介

天体在另一天体与观测者之间通过时自身被遮掩的现象，在天文学中被称为掩星现象。GNSS 无线电掩星（radio occultation，简称 RO）指：由导航卫星（轨道高度大于两万千米）发射的无线电波在传输到低轨卫星（轨道高度低于一千千米）时，被地球大气层遮掩，导致传播路径发生偏移的现象。GNSS 无线电掩星技术在地球大气探测方面已经得到了广泛的认可及应用。利用搭载 GNSS 接收机的低轨卫星跟踪 GNSS 卫星，当掩星事件发生时，GNSS 卫星发射的载波信号穿过电离层和中性大气到达低轨卫星，由于大气的折射效应，该电波信号将发生弯曲，引起载波相位延迟。通过分析接收机所记录的载波相位和幅度，可以推算得到由电离层和中性大气引起的附加相位延迟，进而推导出电离层电子密度、大气折射率、密度、气压、温度及水汽含量等大气参数。

1965 年，美国斯坦福大学与喷气推进实验室（Jet Propulsion Laboratory，简称 JPL）的科学家利用水手 3 号和 4 号卫星，首次采用 RO 技术对火星大气层进行了掩星测量，并成功反演火星的电离层和中性大气参数。到 20 世纪 80 年代，随着 GPS 的不断发展以及低轨卫星定轨精度的不断提高，可以利用 GPS 双频信号及低轨卫星对地球大气进行掩星探测。1995 年 4 月 3 日 GPS/MET 计划发射了一颗名为 Microlab-1 的低轨卫星，卫星上搭载了 JPL 研制的 Turbo-Rogue 接收机，用于捕获和跟踪 GPS 卫星的掩星信号，该计划的试验结果表明 RO 技术能够提供精确的、高垂直分辨率的大气探测结果，覆盖范围广，探测结果不受天气因素的影响。然而，GPS/MET 计划虽取得了成功，但每天只能提供少量掩星探测结果，这促使了后续系列掩星计划的产生。此后 CHAMP 卫星、SAC-C 卫星及 GRACE 卫星等低轨卫星陆续发射，卫星上均搭载了 GNSS 掩星接收机，这些计划成功证实了 RO 技术探测电离层、平流层和对流层的潜力。2006 年 4 月 15 日，COSMIC 计划成功实施，它是第一个主要用于 RO 的卫星星座，并以近实时方式向全球运营的天气中心提供 RO 数据，对天气预报产生了重大影响。

GNSS-RO 技术在反演电离层和中性大气中已经得到了广泛的应用，以下侧重介绍

GNSS-RO 技术对中性大气的反演方法及其应用。

14.3.2 GNSS RO 技术的原理

当掩星事件发生时，GNSS 卫星发射的无线电波信号穿过地球大气层，经过大气折射后被低轨卫星上的 GNSS 接收机接收，掩星瞬间的几何关系如图 14.3 所示。

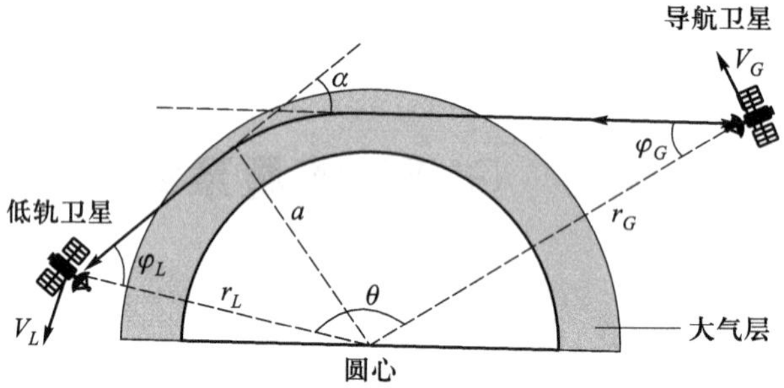

图 14.3 掩星瞬间的几何关系

由于低轨卫星轨道较低，运行速度相比 GNSS 卫星更快。当低轨卫星相对于 GNSS 卫星向上或向下运行时，GNSS 卫星发射的无线电波信号将实现对电离层和中性大气自下而上或自上而下的扫描，完成一次掩星测量。该过程中的主要观测量为低轨卫星上 GNSS 接收机测量的载波相位和振幅，频率 j 的载波相位观测方程为

$$\Phi_{L,j}^{s} = \rho_{L}^{s} + c(\mathrm{d}t_{j}^{s} - \mathrm{d}t_{L,j}) - \iota_{L,j}^{s} + \tau_{L}^{s} + \lambda_{j}a_{L,j}^{s} + \varepsilon \tag{14.14}$$

其中，ρ_L^s 为 GNSS 卫星 s 到低轨卫星星载接收机 L 之间的真实几何距离，c 为真空中的光速，$\mathrm{d}t_j^s$ 和 $\mathrm{d}t_{L,j}$ 分别为 GNSS 卫星和低轨卫星星载接收机的钟差，$\iota_{L,j}^s$ 和 τ_L^s 分别为载波受到的电离层和中性大气延迟，λ_j 代表频率 j 的波长，$a_{L,j}^s$ 表示载波相位模糊度，ε 中包含了量测噪声和多路径效应等其他误差。为了反演大气参数，需要提取观测数据中由电离层和中性大气引起的相位延迟 $\iota_{L,j}^s$ 和 τ_L^s。传统的做法是进行双差以消除我们不关心的参数，这就要求低轨卫星和地面站同时观测到 GNSS 掩星和参考卫星。构造双差观测量

$$\Phi_{gL,j}^{rs} = (\Phi_{L,j}^{s} - \Phi_{L,j}^{r}) - (\Phi_{g,j}^{s} - \Phi_{g,j}^{r}) \tag{14.15}$$

其中，角标 r 和 g 分别代表 GNSS 参考卫星和地面站。通过双差可以消除卫星钟差和接收机钟差。但是，除了 GNSS 掩星与低轨卫星之间的观测链路外，双差观测量还涉及其他三条观测链路。由于低轨卫星与地面站距离较远，导致双差后的观测值残余的电离层和中性大气误差包含了多条观测链路的误差，严重影响 GNSS 掩星与低轨卫星观测链路的大气参数信息。将低轨星载接收机接收到的 GNSS 掩星信号和 GNSS 参考卫星信号进行星间单差，可以消除低轨星载接收机钟差，而两颗 GNSS 卫星的精密钟差可以从 IGS 提供的精密星历中获取。当 GNSS 和低轨星载接收机的原子钟稳定性较高时，甚至可以直接使用掩星链路的非差相位观测值来反演中性大气导致的相位延迟，这种方法称为非差法。与双差法相比，单差

法和非差法无须引入地面测站，避免引入其他链路的系统噪声，提高掩星反演的精度。传统的反演方法为几何光学反演法，利用双差、单差或非差计算得到附加相位延迟后，可以计算多普勒频移，进而求解掩星信号弯曲角、大气折射指数和大气参量剖面。具体反演过程如下：

首先，利用反演的附加相位延迟计算多普勒频率。附加相位延迟 ϕ_j 与附加多普勒频移 Δf_j 之间存在如下关系

$$\frac{\Delta f_j}{f_j}=\frac{1}{c}\frac{\mathrm{d}\phi_j}{\mathrm{d}t}\quad j=1,2 \tag{14.16}$$

其中，f_j 为信号频率。采用多普勒频移计算掩星信号的弯曲角。在大气局部球对称的假设下，GNSS 信号的传播路径在同一平面内。已知 GNSS 卫星和低轨卫星的位置和速度，则附加多普勒频移公式如下

$$\begin{aligned}\Delta f_j&=\frac{f_j}{c}[\boldsymbol{V}_L\cdot\boldsymbol{T}_L-\boldsymbol{V}_G\cdot\boldsymbol{T}_G-(\boldsymbol{V}_L-\boldsymbol{V}_G)\cdot\boldsymbol{r}_{LG}]\\&=\frac{f_j}{c}[v_G^{\mathrm{t}}\sin\varphi_G-v_L^{\mathrm{t}}\sin\varphi_L+v_G^{\mathrm{r}}\cos\varphi_G+v_L^{\mathrm{r}}\cos\varphi_L-(\boldsymbol{V}_L-\boldsymbol{V}_G)\cdot\boldsymbol{r}_{LG}]\end{aligned} \tag{14.17}$$

其中，各参数说明如图 14.3 所示，θ 为 GNSS 卫星与低轨卫星以局部曲率圆心为原点的矢径夹角，无线电波射线的方向用矢量 $\boldsymbol{T}$ 表示，单位矢量 $\boldsymbol{r}_{LG}$ 表示低轨卫星至 GNSS 卫星的矢量方向，$\boldsymbol{V}_L$ 和 $\boldsymbol{V}_G$ 分别表示低轨卫星和 GNSS 卫星的速度矢量，v_L 和 v_G 是标量，上标 r 和 t 分别表示在矢径和与矢径垂直方向的投影。此外，由图 14.3 的掩星瞬间几何关系可得

$$\alpha_j=\theta+\varphi_G+\varphi_{L,j}-\pi \tag{14.18}$$

根据折射定律，当球对称成立时，GPS 射线的碰撞参数（局部曲率中心至信号入射和出射方向的渐近线上的垂直距离）沿射线是一个常数

$$a_j=r_{G,j}\sin\varphi_G=r_{L,j}\sin\varphi_{L,j} \tag{14.19}$$

结合式（14.17）、式（14.18）和式（14.19），可以通过迭代计算得到弯曲角 α_j 随碰撞参数 a_j 的变化情况。

其次，进行电离层校正。电离层校正是通过对每一个频率对应的弯曲角廓线进行线性组合实现的，将 GPS L1 和 L2 载波的弯曲角 α_1 和 α_2 在同一碰撞参数 a 处进行如下线性组合

$$\alpha(a)=\frac{f_1^2}{f_1^2-f_2^2}\alpha_1(a_1)-\frac{f_2^2}{f_1^2-f_2^2}\alpha_2(a_2) \tag{14.20}$$

通过电离层校正避免了色散效应，将电离层引起的射线弯曲部分从弯曲角廓线中扣除。

最后，计算大气折射指数。当电波在球对称的媒介中传播时，发生折射现象，其弯曲角可以表示为

$$\alpha(a_0)=2a_0\int_{a_0}^{\infty}\frac{\mathrm{d}\ln n(a)}{\mathrm{d}a}\frac{1}{\sqrt{a^2-a_0^2}}\mathrm{d}a \tag{14.21}$$

其中，a_0 为当前掩星观测所对应的碰撞参数，则折射指数 $n(a_0)$ 可由阿贝尔积分反演公式得

$$n(a_0)=\exp\left[\frac{1}{\pi}\int_{a_0}^{\infty}\frac{\alpha(a)}{\sqrt{a^2-a_0^2}}\mathrm{d}a\right] \tag{14.22}$$

计算得到大气的折射指数后，即可进一步反演密度、湿度、气压等大气参数，具体反演方法本书不再进行论述。图 14.4 展示了利用 GNSS 掩星技术反演空间温度的效果，基本取得了与参考值相当的精度。

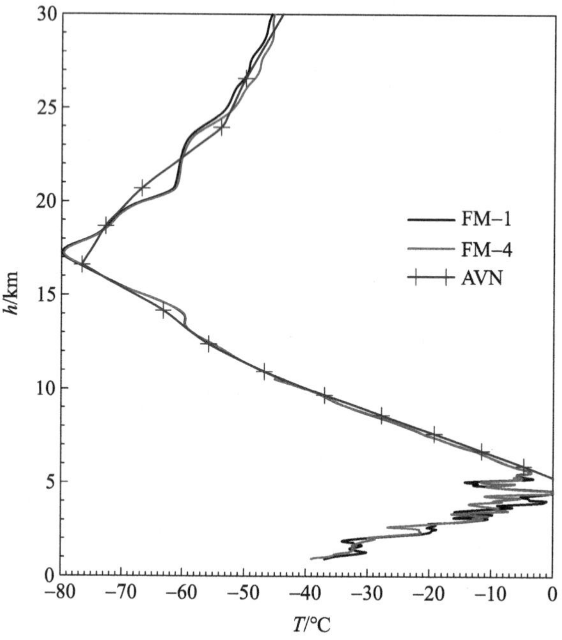

图 14.4 2006 年 4 月 23 日，FM-1 和 FM-4 在 20.4°S / 95.4°W 附近获得的两条不同的“干燥温度”曲线

AVN 是美国国家环境预报中心全球预测系统的分析内插结果（Anthes 等，2008）。

14.3.3 无线电掩星探测空间分辨率

GNSS RO 技术反演大气剖面的空间分辨率包括垂直分辨率和水平分辨率。其中，垂直分辨率 Z_F 的定义为：掩星切点（GNSS 信号射线距离地面最近的点）到 50% 弯曲角对应的大气层处的高差，即为使式(14.21)的积分值为 $\frac{\alpha}{2}$ 的高度间隔，由波长 λ 趋近于零的近似条件得到。由于无线电波在大气中传播时会受到衍射效应的影响，因此垂直分辨率就等于第一 Fresnel 带（菲涅耳区）直径

$$Z_F=2\sqrt{\frac{\lambda_j L_T L_R}{L_T+L_R}} \tag{14.23}$$

其中，L_T 和 L_R 分别为掩星切点到 GNSS 卫星和低轨卫星的距离。除了衍射效应的影响之外，无线电掩星探测的垂直分辨率还会受到大气折射率垂直梯度的影响，随着高度的下降，折射率梯度逐渐增大，第一 Fresnel 带（菲涅耳区）的直径逐渐变小，垂直分辨率逐渐提高。Z_F 在中性大气层的变化范围大概为 0.5～1.5 km。

在临边观测几何近似下，垂直分辨率 Z_F 与水平分辨率 D_F 之间有如下近似关系

$$D_F = 2(2RZ_F)^{\frac{1}{2}} \tag{14.24}$$

其中，R 为无线电波射线切点到地心的距离。若近似取 $R=6\ 400$ km，当 $Z_F \in [0.5,1.5]$（km），则 $D_F \in [160,277]$（km），可知 GNSS RO 技术的水平分辨率远低于垂直分辨率。

14.3.4 无线电掩星观测的特点及其应用

GNSS 无线电掩星探测作为一种新型地球大气探测技术，具有全球覆盖、高垂直分辨率、高精度、全天候、长期稳定的特点，在气象学、天气预报及全球气候变化方面具有重要应用价值。在气象学及天气预报方面，GNSS 无线电掩星探测能够提供丰富的数据源，以研究各种折射性边界的精细结构，例如对流层顶、海面边界和电离层等，通过反演得到的大气湿度、温度和风场等参数更是准确预报天气的关键。随着低轨卫星星座的不断完善以及空基 GNSS 气象学的不断发展，无线电掩星技术对提高数值天气预报的准确性研究具有重要意义；在气候方面，GNSS 掩星测量具有自动校准特性，这意味着其测量结果不受不同卫星之间的偏差或由于轨道衰变引起的时间相关漂移的影响，不受仪器偏倚误差或缓慢变化的校准值影响。因此，GNSS 掩星能够作为气候基准，在全球气候变化的长期监测方面发挥重要作用。

14.4 GNSS/INS 导航系统

GNSS 定位依赖于卫星与地面间的远距离无线电传输，卫星信号天然具有强度弱、穿透能力差、易受干扰和欺骗等弱点。在城市等复杂环境中，卫星信号的频繁中断与干扰导致观测值个数少、几何构型差并且信号质量下降。此时很难通过 GNSS 本身信息对观测值进行正确的粗差探测和补偿；同时，频繁中断和失锁将导致频繁的周跳，致使模糊度频繁重新初始化，降低高精度定位结果的可用性。因此，在城市遮挡环境中，纯 GNSS 定位技术的精度和可用性都将受到较大程度的影响。而在室内、隧道、高架桥下等特殊场景中，由于信号遮挡，GNSS 定位将完全失效。可见，仅依赖 GNSS 技术无法满足室内外等复杂环境下的无缝高精度导航定位需求。而惯性导航系统（inertial navigation system，INS）作为一种完全自主的导航系统，具备隐蔽性好、不受外界干扰、不受时间、环境和气候条件限制等优点，与 GNSS 具有极好的互补性。惯性导航系统与 GNSS 融合已成为目前室外场景下最成熟的组合导航

技术，被广泛应用于车辆、船舶、无人机等平台。

14.4.1 捷联式惯性导航系统概述

惯性导航系统是以牛顿力学为基础，依靠自身集成的惯性器件和算法建立的真正意义上的自主导航系统。根据构建导航坐标系方法的不同，可将惯性导航系统分为两大类型：一是采用物理平台模拟导航坐标系的平台式惯性导航系统；二是采用数学算法确定出导航坐标系的捷联式惯性导航系统（SINS）。

1. 惯性器件

平台式惯性导航系统利用惯性敏感器件追踪地球自转角速度，调整平台坐标系使其始终与导航坐标系保持水平。平台以物理实体的形式存在，平台模拟了导航坐标系，运载体的姿态角及航向角可直接从平台框架上拾取或仅通过少量计算获得。

在捷联式惯性导航系统中，平台并不以实体存在，而以数学平台形式存在，姿态角和航向角都必须通过计算获得，计算量较大。尽管在惯性器件、计算量等方面捷联式惯性导航系统远比平台式惯性导航系统要求苛刻，但由于其省去了复杂的机电平台，结构简单、体积小、重量轻、成本低、维护简单、可靠性高，因此具有更广阔的应用空间。尤其近年来，随着半导体集成电路微细加工技术和超精密机械加工技术的发展，微机电惯性测量单元（MEMS-IMU）技术逐渐成熟，广泛应用于与 GNSS 等定位技术组合的导航中，在手机定位、汽车导航等应用中取得优良效果。

惯性器件或称惯性仪表，包括陀螺仪和加速度计。惯性器件服从牛顿力学原理，基本工作原理为动量矩定理和牛顿第二定律，输出的量测值也是相对惯性空间而言的：陀螺仪输出的是相对于惯性空间的角速度，加速度计输出的是相对于惯性空间的加速度即绝对加速度。惯性器件采集惯性信息，无须接收外部信号，不受外部环境干扰，输出信息量大，实时性强，在军用航行类载体以及民用领域都有广泛的应用。

对于惯性导航技术来说，姿态更新是导航计算中至关重要的一环，因此陀螺仪的发展对惯性导航技术意义重大。传统意义上的陀螺仪是指建立在牛顿力学上的机械转子陀螺仪，由机械旋转产生角动量。机械旋转必须依靠支承，机械转子陀螺仪的性能指标越高，对支承的要求就越高，成本也就越高。支承技术的发展受限于机械加工水平，这制约了陀螺仪的发展。激光陀螺仪和光纤陀螺仪的发展是惯性导航的一次重大革命，其从量子力学出发，提出一种全新概念的陀螺仪，具有机械转子陀螺仪无法比拟的优良性能。20 世纪 80 年代，微机电加工技术又称 MEMS 技术快速发展，硅微陀螺仪应运而生。硅微陀螺仪不仅精度高、体积小、重量轻、易于安装，还大大降低了陀螺仪的成本，可大批量生产，现已广泛应用于民用领域中，智能手机中一般都已集成了 MEMS 惯性器件。

陀螺仪用于测量角速度信息，而加速度计用于测量加速度信息，两者都是惯性测量单元的核心器件。严格地说，加速度计应成为比力计，其测量的是单位质量的非引力外力。工程上采用具有偏心质量的摆式结构作为加速度计的设计方案,减少摩擦力的影响。加速度计和陀螺仪精度的高低和性能的优劣基本决定了惯性导航系统的精度和性能,近年来 MEMS 技术的发展极大地提高了惯性器件的性能并降低了制造成本,有力推动了惯性导航技术的应用。

2. 力学编排

给定惯性导航系统初始位置、速度和姿态,由惯性导航器件测量值实现位置、速度和姿态递推的过程被称为力学编排,其基础是姿态微分方程与地速微分方程,姿态微分方程将在后续给出,首先介绍地速微分方程,也被称为比力方程。惯性导航系统力学编排中涉及的坐标系统包括:地心惯性系 i,地心地固坐标系 e,导航坐标系 n,载体坐标系 b。从地心至平台支点引位置矢量 $\boldsymbol{r}$,根据哥氏定理得

$$\left.\frac{\mathrm{d}\boldsymbol{r}}{\mathrm{d}t}\right|_i = \left.\frac{\mathrm{d}\boldsymbol{r}}{\mathrm{d}t}\right|_e + \boldsymbol{\omega}_{ie} \times \boldsymbol{r} \tag{14.25}$$

式中,$\boldsymbol{v}_{eb} = \left.\frac{\mathrm{d}\boldsymbol{r}}{\mathrm{d}t}\right|_e$ 是在地球坐标系下观察到位置矢量的变化率,是运载体相对地球的运动速度,也被称为地速。$\boldsymbol{\omega}_{ie}$是地球坐标系相对于惯性坐标系的运动角速度。对式(14.25)两边求导,得

$$\left.\frac{\mathrm{d}^2\boldsymbol{r}}{\mathrm{d}t^2}\right|_i = \left.\frac{\mathrm{d}\boldsymbol{v}_{eb}}{\mathrm{d}t}\right|_i + \left.\frac{\mathrm{d}\boldsymbol{\omega}_{ie}}{\mathrm{d}t}\right|_i + \boldsymbol{\omega}_{ie} \times (\boldsymbol{v}_{eb} + \boldsymbol{\omega}_{ie} \times \boldsymbol{r}) \tag{14.26}$$

将$\left.\frac{\mathrm{d}\boldsymbol{\omega}_{ie}}{\mathrm{d}t}\right|_i = 0, \left.\frac{\mathrm{d}\boldsymbol{v}_{eb}}{\mathrm{d}t}\right|_i = \left.\frac{\mathrm{d}\boldsymbol{v}_{eb}}{\mathrm{d}t}\right|_n + (\boldsymbol{\omega}_{in} \times \boldsymbol{v}_{eb})$和 $\boldsymbol{\omega}_{in} = \boldsymbol{\omega}_{ie} + \boldsymbol{\omega}_{en}$代入式(14.26)

$$\left.\frac{\mathrm{d}^2\boldsymbol{r}}{\mathrm{d}t^2}\right|_i = \left.\frac{\mathrm{d}\boldsymbol{v}_{eb}}{\mathrm{d}t}\right|_n + (2\boldsymbol{\omega}_{ie} + \boldsymbol{\omega}_{en}) \times \boldsymbol{v}_{eb} + \boldsymbol{\omega}_{ie} \times \boldsymbol{\omega}_{ie} \times \boldsymbol{r} \tag{14.27}$$

其中$\left.\frac{\mathrm{d}\boldsymbol{v}_{eb}}{\mathrm{d}t}\right|_n$ 表示在导航坐标系下观测到的地速加速度,根据牛顿第二定律

$$\boldsymbol{F} + m\boldsymbol{G} = m\left.\frac{\mathrm{d}^2\boldsymbol{r}}{\mathrm{d}t^2}\right|_i \tag{14.28}$$

其中 $\boldsymbol{G}$ 表示引力加速度,加速度计测量的是单位质量上的非引力外力(比力)$\boldsymbol{f} = \boldsymbol{F}/m$,则

$$\boldsymbol{f} = \left.\frac{\mathrm{d}^2\boldsymbol{r}}{\mathrm{d}t^2}\right|_i - \boldsymbol{G} \tag{14.29a}$$

$$\boldsymbol{f} = \left.\frac{\mathrm{d}\boldsymbol{v}_{eb}}{\mathrm{d}t}\right|_n + (2\boldsymbol{\omega}_{ie} + \boldsymbol{\omega}_{en}) \times \boldsymbol{v}_{eb} + \boldsymbol{\omega}_{ie} \times \boldsymbol{\omega}_{ie} \times \boldsymbol{r} - \boldsymbol{G} \tag{14.29b}$$

而引力加速度可表示为重力加速度和向心加速度的矢量和

$$\boldsymbol{G} = \boldsymbol{g} + \boldsymbol{a}_{\mathrm{c}} \tag{14.30}$$

且 $\boldsymbol{a}_{\mathrm{c}} = \boldsymbol{\omega}_{ie} \times \boldsymbol{\omega}_{ie} \times \boldsymbol{r}$。将式(14.30)带入式(14.29)中,若投影到导航坐标系下,比力方程最终则可表示为

$$f_{ib}^{n}=\dot{v}_{eb}^{n}+(2\omega_{ie}^{n}+\omega_{en}^{n})\times v_{eb}^{n}-g^{n} \tag{14.31}$$

14.4.2 捷联式惯性导航系统原理

捷联式惯性导航系统由平台式惯性导航系统发展而来,内部包含了惯性测量单元和微型计算机。惯性测量单元(IMU)集成了惯性敏感元器件,主要包含三轴陀螺仪和三轴加速度计,磁力计也常常被集成到 IMU 中来辅助航向角的确定。微型计算机收集 IMU 采集的惯性信息并进行数值积分求解载体的姿态、速度和位置等导航参数,这三组参数的求解过程即所谓的姿态更新算法、速度更新算法和位置更新算法。

图 14.5 为捷联式惯性导航系统原理简图,其中 $\int$ 代表积分运算符,C_n^b 表示 n 系到 b 系的坐标变换矩阵。陀螺仪输出的角速度信息经积分可得到载体的姿态信息,根据求解得到的姿态信息将加速度计输出的加速度信息旋转到导航坐标系,然后再经过积分求解速度和位置参数。

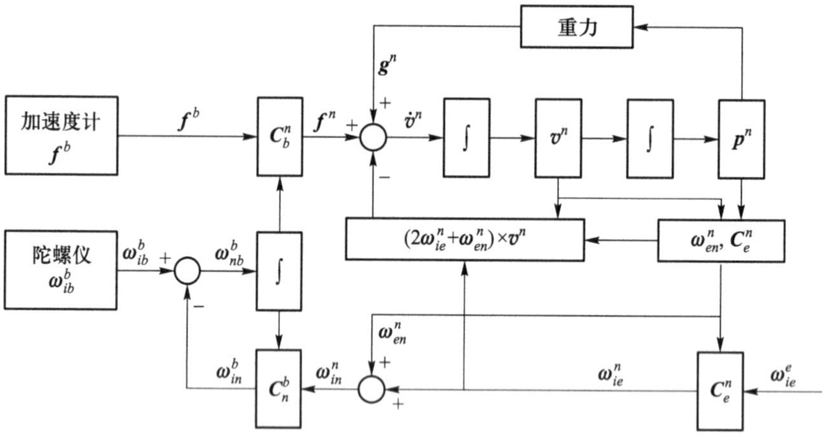

图 14.5 捷联式惯性导航系统原理简图

1. 姿态更新

姿态更新的方法有欧拉角法、旋转矩阵法和四元数法等,在惯性导航中常采用四元数法。姿态四元数 $\boldsymbol{q}=[q_0 \quad q_1 \quad q_2 \quad q_3]^{\mathrm{T}}$ 的微分方程为

$$\dot{\boldsymbol{q}}=\frac{1}{2}\boldsymbol{q}\boldsymbol{\omega}_{nb}^{b}=\frac{1}{2}\boldsymbol{M}'(\boldsymbol{\omega}_{nb}^{b})\boldsymbol{q} \tag{14.32}$$

其中,$\boldsymbol{\omega}_{nb}^{b}=\boldsymbol{\omega}_{ib}^{b}-\boldsymbol{C}_{n}^{b}(\boldsymbol{\omega}_{ie}^{n}+\boldsymbol{\omega}_{en}^{n})$ 为姿态速率,即

$$\begin{bmatrix} \dot{q}_0 \\ \dot{q}_1 \\ \dot{q}_2 \\ \dot{q}_3 \end{bmatrix} = \frac{1}{2}\begin{bmatrix} 0 & -\omega_{nbx}^b & -\omega_{nby}^b & -\omega_{nbz}^b \\ \omega_{nbx}^b & 0 & \omega_{nbz}^b & -\omega_{nby}^b \\ \omega_{nby}^b & -\omega_{nbz}^b & 0 & \omega_{nbx}^b \\ \omega_{nbz}^b & \omega_{nby}^b & \omega_{nbx}^b & 0 \end{bmatrix}\begin{bmatrix} q_0 \\ q_1 \\ q_2 \\ q_3 \end{bmatrix} \tag{14.33}$$

求解四元数微分方程的方法有多种，姿态矩阵更新作为 SINS 更新的关键，它的计算精度直接影响 SINS 的精度；同时在工程应用中，计算量不宜过大，所以本节采用四元数的皮卡算法。

关于 $\boldsymbol{q}$ 的齐次线性方程

$$\boldsymbol{q}(t_{k+1}) = e^{\int_{t_k}^{t_{k+1}} \boldsymbol{M}'(\boldsymbol{\omega}_{nb}^b)\mathrm{d}t}\boldsymbol{q}(t_k) \tag{14.34}$$

令

$$\Delta\boldsymbol{\Theta} = \int_{t_k}^{t_{k+1}} \boldsymbol{M}'(\omega_{nb}^b)\mathrm{d}t \cong \begin{bmatrix} 0 & -\Delta\theta_x & -\Delta\theta_y & -\Delta\theta_z \\ \Delta\theta_x & 0 & \Delta\theta_z & -\Delta\theta_y \\ \Delta\theta_y & -\Delta\theta_z & 0 & \Delta\theta_x \\ \Delta\theta_z & \Delta\theta_y & \Delta\theta_x & 0 \end{bmatrix} \tag{14.35}$$

其中 $\Delta\theta_x$、$\Delta\theta_y$ 和 $\Delta\theta_z$ 分别表示载体坐标系下三个轴在$[t_k, t_{k+1}]$内的角度增量。对式(14.34)作泰勒级数展开

$$\boldsymbol{q}(t_{k+1}) = e^{\frac{1}{2}\Delta\boldsymbol{\Theta}}\boldsymbol{q}(t_k) = \left[\boldsymbol{I} + \frac{\frac{1}{2}\Delta\boldsymbol{\Theta}}{1!} + \frac{\left(\frac{1}{2}\Delta\boldsymbol{\Theta}\right)^2}{2!} + \cdots\right]\boldsymbol{q}(t_k) \tag{14.36}$$

则有

$$\boldsymbol{q}(t_{k+1}) = \left[I\cos\frac{\Delta\theta}{2} + \Delta\boldsymbol{\Theta}\frac{\sin\Delta\theta/2}{\Delta\theta}\right]\boldsymbol{q}(t_k) \tag{14.37}$$

2. 速度位置更新

四元数更新完毕后，利用更新的四元数 Q 将比力投影到 n 系，此时方程(14.31)可写为

$$\begin{bmatrix} \dot{V}_x^n \\ \dot{V}_y^n \\ \dot{V}_z^n \end{bmatrix} = \begin{bmatrix} f_x^n \\ f_y^n \\ f_z^n \end{bmatrix} - \begin{bmatrix} 0 \\ 0 \\ g \end{bmatrix} + \begin{bmatrix} 0 & 2\omega_{iez}^n + \omega_{enz}^n & -(2\omega_{iey}^n + \omega_{eny}^n) \\ -(2\omega_{iez}^n + \omega_{enz}^n) & 0 & 2\omega_{iex}^n + \omega_{enx}^n \\ 2\omega_{iey}^n + \omega_{enz}^n & -(2\omega_{iex}^n + \omega_{enx}^n) & 0 \end{bmatrix}\begin{bmatrix} V_x^n \\ V_y^n \\ V_z^n \end{bmatrix} \tag{14.38}$$

对上式进行积分，即可实现速度的递推更新。SINS 的位置（纬度、经度和高度）微分方程式如下

$$\dot{L} = \frac{1}{R_M + h}v_{eb,N}^n, \quad \dot{\lambda} = \frac{\sec L}{R_N + h}v_{eb,E}^n, \quad \dot{h} = v_{eb,U}^n \tag{14.39}$$

将它们改写成矩阵形式，为

$$\dot{\boldsymbol{p}} = \boldsymbol{M}_{pv}\boldsymbol{v}^n \tag{14.40}$$

其中,记

$$\boldsymbol{p} = \begin{bmatrix} L \\ \lambda \\ h \end{bmatrix}, \quad \boldsymbol{M}_{pv} = \begin{bmatrix} 0 & 1/R_{Mh} & 0 \\ \sec L/R_{Nh} & 0 & 0 \\ 0 & 0 & 1 \end{bmatrix},$$

$$R_{Mh} = R_M + h, \quad R_{Nh} = R_N + h$$

$$R_M = \frac{R_N(1 - e^2)}{(1 - e^2\sin^2 L)}, \quad R_N = \frac{R_e}{(1 - e^2\sin^2 L)^{1/2}}, \quad e = \sqrt{2f - f^2}$$

与 SINS 姿态和速度更新算法相比,位置更新算法引起的误差一般比较小,可采用比较简单的梯形积分法。

14.4.3 GNSS/INS 组合方法

GNSS 和 INS 具有优劣势互补的特点,两者进行组合能在一定程度上克服各自缺陷,从而提高导航的精度及可靠性,被广泛应用于飞行器导航及汽车导航中。根据 GNSS 和 INS 组合的深度不同,可将 GNSS/INS 组合方法分为松组合、紧组合和深组合。其中松组合和紧组合是在导航算法的层面上进行融合,而深组合是在硬件的层面上进行数据融合。

图 14.6 为 GNSS 信号缺失时的组合导航轨迹图,横线标记为实际位置参考点,其余三条

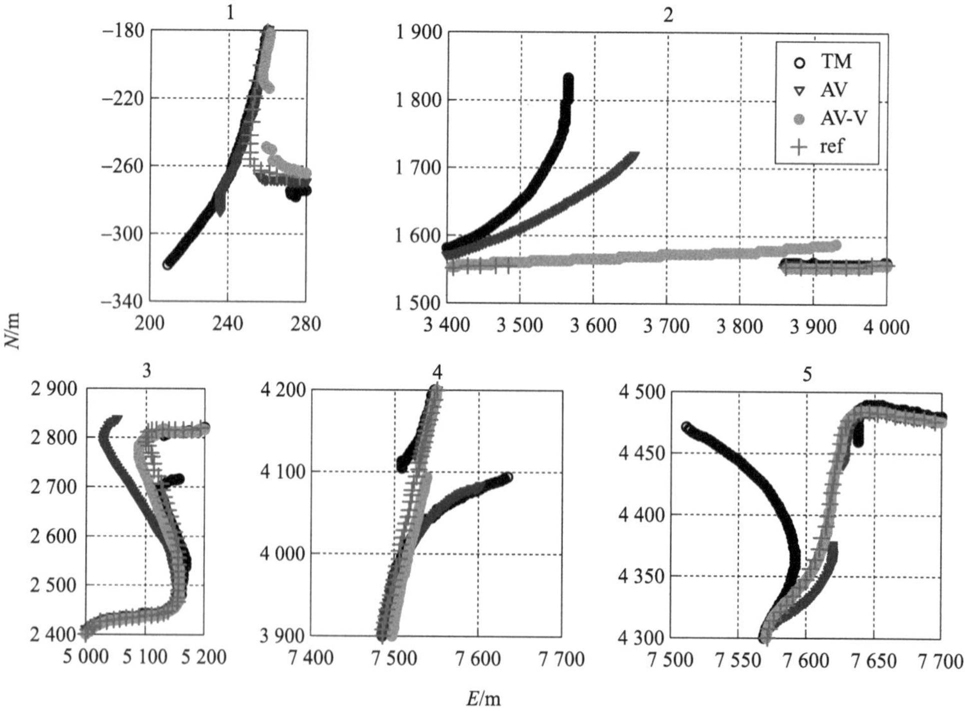

图 14.6 GNSS 信号缺失时 GNSS/INS 轨迹图(Yang 等,2014)

轨迹均为 GNSS/INS 组合导航轨迹，其中黑色轨迹采用 INS 技术文档上的参数作为滤波器参数，深灰色轨迹采用阿伦方差求解滤波器参数，浅灰色轨迹采用阿伦方差求解滤波器参数并加入速度约束。从轨迹图中可以发现，GNSS/INS 组合导航系统能在 GNSS 短时间信号缺失时，依靠 INS 保证定位的连续性；此外也可以看出参数设置、约束信息的不同将极大地影响到 GNSS/INS 组合系统定位精度，因此在实际工程中需要认真对待参数与约束信息的选取。

1. 松组合

松组合是工程应用中最常见的组合模式，同时也是最简单的组合模式。在此模式下，INS 和 GNSS 可分别视为两个独立的子系统，子系统分别独立解算导航参数，互不干扰。将两者输出的位置、速度输入组合滤波器中，基于贝叶斯估计理论，输出当前位置的最优估计值以及 INS 的导航参数漂移量。图 14.7 为松组合原理图，在松组合中，组合滤波器一般采用扩展的卡尔曼滤波器，滤波器的参数是否贴合两系统的实际解算精度决定了组合效果的好坏。滤波器参数可根据仪器的性能参数和经验值给出。在松组合中，一般选择 INS 作为主系统，通过组合滤波器解算出导航参数后，可反馈校正 INS。

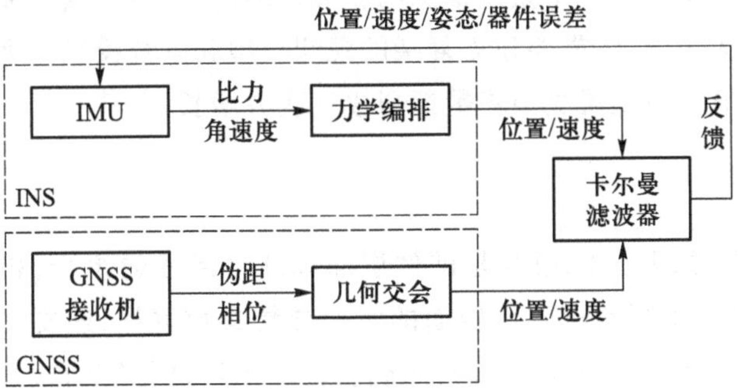

图 14.7 松组合原理图

松组合结构简单，易于实现，相比于其他组合系统，松组合系统更为稳定。松组合子系统间相互独立，如果其中一个子系统崩溃，另一子系统仍能正常工作，这对于工程应用十分重要。除了 GNSS/INS 组合之外，还能简单地将其他导航系统组合进来，进行多系统融合导航，大大提高系统的连续性和可靠性。然而，松组合也存在一些缺陷，其必须在至少能接收到 4 颗卫星的环境下工作。如果卫星数不足 4 颗，GNSS 无法实现定位，INS 独立工作，系统误差迅速累积；此外，如果 GNSS 接收机采用自身的卡尔曼滤波器求解位置和速度参数，将会导致滤波器串联，产生有色噪声，不满足噪声为白噪声的卡尔曼滤波器的基本要求，严重时可能使滤波器不稳定。

2. 紧组合

图 14.8 为紧组合原理图，紧组合是观测值层面上的组合。在紧组合中，GNSS 不直接提供解算好的位置和速度参数，而是提供伪距和相位等接收机用于定位的原始数据。根据 INS

输出的位置和速度参数及 GNSS 星历文件，解算相应于 INS 位置的伪距、相位观测值，并与 GNSS 接收机提供的伪距、相位观测值作差，输入组合滤波器中。最后根据组合滤波器输出的导航参数反馈校正 INS 系统偏差。

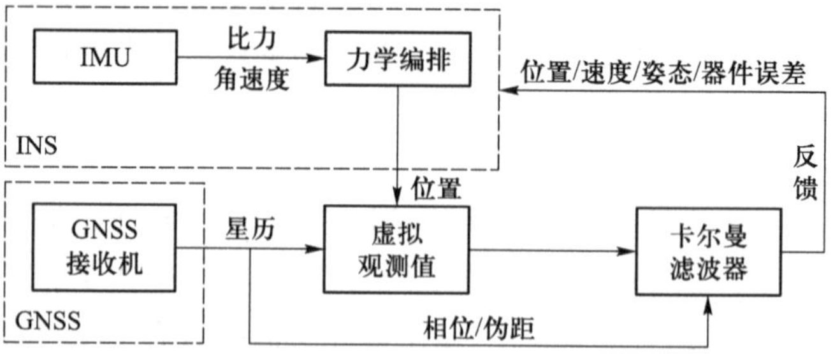

图 14.8 紧组合原理图

紧组合模式克服了松组合需要至少观测到 4 颗卫星的缺陷，在可见卫星数不足 4 颗的条件下依然能够使用。直接使用 GNSS 观测值，充分利用了观测值信息，减少了单独解算时引入的系统误差，克服了松组合中量测信息的相关性问题，提高了组合系统的精度。但与此同时，系统的复杂性大大增大，需要建立复杂的观测模型和系统模型。尤其在可见卫星数较多的情况下，系统计算量将随可见卫星数近似成三次方增长。

3. 深组合

图 14.9 为深组合原理图，深组合是硬件层面和软件层面的组合，相比松组合和紧组合要更为复杂。深组合除了要实现软件层面的组合导航参数解算，还要根据 INS 输出位置速度信息，进行多普勒估计，对 GNSS 接收机的载波环和码环进行辅助跟踪。深组合使接收机不仅从信道中，还可以从 INS 输出的参数中校正多普勒频移，从而解算环路的等效带宽，增加 GNSS 接收机在高干扰或高动态环境下追踪卫星信号的能力。

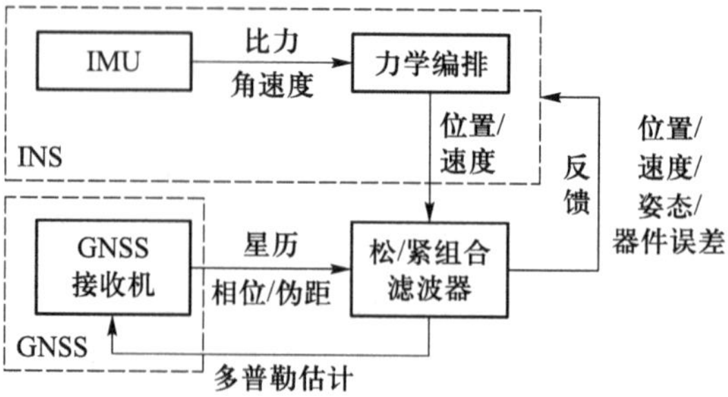

图 14.9 深组合原理图

与松组合、紧组合相比，深组合根据 INS 信息辅助捕获信号，信号失锁后具有更好的再捕能力，降低观测值噪声，能实现更高的定位精度，降低多路径效应的影响，在高动态或高干扰环境下依旧能实现较好的定位效果。然而,深组合需要深入 GNSS 接收机内部,甚至涉及内部码环、载波环的电路编排,在结构和算法上都更为复杂。

14.5 GNSS/视觉融合

由于陀螺仪和加速度计存在漂移误差,因此惯性导航系统的导航误差会随时间累积。在没有 GNSS 等外部信息校正的情况下,只能保证短时高精度的相对定位定姿。惯性导航的累积漂移量取决于惯性元器件的精度。低成本惯性导航系统十几秒的累积偏差就可能达到几十甚至上百米,在 GNSS 数据中断时无法单独导航。然而,在城市峡谷环境中,高架、隧道等特殊环境,时常发生严重的信号遮挡,导致 GNSS 信号会频繁出现几秒甚至几十秒的数据中断。此时,仅通过 INS 与 GNSS 的融合仍然无法提供连续、可靠的高精度定位结果。

近年来,视觉和激光雷达(LiDAR)传感器在 GNSS 拒止环境中的定位受到越来越多的关注。在自动驾驶和机器人领域,单/双目视觉和 LiDAR 多被用于实现环境感知、自主避障和路径优化等功能。这类传感器能够通过直接或间接地测量载体与周围环境特征间的相对位置关系,反算出载体在环境中的位置并同时对周围环境进行建模。具体地,LiDAR 通过发射激光束获取周围环境的高精度点云数据,并通过后方交会得到载体位姿。视觉传感器则是通过左右影像或前后影像的视差恢复三维点位,同样通过后方交会求得载体位姿。与 LiDAR 相比,视觉传感器体积小、价格低、硬件集成较为成熟,已普遍集成于车辆、机器人、智能手机等终端。在复杂城市环境中,丰富多变的环境特征有利于视觉特征的提取与追踪,且视觉定位不受信号干扰的影响,与 GNSS/INS 组合系统具有很好的互补性。

14.5.1 针孔成像模型

相机是一种能将外部的三维场景投影到二维图像上的传感器。通过多幅连续影像对外部特征的观察,能够还原出载体的运动状态和外部场景中的特征位置。本节介绍相机成像的基本原理,即针孔成像模型,通过相机的成像模型可以建立相机位姿与其观测值(像素点坐标)间的关系。

首先介绍视觉定位中涉及的坐标系定义,包括相机坐标系、像平面坐标系和像素坐标系。相机坐标系与相机传感器固连,如图 14.10 中 $O_c-X_cY_cZ_c$ 所示。其原点为相机光心,X 轴沿相机镜头方向且向右为正,Z 轴沿相机镜头方向且向前为正,Y 轴与 X、Z 轴构成右手坐标系。外部景象通过相机投影到成像平面,即像平面坐标系,如图 14.10 中 $o'-xy$ 所示。像平面坐标系经过平移和离散化采样,可得到像素坐标系,如图 14.10 中 $o-uv$ 所示。像素坐标系是以像素为单位的平面二维坐标系,其原点位于图像左上角,水平轴(u 轴)沿图像上边缘向右为正,竖直轴(v 轴)沿图像左边缘向下为正。像素坐标系的 u 轴和 v 轴与相机坐标系的

X 轴和 Y 轴方向一致。

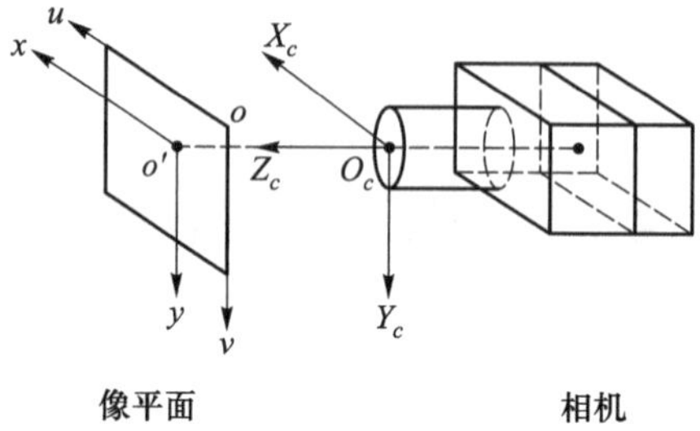

图 14.10 相机坐标系及像平面坐标系定义

通过针孔成像模型,相机可以将三维世界中的坐标点(单位为米)映射到二维图像平面(单位为像素)。若三维世界中一点 P 在相机坐标系下的坐标为 $P^c=(X,Y,Z)$,则根据针孔成像原理,该点在相机的成像平面上的像点为 $P^{c'}=(X',Y',Z')$。P^c 与 $P^{c'}$之间的关系为

$$\frac{X}{X'}=\frac{Y}{Y'}=\frac{Z}{f} \tag{14.41}$$

其中,f 为相机的焦距(单位为米)。真实的针孔成像得到的是物体的倒像,但相机传感器一般会对成像结果作对称处理,让用户直接得到物体的正像。在成像平面上对像进行采样和量化,即可得到像素坐标值。像素坐标系与成像平面之间,相差了 x 轴和 y 轴上的缩放和原点的平移。若像素坐标在 u 轴上缩放了 α 倍,在 v 轴上缩放了 β 倍,原点平移了(c_x,c_y),则 P 点的像坐标和像素坐标之间的关系为

$$\begin{cases} u=\alpha X'+c_x \\ v=\beta Y'+c_y \end{cases} \tag{14.42}$$

其中,$X'=f\dfrac{X}{Z}$,$Y'=f\dfrac{Y}{Z}$。令 $\alpha f=f_x$,$\beta f=f_y$,则有

$$\begin{cases} u=f_x\dfrac{X}{Z}+c_x \\ v=f_y\dfrac{Y}{Z}+c_y \end{cases} \tag{14.43}$$

上式即为针孔相机的成像模型。其中,(f_x,f_y)为相机以像素为单位的焦距值,(c_x,c_y)为以像素为单位的相主点坐标值。将式(14.43)整理成矩阵形式,有

$$Z\begin{bmatrix} u \\ v \\ 1 \end{bmatrix}=\begin{bmatrix} f_x & 0 & c_x \\ 0 & f_y & c_y \\ 0 & 0 & 1 \end{bmatrix}\begin{bmatrix} X \\ Y \\ Z \end{bmatrix}=\boldsymbol{KP} \tag{14.44}$$

其中,$\boldsymbol{K}$ 为相机的内参矩阵。由式(14.4.4)可以更直观地看出,Z 取任意值时等式都成立。这是由于相机的成像过程中损失了外界三维点的 Z 方向信息,即沿相机光轴的方向的深度信息。因此,在数据处理时常取 $Z=1$,称$\left(\dfrac{X}{Z},\dfrac{Y}{Z},1\right)$为 P 点的归一化坐标。由相机内参可直

接建立像点的像素坐标与归一化坐标之间的联系。

但是,由于相机透镜的加入对成像过程中光线的传播会产生影响,成像平面会产生一定程度的畸变。在相机投影前需对镜头畸变进行改正。镜头畸变一般分为两类,包括径向畸变和切向畸变。径向畸变是由透镜形状引起的畸变,随着距中心距离的增加而增加,可由以下公式改正

$$\begin{cases} x_{\mathrm{cor}} = x(1 + k_1 r^2 + k_2 r^4 + k_3 r^6) \\ y_{\mathrm{cor}} = y(1 + k_1 r^2 + k_2 r^4 + k_3 r^6) \end{cases} \tag{14.45}$$

切向畸变是在相机的组装过程中由于不能使透镜和成像面严格平行而引起的畸变,可由以下公式改正

$$\begin{cases} x_{\mathrm{cor}} = x + 2p_1 xy + p_2(r^2 + 2x^2) \\ y_{\mathrm{cor}} = y + p_1(r^2 + 2y^2) + 2p_2 xy \end{cases} \tag{14.46}$$

一般而言,根据使用镜头的畸变程度选择 2 阶或 3 阶畸变参数即可消除镜头畸变误差的影像。

综上,针孔相机的成像模型可总结为:

① 已知 e 系下一点 P,根据相机位姿$(\boldsymbol{R}_c^e, \boldsymbol{t}_c^e)$,得到 P 在相机坐标系下的坐标:$\boldsymbol{P}^c = \boldsymbol{R}_c^{e\mathrm{T}} \boldsymbol{P}_e - \boldsymbol{t}_c^e$。

② 根据 P 在相机坐标系下的坐标,求解点 P 的归一化坐标。

③ 将归一化坐标依次带入式(14.45)和式(14.46),得到畸变校正后的归一化坐标。

④ 将畸变校正后的归一化坐标带入式(14.44),即可得到该点的像素坐标(u,v)。

14.5.2 GNSS/INS/视觉融合方法

在第 14.4.3 节介绍的 GNSS/INS 融合滤波中,加入基于视觉观测量的测量更新,即可完成 GNSS/INS/视觉定位的融合,流程如图 14.11 所示。多源融合系统中,往往通过 INS 力学编排和误差传递完成导航参数的时间更新,并通过其他传感器观测值对导航参数和惯性传感器误差进行校正。从这种意义上,惯性导航系统可以看成多传感器融合的"媒介"。当融

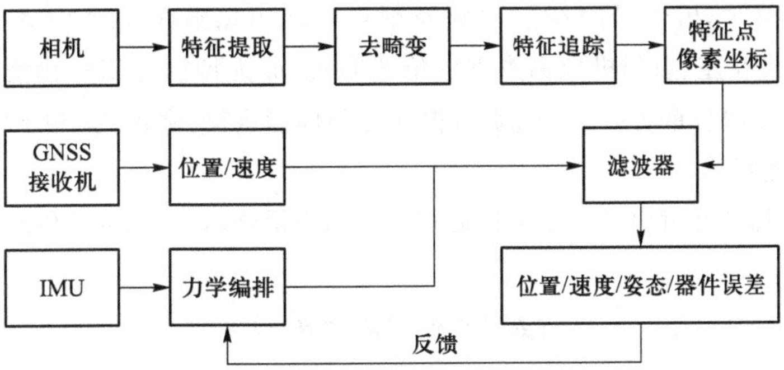

图 14.11 GNSS/INS/视觉融合原理图

合系统中没有 IMU 观测时，也可以通过其他方式（如：假设载体的运动服从常速度、常加速度模型）来完成滤波的时间更新，得到导航参数的预报值。

在视觉定位中，已知量为像素点坐标及其对应的明暗信息，未知量为各个时刻的相机位姿。根据位姿优化条件，视觉定位可分为直接法和间接法。直接法以最小化像素点光度误差为位姿估计条件，特点是实现简便但计算量相对较大；间接法提取并连续追踪图像中的特征信息，以最小化重投影误差为位姿估计条件，其特点是后端计算量更小且处理明暗变化场景更加稳健，是目前视觉定位中较为主流的实现方法。本节以基于特征点的视觉定位为例介绍视觉观测模型和滤波更新步骤。

视觉定位系统往往由两个主线程构成，包括前端的图像处理线程和后端的位姿估计线程。在前端线程中，提取和追踪影像中具有代表性的特征点，并将特征点坐标作为原始观测值输入后端。在后端线程中实现视觉与其他传感器观测信息的融合，估计载体位姿。

下面以一个三维静态地物点被多个不同位姿下相机所拍摄的影像连续观测为条件，介绍相机位姿间的几何约束和测量更新方程构造方法，其基本原理如图 14.12 所示。值得注意的是，为了降低滤波状态向量维度、保证滤波估计的稳定性。此处并未将三维路标点的位姿纳入滤波状态向量中，而是在相机位姿估计的过程中将特征点误差项边缘化。

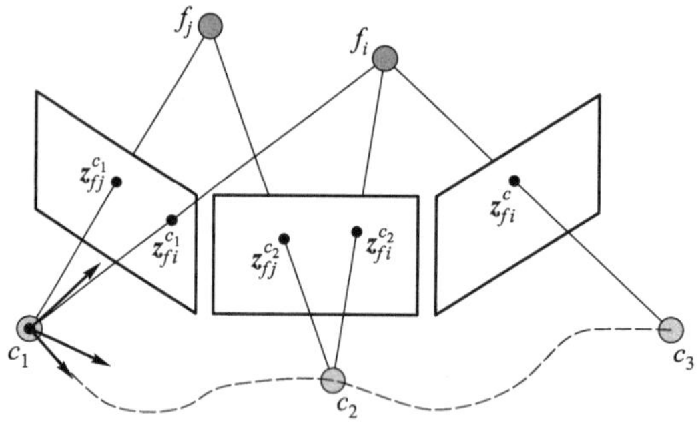

图 14.12 基于特征点的视觉定位原理图

若有特征点 j 在时刻 i 被双目相机所观测，则其观测值向量可表示为

$$\boldsymbol{l}_{f_j}^{c_i} = [\alpha_{f_j}^{c_{i,1}}, \beta_{f_j}^{c_{i,1}}, \alpha_{f_j}^{c_{i,2}}, \beta_{f_j}^{c_{i,2}}]^{\mathrm{T}} + \boldsymbol{\varepsilon}_{f_j}^{c_i} \tag{14.47}$$

其中，$\alpha_{f_j}^{c_{i,m}} = X_{f_j}^{c_{i,m}} / Z_{f_j}^{c_{i,m}}$，$\beta_{f_j}^{c_{i,m}} = Y_{f_j}^{c_{i,m}} / Z_{f_j}^{c_{i,m}}$ 为该特征点的归一化坐标，$\boldsymbol{p}_{f_j}^{c_{i,m}} = [X_{f_j}^{c_{i,m}}, Y_{f_j}^{c_{i,m}}, Z_{f_j}^{c_{i,m}}]^{\mathrm{T}}$，$m \in \{1,2\}$ 为该点在左、右相机坐标系下的位置向量，$\boldsymbol{\varepsilon}_{f_j}^{c_i}$ 为特征点归一化坐标的观测噪声。假设该特征点像素坐标的方差为 σ^2，则可根据方差传播定律，利用式（14.44）得到归一化坐标的方差-协方差矩阵。

特征点归一化坐标可由其像素坐标通过相机内参矩阵求得，而 $\boldsymbol{p}_{f_j}^{c_{i,1}}$ 和 $\boldsymbol{p}_{f_j}^{c_{i,2}}$ 与相机位姿的关系可表示为

$$\begin{cases} \boldsymbol{p}_{f_j}^{c_{i,1}} = \boldsymbol{R}_e^{c_{i,1}} (\boldsymbol{p}_{f_j}^{e} - \boldsymbol{p}_{c_{i,1}}^{e}) \\ \boldsymbol{p}_{f_j}^{c_{i,2}} = \boldsymbol{R}_{c_{i,1}}^{c_{i,2}} (\boldsymbol{p}_{f_j}^{c_{i,1}} - \boldsymbol{p}_{c_{i,2}}^{c_{i,1}}) \end{cases} \tag{14.48}$$

其中，$\boldsymbol{p}_{f_j}^e$为特征点在 e 系下的坐标。在式(14.48)中，世界坐标系下的特征点坐标与相机位姿均未知。对其进行误差扰动，即可得到相机测量值(归一化坐标)与待估参数间的关系为

$$\boldsymbol{z}_{c_i}^{f_j} = \boldsymbol{H}_{c_i}^{f_j}\delta\boldsymbol{X}_k^{c_i} + \boldsymbol{H}_{p_i}^{f_j}\delta\boldsymbol{p}_{f_j}^e + \boldsymbol{\varepsilon}_{c_i}^{f_j} \tag{14.49}$$

其中，系数矩阵 $\boldsymbol{H}_{c_i}^{f_j}$和 $\boldsymbol{H}_{p_i}^{f_j}$的具体形式分别为

$$\boldsymbol{H}_{c_i}^{f_j} = \begin{bmatrix} -\boldsymbol{J}_{f_j}^{c_i,1}\boldsymbol{B}_{f_j}^{c_i,1} & \boldsymbol{J}_{f_j}^{c_i,1}\hat{\boldsymbol{R}}_e^{c_i,1} \\ -\boldsymbol{J}_{f_j}^{c_i,2}\boldsymbol{R}_{c_i,1}^{c_i,2}\boldsymbol{B}_{f_j}^{c_i,1} & -\boldsymbol{J}_{f_j}^{c_i,2}\boldsymbol{R}_{c_i,1}^{c_i,2}\hat{\boldsymbol{R}}_e^{c_i,1} \end{bmatrix},\quad \boldsymbol{H}_{p_i}^{f_j} = \begin{bmatrix} \boldsymbol{J}_{f_j}^{c_i,1}\hat{\boldsymbol{R}}_e^{c_i,1} \\ \boldsymbol{J}_{f_j}^{c_i,2}\boldsymbol{R}_{c_i,1}^{c_i,2}\hat{\boldsymbol{R}}_e^{c_i,1} \end{bmatrix} \tag{14.50}$$

式中

$$\boldsymbol{J}_{f_j}^{c_i,1} = \begin{bmatrix} \dfrac{1}{Z_{f_j}^{c_i,1}} & 0 & -\dfrac{X_{f_j}^{c_i,1}}{(Z_{f_j}^{c_i,1})^2} \\ 0 & \dfrac{1}{Z_{f_j}^{c_i,1}} & -\dfrac{Y_{f_j}^{c_i,1}}{(Z_{f_j}^{c_i,1})^2} \end{bmatrix},\quad \boldsymbol{J}_{f_j}^{c_i,2} = \begin{bmatrix} \dfrac{1}{Z_{f_j}^{c_i,2}} & 0 & -\dfrac{X_{f_j}^{c_i,2}}{(Z_{f_j}^{c_i,2})^2} \\ 0 & \dfrac{1}{Z_{f_j}^{c_i,2}} & -\dfrac{Y_{f_j}^{c_i,2}}{(Z_{f_j}^{c_i,2})^2} \end{bmatrix},$$

$$\boldsymbol{B}_{f_j}^{c_i,1} = \hat{\boldsymbol{R}}_e^{c_i,1}(\hat{\boldsymbol{p}}_{f_j}^e - \hat{\boldsymbol{p}}_{c_i,1}^e)\times$$

可以看出，系数矩阵中需要用到特征点坐标估值$\hat{\boldsymbol{p}}_{f_j}^e$。此时，可使用历史窗口内所有时刻相机位姿估值，通过特征点三角化估计出较为准确的特征点坐标。然后，联立一个特征点在滑动窗口内多个相机中的观测方程，可以得到

$$\boldsymbol{z}_c^{f_j} = \boldsymbol{H}_c^{f_j}\delta\boldsymbol{X}_k^{c_i} + \boldsymbol{H}_p^{f_j}\delta\boldsymbol{p}_{f_j}^e + \boldsymbol{\varepsilon}_c^{f_j} \tag{14.51}$$

其中，$\boldsymbol{H}_c^{f_j}$ 和 $\boldsymbol{H}_p^{f_j}$ 是分别由 $\boldsymbol{H}_{c_i}^{f_j}$和 $\boldsymbol{H}_{p_i}^{f_j}$，$i\in[1,\cdots,N]$组成的分块矩阵。

需要注意的是，特征点坐标并没有被列入滤波的待估参数中，因此需要将特征点坐标的误差项 $\delta\boldsymbol{p}_{f_j}^e$从式(14.51)中移除。在等式两边同时左乘 $\boldsymbol{H}_p^{f_j}$ 的左零空间矩阵 $\boldsymbol{V}^{\mathrm{T}}$ 有

$$\boldsymbol{z}_k^{f_j,o} = \boldsymbol{H}_c^{f_j,o}\delta\boldsymbol{X}_k + \boldsymbol{\epsilon}_c^{f_j,o} \tag{14.52}$$

其中，$\boldsymbol{H}_{c,o}^{f_j} = \boldsymbol{V}^{\mathrm{T}}\boldsymbol{H}_c^{f_j}$，$\boldsymbol{V}^{\mathrm{T}}\boldsymbol{H}_c^{f_j}\boldsymbol{H}_p^{f_j} = 0$，$E[\boldsymbol{\epsilon}_{c,o}^{f_j}\boldsymbol{\epsilon}_{c,o}^{f_j\ \mathrm{T}}] = \sigma^2\boldsymbol{V}^{\mathrm{T}}\boldsymbol{V} = \sigma^2\boldsymbol{I}_{(4N-3)\times(4N-3)}$。根据式(14.52)，按照常规的扩展卡尔曼滤波测量更新公式，即可完成滤波器测量更新。由于特征点间不具有相关性，因此可通过序贯的方式依次对每个特征点进行测量更新。

每当接收到新的影像观测时，需判断测量更新条件。测量更新的条件为：① 特征点跟踪丢失；② 历史窗口中的相机位姿个数超过最大窗口长度。特征点跟踪丢失意味着该特征点的观测不会再继续增加。理论上观测越多，特征点三角化的精度就越高。为了让三角化获得足够多的观测，通常等到该特征点被跟丢后，再利用滑动窗口内所有影像对该特征点的观测进行三角化，然后使用该特征点的所有观测进行一次测量更新。由于各个特征点的观测值之间不具有相关性，因此可以逐点序贯更新，直到所有丢失的特征点观测值都被用于测量更新为止。

为了约束滤波的计算量不要过大，通常会设置状态量中历史相机观测窗口的最大窗口长度。一般而言，滑动窗口长度可根据载体速度和场景复杂度进行调整。以保证其与大多数特征点的追踪时长相近。若滑动窗口中图像个数到达上限，则应首先确定要移除的历史

状态。新增影像包含新的观测信息,一般会将其保留,在当前帧的前一帧开始选取待剔除影像。窗口内关键帧的选取依据三个原则,影像间的位移变化量、姿态变化量以及新增特征点占比。若三者均未超过阈值,则认为该帧影像不满足被选为关键帧的条件,因此将该帧影像剔除。由于特征点的约束需要通过多张影像的连续观测来构建,直接移除一张影像的历史状态会导致观测信息的丢失。此时,可同时移除两张影像的历史状态,并利用两张影像的共同观测特征点进行测量更新。为保证足够的视差,同时移除当前帧的前一帧(或前几帧)以及滑动窗口的第一帧。若特征点坐标没有计算,则使用滑动窗口内所有影像的观测值三角化特征点坐标。但在测量更新时,则只利用待移除的两张影像上的观测值进行一次更新。

习题

1. 请阐述 GNSS 水准测量的基本原理。
2. 请给出大地高、正高、正常高、高程异常和大地水准面差距的定义。
3. 请阐述 GNSS-R 的基本原理。
4. 请阐述 GNSS 掩星系统的基本原理。
5. 请阐述 GNSS/INS 组合的基本原理和基本观测方程。
6. 请阐述 GNSS 融合视觉的基本原理和优势。